Praxishandbuch Kostenmanagement

Birgit Friedl

Praxishandbuch Kostenmanagement

2., vollständig neu bearbeitete Auflage

UVK Verlag • München

Bibliografische Information der Deutschen Bibliothek
Die Deutsche Bibliothek verzeichnet diese Publikation in der Deutschen Nationalbibliografie; detaillierte bibliografische Daten sind im Internet über <http://dnb.ddb.de> abrufbar.

Lektorat: Dr. Jürgen Schechler
Einbandgestaltung: © Susanne Fuelhaas, Konstanz
Cover-Illustration: iStockphoto – Easyturn
Druck und Bindung: CPI books GmbH, Leck

UVK Verlag
Nymphenburger Strasse 48 · 80335 München
Tel. 089/452174-65
www.uvk.de

Narr Francke Attempto Verlag GmbH & Co. KG
Dischingerweg 5 · 72070 Tübingen
Tel. 07071/9797-0
www.narr.de

ISBN 978-3-86764-694-9 (Print)
ISBN 978-3-7398-0180-3 (ePDF)
ISBN 978-3-7398-0419-4 (ePub)

Vorwort zur zweiten Auflage

Kostenmanagement ist die Gestaltung der Kosten für die Erstellung und Verwertung einer vom Kunden gewünschten Leistung, um die Erreichung der Unternehmungsziele zu sichern. Das verlangt den Abbau bestehender und das Vermeiden des Entstehens neuer Ineffizienzen sowohl bei der Gestaltung des Leistungssystems der Unternehmung als auch beim Vollzug der Leistungserstellung und -verwertung. Diese Aufgaben nimmt das Kostenmanagement in vier Handlungsfeldern wahr: Sicherung einer effizienten Leistungserbringung, kontinuierliche Verbesserung sowie effizienzorientierte Neugestaltung und Rationalisierung der betrieblichen Rahmenbedingungen. In dem vorliegenden Praxishandbuch Kostenmanagement werden für diese Handlungsfelder die Aufgaben des Kostenmanagements sowie die unterstützenden Methoden und Techniken detailliert erläutert. In jedem dieser Handlungsfelder ist das Arbeitsverhalten der Führungskräfte und Mitarbeiter für den Erfolg der Effizienzgestaltung von entscheidender Bedeutung. Es wird deshalb ausführlich darauf eingegangen, wie das Arbeitsverhalten der an der Effizienzgestaltung beteiligten und der von ihr betroffenen Führungskräfte und Mitarbeiter an den Zielen des Kostenmanagements ausgerichtet werden kann.

Das Praxishandbuch Kostenmanagement ist das grundlegend überarbeitete Lehrbuch zum Kostenmanagement. Ziel der Überarbeitung war es, die Unterschiede der Effizienzgestaltung in den Handlungsfeldern des Kostenmanagements deutlicher herauszuarbeiten und die Rolle des Kostenmanagements bei der Umsetzung von Unternehmungs- und Geschäftsfeldstrategien aufzuzeigen. Das grundlegende Konzept des Lehrbuchs wurde beibehalten. Seit dem Erscheinen der ersten Auflage des Lehrbuchs sind unter meiner Betreuung drei Dissertationen verfasst worden, die empirische Untersuchungen zu Fragestellungen des Kostenmanagements zum Gegenstand haben.[1] Die Diskussionen mit meinen Doktoranden und die Ergebnisse der Studien haben zu interessanten Erkenntnissen und neuen Einsichten geführt. Ich hoffe sehr, dass sie zu einer Darstellung beigetragen haben, die für Studierende und Praktiker gleichermaßen von Nutzen ist.

Bei der Arbeit an der Neuauflage habe ich von vielen Seiten Unterstützung erfahren. Danken möchte ich meinen Mitarbeitern und Studierenden für kritische Hinweise, Fragen und Diskussionen zu allen Teilbereichen des Kostenmanagements. Bedanken möchte ich mich bei Frau Hille Rowehl, die mir durch ihre Unterstützung bei der Organisation der Lehre und allen Verwaltungsfragen die zeitlichen Freiräume verschafft hat. Meinen wissenschaftlichen Hilfskräften danke ich für ihren Einsatz beim Korrekturlesen.

Kiel — Birgit Friedl

[1] Himme, Alexander: Erfolgsfaktoren des Kostenmanagements. In: Erfolgsfaktoren des Kostenmanagements und von Markteintrittsentscheidungen. Manuskripte aus den Instituten für Betriebswirtschaftslehre der Universität Kiel. Kiel 2008, S. 51-97. Reuschenbach, Daniel: Empirische Analyse zu den Erfolgsfaktoren der kostenorientierten Produktplanung. Wiesbaden 2012. Frank, Stephan H.: Kostenmanagement administrativer Prozesse. Hamburg 2015.

Vorwort zur ersten Auflage

Die Problemstellung des Kostenmanagements kann vereinfachend folgendermaßen beschrieben werden: Wie können die Kosten, die bei der Erstellung des Leistungsprogramms der Unternehmung anfallen, zielorientiert gestaltet werden? Die Betriebswirtschaftslehre beschäftigt sich seit ihren Anfängen unter wechselnden Bezeichnungen immer wieder intensiv mit dieser Problemstellung. Insbesondere seit den 1990er Jahren sind zahlreiche Bücher zum Kostenmanagement erschienen. Den Schwerpunkt dieser Veröffentlichungen bilden entweder konkrete Maßnahmen zur Kostengestaltung oder Instrumente zur Unterstützung von Projekten zur Erarbeitung von Kostensenkungsmaßnahmen. Wird Kostenmanagement als Daueraufgabe verstanden, stehen jedoch vor allem die folgenden Fragen im Vordergrund:

- Wie können Kostensenkungspotentiale und Ineffizienzen erkannt werden?
- Wie können Maßnahmen zur Kostengestaltung konzipiert und umgesetzt werden?
- Wie kann sichergestellt werden, dass kontinuierlich nach Kostensenkungspotentialen und Ineffizienzen gesucht wird und die erforderlichen Maßnahmen zur Kostengestaltung konzipiert und umgesetzt werden?
- Wie ist vorzugehen, damit Ineffizienzen gar nicht erst entstehen?

Um diese Fragen beantworten zu können, ist die Literatur zu Fragen der Kostengestaltung aus verschiedenen Disziplinen ausgewertet worden. Ausgewählte Antworten auf diese Fragen werden in dem vorliegenden Buch dargestellt und erläutert. Die Ausführungen sind in vier Teile gegliedert.

Im **ersten Teil** wird gezeigt, welche Anforderungen die Unternehmungspolitik sowie die Unternehmungs- und Umweltbedingungen an die Kostensituation der Unternehmung stellen. Anhand dieser Anforderungen werden die Ansätze zur Lösung der Problemstellung aus den bekannten Konzeptionen des Kostenmanagements überprüft. Die führungsbezogene Konzeption des Kostenmanagements entspricht den herausgearbeiteten Anforderungen am besten. Im zweiten Kapital werden deshalb die Aufgaben des Kostenmanagements erläutert, die aus dem Lösungsansatz dieser Konzeption folgen.

Kosten der Unternehmung können bei der Neugestaltung der betrieblichen Rahmenbedingungen und durch ihre nachträgliche Anpassung beeinflusst werden. Es sind die Produkte, die Prozesse und die Potentiale, aber auch die Lieferanten und Kunden der Unternehmung, die diese Rahmenbedingungen bilden. Weiterhin sind zur Gestaltung der Kosten bei der Leistungserstellung und -verwertung innerhalb der bestehenden Rahmenbedingungen Ineffizienzen zu vermeiden und bestehende Ineffizienzen abzubauen. Mit der Rationalisierung und der kontinuierlichen Verbesserung werden zwei dieser vier Handlungsfelder des Kostenmanagements im **zweiten Teil** des Buches beleuchtet.

Der **dritte Teil** beschäftigt sich mit einzelnen Gestaltungsbereichen des Kostenmanagements. Das sind Ausschnitte des Kostenmanagements der Unternehmung, die nach den Kosteneinflussgrößen abgegrenzt werden, über die spezifische Kostenkategorien beeinflusst werden sollen. Bei diesen Kosteneinflussgrößen kann es sich um Merkmale der Prozesse bei der Leistungserstellung und -verwertung, die Merkmale der Produkte der Unternehmung oder aber auch um Bestimmungsgrößen der Kosten im Einflussbereich der Kunden und Lieferanten handeln. Für diese Gestaltungsbereiche werden die

Aufgaben und Instrumente des Kostenmanagements bei der Rationalisierung und der kontinuierlichen Verbesserung inhaltlich konkretisiert.

Im **vierten Teil** werden zunächst die produktions- und kostentheoretischen Grundlagen der Kostengestaltung erläutert. Da es vor allem die Mitarbeiter sind, die durch ihre Entscheidungs- und Ausführungshandlungen die Kosten der Unternehmung bestimmen, ist die Einflussnahme auf die Entscheidungs- und Ausführungshandlungen der Mitarbeiter ein zentraler Ansatzpunkt für die Gestaltung der Kosten. In diesem letzten Teil werden deshalb auch Aussagen der Motivationstheorie und der Kreativitätsforschung erläutert, die das Kostenmanagement bei der Ausübung seiner Aufgaben nutzen kann.

Bei der Arbeit an diesem Buch bin ich von meinen Mitarbeiterinnen und Mitarbeitern sehr engagiert unterstützt worden. Bedanken möchte ich mich vor allem bei Dipl. oec. troph. Hille Rowehl, Dipl.-Kffr. Rommy Zwilling und meinen Wissenschaftlichen Hilfskräften Monika Bukowski, Holger Gerken, Stefanie Pelz und Bastian Quast.

Kiel, Mai 2009 Birgit Friedl

Inhaltsübersicht

Inhaltsverzeichnis

Teil 1: Grundlagen des Kostenmanagements

1 Kostenmanagement als Aufgabe des Managements

1.1 Konzeptionelle Grundlagen des Kostenmanagements

1.1.1 Komponenten einer Konzeption für das Kostenmanagement

In der deutschsprachigen betriebswirtschaftlichen Literatur findet sich der **Begriff** „Kostenmanagement" erstmals 1982 im Zusammenhang mit der Rationalisierung im Verwaltungsbereich der Unternehmung (Jehle (1982); Wegmann (1982)). Durchgesetzt hat sich dieser Begriff erst während der 1990er Jahre mit den Veröffentlichungen über japanische Managementtechniken zur Verbesserung von Effizienz und Wettbewerbsfähigkeit. Bis zu diesem Zeitpunkt finden sich folgende Bezeichnungen:

- Kostengestaltung (vgl. Lorentz (1932), S. 15; Henzel (1936), S. 139),
- Kostenpolitik (vgl. Müller-Lindenberg (1976), S. 11; Adam (1998), S. 118),
- Kostenbeeinflussung (vgl. Schönfeld (1970), Sp. 934),
- Kostensteuerung (vgl. Gälweiler (1977), S. 70 ff.),
- Kostensenkung (vgl. Mellerowicz (1966), S. 466) sowie
- Rationalisierung (vgl. Haberstock (1981), Sp. 1087 f.).

Eine **allgemein akzeptierte Auffassung** zum Gegenstand des Kostenmanagements hat sich noch **nicht etabliert** (vgl. z. B. auch Horngren/Datar/Rajan (2015), S. 26). Es gibt Autoren, die Kostenmanagement mit der Kostenrechnung gleichsetzen (z. B. Atkinson/Kaplan/Matsumura/Young (2012), S. 147), andere Autoren betonen, dass die Kostenrechnung gerade nicht den Gegenstand des Kostenmanagements bildet (vgl. Horngren/Datar/Rajan (2015), S. 27). Vielfach werden dem Kostenmanagement bekannte Aufgaben und Instrumente der Kostensenkung enumerativ zugeordnet (vgl. z. B. Burger (1999)) und vereinzelt wird hervorgehoben, dass eine Kostenkultur geschaffen werden muss (vgl. Shields/Young (1992), S. 22; Cooper (1995), S. 111). Einen Überblick über Auffassungen zum Kostenmanagement zeigt Abb. 1.1.

Voraussetzung für die inhaltliche Abgrenzung ist die Festlegung einer spezifischen **Problemstellung** des Kostenmanagements. Für eine Problemstellung kann es alternative Lösungsansätze geben, ebenso können mit der Lösung dieser Problemstellung verschiedene Unternehmungsziele verfolgt werden. Die eindeutige Abgrenzung des Kostenmanagements verlangt, dass neben einer Problemstellung auch ein **Lösungsansatz** und die mit der Lösung der Problemstellung verfolgten **Ziele** festgelegt werden (vgl. Schweitzer/Friedl (1999), S. 275). Ein Aussagensystem zur zielorientierten Lösung einer spezifischen Problemstellung, zu den Aufgaben und ihrer Institutionalisierung sowie den Instrumenten zur Umsetzung dieser Lösung ist eine **Konzeption**.

Informationsversorgung	Brinker (1992), S. 3: "Its [cost management] ultimate purpose is to supply the information that companies need to provide the value, quality, and timeliness that customers demand."
	Bellis-Jones (1992), S. 101: "Cost management identifies the factors that drive costs."
	Fröhling (1994a), S. 77: Unter Kostenmanagement ist die "empfängerorientierte Erfassung, Sammlung, Aufbereitung und Weiterleitung von operativ und strategisch unternehmensproblem-relevant erscheinenden Kosten-, Leistungs- und Erlösinformationen" zu verstehen.
	Hansen/Mowen (2006), S. 4: "Cost management … identifies, collects, measures, classifies, and reports information that is useful to managers for determining the cost of products, customers, and suppliers, and other relevant objects and for planning, controlling, making continuous improvements, and decision making."
	Horngren/Sundem/Burgstahler/Schatzberg (2014), S. 141: "cost management system (CMS): A collection of tools and techniques that identify how management's decisions affect costs."
	Horváth/Brokemper (1998), S. 587: Strategieorientiertes Kostenmanagement ist die "Unterstützung des strategischen Planungs- und Kontrollprozesses mit bewerteten kunden- bzw. marktorientierten Produkt- und Prozeßinformationen über den Ressourcenverbrauch."
Kostengestaltung	Anderson (2007), S. 482: "I define 'strategic cost management' as deliberate decision making aimed at aligning the firm's cost structure with its strategy and optimizing performance of the strategy."
	Brede (1993), S. 344: "Unter Kostenmanagement versteht man Methoden der nachhaltigen Kostenbeeinflussung und -senkung."
	Dellmann/Franz (1994), S. 17: "Kostenmanagement umfasst die Gesamtheit aller Steuerungsmassnahmen, die der frühzeitigen und antizipativen Beeinflussung von Kostenstruktur und Kostenverhalten sowie der Senkung des Kostenniveaus dienen."
	Drury (2015), S. 561: "Strategic cost management consists of those actions that are taken by managers to reduce costs".
	Fischer (2002), Sp. 1090: Als Kostenmanagement "wäre somit die Gesamtheit aller Steuerungsmaßnahmen durch das Management von Unternehmen zu bezeichnen, die der zielorientierten, antizipativen Beeinflussung des Niveaus sowie der Strukturen und Verläufe von Kosten ... dient."
	Freedman (1993), S. 263: "managing costs is a proactive, business philosophy embedded in the culture and operational style of an organization".
	Horngren/Datar/Rajan (2015), S. 26 f.: "… we use cost management to describe the activities managers undertake to use resources in a way that increases a product's value to customers and achieves an organization's goal."
	Kajüter (2000), S. 11: "Kostenmanagement bedeutet die bewußte Beeinflussung der Kosten mit dem Ziel, die Wirtschaftlichkeit der Unternehmung zu erhöhen."
	Männel (1992), S. 289: "Das Kostenmanagement umfasst ein Bündel von Strategien und Maßnahmen bis hin zu spezifischen Instrumenten" und "zielt vor allem auf eine umfassende und frühzeitige (antizipative) Kostenbeeinflussung."
	Streitferdt (1993), Sp. 1216 f.: "Unter Kostenmanagement versteht man die Gesamtheit der Maßnahmen, die in einem Betrieb mit der Absicht ergriffen werden, die Kosten unter Berücksichtigung der gesamtbetrieblichen Zielsetzung vorteilhaft zu gestalten."
	Reiß/Corsten (1992), S. 1478: "Kostenmanagement bezeichnet eine Gestaltung der Programme, Potentiale und Prozesse in einer Unternehmung nach Kostenkriterien."
	Roolfs (1996), S. 135: Dem Kostenmanagement kommt die Aufgabe einer zielorientierten "Gestaltung und Lenkung der unternehmungsspezifischen Kosten unter Berücksichtigung leistungsbezogener Vorgaben mittels der Verwendung adäquater kostenbezogener Informationen" zu.
	Yoshikawa/Innes/Mitchell/Tanaka (1993), S. 13: "Cost management involves initiating and making decisions which will improve the cost-effectiveness of an organization."

Abb. 1.1: Kostenmanagement in der Literatur

1.1.2 Abgrenzung konzeptioneller Ansätze des Kostenmanagements

1.1.2.1 Konzeptionen nach der Problemstellung

Als **spezifische Problemstellung** des Kostenmanagements wird entweder die Versorgung des Managements mit Informationen zu den Kosten der Unternehmung oder die Kostengestaltung gesehen (vgl. Abb. 1.1). Nach diesen Problemstellungen werden kostenrechnungs- und gestaltungsorientierte Konzeptionen des Kostenmanagements unterschieden (vgl. Konle (2003), S. 14). Abb. 1.2 gibt einen Überblick über die Konzeptionen des Kostenmanagements, die in der Literatur diskutiert werden.

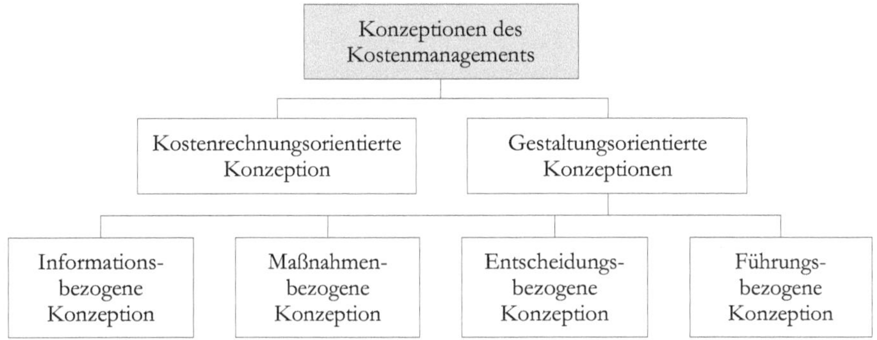

Abb. 1.2: Konzeptionen des Kostenmanagements

[1] Kostenrechnungsorientierte Konzeption

In der US-amerikanischen Literatur und einigen deutschsprachigen Beiträgen (z. B. Brokemper (1998), S. 32) bildet die Versorgung des Managements mit Kosteninformationen für Planungs- und Steuerungsprobleme, die durch die traditionelle Kostenrechnung nicht unterstützt werden, die **spezifische Problemstellung** des Kostenmanagements. Dem Management sollen

- Informationen über den Ressourcenverbrauch, den ein Bezugsobjekt (z. B. Produkte, Kunden, Prozesse) verursacht hat, sowie
- Informationen zur Identifikation von Kosteneinflussgrößen

für die mittel- und langfristige Planung und Steuerung sowie die Umsetzung von Strategien bereitgestellt werden. Die kostenrechnungsorientierte Konzeption des Kostenmanagements ist die Reaktion auf die Grenzen traditioneller Systeme der Kostenrechnung, wie sie von den Vertretern prozessorientierter Systeme der Kostenrechnung identifiziert worden sind (zu diesen Grenzen vgl. Friedl (2010), S. 391 ff.). Der **Problemlösungsansatz** wird deshalb häufig in der Gestaltung und dem Einsatz prozessorientierter Systeme der Kostenrechnung gesehen.

In der deutschsprachigen Betriebswirtschaftslehre wird die Sicherstellung der Informationsversorgung des Managements dem **Controlling** zugeordnet (vgl. z. B. Reichmann (1995), S. 8 f.; Hahn/Hungenberg (2001), S. 278; Horváth/Gleich/Seiter (2015), S. 172). Die Versorgung des Managements mit Kosteninformationen eignet sich damit nicht als spezifische Problemstellung des Kostenmanagements.

[2] Gestaltungsorientierte Konzeptionen

Als Problemstellung gestaltungsorientierter Konzeptionen des Kostenmanagements werden in der **Literatur**

- die Gestaltung der Kosten, und zwar in der Form
  - der Minderung der Kosten (vgl. Mellerowicz (1966), S. 465; Schönfeld (1970), Sp. 934),
  - der Minimierung der Kosten (vgl. Adam (1998), S. 118),
  - der Minderung der Stückkosten (vgl. Lorentz (1932), S. 1), und
- die Erhöhung der Wirtschaftlichkeit (vgl. Kajüter (2000), S. 11)

genannt. In der **Wirtschaftspraxis** wird mit dem Kostenmanagement u. a. die Senkung der Kosten oder die Optimierung der Kostenstruktur angestrebt (vgl. Kajüter (2005), S. 85; PriceWaterhouseCoupers (2007), S. 9; Himme (2009), S. 404). Für diese Problemstellung finden sich in der englischsprachigen Literatur Bezeichnungen wie z. B. „Cost Cutting", „Cost Reduction", „Cost Containment" und „Cost Avoidance".

Kosten können gesenkt werden, indem z. B. die Mengen reduziert, die Qualität verringert, die Lieferzeit verlängert, der Service vermindert oder Budgets (z. B. für Forschung und Entwicklung, Werbung) gekürzt werden. Aber diese Maßnahmen haben nicht nur eine Senkung der Kosten zur Folge, sondern auch einen Rückgang der Erlöse oder der künftigen Ertragskraft der Unternehmung. Eine Kostensenkung ist damit keine hinreichende Bedingung für das Erreichen der Unternehmungsziele, wie z. B. die Erhöhung des Unternehmungswertes. Diese auf die Kosten zielende Problemstellung berücksichtigt zudem nicht, dass auch die Verbesserung einer vom Kunden erwünschten Leistung (z. B. Menge, Qualität, Lieferzeit, Service) bei gleichbleibenden oder in geringerem Maße steigenden Kosten oder ein Mengenwachstum ohne Anstieg der fixen Kosten zur Erreichung der Unternehmungsziele beitragen (vgl. Horngren/Datar/Rajan (2015), S. 27). Die auf eine Kostensenkung ausgerichtete **Gestaltung der Kosten** ist damit nicht als Problemstellung des Kostenmanagements geeignet.

> Die **Wirtschaftlichkeit** ist definiert als Verhältnis aus der Ausbringung und dem zu ihrer Erstellung erforderlichen Mitteleinsatz.

Um die Ausbringung und den Mitteleinsatz zu erfassen, können Mengen- oder Wertgrößen herangezogen werden (vgl. Kosiol (1972), S. 20 f.). Bei der Verwendung von **Mengengrößen** ergibt sich die Produktivität (vgl. Kern (1992), S. 67).

> Die **Produktivität**, die auch als mengenmäßige Ergiebigkeit, mengenmäßige Wirtschaftlichkeit oder Technizität bezeichnet wird, ist wie folgt definiert:
>
> $$\text{Produktivität} = \frac{\text{Ausbringungsgütermenge}}{\text{Einsatzgütermenge}}.$$

Die Produktivität kann auch durch eine Senkung der Einsatzgütermengen zulasten der Qualität oder der Lieferzeit gesteigert werden. Die Argumente, die gegen die Gestaltung der Kosten als Problemstellung des Kostenmanagements sprechen, gelten damit weitgehend auch für die Produktivität. Durch die rein mengenmäßige Betrachtung des Mitteleinsatzes wird zudem der Einfluss der Einsatzgüterpreise auf die Kosten ausgeblendet. Die **Gestaltung der Produktivität** eignet sich deshalb ebenfalls nicht als Problemstellung des Kostenmanagements.

Die Verwendung von **Wertgrößen** zur Erfassung von Ausbringung und Mitteleinsatz führt zur wertmäßigen Wirtschaftlichkeit. Andere Bezeichnungen sind „wertmäßige Ergiebigkeit" oder „Ökonomität" (vgl. Kosiol (1972), S. 21). Für die Berechnung dieser Kennzahl können die Wertgrößen des externen oder des internen Rechnungswesens herangezogen werden (vgl. Dellmann/Pedell (1994), S. 18).

Damit kann die **wertmäßige Wirtschaftlichkeit** wie folgt bestimmt werden:

$$\text{Wertmäßige Wirtschaftlichkeit}_{\text{intern}} = \frac{\text{Erlöse}}{\text{Kosten}} \text{ oder}$$

$$\text{Wertmäßige Wirtschaftlichkeit}_{\text{extern}} = \frac{\text{Ertrag}}{\text{Aufwand}} .$$

Die **Gestaltung der wertmäßigen Wirtschaftlichkeit** eignet sich aus zwei Gründen nicht als Problemstellung des Kostenmanagements:

[1] In einer Unternehmung werden auch Leistungen erstellt, die keine direkte Wirkung auf den Erlös oder den Ertrag der Unternehmung haben und auch durch die Ausbringungsmenge nicht vollständig erfasst werden können (z. B. Instandhaltung, Controlling, Personalentwicklung).

[2] Der Erlös und der Ertrag der Unternehmung hängen auch von der Marktnachfrage und der Absatzpolitik ab. Das kann dazu führen, dass eine sich kontinuierlich verschlechternde Kostensituation durch eine erfolgreiche Absatzpolitik oder eine konjunkturell bedingt hohe Marktnachfrage kompensiert wird und dadurch unerkannt bleibt.

Zur Herleitung einer spezifischen Problemstellung für das Kostenmanagement wird auf das **Input-Process-Output-Outcome-(IPOO-)Modell** zur Messung der Produktivität der Forschung und Entwicklung einer Unternehmung zurückgegriffen (vgl. Brown/Svenson (1988), S. 11 f.; Möller/Menninger/Robers (2011), S. 39 ff.). Es beruht auf zwei Grundgedanken: (1) Eine Unternehmung setzt sich aus Bereichen zusammen, die zur Hervorbringung von Produkten zusammenarbeiten. (2) Jeder dieser Bereiche setzt Einsatzgüter (Input) in Prozesse (Process) ein, um Leistungen (Output) zu erstellen, die Empfänger (Receiving System) weiterverwenden, um ein Ergebnis (Outcome) zu schaffen (vgl. Abb. 1.3).

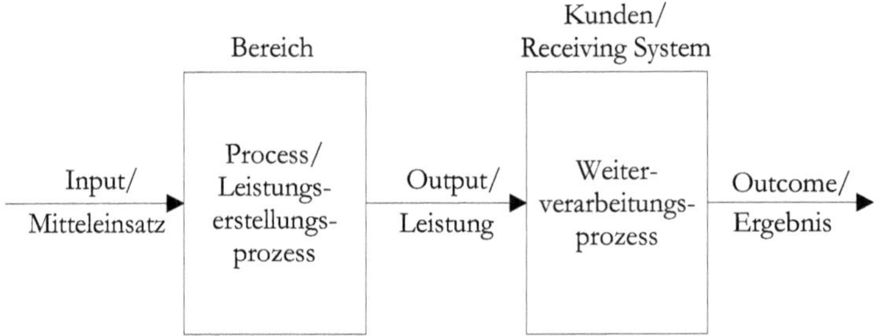

Abb. 1.3: IPOO-Modell

Unter dem **Ergebnis** werden die Beiträge zur Erreichung der Unternehmungsziele verstanden, die der Empfänger aus der Leistung des Bereichs schafft. Beispiele für Ergebnisse sind u. a. Umsätze, Kosten, Kapitalbedarf, Kundenzufriedenheit und Marktanteil. Die **Empfänger** sind die internen oder externen Kunden des Bereichs. Wird als Bereich die Forschung und Entwicklung der Unternehmung betrachtet, sind das Marketing, die Produktion und der Vertrieb Beispiele für die internen Kunden.

Unter der **Leistung** wird in Anlehnung an Lebas ein Konstrukt aus quantitativen, qualitativen und zeitlichen Merkmalen der für den Empfänger bestimmten Ausbringung mit Einfluss auf dessen Input, Weiterverarbeitungsprozess oder Ergebnis verstanden (vgl. Lebas (2000), S. 130).

Mit der Trennung von Leistung und Ergebnis kann die Wirtschaftlichkeit in die Effizienz und die Effektivität gespalten werden (vgl. Dellmann/Pedell (1994), S. 25 ff.):

$$\text{Wirtschaftlichkeit} = \frac{\text{Leistung}}{\text{Mitteleinsatz}} \cdot \frac{\text{Ergebnis}}{\text{Leistung}}$$

$$= \text{Effizienz} \cdot \text{Effektivität}.$$

Die **Effektivität** ist outputbezogen und bringt die Wirksamkeit einer Leistung für das Ergebnis oder die Zielerreichung der Unternehmung zum Ausdruck. Die Effizienz ist inputbezogen und ein Maß für die Ergiebigkeit der eingesetzten Mittel bei der Leistungserstellung.

Definiert ist die **Effizienz** als das Verhältnis aus der Leistung und dem zu ihrer Erstellung erforderlichen Mitteleinsatz.

Die **Gestaltung der Effizienz** ist keine hinreichende Bedingung für eine Verbesserung der Wirtschaftlichkeit, da die Effektivitätswirkungen vernachlässigt werden. So erhöht beispielsweise eine Verbesserung der Leistung bei gleichbleibendem Mitteleinsatz die Effizienz, sie verringert jedoch die Effektivität, wenn es nicht gelingt, die Verbesserung der Leistung in eine Zunahme des Ergebnisses umzusetzen. Dieser Fall liegt z. B. vor, wenn ein Produkt bei gleichbleibenden Kosten um eine Funktion erweitert wird, die jedoch nicht zur Befriedigung von Kundenbedürfnissen beiträgt.

Die **Problemstellung** gestaltungsorientierter Konzeptionen des Kostenmanagements kann wie folgt abgegrenzt werden: Gestaltung der Effizienz zur Verbesserung der Wirtschaftlichkeit.

1.1.2.2 Konzeptionen nach dem Problemlösungsansatz

Nach dem Problemlösungsansatz werden folgende **gestaltungsorientierte Konzeptionen** des Kostenmanagements abgegrenzt (in Anlehnung an Konle (2003), S. 14):

- die informationsbezogene (z. B. Brede (1993); Roolfs (1996)),
- die maßnahmenbezogene (z. B. Männel (1992); Streitferdt (1994); Drury (2015)),
- die entscheidungsbezogene (z. B. Reiß/Corsten (1992); Anderson (2007)) sowie
- die führungsbezogene Konzeption (z. B. Freedman (1993)).

Nach der **informationsbezogenen Konzeption** bildet die Versorgung des Managements mit Informationen und Methoden für die Effizienzgestaltung den Lösungsansatz des Kostenmanagements.

Anders als bei der kostenrechnungsorientierten Konzeption des Kostenmanagements, der die Versorgung des Managements mit Informationen für die strategische und taktische Planung und Steuerung als spezifische Problemstellung zugrunde liegt, bildet die Informationsversorgung bei der informationsbezogenen Konzeption den **Lösungsansatz** für das Problem der Effizienzgestaltung. Die kostenrechnungsorientierte und die informationsbezogene Konzeption des Kostenmanagements unterscheiden sich im Zweck, der mit der Informationsversorgung verfolgt wird.

Die **maßnahmenbezogene Konzeption** des Kostenmanagements sieht vor, dass die Effizienz durch die Planung und Umsetzung von Maßnahmen zur Senkung der Kosten für eine vorgegebene Leistung gestaltet wird.

Lange Zeit bildeten die Maßnahmen zur Effizienzgestaltung in der **Produktion** den Schwerpunkt der Beiträge zu dieser Konzeption. Themen waren u. a. die Fertigungsorganisation (z. B. Fertigungssegmentierung), die Automatisierung, die Entlohnung (z. B. Einführung der leistungsorientierten Entlohnung) und Arbeitszeitgestaltung, die Standardisierung und die Just-in-Time-Produktion. Weiterhin hatten sie auch Instrumente zur Erarbeitung dieser Maßnahmen zum Gegenstand, wie z. B. die Wertanalyse. Durch den kontinuierlichen Anstieg des Anteils der Verwaltungsgemeinkosten an den Gesamtkosten ist ab den 1970er Jahren auch die Effizienzgestaltung im **Verwaltungsbereich** der Unternehmung thematisiert worden.

Die **entscheidungsbezogene Konzeption** sieht als Problemlösungsansatz die Ausrichtung von Entscheidungen über Produkte, Programme, Potentiale und Prozesse am Wirtschaftlichkeitsziel durch die Planung und Kontrolle von Kostenvorgaben für eine vorgegebene Leistung vor.

Eine entscheidungsbezogene Konzeption ist das **Total Cost Management**, wie es in der japanischen Literatur diskutiert wird. Es hat die Planung und Kontrolle von Kostenvorgaben für die Produktentwicklung (Target Costing) sowie die Kostensicherung und -senkung während der Marktphase der Produkte (Kaizen Costing) zum Inhalt (vgl. Monden (1989), S. 16 f.).

Als zentrale langfristige Einflussgröße auf die Kosten der Unternehmung werden die Mitarbeiter mit ihren Fachkenntnissen und ihren individuellen Zielen gesehen (vgl. Shields/Young (1992), S. 22 f.; Freedman (1993), S. 265). Zur Effizienzgestaltung reicht es deshalb nicht aus, Maßnahmen und Kostenvorgaben zu planen und zu kontrollieren. Erforderlich ist auch eine engagierte, motivierte und unternehmerisch denkende Belegschaft (vgl. Cooper (1998), S. 133), die anforderungsgerechte Besetzung der Stellen und die situations- und personenbezogene Beeinflussung der Mitarbeiter, die eine Ausrichtung deren Arbeitsverhalten an dem verfolgten Wirtschaftlichkeitsziel bewirkt. Die führungsbezogene Konzeption des Kostenmanagements erweitert die maßnahmen- und die entscheidungsbezogene Konzeption um personenbezogene Aufgaben.

Der Problemlösungsansatz der **führungsbezogenen Konzeption** ist die Ausrichtung aller Aktivitäten am Wirtschaftlichkeitsziel über eine Beeinflussung von Mitarbeitern, welche die Leistungserbringung zu vorgegebenen Kosten sicherstellt.

1.2 Effizienzgestaltung als Problemstellung des Kostenmanagements

1.2.1 Notwendigkeit der Effizienzgestaltung

In allen Betriebsarten werden Ziele verfolgt, die den Mitteleinsatz für eine Leistung zum Inhalt haben oder den Mitteleinsatz und das Ergebnis als Bestandteile aufweisen (vgl. Abb. 1.4). Die Gestaltung der Effizienz ist damit für alle Betriebsarten zur Sicherung und Steigerung der Zielerreichung unverzichtbar. Unter speziellen Bedingungen kommt der kontinuierlichen Gestaltung und Sicherung der Effizienz besondere Bedeutung zu (vgl. Abschnitt 1.2.1.1). Darüber hinaus können es außergewöhnliche Ereignisse notwendig machen, die Effizienz in einem begrenzten Zeitraum deutlich und nachhaltig zu erhöhen (vgl. Abschnitt 1.2.1.2).

Betriebsarten	Zielinhalte
Erwerbswirtschaftliche private Unternehmungen[1)]	▪ Langfristige Überlebensfähigkeit ▪ Unternehmungswert ▪ Kapitalrentabilität ▪ Periodenerfolg ...

Non-Profit-Organisationen2)	■ Leistungsziele – Leistungswirkungsziele (Wirkungen bei den verschiedenen Anspruchsgruppen) – Leistungserbringungsziele (zu erbringender Output konkreter Leistungseinheiten) ■ Kostendeckung oder Erzielung von Gewinnen für die leistungszielbezogene Verwendung
Öffentliche Unternehmungen3)	■ Bedarfsdeckung ■ Kostenminimierung ■ Erzielung von Gewinnen für die gemeinwirtschaftliche Verwendung
Öffentliche Verwaltung4)	■ Bedarfsdeckung ■ Haushaltsausgleich

1) Franz/Kajüter (1997), S. 484; 2) Berens/Karlowitsch/Mertes (2000), S. 23 f.; Streim (2002), Sp. 1299 f.; 3) Eichhorn (1993), Sp. 2930 f.; 4) Budäus (1993), Sp. 1438

Abb. 1.4: Ziele verschiedener Betriebsarten

1.2.1.1 Kontinuierliche Effizienzgestaltung

Als Anlass für eine kontinuierliche Effizienzgestaltung werden genannt: die Entwicklung auf den Märkten, das Schaffen von Wettbewerbsvorteilen und das Verfolgen wertorientierter Ziele.

[1] Entwicklung auf den Märkten

Die Notwendigkeit des Kostenmanagements wird vielfach mit folgenden Entwicklungen auf den Märkten begründet (vgl. z. B. Franz/Kajüter (2002), S. 4 ff.):

- der Erhöhung der Wettbewerbsintensität auf den Absatzmärkten,
- der Zunahme der Kundenanforderungen sowie
- dem Preisanstieg auf den Beschaffungsmärkten.

Die Erhöhung der Wettbewerbsintensität auf den Absatzmärkten resultiert u. a. aus der Liberalisierung der Märkte in einigen Branchen (z. B. Telekommunikation, Banken und Versicherungen), der Sättigung der Absatzmärkte sowie dem Eintritt neuer Wettbewerber aus Niedriglohnländern (vgl. Günther (1997), S. 99). Die Unternehmungen reagieren auf die gestiegene Wettbewerbsintensität, indem die Absatzpreise gesenkt oder die Produktvielfalt, die Produktqualität oder der Innovationsgrad des Produktionsprogramms erhöht werden. Darüber hinaus fordern die Kunden zunehmend technisch verbesserte Produkte, akzeptieren jedoch keine Preissteigerungen gegenüber den Vorgängerprodukten (vgl. Wesselhöft (2003), S. 9). Periodische Lohnerhöhungen, permanente Preissteigerungen bei Rohstoffen, Wechselkursschwankungen sowie erhöhte Anforderungen an die Qualität der Einsatzgüter führen zu steigenden Lohn-, Gehalts- und Materialkosten. Sinkenden Absatzpreisen stehen damit steigende Einsatzgüterpreise gegenüber. Die Konsequenz dieser Entwicklung sind abnehmende Erfolge. Diesem Trend muss durch die **kontinuierliche Senkung der Kosten** für die

Erstellung der vom Kunden geforderten Leistung begegnet werden (vgl. Franz/Kajüter (2002), S. 4 f.).

Durch die Entwicklung auf den Absatzmärkten hat sich der Anteil der Vorleistungs- und Folgekosten an den Kosten erhöht, die ein Produkt während seines Lebenszyklus verursacht. Als Grund können u. a. genannt: die Verlängerung der Entwicklungszeit für die Produkte, der Einarbeitungszeit der Mitarbeiter und der Gewährleistungsfristen sowie die Verpflichtung zur Rücknahme der Produkte am Ende der Nutzungsdauer (vgl. Schehl (1994), S. 214 ff.). Bei einem Anstieg der Vorleistungs- und Folgekosten kann ein vorgegebenes Produktlebenszyklusergebnis nur erreicht werden, wenn der Überschuss der Erlöse des Produkts über seine Kosten während des Marktzyklus erhöht wird. Da die Preise für die Produkte nicht beliebig angepasst werden können, verlangt eine Erhöhung dieses Überschusses neben einer Absatzmengensteigerung vor allem eine Senkung der laufenden Kosten. Die Höhe der laufenden Kosten und der Folgekosten wird vor allem durch Entscheidungen während der Produktgestaltung festgelegt (vgl. Shields/Young (1991), S. 39). Notwendig ist deshalb die **Effizienzgestaltung während der frühen Phasen des Produktlebenszyklus**.

[2] Schaffen von Wettbewerbsvorteilen

Ein **Wettbewerbsvorteil** ist ein dauerhafter Preis-Leistungs-Vorteil gegenüber den Wettbewerbern, der von den Kunden wahrgenommen wird und bei diesen eine Zahlungsbereitschaft auslöst, die dazu führt, dass der Preis dauerhaft über den Kosten der Leistung liegt (vgl. Hungenberg/Wulf (2011), S. 145). Wie in einem Geschäftsfeld der Unternehmung ein solcher Wettbewerbsvorteil geschaffen werden soll, wird durch die Wettbewerbsstrategie festgelegt. Folgende Wettbewerbsstrategien werden unterschieden (vgl. Cooper (1998), S. 38 f.):

- die Kostenstrategie,
- die Differenzierungsstrategie und
- die Konfrontationsstrategie.

Mit einer **Kostenstrategie** wird ein Wettbewerbsvorteil durch die Schaffung eines dauerhaften Kostenvorteils gegenüber allen tatsächlichen und potentiellen Wettbewerbern angestrebt.

Bezieht sich die Kostenstrategie auf den Kernmarkt und nicht nur auf eine Marktnische, wird sie als **Kostenführerschaftsstrategie** bezeichnet (vgl. Porter (1990), S. 63 ff., (1992), S. 31 ff.).

Eine **Differenzierungsstrategie** verlangt die Gestaltung eines Leistungsprogramms, das durch eine nicht preisbedingte Einmaligkeit für den Abnehmer einen höheren Wert besitzt als das Leistungsprogramm der tatsächlichen und potentiellen Wettbewerber (vgl. Porter (1990), S. 65 f., (1992), S. 34 f.).

Der höhere Wert der Leistung wird durch einen Preiszuschlag vergütet. Dem höheren Preis stehen jedoch Mehrkosten gegenüber, die durch die Differenzierung verursacht werden. Die Kosten der Unternehmung sind bei der Umsetzung einer Differenzierungsstrategie so zu gestalten, dass keine Kostennachteile gegenüber den Wettbewerbern entstehen (vgl. Porter (1990), S. 35). Die Kosten- und die Differenzierungsstrategie verlangen damit, dass eine **durch den Wettbewerb spezifizierte Kostensituation geschaffen und dauerhaft gesichert** wird.

Die **Konfrontationsstrategie** sieht vor, qualitativ hochwertige Produkte mit hoher Funktionalität zu niedrigen Kosten zu produzieren, und sie kontinuierlich in einer dieser Dimensionen (Funktion, Qualität, Preis) in einer für die Kunden wahrnehmbaren Form zu verbessern (vgl. Cooper (1995), S. 30 ff.).

Die von der Konfrontationsstrategie vorgesehene kontinuierliche Verbesserung von Funktionalität, Qualität und Kosten fordert, dass die Effizienzziele regelmäßig nach oben korrigiert werden. Die **Erhöhung der Effizienz** wird damit zur **Daueraufgabe**.

[3] Verfolgen wertorientierter Ziele

Traditionell haben die Ziele der Unternehmung **Gewinngrößen aus dem Rechnungswesen** zum Inhalt. Beispiele für diese Ziele sind der Periodengewinn als Überschuss der Erträge über die Aufwendungen oder der Erlöse über die Kosten, die Gesamtkapitalrentabilität und die Eigenkapitalrentabilität. Eigenkapitalgeber entscheiden über eine Kapitalanlage jedoch nicht auf der Basis einer rechnungswesenorientierten Gewinngröße, sondern auf der Grundlage der erzielbaren Verzinsung des eingesetzten Kapitals. Sie erwarten von der Anlage des Kapitals eine Mindestverzinsung. Ihre Höhe wird bestimmt durch die Verzinsung einer risikofreien Anlage auf dem Kapitalmarkt und einer Risikoprämie für die Übernahme des Risikos, das mit der Anlage des Kapitals in der Unternehmung verbunden ist. Eine Unternehmung ist aus der Sicht eines Eigenkapitalgebers deshalb nur dann erfolgreich, wenn die Verzinsung der Kapitalanlage die erwartete Mindestverzinsung übersteigt (vgl. Bühner (1990a), S. 14 ff.).

Wertorientierte Ziele haben den Eigenkapitalwert (Shareholder Value) zum Inhalt (in Anlehnung an Hahn/Hungenberg (2001), S. 13 ff.).

Zur Messung des Eigenkapitalwerts wird zunächst der Unternehmungswert bestimmt. Der Marktwert des Eigenkapitals ergibt sich anschließend als Differenz zwischen dem Unternehmungswert und dem Marktwert des Fremdkapitals (vgl. Rappaport (1995), S. 54). Der Unternehmungswert wird als Kapitalwert aus den prognostizierten Free Cashflows (vgl. Mandl/Rabel (2002), Sp. 2011) berechnet, die mit dem gewogenen durchschnittlichen Kapitalkostensatz diskontiert werden. Aus der Bestimmungsgleichung für den Eigenkapitalwert sind Werttreiber hergeleitet worden (vgl. Rappaport (1995), S. 75), d. h. Einflussgrößen auf den Eigenkapitalwert. Werttreiber sind u. a. die Kapitalkosten und die Kosten für Personal- und Sachressourcen zur Erstellung und Verwertung der Produkte, die über den Free Cashflow Einfluss auf den Eigenkapitalwert haben. Für die Erreichung der verfolgten Wertziele sind diese **Kosten zielorientiert zu gestalten** (vgl. Coenenberg/Salfeld/Schultze (2015), S. 155 ff., 173 ff.).

Der **Übergang von rechnungswesen- zu wertorientierten Unternehmungszielen** hat folgende Konsequenzen:

- die Erwartungen der Eigenkapitalgeber bilden die Basis der Zielplanung und
- die langfristigen ökonomischen Wirkungen der Alternativen sind in die Entscheidungsfindung einzubeziehen.

Um einen Eigenkapitalwert zu schaffen, müssen mindestens Erfolge in Höhe der von den Eigenkapitalgebern erwarteten Mindestverzinsung erzielt werden. Die während einer Planungsperiode anzustrebenden Erfolgsziele können deshalb nicht intern unter Berücksichtigung interessenbezogener Beurteilungskriterien ausgehandelt werden. Sie sind durch die Mindestverzinsung vorgegeben, die von den Eigenkapitalgebern erwartet wird (vgl. Bühner (1990a), S. 1 ff.). Die Effizienz- und Effektivitätsziele der Unternehmung unterliegen damit den **Anforderungen der Eigenkapitalgeber**.

Die rechnungswesenorientierten Ziele motivieren dazu, die ökonomischen Wirkungen von Entscheidungen zu vernachlässigen, die erst nach dem Abrechnungszeitraum auftreten (vgl. z. B. Kaplan/Norton (1997), S. 21 f.). Es werden deshalb Maßnahmen zur Kostensenkung ergriffen, die vor allem zur **Erhöhung des kurzfristigen Erfolgs** führen. In der Unternehmungspraxis werden bei fallenden Gewinnen deshalb vorzugsweise folgende Maßnahmen ergriffen (vgl. Kajüter (2000), S. 3; Hus (2004), S. 1):

- Abbau von Personal sowie
- Reduktion von Budgets für Weiterbildung, Forschung und Entwicklung.

Ein Personalkostenabbau in einem größeren Umfang, der entweder als alleinige Maßnahme oder im Zusammenhang mit Umstrukturierungsmaßnahmen die Verbesserung der Wettbewerbsposition zum Ziel hat, wird als Downsizing bezeichnet (vgl. Kieser (2002), S. 143). Downsizing wirkt sich ungünstig auf die Motivation der Mitarbeiter und die Innovationstätigkeit und damit auf die Wettbewerbsfähigkeit der Unternehmung aus (vgl. Amabile/Conti (1999), S. 637; Marr/Steiner (2003), S. 52 ff., 248 ff.). Kürzungen der Budgets für Weiterbildung sowie Forschung und Entwicklung führen zwar kurzfristig zu einer Verringerung der Kosten; mittel- und langfristig schwächen sie die Wettbewerbsposition der Unternehmung, so dass diesen Kostensenkungen ein Rückgang der Erlöse in nachfolgenden Abrechnungsperioden gegenübersteht. Diese Maßnahmen bewirken damit zwar eine verbesserte Erreichung kurzfristiger Erfolgs- und Rentabilitätsziele, aber nicht unbedingt auch eine Wertsteigerung (vgl. Wileman (2010), S. 11 f.). Wertorientierte Ziele verlangen nach Maßnahmen, deren **Kostenwirkungen nicht durch mittel- oder langfristige Erlöswirkungen kompensiert** werden (vgl. Grundy (1996), S. 67).

1.2.1.2 Ereignisbezogene Effizienzgestaltung

Außergewöhnliche Ereignisse, die nach einer weitreichenden und nachhaltigen Steigerung der Effizienz verlangen, sind u. a.

- Unternehmungszusammenschlüsse und
- Unternehmungskrisen.

[1] Unternehmungszusammenschlüsse

Ein Unternehmungszusammenschluss ist eine Verbindung von Unternehmungen zum Zwecke der Zusammenarbeit, die mit einer Einschränkung oder der Aufgabe der Selbstständigkeit mindestens einer der beteiligten Unternehmungen verbunden ist (vgl.

Schubert/Küting (1981), S. 10 ff.). Mit Unternehmungszusammenschlüssen werden Ziele wie z. B. die Sicherung der Überlebensfähigkeit oder die Erhöhung der Rentabilität verfolgt (vgl. Schubert/Küting (1981), S. 16 ff.). Zur Erreichung dieser Ziele tragen Unternehmungszusammenschlüsse u. a. über Synergieeffekte bei (vgl. Bühner (1990b), S. 6 f.). **Synergieeffekte** sind diejenigen Zielbeiträge der Zusammenarbeit, die über die Summe der Zielbeiträge der beteiligten Unternehmungen bei getrennter Aufgabenerfüllung hinausgehen (vgl. Zelewski (1999), S. 113).

Unter **Synergie** wird das Zusammenwirken von Unternehmungen verstanden, das zu einem Zielbeitrag führt, der über die Summe der Zielbeiträge der beteiligten Unternehmung bei getrennter Aufgabenerfüllung hinausgeht (vgl. Biberacher (2003), S. 53).

Nach den Zielen, auf die sich die Synergieeffekte beziehen, werden finanzwirtschaftliche, kosten- und leistungsbezogene Synergien unterschieden (vgl. Schmalenbach-Gesellschaft (1992), S. 968 ff.). Zu den **kostenbezogenen Synergien** können gezählt werden (vgl. Abb. 1.5):

- Economies of Scale,
- Economies of Scope und
- Kosten senkende Innovationen.

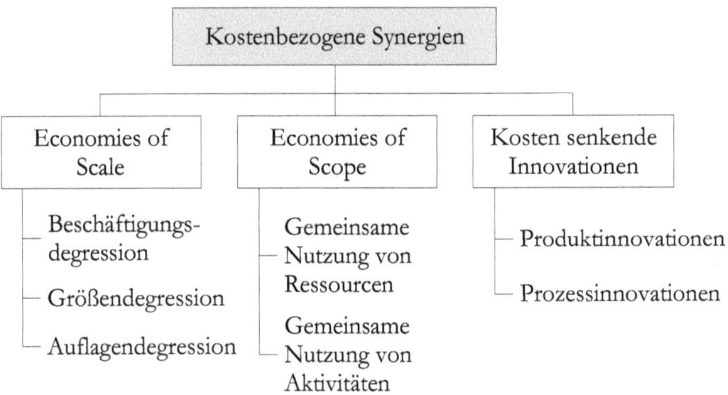

Abb. 1.5: Kostenbezogene Synergien

Economies of Scale sind Mengenvorteile, die in sinkenden Stückkosten bei steigenden Produktionsmengen zum Ausdruck kommen (vgl. Kräkel (2002), Sp. 1912).

Die Stückkostensenkungen folgen aus der Beschäftigungs-, der Größen- oder der Auflagendegression (vgl. dazu Abschnitt 8.2.2.1).

Economies of Scope sind Verbundvorteile der gemeinsamen, aber nicht konkurrierenden Nutzung von Ressourcen oder Märkten. Sie bewirken, dass die Gesamtkosten der gemeinsamen Produktion mehrerer Produkte geringer sind als die Summe der Produktionskosten jedes Produkts bei getrennter Produktion (vgl. Bühner (1993), S. 143).

Als Beispiele für die **Kostenwirkungen** von Economies of Scope können genannt werden (vgl. z. B. auch Zelewski (1999), S. 116 f.):

- die Senkung der Entwicklungskosten bei Nutzung der Entwicklungsergebnisse für mehrere Produkte;
- die Reduktion der Kosten für Marktforschung, wenn die Produkte auf demselben Markt angeboten werden;
- die Verringerung der Materialbereitstellungskosten für Materialarten, die in mehrere Produkte eingehen.

Kostenbezogene Synergien, die durch Unternehmungszusammenschlüsse und -kooperationen entstehen, sind zunächst nur **Kostensenkungspotentiale** (vgl. Bühner (2002), Sp. 45). Um die Kostensenkungen zu realisieren, müssen die Synergien identifiziert sowie entsprechende Anpassungsmaßnahmen ergriffen werden, wie z. B. der Abbau der nach einem Unternehmungszusammenschluss nicht mehr benötigter Ressourcen (vgl. Biberacher (2003), S. 195 ff.).

[2] Bewältigen von Unternehmungskrisen

Eine **Unternehmungskrise** liegt vor, wenn die Ergebnisentwicklung bei unveränderter Fortführung der Tätigkeiten den Bestand der Unternehmung gefährden würde (vgl. Hauschildt (2004), Sp. 706 f.).

Ursache einer Krise kann ein genereller oder konjunkturell bedingter Nachfragerückgang in der Branche oder die mangelnde Anpassung der Unternehmung an veränderte Wettbewerbsbedingungen sein (vgl. Hungenberg/Wulf (2004), Sp. 1469 f.).

Der **Turnaround** ist eine Folge von Maßnahmen, um die den Bestand der Unternehmung gefährdende Ergebnisentwicklung aufzuhalten, umzukehren und nachhaltig zu verbessern (vgl. Kelber (2004), S. 97).

Der **Prozess des Turnaround** kann in folgende Phasen gegliedert werden (vgl. Pearce II/Robbins (1993), S. 622 f.):

- die Krisendiagnose,
- die Krisenbewältigung und
- die Erholung.

Die **Krisendiagnose** umfasst die Analyse der Überlebensfähigkeit der Unternehmung und die Planung des Turnaround-Konzepts (vgl. Bibeault (1982), S. 95 ff.). Die Analyse der Überlebensfähigkeit ist die Grundlage der Entscheidung, ob ein Turnaround eingeleitet oder eine andere Strategie zum Umgang mit der Krise ergriffen werden soll, wie z. B. die Liquidation der Unternehmung. Bei einem Turnaround-Konzept handelt es sich um ein Maßnahmenprogramm zur Krisenbewältigung. Es ist ein Globalplan, durch den die Kontinuität und Konsistenz der in den nachfolgenden Phasen des Turnaround-Prozesses zu planenden Maßnahmen gesichert werden sollen (vgl. Tscheulin/Römer (2003), S. 72 f.). Um bei der Krisenbewältigung Fehlentscheidungen zu vermeiden, sollte das Turnaround-Konzept Aussagen zur künftigen Ausrichtung der Unternehmung enthalten (vgl. Coenenberg/Fischer (1993), S. 4 f.).

Die **Krisenbewältigung** wird in zwei Teilphasen gegliedert, die Abwendung der akuten Existenzgefährdung und die Stabilisierung der Unternehmung. Ziel der ersten Teilphase ist es, die Zahlungsunfähigkeit oder die Überschuldung und damit die drohende Insolvenz zu verhindern. In der Teilphase der Stabilisierung haben nicht mehr Liquiditäts- oder Verlustabbauziele die höchste Priorität, sondern Rentabilitätsziele und es wird von einem kurzfristigen zu einem mittelfristigen Planungszeitraum übergegangen. Die Maßnahmen zielen auf die Steigerung der Effizienz der Leistungserbringung sowie die Stärkung der Ertragskraft, z. B. durch die Elimination von Produkten, Marktsegmenten und Vertriebskanälen, welche nicht die geforderte Mindestrentabilität erreichen, sowie Kooperationen und Akquisitionen (vgl. Bibeault (1982), S. 264 ff.).

Ziel der **Erholung** ist die nachhaltige Verbesserung der Rentabilität. Aufgaben in dieser Phase sind die Festlegung einer Turnaround-Strategie sowie die Planung und Steuerung von Maßnahmen zur Umsetzung dieser Strategie. Die Eignung einer Turnaround-Strategie hängt u. a. von der Ursache der Krise ab (vgl. Barker III/Duhaime (1997), S. 34).

Während des Turnaround-Prozesses können die Anspruchsgruppen (z. B. Banken, Lieferanten, Kunden, Mitarbeiter) krisenverstärkende Gegenmaßnahmen ergreifen, wie z. B. die Verweigerung weiterer Kredite, die Abwanderung von Kunden, die Verschlechterung der Beschaffungskonditionen und das Ausscheiden wichtiger Mitarbeiter. Weiterhin haben Krisen einen ungünstigen Einfluss auf das Arbeitsverhalten der Mitarbeiter, z. B. durch die Verringerung der Motivation, Widerstände gegen das Turnaround-Konzept oder den Verlust der Glaubwürdigkeit von Führungskräften (vgl. Arogyawasamy/Barker/Yasai-Ardekani (1995), S. 499 f.). Parallel zum Turnaround-Prozess ist deshalb eine **Krisenkommunikation** notwendig, d. h. die Übermittlung von Informationen über die Liquiditäts- und die Rentabilitätsentwicklung der Unternehmung sowie über die Inhalte und Wirkungen der Maßnahmen des Turnaround-Konzepts an die Anspruchsgruppen.

Dem **Kostenmanagement** kommt im Prozess des Turnaround hohe Bedeutung zu: (1) Durch die negative Unternehmungsentwicklung können sich Kostensenkungspotentiale gebildet haben, die dringend aufzulösen sind. (2) Kostensenkungen, die kurzfristig zu einer Verbesserung des Unternehmungsergebnisses führen, können das Vertrauen der Anspruchsgruppen in den Erfolg des Turnaround stärken und ihre Bereitschaft fördern, diesen Prozess zu unterstützen (vgl. Castrogiovanni/Bruton (2000), S. 26 f.). (3) Da die Notwendigkeit überzeugend vermittelt werden kann, ist der Widerstand gegen tief greifende Kostensenkungsprogramme in Krisensituationen geringer (vgl. Bungard (1996), S. 259; Krüger (2007), Sp. 198). In einem Turnaround-Prozess lassen sich deshalb auch Kostensenkungsprogramme umsetzen, die ansonsten nicht durchsetzbar wären.

1.2.2 Ineffizienzen als Gestaltungspotential

1.2.2.1 Formen von Ineffizienzen

Potentiale für die Effizienzgestaltung gibt es in einer Unternehmung nur im Umfang der bei der Leistungserstellung und -verwertung vorhandenen Ineffizienzen.

Ineffizienzen sind der Mehrverbrauch für eine Leistung oder die Minderleistung bei einem Mitteleinsatz gegenüber der bei den gegebenen Produktionsverfahren für diese Leistung oder diesen Mitteleinsatz effizienten Aktivität.[1]

Das Ausmaß der Ineffizienz hängt davon ab, ob als Leistung die Art und Menge der Ausbringung betrachtet wird oder der Nutzen, den die Ausbringung für den Kunden hat. Es wird auch dadurch bestimmt, ob die in der Unternehmung verfügbaren oder nur die tatsächlich vorhandenen Produktionsverfahren betrachtet werden. Zu den **verfügbaren Produktionsverfahren** zählen die tatsächlich vorhandenen und die durch Gestaltung betrieblicher Rahmenbedingungen realisierbaren Produktionsverfahren.

Die **betrieblichen Rahmenbedingungen** einer Unternehmung sind die Merkmale der Elemente ihres Leistungserstellungssystems, des Zusammenwirkens dieser Elemente und ihrer Märkte, die sie entweder nicht verändern oder nur durch langfristige Entscheidungen gestalten kann.

Elemente des Leistungserstellungssystems sind die Produkte, die Programme, die Prozesse und das Potential der Unternehmung (vgl. Kern (1992); Corsten/Gössinger (2016), S. 27 ff.). Produkte sind die absatzbestimmten Güter der Unternehmung. In Industrieunternehmungen zählen hierzu neben den Sachgütern auch die begleitenden Dienstleistungen (z. B. Schulungen). Das Programm der Unternehmung wird durch die Art und die Menge ihrer Produkte bestimmt. Bezieht sich das Programm auf einen Unternehmungsbereich, umfasst es die Gesamtheit seiner Leistungen. Dabei kann es sich um Zwischenprodukte oder interne Dienstleistungen handeln. Ein Prozess ist eine wiederholbare Folge von Verrichtungen mit messbarem Input und Output, die einen Wert für interne oder externe Kunden erzeugt. Das Potential der Unternehmung sind die Ressourcen, die zur Herstellung und Aufrechterhaltung der Leistungsbereitschaft der Unternehmung bereitgestellt werden müssen. Zu den **Märkten** zählen der Absatz- und der Beschaffungsmarkt mit allen tatsächlichen und möglichen Kunden und Lieferanten. Den betrieblichen Rahmenbedingungen immanent sind die immateriellen Werte der Unternehmung. Das sind nicht monetäre Potentiale ohne körperliche Substanz für die künftige Zielerreichung (in Anlehnung an Lev (2001), S. 5 ff.). Zur umfassenden Beschreibung immaterieller Werte sind mehrere Systematiken vorgeschlagen worden (zu einem Überblick vgl. Kaufmann/Schneider (2004), S. 376 f.). Sehr detailliert ist die Systematik des Arbeitskreises „Immaterielle Werte im Rechnungswesen"

---

[1] Den folgenden Ausführungen liegen einige grundlegende Begriffe aus der Produktionstheorie zugrunde, wie z. B. Aktivität, Produktionsprozess und effiziente Aktivität. Erläutert und definiert werden diese Begriffe in Abschnitt 8.1.

der Schmalenbach-Gesellschaft, die in Abb. 1.6 wiedergegeben ist (vgl. Arbeitskreis „Immaterielle Werte im Rechnungswesen" der Schmalenbach-Gesellschaft für Betriebswirtschaft e. V. (2001), S. 990 f.; Möller/Gamerschlag (2009), S. 5 ff.).

Kategorie	Beispiele für immaterielle Werte
Innovation Capital	Neue Software, Patente, Filme, ungeschützte Rezepturen der Unternehmung
Human Capital	Fachkenntnisse, Motivation und Commitment der Mitarbeiter, gutes Betriebsklima
Customer Capital	Kundenlisten, Marktanteile, Kundenzufriedenheit, Marken, Abnahmeverträge
Supplier Capital	Verträge über den Bezug bestimmter knapper Ressourcen, Entwicklungskooperationen mit Lieferanten
Investor Capital	Reputation der Unternehmung auf dem Kapitalmarkt, langfristig ausgerichtete Kapitalgeber
Process Capital	Funktionierendes Vertriebsnetz, hochwertige Qualitätssicherung, gutes Kommunikationsnetz
Location Capital	Standortvorteile durch günstige Verkehrsanbindung, Steuervorteile

Abb. 1.6: Immaterielle Werte

Nach der Abgrenzung der Produktionsverfahren und der Leistung werden die in Abb. 1.7 genannten **Formen der Ineffizienz** unterschieden. Jede dieser Formen stellt andere Anforderungen an die Effizienzgestaltung.

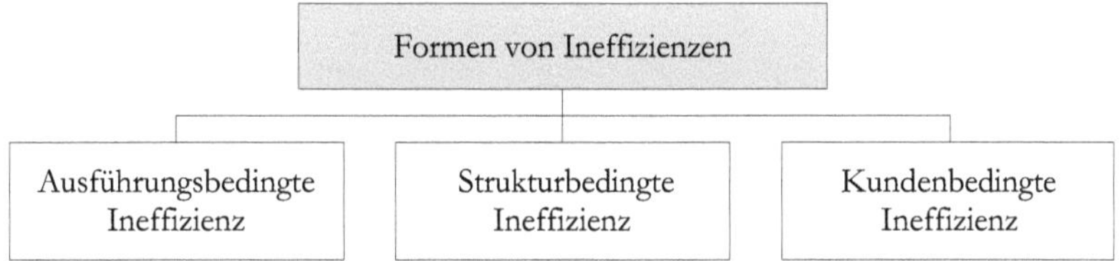

Abb. 1.7: Formen von Ineffizienzen

[1] Ausführungsbedingte Ineffizienz

Bei dieser Form der Ineffizienz werden nur die in der Unternehmung **tatsächlich vorhandenen Produktionsverfahren** betrachtet. Als Leistung wird die art- und mengenmäßige Ausbringung herangezogen.

> Die **ausführungsbedingte Ineffizienz** ist der Mehrverbrauch für eine Leistung (die Minderleistung bei einem Mitteleinsatz) gegenüber der Aktivität, die bei den in der Unternehmung tatsächlich vorhandenen Produktionsverfahren für diese Leistung (bei diesem Mitteleinsatz) effizient ist.

Ausführungsbedingte Ineffizienzen treten zum einen auf, wenn bei **Entscheidungen**, die im Rahmen der tatsächlich vorhandenen Produktionsverfahren getroffen werden, eine andere als die effiziente Aktivität gewählt wird. Gegenstand dieser Entscheidungen sind die Leistungsmengen, die Mengenrelationen bei substituierbaren Einsatzgütern, die Verfahrenswahl und der Ablauf der Leistungserstellung. Zum anderen kommt es zu ausführungsbedingten Ineffizienzen bei nicht plangemäßer Realisation von Entscheidungen (vgl. Wollnik (1989), Sp. 1381 f.) oder nicht sachgerechter Leistungserstellung und -verwertung. Erscheinungsformen der ausführungsbedingten Ineffizienz sind z. B. Ausschuss, Nacharbeit und Wartezeiten von Mitarbeitern, Maschinen und Bearbeitungsobjekten.

Beispiel 1.1: Ausführungsbedingte Ineffizienz

In einer Unternehmung gibt es zwei Produktionsverfahren mit den Produktionsprozessen P_1 und P_2, die in Abb. 1.8 dargestellt sind. Für die Ausbringungsmenge x_1 ist die Aktivität A effizient. Ausführungsbedingte Ineffizienzen in Höhe der Differenz zwischen den Einsatzgütermengen r_B und r_A entstehen, wenn zur Realisation der Ausbringungsmenge x_1 der Produktionsprozess P_2 und nicht der Produktionsprozess P_1 gewählt wird. Wird im Produktionsprozess P_1 durch eine nicht plangemäße oder sachgerechte Produktion der Ausbringungsgütermenge x_1 die Einsatzgütermenge r_C verbraucht, liegen ausführungsbedingte Ineffizienzen im Umfang der Differenz zwischen r_C und r_A vor.

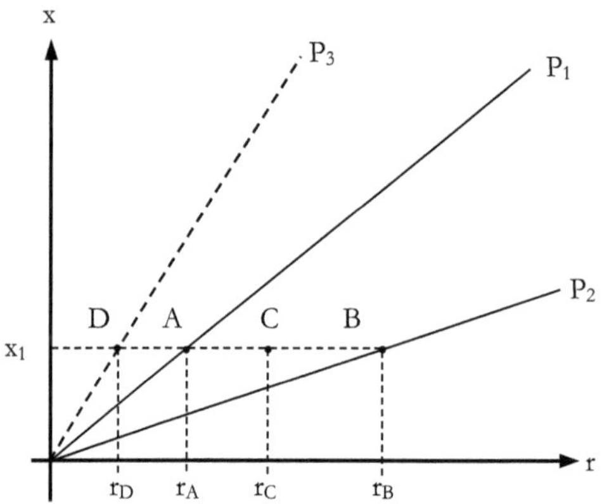

Abb. 1.8: Ausführungsbedingte Ineffizienz

[2] Strukturbedingte Ineffizienz

Werden nicht die in der Unternehmung tatsächlich vorhandenen Produktionsverfahren betrachtet, sondern alle **neuen oder veränderten Produktionsverfahren**, die durch die Gestaltung betrieblicher Rahmenbedingungen realisiert werden könnten, gelangt man zu den strukturbedingten Ineffizienzen. Diese sind erfahrungsgemäß sehr viel bedeutsamer als die ausführungsbedingten Ineffizienzen (vgl. Skinner (1987), S. 18).

Die **strukturbedingte Ineffizienz** ist der Mehrverbrauch für eine Leistung (die Minderleistung bei einem Mitteleinsatz) gegenüber der Aktivität, die bei den in der Unternehmung durch die Gestaltung der betrieblichen Rahmenbedingungen realisierbaren neuen oder veränderten Produktionsverfahren für diese Leistung (bei diesem Mitteleinsatz) effizient wäre.

Strukturbedingte Ineffizienzen entstehen zum einen durch Fehler bei der Planung und Umsetzung von Entscheidungen über die betrieblichen Rahmenbedingungen. Eine weitere **Ursache** sind fehlende Initiativen zur Anpassung betrieblicher Rahmenbedingungen an veränderte Unternehmungs- oder Umweltfaktoren.

Beispiel 1.2: Strukturbedingte Ineffizienz

Nach einer Ersatzinvestition würde in der betrachteten Unternehmung eine moderne Produktionsanlage zur Verfügung stehen, mit der Produktionsprozess P_3 durchgeführt werden könnte (vgl. Abb. 1.8). Die effiziente Aktivität zur Realisation der Ausbringungsmenge x_1 wäre dann nicht mehr Aktivität A, sondern Aktivität D. Damit liegt eine strukturbedingte Ineffizienz in Höhe der Differenz aus r_A und r_D vor.

[3] Kundenbedingte Ineffizienz

In Unternehmungen werden regelmäßig Leistungen erstellt, die über den Bedarf oder die Wünsche der Kunden hinausgehen und damit beim Kunden keinen Nutzen schaffen. Diese als nicht wertschöpfend bezeichneten Leistungen entstehen durch Redundanzen, fehlendes Wissen über den Bedarf und die Wünsche der Kunden, unzureichende Beherrschung der Prozesse zur Leistungserstellung und -verwertung, Unsicherheit oder Prozessfehler (vgl. Scholz/Vrohlings (1994), S. 119). Den nicht wertschöpfenden Leistungen stehen die direkt und die indirekt wertschöpfenden Leistungen gegenüber. **Direkt wertschöpfende Leistungen** tragen unmittelbar zum Nutzen des externen Kunden bei. Leistungen, die Voraussetzungen für direkt wertschöpfende Leistungen schaffen, ohne selbst einen Beitrag zum Nutzen der externen Kunden zu leisten, wie z. B. die Aus- und Weiterbildung von Mitarbeitern, werden als **indirekt wertschöpfend** bezeichnet (vgl. Weth (1997), S. 67). Beispiele für nicht wertschöpfende Leistungen sind quantitative oder qualitative Überproduktion sowie Lager-, Rüst- und innerbetriebliche Transportprozesse.

Nicht wertschöpfende Leistungen lösen beim Kunden keine Zahlungsbereitschaft aus. Dem Mitteleinsatz, den die Erstellung und Verwertung dieser Leistungen verursacht, steht kein Kundennutzen gegenüber. Ein Mitteleinsatz, der ohne negative Wirkung auf den Kundennutzen entfallen könnte, ist Ausdruck kundenbedingter Ineffizienzen. Zur Abgrenzung dieser Ineffizienzen werden die in der Unternehmung **verfügbaren Produktionsverfahren** betrachtet.

Die **kundenbedingte Ineffizienz** ist der Mitteleinsatz für die Mehrleistung zur Erreichung eines bestimmten Kundennutzens gegenüber einer Aktivität, die mit den verfügbaren Produktionsverfahren realisiert werden könnte und zu einer Leistung mit identischem Kundennutzen führen würde.

1.2.2.2 Ursachen für das Entstehen von Ineffizienzen

Ineffizienzen entstehen einerseits durch die Veränderung von Unternehmungs- und Umweltfaktoren, andererseits aber auch durch Fehlentscheidungen, die nicht plangemäße Realisation von Entscheidungen oder die nicht sachgerechte Leistungserstellung und -verwertung. Solche Vorkommnisse können folgende **Ursachen** haben (in Anlehnung an Leibenstein (1978a), S. 353 ff.): lückenhafte Kenntnisse über die effizienten Aktivitäten, begrenzt verfügbare Produktionsfaktoren, unzureichende Koordination und effizienzschädigendes Arbeitsverhalten von Mitarbeitern.

[1] Lückenhafte Kenntnisse über die effizienten Aktivitäten

Um **ausführungsbedingte** Ineffizienzen zu vermeiden, müssen die effizienten Aktivitäten bei den in der Unternehmung tatsächlich vorhandenen Produktionsverfahren bekannt sein. Die minimale Einsatzgütermenge zur Erbringung einer bestimmten Leistung ist jedoch allenfalls bei Bauteilen bekannt. Bei anderen Materialien können schwierig zu lösende Verschnittprobleme auftreten. Der für die Erbringung einer Leistung erforderliche Arbeitseinsatz hängt u. a. von der Reihenfolge der Handlungselemente, der Auswahl der Hilfsmittel, der Anordnung der Hilfsmittel und Materialien, der Arbeitsgeschwindigkeit und der Anzahl der von einem Mitarbeiter zu bedienenden Maschinen ab. Für den Verbrauch von Betriebsstoffen können die Intensität, die Raumtemperatur, die Luftfeuchtigkeit usw. maßgebend sein. Durch die Vielzahl der wirksamen Einflussgrößen ist die Bestimmung der effizienten Aktivität ein komplexes Problem. Hinzu kommt, dass die Informationen aus der Kostenrechnung der Unternehmung für die Lösung dieses Problems nur begrenzt aussagefähig sind (vgl. z. B. Friedl (2010), S. 282 ff., 387 ff.).

Es kann nicht davon ausgegangen werden, dass alle Produktionsverfahren bekannt sind, die durch die Gestaltung betrieblicher Rahmenbedingungen in der Unternehmung realisierbar sind. Bei Entscheidungen über die Produkte, die Programme, die Prozesse, die Potentiale und die Märkte der Unternehmung lassen sich deshalb **strukturbedingte** Ineffizienzen nicht vermeiden.

Kundenbedingte Ineffizienzen entstehen nicht nur durch Produkte mit Funktionen und Qualitäten, die über die Wünsche der Kunden hinausgehen, Produktionsmengen, die den Bedarf der Kunden übersteigen, sowie Lager-, Rüst- und innerbetriebliche Transportprozesse. Sie treten auch bei Verwendung von Maschinen mit quantitativen oder qualitativen Kapazitäten auf, die für die Erstellung des geplanten Leistungsprogramms nicht erforderlich sind, bei Einsatz überqualifizierter Mitarbeiter und bei der Erstellung von Verwaltungsleistungen, die nicht genutzt werden. Die Identifikation kundenbedingter Ineffizienzen setzt deshalb Informationen über die Bedürfnisse und Wünsche der Kunden auf dem Absatzmarkt, den Bedarf der Empfänger innerbetrieblicher Leistungen sowie über den quantitativen und qualitativen Kapazitätsbedarf voraus. Zum anderen müssen die in der Unternehmung durch die Gestaltung der Rahmenbedingungen realisierbaren Produktionsverfahren bekannt sein, die eine Leistungserstellung und -verwertung ohne Rüst-, Lager- und innerbetriebliche Transportprozesse zulassen.

[2] Begrenzte Verfügbarkeit von Produktionsfaktoren

Die begrenzte Verfügbarkeit von Produktionsfaktoren kann bei **operativen Entscheidungen** und ihrer Realisation die Handlungsmöglichkeiten einschränken, sodass die effiziente Aktivität nicht realisiert werden kann. Als Beispiele für diese Handlungszwänge können genannt werden: sachliche oder personelle Engpässe, qualitative, quantitative oder zeitliche Fehllieferungen von Material, Ausfall von Mitarbeitern oder Maschinen.

Bei der **Gestaltung betrieblicher Rahmenbedingungen** kann die begrenzte Verfügbarkeit von Produktionsfaktoren die Umsetzung grundsätzlich realisierbarer Produktionsverfahren verhindern und zum Entstehen struktur- oder kundenbedingter Ineffizienzen beitragen. Als Beispiele für diese Handlungszwänge können fehlende finanzielle Mittel, der Mangel an Mitarbeitern mit den erforderlichen Qualifikationen sowie fehlende Patente und Lizenzen genannt werden.

[3] Unzureichende Koordination

Die Sach- und Dienstleistungen der Unternehmung werden arbeitsteilig erstellt und verwertet, d. h. die Gesamtaufgabe der Unternehmung wird in Teilaufgaben gegliedert, die auf mehrere Stellen verteilt werden. Die **Arbeitsteilung** geht meist mit einer Spezialisierung einher, bei der jeder Stelle andere Verrichtungen zugeordnet werden. Die den Stellen zugeordneten Teilaufgaben sind nicht unabhängig voneinander. Die Leistungserstellung in einer Stelle kann Einfluss auf die Leistungserstellung in einer anderen Stelle haben. Diese Abhängigkeiten der Leistungserstellung in einer Stelle von der in anderen Stellen werden als **Sachinterdependenzen** bezeichnet. Verursacht werden sie durch Leistungsverflechtungen zwischen den Stellen, die konkurrierende Nutzung begrenzt verfügbarer Ressourcen durch mehrere Stellen oder Verbundvorteile bei der gemeinsamen Nutzung von Ressourcen durch mehrere Stellen. Sachinterdependenzen verlangen die Koordination der Leistungserstellung zwischen den Stellen (vgl. Friedl (2017), S. 20 f.). Wird es versäumt, die Leistungserstellung quantitativ, qualitativ und zeitlich aufeinander abzustimmen, können Ineffizienzen entstehen.

> **Beispiel 1.3:** Unzureichende Koordination bei der Leistungserstellung
>
> Bei innerbetrieblichen Leistungsverflechtungen und unzureichender zeitlicher Abstimmung können Bestände an Zwischenprodukten entstehen, d. h. **kundenbedingte Ineffizienzen**. Entsteht in dieser Situation Termindruck, kann die effiziente Aktivität u. U. nicht mehr realisierbar sein, da ein Produktionsverfahren mit kürzerer Bearbeitungszeit, aber höheren Kosten verwendet werden muss. Unzureichende zeitliche Abstimmung kann bei konkurrierender Nutzung von Ressourcen zur Folge haben, dass diese durch eine andere Stelle genutzt werden und nicht verfügbar sind, so dass zur Leistungserstellung nicht die effiziente Aktivität gewählt werden kann. Bei gemeinsamer Nutzung von Ressourcen kann sie dafür verantwortlich sein, dass Verbundvorteile nicht realisiert werden können.

Die **Entscheidungen** der Unternehmung werden in sachlich und zeitlich abgegrenzte Teilentscheidungen **differenziert**, die mehr oder weniger isoliert in verschiedenen Verantwortungsbereichen der Unternehmung und zeitlich sukzessive getroffen werden. Auch diese Teilentscheidungen können durch Sachinterdependenzen verbunden sein (vgl. Friedl (2013), S. 19 f.). Entscheidungen über betriebliche Rahmenbedingungen in einem Bereich können durch diese Interdependenzen zur Folge haben, dass in der Unternehmung andere Aktivitäten effizient werden, neue effiziente Aktivitäten entstehen oder neue Produktionsverfahren realisierbar werden. Ohne Koordination der Entscheidungen verschiedener Bereiche oder Perioden unterbleibt der Übergang auf die neuen effizienten Aktivitäten und es entstehen ausführungsbedingte Ineffizienzen. Es unterbleiben auch notwendige Anpassungen der betrieblichen Rahmenbedingungen, so dass strukturbedingte Ineffizienzen auftreten. Sachinterdependenzen bestehen aber nicht nur zwischen Entscheidungen verschiedener Verantwortungsbereiche einer Unternehmung, sondern auch zwischen Entscheidungen der Unternehmung, seiner Lieferanten und Kunden.

Beispiel 1.4: Unzureichende Koordination von Entscheidungen

Die Entscheidung der Produktgestaltung für die Materialart mit den niedrigeren Materialeinzelkosten kann zur Folge haben, dass in der Produktion ein aufwendigeres Fertigungsverfahren gewählt werden muss, das eine Zunahme der Fertigungsgemeinkosten bewirkt, die über der erzielten Einsparung bei den Materialeinzelkosten liegt. Erforderlich ist die Abstimmung eines Produktentwurfs mit den Gegebenheiten des Produktionsbereichs (Design to Manufacturing, Design to Assembly).

[4] Effizienzschädigendes Arbeitsverhalten

Effizienzschädigend ist jedes Arbeitsverhalten, das dem Wirtschaftlichkeitsprinzip zuwiderläuft oder ihm zumindest nicht folgt. Mögliche Ursachen für effizienzschädigendes Arbeitsverhalten sind

- fehlendes Kostenbewusstsein und
- Delegation von Entscheidungsbefugnissen und Verantwortung.

Von **fehlendem Kostenbewusstsein** kann gesprochen werden, wenn dem Wirtschaftlichkeitsziel zu geringes Gewicht zukommt oder Kenntnisse über die Kosteneinflussgrößen und ihre Wirkungen auf die Kosten fehlen. Beispiele für Verhaltensweisen bei fehlendem Kostenbewusstsein sind ein übertriebener Perfektionismus, der zu keiner weiteren Erhöhung des Kundennutzens führt, sowie das Verwirklichen von Prestige-, Selbstdarstellungs- und Repräsentationsbedürfnissen (vgl. Pentzek (1991), S. 261 ff.).

Ist die Unternehmungsleitung (Eigentümer, Vorstand, Geschäftsführung) nicht in der Lage, alle Entscheidungen selbst zu treffen, werden Entscheidungsbefugnisse und Verantwortung dauerhaft an ihnen unterstellte Manager in den Verantwortungsbereichen **delegiert**. Durch ihre Tätigkeit in den Bereichen haben die Bereichsmanager einen besseren Informationsstand als die Unternehmungsleitung, u. a. auch über die Potentiale der Effizienzgestaltung. Die Informationen zwischen Unternehmungs- und Bereichsleitung sind deshalb meist asymmetrisch verteilt. Die Bereichsmanager verfolgen mit ihren Entscheidungen und der Berichterstattung an die Unternehmungsleitung ihre individuellen Ziele, die mit den Unternehmungszielen im Konflikt stehen können. Die individuellen Ziele der Bereichsmanager können in den

- Wertvorstellungen des Bereichsmanagers oder
- den vorgegebenen Bereichszielen

begründet sein. Folgt ein Entscheidungsträger seinen Wertvorstellungen, wird er die Ziele der Unternehmung anders als die Unternehmungsleitung gewichten oder interpretieren. Ein Bereichsmanager wird auf der Basis der Bereichsziele beurteilt, die ihm vorgeben werden. Um seine individuellen Einkommens- und Karriereziele zu erreichen, wird er sein Arbeitsverhalten an den Bereichszielen ausrichten und die Folgen seines Handelns für andere Bereiche oder die Erreichung der Unternehmungsziele vernachlässigen. Bei solchen Zielkonflikten und asymmetrischer Informationsverteilung können bei den Bereichsmanagern **zwei Formen effizienzschädigenden Arbeitsverhaltens** auftreten (in Anlehnung an Ewert/Wagenhofer (2014), S. 395 ff.; Wagenhofer (1995), S. 123 ff.):

- Die Entscheidungen werden an den individuellen Zielen ausgerichtet und nicht im Sinne der Unternehmungsziele getroffen.
- Die Berichterstattung gegenüber der Unternehmungsleitung ist subjektiv verzerrt oder unvollständig, so dass Fehlentscheidungen der Unternehmungsleitung wahrscheinlich werden.

Beispiel 1.5: Effizienzschädigendes Arbeitsverhalten

Mitarbeiter im Entwicklungsbereich geben technischen Zielen vielfach den Vorrang vor ökonomischen Zielen. Durch ihre Ausbildung und die zunehmende Spezialisierung bei der Gestaltung komplexer Produkte haben die Mitarbeiter im Entwicklungsbereich Informationsvorteile gegenüber der Unternehmungsleitung. Die Leitung eines Entwicklungsprojekts verfügt damit über Freiräume, ihre technischen Ziele zulasten der ökonomischen Unternehmungsziele zu realisieren. Durch die Entscheidung über den Produktentwurf oder die Erstellung einer Entscheidungsvorlage für die Unternehmungsleitung können deshalb kundenbedingte Ineffizienzen in der Form von Overengineering entstehen. Darunter wird die Entwicklung eines Produkts mit einer höheren als der vom Kunden gewünschten Funktionalität oder Qualität verstanden.

Werden effizienzschädigende Handlungen absichtlich vorgenommen, sind sie prinzipiell geeignet, der Unternehmung Schaden zuzufügen, oder stehen sie den legitimen Interessen der Unternehmung entgegen, ist das Arbeitsverhalten kontraproduktiv.[2] Beispiele für ein solches Arbeitsverhalten sind: frühzeitiges Verlassen des Arbeitsplatzes, Ausdehnen der Pausen, absichtlich langsames Arbeiten, Absentismus, Verwenden von Arbeitszeit und Ressourcen für private Zwecke, Verschwenden von Ressourcen, Sabotage von Anlagegütern, Arbeitszeitenbetrug, Korruption, Diebstahl, Rivalitäten und Konkurrenzkämpfe (vgl. Nerdinger/Schaper (2014), S. 452 f.). **Kontraproduktives Arbeitsverhalten** gegenüber Kollegen und Mitarbeitern, wie z. B. Mobbing und Beschimpfungen, wirkt über die Beeinträchtigung der Leistungsfähigkeit der Betroffenen ebenso effizienzschädigend. Die Effizienz der Unternehmung wird nicht nur durch die unmittelbaren Wirkungen eines kontraproduktiven Arbeitsverhaltens beeinträchtigt. In jeder Unternehmung fallen beachtliche Kosten für Kontrollen und die Revision an, um die Auswirkungen effizienzschädigenden Arbeitsverhaltens zu begrenzen (vgl. Pentzek (1991), S. 262).

---

2 Formen und Determinanten des Arbeitsverhaltens werden in Abschnitt 9.1.1 erläutert.

1.2.2.3 Ursachen für das Bestehen von Ineffizienzen

Als Gründe dafür, dass bestehende Ineffizienzen nicht erkannt, verzögert, unvollständig oder überhaupt nicht abgebaut werden, können genannt werden:

- lückenhafte Kenntnisse über Ineffizienzen sowie
- Barrieren und Widerstände gegen die Effizienzgestaltung.

Durch technischen Fortschritt und sonstige Veränderungen, z. B. bei den Einsatzgüterpreisen, der Einsatzgüterqualität, der relevanten Gesetze, Richtlinien und Verordnungen sowie den Kundenwünschen, können andere Aktivitäten effizient oder Produktionsverfahren mit neuen effizienten Aktivitäten realisierbar werden. Solche Veränderungen treten laufend und in großer Zahl auf. Nur durch eine kontinuierliche und systematische Suche kann sichergestellt werden, dass durch Veränderungen entstandene **Ineffizienzen zeitnah wahrgenommen** werden.

Eine **Barriere** ist ein Tatbestand, der das Arbeitsverhalten von Mitarbeitern beeinflussen und damit den Abbau von Ineffizienzen verzögern, beeinträchtigen oder sogar verhindern kann (vgl. Witte (1998), S. 13).

Von Barrieren beeinflusst werden kann das Arbeitsverhalten sowohl von Beteiligten als auch von Betroffenen. Zu den **Beteiligten** gehören die Mitarbeiter, die an der Effizienzgestaltung mitwirken. Die **Betroffenen** sind die Mitarbeiter, auf die sich die Effizienzgestaltung unmittelbar auswirkt. Barrieren sind zunächst nur Störpotentiale. Werden sie nicht beseitigt, kommt es zu Widerständen.

Bei **Widerständen** handelt es sich um ein Arbeitsverhalten von Beteiligten oder Betroffenen, das die Effizienzgestaltung verhindert, verzögert, verformt oder verändert (vgl. Hauschildt/Salomo (2011), S. 101 f., 107 ff.), sodass identifizierte Ineffizienzen überhaupt nicht, in vermindertem Umfang oder nur verzögert abgebaut werden.

Nach der Form des Arbeitsverhaltens werden die destruktive und die konstruktive Opposition unterschieden. **Destruktive Opposition** wird verdeckt praktiziert und zielt auf das Verhindern, Verzögern oder Verformen der Effizienzgestaltung. Beispiele für dieses Arbeitsverhalten sind die nicht wahrheitsgemäße oder unvollständige Berichterstattung über identifizierte Ineffizienzen und fehlendes Engagement bei der Suche nach und beim Abbau von Ineffizienzen. **Konstruktive Opposition** wird artikuliert und als nützlich angesehen. Sie äußert sich darin, dass Alternativen zur geplanten Effizienzgestaltung vorgeschlagen und zweckdienliche Informationen zu den Prämissen und Wirkungen der Effizienzgestaltung übermittelt werden. Ziel der konstruktiven Opposition ist eine Veränderung der geplanten Effizienzgestaltung (vgl. Hauschildt (1999), S. 9 f.). Träger des Widerstandes finden sich in allen Mitarbeitergruppen, auch unter den Führungskräften (vgl. Palmer/Dunford/Akin (2009), S. 169 f.).

Das Arbeitsverhalten wird durch situations- und personenbedingte Determinanten bestimmt. Situative Ermöglichung sowie soziales Dürfen und Sollen sind situationsbezogene Determinanten, das persönliche Können und das individuelle Wollen personenbezogene.[3] Nach diesen Determinanten werden folgende **Arten von Barrieren** unterschieden (vgl. Schewe/Schaecke/Nentwig (2004), S. 3 ff.):

- systembedingte Barrieren und
- personenbedingte Barrieren.

Ursache systembedingter Barrieren sind die **situationsbezogenen Determinanten** des Arbeitsverhaltens von Mitarbeitern. Zu diesen zählen Merkmale der Organisation, der Unternehmungskultur, des Anreizsystems, des Führungsstils, der Führungsgrundsätze oder der eingesetzten Führungsinstrumente, die bei Mitarbeitern ein Arbeitsverhalten auslösen können, das die Effizienzgestaltung behindert oder sogar verhindert. Beispiele für diese Merkmale sind eine überbordende Bürokratie, fehlende Partizipation, Beiträge von Mitarbeitern zum Abbau von Ineffizienzen werden nicht honoriert, von Vorgesetzten behindert oder sogar verhindert, fehlendes Kostenbewusstsein und wenig ambitionierte Wirtschaftlichkeitsziele (vgl. Schewe/Schaecke/Nentwig (2004), S. 4; KPMG (2007), S. 4 ff.). Fehlen formale Regelungen zum Abbau von Ineffizienzen, wie z. B. ein betriebliches Vorschlagswesen, werden Mitarbeiter, die ihr Arbeitsverhalten am Dienst nach Vorschrift ausrichten, keine Beiträge zum Abbau von Ineffizienzen leisten. Selbst direkt wahrnehmbare Ineffizienzen werden in diesem Fall reaktionslos hingenommen.

Sind Beiträge der Mitarbeiter zur Effizienzgestaltung tatsächlich oder vermeintlich nicht erwünscht oder erlaubt oder werden sie durch die vorliegenden Arbeitsbedingungen behindert oder sogar verhindert, liegen **systembedingte Barrieren** vor.

Personenbedingte Barrieren sind die mangelnde Bereitschaft oder fehlende Fähigkeiten der Beteiligten oder der Betroffenen zur Effizienzgestaltung und gehen auf die personenbedingten Determinanten des Arbeitsverhaltens zurück. Nach der Ursache fehlender Bereitschaft und der Art der fehlenden Fähigkeiten werden die in Abb. 1.9 genannten Arten personenbedingter Barrieren unterschieden. Die Barrieren stehen dabei nicht isoliert nebeneinander, sondern beeinflussen sich wechselseitig (vgl. Nieder/Zimmermann (1992), S. 385 f.).

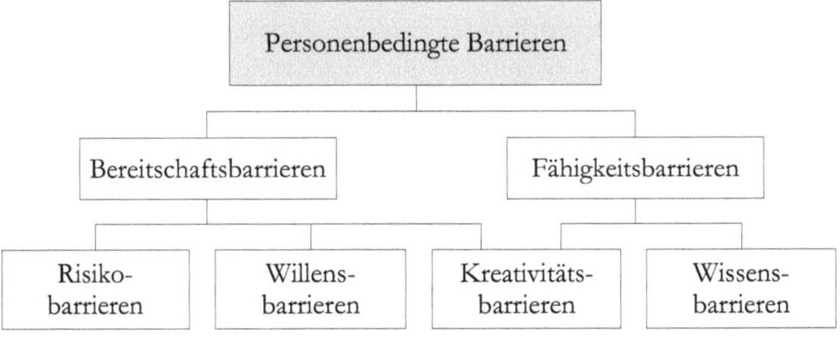

Abb. 1.9: Arten personenbedingter Barrieren

[3] Die Determinanten des Arbeitsverhaltens werden in Abschnitt 9.1.1.2 erläutert.

Die Effizienzgestaltung kann für Mitarbeiter **materielle oder ideelle Nachteile** haben (vgl. Franz (2002), S. 418). Beispiele für diese Nachteile sind der Verlust des Arbeitsplatzes, die Verschlechterung der wirtschaftlichen Situation durch Arbeitszeitverkürzungen oder den Abbau von Überstunden, die örtliche oder qualitative Versetzung, das Veralten von Fachkenntnissen sowie Qualifizierungsnotwendigkeiten. Die Ankündigung oder die Erwartung von Maßnahmen zum Abbau von Ineffizienzen lösen bei den Mitarbeitern deshalb Befürchtungen aus, dass die Befriedigung ihrer Bedürfnisse und Motive gefährdet ist (vgl. Marr/Kötting (1992), Sp. 829). Diese Befürchtungen werden als Risikobarrieren bezeichnet. Sie können bei den Mitarbeitern Reaktanz auslösen, d. h. eine Handlungsintention, die auf die Abwehr der erwarteten Verschlechterung der eigenen Arbeitssituation gerichtet ist. Sie äußert sich in Widerständen gegen diese Veränderungen und ihre Ergebnisse (vgl. Schanz (2000), S. 275 ff.; Wiendieck (1992), Sp. 91).

Risikobarrieren sind Ängste der Mitarbeiter vor einer materiellen oder ideellen Verschlechterung der eigenen Arbeitssituation durch die Effizienzgestaltung (vgl. Thom (2003), S. 48 ff.; Deppe (1991), S. 661).

Willensbarrieren behindern die Planung und Umsetzung von **Veränderungen**, aber auch die Leistungserbringung unter veränderten Bedingungen (vgl. Rosenstiel (1998), S. 34, 44 f.). Ihren Ursprung haben sie in Konflikten zwischen den Zielen der Effizienzgestaltung und den individuellen Zielen der Mitarbeiter. Abb. 1.10 nennt Beispiele für Ursachen dieser Zielkonflikte (vgl. Palmer/Dunford/Akin (2009), S. 162 ff.).

Willensbarrieren gehen auf die negative Einstellung der Mitarbeiter gegenüber den Veränderungen durch die Maßnahmen der Effizienzgestaltung zurück (in Anlehnung an Witte (1998), S. 13 f.).

- Fehlende Bereitschaft, einen vertrauten Zustand zu verändern
- Unsicherheit hinsichtlich der Art der Veränderung und ihrer Konsequenzen
- Unvereinbarkeit der Veränderungen mit der Unternehmungskultur
- Verletzung des Vertrauensverhältnisses zwischen Arbeitgeber und Arbeitnehmer
- Fehlende Einsicht in die Notwendigkeit der Veränderungen
- Unklare Vorstellungen über die Veränderungen
- Abweichende Vorstellungen über die Angemessenheit und den richtigen Zeitpunkt der Veränderung
- Überforderung der Fähigkeit zur Veränderung
- Persönliche Lebensumstände der Mitarbeiter
- Bequemlichkeit und Trägheit von Mitarbeitern
- Bedenken ethischer Art
- Erfahrungen mit früheren Projekten, die zu Veränderungen geführt haben
- Unzufriedenheit mit der Art, wie die Veränderungen durchgeführt werden

Abb. 1.10: Ursachen von Willensbarrieren

Die Effizienzgestaltung kann **neue Anforderungen** an die Aufgabenerfüllung stellen und weitreichende Veränderungen der Arbeitsabläufe und -inhalte zur Folge haben.

Dem Abbau von Ineffizienzen können deshalb Wissensbarrieren der Beteiligten und Betroffenen entgegenstehen (vgl. Witte (1998), S. 14).

Sind die Mitarbeiter tatsächlich oder vermeintlich nicht in der Lage, die Anforderungen der Effizienzgestaltung oder der veränderten Leistungserstellung und -verwertung zu bewältigen, liegen **Wissensbarrieren** vor.

Für die Effizienzgestaltung sind **Problemlösungsideen zu generieren**. Nach der geforderten Neuartigkeit der Lösungsideen werden Probleme aus dem Erfahrungsbereich der Mitarbeiter und innovative Probleme unterschieden. Probleme aus dem Erfahrungsbereich der Mitarbeiter sind nicht neuartig und die Mitarbeiter verfügen über Vorstellungen zu den Problemgrenzen, Restriktionen und grundlegenden Wirkungszusammenhängen. Die Lösung von Problemen dieser Gruppe verlangt eine systematisch-analytische Vorgehensweise, um die Wirkungszusammenhänge zu erkennen und daraus Maßnahmen herzuleiten, die für die Problemlösung geeignet erscheinen. Innovative Probleme zeichnen sich durch hohe Komplexität und Neuartigkeit aus. Es liegen deshalb keine Vorstellungen über mögliche Lösungsansätze, Restriktionen und Problemgrenzen vor, d. h., es müssen grundsätzlich neue Handlungsstrategien entwickelt werden. Für die Bearbeitung innovativer Probleme ist Kreativität eine unabdingbare Voraussetzung (vgl. Klein/Scholl (2011), S. 147 ff.). Fehlende Kreativität kann ihre Ursachen in unzureichender Qualifikation der Mitarbeiter, ungünstigen Arbeitsbedingungen, im Anreizsystem und in der Unternehmungskultur sowie in unzureichender Information und Kommunikation haben (vgl. Staudt/Mühlemeyer (1995), Sp. 1204).

Bei **Kreativitätsbarrieren** sind Beteiligte tatsächlich oder vermeintlich nicht in der Lage, die zur Effizienzgestaltung notwendigen innovativen Problemlösungen zu generieren (vgl. Kroy (1984), S. 71; Jehle (1986), S. 95 ff.).

1.3 Kostenmanagement nach der führungsbezogenen Konzeption

1.3.1 Anforderungen an das Kostenmanagement

Die Problemstellung des Kostenmanagements ist die Gestaltung der Effizienz zur Verbesserung der Wirtschaftlichkeit. Aus den Eigenschaften und Ursachen von Ineffizienzen folgen Anforderungen, denen das Kostenmanagement zur Bewältigung dieser Problemstellung genügen sollte. In der Literatur werden mehrere solcher Anforderungen genannt. Abb. 1.11 erläutert die **Anforderungen an das Kostenmanagement** nach Kajüter (vgl. Kajüter (2000), S. 14 ff.; Franz/Kajüter (2007), Sp. 975 f.).

Anforderungen	Erläuterung
Marktorientierung	Berücksichtigung der Kundenanforderungen und des Wettbewerbsverhaltens
Ganzheitlichkeit	Einbeziehung der gesamten Wertschöpfungskette und aller Phasen des Produktlebenszyklus

Antizipation	Frühzeitige Einflussnahme auf die künftige Kostensituation
Kontinuität	Permanente Kostenbeeinflussung mit dem Ziel der kontinuierlichen Verbesserung der Kostensituation
Partizipation	Einbeziehung von Mitarbeitern aller Hierarchieebenen
Interdisziplinarität	Funktionsübergreifende Ausrichtung

Abb. 1.11: Anforderungen an das Kostenmanagement nach Kajüter

Eine Konzeption des Kostenmanagements, der die Gestaltung der Effizienz zur Verbesserung der Wirtschaftlichkeit als spezifische Problemstellung zugrunde liegt, sollte folgenden **Anforderungen an das Kostenmanagement** entsprechen:

- Kontinuität,
- Unternehmungszielorientierung,
- Ganzheitlichkeit,
- unternehmungsübergreifender Charakter,
- bereichsübergreifender Charakter,
- Kundenorientierung sowie
- Mitarbeiterorientierung.

Um der Forderung nach **Kontinuität** zu genügen, muss das Kostenmanagement eine Daueraufgabe sein und nicht nur eine Reaktion auf bestimmte Ereignisse, wie z. B. das Verfehlen des Erfolgsziels, eine Unternehmungskrise oder ein Unternehmungszusammenschluss. Mit der Kontinuität werden die Ausrichtung aller Aktivitäten und Entscheidungen in der Unternehmung an den Wirtschaftlichkeitszielen, die systematische Suche nach abbaubaren Ineffizienzen und kontinuierliche Bestrebungen zum Abbau von Ineffizienzen gefordert. Ein kontinuierliches Kostenmanagement ist notwendig, da Ineffizienzen nicht vollständig erkannt, vermieden und abgebaut werden können, d. h. Ineffizienzen sind persistent. Für diese Eigenschaft von Ineffizienzen können folgende Gründe genannt werden:

- Durch Veränderungen der Unternehmungs- und Umweltbedingungen entstehen kontinuierlich neue Ineffizienzen.
- Ineffizienzen sind selten direkt erkennbar.
- Der Abbau identifizierter Ineffizienzen kann einen hohen Aufwand erfordern und ist nur mit zeitlicher Verzögerung und häufig nur unvollständig möglich.

Aus Kostensenkungsideen, Erfahrungen oder dem Vergleich mit anderen Unternehmungen können Vermutungen über entstehende oder bestehende Ineffizienzen resultieren. Orientiert sich die Effizienzgestaltung nur an den vermuteten Ineffizienzen, besteht kein Anreiz zur aktiven und systematischen Suche nach Ineffizienzen. Es können keine Wettbewerbsvorteile geschaffen werden, Unternehmungsziele, die durch Erwartungen von Kapitalgebern bestimmt werden, können nicht erreicht und Unternehmungskrisen nicht bewältigt werden. Mit dem Merkmal „**Unternehmungszielorientierung**" wird deshalb die Herleitung von Wirtschaftlichkeitszielen aus den Unternehmungszielen (z. B. Gewinn, Rentabilität, Shareholder Value) verlangt, an denen die Effizienzgestaltung auszurichten ist. Sie legen fest, in welchem Umfang die Wirtschaftlichkeit zu verbessern ist, um die Unternehmungsziele erreichen zu können.

Die Effizienzgestaltung sollte nicht nur den Abbau bestehender Ineffizienzen, sondern auch die Vermeidung der Entstehung neuer Ineffizienzen umfassen. Mit dem Merkmal der **Ganzheitlichkeit** wird gefordert, dass alle Möglichkeiten bei der Gestaltung des laufenden Unternehmungsprozesses und der betrieblichen Rahmenbedingungen genutzt werden, um die Entstehung neuer Ineffizienzen zu vermeiden und bestehende Ineffizienzen abzubauen.

Die betrieblichen Rahmenbedingungen werden auch durch die Märkte determiniert, wie z. B. durch die Eigenschaften der Einsatzgüter, die vom Kunden geforderte Funktionalität und Qualität der Produkte sowie die Struktur der Prozesse, die zwischen der Unternehmung und ihren Kunden und Lieferanten ablaufen. Das verlangt nach einem **unternehmungsübergreifenden** Kostenmanagement, d. h. die Effizienzgestaltung durch die Nutzung der Beziehungen zu Lieferanten und Kunden (vgl. Shank/Govindarajan (1995), S. 80 ff.).

Über Sachinterdependenzen wirken die Aktivitäten und Entscheidungen in einem Unternehmungsbereich auf die Effizienz in anderen Unternehmungsbereichen. Bei der Effizienzgestaltung sind deshalb die Wirkungen der Aktivitäten und Entscheidungen anderer Bereiche ebenso zu berücksichtigen, wie die Folgen der eigenen Aktivitäten und Entscheidungen für andere Bereiche und die Erreichung der Unternehmungsziele. Das Kostenmanagement sollte deshalb auch **bereichsübergreifend** ausgerichtet sein (vgl. Shank/Govindarajan (1995), S. 83 ff.).

Die Vermeidung der Entstehung neuer und der Abbau bestehender kundenbedingter Ineffizienzen verlangt nach der **Kundenorientierung** des Kostenmanagements. Mit diesem Merkmal wird gefordert, dass bei der Gestaltung des laufenden Unternehmungsprozesses und der Gestaltung der betrieblichen Rahmenbedingungen die Wünsche und Bedürfnisse der externen Kunden und der Bedarf der internen Kunden berücksichtigt werden.

Ineffizienzen entstehen und bestehen in allen Bereichen und auf allen Hierarchieebenen der Unternehmung. Das Vermeiden und der Abbau von Ineffizienzen im laufenden Unternehmungsprozess und bei der Gestaltung der betrieblichen Rahmenbedingungen ist deshalb die Aufgabe aller Mitarbeiter. Das verlangt, dass das Arbeitsverhalten aller Mitarbeiter an den Wirtschaftlichkeitszielen ausgerichtet werden muss. Ein weiterer Aspekt der **Mitarbeiterorientierung** ist die Einflussnahme auf die Mitarbeiter, um Barrieren gegen die Effizienzgestaltung und effizienzschädigendes Arbeitsverhalten abzubauen (vgl. Antoni (1999), S. 573).

1.3.2 Umsetzung der Anforderungen an das Kostenmanagement

1.3.2.1 Ziele des Kostenmanagements

Das Ziel des Kostenmanagements gibt die Verbesserung der Wirtschaftlichkeit vor, die mit der Effizienzgestaltung erreicht werden soll. Hergeleitet werden kann es aus dem **Wirtschaftlichkeitsprinzip**, der Grundmaxime jeder Entscheidung über den Einsatz knapper Mittel für alternative Handlungsmöglichkeiten. Für dieses Prinzip finden sich in der betriebswirtschaftlichen Literatur die folgenden Formulierungen (vgl. Bohr (1981), Sp. 1795 ff.):

- **Minimumprinzip**
  Zur Erreichung einer bestimmten Leistung ist diejenige Handlungsalternative zu wählen, die den minimalen Mitteleinsatz erfordert.
- **Maximumprinzip**
  Bei gegebenen Mitteln ist diejenige Handlungsalternative zu wählen, welche die Leistung maximiert.

An diesen Formulierungen des Wirtschaftlichkeitsprinzips wird kritisiert, dass sie entweder gegebene Mittel oder eine bestimmte Leistung voraussetzen. In der betrieblichen Realität treten jedoch regelmäßig Situationen auf, in denen weder die Mittel noch die Leistung festliegen (vgl. Müller-Merbach (1982), S. 633). Zudem ist auch der für eine bestimmte Leistung minimale Mitteleinsatz oder die mit gegebenen Mitteln maximal erzielbare Leistung meist nicht bekannt (vgl. Leibenstein (1978a), S. 354). Um das Wirtschaftlichkeitsziel des Kostenmanagements zu definieren, wird deshalb das generelle Extremumprinzip als **allgemeinere Formulierung des Wirtschaftlichkeitsprinzips** herangezogen.

> Das **generelle Extremumprinzip** besagt, dass der Mitteleinsatz und die Leistung so aufeinander abzustimmen sind, dass der durch sie gestaltete ökonomische Prozess optimiert wird. Das Optimalitätskriterium und der Prozess sind dabei problemindividuell zu definieren (vgl. Müller-Merbach (1982), S. 633 f.).

Das Kostenmanagement soll **unternehmungszielorientiert** sein (vgl. Franz/Kajüter (1997), S. 484). Bei der gewählten Problemstellung ist als Optimalitätskriterium deshalb das Unternehmungsziel zu verwenden.

> Das **Ziel des Kostenmanagements** ist ein Wirtschaftlichkeitsziel, das aus den Unternehmungszielen hergeleitet wird.

Zur unternehmungszielorientierten Verbesserung der Wirtschaftlichkeit gestaltet das Kostenmanagement die Effizienz. Die Gestaltung der Effizienz kann zulasten der Effektivität gehen, die gemeinsam mit der Effizienz die Wirtschaftlichkeit determiniert (vgl. Abb. 1.12). So kann das Material aus einer kostengünstigeren Bezugsquelle die Qualität des Produkts oder der Abbau von Beständen die Lieferbereitschaft verringern und darüber hinaus die Ergebnisse negativ beeinflussen. Die Effizienzgestaltung kann nur im Rahmen einer **vorgegebenen Effektivität** zu einer Verbesserung der Wirtschaftlichkeit beitragen. Der Handlungsspielraum des Kostenmanagements wird deshalb durch Restriktionen begrenzt, welche die zur Realisation des Unternehmungsziels angestrebte Effektivität vorgeben.

> **Effektivitätsbezogene Restriktionen** begrenzen den Handlungsspielraum der Effizienzgestaltung, um die zur Unternehmungszielerreichung geforderte Effektivität zu sichern.

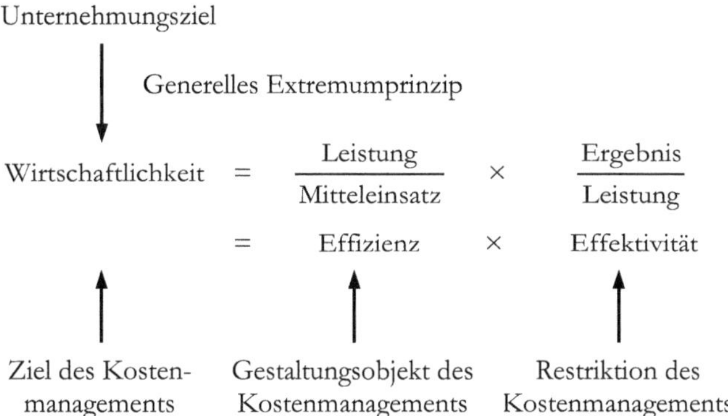

Abb. 1.12: Ziele und Restriktionen des Kostenmanagements

1.3.2.2 Handlungsfelder des Kostenmanagements

Die Forderung nach Ganzheitlichkeit des Kostenmanagements verlangt sowohl den Abbau als auch die Vermeidung von Ineffizienzen. Bei ausführungsbedingten Ineffizienzen ist das bei gegebenen betrieblichen Rahmenbedingungen möglich, bei strukturbedingten Ineffizienzen erfordert das die Gestaltung der betrieblichen Rahmenbedingungen. Ein ganzheitliches Kostenmanagement erstreckt sich damit auf die in Abb. 1.13 genannten **Handlungsfelder der Effizienzgestaltung**. Jedes dieser Handlungsfelder erstreckt sich auf die jeweiligen Entscheidungen, ihre Durchsetzung und Realisation sowie die Leistungserstellung und -verwertung nach der Realisation dieser Entscheidungen. Für die Effizienzgestaltung bei gegebenen Rahmenbedingungen findet sich in der Literatur die Bezeichnung „Executional Cost Management". Die Effizienzgestaltung durch Veränderung der Rahmenbedingungen wird als „Structural Cost Management" bezeichnet (vgl. Anderson (2007), S. 484).

Betriebliche Rahmenbedingungen / Ineffizienzen	Effizienzgestaltung bei gegebenen Rahmenbedingungen (Executional Cost Management)	Effizienzgestaltung durch Veränderung der Rahmenbedingungen (Structural Cost Management)
Vermeiden von Ineffizienzen	Sichern einer effizienten Leistungserbringung	Effizienzorientierte Neugestaltung der Rahmenbedingungen
Abbau von Ineffizienzen	Kontinuierliche Verbesserung	Effizienzorientierte Rationalisierung der Rahmenbedingungen

Abb. 1.13: Handlungsfelder der Effizienzgestaltung

Das Vermeiden von Ineffizienzen bei gegebenen Rahmenbedingungen vollzieht sich durch das **Sichern einer effizienten Leistungserbringung**. Das verlangt, dass die operativen Entscheidungen effizienzorientiert getroffen werden. Darüber hinaus sind die Mitarbeiter bei der Realisation dieser Entscheidungen zu beeinflussen, um eine Ausrichtung ihres Arbeitsverhaltens am Wirtschaftlichkeitsziel zu bewirken. Grundlage dieses Handlungsfelds des Kostenmanagements ist eine Kostenrechnung, die Kosteninformationen für die operative Planung und Steuerung sowie die Wirtschaftlichkeitskontrolle bereitstellt. Ein System der Kostenrechnung, das diesen Rechnungszielen dienen soll, ist die flexible Plankosten- und Deckungsbeitragsrechnung (vgl. Kilger (1993), S. 57 ff.).

Der Abbau von Ineffizienzen bei gegebenen Rahmenbedingungen ist der Gegenstand der **kontinuierlichen Verbesserung.** Sie umfasst die von jedem Mitarbeiter in der Unternehmung getragene ständige Verbesserung der Leistungserbringung in kleinen und kleinsten Schritten. Beispiele für die Effizienzgestaltung in diesem Handlungsfeld sind die Optimierung von Reihenfolgen in den Arbeitsabläufen, die Verbesserung der Anordnung von Materialien und Betriebsmitteln, die Anpassung des Arbeitsplatzes und der Hilfsmittel an den Mitarbeiter sowie die Korrektur eines nicht montagegerecht konstruierten Produkts, um den Umfang von Ausschuss, notwendigen Nachbesserungen und Reklamationen dauerhaft zu senken.

Die betrieblichen Rahmenbedingungen werden durch mittel- und langfristige Entscheidungen gestaltet. Entscheidungen betreffen beispielsweise die Entwicklung neuer Produkte, die Erschließung neuer Märkte, die Einrichtung neuer Distributionssysteme oder die Einführung neuer Qualitätssicherungssysteme. Um das Erreichen der Unternehmungsziele zu sichern oder zu verbessern, kann es erforderlich sein, die betrieblichen Rahmenbedingungen während der mehrjährigen Geltungsdauer der mittel- und langfristigen Entscheidungen an unternehmungsinterne oder -externe Veränderungen anzupassen. Als Beispiele für diese Veränderungen können genannt werden: Wandel von Kundenbedürfnissen, Änderungen bei den Einsatzgüterpreisen, technischer Fortschritt, Maßnahmen des Gesetzgebers sowie das Auftreten neuer Wettbewerber, Kunden oder Lieferanten. Die Anpassung der betrieblichen Rahmenbedingungen an interne oder externe Veränderungen zur Sicherung oder Verbesserung der Zielerreichung ist Gegenstand der Rationalisierung. Sie erstreckt sich auf alle ökonomischen, technischen, ökologischen und sozialen Ziele der Unternehmung (in Anlehnung an Schweitzer (1994), S. 730 ff.; Schneider (1996), Sp. 1772 ff.). Nach dem verfolgten Ziel wird zwischen der effektivitäts- und der effizienzorientierten Rationalisierung differenziert (vgl. hierzu auch Krüger (2006a), S. 53 f.). Um das Entstehen von Ineffizienzen zu vermeiden, verlangt die **effizienzorientierte Neugestaltung** der betrieblichen Rahmenbedingungen die Ausrichtung der Entscheidungen bei der Neugestaltung betrieblicher Rahmenbedingungen und der effektivitätsorientierten Rationalisierung an den Wirtschaftlichkeitszielen des Kostenmanagements.

Während der mehrjährigen Geltungsdauer der Entscheidungen über betriebliche Rahmenbedingungen können durch unternehmungsinterne oder -externe Veränderungen Ineffizienzen entstehen (vgl. Picot (1979), S. 1145). Die Gestaltung der betrieblichen Rahmenbedingungen zum Abbau struktur- oder kundenbedingter Ineffizienzen, die durch unternehmungsinterne oder -externer Veränderungen entstanden sind, ist die **effizienzorientierte Rationalisierung.** Das Handlungsfeld der Effizienzgestaltung, das den Abbau von Ineffizienzen durch die Veränderung von Rahmenbedingungen vorsieht, wird im Folgenden vereinfachend als Rationalisierung bezeichnet.

1.3.2.3 Lösungsansatz des Kostenmanagements

Wird das Kostenmanagement auf der Grundlage der **informationsbezogenen Konzeption** abgegrenzt, bildet es einen Aufgabenbereich des Controlling. Nach der **maßnahmenbezogenen Konzeption** ist das Kostenmanagement auf das Handlungsfeld der Rationalisierung und der kontinuierlichen Verbesserung begrenzt. Das Vermeiden von Ineffizienzen findet in dieser Konzeption keine Berücksichtigung. Nach dieser Konzeption ist z. B. die Anwendung der Wertanalyse auf Produkte im Marktzyklus von Bedeutung, nicht jedoch die kostenorientierte Produktgestaltung im Entstehungszyklus. Die **entscheidungsbezogene Konzeption** sieht vor, dass sich die Effizienzgestaltung auf alle Entscheidungen der Unternehmung erstreckt. Ein nach dieser Konzeption abgegrenztes Kostenmanagement erstreckt sich zwar auf alle Handlungsfelder. Sie blendet jedoch die Ineffizienzen aus, die bei der Umsetzung und Realisation dieser Entscheidungen entstehen.

Die Problemlösungsansätze der informations-, der maßnahmen- und der entscheidungsbezogenen Konzeption vernachlässigen die geforderte **Mitarbeiterorientierung** der Effizienzgestaltung. Im Vordergrund steht die Lösung von Sachproblemen der Effizienzgestaltung, insbesondere die Planung und Kontrolle von Kostenvorgaben, die Planung von Maßnahmen zur Effizienzgestaltung sowie der Einsatz von Planungs- und Kontrollinstrumenten. Da es die Mitarbeiter in der Unternehmung sind, deren Handeln die Kosten und Leistungen determinieren, kann durch den Problemlösungsansatz dieser drei Konzeptionen ein bedeutender Teil der Ineffizienzen in einer Unternehmung nicht vermieden oder abgebaut werden. Becker empfiehlt daher, bei diesen Konzeptionen nicht von Kostenmanagement, sondern von Kostenpolitik zu sprechen (vgl. Becker (1993), S. 11).

Um den Entwicklungen auf den Märkten erfolgreich begegnen, Wettbewerbsvorteile schaffen und den Unternehmungswert steigern zu können, kann das Kostenmanagement in einer Unternehmung nicht einer Konzeption folgen, die von vornherein Teile der Handlungsfelder zur Effizienzgestaltung aus der Betrachtung ausschließt. Eine Konzeption, deren Problemlösungsansatz sich auf alle Handlungsfelder der Effizienzgestaltung erstreckt und auch die Rolle der Mitarbeiter bei der Effizienzgestaltung berücksichtigt, ist die **führungsbezogene Konzeption**.

> Der **Problemlösungsansatz** der führungsbezogenen Konzeption des Kostenmanagements ist das Ausrichten aller Aktivitäten am Wirtschaftlichkeitsziel über eine Beeinflussung von Mitarbeitern, welche die Leistungserbringung zu vorgegebenen Kosten sicherstellt.

Die Festlegung von Zielen und die Sicherstellung der Zielerreichung in einem arbeitsteilig ausgeführten Unternehmungsprozess ist eine Aufgabe des Managements (vgl. Friedl (2017), S. 23). Das Kostenmanagement ist nach dieser Konzeption eine **Aufgabe des Managements**, die durch die Konzentration auf das Wirtschaftlichkeitsziel zur Erreichung des Unternehmungsziels gekennzeichnet ist.

> **Kostenmanagement** ist die unternehmungszielorientierte Gestaltung der Effizienz durch die Festlegung von Wirtschaftlichkeitszielen und die Sicherung der Erreichung dieser Wirtschaftlichkeitsziele durch die Mitarbeiter und mit den Mitarbeitern.

Das Kostenmanagement verfolgt nach dieser Konzeption zwar ein Wirtschaftlichkeitsziel. Da dieses mit dem Unternehmungsziel verknüpft ist, liegt die **Unternehmungs-**

zielorientierung des Kostenmanagements vor. Ineffizienzen sind persistent, d. h., von ihnen geht eine andauernde Gefährdung der Unternehmungszielerreichung aus. Durch die Verknüpfung des Wirtschaftlichkeitsziels mit dem Unternehmungsziel wird das Kostenmanagement zur **Daueraufgabe**. Zur Verbesserung der Wirtschaftlichkeit kann die Effizienzgestaltung nur innerhalb der effektivitätsbezogenen Restriktion beitragen. Die Effizienz kann deshalb nicht unabhängig von der Effektivität gestaltet werden. Dadurch genügt das Kostenmanagement auch der Forderung nach **Kundenorientierung**. Die Effizienzgestaltung ist nicht auf einzelne Handlungsfelder beschränkt. Das hier abgegrenzte Kostenmanagement erfüllt damit auch die Forderung nach **Ganzheitlichkeit** sowie dem **unternehmungs- und bereichsübergreifenden Charakter**. Mit der Formulierung „durch die Mitarbeiter und mit den Mitarbeitern“ kommt zum Ausdruck, dass die Effizienzgestaltung die Aufgabe aller Mitarbeiter ist und ihr Arbeitsverhalten an den Wirtschaftlichkeitszielen ausgerichtet werden muss. Das Kostenmanagement ist nach dieser Konzeption auch **mitarbeiterorientiert**.

1.3.3 Gestaltungsbereiche des Kostenmanagements

Für Zwecke der Darstellung und der Forschung, aber auch für das Setzen von Schwerpunkten der Effizienzgestaltung in der Unternehmungspraxis wird das Kostenmanagement in **Gestaltungsbereiche** gegliedert. Das sind überschaubare Ausschnitte der zielorientierten Effizienzgestaltung (vgl. Reiß/Corsten (1992), S. 1479). Abgegrenzt werden sie nach

- dem Gestaltungsobjekt und
- den Gestaltungsparametern.

Durch das **Gestaltungsobjekt** wird der Aspekt festgelegt, der zielorientiert gestaltet werden soll. Mit den **Gestaltungsparametern** werden die Einflussgrößen bestimmt, über die auf das Gestaltungsobjekt eingewirkt werden soll.

1.3.3.1 Gestaltungsobjekte des Kostenmanagements

Als Gestaltungsobjekt des Kostenmanagements ist die Effizienz herausgearbeitet worden, die als Quotient aus der Leistung und dem hierzu erforderlichen Mitteleinsatz definiert ist. In der **Literatur** werden häufig folgende Merkmale der Kostensituation der Unternehmung (vgl. Kajüter (2000), S. 117) als Gestaltungsobjekte des Kostenmanagement genannt (vgl. Reiß/Corsten (1990), S. 390)[4]:

- **Kostenniveau**

  Dieses Merkmal der Kostensituation bezeichnet die Höhe der Kosten einer nach dem Bezugsobjekt, dem Zurechnungszeitraum und der Kostenart präzise abgegrenzten Kostenkategorie. Das Bezugsobjekt ist ein Sachverhalt, für den Kosten anfallen. Nach dem Bezugsobjekt werden u. a. die Kosten der Unternehmung, eines Unternehmungsbereichs, eines Prozesses, einer Produktgruppe, eines Produkts, einer Produkteinheit, eines Auftrags oder einer Losgröße unterschieden (vgl. Kosiol (1964), S. 28). Wird der Zurechnungszeitraum zur Abgrenzung einer Kostenkatego-

---

[4] Den folgenden Ausführungen liegen einige grundlegende Begriffe und Erkenntnisse aus der Kostentheorie zugrunde, die in Abschnitt 8.2 erläutert und definiert werden.

rie herangezogen, werden die Periodenkosten (Jahr, Quartal, Monat), die Kosten einer Lebenszyklusphase (Vorleistungskosten, laufende Kosten, Folgekosten) und die Lebenszykluskosten getrennt. Nach den verbrauchten Einsatzgütern werden die Kostenarten unterschieden, wie z. B. die Material- und Stoffkosten sowie die Personalkosten. Die Kostenkategorie kann sich auf eine Kostenart oder wie z. B. bei den Herstellkosten auf mehrere Kostenarten gemeinsam beziehen.

- **Kostenstruktur**
  Darunter wird die Zusammensetzung der Gesamtkosten aus verschiedenen Kostenkategorien verstanden. Die Kostenkategorien können nach der Zurechenbarkeit zu einem Bezugsobjekt (Einzel- und Gemeinkosten) oder nach der Flexibilität abgegrenzt werden, d. h. der Fähigkeit zur Anpassung bei einem Beschäftigungsrückgang (vgl. Reiß/Corsten (1992), S. 1484). Nach der Flexibilität werden die Leistungs- und Bereitschaftskosten oder die variablen und fixen Kosten unterschieden.

- **Kostenverlauf**
  Er beschreibt das Verhalten des Kostenniveaus bei Beschäftigungsänderungen.

Mit diesen Gestaltungsobjekten werden das Kostenniveau-, das Kostenstruktur- und das Kostenverlaufsmanagement abgegrenzt (vgl. Reiß/Corsten (1992), S. 1479). Das Kostenniveau eignet sich als Gestaltungsobjekt des Kostenmanagements, wenn eine in allen Merkmalen definierte Leistung erstellt wird. Das **Kostenniveaumanagement** ist damit ein Gestaltungsbereich des Kostenmanagements, der auf das Sichern einer effizienten Leistungserbringung begrenzt ist. Es handelt sich um den Ausschnitt des Kostenmanagements, der durch die traditionelle Kostenrechnung unterstützt werden kann.

Die traditionelle und die produktionstheoretisch fundierte Kostentheorie besagen u. a., dass das Kostenniveau vom Beschäftigungsgrad und von der Anpassung der Beschäftigung an eine veränderte Nachfrage abhängig ist. Um zu verhindern, dass bei Beschäftigungsänderungen das Niveau der Perioden- oder Stückkosten für die Unternehmungszielerreichung kritische Werte übersteigt, kann die Gestaltung der Kostenstruktur oder des Kostenverlaufs notwendig werden. Die Problemstellung des **Kostenstruktur-** und des **Kostenverlaufsmanagements** ist nicht die Gestaltung der Effizienz zur Verbesserung der Wirtschaftlichkeit, sondern vielmehr die Gestaltung des Beschäftigungsrisikos bei Erlösunsicherheit.

Unter dem **Beschäftigungsrisiko** wird die Gefahr einer Abweichung vom angestrebten Erfolgsziel der Unternehmung verstanden, die bei Erlösunsicherheit durch die Bereitschaftskosten entsteht (vgl. Funke (1995), S. 60 ff.).

Die Kostenstruktur und der Kostenverlauf sind damit kein Gestaltungsobjekt des Kostenmanagements nach der hier zugrunde gelegten Konzeption. Das Kostenstruktur- und das Kostenverlaufsmanagement sind vielmehr dem **Risikomanagement** zuzurechnen.

[1] Kostenstrukturmanagement

Die Gestaltung des Verhältnisses zwischen Einzel- und Gemeinkosten ist bisher kaum behandelt worden (zu einer Ausnahme vgl. Trost/Wuttke (1997)). Im Mittelpunkt des Interesses steht das **Verhältnis zwischen Leistungs- und Bereitschaftskosten** oder variablen und fixen Kosten, da bei Erlösunsicherheit die Flexibilität der Kosten das Beschäftigungsrisiko determiniert (vgl. Backhaus/Funke (1997), S. 30).

Nach der Abbaufähigkeit können folgende **Kategorien von Bereitschaftskosten** unterschieden werden (vgl. Oecking (1994), S. 78 f.):

- die Kosten der Betriebsbereitschaft,
- die budgetierten Kosten und
- die beschäftigungsabhängig disponierbaren Kosten.

Kosten der Betriebsbereitschaft fallen für die Sicherung der aktuellen und der zukünftigen Fähigkeit der Unternehmung zur Realisation des geplanten Leistungsprogramms an. Sie können nicht abgebaut werden. **Budgetierte Kosten** entstehen in Bereichen, deren Beschäftigung von der Auslastung der Produktion unabhängig ist, wie z. B. Public Relation und Controlling. Diese Kosten können durch den Abbau interner Leistungen oder effizienzsteigernde Maßnahmen gesenkt werden. **Beschäftigungsabhängig disponierbare Kosten** entstehen in Bereichen, deren Beschäftigung von den Produktionsmengen abhängig ist (z. B. Produktion, Beschaffung, Logistik). Diese Kosten können durch die Anpassung der Kapazitäten an Beschäftigungsänderungen verändert werden.

Das **Kostenstrukturmanagement** zielt auf die Flexibilisierung der Kosten zur Verringerung des Beschäftigungsrisikos. Das verlangt

- die Umwandlung von Bereitschafts- in Leistungskosten oder
- die Senkung der Kosten der Betriebsbereitschaft.

[2] Kostenverlaufsmanagement

Für die Erreichung des kurzfristigen Erfolgsziels ist bei Erlösunsicherheit der Verlauf der variablen Kosten und der kurzfristig veränderbaren fixen Kosten von Bedeutung. Bei einer **Zunahme der Beschäftigung** ist ein proportionaler oder degressiver Verlauf der variablen Kosten von Vorteil, da er ein gleichbleibendes oder sinkendes Niveau der variablen Stückkosten sichert (vgl. Reiß/Corsten (1992), S. 1481). Bei einem progressiven Verlauf der variablen Kosten führt eine Beschäftigungszunahme zu steigenden variablen Stückkosten und damit abnehmenden Stückdeckungsbeiträgen des Produkts. Der Periodendeckungsbeitrag des Produkts steigt unter diesen Bedingungen unterproportional und nimmt sogar absolut ab, sobald die variablen Stückkosten den Preis des Produkts übersteigen (vgl. Männel (1995), S. 32).

Eine **Abnahme der Beschäftigung** wirkt erst nach der Anpassung von Budgets und einem Abbau nicht mehr benötigter Kapazitäten auf das Niveau der kurzfristig veränderbaren fixen Kosten. Kostenwirkungen eines Beschäftigungsrückgangs treten deshalb zeitlich verzögert auf oder können sogar vollständig entfallen, da dem Abbau dieser Kosten folgende Hemmnisse entgegenstehen (vgl. Süverkrüpp (1968), S. 94 ff.):

- **Unternehmungspolitische Erfordernisse**
  Determiniert werden sie durch die quantitativen, qualitativen und zeitlichen Merkmale des aktuellen und des geplanten Leistungsprogramms und den damit verbundenen Einsatzgüterbedarf.

- **Grenzen der technisch-organisatorischen Anpassungsfähigkeit**
  Verursacht werden diese u. a. durch die begrenzte Teilbarkeit der Potentialgüter und ihre Einsatzvielfalt. Wird ein Potentialgut für die Erstellung verschiedenartiger Leistungen eingesetzt, kann es nicht abgebaut werden, solange mindestens eine dieser Leistungen weiterhin erstellt werden soll.
- **Rechtliche Verpflichtungen**
  Zu diesen zählen gesetzliche, tarif- und einzelvertragliche Regelungen, wie z. B. Auflagen im Bereich des Umweltschutzes und Kündigungsfristen.
- **Psychologisch-gesellschaftliche Bedingungen**
  Sie haben ihre Ursache in unerwünschten Nebenwirkungen des Abbaus von Fix- oder Bereitschaftskosten, z. B. die Entlassung bewährter Mitarbeiter.

Die Verzögerung, mit der sich die **kurzfristig veränderbaren fixen Kosten** an einen Beschäftigungsrückgang anpassen, gliedert sich in eine Erkenntnis-, eine Handlungs- und eine Wirkungsverzögerung. Die Erkenntnisverzögerung ist der Zeitraum vom Beschäftigungsrückgang bis zum Erkennen der Handlungsnotwendigkeit durch das Management. Die Zeit, die danach bis zur Durchsetzung und Realisation der Anpassungsmaßnahmen verstreicht, ist die Handlungsverzögerung. Die Wirkungsverzögerung erstreckt sich von der Umsetzung der Anpassungsmaßnahmen bis zum Eintritt der Kostensenkung (vgl. Nink (2002), S. 32). Diese Verzögerungen, die analog auch bei steigender Beschäftigung auftreten können, sind für Kostenremanenzen verantwortlich (vgl. Kilger (1958), S. 102 ff.). Kostenremanenzen treten vor allem bei den veränderbaren fixen Kosten auf. Langfristige Verträge können jedoch auch bei variablen Kosten zu Kostenremanenzen führen.

Als **Kostenremanenz** wird die Erscheinung bezeichnet, dass sich variable und kurzfristig veränderbare fixe Kosten bei einem Beschäftigungsrückgang nicht sofort, sondern erst mit Verzögerung anpassen (vgl. Busse von Colbe (1958), Sp. 3460).

Den durch eine Beschäftigungsabnahme verringerten Periodendeckungsbeiträgen stehen damit zunächst fixe Kosten in unveränderter Höhe gegenüber, d. h. der Erfolg geht zurück. Erst wenn Anpassungsmaßnahmen ergriffen und wirksam werden, nehmen die fixen Kosten ab. Zur Sicherung des kurzfristigen Erfolgsziels sind bei Erlösunsicherheit deshalb Maßnahmen zu ergreifen, durch die Verzögerungen bei der Anpassung der Kosten verringert oder vermieden werden können (vgl. Busse von Colbe (1958), Sp. 3463).

Zur Sicherung des Beschäftigungsrisikos zielt das **Kostenverlaufsmanagement** auf

- das Vermeiden progressiver und degressiver variabler Kosten und
- den Abbau von Kostenremanenzen.

Kostenniveau, -struktur und -verlauf sind nicht unabhängig voneinander gestaltbar. So kann eine Verringerung des Anteils der Bereitschaftskosten eine Erhöhung der Gesamtkosten zur Folge haben. Auch kann es sein, dass die Vermeidung eines progressiven Kostenverlaufs eine Kapazitätsanpassung notwendig macht, die den Anteil der

Bereitschaftskosten an den Gesamtkosten erhöht (vgl. Gälweiler (1977), S. 69 f.). Die drei Merkmale der Kostensituation sollten deshalb nicht isoliert gestaltet werden (vgl. Konle (2003), S. 18).

1.3.3.2 Gestaltungsparameter des Kostenmanagements

Kosten können nicht unmittelbar gestaltet werden, sondern nur mittelbar über die Veränderung der Ausprägung von Kosteneinflussgrößen.[5]

Gestaltungsparameter des Kostenmanagements sind alle Kosteneinflussgrößen, deren Ausprägung zum Zweck der Effizienzgestaltung zielorientiert verändert werden kann.

Die Auffassung, dass die Kosten beeinflussenden Merkmale der Elemente eines Leistungserstellungssystems die Gestaltungsparameter des Kostenmanagements sind, ist in der Literatur weit verbreitet (vgl. Kajüter (2000), S. 161). Zu diesen Gestaltungsparametern zählen

- die Kosten beeinflussenden Produktmerkmale (z. B. Produktfunktionen, Werkstoffe, Fertigungsverfahren, Teilezahl, Oberflächenart),
- die Kosten beeinflussenden Programm-Merkmale (z. B. Anzahl der Produkte und Varianten, Produktionsmengen, Fertigungs- und Leistungstiefe),
- die Kosten beeinflussenden Prozessmerkmale (z. B. Anzahl der Prozesse, Prozessvollzug, Reihenfolge der Prozesse, Ort der Prozessausführung) und
- die Kosten beeinflussenden Potentialmerkmale (z. B. Qualität, Kapazität, Flexibilität der Potentialgüter, Bestellmengen und -zeitpunkte).

Die betrieblichen Rahmenbedingungen, die für die Effizienzgestaltung maßgebend sind, werden nicht nur durch die Produkte, die Programme, die Prozesse und die Potentiale definiert. Sie werden auch durch die Marktbeziehungen geprägt. Als weitere Klasse von Gestaltungsparametern des Kostenmanagements sind deshalb auch die Kosten beeinflussenden Merkmale der Märkte sowie der Kunden und Lieferanten zu berücksichtigen. Zu den **Kosten beeinflussenden Marktmerkmalen** zählen z. B. die Kundenstruktur (vgl. Homburg/Demmler (1995), S. 25), die Anzahl und die Art der Vertriebskanäle (vgl. Porter (1992), S. 116), die Lieferantenstruktur sowie die Beziehungen zwischen der Unternehmung und ihren Lieferanten (vgl. Anderson/Dekker (2009), S. 204). Kooperiert die Unternehmung bei der Produktentwicklung und der Gestaltung der Prozesse an der Schnittstelle zwischen Unternehmung und Lieferanten (Unternehmung und Kunden) mit ihren Marktpartnern, kann sie auch Kosten beeinflussende Merkmale der Leistungserstellungssysteme bei den Kunden und Lieferanten. zum Zweck der Effizienzgestaltung zielorientiert verändern (vgl. Anderson/Dekker (2009), S. 212).

Über die Klassen der Gestaltungsparameter können **Gestaltungsbereiche des Kostenmanagements** abgegrenzt werden. Diese haben jeweils die Effizienzgestaltung durch die Veränderung der Gestaltungsparameter einer Klasse von Kosteneinflussgrö-

[5] In Abschnitt 8.2 wird ein Überblick über Kosteneinflussgrößensysteme gegeben.

ßen zum Gegenstand. Zu diesen Gestaltungsbereichen des Kostenmanagements zählen: das programmorientierte, das produktorientierte (vgl. Kapitel 5), das prozessorientierte (vgl. Kapitel 6), das potentialorientierte (vgl. Kapitel 7) und das marktorientierte Kostenmanagement. Ein Teilbereich des marktorientierten Kostenmanagements ist das unternehmungsübergreifende Kostenmanagement. In Abschnitt 7.2 wird es im Zusammenhang mit der Effizienzgestaltung bei der Materialbeschaffung betrachtet.

2 Aufgaben des Kostenmanagements

2.1 Abgrenzung des Aufgabenbereichs

Das Kostenmanagement ist ein Teilbereich des Managements, der durch die Fokussierung auf die Wirtschaftlichkeitsziele gekennzeichnet ist. Es umfasst die Gesamtheit der Aufgaben zur unternehmungszielorientierten Gestaltung der Effizienz durch das Festlegen von Wirtschaftlichkeitszielen und das Sichern ihrer Erreichung durch die Mitarbeiter und mit den Mitarbeitern. Diese **Aufgaben des Kostenmanagements** lassen sich in drei Bereiche gliedern (vgl. Bleicher (1995), S. 24 f.; Krüger (2007), Sp. 198):

- die sachbezogenen Aufgaben,
- die strukturbezogenen Aufgaben und
- die personenbezogenen Aufgaben.

Die **sachbezogenen Aufgaben** des Kostenmanagements sind die Planung, Durchsetzung und Kontrolle der Wirtschaftlichkeitsziele.

Die **Wirtschaftlichkeitsziele** geben die zur Erreichung der Unternehmungsziele anzustrebende Steigerung der Wirtschaftlichkeit vor. Zur Durchsetzung der Wirtschaftlichkeitsziele legt das Kostenmanagement zum einen periodenbezogene **Vorgaben** für die Verantwortungsbereiche fest sowie zum anderen **Handlungen**, die zur Realisation der Wirtschaftlichkeitsziele durchgeführt werden sollen. Diese Handlungen betreffen zum einen Rationalisierungsvorhaben zum Abbau von Ineffizienzen und zum anderen Maßnahmen zur Förderung oder Unterstützung der Effizienzgestaltung in der Unternehmung. Beispiele für diese Maßnahmen sind die Einführung eines betrieblichen Vorschlagswesens und die Entwicklung von Kosteninformationssystemen (z. B. Kostentabellenkataloge).

Gegenstand der strukturbezogenen Aufgaben des Managements sind die generellen Regelungen, mit denen der Vollzug des Unternehmungsprozesses an den Sach- und Formalzielen ausgerichtet werden sollen. Diese Regelungen richten sich an die Mitarbeiter und soll deren Aktivitäten und Arbeitsverhalten in die für die Zielerreichung notwendige Richtung lenken. Nach ihrem Inhalt werden organisatorische und kulturelle Regelungen unterschieden. Für vorhersehbare und in gleicher Form wiederkehrende Aufgaben werden organisatorische Regelungen formuliert. Sie geben für Daueraufgaben eine verallgemeinerte, einheitliche Vorgehensweise vor und legen damit den Aufgabenvollzug auf Dauer fest. Zweck der organisatorischen Regelungen ist es, den Vollzug von Daueraufgaben zu standardisieren und einer Routine zuzuführen. Für Aufgaben, die einmalig sind oder sich nur selten in gleicher Weise wiederholen, kann der Aufgabenvollzug nicht oder nur in seinen Grundzügen vorab festgelegt werden. Kulturelle Regelungen beschreiben gemeinsame Werte und Normen, an denen sich die Mitarbeiter beim Vollzug dieser Aufgaben orientieren können. Die organisatorischen und kulturellen Regelungen können formal oder informal sein. Formale Regelungen werden bewusst gestaltet, personenunabhängig formuliert sowie schriftlich dokumentiert. Informale Regelungen beruhen auf persönlichen Einstellungen und Motiven der Mitarbeiter und sind nicht das Ergebnis einer bewussten Gestaltung (vgl. Krüger (1994), S. 19 f.). Die Gesamtheit der formalen organisatorischen Regelungen bildet die **Organisation** der Unternehmung. Die **Unternehmungskultur** ist die Gesamtheit der überwiegend informalen kulturellen Regelungen. In der Unternehmungsorganisation und der Unternehmungskultur können systembedingte Barrieren der Effizienzgestaltung begründet sein, weil z. B. die Kostenverantwortung unklar oder nicht umfassend genug zugewiesen worden ist, der Koordinationsaufwand zu hoch ist, falsche Anreize gesetzt werden, steigenden Kosten nicht die erforderliche Aufmerksamkeit zukommt, keine ambitionierten Kostenziele verfolgt werden oder das Kostenbewusstsein fehlt (vgl. KPMG (2007), S. 4 ff.).

Die **strukturbezogene Aufgabe** des Kostenmanagements ist es, die Unternehmungsorganisation und -kultur an die Erfordernisse der Effizienzgestaltung anzupassen. Das verlangt zum einen den Abbau systembedingter Barrieren der Effizienzgestaltung und zum anderen ist der Vollzug der Effizienzgestaltung in allen Handlungsfeldern an den Wirtschaftlichkeitszielen auszurichten.

Die **Mitarbeiter der Unternehmung** verfügen über ihre persönlichen Fachkenntnisse, die den Anforderungen der Effizienzgestaltung zur Realisation der Wirtschaftlichkeitsziele nicht immer gerecht werden. Sie haben weiterhin ihre individuellen Ziele, die sie bei der Arbeit in der Unternehmung verfolgen (z. B. Einkommens-, Aufstiegs- und Karriereziele) und die im Konflikt zu den Wirtschaftlichkeitszielen stehen können. Darüber hinaus können personenbedingte Barrieren Widerstände auslösen und die Effizienzgestaltung verzögern, behindern oder sogar verhindern.

Die **personenbezogene Aufgabe** des Kostenmanagements ist es deshalb sicherzustellen, dass die Mitarbeiter bei der Ausübung ihrer Aufgaben den geforderten Beitrag zur Erreichung der Wirtschaftlichkeitsziele erbringen.

Dazu ist ein Personalbestand zu schaffen und zu erhalten, der den Anforderungen der Effizienzgestaltung genügt, und so einzusetzen, dass die Wirtschaftlichkeitsziele erreicht werden und Fähigkeitsbarrieren nicht zu Widerständen führen. Diese als **Personaleinsatz** bezeichnete Teilaufgabe des Kostenmanagements umfasst die Personalauswahl, die Personalzuweisung sowie die Personalentwicklung unter Berücksichtigung der Anforderungen der Effizienzgestaltung. Die situations- und personenbezogene Beeinflussung von Mitarbeitern, die eine Ausrichtung deren Arbeitsverhalten an den Wirtschaftlichkeitszielen bewirkt und verhindert, dass Bereitschaftsbarrieren zu Widerständen werden, ist eine weitere personenbezogene Aufgabe, die hier als **Führung bei der Effizienzgestaltung** bezeichnet werden soll. Bewirkt wird die situations- und personenbezogene Beeinflussung durch die Verhaltenslenkung, die Verhaltensbeurteilung und die Verhaltensabgeltung. Die personenbezogenen Aufgaben beziehen sich sowohl auf die an der Effizienzgestaltung beteiligten als auch die von ihr betroffenen Mitarbeiter.

Abb. 2.1 gibt einen Überblick über die sach-, struktur- und personenbezogenen Aufgaben des Kostenmanagements.

Aufgabenbereiche	Teilaufgaben
Sachbezogene Aufgaben	▪ Planen der Wirtschaftlichkeitsziele ▪ Durchsetzen der Wirtschaftlichkeitsziele – Planen periodischer Vorgaben für die Verantwortungsbereiche – Festlegen von Rationalisierungsvorhaben – Festlegen von Maßnahmen zur Förderung und Unterstützung der Effizienzgestaltung ▪ Kontrolle der Wirtschaftlichkeitsziele
Strukturbezogene Aufgaben	▪ Schaffen einer Kostenkultur ▪ Ausrichten der Unternehmungsorganisation
Personenbezogene Aufgaben	▪ Personaleinsatz zur Effizienzgestaltung: Auswahl, Zuweisung und Qualifizierung von Mitarbeitern – Befähigen für die Effizienzgestaltung – Abwenden von Widerständen aus Fähigkeitsbarrieren ▪ Führung bei der Effizienzgestaltung: Verhaltenslenkung, Verhaltensbeurteilung und Verhaltensabgeltung – Ausrichten des Arbeitsverhaltens an den Wirtschaftlichkeitszielen – Abwenden von Widerständen aus Bereitschaftsbarrieren

Abb. 2.1: Aufgaben des Kostenmanagements

2.2 Sachbezogene Aufgaben des Kostenmanagements

2.2.1 Planung der Wirtschaftlichkeitsziele

2.2.1.1 Arten von Wirtschaftlichkeitszielen

Die Wirtschaftlichkeitsziele des Kostenmanagements werden aus den **Unternehmungszielen** hergeleitet. Für die Planung der Wirtschaftlichkeitsziele relevant sind sowohl

- die kurzfristigen als auch
- die langfristigen Unternehmungsziele.

Die **kurzfristigen Unternehmungsziele** stellen die finanziellen Ergebnisse dar, die in der Bezugsperiode mit dem aktuellen Sach- und Dienstleistungsprogramm angestrebt werden. Sie werden auf der Grundlage gegebener Rahmenbedingungen festgelegt. Die **langfristigen Unternehmungsziele** übersetzen die Vision und die Mission in Vorgaben für das Management (vgl. Thompson/Peteraf/Gamble/Strickland (2018), S. 26) und sind der Maßstab für die Messung der Strategieumsetzung. Nach dem Zielinhalt werden die langfristigen finanziellen und die strategischen Ziele unterschieden (vgl. Thompson u. a. (2018), S. 28). Die langfristigen finanziellen Ziele geben das finanzielle

Ergebnis vor. Die strategischen Ziele haben Einflussgrößen auf die Wettbewerbsfähigkeit und die Marktposition der Unternehmung zum Inhalt (vgl. David/David (2017), S. 121 f.) und stellen die Voraussetzungen für die Erzielung von Wettbewerbsvorteilen dar. Sie geben vor, wie die langfristigen finanziellen Ziele erreicht und langfristig gesichert werden sollen. Abb. 2.2 nennt Beispiele für langfristigen Unternehmungsziele (vgl. Thompson/Peteraf/Gamble/Strickland (2018), S. 29).

Langfristige finanzielle Ziele	Strategische Ziele
■ Steigerung des Jahresumsatzes um 12 % ■ Erhöhung des Erfolgs nach Steuern um jährlich 8 % ■ Steigerung des Erfolgs je Aktie um jährlich 4 % ■ Erhöhung der Dividende um jährlich 2 % ■ Steigerung der Eigenkapitalrentabilität auf 12 % ■ Wachstum des Shareholder Value um jährlich 2 % ■ Erhöhung des Cashflows auf 3,8 Mio. €	■ Erhöhung des Marktanteils um 12 % ■ Senkung der Kosten der Unternehmung auf ein Niveau, das unter dem der Wettbewerber liegt ■ Steigerung von Qualität oder Service auf ein Niveau, das über dem der Wettbewerber liegt ■ 60 % der Verkaufserlöse sollen mit Produkten erzielt werden, die nicht länger als fünf Jahre auf dem Markt sind ■ Erreichen einer Kundenzufriedenheitsrate von 90 % ■ Neue oder verbesserte Produkte der Unternehmung werden stets früher in den Markt eingeführt, als die der Wettbewerber ■ Das Niveau der Leistungsfähigkeit der Vertriebs- und Distributionssysteme ist über das der Wettbewerber zu steigern

Abb. 2.2: Beispiele für langfristige Unternehmungsziele

Unternehmungsziele können für die Unternehmung, aber auch für Geschäftsbereiche formuliert sein. Sofern Unternehmungsziele auf Geschäftsbereichsebene vorliegen, werden auch die Wirtschaftlichkeitsziele des Kostenmanagements auf Geschäftsbereichsebene geplant. Nach der **Fristigkeit der Unternehmungsziele**, aus denen sie hergeleitet werden, wird unterschieden zwischen

- den operativen Wirtschaftlichkeitszielen und
- den strategischen Wirtschaftlichkeitszielen.

Der Beitrag zu dem finanziellen Ergebnis, das in der Bezugsperiode mit dem geplanten Sach- und Dienstleistungsprogramm erreicht werden soll, wird durch das **operative Wirtschaftlichkeitsziel** vorgegeben. Die zu erbringenden Leistungen liegen durch das geplante Sach- und Dienstleistungsprogramm fest. Bei einem operativen Wirtschaftlichkeitsziel handelt es sich deshalb um eine Kostenvorgabe für die Leistungen zur Realisation des geplanten Sach- und Dienstleistungsprogramms. Die Kostenvorgabe kann die Form eines Kostenniveaus, eines Kostensenkungsbeitrags oder einer Kostensenkungsrate haben. Realisiert wird das operative Wirtschaftlichkeitsziel vor allem durch das Sichern einer effizienten Leistungserstellung und die kontinuierliche Verbesserung.

Die **strategischen Wirtschaftlichkeitsziele** werden jährlich geplant und basieren auf den Vorgaben des aktuellen strategischen Plans. Sie definieren die angestrebten Beiträge zur Realisation der langfristigen finanziellen Ziele, die in einer Bezugsperiode erbracht werden sollen. Erreicht werden sie über die effizienzorientierte Neugestaltung von Rahmenbedingungen zur Umsetzung der strategischen Ziele und die Rationalisierung zum gezielten Abbau bestehender Ineffizienzen. Das ermöglicht es, die Effizienz auch über die Leistung zu gestalten. Zur Festlegung eines langfristigen Wirtschaftlichkeitsziels reicht deshalb eine Kostenvorgabe allein nicht aus. Erforderlich ist ein mehrdimensionales Kennzahlensystem zur Vorgabe, Messung und Bewertung der Effizienz und der Effektivität. Neben finanziellen Ergebnisgrößen enthält es Kennzahlen zu den Bestimmungsgrößen der Effizienz, d. h. der Leistung (Output) und des Mitteleinsatzes (Input). Operationalisiert wird die Leistung über die quantitativen, qualitativen und zeitlichen Merkmale der Ausbringung mit Einfluss auf das Ergebnis (Outcome). Abb. 2.3 gibt einen zusammenfassenden Überblick über die Arten von Wirtschaftlichkeitszielen und ihre Herleitung aus den Unternehmungszielen.

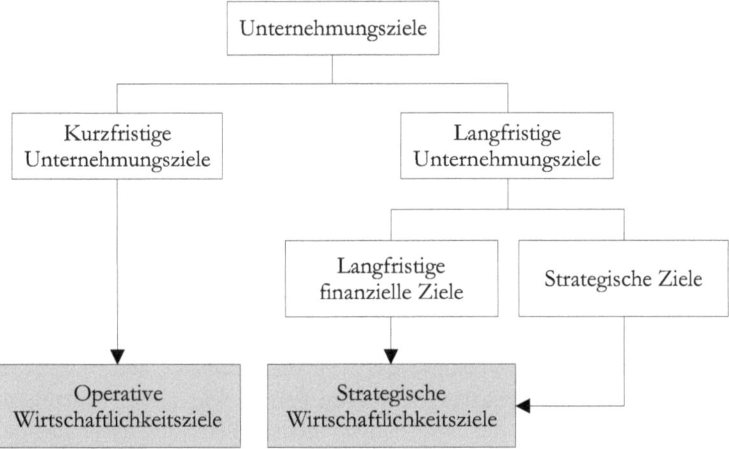

Abb. 2.3: Arten von Wirtschaftlichkeitszielen

2.2.1.2 Wirtschaftlichkeitsziele in Performance-Measurement-Systemen

Der Aufbau und der Einsatz von Kennzahlensystemen zur Messung und Bewertung der Effektivität und Effizienz von Handlungen ist Gegenstand des Performance Measurement (vgl. Neely/Gregory/Platts (2005), S. 1228 ff.). Der **Grundgedanke des Performance Measurement** besteht darin, Geschäftsbereichen nicht nur finanzielle Ergebnisse vorzugeben, sondern auch nicht monetäre Kennzahlen zu Einflussgrößen auf die künftige Erreichung der finanziellen Ziele, wie z. B. Qualität, Innovationsfähigkeit und Kundenzufriedenheit (vgl. Eccles/Pyburn (1992), S. 41 f.). Ein Performance-Measurement-System bildet den Zusammenhang zwischen diesen Kennzahlen und den langfristigen finanziellen Zielen der Unternehmung ab.

Ein **Performance-Measurement-System** ist das differenzierte Zielsystem eines Geschäftsbereichs, das aus folgenden Elementen besteht (vgl. Bourne/Bourne (2011), S. 13 f.):

- dem Bezugssystem,
- den Zielen,
- den Kennzahlen,
- den Vorgaben und
- den Initiativen zur Leistungssteigerung.

Das **Bezugssystem** eines Performance-Measurement-Systems gibt vor, wie die Kennzahlen geordnet und mit den langfristigen finanziellen Zielen der Unternehmung verknüpft werden sollen. Es ist maßgebend für die Übersichtlichkeit der Darstellung der verfolgten Ziele sowie die Art und Weise, wie es die Aufmerksamkeit auf die für die künftige Zielerreichung wichtigen Faktoren lenkt. Das bekannteste Bezugssystem ist das Konzept der Balanced Scorecard. Es sieht vor, die Ziele für drei bis fünf verschiedene Perspektiven, aus denen ein Geschäftsbereich betrachtet werden kann, zu entwickeln und zu Gruppen zusammenzufassen. Kaplan/Norton schlagen vor, bei der Entwicklung eines Performance-Measurement-Systems neben der Finanzperspektive die Kundenperspektive, die Perspektive der internen Prozesse sowie die Lern- und Entwicklungsperspektive einzunehmen (vgl. Kaplan/Norton (1997), S. 41 ff.).

Die **Ziele** beschreiben den Zustand, der für die Realisation der langfristigen finanziellen Ziele der Unternehmung geschaffen werden soll. Sie sind als Zwischenziele für die Erreichung der langfristigen Unternehmungsziele zu interpretieren und werden aus den strategischen und den langfristigen finanziellen Zielen der Unternehmung hergeleitet (vgl. Eccles/Pyburn (1992), S. 42). Die Ziele der Finanzperspektive präzisieren den Beitrag zur Realisation der langfristigen finanziellen Unternehmungsziele. Sie legen u. a. die Art und die Bedeutung des Umsatzwachstums, der Produktivitätssteigerung und der Nutzung finanzieller Ressourcen für die Erreichung der langfristigen finanziellen Ziele fest. Um den finanziellen Beitrag leisten zu können, sind Sach- und Dienstleistungen zu erstellen und zu verwerten, die für die Kunden einen Nutzen haben. Mit den Zielen der Kundenperspektive wird vorgegeben, wie dieser Nutzen geschaffen werden soll. Zur Erreichung der langfristigen finanziellen Ziele trägt der geschaffene Kundennutzen nur bei, sofern die relevanten internen Prozesse effektiv und effizient ausgeführt werden. Die Ziele der Prozessperspektive beschreiben, wie die Effektivität und die Effizienz der internen Prozesse verbessert werden sollen, die für die Erreichung der langfristigen finanziellen Ziele und die Schaffung des Kundennutzens kritisch sind. Die Erreichung der langfristigen finanziellen Ziele verlangt, dass sowohl der Kundennutzen des Leistungsprogramms als auch die Effektivität und Effizienz der internen Prozesse kontinuierlich verbessert werden. Das kann den Erwerb von Wissen oder Technologien, die Steigerung der Motivation, die Qualifikation der Mitarbeiter oder die Stärkung der Innovationskraft erfordern. Welche dieser Potentiale aufgebaut werden sollen, wird durch die Ziele der Lern- und Entwicklungsperspektive festgelegt (vgl. Kaplan/Norton (1997), S. 41 ff.).

Jedes Ziel einer Balanced Scorecard ist Glied einer **Ursache-Wirkungs-Kette**, an deren Ende die Ziele der finanziellen Perspektive stehen. Alle Ziele einer Balanced Scorecard sind damit über Instrumentalrelationen entweder direkt oder indirekt mit den Zielen der Finanzperspektive verbunden (vgl. Kaplan/Norton (1997), S. 142 ff.). Die als Strategy Map bezeichnete Ursache-Wirkungs-Kette verdeutlicht, warum jedes einzelne Ziel in einem bestimmten Umfang erreicht werden sollte (vgl. Horváth &

Partners (2007), S. 53 ff.). Abb. 2.4 zeigt ein Beispiel für eine Strategy Map (vgl. Kaplan/Norton (2004), S. 318).

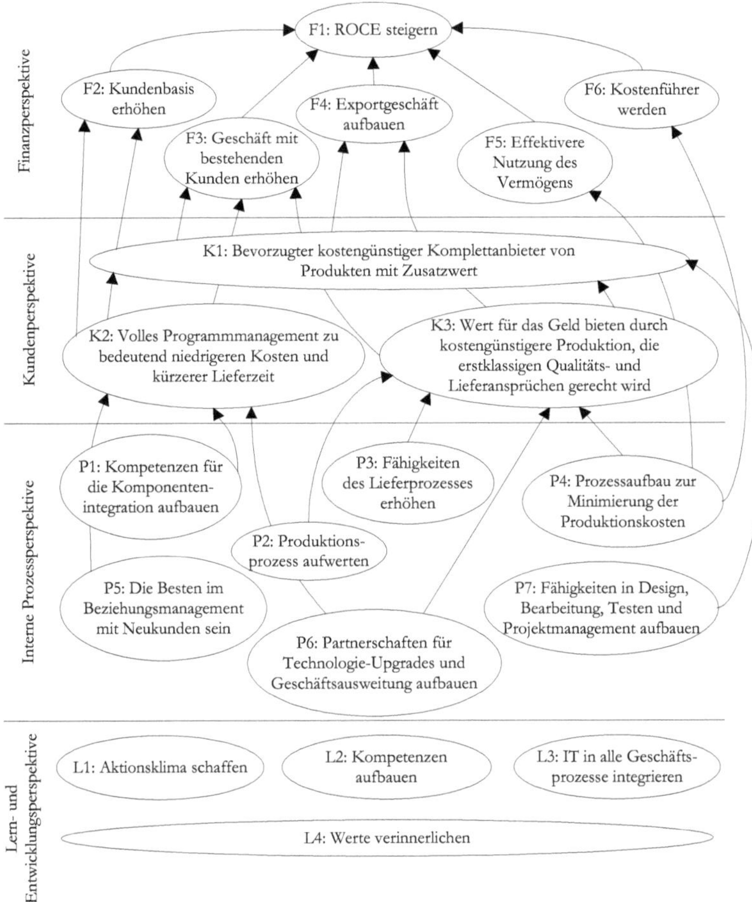

Abb. 2.4: Strategy Map der Balanced Scorecard

Mit den **Kennzahlen** werden die Beiträge zur Erreichung der Ziele gemessen und bewertet. Abb. 2.5 zeigt Kennzahlen, mit denen Ziele aus den vier Perspektiven der Strategy Map in Abb. 2.4 operationalisiert werden (vgl. Kaplan/Norton (2004), S. 320). Die **Vorgaben** sind Kennzahlenwerte, die das Niveau der Zielerreichung für die Bezugsperiode festlegen. Die **Initiativen zur Leistungssteigerung** zeigen auf, wie dieses Niveau der Zielerreichung realisiert werden soll. Sie beschreiben Maßnahmen, die in der Bezugsperiode zur Realisation der Vorgaben durchgeführt oder begonnen werden sollen (vgl. Bourne/Bourne (2011), S. 14 f.). Es kann sich dabei um ein Rationalisierungsvorhaben oder um die Neugestaltung von Rahmenbedingungen handeln, die effizienzorientiert durchzuführen ist. Die Initiativen können mit Budgets für die Realisation dieser Maßnahmen versehen werden.

Perspektive	Ziele	Kennzahl
Finanz-perspektive	F1: ROCE* steigern	Rendite des gebundenen Kapitals
	F2: Kundenbasis unter Berücksichtigung der erforderlichen Profitabilität erhöhen	▪ Anzahl neuer OEMs* ▪ Umsätze mit neuen OEMs
	F3: Geschäft mit bestehenden Kunden unter Berücksichtigung der erforderlichen Profitabilitätsrate erhöhen	▪ Umsätze mit bestehenden OEMs ▪ Umsätze mit bestehenden OEMs aus neuen Produkten
	F4: Exportgeschäft unter Berücksichtigung der erforderlichen Profitabilitätsrate erhöhen	Verkaufseinnahmen aus dem Exportgeschäft
	F5: Effektivere Nutzung des Vermögens	Vermögensumschlag
	F6: Kostenführer der Branche werden	▪ Betriebskosten/Umsatz ▪ Kostensenkungen durch Kostenvorgaben für Produktfamilien
Kunden-perspektive	K1: Bevorzugter kostengünstiger Komplettanbieter von Produkten und Dienstleistungen mit Zusatzwert	▪ Wert der angefragten Angebote als Komplettanbieter für Module ▪ Wert der Bestellungen als Komplettanbieter
	K2: Volles Programmmanagement zu bedeutend niedrigeren Kosten und kürzeren Lieferzeiten	▪ Wert der nachgefragten Angebote für das volle Programm ▪ Wert der Bestellungen für das volle Programm
	K3: Wert für das Geld bieten durch kostengünstigere Produktion, die erstklassigen Qualitäts- und Lieferansprüchen gerecht wird	▪ Kundenzufriedenheitsindex ▪ Anzahl der Qualitätsthemen im Bericht
Interne Prozess-perspektive	P1: Kompetenzen für die Komponentenintegration aufbauen, um Modul-/Systemlieferungen zu erreichen	Fähigkeitsindex
	P2: Produktionsprozess aufwerten, um die Kundenerwartung zur Qualität zu erfüllen	Kundenrückgaben
	P3: Die Fähigkeiten des Lieferprozesses erhöhen, so dass die Lieferansprüche von Kunden aus Indien und Übersee kosteneffektiv erfüllt werden können	▪ Grad der Liefereinhaltung (pünktlich, vollständig) ▪ Fähigkeitsindex ▪ Reduktion der Logistikkosten im Vergleich zu Standardkosten
	P4: Effektivere Nutzung des Vermögens und Prozessaufbau zur Minimierung der Produktionskosten	▪ Gesamteffektivität der Anlage ▪ Materialkosten im Vergleich zu Kostenvorgaben ▪ Energiekosten in Prozent vom Umsatz ▪ Direkte Arbeitskosten in Prozent vom Umsatz
	P5: Die Besten im Beziehungsmanagement mit Neukunden sein	Beziehungsindex
	P6: Partnerschaften für Technologie-Upgrades und Geschäftsausweitung aufbauen	▪ Anzahl neuer Technologien, die durch neue Beziehungen erworben werden ▪ Umsatzwachstum durch Partnerbeziehungen

	P7: Fähigkeiten in Design, Bearbeitung, Testen und Projektmanagement aufbauen	▪ Fähigkeitsindex ▪ Jährliche Reduktion der Vorlaufzeit für die Produktentwicklung
Lern- und Entwicklungs-perspektive	L1: Aktionsklima schaffen durch Ausrichtung an den strategischen Zielen und Dezentralisation	▪ Anzahl der Mitarbeiter, deren zentrale Leistungsbeurteilung mit strategischen Zielen verbunden ist ▪ Dezentralisationsindex ▪ Anzahl der zentralen Geschäftsprozesse, die dezentralisiert worden sind
	L2: Kompetenzen aufbauen	Deckungsgrad der strategischen Fähigkeiten
	L3: IT in alle Geschäftsprozesse integrieren	▪ Prozentanteil der Prozesse, die von IT abgedeckt werden ▪ Umfrageergebnisse über die Zufriedenheit mit der IT-Effektivität

* Return on Capital Employed; Original Equipment Manufacturer

Abb. 2.5: Beispiele für Ziele und Kennzahlen in einer Balanced Scorecard

Mit dem Performance-Measurement-System werden einem Geschäftsbereich Ziele vorgegeben, die einerseits die finanziellen Ergebnisse betreffen und andererseits den Mitteleinsatz sowie die Leistungen, die für die Erreichung der langfristigen finanziellen Ziele kritisch sind. In einem Performance-Measurement-System werden das anzustrebende Niveau des Mitteleinsatzes durch Ziele der Finanzperspektive (F6: Kostenführer der Branche werden) und Wege zur Erreichung dieser Ziele durch Ziele der Prozessperspektive (P3: Kosteneffektive Logistikprozesse; P4: Effektivere Nutzung des Vermögens und Prozessaufbau zur Minimierung der Produktionskosten) vorgegeben. Andere Ziele der Prozessperspektive (P7: Fähigkeiten in Design, Bearbeitung, Testen und Projektmanagement aufbauen), die Ziele der Kunden- sowie der Lern- und Entwicklungsperspektive geben zu realisierende Leistungen vor. Da die Realisation der im Performance-Measurement-System genannten Leistungsziele für die Erreichung der langfristigen finanziellen Ziele kritisch ist, sind sie **Restriktionen der Effizienzgestaltung**. Leistungen, zu denen das Performance-Measurement-System keine Vorgaben enthält, können bei Berücksichtigung der Effektivitätswirkungen zum Zwecke der Effizienzgestaltung angepasst werden.

2.2.1.3 Wertkettenanalyse als Instrument der Zielplanung

Für die Planung der strategischen Wirtschaftlichkeitsziele ist eine strategische Kostenanalyse mit dem Ziel durchzuführen, Verbesserungspotentiale für die Steigerung der Wirtschaftlichkeit auf das für die Erreichung der langfristigen Unternehmungsziele notwendige Niveau zu identifizieren. Analysegegenstand sind die strategischen Geschäftsfelder der Unternehmung. Das Verbesserungspotential ist nicht auf bestehende Ineffizienzen begrenzt, sondern auch auf künftig erwartete Ineffizienzen, die es zu vermeiden gilt, und Chancen aus Preisvorteilen auf dem Beschaffungsmarkt.

Die **Wertkettenanalyse** ist ein Instrument der strategischen Kostenanalyse, das die Stärken und Schwächen eines strategischen Geschäftsfelds, die einen kostenbedingten Wettbewerbsvorteil begründen können, durch den Vergleich der Wertkette mit der des Wettbewerbs identifiziert (in Anlehnung an Gutschelhofer (2002), Sp. 2124).

Die Wertkettenanalyse beruht auf der Erkenntnis, dass kosten- und differenzierungsbedingte Wettbewerbsvorteile aus vielen Aktivitäten im Unternehmungsprozess entstehen. Die Ausführung dieser Aktivitäten und ihre Verknüpfung sind bestimmend dafür, ob Kosten- oder Differenzierungsvorteile geschaffen werden können. Aktivitäten, die mögliche Quellen für Kosten- oder Differenzierungsvorteile sind, können nicht erkannt werden, solange die Unternehmung als Ganzes betrachtet wird. Für eine Wertkettenanalyse wird deshalb zunächst die **Wertkette des strategischen Geschäftsfelds** ermittelt.

Die **Wertkette** ist die nach dem physischen Durchlaufprinzip geordnete und in aggregierter Form dargestellte Folge der Wertaktivitäten des strategischen Geschäftsfelds.

Wertaktivitäten sind homogene Aktivitäten mit strategischer Relevanz (vgl. Porter (1992), S. 72 f.). Bei einer strategischen Kostenanalyse ist für die Homogenität einer Aktivität das Kostenverhalten der Teilaktivitäten maßgebend, aus denen sich die Aktivität zusammensetzt. Strategisch relevant sind Aktivitäten, die einen erheblichen oder steigenden Anteil an den Kosten des strategischen Geschäftsfelds verursachen, die von den Wettbewerbern anders vollzogen oder die gemeinsam mit einem anderen Geschäftsbereich ausgeführt werden (vgl. Porter (1992), S. 162 f.).

Der **Prozess der Wertkettenanalyse** kann in zwei Phasen gegliedert werden: die Vorbereitung und die Analyse. Jede Phase umfasst mehrere Schritte. Abb. 2.6 gibt einen Überblick über diese Schritte (in Anlehnung an Porter (1992), S. 162).

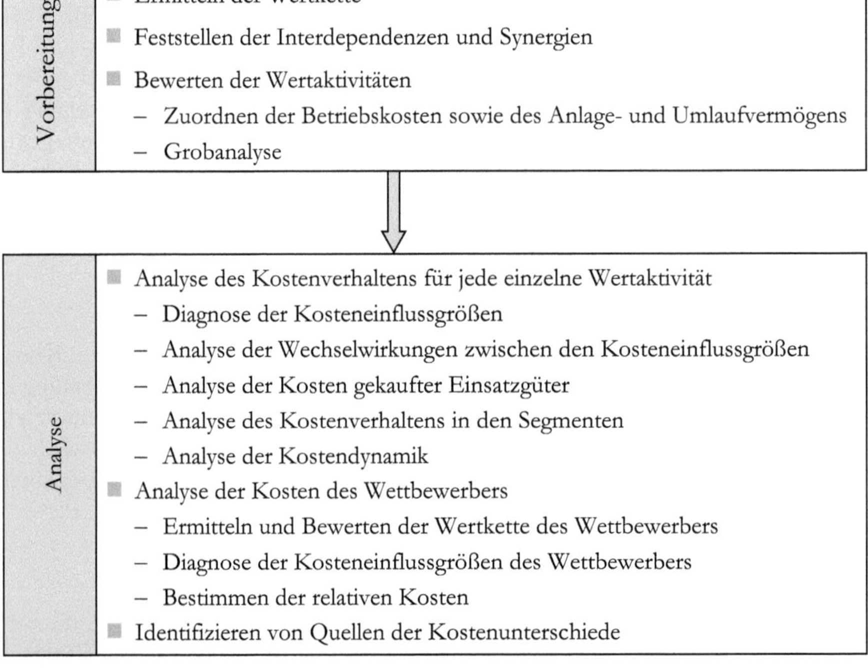

Abb. 2.6: Prozess der Wertkettenanalyse

[1] Vorbereitung

Die Ermittlung der Wertkette im **ersten Schritt** der Vorbereitungsphase beginnt mit den neun generischen Aktivitäten. Das sind die Aktivitäten, die unabhängig von der Branche in jedem strategischen Geschäftsfeld ausgeführt werden. Durch sie werden in den strategischen Geschäftsfeldern Kundennutzen geschaffen und Kosten verursacht. Nach ihrem Bezug zum Unternehmungsprozess werden diese Aktivitäten in zwei Gruppen gegliedert:

- die primären Aktivitäten und
- die unterstützenden Aktivitäten.

Die primären Aktivitäten dienen der Leistungserstellung und -verwertung und lassen sich direkt aus der Marktaufgabe herleiten. Unterstützende Aktivitäten erbringen Dienstleistungen für die primären Aktivitäten oder für die gesamte Wertkette (vgl. Porter (1992), S. 66 ff.). Abb. 2.7 gibt einen Überblick über diese Aktivitäten.

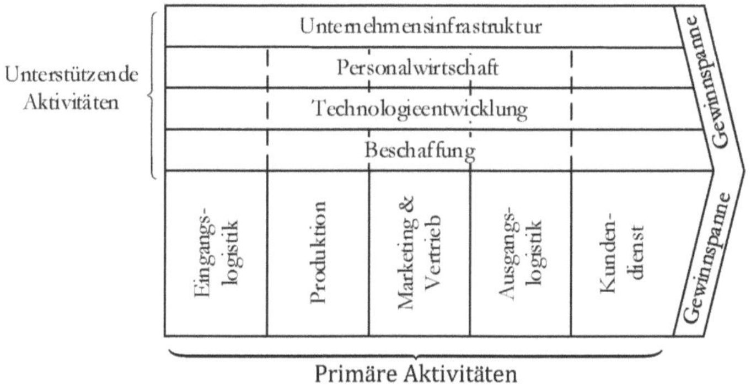

Abb. 2.7: Struktur der Wertkette

Zur **Ermittlung der Wertaktivitäten** werden die generischen Aktivitäten in Teilaktivitäten untergliedert, die Unterschiede im Kostenverhalten aufweisen. Beispielsweise wird die generische Aktivität „Marketing & Vertrieb“ in die Teilaktivitäten „Marketing-Management“, „Werbung“, „Verkaufsverwaltung“, „Außendienst“, „Technische Literatur“ und „Verkaufsförderung“ gegliedert und die generische Aktivität „Produktion“ in die Teilaktivitäten „Teilefertigung“, „Komponentenfertigung“, „Montage“, „Feinabstimmung und Erprobung“, „Instandhaltung“ und „Betrieb der Anlagen“ (vgl. Porter (1992), S. 74 f.). Die sich ergebenden Teilaktivitäten werden weiter untergliedert, bis homogene Teilaktivitäten erreicht sind (vgl. Porter (1992), S. 73 ff.). Sind die sich ergebenden Teilaktivitäten strategisch relevant, gehen sie als Wertaktivitäten in die Wertkette ein. Die so ermittelte Wertkette bildet die Grundlage für die strategische Kostenanalyse.

In einem **zweiten Schritt** werden die zwischen den Wertaktivitäten bestehenden kostenwirksamen Interdependenzen und Synergien ermittelt. Zwischen zwei Wertaktivitäten bestehen kostenwirksame Interdependenzen, wenn die Kosten der einen Wertaktivität von der art- oder mengenmäßigen Ausführung der anderen Wertaktivität abhängt. Sie treten auf, wenn der Output der Wertaktivität den Input einer anderen Wertaktivität bildet, d. h., wenn zwischen den Wertaktivitäten Lieferbeziehungen bestehen. Interdependenzen treten nicht nur zwischen den Wertaktivitäten einer Unternehmung auf, sondern auch zwischen der Wertkette der Unternehmung und den Wertketten der Lieferanten und Abnehmer (vgl. Porter (1992), S. 76 ff.). Weiterhin werden die Synergien zwischen den Wertaktivitäten aufgedeckt, die getrennt in verschiedenen Geschäftsbereichen ausgeführt werden. Synergien bewirken bei gemeinsamer Ausführung Kostensenkungen (vgl. Porter (1992), S. 112 f.).

Im **dritten Schritt** werden die Wertaktivitäten bewertet. Hierzu werden ihnen zum einen die **Betriebskosten** zugerechnet, die sie verursachen. Zu diesen zählen die Personalkosten und die Kosten für die verbrauchten Repetierfaktoren. Zum anderen werden den Wertaktivitäten Teile des **Anlage- und des Umlaufvermögens** zugeordnet. Die Vermögensteile werden jeweils derjenigen Wertaktivität zugeordnet, die den Einsatz erforderlich macht, die ihren Umfang zielorientiert gestaltet oder am stärksten beeinflusst. Danach werden ein Fließband der Montage, der Einsatzgüterbestand der Materialbeschaffung und der Bestand an Zwischenprodukten der Fertigungssteuerung zugeordnet. Für die Bewertung des Anlage- und Umlaufvermögens können der Buchwert, der Wiederbeschaffungswert, die Kapitalkosten oder die Abschreibungen herangezogen werden. Für die Auswahl der Methode zur Bewertung der Wertaktivitäten sind Branchenmerkmale und die Möglichkeiten der Datenerhebung maßgebend (vgl. Porter (1992), S. 97 ff.).

Die Vorbereitungsphase schließt mit einer **Grobanalyse** der zugeordneten Betriebskosten und des zugeordneten Vermögens ab, um erste Ineffizienzen erkennen zu können. Hierzu werden die Kosten für

- die direkten,
- die indirekten und
- die qualitätssichernden Tätigkeiten

der Wertaktivität ermittelt und getrennt ausgewiesen. Die direkten Tätigkeiten dienen unmittelbar der Leistungserstellung und -verwertung (z. B. Montage, Teilebearbeitung, Außendienst). Die indirekten Tätigkeiten, zu denen z. B. die Instandhaltung, die Terminplanung und die Verkaufsverwaltung zählen, schaffen die Voraussetzungen für die Ausführung der direkten Tätigkeiten. Als Beispiele qualitätssichernder Tätigkeiten können die Überwachung, die Qualitätskontrolle, die Anpassung und Überarbeitung genannt werden (vgl. Porter (1992), S. 71, 99 ff.).

[2] Analyse

In dieser zweiten Phase der strategischen Kostenanalyse wird zunächst das Kostenverhalten untersucht. Hierzu werden in einem **ersten Schritt** für jede einzelne Wertaktivität die Einflussgrößen der Betriebskosten, der Umschlagshäufigkeit des Umlaufvermögens und der Auslastung des Anlagevermögens ermittelt und ihre Wirkungen quantifiziert (vgl. Porter (1992), S. 119 f.). Für die **Diagnose der Kosteneinflussgrößen** werden vier Verfahren vorgeschlagen: die intuitive Erfassung, die Zeitreihenanalyse, der Betriebsvergleich und die Expertenbefragung (vgl. Porter (1992), S. 124 f.).

Hängen die Betriebskosten und die Nutzung des eingesetzten Vermögens von mehreren Einflussgrößen ab, sind ihre **Wechselwirkungen** festzustellen. Zu untersuchen ist, ob sich die Wirkungen der Kosteneinflussgrößen verstärken oder neutralisieren (vgl. Porter (1992), S. 121 ff.).

Analysiert wird weiterhin das Verhalten der **Kosten gekaufter Einsatzgüter**. Zu den Einsatzgütern zählen nicht nur die von außen bezogenen Repetierfaktoren (z. B. Rohstoffe, Dienstleistungen), sondern auch die gekauften Betriebsmittel (z. B. gemietete Büroräume, Maschinen). Die Höhe der Kosten der Einsatzgüter hängt ab vom Niveau der Einsatzgüterpreise, dem Auslastungsgrad durch eine Wertaktivität und von den Wirkungen des Einsatzgutes auf die Kosten anderer Aktivitäten. Es können drei Arten von Einflussgrößen auf die Einsatzgüterpreise unterschieden werden: die Bestimmungsgrößen der Verhandlungsmacht (z. B. Betriebsgröße), die Maßnahmen der Kooperation und Integration sowie die Einflussgrößen auf die Kosten der Lieferanten (vgl. Porter (1992), S. 125 ff.).

Ein Geschäftsbereich kann verschiedene Produkte oder Produktgruppen herstellen, verschiedene Kundengruppen bedienen, auf mehreren geographisch abgegrenzten Märkten tätig sein oder über mehrere Vertriebskanäle verfügen. Es ist zu untersuchen, ob die verschiedenartigen Produkte oder Vertriebsleistungen durch dieselben Aktivitäten erstellt werden und diese bei jedem Produkt oder bei jeder Absatzleistung ein identisches Kostenverhalten aufweisen. Werden Unterschiede in den Aktivitäten oder dem Kostenverhalten erkannt, sollten Segmente gebildet werden. Ein **Segment** umfasst dabei alle Aktivitäten bei der Herstellung eines spezifischen Produkts, beim Absatz an eine abgegrenzte Kundengruppe, über einen bestimmten Vertriebskanal oder in einer einzelnen Region. Für jedes Segment werden anschließend Wertaktivitäten definiert und deren Kostenverhalten getrennt analysiert (vgl. Porter (1992), S. 131 ff.).

Kostenvorteile können auch dadurch erzielt werden, dass die Unternehmung früher als ihre Wettbewerber auf Veränderungen reagiert, die Kostensteigerungen oder eine Veränderung der Kostenstruktur zur Folge haben. Um derartige Chancen identifizieren zu können, sieht die Wertkettenanalyse auch die Analyse der Kostendynamik vor (vgl. Porter (1992), S. 133 ff.). Unter **Kostendynamik** wird die Entwicklung der Höhe der Kosten einer Wertaktivität und ihres Anteils an den Gesamtkosten des Geschäftsbereichs im Zeitablauf verstanden, die unabhängig von Maßnahmen der Effizienzgestaltung erwartet wird.

Für die Analyse der Kosten des Wettbewerbers im **zweiten Schritt** der Analysephase sind die Wertaktivitäten in der Wertkette des Lieferanten abzugrenzen und zu bewerten sowie die Kosteneinflussgrößen zu diagnostizieren. Die Bereitstellung und Auswertung rechnungswesenbezogener Informationen über die Wettbewerber ist Aufgabe des strategischen Management Accounting. Dieser Bereich des Rechnungswesens informiert über die Höhe und die Entwicklung von Kosten, Preisen, Produktionsmengen, Marktanteilen und Cashflow sowie über die Ressourcen der Unternehmung und bei den Wettbewerbern (vgl. Simmonds (1986), S. 17). Gegliedert wird das strategische Management Accounting in die strategische Kostenrechnung, das Brand Value Accounting und das Competitor Accounting, dem drei Aufgabenbereiche zugeordnet sind (vgl. Guilding/Cravens/Tayles (2000), S. 123):

- die Schätzung der Kosten der Wettbewerber,
- die Überwachung der Wettbewerbsposition der Wettbewerber sowie
- die Bewertung der Wettbewerber auf der Basis publizierter Jahresabschlüsse.

Der Schwerpunkt der Auseinandersetzung mit dem **Competitor Accounting** liegt auf der Diskussion von Notwendigkeit und Umfang dieser Aufgaben (vgl. Hoffjan (2003), S. 384 ff.). Zu den Instrumenten des Competitor Accounting finden sich in der Literatur nur wenige Hinweise. Ward nennt eine Vielzahl von Quellen, aus denen Informationen über die Wettbewerber gewonnen werden können (vgl. Ward (1992), S. 166). Im Beitrag von Jones wird über die Ergebnisse einer Fallstudie zur Analyse der Kosten von Wettbewerbern berichtet (vgl. Jones (1988), S. 33 ff.).

Zur Bestimmung der **relativen Kosten** werden die Ergebnisse der Analyse der Kosten der Unternehmung und der Kosten des Wettbewerbers gegenübergestellt. Zweck dieses Vergleichs ist es, für jede einzelne Wertaktivität die Unterschiede in der Höhe und im Verhalten der Kosten der Unternehmung und des Wettbewerbers festzustellen.

Der **letzte Schritt** der Analyse besteht in der Identifikation von **Quellen festgestellter Kostenunterschiede**. Aufgabe dieses Analyseschrittes ist es, die Kostenunterschiede gegenüber dem Wettbewerber mit Abweichungen bei den Kosteneinflussgrößen und Unterschieden in der Struktur der Wertkette zu erklären. Die Ergebnisse dieser Analyse bilden die Grundlage für die Planung **strategischer Wirtschaftlichkeitsziele** (vgl. Porter (1992), S. 137 ff.).

2.2.2 Durchsetzung der Wirtschaftlichkeitsziele

2.2.2.1 Vorgaben des Kostenmanagements

Geltungsbereich der Wirtschaftlichkeitsziele sind die Unternehmung oder ihre Geschäftsbereiche. Um sie durchzusetzen, muss den Mitarbeitern in den Organisationseinheiten das Arbeitsverhalten vermittelt werden, das zur Erreichung der Wirtschaftlichkeitsziele notwendig ist. Zu diesem Zweck werden vom Kostenmanagement spezifische **Vorgaben** für die Organisationseinheiten geplant. Sie informieren die Mitarbeiter über die Anforderungen der Wirtschaftlichkeitsziele an die Effizienzgestaltung in der jeweiligen Organisationseinheit.

Inhalte von Vorgaben des Kostenmanagements können sein (vgl. Laux/Liermann (2005), S. 151 ff.):

- exakte Vorschriften zum Arbeitsablauf bei der Aufgabenerfüllung,
- die Begrenzung des Mitteleinsatzes bei der Aufgabenerfüllung oder
- die bei der Aufgabenerfüllung zu erzielenden Ergebnisse.

Durch die Vorgaben soll das Arbeitsverhalten der Mitarbeiter an der geforderten Effizienzsicherung oder -steigerung ausgerichtet werden. Diesem Zweck genügen **Vorschriften zum Arbeitsablauf**, wenn sie diejenige Vorgehensweise bei der Aufgabenerfüllung beschreiben, die zur angestrebten Effizienz führt. Eine **Begrenzung des Mitteleinsatzes** eignet sich nur dann als Vorgabe zur Durchsetzung der Wirtschaftlichkeitsziele, wenn die mit der Aufgabenerfüllung zu erbringende Leistung festliegt. Als **Ergebnisse** werden Kosten- und Leistungsgrößen vorgegeben, die zusammen die angestrebte Effizienz zum Ausdruck bringen. Die Vorgabe von Ergebnissen bietet sich an, wenn die Leistung noch nicht vollständig definiert ist und als Parameter der Effizienzgestaltung genutzt werden kann.

Die Handlungsfelder des Kostenmanagements unterscheiden sich im Freiraum für die Gestaltung der Leistung und stellen deshalb unterschiedliche Anforderungen an die Vorgaben des Kostenmanagements. Abb. 2.8 nennt die **Arten von Vorgaben**, die in den Handlungsfeldern des Kostenmanagements eingesetzt werden können. Budgets sind monetäre Plangrößen, die einer Organisationseinheit für eine Periode vorgegeben werden. Nicht monetäre Plangrößen und Veränderungen monetärer Plangrößen werden durch Kennzahlen zum Ausdruck gebracht. Budgets und Kennzahlen beziehen sich stets auf eine genau bezeichnete Organisationseinheit und eine Planperiode. Sie sind ein Ergebnis der periodischen Planung. Als Ziele werden Vorgaben bezeichnet, die sich auf Mitteleinsatz, Leistung oder Ergebnis mehrerer Organisationseinheiten beziehen. Formuliert werden sie für Vorhaben zur Gestaltung von Rahmenbedingungen.

Rahmenbedingungen / Ineffizienzen	Effizienzgestaltung bei gegebenen Rahmenbedingungen	Effizienzgestaltung durch Veränderung der Rahmenbedingungen
Vermeiden von Ineffizienzen	**Sichern einer effizienten Leistungserbringung** ▪ Vorschriften zum Arbeitsablauf ▪ Budgets	**Effizienzorientierte Neugestaltung** Ziele zum Mitteleinsatz
Abbau von Ineffizienzen	**Kontinuierliche Verbesserung** Kennzahlen zum Mitteleinsatz und zur Leistung	**Effizienzorientierte Rationalisierung** Ziele zum Mitteleinsatz und zur Leistung

Abb. 2.8: Arten von Vorgaben in den Handlungsfeldern

[1] Sichern einer effizienten Leistungserbringung

In Organisationseinheiten, in denen repetitive Tätigkeiten durchgeführt werden, kann dem Entstehen ausführungsbedingter Ineffizienzen durch die Standardisierung der Arbeitsabläufe entgegengewirkt werden. Hierzu werden den Mitarbeitern exakte **Vorschriften zum Arbeitsablauf** vorgegeben. Diese präzisieren, in welcher Art und Weise die Aufgabe bewältigt werden soll.

Werden in einer Organisationseinheit nichtrepetitive Tätigkeiten ausgeführt, können ausführungsbedingte Ineffizienzen durch die Vorgabe von Budgets verhindert werden. Ein **Budget** ist eine schriftlich festgelegte monetäre Plangröße, die einer Organisationseinheit zur Umsetzung übergeordneter Pläne für eine Periode vorgegeben wird (in Anlehnung an Wild (1974b), S. 325). Beispiele für Budgets sind die Kosten einer Kostenstelle für das nächste Jahr, das monatliche Kreditlimit eines Einkäufers, der für die Werbung in einer Produktsparte bereitgestellte Betrag sowie der Tagesspesensatz eines LKW-Fahrers (vgl. Troßmann (2018), S. 198). Nach der Plangröße lassen sich unterscheiden

- inputbezogene Budgets,
- outputbezogene Budgets und
- ergebnisbezogene Budgets.

Inputbezogene Budgets geben einer Organisationseinheit den in der Periode zulässigen Mitteleinsatz vor. Budgetgrößen können Auszahlungen, Ausgaben, Aufwand oder Kosten sein. Ergänzt werden inputbezogene Budgets durch eine Outputkomponente in der Form einer verbalen Aufgabenbeschreibung, einer Restriktion oder eines Ziels. Ein Beispiel für ein inputbezogenes Budget mit einer verbalen Aufgabenbeschreibung als Outputkomponente ist das Entwicklungskostenbudget. Die Kostenpläne einer flexiblen Plankostenrechnung sind ein Beispiel inputbezogener Budgets mit einer Restriktion als Outputkomponente (vgl. Kilger (1987), S. 57 ff.). Ein Beispiel für ein Ziel als Outputkomponente ist das Umsatzziel, das ein Werbekostenbudget ergänzt. Inputbezogene Budgets eignen sich für Organisationseinheiten, die interne Leistungen oder Absatzleistungen erstellen. Die Art und der Umfang der zu erstellenden Leistung werden vorgegeben, verantwortlich sind sie für die zur Leistungserstellung eingesetzten Mittel.

Durch **outputbezogene Budgets** wird den Organisationseinheiten das in einer Periode zu erzielende Marktergebnis vorgegeben. Budgetgrößen können Einzahlungen, Einnahmen, Erträge oder Erlöse/Umsätze sein. Ergänzt wird ein outputbezogenes Budget um eine Inputkomponente, die den Mitteleinsatz für die Realisation des vorgegebenen Marktergebnisses begrenzt. Ein Umsatzbudget kann z. B. um die Vertriebskosten als Inputkomponente ergänzt werden. Outputbezogene Budgets werden Organisationseinheiten vorgegeben, die für das Marktergebnis verantwortlich sind, wie z. B. Außendienstverkäufer und Vertrieb.

Mit **ergebnisbezogenen Budgets** wird eine Differenz aus Marktergebnis und Mitteleinsatz vorgegeben, wie z. B. Cashflow, Einnahmen-/Einzahlungsüberschuss, Erfolg, Deckungsbeitrag (vgl. Troßmann (2018), S. 198, 201 f.). Sie werden Organisationseinheiten vorgegeben, die sowohl für den Mitteleinsatz als auch das Marktergebnis verantwortlich sind. Ein Beispiel für solche Organisationseinheiten sind die Filialen von Handels- oder Dienstleistungsunternehmungen.

[2] Kontinuierliche Verbesserung

In diesem Handlungsfeld sollen ausführungsbedingte Ineffizienzen abgebaut werden. Einer Organisationseinheit wird deshalb eine angestrebte **Veränderung des Budgets** und der ergänzenden Input- oder Outputkomponente vorgeben. Eingesetzt werden Kennzahlen in der Form absoluter Zahlen oder von Verhältniszahlen. Die Kennzahlen können den Mitteleinsatz oder die zu erbringende Leistung betreffen. Beispiele für Vorgaben in diesem Handlungsfeld sind Beträge oder Prozentsätze, um die der in der Vorperiode geplante Mitteleinsatz reduziert werden soll, sowie Mengen-, Zeit- und Qualitätsgrößen, wie z. B. Lagerbestand, Durchlaufzeit und Ausschuss, zur Beschreibung der angestrebten Leistungssteigerung.

[3] Effizienzorientierte Neugestaltung

Bei der Neugestaltung werden Rahmenbedingungen geschaffen, um den Bedürfnissen interner oder externer Kunden entsprechen zu können. Die Bedürfnisse werden in Leistungsmerkmale übersetzt, die es zu realisieren gilt. Sie präzisieren die Gestaltungsaufgabe und sind **Restriktionen** des Kostenmanagements. Mit den Vorgaben des Kostenmanagements soll verhindert werden, dass bei der Neugestaltung struktur- und kundenbedingte Ineffizienzen entstehen. Sie betreffen den für die Leistungserstellung und -verwertung unter den neugestalteten Rahmenbedingungen erforderlichen Mitteleinsatz. Diese Vorgaben haben den Charakter von **Zielen**, d. h., sie geben eine Obergrenze für den Mitteleinsatz vor. Meist gibt es eine Vielzahl von Möglichkeiten für die Übersetzung der Kundenbedürfnisse in Leistungsmerkmale. Die Restriktion und die Vorgabe des Kostenmanagements sollten deshalb nicht sukzessiv geplant werden.

Durch eine parallele Planung der Restriktionen und der Vorgaben für den Mitteleinsatz soll sichergestellt werden, dass auch die Leistungsmerkmale als Parameter der Effizienzgestaltung genutzt werden können. Ein Beispiel für die Neugestaltung ist die Produktgestaltung. Die Restriktionen des Kostenmanagements sind in diesem Fall die Merkmale, die das zu entwickelnde Produkt haben soll und seine Funktionalität und Qualität definieren. Die Kosten, die im Produktions- und Absatzprozess für dieses Produkt anfallen, bilden den Inhalt des Kostenziels.

[4] Rationalisierung

Die Rationalisierung umfasst den Abbau struktur- und kundenbedingter Ineffizienzen durch die Anpassung der Rahmenbedingungen an interne oder externe Veränderungen. Vorgegeben werden **Ziele**, die über die angestrebte Veränderung von Mitteleinsatz und Leistung informieren. Diese Ziele können von einer Verringerung des Mitteleinsatzes bei unveränderter Leistung bis zu einer Leistungssteigerung bei gegebenem Mitteleinsatz reichen. Die Ziele zum Mitteleinsatz beziehen sich auf die Ressourcen, die für die Erstellung und Verwertung der angestrebten Leistung anfallen. Die Anforderungen der Kunden, für die Leistungen erbracht werden, bilden die Restriktion des Kostenmanagements. Wie bei der effizienzorientierten Neugestaltung sollten auch bei der Rationalisierung die Vorgaben für den Mitteleinsatz und die Leistungsmerkmale parallel geplant werden.

2.2.2.2 Ansätze für die Planung von Vorgaben

Werden Kennzahlen oder Ziele vorgegeben, ist das Niveau der Vorgaben zu planen. Mit dem Vorgabeniveau wird der Beitrag festgelegt, der von einer Organisationseinheit oder einem Vorhaben während einer Periode zur Erreichung des Wirtschaftlichkeitsziels zu erbringen ist. Nach der Zielsetzungstheorie[6] sollten Vorgaben herausfordernd sein, d. h. in einem realisierbaren Ausmaß über dem bislang erbrachten Niveau liegen. Zweifel der Beteiligten an der Realisierbarkeit von Vorgaben wirken sich ungünstig auf ihre Anstrengungs- und Konsequenzerwartung und damit auf ihr Arbeitsverhalten aus.[7] Der Nachweis der Realisierbarkeit einer Vorgabe kann z. B. über einen Vergleich mit Wettbewerbern oder anderen Unternehmungen geführt werden, wie es das Benchmarking und das Reverse Engineering vorsehen (vgl. Schäfer/Seibt (1998), S. 368), oder durch gut und nachvollziehbar begründete Prognosen der Kosten- und Leistungswirkungen geplanter Maßnahmen. Für die Planung von Vorgaben stehen folgende **Ansätze** zur Verfügung (in Anlehnung an Atkinson (2002), Sp. 1386 f.):

- der theoriebasierte Ansatz,
- der unternehmungsorientierte Ansatz,
- der verhandlungsorientierte Ansatz,
- der wettbewerberorientierte Ansatz und
- der marktorientierte Ansatz.

---

6 Die Zielsetzungstheorie wird in Abschnitt 9.1.3.2 erläutert.

7 Dieser Zusammenhang wird durch die Motivationstheorie von Porter/Lawler erklärt, die in Abschnitt 9.1.3.1 erläutert wird.

Theorien, die zur Planung von Kostenvorgaben herangezogen werden, sind vor allem das Lernkurven- und das Erfahrungskurvenkonzept (vgl. Coenenberg (1970), S. 114 f.; Betz (1995), S. 613 ff.). Bei Anwendung des Erfahrungskurvenkonzepts zur Planung von Kostenvorgaben wird aus der Lernrate, der kumulierten Produktionsmenge zu Beginn des Planungszeitraums und den jährlichen Produktionsmengen im Planungszeitraum die zu erzielende durchschnittliche jährliche Kostensenkungsrate zur Realisation des Erfahrungskurveneffektes berechnet.[8] Mit der theoriebasierten Planung wird nur die bisherige Kostenentwicklung fortgeschrieben. Theoriebasierte Vorgaben sind deshalb zwar realisierbar, aber nicht herausfordernd.

Bei der **unternehmungsorientierten Planung** werden die Vorgaben aus vermuteten Ineffizienzen hergeleitet. Für die Schätzung des Umfangs der Ineffizienzen werden zwei Vorgehensweisen vorgeschlagen:

- die systematische Suche nach Ineffizienzen sowie
- die Auswertung von Erfahrungen.

Zur **systematischen Suche** nach kundenbedingten Ineffizienzen werden alle Leistungen, die in einem Unternehmungsbereich erbracht werden, darauf hin überprüft, ob ihnen ein Bedarf gegenübersteht und der Nutzen dieser Leistung ihre Kosten rechtfertigt. Diese Vorgehensweise liegt z. B. der Gemeinkostenwertanalyse zugrunde. Weitere Ineffizienzen können durch die Prämissenkontrolle von Entscheidungen über die betrieblichen Rahmenbedingungen oder den Einsatz von Analyseinstrumenten identifiziert werden. **Erfahrungen** werden beispielsweise bei der Planung der Vorgaben für die Produktgestaltung ausgewertet. Dabei wird die Erkenntnis genutzt, dass bei der Neuentwicklung eines Produkts 50 % und bei einer Anpassungsentwicklung 30 % der Kosten gegenüber dem Vorgängerprodukt eingespart werden können (vgl. VDI (1987), S. 17; Yoshikawa/Innes/Mitchell/Tanaka (1993), S. 46). Der mit den Vorgaben geforderte Beitrag zur Erreichung der Wirtschaftlichkeitsziele wird durch den Umfang der identifizierten Ineffizienzen bestimmt. Die Vorgaben sind realisierbar, aber gehen nicht über das bisher erreichte Niveau hinaus und sind damit nicht herausfordernd.

Der **verhandlungsorientierte Ansatz** sieht vor, dass die Vorgaben zwischen einer Führungskraft und den ihr unterstellten Mitarbeitern ausgehandelt werden. Dieser Ansatz beruht auf der Annahme, dass die Führungskraft in den Verhandlungen die Anforderungen des Wirtschaftlichkeitsziels vertritt und die Mitarbeiter Kenntnisse über abbaubare Ineffizienzen einbringen. Er kann deshalb grundsätzlich zu realisierbaren Vorgaben mit einem herausfordernden Anspruchsniveau führen.

Merkmal der **wettbewerberorientierten Planung von Vorgaben** ist die Erfassung und Auswertung von Kosten- und Leistungsinformationen über andere Unternehmungsbereiche (z. B. Filialen, Funktionsbereiche anderer Profit Center) oder andere Unternehmungen. Verfahren, die auf diesem Ansatz der Planung von Kostenvorgaben aufbauen, sind das Benchmarking und das Reverse Engineering. Die nach diesem Ansatz geplanten Vorgaben sind realisierbar. Ob ihr Niveau herausfordernd ist, hängt von dem Kosten- und Leistungsniveau beim Vergleichspartner ab.

---

[8] Die Herleitung der durchschnittlichen jährlichen Kostensenkungsrate zur Realisation des Erfahrungskurvenkonzepts wird in Abschnitt 8.2.3.2 dargestellt.

Grundlage der Planung nach dem **marktorientierten Ansatz** ist das Marktergebnis, das mit einer definierten Leistung erzielt werden kann. Aus diesem Marktergebnis und dem mit der Leistung angestrebten Beitrag zum finanziellen Unternehmungsziel wird die Vorgabe für den Mitteleinsatz hergeleitet. Die definierte Leistung ist bei der Effizienzgestaltung als Restriktion zu berücksichtigen. Bei der Planung der Vorgaben werden keine Informationen über den Leistungserstellungs- und -verwertungsprozess ausgewertet. Es kann deshalb nicht davon ausgegangen werden, dass die Vorgaben realisierbar sind. Der marktorientierte Ansatz liegt dem Target Costing zur Planung der Vorgaben für die kostenorientierte Produktgestaltung und dem Kaizen Costing zur Planung von Vorgaben für die kontinuierliche Verbesserung zugrunde.

2.2.3 Kontrolle der Wirtschaftlichkeitsziele

2.2.3.1 Funktionen der Kontrolle

Die Planung der Wirtschaftlichkeitsziele beruht auf Erwartungen und Analysen zum Umfang bestehender Ineffizienzen und ihrer Abbaubarkeit sowie auf Annahmen zum Arbeitsverhalten der Mitarbeiter. Die Wirtschaftlichkeitsziele sind deshalb mit einem **Realisationsrisiko** verbunden, d. h. der Gefahr, dass sie nicht erreicht werden (vgl. Wollnik (1989), Sp. 1381). Ursachen der Abweichungen von den Wirtschaftlichkeitszielen können sein: Planungsfehler, unvorhersehbare Entwicklungen oder Ereignisse, welche die Grundlagen der geplanten Wirtschaftlichkeitsziele verändern; Fehler des Kostenmanagements bei der Planung von Vorgaben und Handlungen zur Umsetzung der Wirtschaftlichkeitsziele; Fehler bei der Durchführung dieser Handlungen und ein Arbeitsverhalten der Mitarbeiter, das nicht den Anforderungen der Wirtschaftlichkeitsziele entspricht (vgl. Schreyögg/Koch (2015), S. 192). Um den Beitrag des Kostenmanagements zur Erreichung der Unternehmungsziele zu sichern, wird die Planung und Durchsetzung der Wirtschaftlichkeitsziele durch Kontrollen ergänzt.

> Die **Kontrolle** ist ein systematisch durchgeführter Prozess zur Ermittlung, Analyse und Beurteilung zu erwartender oder bereits realisierter Abweichungen von den Wirtschaftlichkeitszielen.

Kontrollen finden sowohl auf **individueller** als auch auf **institutioneller Ebene** statt. Auf individueller Ebene beziehen sich die Kontrollen auf konkrete Mitarbeiter und ihr tatsächliches Verhalten (vgl. Meyer/Bleicher (1976), S. 184 f.). Sie dienen der Durchsetzung der aus den Wirtschaftlichkeitszielen resultierenden Anforderungen an das Arbeitsverhalten der Mitarbeiter (vgl. Frese (1987), S. 185) und zählen zu den personenbezogenen Aufgaben des Kostenmanagements. Auf der institutionellen Ebene werden die Handlungen zur Erreichung der Wirtschaftlichkeitsziele betrachtet, um erwartete oder bereits realisierte Abweichungen von den Wirtschaftlichkeitszielen und ihre Ursachen festzustellen (vgl. Siegwart/Menzl (1978), S. 105 ff.). Die Kontrolle auf institutioneller Ebene ist eine sachbezogene Aufgabe des Kostenmanagements.

Die Kontrolle als **sachbezogene Aufgabe** des Kostenmanagements lässt sich durch folgende Merkmale präzisieren:

- das Kontrollziel,
- das Kontrollobjekt und
- die Kontrollgröße.

Das **Kontrollziel** ist der Beitrag, den das Kostenmanagement zur Erreichung der Unternehmungsziele leisten soll. **Kontrollobjekte** sind die Planungs- und Ausführungshandlungen zur Erreichung der Wirtschaftlichkeitsziele (vgl. Siegwart (1993), Sp. 2257). Diese betreffen die Sicherung einer effizienten Leistungserbringung, die kontinuierliche Verbesserung sowie die Neugestaltung und Rationalisierung der Rahmenbedingungen. Zu erwartende oder bereits realisierte Abweichungen von den Wirtschaftlichkeitszielen werden ermittelt, indem die geplanten Werte der Kontrollgrößen mit den in einem Zeitpunkt festgestellten oder erwarteten Werten dieser Kontrollgrößen verglichen werden. **Kontrollgrößen** können den Ablauf der Handlungen bei der Effizienzgestaltung, das Arbeitsverhalten der Mitarbeiter bei der Durchführung der Handlung oder die für die Erreichung der Wirtschaftlichkeitsziele relevanten Pläne betreffen. Relevant sind die Pläne, mit denen die Vorgaben oder die Maßnahmen zur Effizienzgestaltung in den Handlungsfeldern des Kostenmanagements festgeschrieben werden. Abb. 2.9 gibt einen Überblick über die Merkmale der Kontrolle als sachbezogene Aufgabe des Kostenmanagements.

Merkmale der Kontrolle	Kontrolle als sachbezogene Aufgabe des Kostenmanagements
Kontrollziel	Wirtschaftlichkeitsziel
Kontrollobjekt	Planungs- und Ausführungshandlungen zur ▪ Sicherung einer effizienten Leistungserbringung ▪ kontinuierlichen Verbesserung ▪ effizienzorientierten Neugestaltung ▪ effizienzorientierten Rationalisierung
Kontrollgröße	▪ Handlungsablauf bei der Effizienzgestaltung ▪ Arbeitsverhalten beim Vollzug von Handlungen für die Effizienzgestaltung ▪ Bestandteile der Pläne zur Festlegung der Vorgaben und Maßnahmen zur Effizienzgestaltung (z. B. Rationalisierungsmaßnahmen)

Abb. 2.9: Merkmale der Kontrolle als sachbezogene Aufgabe des Kostenmanagements

Mit der Kontrolle der Wirtschaftlichkeitsziele werden Informationen über die Leistungserbringung, die kontinuierliche Verbesserung, die Vorhaben zur Neugestaltung und zur Rationalisierung der Rahmenbedingungen erfasst und ausgewertet. Die Funktionen der Kontrolle beschreiben, wie diese Informationen genutzt werden sollen, um die Zielerreichung zu sichern. Als **Funktionen der Kontrolle** werden genannt:

- die Plankorrekturfunktion,
- die Anpassungsfunktion,
- die Verhaltensbeeinflussungsfunktion sowie
- die Lernfunktion.

Die **Plankorrekturfunktion** sieht vor, dass die mit den Kontrollen gewonnenen Informationen genutzt werden, um die relevanten Pläne zu korrigieren oder an neue Entwicklungen anzupassen (vgl. Siegwart/Menzl (1978), S. 108). Die **Anpassungsfunktion** verlangt, dass die Informationen aus der Kontrolle für die struktur- und personenbezogenen Aufgaben des Kostenmanagements ausgewertet werden, um bei Abweichungen geeignete Sicherungsmaßnahmen ergreifen zu können, wie z. B. die Anpassung der Organisation oder Veränderungen beim Personaleinsatz (vgl. Siegwart/Menzl (1978), S. 108). Die Informationen aus der Kontrolle können auch genutzt werden, um die Zielerreichung über die **Beeinflussung des Arbeitsverhaltens** der Mitarbeiter zu fördern, in deren Aufgabenbereich die kontrollierten Handlungen liegen. Hierzu werden auf der Grundlage dieser Informationen Mitarbeiter beurteilt, Belohnungen gewährt oder Sanktionen verhängt. Dadurch kann bereits die Ankündigung von Kontrollen ein zielkonformes Arbeitsverhalten bewirken (vgl. Kloock (1988), S. 427). Schließlich können die Informationen aus der Kontrolle genutzt werden, um für die Planung künftiger Handlungen zu **lernen** (vgl. Schreyögg/Koch (2015), S. 11).

2.2.3.2 Formen der Kontrolle

Die vier Handlungsfelder des Kostenmanagements stellen unterschiedliche Anforderungen an die Kontrolle des Wirtschaftlichkeitsziels. Es gelangen deshalb mehrere Formen der Kontrolle zur Anwendung, die sich in den Kontrollobjekten, den Kontrollgrößen und den Kontrollzeitpunkten unterscheiden. Abb. 2.10 gibt einen Überblick über die Kontrollformen in den Handlungsfeldern des Kostenmanagements, wobei die effizienzorientierte Neugestaltung und die Rationalisierung zur Gestaltung der Rahmenbedingungen zusammengefasst worden sind.

<table>
<tr><th>Rahmenbedingungen / Ineffizienten</th><th>Effizienzgestaltung bei gegebenen Rahmenbedingungen</th><th>Effizienzgestaltung durch Veränderung der Rahmenbedingungen</th></tr>
<tr><td>Vermeiden von Ineffizienzen</td><td>Sichern einer effizienten Leistungserbringung
Realisationskontrollen als Ergebniskontrollen</td><td rowspan="2">Gestaltung der Rahmenbedingungen
Planungskontrollen als
▪ Ergebniskontrolle (Wirkungs- und Maßnahmenkontrollen)
▪ Prozesskontrolle
Realisationskontrollen als
▪ Ergebniskontrolle (Wirkungs-, Maßnahmen- und Prämissenkontrolle)
▪ Prozesskontrolle</td></tr>
<tr><td>Abbau von Ineffizienzen</td><td>Kontinuierliche Verbesserung
Realisationskontrollen als
▪ Ergebniskontrolle
▪ Prozesskontrolle und
▪ Verhaltenskontrolle</td></tr>
</table>

Abb. 2.10: Formen der Kontrolle der Wirtschaftlichkeitsziele in den Handlungsfeldern

Nach dem **Kontrollobjekt** wird zwischen Planungs- und Realisationskontrollen unterschieden. Planungskontrollen mit Planungshandlungen als Kontrollobjekt werden parallel zum Planungsprozess durchgeführt und finden vor der Durchsetzung statt. Sie werden bei der Planung komplexer Sachverhalte durchgeführt, die in mehrere Teilprobleme gegliedert werden, um sie in zeitlich parallelen, sich überlappenden oder aufeinanderfolgenden Teilplanungsprozessen zu bearbeiten (vgl. Maune (1980), S. 52). Planungsprobleme mit diesen Merkmalen treten bei der Neugestaltung der Rahmenbedingungen auf, wie z. B. bei der Produktgestaltung, aber auch bei der Rationalisierung. Zweck der Planungskontrolle ist es, möglichst frühzeitig Fehlentwicklungen zu erkennen, um sie noch vor der Realisation korrigieren zu können. Die Handlungen zur Planrealisation sind das Kontrollobjekt der Realisationskontrollen. Sie beginnen nach Abschluss der Planung und enden mit dem Geltungszeitraum des Plans (vgl. Friedl (1990), S. 79 f.). Durch sie sollen zu erwartende oder bereits realisierte Abweichungen von den Plänen identifiziert und analysiert werden.

Nach den **Kontrollgrößen** werden Verhaltens-, Prozess- und Ergebniskontrollen abgegrenzt. Mit Verhaltenskontrollen wird überwacht, ob das Arbeitsverhalten der Mitarbeiter bei der Planrealisation den aus den relevanten Plänen resultierenden Verhaltensanforderungen genügt. Mit Prozesskontrollen werden die Effizienz, die Effektivität und die Ordnungsmäßigkeit der Planungs- oder Realisationsprozesse untersucht. Die Ordnungsmäßigkeit dieser Prozesse verlangt die Einhaltung der Verfahrensvorschriften zum Prozessablauf. Ergebniskontrollen können sich auf alle Bestandteile des Plans erstrecken, der durch die Handlungen realisiert werden soll. Für die Kontrolle der Wirtschaftlichkeitsziele relevant sind die Pläne, mit denen die Wirtschaftlichkeitsziele, die Vorgaben zu ihrer Durchsetzung oder die Maßnahmen zur Effizienzgestaltung in den Handlungsfeldern des Kostenmanagements festgeschrieben werden. Nach dem Planbestandteil, der als Kontrollgröße verwendet wird, werden Wirkungs-, Maßnahmen-, Termin- und Ressourcen- sowie Prämissenkontrollen abgegrenzt (vgl. Franken/Frese (1989), Sp. 891). Mit Wirkungskontrollen sollen Abweichungen von den Vorgaben identifiziert und analysiert werden. Maßnahmenkontrollen werden durchgeführt, um die Zulässigkeit der geplanten Maßnahmen zu überprüfen. Untersucht wird, ob die effektivitätsbezogenen Restriktionen möglicherweise verletzt worden sind.

Kontrollen können während oder nach Abschluss der jeweiligen Handlungen durchgeführt werden. Nach diesen **Kontrollzeitpunkten** werden Endkontrollen und begleitende Kontrollen abgegrenzt. Mit Endkontrollen werden nach Abschluss der Planung oder der Planrealisation realisierte Abweichungen von den Vorgaben oder Plänen und ihre Ursachen festgestellt. Der Plankorrekturfunktion der Kontrolle dienen nur begleitende Kontrollen. Diese werden parallel zum Planungs- oder Realisationsprozess ausgeführt. Mit diesen Kontrollen können Informationen über zu erwartende Abweichungen von den Vorgaben oder Plänen gewonnen werden (vgl. Franken/Frese (1989), Sp. 890 f.), so dass noch Maßnahmen zur Sicherung der Vorgaben oder der Planrealisation ergriffen werden können. Realisationskontrollen werden für langfristige Pläne als begleitende Kontrollen und für kurzfristige Pläne als Endkontrollen durchgeführt (vgl. Zettelmeyer (1984), S. 80 f.). Begleitende Planungskontrollen werden u. a. bei der kostenorientierten Produktgestaltung durchgeführt.

2.3 Strukturbezogene Aufgaben des Kostenmanagements

2.3.1 Einflussnahme auf die Unternehmungskultur

2.3.1.1 Kostenkultur als Teil der Unternehmungskultur

Die **Unternehmungskultur** ist das dynamische Gefüge der von den Mitarbeitern geteilten Wertüberzeugungen, Denkmuster und Verhaltensnormen, die im Laufe der Zeit in einer Unternehmung entstanden sind und das Verhalten der Mitarbeiter in eine bestimmte Richtung lenken (vgl. Baetge/Schewe/Schulz/Solmecke. (2007), S. 186).

Die Unternehmungskultur bietet **Orientierungsmuster** für die Problemerkennung, die Problemlösung, die Bewertung und Legitimation und beeinflusst damit das Handeln der Unternehmungsangehörigen (vgl. Ebers (1995), Sp. 1674). Diese Orientierungsmuster sind das Ergebnis historischer Lernprozesse im Umgang mit Problemen. Sie werden von der Mehrzahl der Unternehmungsangehörigen getragen und liegen dem täglichen Handeln zugrunde. Weiterhin sind sie nicht direkt wahrnehmbar und können deshalb nicht bewusst gelernt, sondern nur in einem Sozialisationsprozess vermittelt werden (vgl. Steinmann/Schreyögg/Koch (2013), S. 653 f.).

Beispiel 2.1: Unternehmungskultur

Ein Orientierungsmuster der Unternehmungskultur von General Electric ist die Idee der grenzenlosen Unternehmung. Es ist in den 1990er Jahren unter Jack Welch ausgehend von der Erkenntnis entwickelt worden, dass eine Idee, die sich in einem Bereich bewährt hat, auch in anderen Bereichen erfolgreich genutzt werden kann. Es umfasst die positive Einstellung zur permanenten Suche nach Ideen sowie der Umsetzung der besten Ideen, und zwar unabhängig von ihrer Herkunft. Dieses Orientierungsmuster begünstigt das Generieren immer neuer Ideen und ihre Verbreitung in der Unternehmung, die Weitergabe von Ideen an Lieferanten und Abnehmer sowie die Nutzung der Ideen von Lieferanten, Kunden und Wettbewerbern und stellt sicher, dass die Ideen der Mitarbeiter auf allen Ebenen der Unternehmung Gehör finden. Ein Symbol dieses Orientierungsmusters ist der Slogan „Finding a Better Way Every Day", der auf Plakaten in den Produktionsanlagen und Büros in aller Welt zu lesen war. Ressortegoismus wurde mit Äußerungen sanktioniert, wie z. B. „Na, wenn das kein grenzenloses Verhalten ist" (vgl. Welch (2003), S. 200 ff.).

Nach der Sichtbarkeit für den Beobachter werden drei **Ebenen der Unternehmungskultur** unterschieden, die in Abb. 2.11 zusammenfassend dargestellt werden (vgl. Schein (1984), S. 3 f.; Steinmann/Schreyögg/Koch (2013), S. 655; Bea/Haas (2016), S. 467):

- die Symbole (artifacts),
- die Werte und Normen (espoused beliefs and values) sowie
- die Grundannahmen (basic assumptions).

Ebenen	Beispiele für Inhalte	Kennzeichen
Symbole	Riten und Rituale Mythen und Geschichten Corporate Identity Wahrgenommene Atmosphäre und Leistung	Sichtbar, aber interpretationsbedürftig
Werte und Normen	Führungsgrundsätze Verhaltensrichtlinien Pläne, Standards Formale und informale Regeln	Teils sichtbar, teils unbewusst
Grundannahmen	Bild von der Umwelt Natur von Wahrheit, Wirklichkeit und Information Natur der Zeit Natur des Raums Natur des Menschen Natur des menschlichen Handelns Natur der zwischenmenschlichen Beziehungen	Nicht sichtbar und unbewusst

Abb. 2.11: Ebenen der Unternehmungskultur

Unmittelbar wahrnehmbar, jedoch schwierig zu entschlüsseln sind die **Symbole**. Symbole sind mehrdeutig und können ohne Kenntnis der tiefer liegenden Ebenen der Unternehmungskultur nicht gedeutet werden (vgl. Schein (2010), S. 23 ff.). Sie können in folgenden Formen auftreten (vgl. Mayrhofer/Meyer (2004), Sp. 1027):

- sprachliche Medien (z. B. Mythen, Anekdoten, Jargon, Sprachregelungen),
- interaktionale Medien (Rituale, Zeremonien, Tabus, Betriebsklima) oder
- objektivierte Medien (z. B. Statussymbole, Design, Abzeichen, Kleidung).

Werte sind vage Vorstellungen über das in einer Unternehmung Wünschenswerte, die für die konkrete Entscheidung jedoch wenig Hilfestellung bieten. **Normen** sind ungeschriebene Regeln über das Verhalten in bestimmten Situationen. Werte und Normen schlagen sich in Führungsgrundsätzen, Richtlinien, Verboten und Geboten nieder und sind damit teilweise sichtbar. Die Unternehmungsangehörigen sind sich der Werte und Normen bewusst und vermitteln diese an neue Gruppenmitglieder. Die Nichtbeachtung der Werte und Normen führt zu Sanktionen, wie z. B. schlechtes Gewissen, Vorwürfe, Ausgrenzung (vgl. Steinle/Eggers/ter Hell (1994), S. 131).

Haben sich Werte und Normen wiederholt bewährt, werden sie zu **Grundannahmen**. Sie bilden die unterste Ebene der Unternehmungskultur und haben die grundlegenden Überzeugungen und Vorstellungen im Unterbewusstsein der Unternehmungsangehörigen zum Inhalt. Sie bestimmen, wie die Unternehmungsangehörigen Sachverhalte wahrnehmen, wie über diese gedacht wird und welche Gefühle sie auslösen. Sie sind selbstverständliche, unbewusste Orientierungspunkte, die von der Mehrzahl der Unternehmungsangehörigen geteilt werden. Sie sind nicht sichtbar und nur sehr schwer zu verändern und verleihen dem Denken und Handeln in der Unternehmung eine Richtung. Die Grundannahmen betreffen die in Abb. 2.12 beispielhaft erläuterten

Themen (vgl. Schein (1984), S. 6; Schein (2010), S. 115 ff.; Steinmann/Schreyögg/ Koch (2013), S. 658 ff.).

Bild von der Umwelt	Vorstellungen über die Umwelt und das Verhältnis der Unternehmung zur Umwelt
Natur von Wahrheit, Wirklichkeit und Informationen	Vorstellungen darüber, wann Vermutungen als richtig oder falsch und Informationen als relevant gelten
Natur der Zeit	Vorstellungen darüber, was „dringlich" und „pünktlich" bedeutet; Vorstellungen zur Bedeutung von Erfahrungen aus der Vergangenheit, der aktuellen Probleme der Gegenwart und der Chancen der Zukunft
Natur des Raums	Vorstellungen darüber, welche räumliche Entfernung zu anderen Personen zu nahe oder zu fern ist; welche Bedeutung die Raumgröße für die Aufgabenerfüllung hat; welcher Zusammenhang zwischen der räumlichen Unterbringung und dem Status, der sozialen Distanz oder der Zugehörigkeit zu einer Gruppe besteht
Natur des Menschen	Vorstellungen über die Bedürfnisse, Motive, Eigenschaften, Erwartungen, Einstellungen und Verhaltensweisen des Menschen
Natur menschlichen Handelns	Vorstellungen darüber, welche Handlungen als erwünscht oder unerwünscht gelten
Natur zwischenmenschlicher Beziehungen	Vorstellungen darüber, welches Verhalten gegenüber anderen Unternehmungsangehörigen korrekt ist

Abb. 2.12: Beispiele zu den Themen der Grundannahmen

Starke Unternehmungskulturen zeichnen sich durch Prägnanz, einen hohen Verbreitungsgrad und eine ausgeprägte Verankerungstiefe aus. Sie vermitteln klar, was erwünscht ist und was nicht, sie leiten das Handeln sehr vieler Unternehmungsangehöriger und sind selbstverständlicher Bestandteil des täglichen Handelns (vgl. Steinmann/ Schreyögg/Koch (2013), S. 664 ff.). Von starken Unternehmungskulturen gehen positive Wirkungen auf das Leistungsvermögen der Unternehmung aus. Sie bringen jedoch auch das Problem der Starrheit und der mangelnden Anpassungsfähigkeit mit sich. Abb. 2.13 gibt einen Überblick über die positiven und negativen Wirkungen einer starken Unternehmungskultur (vgl. Steinmann/Schreyögg/Koch (2013), S. 668 ff.; Bea/Haas (2016), S. 480 f.).

Positive Wirkungen	**Handlungsorientierung:** Es wird eine klare Basis für das tägliche Handeln geschaffen, indem mögliche Sichtweisen und Interpretationen von Ereignissen und Situationen reduziert werden.
	Reibungslose Kommunikation: Durch die einheitliche Orientierung gestalten sich Abstimmungsprozesse einfacher.
	Rasche Entscheidungsfindung: Ein konstantes Präferenzsystem vereinfacht die Einigung oder zumindest die Erarbeitung tragfähiger Kompromisse in Entscheidungs- und Problemlösungsprozessen.
	Zügige Implementation: Maßnahmen, die auf gemeinsamen Überzeugungen beruhen, können schnell und wirkungsvoll umgesetzt werden.
Negative Wirkungen	**Reduktion der Umweltsensibilität:** Anforderungen und Signale der Umwelt, die im Widerspruch zur Unternehmungskultur stehen, werden nicht wahrgenommen.
	Behinderung neuer Orientierungen: Vorschläge, die den durch Erfolg bekräftigten Vorgehensweisen und Denktraditionen zuwiderlaufen, werden nicht registriert oder frühzeitig blockiert. Kritische Argumente werden auf subtile Weise für illegitim erklärt. Konträre Meinungen, Bedenken usw. werden zugunsten kultureller Werte zurückgestellt.
	Implementierungsbarrieren: Die Umsetzung eines grundlegenden Wandels löst Angst und Abwehr aus.

Abb. 2.13: Wirkungen starker Unternehmungskulturen

In der Unternehmungskultur können **systembedingte Barrieren** der Effizienzgestaltung begründet sein (vgl. Schreyögg (1995), S. 119). Als Beispiele für Orientierungsmuster einer Unternehmungskultur, die systembedingte Barrieren der Effizienzgestaltung bilden, können genannt werden:

- Not-Invented-Here-Syndrom
  Vorschläge für Maßnahmen zur Effizienzgestaltung werden abgelehnt, da sie von einem Abnehmer, einem Lieferanten oder einem Wettbewerber angeregt worden sind. Wirkungsvolle Instrumente zur Effizienzgestaltung, wie z. B. das Benchmarking und das Reverse Engineering, werden nicht eingesetzt, da sie auf die Auswertung externer Anregungen zielen.
- Empire Building
  Das Ansehen und der Einfluss eines Bereichsleiters werden an die Höhe seines Budgets und die Zahl der ihm unterstellten Mitarbeiter geknüpft. Bereichsleiter tendieren deshalb zur Erweiterung des Leistungsprogramms ihres Bereichs. Die Bedeutung kundenbedingter Ineffizienzen wird heruntergespielt und ihr Abbau unterlassen.
- Null-Tarif-Denken
  Im Verständnis der Bereichsleiter verursacht der Verbrauch von Verwaltungsleistungen keine Kosten. Der Bezug und der Verbrauch von Verwaltungsleistungen wird deshalb nicht hinterfragt. Die Verschwendung dieser Leistungen wird nicht erkannt und auch nicht abgebaut.

- Ressortegoismus
  Die Bereichsziele werden in den Bereichen höher gewichtet als die Erreichung der Unternehmungsziele. Erfahrungen mit der Umsetzung wirksamer Ideen zur Effizienzgestaltung werden nicht ausgetauscht.
- Selbstherrlichkeit des Managements

Äußerungen der Mitarbeiter zu Ideen für die Effizienzgestaltung werden als Kritik verstanden und ignoriert. Ideen zur Effizienzgestaltung werden von den Mitarbeitern als unerwünscht wahrgenommen und nicht länger geäußert.

Vom **Kostenmanagement** ist eine Unternehmungskultur zu schaffen, welche die Effizienzgestaltung fördert, d. h., das Handeln der Unternehmungsangehörigen an den Wirtschaftlichkeitszielen ausrichtet. Nach der Ausrichtung werden in der Literatur in erster Linie innovationsfreundliche Unternehmungskulturen diskutiert (vgl. Corsten/Gössinger/Müller-Seitz/Schneider (2016), S. 59). Es finden sich jedoch auch einige Beiträge zu einer Kostenkultur (vgl. Richardson (1988), S. 118 ff.; Shields/Young (1992), S. 23; Kajüter (1997), S. 82; Young (2003), S. 165 ff.; Wileman (2010), S. 19 ff.). Für die Realisation der Wirtschaftlichkeitsziele sollte das Arbeitsverhalten der Unternehmungsangehörigen durch

- das permanente Streben nach Verbesserung und
- ein ausgeprägtes Kostenbewusstsein

gekennzeichnet sein (vgl. Shields/Young (1992), S. 22). Das permanente Streben nach Verbesserung fördert den Abbau von Ineffizienzen durch kontinuierliche Verbesserung und Rationalisierung.

Unter **Kostenbewusstsein** kann ein Handlungs- oder Entscheidungsmuster verstanden werden, das aus einer hohen Gewichtung der Wirtschaftlichkeitsziele sowie aus Kenntnissen über die Kosteneinflussgrößen und die Wirkungsbeziehungen zwischen diesen Einflussgrößen und den Kosten einerseits und zwischen den Kosten, den Leistungen und den Ergebnissen andererseits resultiert (vgl. Shields/Young (1994), S. 192).

Verfügen die Unternehmungsangehörigen über ein ausgeprägtes Kostenbewusstsein, werden Ineffizienzen früher erkannt und abgebaut oder entstehen erst gar nicht.

Die **Kostenkultur** ist der Ausschnitt aus den Wertüberzeugungen, Denkmustern und Verhaltensnormen einer Unternehmungskultur, in denen das Kostenbewusstsein und das permanente Streben nach Verbesserung verankert sind.

Abb. 2.14 nennt Beispiele zu den Inhalten einer Kostenkultur auf der Ebene der Symbole, der Werte und Normen sowie der Grundannahmen (in Anlehnung an Kieser (1986), S. 47 ff.; Gerpott (2005), S. 147 f.; Richardson (1988), S. 122 f.; Kajüter (1997), S. 89; Young (2003), S. 165 ff.; Balachandran/Balachandran (2005), S. 16; Wileman (2010), S. 19 ff.). Sie beruhen ausschließlich auf Plausibilitätsüberlegungen.

Symbole	Sprachliche Medien	▪ Anekdote über die Begegnung mit einem Manager, der in einem Abteil der zweiten Klasse zu einem Geschäftstermin unterwegs war ▪ Anekdoten über herausragende Verbesserungsvorschläge
	Interaktionale Medien	▪ Monatliche Bekanntmachung der drei besten Kostensenkungsideen ▪ Plattformen zur unternehmungsweiten Verbreitung von Kostensenkungsideen
	Objektivierte Medien	▪ Dienstwagen der Mittelklasse ▪ Ausschließlich an der Zweckmäßigkeit ausgerichtete Büroausstattung auf allen Ebenen der Unternehmungshierarchie
Werte und Normen	▪ Es herrscht ein intensiver unternehmungsinterner Austausch von Kosteninformationen! ▪ Wenn es der nachhaltigen Effizienzgestaltung dient, werden Kooperationspartner über die Kosten der Unternehmung informiert! ▪ Es wird ein offener Kommunikationsstil zwischen den Unternehmungsbereichen gepflegt! ▪ Vorschläge zur Effizienzgestaltung haben einen hohen Stellenwert im Wertesystem der Unternehmung! ▪ Die kontinuierliche Suche nach Wegen, persönliche Risiken der Effizienzgestaltung für die Mitarbeiter zu vermeiden, hat einen hohen Stellenwert im Wertesystem der Unternehmung! ▪ Verbesserungsvorschläge sind eine Chance zur Verbesserung der eigenen Arbeit! ▪ Vorschläge zur Effizienzgestaltung werden objektiv und zügig beurteilt! ▪ Die Erarbeitung und Umsetzung Erfolg versprechender Verbesserungsvorschläge wird unterstützt! ▪ Die aktive Mitwirkung an der Effizienzgestaltung wird honoriert! ▪ Eine gute Idee für eine Maßnahme zur Kostengestaltung kann auch in anderen Bereichen der Unternehmung umgesetzt werden. Die bereichsübergreifende Umsetzung von Ideen zur Kostengestaltung wird honoriert.	
Grundannahmen	Bild von der Umwelt	▪ Um im Wettbewerb bestehen zu können, muss die Effizienz kontinuierlich und nachhaltig gesteigert werden. ▪ Die Kosten sind nur das Symptom tiefer liegender Probleme. Diese Probleme gilt es zu erkennen und zu lösen. ▪ Der Markt setzt für die Kosten eine Obergrenze. ▪ Die Umwelt ist eine Quelle für Chancen und Ideen zur Effizienzgestaltung.
	Natur von Wahrheit, Wirklichkeit und Informationen	Eine Analyse der Wirkungen auf die Kosten oder die Kosteneinflussgrößen hat hohe Überzeugungskraft.
	Natur der Zeit	Jeder Tag, der bis zum Abbau bestehender Ineffizienzen vergeht, belastet das Unternehmungsergebnis.
	Natur des Raums	Die Raumgröße ist eine Kosteneinflussgröße und steht nicht für Einfluss und Macht.
	Natur des Menschen	Die Mitarbeiter sind leistungsmotiviert und fähig, Kostensenkungsideen zu generieren und realisieren.
	Natur des menschlichen Handelns	Anerkennung erhält, wer kontinuierlich Kostensenkungsideen generiert und realisiert, zumindest jedoch Rationalisierungsprozesse initiiert.
	Natur zwischenmenschlicher Beziehungen	Bereichsinterne und -übergreifende Zusammenarbeit ist erwünscht.

Abb. 2.14: Beispiele für die Inhalte einer Kostenkultur

Beispiel 2.2: Anekdote als Symbol einer Kostenkultur

Robert Bosch hebt eine auf dem Boden liegende Büroklammer auf. Er hält sie einem Mitarbeiter mit der Frage unter die Nase, ob er wisse, was das sei. Auf die Antwort des Angesprochenen, dass es eine Büroklammer sei, erwidert Bosch „Falsch, das ist mein Geld" (aus: Südwest Presse Neckar-Chronik, vom 21.05.2011).

2.3.1.2 Strategien für den Kulturwandel

Die Unternehmungskultur ist das Ergebnis eines Lernprozesses und verändert sich durch die Verarbeitung neuer Erfahrungen und die Integration neuer Mitarbeiter mit anderen Wertorientierungen und Denkmustern. Veränderungen der Unternehmungskultur sind in der Regel jedoch eng begrenzt (vgl. Schreyögg/Koch (2015), S. 249). Ob ein **Wandel der Unternehmungskultur** zielorientiert gesteuert, d. h., eine Kostenkultur geschaffen werden kann, ist umstritten (vgl. Ebers (1995), Sp. 1676). Ein Weg zur Schaffung einer Kostenkultur wird darin gesehen, einen unternehmungskulturellen Lernprozess zielorientiert in Gang zu setzen, seine Entwicklung aber offen zu lassen (vgl. Ulrich (1993), Sp. 4361).

Um einen Lernprozess auszulösen und aufrechtzuerhalten, der in einen Kulturwandel mündet, stehen für jede Phasen im Lebenszyklus einer Unternehmung mehrere Strategien zur Verfügung. In Abb. 2.15 werden **Strategien** erläutert. Die Strategien der frühen Phasen können auch in den nachfolgenden Phasen eingesetzt werden, jedoch eignen sich die Strategien der späten Phasen nicht für den Anstoß von Lernprozessen in den frühen Phasen (vgl. Schein (1995), S. 235 ff.; Schein (2010), S. 273 ff.).

Gründungs- und Wachstumsphase	
	▪ **Schrittweise Anpassung an die Entwicklung der Unternehmung** Durch die Entwicklung der Unternehmung (z. B. Diversifikation, wachsende Komplexität) ändern sich die Ausdrucksformen der Kultur und bringen neue Verhaltensweisen hervor, die auf die Grundannahmen wirken. ▪ **Schrittweise Anpassung an die spezielle Entwicklung einzelner Unternehmungsbereiche** Jeder Unternehmungsbereich wird mit anderen Unternehmungsbedingungen konfrontiert, an die er sich anpasst. Dadurch bildet sich eine Vielzahl von Subkulturen heraus, die auf die Unternehmungskultur wirken. ▪ **Selbsttherapie** Das Management löst einen Prozess aus, in dem die Unternehmungsangehörigen die Stärken und Schwächen der Unternehmungskultur selbst bewerten, und unterstützen sie bei der Anpassung der kulturellen Annahmen, soweit es für das Überleben, die Effizienz und Effektivität der Unternehmung erforderlich ist. ▪ **Förderung von Mischformen innerhalb der Kultur** Unternehmungsinterne Führungskräfte, deren Annahmen besser zu den veränderten Umwelt- und Unternehmungsbedingungen passen, und die von den Unternehmungsangehörigen akzeptiert sind, werden in Schlüsselpositionen berufen.

Mittlere Phase	■ **Systematische Förderung ausgewählter Subkulturen** Die Stärken und Schwächen der Subkulturen werden bewertet. Die Subkultur, die am besten zu den veränderten Unternehmungs- und Umweltbedingungen passt, wird gefördert, indem die Angehörigen der Subkultur in Schlüsselpositionen der Unternehmung berufen werden. ■ **Technologische Attraktivität** Das Management entscheidet sich bewusst für die Einführung einer neuen Technologie, um einen Kulturwandel auszulösen, beispielsweise Qualitätssicherungskonzepte (z. B. Six Sigma). Diese Strategie eignet sich, um bei kultureller Vielfalt die Wahrnehmung und das Verhalten der Unternehmungsangehörigen zu vereinheitlichen oder bestimmte kulturelle Annahmen zu stärken. ■ **Durchdringung mit Unternehmungsexternen** Durch die Neu- und Umbesetzung von Schlüsselpositionen in mehreren Unternehmungsbereichen und auf mehreren Ebenen der Führungshierarchie wird die Unternehmungskultur zerstört und ein Prozess zur Entwicklung einer neuen Unternehmungskultur ausgelöst.
Reife und Niedergang	■ **Skandale und Entlarvung von Mythen** Diese Strategie greift, wenn das tatsächliche, von den Grundannahmen getragene Verhalten von den kommunizierten Werten und Normen abweicht. Der notwendige Kulturwandel wird ausgelöst, wenn die Grundannahmen die Ursache für einen Skandal sind, der nicht verborgen, vermieden oder geleugnet werden kann. Der für die Initiierung eines Kulturwandels notwendige Skandal kann auch bewusst herbeigeführt werden, indem zur rechten Zeit den richtigen Stellen Informationen übermittelt werden. ■ **Turnaround** Es handelt sich hierbei um keine eigenständige Strategie, sondern um die Kombination mehrerer Strategien zu einem Programm für den Kulturwandel durch einen starken Change Manager oder ein Change Team. ■ **Unternehmungszusammenschlüsse** Der Kulturwandel wird durch das Aufeinanderprallen verschiedener Kulturen ausgelöst, die mehr oder weniger unvereinbar sind. ■ **Zerstörung und Neubelebung** Die Gruppen, die Träger der Unternehmungskultur sind, werden aufgelöst und die Führungskräfte der alten Kultur freigesetzt. Die aus der Reorganisation hervorgehende Unternehmung entwickelt eine neue Unternehmungskultur.

Abb. 2.15: Strategien für den Kulturwandel

Nachdem der Prozess des kulturellen Wandels ausgelöst ist, läuft er in drei Phasen ab (vgl. Schein (2010), S. 299 ff.):

- dem Auftauen,
- dem Verändern und
- dem Stabilisieren.

Ziel des **Auftauens** ist es, eine von der Mehrzahl der Unternehmungsangehörigen getragene Einsicht in die Notwendigkeit eines Kulturwandels und die Bereitschaft für einen Kulturwandel zu schaffen. Bevor eine Unternehmungskultur verändert werden kann, müssen die Annahmen aufgegeben werden, die in die Prozesse und Strukturen der Unternehmung übernommen worden sind und Bestandteile der individuellen Identität oder Gruppenidentität sind (vgl. Schein (2010), S. 300 ff.). Das **Verändern** der

Unternehmungskultur besteht im Erlernen neuer kultureller Annahmen. Diesem Lernprozess muss ein klar formuliertes Ziel vorgegeben werden (vgl. Kieser (1986), S. 50). Der Lernprozess ist durch verschiedene Qualifizierungsmaßnahmen zu unterstützen und es sind Strukturen zu schaffen, die zu der neuen Art des Handelns konform sind (vgl. Schein (2010), S. 308 ff.). Abb. 2.16 nennt Beispiele für Maßnahmen zur Förderung eines Lernprozesses, der zu einer Kostenkultur führen kann (vgl. Shields/Young (1992), S. 23; Shields/Young (1994), S. 190 f.). Das **Stabilisieren** setzt ein, wenn sich die neu erlernten kulturellen Annahmen wiederholt bewährt haben und zu Grundannahmen werden (vgl. Schein (2010), S. 311 ff.).

- Das Management demonstriert beharrlich die Bedeutung der Effizienzgestaltung.
- Es werden hervorragend qualifizierte Mitarbeiter zur Sicherung der Prozesssicherheit und Produktqualität eingestellt.
- Der Handlungsspielraum der Mitarbeiter wird durch Partizipation an Entscheidungen, die stärkere Einbindung in das Unternehmungsgeschehen und die Einrichtung autonomer funktionsübergreifender Arbeitsgruppen erweitert.
- Die Fertigkeiten, die Motivation und die Wandlungsfähigkeit werden durch Aus- und Weiterbildung sowie funktionsübergreifende Schulungen gefördert.
- Die Mitarbeiter werden ermutigt, bei der Aufgabenerfüllung und Problembewältigung neue Wege zu gehen.
- Den Mitarbeitern wird Kostenverantwortung übertragen.
- Die Mitarbeiter werden in die Planung der Kostenvorgaben einbezogen.
- Bürokratische Regeln werden abgebaut und ein offener funktionsübergreifender Kommunikationsstil gefördert und gepflegt.
- Die Mitarbeiter werden kontinuierlich über die Entwicklung einiger weniger Erfolgskennzahlen ihres Arbeitsbereichs informiert.
- Es wird ein Anreizsystem gestaltet, das Prämien für erfolgreiche Verbesserungsmaßnahmen oder Fortschritte bei den Erfolgskennzahlen vorsieht.
- Die Mitarbeiter werden regelmäßig über die Kosten bei den Wettbewerbern, die Effizienz im eigenen Bereich und in anderen Bereichen informiert.

Abb. 2.16: Maßnahmen zur Schaffung einer Kostenkultur

2.3.2 Ausrichten der Unternehmungsorganisation

2.3.2.1 Überblick über die Teilaufgaben

Das Kostenmanagement ist Aufgabe des gesamten Managements der Unternehmung. Es ist deshalb keine strukturbezogene Aufgabe des Kostenmanagements, organisatorische Strukturen für den eigenen Bereich zu schaffen (anders z. B. Franz/Kajüter (2007), Sp. 981 f.). Auch der Abbau und das Vermeiden strukturbedingter Ineffizienzen, die in der Organisation begründet sind, sind keine strukturbezogenen Aufgaben des Kostenmanagements, sondern ein Bestandteil der Problemstellung in den Handlungsfeldern der Gestaltung von Rahmenbedingungen. Als Merkmale der Organisation, die Ursache für strukturbedingte Ineffizienzen sein können, werden die Art der Spezialisierung auf den verschiedenen Hierarchieebenen, die Stellenstruktur (einzelne Mitarbeiter oder Teams als Aufgabenträger) und die Leitungsstruktur genannt (vgl. Shields/Young (1992), S. 24 f., (1995), S. E1-8; Hammer/Champy (1996), S. 71 ff.). **Strukturbezogene Aufgabe** des Kostenmanagements ist es, die Unternehmungsorganisation an die Erfordernisse der Effizienzgestaltung anzupassen (in Anlehnung an Brehm/ Hackmann/Jantzen-Homp (2006), S. 212). Das verlangt

- die Erweiterung der Unternehmungsorganisation um Organisationseinheiten für Dauer- oder Sonderaufgaben der Effizienzgestaltung und
- den Abbau systembedingter Barrieren der Effizienzgestaltung, die in der Unternehmungsorganisation begründet sind.

Durch die Effizienzgestaltung zur Erreichung der Wirtschaftlichkeitsziele entstehen in der Unternehmung **neue Aufgaben**. Diese sind in die Unternehmungsorganisation zu integrieren, indem sie bestehenden Organisationseinheiten zugeordnet oder neuen Organisationseinheiten übertragen werden, die speziell für diese Aufgaben dauerhaft oder auf Zeit eingerichtet werden. Beispielsweise können für die kontinuierliche Verbesserung zur Erarbeitung und Realisation von Verbesserungsvorschlägen Qualitätszirkel eingerichtet und die Beurteilung der Verbesserungsvorschläge den Vorgesetzten oder einer spezialisierten Serviceeinheit übertragen werden. Für Rationalisierungsvorhaben kann eine Projektorganisation geschaffen werden. Die organisatorischen Lösungen werden in den nachfolgenden Kapiteln bei den Aufgaben erörtert, die in den Handlungsfeldern zur Effizienzgestaltung ausgeführt werden.

Die Durchsetzung der Wirtschaftlichkeitsziele durch die Planung und Kontrolle von Vorgaben verlangt die Abgrenzung von Verantwortungsbereichen. Das sind Teilbereiche der Unternehmung, die Leistungen erstellen, über Entscheidungskompetenzen verfügen und für die Erreichung der Vorgaben in Form von Budgets, Kennzahlen oder Zielen verantwortlich sind. Durch regelmäßige Kontrollen gewinnen die Bereichsleiter Kenntnisse über den Einfluss der Prozesse in ihren Bereichen auf die Vorgabegrößen, für die sie verantwortlich sind. Damit die Aufmerksamkeit, die den Vorgabegrößen zukommt, sowie die durch die Kontrollen gewonnenen Kenntnisse das Arbeitsverhalten der Mitarbeiter in die für die Erreichung der Wirtschaftlichkeitsziele notwendige Richtung lenken, müssen **systembedingte Barrieren der Effizienzgestaltung** abgebaut werden, die in der Unternehmungsorganisation begründet sind.

2.3.2.2 Abbau systembedingter Barrieren

Eine mögliche Ursache für systembedingte Barrieren der Unternehmungsorganisation ist, dass den Organisationseinheiten Verantwortung zugewiesen worden ist, die für die Ausrichtung des Aufgabenvollzugs an den Wirtschaftlichkeitszielen unzureichend ist (vgl. Young (2003), S. 139 ff.; Wileman (2010), S. 21 f.). Im Folgenden wird das für die Verantwortung von Organisationseinheiten in der Produktion und im Verwaltungsbereich der Unternehmung erläutert.

[1] Verantwortung von Organisationseinheiten in der Produktion

Die Verantwortungsbereiche in der Produktion werden typischerweise als Cost Center abgegrenzt. **Cost Center** zeichnen sich durch drei Merkmale aus (vgl. Anthony/Govindarajan (2007), S. 134):

- der Input kann durch Kostengrößen gemessen werden,
- der Output kann quantitativ, jedoch nicht monetär erfasst werden und
- die Standardkosten sind bestimmbar.

Standardkosten sind der mit Festpreisen bewertete Güterverbrauch einer geplanten Leistung, der bei wirtschaftlicher Erstellung unter den gegebenen Produktionsbedingungen anfallen würde (vgl. Rautenberg (2000), S. 38). Die geplante Leistung ist die über eine Bezugsgröße erfasste Menge der Teile, Bauteile oder Produkte, die in der Periode in dem Cost Center produziert werden sollen. Die Planung und Kontrolle der Standardkosten, die den Cost Centern vorgegeben werden, ist Rechnungszweck der flexiblen Plankostenrechnung (zur flexiblen Plankostenrechnung vgl. Friedl (2010), S. 269 ff.). Die **Verantwortung der Cost Center** erstreckt sich damit auf die Sicherung der Produktivität auf dem Niveau, das durch die Standardkosten vorgegeben ist.

Der **Nachteil** einer Abgrenzung von Cost Centern in der Produktion und die Vorgabe von Standardkosten ist die Begrenzung der Leistung auf die Produktionsmengen, d. h. die Vernachlässigung von qualitativen und zeitlichen Merkmalen der Leistung. Das Arbeitsverhalten der Mitarbeiter wird an der Produktivität und nicht an den Wirtschaftlichkeitszielen ausgerichtet. Um das Engagement für die Erreichung der Wirtschaftlichkeitsziele zu stärken, sind in einigen japanischen Unternehmungen die Cost Center im Produktionsbereich in Mikroprofit Center umgewandelt worden (vgl. Cooper/Slagmulder (2006), S. 121 f.).

Bei Anwendung des Konzepts der **Mikroprofit Center** wird der Produktionsbereich der Unternehmung in kleinere Bereiche gegliedert, denen Erfolgsverantwortung übertragen wird (vgl. Cooper (1998), S. 327 f.).

Nach ihrem Marktzugang werden zwei **Formen von Mikroprofit Centern** unterschieden (vgl. Cooper (1998), S. 327 f.):

- Pseudo-Mikroprofit Center und
- echte Mikroprofit Center.

Pseudo-Mikroprofit Center sind Verantwortungsbereiche im Produktionsbereich, die ihre Zwischenprodukte ausschließlich an andere Organisationseinheiten der Unternehmung liefern. Umsätze werden ihnen durch die Bewertung der innerbetrieblichen Leistungsverflechtungen mit Verrechnungspreisen zugerechnet (vgl. Cooper (1998), S. 331 ff.). Das Konzept der Pseudo-Mikroprofit Center weist folgende Vorteile auf (vgl. Cooper (1998), S. 332):

- stärkeres Zugehörigkeitsgefühl der Mitarbeiter, da der Beitrag zum Unternehmungserfolg sichtbar wird,
- Förderung eines leistungsorientierten Arbeitsverhaltens durch den Wettbewerb zwischen den verschiedenen Pseudo-Mikroprofit Centern, der durch die höhere Transparenz möglich wird, und
- die Verlagerung des Betrachtungsschwerpunkts von der reinen Kostensenkung auf die Effizienzgestaltung über die Verbesserung der internen Leistung.

Das Konzept der **echten Mikroprofit Center** sieht eine Verkleinerung der Unternehmung vor, indem zahlreiche autonome Einheiten gebildet werden. Echte Mikroprofit Center sind unabhängige, teilweise sogar rechtlich selbstständige Einheiten, die für den internen und externen Absatz abgegrenzter Ausschnitte des Produktsortiments der Unternehmung verantwortlich sind (vgl. Cooper (1998), S. 327 f., 356). Die Umsetzung dieses Konzepts setzt voraus, dass es für die Zwischenprodukte auch unternehmungsexterne Kunden gibt und die Unternehmung bereit ist, die Zwischenprodukte an externe Kunden zu verkaufen. Die Gliederung des Produktionsbereichs in echte Mikroprofit Center bremst das Wachstum der Bürokratie in der Unternehmung und verbessert die Fähigkeit der Unternehmung zur Anpassung an wechselnde Wettbewerbsbedingungen (vgl. Cooper (1998), S. 328 f.).

[2] Verantwortung von Service Centern

Service Center sind Verantwortungsbereiche im Verwaltungsbereich der Unternehmung, die Dienstleistungen für andere Organisationseinheiten erbringen, wie z. B. IT, Personal, Beschaffung, Finanzen und Rechnungswesen. Die Entscheidungskompetenzen der Service Center sind auf den Mitteleinsatz und den Ablauf der Leistungserstellung begrenzt. Die zu erstellenden Leistungen werden ihnen als Restriktion vorgegeben. Service Center tragen deshalb nur die Verantwortung für den Mitteleinsatz zur Erstellung der vorgegebenen Leistung. Hierzu wird der für die zu erbringende Leistung geplante Mitteleinsatz in Form inputbezogener Budgets vorgegeben. Diese Budgets werden häufig nur fortgeschrieben, d. h., die Budgets der Vorperiode werden lediglich an Veränderungen angepasst.

Bei der Fortschreibungsbudgetierung wird der Budgetansatz der Vorperiode nicht analysiert oder hinterfragt. Service Center können deshalb das Leistungsprogramm ihres Bereichs mit dem Ziel auszudehnen, ihr Budget und damit ihren Einfluss zu erhöhen (vgl. Anthony/Govindarajan (2007), S. 136). Dieses Verhalten in Service Centern wird als „Empire Building" bezeichnet (vgl. Kaplan/Atkinson (1998), S. 302 f.). Es besteht damit die Gefahr, dass in den Service Centern **kundenbedingte Ineffizienzen** entstehen, d. h. Leistungen erstellt werden, die objektiv nicht nötig sind, wie z. B. früher einmal benötigte Leistungen, auf die inzwischen jedoch verzichtet werden könnte. In den Organisationseinheiten, die Verwaltungsleistungen in Anspruch nehmen, wirkt das Null-Tarif-Denken als systembedingte Barriere der Effizienzgestaltung, so dass die kundenbedingten Ineffizienzen nicht vermieden oder abgebaut werden.

Ein Bewusstsein für die kundenbedingten Ineffizienzen kann geschaffen werden, indem die empfangenden Organisationseinheiten mit den Kosten der Verwaltungsleistungen belastet und die liefernden Service Center von diesen Kosten entlastet werden (vgl. Johnson (1988), S. 27 f.). Über die Verrechnung der Kosten sollen die Service Center für die Kosten der nicht beanspruchten Verwaltungsleistungen und die abnehmenden Organisationseinheiten für die Kosten der von ihnen beanspruchten Verwaltungsleistungen verantwortlich gemacht werden. Für die Service Center soll es vorteilhaft sein, das Leistungsangebot an den Bedarf der empfangenden Organisationseinheiten anzupassen, so dass dem Empire Building wirksam begegnet werden kann. Durch die Belastung der abnehmenden Organisationseinheiten mit den Kosten der beanspruchten Verwaltungsleistungen entfällt der Grund für das Null-Tarif-Denken in diesen Bereichen (vgl. Wegmann (1982), S. 48). Die Nachfrage nach nicht notwendigen Leistungen, die nur bei kostenloser Bereitstellung beansprucht werden, kann eingeschränkt oder vermieden werden (vgl. Sakurai (1997), S. 292) und die Mitarbeiter in den Organisationseinheiten können zu einem effizienten Umgang mit den Verwaltungsleistungen angehalten werden (vgl. Picot/Rischmüller (1981), S. 333).

Möglich ist die Kostenverrechnung jedoch nur, wenn die Verwaltungsleistungen folgende Merkmale aufweisen (vgl. Scherz (1998), S. 165 ff.):

- Abgrenzbarkeit und Messbarkeit,
- Erstellung auf Veranlassung der abnehmenden Organisationseinheit und
- Zielwirksamkeit in der abnehmenden Organisationseinheit.

Als Beispiele für diese Verwaltungsleistungen werden Schulungen und IT-Leistungen genannt (vgl. Sakurai (1997), S. 285 ff.). Für die Verrechnung der Kosten dieser Verwaltungsleistung stehen zwei **Verfahren** zur Verfügung (vgl. Wegmann (1982), S. 47 ff.):

- die Kostenumlage und
- die Verrechnung über Verrechnungspreise.

Bei der **Kostenumlage** werden die gesamten Kosten eines Service Centers nachträglich über eine Bezugsgröße auf die Organisationseinheiten verrechnet, die Verwaltungsleistungen bezogen haben.

Bei der Kostenumlage werden die Kosten des Service Centers proportional zu den Verwaltungsleistungen verrechnet, die von den Organisationseinheiten beansprucht worden sind. Die Verwaltungsleistungen werden mit einer Bezugsgröße erfasst. Ideal ist eine Bezugsgröße, die sich proportional zu den Kosten des Service Centers verhält (vgl. Kilger (1987), S. 164). Mit einer Bezugsgröße, die dieser Anforderung genügt, lassen sich die Kosten des Service Centers verursachungsgerecht auf die Organisationseinheiten umlegen. Ist eine Bezugsgröße ausgewählt, werden die Kosten, die einer Organisationseinheiten zugerechnet werden, wie folgt ermittelt:

$$K_{ij} = \frac{K_i}{\sum_{n=1}^{J} b_{in}} \cdot b_{ij} = k_i \cdot b_{ij} \quad \text{für } i = 1, ..., I \text{ und } j = 1, ..., J,$$

wobei K_{ij} = Kosten des Service Centers i (i = 1, ..., I), die der Organisationseinheit j (j = 1, ..., J) zugerechnet werden,
K_i = Kosten des Service Centers i,
b_{ij} = Leistung, die Organisationseinheit j von Service Center i bezieht,
k_i = Kostensatz des Service Centers i.

In der Regel sind die Kosten des Service Centers zumindest kurzfristig nicht von der Leistungsmenge abhängig. Reduzieren Organisationseinheiten ihre Nachfrage nach Verwaltungsleistungen, werden die Kosten des liefernden Service Centers auf eine geringere Menge abgesetzter Verwaltungsleistungen verteilt, d. h., der Kostensatz k_i des Service Centers steigt. Die Senkung der verrechneten Verwaltungskosten durch die Reduktion der Nachfrage wird durch den gestiegenen Kostensatz zumindest teilweise kompensiert (vgl. Wagenhofer/Riegler (1994), S. 481). Es kann deshalb nicht erwartet werden, dass Organisationseinheiten auf die Inanspruchnahme von Verwaltungsleistungen verzichten, die nicht benötigt werden oder nur von geringem Nutzen sind. Die Service Center werden ihr Leistungsprogramm nicht an den Bedarf der Organisationseinheiten anpassen, da sie stets von ihren gesamten Kosten entlastet werden. Die Verrechnung der Kosten von Service Centern über eine Kostenumlage eignet sich damit nicht, das **Bewusstsein für kundenbedingte Ineffizienzen** zu stärken.

Bei der Kostenumlage werden aus den realisierten Kosten des Service Centers **Kostensätze** ermittelt, die als durchschnittliche Ist-Kosten einer Leistungseinheit zu verstehen sind. Verrechnungspreise zur Verrechnung von Verwaltungsleistungen werden dagegen vorab ausgehandelt oder festgelegt.

Verrechnungspreise sind in der Unternehmung selbst festgelegte Wertansätze für Leistungen, die zwischen Organisationseinheiten innerhalb der Unternehmung ausgetauscht werden (vgl. z. B. Coenenberg/Fischer/Günther (2016), S. 722 f.).

Bei der Verrechnung der Kosten eines Service Centers über Verrechnungspreise werden die Kosten, die einer Organisationseinheit zugerechnet werden, wie folgt ermittelt:

$$K_{ij} = p_i \cdot b_{ij} \quad \text{für } i = 1, ..., I \text{ und } j = 1, ..., J,$$

wobei p_i = Verrechnungspreis der Verwaltungsleistung, die Service Center i (i = 1, ..., I) erstellt.

Ist der Verrechnungspreis festgelegt, sind die Kosten, die verrechnet werden, ausschließlich vom Umfang der beanspruchten Verwaltungsleistung abhängig. Der Verrechnungspreis ist konstant und weder von den während der Periode tatsächlich angefallenen Kosten noch vom Umfang der insgesamt in Anspruch genommenen Verwaltungsleistungen abhängig. Eine durch die Reduktion der Abnahmemenge angestrebte Senkung der verrechneten Verwaltungskosten wird damit in vollem Umfang realisiert. Für die Organisationseinheiten ist es deshalb von Vorteil, die Nachfrage nach Verwaltungsleistungen zu reduzieren. Die Kosten für Verwaltungsleistungen, die von den Organisationseinheiten nicht abgenommen werden, verbleiben beim Service Center. Damit ist es von Vorteil, nicht nachgefragte Leistungen abzubauen. Die Verrechnung von Verwaltungsleistungen über Verrechnungspreise erhöht in den Organisationseinheiten das **Bewusstsein für die Kosten von Verwaltungsleistungen** und fördert den effizienten Umgang mit den Ressourcen für die Erstellung der Verwaltungsleistungen (vgl. Sakurai (1997), S. 294 f.).

Bei der Verrechnung von Verwaltungsleistungen über Verrechnungspreise werden nur die Kosten der Verwaltungsleistungen betrachtet, nicht aber ihre langfristigen Wirkungen auf die Unternehmungsziele. Es besteht deshalb die Gefahr, dass zur Erreichung kurzfristiger Kosten- oder Erfolgsziele auf Verwaltungsleistungen verzichtet wird, die für die Erreichung der **langfristigen Unternehmungsziele** von Bedeutung sind, wie z. B. Schulungen und Software-Entwicklungen (vgl. Picot/Rischmüller (1981), S. 338).

[3] Verantwortung von Shared Service Centern

Werden Prozesse zur Erstellung einer Verwaltungsleistung aus den Geschäftsbereichen einer Unternehmung herausgelöst und in einem Verantwortungsbereich gebündelt, der mit jedem Geschäftsbereich über eine leistungs- oder wettbewerbsorientierte Lieferanten-Kunden-Beziehung verbunden ist, entsteht ein Shared Service Center (vgl. Fritze (2016), S. 98 f.).

Shared Service Center sind als Profit Center ausgestaltete Zentralbereiche der Unternehmung, die standardisierte Verwaltungsleistungen für mehrere interne und gegebenenfalls auch für externe Kunden erbringen (vgl. Fischer/Sterzenbach (2007), S. 464; Truijens/Neumann-Giesens/Weber (2012), S. 14).

Das Shared Service Center kann in der Unternehmung oder zumindest in einer verbundenen Unternehmung verbleiben. Der Aufbau und Betrieb eines Shared Service Centers kann aber auch einem Joint Venture oder einer Unternehmung übertragen werden, die auf die Erstellung der speziellen Verwaltungs- oder Dienstleistung spezialisiert ist (vgl. Dressler (2007), S. 89 f.). Nach der Orientierung am internen und externen Kunden werden vier **Typen von Shared Service Centern** unterschieden, die in Abb. 2.17 erläutert werden (vgl. Gerybadze/Martin-Pérez (2007), S. 475 f.).

Orientierung am internen Kunden / Orientierung am externen Kunden	Niedrig	Hoch
Hoch	**Klassischer Shared Service Center** ▪ Die Serviceleistung wird ausschließlich intern bezogen. ▪ Die abnehmenden Unternehmungsbereiche definieren Leistungsumfang und -qualität (Service Level Agreement).	**Professionelles Shared Service Center** ▪ Mit externen Kunden wird ein hoher Anteil am Umsatz erzielt. ▪ Die internen Unternehmungsbereiche können die Serviceleistung auch extern beziehen.
Niedrig	**Pseudo Shared Service Center** ▪ Die Serviceleistung wird ausschließlich intern angeboten. ▪ Die Unternehmungsbereiche dürfen die Serviceleistung nicht extern beziehen.	**Outsourcing Shared Service Center** Das Shared Service Center bietet eine marktfähige Serviceleistung an, die keine direkte Beziehung zur Geschäftstätigkeit der Unternehmung hat.

Abb. 2.17: Typen von Shared Service Centern

Shared Service Center, die sich an externen Kunden orientieren, haben aus Sicht der Sicherung einer effizienten Leistungserbringung zwei **Vorteile**: (1) Die Verwaltungsleistungen werden unter Wettbewerbsbedingungen erbracht. Das fördert im betroffenen Verwaltungsbereich die effiziente Leistungserbringung. Einer Tendenz zum Empire Building kann entgegengewirkt werden. (2) Für die Verrechnung der internen Bereitstellung der Verwaltungsleistung stehen Marktpreise zur Verfügung. Die Unternehmungsbereiche, die Verwaltungsleistungen des Shared Service Centers beziehen, können dadurch mit den zu Marktpreisen bewerteten Verwaltungsleistungen belastet werden, die sie tatsächlich beansprucht haben. Die leistungsbeanspruchenden Unternehmungsbereiche werden damit zu einem effizienten Umgang mit Verwaltungsleistungen angehalten (vgl. Wileman (2010), S. 187 ff.).

2.4 Personenbezogene Aufgaben des Kostenmanagements

2.4.1 Personaleinsatz für die Effizienzgestaltung

Der **Personaleinsatz** als Aufgabe des Kostenmanagements umfasst die Gesamtheit der Aufgaben, einen Personalbestand zu schaffen und zu erhalten, der über die zur Effizienzgestaltung erforderlichen Fachkenntnisse verfügt, und so einzusetzen, dass die Wirtschaftlichkeitsziele erreicht werden. Teilaufgaben sind die Personalauswahl, die Personalzuweisung und die Personalentwicklung.

Fachkenntnisse umfassen Fachwissen, Fähigkeiten sowie spezielle Begabungen. Das Fachwissen umfasst die in einem Lernprozess erarbeiteten Fakten und Daten. Erst wenn das Fachwissen mit Erfahrung in der Anwendung kombiniert wird, entstehen Fähigkeiten. Fachwissen und Fähigkeiten werden durch Aus- und Weiterbildung, Erfahrung oder die Interaktion mit anderen Experten erworben. Begabungen, sind stabile, die Person kennzeichnende geistige, motorische und andere Fähigkeiten. Sie sind nur mittelbar über die Personalauswahl und die Personalzuweisung gestaltbar. Die **Anforderungen der Effizienzgestaltung an die Fachkenntnisse** der Mitarbeiter sind vielfältig und differieren zwischen den vier Handlungsfeldern. Abb. 2.18 gibt einen Überblick über diese Anforderungen.

Rahmenbedingungen / Ineffizienzen	Effizienzgestaltung bei gegebenen Rahmenbedingungen	Effizienzgestaltung durch Veränderung der Rahmenbedingungen
Vermeiden von Ineffizienzen	**Sichern einer effizienten Leistungserbringung** Kenntnisse zu den Wirkungen des Handelns auf die Effizienz	**Effizienzorientierte Neugestaltung** Fähigkeit zur Beurteilung der Wirkungen von Gestaltungsalternativen auf die Wirtschaftlichkeit
Abbau von Ineffizienzen	**Kontinuierliche Verbesserung** ▪ Methodenkenntnisse auf dem Gebiet der kontinuierlichen Verbesserung ▪ Fähigkeit zur Erarbeitung, Beurteilung und Umsetzung von Verbesserungsvorschlägen ▪ Metaqualifikationen	**Effizienzorientierte Rationalisierung** ▪ Methodenkenntnisse auf dem Gebiet der Rationalisierung ▪ Fähigkeit zur Erarbeitung und Beurteilung der Wirkungen alternativer Rationalisierungsmaßnahmen auf die Wirtschaftlichkeit ▪ Metaqualifikationen

Abb. 2.18: Anforderungen der Effizienzgestaltung an die Fachkenntnisse

Die **Personalauswahl** ist die Auslese unter den Bewerbern für eine zu besetzende Stelle. Sie findet bei der Einstellung von Mitarbeitern und der Vergabe eines Auftrags an einen Berater statt. Durch Berater können vor allem erstmals oder in unregelmäßigen Zeitabständen benötigte Methodenkenntnisse verfügbar gemacht werden. Für die

Personalauswahl ist ein Anforderungsprofil zu erarbeiten, das sich aus der Effizienzgestaltung in dem Bereich der zu besetzenden Stelle oder dem Vorhaben ergibt, für das ein Berater beauftragt werden soll. Aus der Gegenüberstellung des Anforderungsprofils mit dem im Auswahlprozess erstellten Fähigkeitsprofil des Bewerbers ergibt sich ein Eignungsprofil, das darüber Auskunft gibt, inwieweit der Bewerber den Anforderungen genügt (vgl. Schreyögg/Koch (2015), S. 442 f.). Da stets eine Mehrzahl von Anforderungen gestellt wird, ist in einem letzten Schritt das Eignungsprofil zu einer Gesamtbewertung zusammenzufassen. Auf dieser Grundlage ist schließlich die Auswahlentscheidung zu treffen.

Ziel der **Personalzuweisung** ist es, die verfügbaren Mitarbeiter mit ihren persönlichen Fachkenntnissen den Stellen derart zuzuweisen, dass die Unternehmungs- und Mitarbeiterziele bestmöglich erreicht werden. Das Kostenmanagement weist das Personal den Organisationseinheiten zu, die es für Aufgaben der Effizienzgestaltung auf Dauer oder befristet eingerichtet hat, wie z. B. für das betriebliche Vorschlagswesen oder Projektteams für Rationalisierungsvorhaben.

Personalentwicklung ist die Erhaltung, Verbesserung und Erweiterung derjenigen Fachkenntnisse der Mitarbeiter in der Unternehmung, die zur Verfolgung der Unternehmungsziele gegenwärtig oder zukünftig benötigt werden (vgl. Drumm (2008), S. 334). Die Personalentwicklung als personenbezogene Aufgabe des Kostenmanagements bezieht sich auf die Anpassung der Qualifikation der Mitarbeiter an die Anforderungen der Handlungsfelder der Effizienzgestaltung (vgl. Abb. 2.18). Um beim Abbau von Ineffizienzen Bereitschaftsbarrieren wirksam begegnen zu können, benötigen Führungskräfte in den betroffenen Bereichen und Leiter von Rationalisierungsvorhaben grundlegende Fähigkeiten, die unter der Bezeichnung „Metaqualifikationen“ zusammengefasst werden Zu diesen zählen generelle Problemlösungsfähigkeiten (z. B. Analysefähigkeit, Zeitmanagement) und individuelle Sozialkompetenzen, wie z. B. Moderations- und Konfliktlösungsfähigkeiten (vgl. Klimecki/Gmür (2005), S. 182). Für die Personalentwicklung hat das Kostenmanagement den Personalentwicklungsbedarf zu ermitteln, die Mitarbeiter auszuwählen, deren Qualifikation an die veränderten Anforderungen angepasst werden soll, und die Wirkungen durchgeführter Personalentwicklungsmaßnahmen zu kontrollieren. Qualifikationsdefizite von Mitarbeitern, die zu Störungen im Unternehmungsprozess führen, sind eine Ursache ausführungsbedingter Ineffizienzen. Die Personalentwicklung zum Abbau solcher Qualifikationsdefizite ist eine Maßnahme der Effizienzgestaltung und gehört nicht zu den personenbezogenen Aufgaben des Kostenmanagements.

2.4.2 Führung bei der Effizienzgestaltung

2.4.2.1 Richtung der Beeinflussung von Mitarbeitern

Führung bei der Effizienzgestaltung ist die akzeptierte Beeinflussung von Mitarbeitern, die eine Ausrichtung ihres Arbeitsverhaltens an den Wirtschaftlichkeitszielen bewirkt und verhindert, dass Barrieren zu Widerständen führen. Jedes Handlungsfeld der Effizienzgestaltung stellt andere Anforderungen an die Beeinflussung der Mitarbeiter. Abb. 2.19 gibt einen Überblick über die Richtung der Einflussnahme in den vier Handlungsfeldern der Effizienzgestaltung.

Rahmenbedingungen / Ineffizienzen	Effizienzgestaltung bei gegebenen Rahmenbedingungen	Effizienzgestaltung durch Veränderung der Rahmenbedingungen
Vermeiden von Ineffizienzen	**Sichern einer effizienten Leistungserbringung** Ausrichten des Arbeitsverhaltens	**Effizienzorientierte Neugestaltung** ■ Ausrichten des Arbeitsverhaltens ■ Fördern der Kreativität
Abbau von Ineffizienzen	**Kontinuierliche Verbesserung** ■ Ausrichten des Arbeitsverhaltens ■ Schaffen von Akzeptanz	**Effizienzorientierte Rationalisierung** Beteiligte: ■ Ausrichten des Arbeitsverhalten ■ Schaffen von Akzeptanz ■ Fördern der Kreativität Betroffene: Schaffen von Akzeptanz

Abb. 2.19: Richtung der Beeinflussung von Mitarbeitern in den Handlungsfeldern

Das Leistungsverhalten und das Befolgen geltender Regelungen sind Dimensionen des **Arbeitsverhaltens.**[9] Das Leistungsverhalten äußert sich in der Bewältigung der zugewiesenen Aufgaben, d. h. in der Leistung des Mitarbeiters, mit der er einen Beitrag zur Erreichung der Unternehmungsziele erbringt. In den vier Handlungsfeldern der Effizienzgestaltung wird diese Leistung über das Ausmaß erfasst, in dem die jeweiligen Vorgaben (Budgets, Kennzahlen, Ziele) eingehalten oder realisiert werden. Geltende Regeln, die bei der Effizienzgestaltung von den Mitarbeitern befolgt werden sollen, sind in den Werten und Normen der Kostenkultur verankert. Sie können das kontinuierliche Einbringen und Umsetzen von Verbesserungsvorschlägen, die aktive Suche nach struktur- und kundenbedingten Ineffizienzen und die Anregung von Rationalisierungsvorhaben fordern.

Der Abbau von Ineffizienzen löst Veränderungen aus, die Konsequenzen für die Arbeitssituation der Führungskräfte und Mitarbeiter erwarten lassen. Die erwarteten Veränderungen der Arbeitssituation sind personenbedingte Barrieren, die zu Widerständen gegen die Effizienzgestaltung führen können. Bereits die Ankündigung entsprechender Vorhaben löst Befürchtungen aus, die bei Führungskräften und Mitarbeitern Barrieren entstehen lassen. Es sind gerade diese Führungskräfte und Mitarbeiter, die Maßnahmen zum Abbau von Ineffizienzen erarbeiten und realisieren und damit die Veränderung der Arbeitssituation auslösen. Sie sind es auch, die unter den veränderten Rahmenbedingungen zur Leistungserstellung und -verwertung beitragen (vgl. Franz (2002), S. 418; Krüger (2006a), S. 24). Für die Erreichung der Wirtschaftlichkeitsziele ist deshalb die **Akzeptanz** der Wirtschaftlichkeitsziele, der geplanten Vorhaben und Maßnahmen zur Effizienzgestaltung sowie deren Konsequenzen für die Arbeitssituation bei den beteiligten und betroffenen Führungskräften und Mitarbeitern von entscheidender Bedeutung (vgl. Krüger (2006a), S. 32).

---

9 Die Dimensionen des Arbeitsverhaltens werden in Abschnitt 9.1.1.1 ausführlich erläutert.

Bei der Effizienzgestaltung durch die Gestaltung von Rahmenbedingungen kann die Erreichung der Wirtschaftlichkeitsziele die Erarbeitung innovativer Lösungen verlangen, wie z. B. bei der kostenorientierten Produktgestaltung oder der Prozessinnovation. Das Generieren innovativer Lösungen kann jedoch durch **Kreativitätsbarrieren** behindert oder sogar verhindert werden. Eine personenbezogene Aufgabe des Kostenmanagements ist deshalb das Fördern der Kreativität bei der Bearbeitung komplexer Projekte zur Effizienzgestaltung durch die Veränderung der Rahmenbedingungen.

2.4.2.2 Ausrichten des Arbeitsverhaltens

Zur Ausrichtung des Arbeitsverhaltens werden den an der Effizienzgestaltung beteiligten und den von ihr betroffenen Mitarbeitern situations- und personenspezifische Regelungen vorgegeben. Diese beschreiben das normativ erwartete Arbeitsverhalten eines bestimmten Mitarbeiters oder einer genau bezeichneten Gruppe von Mitarbeitern. Diese müssen formuliert und ihre Ausführung muss veranlasst und beurteilt werden. Die Ergebnisse der Beurteilung sollten zu Reaktionen gegenüber den Mitarbeitern führen. Als **Aufgaben des Kostenmanagements** zur Ausrichtung des Arbeitsverhaltens können damit abgegrenzt werden (vgl. Kossbiel (2006), S. 572 f.):

- die Verhaltenslenkung,
- die Verhaltensbeurteilung und
- die Verhaltensabgeltung.

Zur **Verhaltenslenkung** werden den Mitarbeitern Verhaltensnormen oder Weisungen vorgegeben, d. h. allgemeine oder situationsspezifische Anweisungen, die klar umrissene Vorgehensweisen vorschreiben (vgl. Hax (1965), S. 75 f.). Mit diesen Vorgaben werden die Mitarbeiter darüber unterrichtet, welche Handlungen sie zur Effizienzgestaltung ausführen sollen, in welcher Art und Weise dabei vorzugehen ist, welches Ergebnis zu erreichen ist oder an welchen allgemein akzeptierten Verhaltensregeln sie sich orientieren sollen. Weiterhin ist das persönliche Können durch die arbeitsplatzbezogene Personalentwicklung und die situative Ermöglichung der Effizienzgestaltung sicherzustellen.[10] Die situative Ermöglichung betrifft u. a. die zeitliche Freistellung von Mitarbeitern für Zwecke der Effizienzgestaltung, die Bereitstellung finanzieller und sachlicher Ressourcen sowie die Einrichtung eines Zugangs zu den für die Effizienzgestaltung erforderlichen Informationen.

Bei der **Verhaltensbeurteilung** wird z. B. durch Kontrollen auf individueller Ebene festgestellt, ob die Verhaltensnormen und Weisungen für die Effizienzgestaltung eingehalten werden. Diese Kontrollen beziehen sich auf konkrete Mitarbeiter und ihr tatsächliches Arbeitsverhalten bei der Effizienzgestaltung. Über die folgenden drei Funktionen üben diese Kontrollen Einfluss auf das Arbeitsverhalten der Mitarbeiter aus (vgl. Franken/Frese (1989), Sp. 892 f.):

- Informationsfunktion
  Nach der Zielsetzungstheorie[11] verstärkt die Bereitstellung von Rückkopplungsinformationen die Wirkung von Zielen auf das Handlungsergebnis. Das Arbeitsver-

---

[10] Diese Determinanten des Arbeitsverhaltens werden in Abschnitt 9.1.1.2 erläutert.

[11] Die Zielsetzungstheorie wird in Abschnitt 9.1.3.2 erläutert.

halten kann damit beeinflusst werden, indem die Informationen der Kontrolle den Mitarbeitern als Rückkopplungsinformationen bereitgestellt werden.

- Beurteilungsfunktion
  Auf der Grundlage der durch die Kontrolle gewonnenen Informationen können Belohnungen gewährt oder Sanktionen verhängt werden.
- Prophylaxefunktion
  Kontrollen können Abweichungen verhindern, da von Mitarbeitern, die mit Kontrollen rechnen müssen, eher erwartet werden kann, dass sie ihre Aufgaben nach den Vorgaben erfüllen.

Die Erkenntnisse der Verhaltensbeurteilung werden mit dem Ziel der Verhaltenskorrektur an den Mitarbeiter rückgekoppelt. Auf der Grundlage der Erkenntnisse werden bei der **Verhaltensabgeltung** Belohnungen gewährt oder Sanktionen verhängt. Die Regelungen zu den Belohnungen werden in Anreizsystemen festgelegt, die u. a. den folgenden Funktionen dienen (vgl. Becker (1995), Sp. 39 ff.):

- Aktivierungsfunktion
  Belohnungen sind Anreize, die Motive der Mitarbeiter aktivieren. Es entsteht Motivation.[12]
- Verhaltensbeeinflussungsfunktion
  Belohnungen werden für ein im Hinblick auf die Unternehmungsziele erwünschtes Arbeitsverhalten gewährt und richten das Arbeitsverhalten der Mitarbeiter an den Unternehmungszielen aus.
- Informationsfunktion
  Die Mitarbeiter werden über das erwünschte Arbeitsverhalten informiert.

Ein **Anreizsystem** legt die Art, die Höhe und die Modalitäten der Ausschüttung einer Belohnung fest, die Begünstigten als Folge einer bestimmten Leistung in Aussicht gestellt und gewährt wird, um ihr Arbeitsverhalten an den Wirtschaftlichkeitszielen auszurichten (in Anlehnung an Gerpott/Domsch (1991), S. 1004). Beschrieben werden kann es durch die folgenden Merkmale:

- das Anreizziel,
- die Begünstigten,
- die Belohnung,
- die Bemessungsgrundlage,
- die Belohnungsregel sowie
- die Ausschüttungsregel.

Das Anreizziel legt das Arbeitsverhalten fest, zu dem das Anreizsystem die Begünstigten motivieren soll, und ist möglichst präzise aus den verfolgten Zielen herzuleiten. Eine Belohnung ist die Gesamtheit der materiellen und immateriellen Zuwendungen, die dem Begünstigen in Aussicht gestellt und gewährt werden (in Anlehnung an Gerpott/Domsch (1991), S. 1004 f.). Als Belohnung eignen sich nur Zuwendungen, die Motive der Begünstigten aktivieren. Die Bemessungsgrundlage sind die Kriterien zur Beurteilung des Arbeitsverhaltens der Begünstigten. Die Belohnungsregel legt fest, wie

12 Der Zusammenhang zwischen Motiv, Anreiz und Motivation wird in Abschnitt 9.1.1.3 erläutert.

die Belohnung für den realisierten Wert der Bemessungsgrundlage bestimmt wird. Die Ausschüttungsregel gibt den Zeitplan an, nach dem eine Belohnung als Ganzes oder in Teilen gewährt wird.

Die situations- und personenspezifischen fallweisen Regelungen, die Informationen über das tatsächliche Arbeitsverhalten sowie die Reaktionen auf die Erkenntnisse der Verhaltensbeurteilung müssen zwischen Vorgesetzten und Mitarbeitern kommuniziert werden. Kommunikation zählt deshalb zu den wichtigsten Führungsinstrumenten, denn Führungskräfte können das Arbeitsverhalten ihrer Mitarbeiter nur lenken, beurteilen und abgelten, wenn sie mit ihnen in unmittelbaren Kontakt treten (vgl. Neuberger (2015), S. 6). **Kommunikation** ist ein Prozess zur zweckgerichteten Übertragung von Informationen zwischen Sender und Empfänger zu einem bestimmten Zeitpunkt in einem bestimmten Kontext mit folgenden Phasen: Auswahl der Informationen durch den Sender, Mitteilung der ausgewählten Informationen und Verstehen der übermittelten Informationen (in Anlehnung an Titscher (1995), Sp. 1312 ff.; Brehm (2002), S. 266). Beispielsweise sollen im Handlungsfeld der kontinuierlichen Verbesserung die Mitarbeiter durch kommunikative Maßnahmen zur Erarbeitung und Umsetzung von Kostensenkungsvorschlägen ermutigt werden. Bei der Erarbeitung und Umsetzung dieser Vorschläge sollen sie durch die regelmäßige Bereitstellung von Rückkopplungsinformationen unterstützt werden.

2.4.2.3 Schaffen von Akzeptanz

Akzeptanz kann als die positive Wertschätzung der Effizienzgestaltung sowie die Bereitschaft der beteiligten Führungskräfte und Mitarbeiter zur aktiven Mitwirkung an der Effizienzgestaltung und der betroffenen Führungskräfte und Mitarbeiter zur aktiven Anpassung an die durch die Effizienzgestaltung ausgelösten Veränderungen im Leistungserstellungs- und -verwertungsprozess verstanden werden (vgl. Wiendieck (1992), Sp. 91 f.).

Insbesondere beim Abbau von Ineffizienzen können der Bereitschaft zur aktiven Mitarbeit und Anpassung Widerstände der Beteiligten und Betroffenen entgegenstehen. In den Handlungsfeldern, die den Abbau von Ineffizienzen vorsehen, ist es deshalb **Aufgabe des Kostenmanagements,** bei den beteiligten und betroffenen Führungskräften und Mitarbeitern Akzeptanz für die Wirtschaftlichkeitsziele, die geplanten Vorhaben und Maßnahmen der Effizienzgestaltung und deren Konsequenzen für die Arbeitssituation zu schaffen. Hierzu sind zum einen personenbedingte Barrieren abzubauen, um das Entstehen von Widerständen zu verhindern, und zum anderen bereits bestehende Widerstände zu diagnostizieren und zu überwinden oder zumindest einzudämmen.

Das Schaffen von Akzeptanz bei den Betroffenen und Beteiligten verlangt ein **Vorgehen** in folgenden Schritten:

- Abgrenzen des Kreises der Betroffenen und Beteiligten,
- Identifikation von Barrieren und Diagnose von Widerständen,
- Bewerten identifizierter Barrieren und diagnostizierter Widerstände,

- Erarbeitung und Umsetzung von Maßnahmen zum Abbau ausgewählter Barrieren und Widerstände sowie
- Kontrolle und Sicherung der umgesetzten Maßnahmen.

Zum Kreis der **Betroffenen** von Vorhaben zum Abbau von Ineffizienzen gehören alle Mitarbeiter, auf deren Arbeitssituation sich die Maßnahmen der Effizienzgestaltung auswirken. Hierzu zählen vor allem die Mitarbeiter und Führungskräfte der Bereiche, in denen Ineffizienzen abgebaut werden sollen. **Beteiligte** sind alle Personen, die bei der Effizienzgestaltung mitarbeiten. Neben Betroffenen können zum Kreis der Beteiligten auch Experten gehören, d. h. externe Berater oder Mitarbeiter aus anderen Unternehmungsbereichen, wie z. B. aus dem Personalwesen, der Entwicklung oder dem IT-Bereich. Begreifen die Beteiligten die durch die Effizienzgestaltung ausgelösten Veränderungen der persönlichen Arbeitssituation von Mitarbeitern oder ihre Folgen (z. B. Verschlechterung des Betriebsklimas) als negativ valent, können auch sie Widerstand gegen die Effizienzgestaltung entwickeln, selbst wenn sie nicht zum Kreis der Betroffenen zählen.

Die **Diagnose von Widerständen** verlangt eine Analyse des Arbeitsverhaltens der Beteiligten und Betroffenen, um Symptome des Widerstands erkennen zu können. Abb. 2.20 nennt Beispiele für Symptome des Widerstands (vgl. Kleist/Maetz (2003), S. 57).

Träger / Form	Widerstand des Individuums	Widerstand einer Gruppe
Aktiver Widerstand	▪ Häufiger Widerspruch ▪ Gegenargumentation ▪ Kritik gegenüber Vorgesetzten ▪ Aufregung und Beschwerden ▪ Sturer Formalismus	▪ Mitarbeiter greifen sich gegenseitig persönlich an (Polemik und Ironie) ▪ Cliquenbildung ▪ Machtspiele ▪ Gerüchte
Passiver Widerstand	▪ Abwesenheit vom Arbeitsplatz ▪ Lustlosigkeit und Müdigkeit ▪ Unaufmerksamkeit ▪ Ratlosigkeit ▪ Dienst nach Vorschrift ▪ Labilität und Fluchtverhalten	▪ Angespannte Atmosphäre ▪ Entscheidungsunfähigkeit ▪ Hoher Krankheitsstand ▪ Debatten über Unwichtiges ▪ Hohe Fluktuationsrate ▪ Mangelnde Kooperation

Abb. 2.20: Symptome des Widerstands

Zweck der **Bewertung** diagnostizierter Widerstände ist die Identifikation ihrer Ursachen als Grundlage für die Erarbeitung von Maßnahmen zur Schaffung der erforderlichen Akzeptanz. Weiterhin sind die Risiken für die Erreichung der Wirtschaftlichkeitsziele abzuschätzen, die von den identifizierten Barrieren und diagnostizierten Widerstände ausgehen. Ergebnis der Bewertung ist eine Auswahl von Barrieren und Widerstände, denen durch die Erarbeitung von Maßnahmen begegnet werden soll.

Barrieren und Widerstände der Beteiligten und Betroffenen resultieren zum einen aus Unkenntnis der verfolgten Wirtschaftlichkeitsziele, des geplanten Vorhabens und der Maßnahmen zur Effizienzgestaltung, der Folgen für die persönliche Arbeitssituation sowie der Wirksamkeit des geplanten Vorhabens. Ursache können auch Konflikte zwischen den Wirtschaftlichkeitszielen und den individuellen Zielen der Beteiligten und Betroffenen sein. Schließlich können sie auch in bisher nicht ausreichend erkannten Schwächen des geplanten Vorhabens oder Chancen und Risiken der Effizienzgestaltung begründet sein (vgl. Kleist/Maetz (2003), S. 64). **Maßnahmen** zur Überwindung von Barrieren und Widerständen betreffen deshalb vor allem die Gestaltung der Kommunikation mit den Beteiligten und Betroffenen sowie der Partizipation bei den Entscheidungen der Instanzen über den Abbau von Ineffizienzen (vgl. Wiendieck (1992), Sp. 97).

2.4.2.4 Fördern der Kreativität

Bei der Bearbeitung innovativer Projekte zur Effizienzgestaltung, wie z. B. bei der kostenorientierten Produktplanung und der Prozessinnovation, ist es Aufgabe des Kostenmanagements, Kreativitätsbarrieren abzubauen. Zur Förderung der Kreativität der an der Gestaltung betrieblicher Rahmenbedingungen beteiligten Mitarbeiter lassen sich aus der **komponentenorientierten Konzeption**[13] individueller Kreativität folgende Aussagen herleiten:

[1] Es ist sicherzustellen, dass die Beteiligten über die erforderlichen Fachkenntnisse und kreativitätsrelevanten Fertigkeiten verfügen.

[2] Es ist ein Arbeitsumfeld zu schaffen, das die Beteiligten motiviert.

[3] Extrinsische Anreize können die intrinsische Motivation der Beteiligten verdrängen und damit kreativitätshemmend wirken.

Beeinflusst werden können die in der Unternehmung verfügbaren **Fachkenntnisse und kreativitätsrelevanten Fertigkeiten** durch Schulungs- und Rekrutierungsmaßnahmen (vgl. Locke/Kirkpatrick (1995), S. 120). Die Umsetzung dieser Maßnahmen ist zeitaufwendig und verursacht hohe Kosten. Maßnahmen, die auf eine **Veränderung des Arbeitsumfelds** zur Steigerung der intrinsischen Motivation zielen, sind mit geringerem Aufwand verbunden (vgl. Amabile (1998), S. 77 f.). Als Maßnahmen zur Steigerung der kreativen Leistung über die Gestaltung des Arbeitsumfelds der Mitarbeiter können genannt werden (vgl. Amabile (1998), S. 81 ff.; Amabile/Schatzel/Moneta/ Kramer (2004), S. 16; Amabile/ Kramer (2007), S. 58 ff.):

[1] Personalzuweisung
Für ein Projektteam sollten Mitarbeiter ausgewählt werden, die über die erforderlichen Fachkenntnisse und kreativitätsrelevanten Fertigkeiten verfügen. Sie sollten die Aufgaben als anspruchsvoll empfinden, ohne dass es zu einer Überforderung kommt. Zudem sollten die ausgewählten Mitarbeiter an der jeweiligen Aufgabenstellung interessiert sein.

[2] Entscheidungsbefugnisse
Dem Projektteam sollten klar definierte Projektziele vorgegeben werden (vgl. Locke/Kirkpatrick (1995), S. 120). Diese Vorgaben sollten möglichst über einen längeren Zeitraum gültig sein, d. h. nur ausnahmsweise angepasst werden. Das Projektteam sollte selbst darüber entscheiden können, wie die Vorgaben im Rahmen der zeitlichen Restriktionen und der vorgegebenen Ausstattung mit Ressour-

[13] Die komponentenorientierte Konzeption der Kreativität wird in Abschnitt 9.2.2 ausführlich erläutert.

cen erreicht werden sollen. Vorgaben zum Prozess der Zielerreichung sollten auf ein Minimum reduziert werden (vgl. auch Schlicksupp (1991), S. 541).

[3] Ressourcen
Das Projekt ist mit den zur Erreichung der Vorgaben erforderlichen personellen, sachlichen und finanziellen Ressourcen auszustatten, da ansonsten die Kreativität der Beteiligten auf die Beschaffung von Ressourcen gelenkt würde.

[4] Zeitvorgaben
Unnötig enge oder nicht realisierbare Zeitvorgaben wirken sich ungünstig auf die Kreativität aus, da sie die Beteiligten zwingen, die Lösungsideen mit den größten Aussichten auf Erfolg zu verfolgen und neuartige, aber risikoreiche Ideen frühzeitig zu verwerfen. Zeitdruck, der aus den Aktivitäten der Konkurrenten oder der Bedeutung der Aufgabe für die Unternehmung oder die Gesellschaft resultiert, kann dagegen positiv auf die Kreativität wirken. Starker Zeitdruck sollte, wann immer es möglich ist, vermieden werden. Das verlangt die Planung vorsichtiger, realistischer Zeitvorgaben. In Situationen mit unvermeidbarem Zeitdruck sollten Bedingungen geschaffen werden, die es den Mitarbeitern ermöglichen, sich einen bedeutenden Teil der Arbeitszeit ohne Unterbrechung durch Anforderungen von außen (z. B. Sitzungen, kurzfristige Änderungen der Projektdefinition) mit ihrer Aufgabe beschäftigen zu können (vgl. Amabile/Hadley/Kramer (2002), S. 61).

[5] Teambildung
Es genügt nicht, wenn jedes einzelne Mitglied des Projektteams über die erforderliche Qualifikation und Motivation verfügt. Auch die Zusammensetzung des Projektteams sollte bestimmten Anforderungen genügen: (1) Die Teammitglieder teilen die Begeisterung für die gestellte Aufgabe. (2) Sie unterstützen sich gegenseitig, indem neuartige Ideen konstruktiv beurteilt und gegebenenfalls gemeinsam weiterverfolgt werden. (3) Im Projektteam sind verschiedenartige Erfahrungen und Denkstile vertreten, die von jedem Teammitglied anerkannt werden (vgl. Amabile (1999), S. 528). Diese Merkmale eines Projektteams wirken sich nicht nur auf die intrinsische Motivation der Teammitglieder günstig aus, sondern auch auf die Fachkenntnisse und die kreativen Fertigkeiten des gesamten Teams.

[6] Unterstützung durch die Projektleitung
Auf die kreative Leistung wirkt es sich positiv aus, wenn sich das Projektteam der Bedeutung bewusst ist, welche die angestrebte Kostensenkung für den Erfolg der Unternehmung hat. Die Projektleitung hat dem Projekt diese Bedeutung zu erläutern (vgl. Amabile/Kramer (2007), S. 60). Kreativitätsfördernd ist es auch, wenn die Projektleitung Fortschritte auch dann wahrnimmt und anerkennt, wenn der Beitrag zur Erreichung der Ziele noch nicht absehbar ist (vgl. Amabile/Kramer (2007), S. 58), wenn sie in Phasen ohne erkennbare Fortschritte das Projekt nicht vorschnell abbricht und die Teammitglieder zur Zusammenarbeit und Kommunikation ermutigt.

[7] Unterstützung durch die Unternehmungsleitung
Die Unternehmungsleitung hat den Mitgliedern des Projektteams die Bedeutung kreativer Ideen für die Unternehmung zu vermitteln. Das verlangt, dass sie das Projektteam ermuntert, von herkömmlichen Problemlösungen abzuweichen und neue Ideen zu erproben sowie neuartige Ideen gerecht, konstruktiv und zeitnah beurteilt und anerkennt. Zudem sollte die Unternehmungsleitung den Projektfortschritt in einer von dem Projektteam wahrnehmbaren Form verfolgen (vgl.

Sethi/Smith/Park (2003), S. 8 f.). Darüber hinaus hat es die projektübergreifende Weitergabe von Informationen und Zusammenarbeit zu fördern (vgl. Schlicksupp (1991), S. 542). Streitigkeiten zwischen Projektteams, Machtkämpfe, Ressortegoismen und Klatsch hemmen die Kreativität. Die Unternehmungsleitung hat deshalb Streitigkeiten zwischen Projektteams oder Unternehmungsbereichen aktiv entgegenzuwirken.

Extrinsische Anreize wirken bei hoher intrinsischer Motivation kreativitätsfördernd, sofern sie entweder die Problemlösungsfähigkeit oder die Arbeitsbedingungen in den Projektteams verbessern. Andere Anreize, wie z. B. Kostensenkungsprämien, werden als Einschränkung der Selbstbestimmung empfunden und wirken deshalb kreativitätshemmend. Zur Förderung der Kreativität sind deshalb keine formalen Anreizsysteme zu schaffen. Es sind vielmehr regelmäßig Ergebniskontrollen zur Leistungsbeurteilung durchzuführen. Auf der Basis der gewonnen Erkenntnisse sind entweder erbrachte Leistungen anzuerkennen oder unterstützende Maßnahmen zur Verbesserung der Problemlösungsfähigkeit einzuleiten (vgl. Amabile (1988), S. 532).

Die **Kreativität** in Projekten zur Bearbeitung innovativer Problemlösungen für die Effizienzgestaltung kann damit durch folgende Maßnahmen **gefördert** werden:

[1] die Verbesserung des Fachwissens und der kreativitätsrelevanten Fertigkeiten der Projektmitarbeiter durch
- die Personalauswahl und die Personalzuordnung sowie
- die Qualifizierung der Mitarbeiter,

[2] die Gestaltung von Arbeitsbedingungen, die es dem Projektteam ermöglichen, sich bei möglichst geringen äußeren Zwängen auf die Problemlösung konzentrieren zu können,

[3] die Anerkennung erbrachter Leistungen und

[4] das Gewähren von Anreizen in der Form einer Verbesserung der Problemlösungsfähigkeit oder der Arbeitsbedingungen.

Teil 2: Handlungsfelder des Kostenmanagements

3 Rationalisierung als Handlungsfeld

3.1 Grundlagen der Rationalisierung

3.1.1 Abgrenzung der Rationalisierung

Als Handlungsfeld der Effizienzgestaltung ist **Rationalisierung** der Abbau kunden- und strukturbedingter Ineffizienzen durch die Anpassung betrieblicher Rahmenbedingungen an Unternehmungs- und Umweltveränderungen. Vollzogen wird sie durch befristete Rationalisierungsvorhaben.

Ein **Rationalisierungsvorhaben** ist ein Prozess der Erarbeitung, Realisation und Sicherung von Maßnahmen zur Anpassung betrieblicher Rahmenbedingungen an unternehmungsinterne oder -externe Veränderungen, der durch eine Initiative nach der Diagnose von Ineffizienzen ausgelöst wird, um die Erreichung der strategischen Wirtschaftlichkeitsziele des Kostenmanagements zu sichern.

Mit der Rationalisierung wird das strategische Wirtschaftlichkeitsziel des Kostenmanagements verfolgt. Dieses gibt den Beitrag zur Erreichung der langfristigen finanziellen Ziele der Unternehmung an, der in der Periode durch das Kostenmanagement geleistet werden soll. Realisiert werden soll das **strategische Wirtschaftlichkeitsziel** über den Abbau von Ineffizienzen durch die Anpassung betrieblicher Rahmenbedingungen an unternehmungsinterne oder -externe Veränderungen. Nach dem Umfang der Anpassungen können die punktuelle Rationalisierung und die Systemrationalisierung abgegrenzt werden. Bei der punktuellen Rationalisierung betreffen sie einen einzelnen Verantwortungsbereich. Den Gegenstand der Systemrationalisierung bilden bereichsübergreifende Anpassungen (vgl. Schneider (1996), Sp. 1775). Sie stellt einen Wandel ohne eine Veränderung der strategischen Ausrichtung der Unternehmung dar (in Anlehnung an Krüger (2007), Sp. 195 f.) und zeichnet sich durch folgende Merkmale aus (in Anlehnung an Gabele (1992), Sp. 2197): (1) Erfordernis innovativer Maßnahmen, die zu Veränderungen in mehreren Verantwortungsbereichen führen; (2) Beteiligung mehrerer Personen oder Personengruppen mit unterschiedlichen Interessen und (3) Konsequenzen für die Arbeitssituation von Beteiligten und Betroffenen.

Rationalisierungsvorhaben werden nicht routinemäßig durchgeführt, sondern erst nach einer Initiative ausgelöst. Eine **Initiative** ist die Anregung eines Rationalisierungsvorhabens, die in drei Phasen abläuft: (1) Diagnose von Ineffizienzen, (2) Entschluss zur Anpassung der betrieblichen Rahmenbedingungen und (3) Artikulation des Anpassungsbedarfs, die das Rationalisierungsvorhaben einleitet oder endgültig bewirkt (in

Anlehnung an Hauschildt (1969), Sp. 735). Ausgelöst wird ein Rationalisierungsvorhaben durch die Entscheidung der Unternehmungs- oder Bereichsleitung.

Die strategischen Wirtschaftlichkeitsziele des Kostenmanagements können nur erreicht werden, sofern in der Unternehmung ein ausreichendes Rationalisierungspotential existiert und auch identifiziert wird. Rationalisierungspotentiale sind struktur- und kundenbedingte Ineffizienzen, die durch die Anpassung betrieblicher Rahmenbedingungen an geänderte Unternehmungs- und Umweltbedingungen abgebaut werden können. Die Erreichung der strategischen Wirtschaftlichkeitsziele verlangt die **aktive Suche nach Rationalisierungspotentialen**. Diese Suche kann als ständige Aufgabe oder als Sonderaufgabe bei der Bewältigung drohender oder bereits eingetretener Abweichungen von den strategischen Wirtschaftlichkeitszielen begriffen werden.

3.1.2 Ziele der Rationalisierung

3.1.2.1 Arten von Rationalisierungszielen

Bei der Rationalisierung werden drei **Arten von Zielen** verfolgt (in Anlehnung an Huber (1987), S. 220; Marr/Hofmann (1992), Sp. 2143; Marr/Kötting (1992), Sp. 828 f.; Krüger (1995), Sp. 1788):

- die ökonomischen Effektivitätsziele,
- die sozialen Effektivitätsziele sowie
- die Rationalisierungskostenziele.

Das ökonomische Effektivitätsziel der Rationalisierung ist das **strategische Wirtschaftlichkeitsziel** des Kostenmanagements. Zur Umsetzung dieses Ziels werden für jedes Rationalisierungsvorhaben **Kosten- und Leistungsziele** geplant. Sie informieren über die Effizienzsteigerungen, die als Ergebnis des jeweiligen Rationalisierungsvorhabens erreicht werden soll. Damit die angestrebte Effizienzsteigerung zur Erreichung des strategischen Wirtschaftlichkeitsziels beiträgt, wird zusätzlich eine effektivitätsbezogene Restriktion vorgegeben.

> Die **ökonomischen Effektivitätsziele** der Rationalisierung sind das strategische Wirtschaftlichkeitsziel des Kostenmanagements sowie die Kosten- und Leistungsziele der Rationalisierungsvorhaben.

Für die Erreichung der ökonomischen Effektivitätsziele ist die **Akzeptanz** der Rationalisierung und ihrer Konsequenzen bei den beteiligten und betroffenen Führungskräften und Mitarbeitern von entscheidender Bedeutung (vgl. Krüger (2006a), S. 32). Aufgabe des Kostenmanagements ist es, bei den Führungskräften und Mitarbeitern Akzeptanz für das Rationalisierungsvorhaben und seine Wirkungen auf die Arbeitssituation zu schaffen, um destruktiven Widerstand der Beteiligten und der Betroffenen zu verhindern (vgl. Marr/Kötting (1992), S. 828 f.) und die Motivation und Loyalität der verbleibenden Mitarbeiter zu erhalten, sofern die Rationalisierung mit einem Personalabbau verbunden ist.

Die **sozialen Effektivitätsziele** sind Aussagen zum Arbeitsverhalten der Führungskräfte und Mitarbeiter bei der Erarbeitung und Umsetzung von Rationalisierungsvorhaben und bei der Leistungserstellung unter den veränderten Rahmenbedingungen, das als Ergebnis der Beeinflussung der Beteiligten und Betroffenen des Rationalisierungsvorhabens eintreten soll.

Für die Rationalisierung fallen Kosten an. Die Kosten, die für die Suche nach Rationalisierungspotentialen, die Erarbeitung, Umsetzung und Sicherung von Rationalisierungsmaßnahmen sowie für die Förderung der Akzeptanz der Rationalisierungsvorhaben und deren Konsequenzen anfallen, sind **Rationalisierungskosten**. Beispiele für diese Kosten sind die Honorare für Berater und die Kosten für die Vorbereitung der betroffenen Mitarbeiter auf den veränderten Leistungserstellungsprozess. Um die Effizienz der Rationalisierung zu sichern, werden in Abstimmung mit dem strategischen Wirtschaftlichkeitsziel Rationalisierungskostenziele geplant. Durchgesetzt wird dieses Kostenziel durch die Formulierung und Vorgabe von Vorschriften zur Durchführung von Rationalisierungsvorhaben oder durch Rationalisierungskostenbudgets für jedes einzelne Rationalisierungsvorhaben.

Rationalisierungskostenziele legen die Höhe der Rationalisierungskosten fest, die für ein Rationalisierungsvorhaben bei Realisation der ökonomischen und sozialen Effektivitätsziele höchstens anfallen dürfen.

3.1.2.2 Benchmarking als Ansatz zur Planung von Rationalisierungszielen

Das Benchmarking ist ein Verfahren zur wettbewerbsorientierten **Planung von Kosten- und Leistungszielen** für Rationalisierungsvorhaben. Es ist Ende der 70er Jahre von der Xerox Corporation entwickelt worden (vgl. Camp 1994), S. 7 ff.). Der Grundgedanke des Benchmarking ist es, einen Bezugspunkt für die Beurteilung der eigenen Kosten und Leistungen durch den Vergleich mit einem Leistungsführer[14] zu schaffen (vgl. Hoffjan (1995), S. 156). Zweck des Leistungsvergleichs kann das Identifizieren, aber auch das Erklären bestehender Kosten- und Leistungsunterschiede sein (vgl. Francis/Holloway (2007), S. 174 f.). Mit dem Benchmarking können damit nicht nur Informationen für die Planung von Vorgaben für Rationalisierungsvorhaben gewonnen werden, sondern auch Hinweise auf Maßnahmen zur Realisation dieser Vorgaben (vgl. Riegler (2002), Sp. 126).

Benchmarking ist ein kontinuierlicher Prozess der Analyse identifizierter Verbesserungspotentiale mit dem Ziel einer Steigerung der Wirtschaftlichkeit durch

- die Gewinnung und vergleichende Analyse von Daten über vermutete Bestimmungsfaktoren der Effizienz oder Effektivität
- in der Unternehmung und bei einem Leistungsführer

14 Die Bezeichnungen „Leistungsführer“ und „Leistungsvergleich“ beziehen sich nicht nur auf die Leistung im Sinne von Output, sondern auch auf die Kosten, die bei der Hervorbringung des Outputs anfallen.

- zur Ableitung von Vorgaben und Ideen für Verbesserungsmaßnahmen in Rationalisierungsvorhaben.

Bei den **Benchmarking-Objekten** handelt es sich um Verbesserungspotentiale, die bei der strategischen Kostenanalyse identifizierten worden sind und zur Vorbereitung eines Rationalisierungsvorhabens analysiert werden sollen. Nach den Benchmarking-Objekten werden unterschieden:

- das Leistungsbenchmarking,
- das Prozessbenchmarking und
- das Strategiebenchmarking.

Beim **Leistungsbenchmarking** werden Leistungen der Unternehmung, eines Bereichs (Funktionsbereich, Geschäftsbereich, Zentralbereich) oder eines Prozesses analysiert. Alle Merkmale der Ausbringung können Objekt des Leistungsbenchmarking sein, d. h. die Zusammensetzung des Produktions- und Absatzprogramms, die Funktionalität und Qualität der Produkte, die quantitative, qualitative und zeitliche Lieferzuverlässigkeit, die Kundenzufriedenheit usw. Objekt des **Prozessbenchmarking** ist der Ablauf der Leistungserstellung in einem einzelnen Bereich oder eines bereichsübergreifenden Leistungserstellungsprozesses, wie z. B. die Auftragsabwicklung, die Einstellung von Mitarbeitern und die Kostenrechnung (vgl. Weber/Weißenberger/Aust (1997). Methoden und grundsätzliche Vorgehensweisen zur Umsetzung der Unternehmungs- und Geschäftsbereichsstrategien in einem Bereich bilden das Objekt des **Strategiebenchmarking** (vgl. Watson (1993), S. 25 f.; Bogan/English (1994), S. 7 ff.).

Anders als der Betriebsvergleich fordert das Benchmarking, dass der Vergleichspartner in Bezug auf das Benchmarking-Objekt ein **Leistungsführer** ist (vgl. Sabisch/Tintelnot (1997), S. 12). In Abhängigkeit von den angestrebten Wirtschaftlichkeitszielen kann als Leistungsführer die beste Organisationseinheit innerhalb der Unternehmung, der beste Wettbewerber, der Beste der Branche, der Beste eines Landes oder der Weltbeste gewählt werden (vgl. Spendolini (1992), S. 23). Der Leistungsführer muss nicht aus der eigenen Branche kommen. Gerade ein Vergleich mit Leistungsführern anderer Branchen kann vollständig neue Erkenntnisse liefern, da sie bereits Lösungen installiert haben können, die in der eigenen Branche erst diskutiert werden (vgl. Kreuz (2002), S. 93). Nach den Vergleichspartnern werden mehrere Formen des Benchmarking unterschieden, die in Abb. 3.1 erläutert werden (vgl. Camp (1994), S. 71, 77 ff.; Lasch/ Trost (1997), S. 692 f.; Pryor (1989), S. 31; Schäfer/Seibt (1998), S. 374 ff.).

Verfahren	Definition	Beurteilung
Unternehmungs-internes Benchmarking	**Vergleichspartner:** Leistungsführer innerhalb der Unternehmung (verschiedene Standorte, Unternehmungsbereiche) oder in einer assoziierten Unternehmung **Objekt:** Prozesse	**V:** Einfache Informationsbeschaffung; Sammeln von Erfahrungen für ein Benchmarking mit einem externen Vergleichspartner; Übertragbarkeit der gefundenen Lösungen ist gegeben
		N: Es können keine innovativen Lösungen gefunden werden

Wettbe-werbs-orientiertes Bench-marking	**Vergleichspartner:** Direkter Wettbewerber; Leistungsführer innerhalb der Branche **Objekt:** Produkte, Prozesse, Methoden	**V:** Hohe Vergleichbarkeit **N:** Wettbewerbsvorteile können kaum geschaffen werden; Beschränkungen der Informationsbeschaffung; Gefahr der Übernahme nicht optimaler Lösungen
Funktionales Bench-marking	**Vergleichspartner:** Branchenübergreifender Leistungsführer in Bezug auf eine bestimmte Funktion **Objekt:** Prozesse, die auch in Unternehmungen anderer Branchen ausgeführt werden (z. B. Logistik)	**V:** Einfache Informationsbeschaffung; es können innovative Lösungen gefunden werden, da es eine größere Zahl potentieller Vergleichspartner gibt und die betrachtete Funktion eine Kernkompetenz des Vergleichspartners ist; ermöglicht das Schaffen von Wettbewerbsvorteilen; höhere Akzeptanz der Lösungen **N:** Schwierigkeiten bei der Übertragung der gefundenen Lösungen
Generisches Bench-marking	**Vergleichspartner:** Branchenübergreifender Leistungsführer in Bezug auf einen funktionsübergreifenden Prozess **Objekt:** Funktionsübergreifende Prozesse (z. B. Anpassung an kurzfristige Nachfrageschwankungen)	**V:** Einfache Informationsbeschaffung; es können innovative Lösungen gefunden werden; ermöglicht das Schaffen von Wettbewerbsvorteilen; höhere Akzeptanz der Lösungen **N:** Schwierigkeiten bei der Übertragung der gefundenen Lösungen

V = Vorteile; N = Nachteile

Abb. 3.1: Arten des Benchmarking nach dem Vergleichspartner

Das Merkmal „Kontinuität" besagt, dass das Benchmarking keine einmalig durchgeführte Analyse ist, sondern ein **kontinuierlicher Prozess** im Sinne einer regelmäßigen Wiederholung des Vergleichsprozesses. Das ist notwendig, da durch Produkt- und Verfahrensinnovationen die gefundenen und implementierten Lösungen zum Standard werden oder neue Leistungsführer auftreten. Es ist deshalb regelmäßig zu überprüfen, ob aufgrund externer Veränderungen neue Ineffizienzen entstanden sind (vgl. Spendolini (1992), S. 11) und ein neues Rationalisierungsvorhaben initiiert werden muss. Der **Prozess des Benchmarking** als wettbewerbsorientierter Ansatz zur Planung von Vorgaben für Rationalisierungsvorhaben umfasst vier Phasen, die Vorbereitung, die Datenbeschaffung, die Analyse sowie die Auswertung (vgl. z. B. Fromm (1994), S. 123; Watson (2007), S. 7), und mündet in einen Rationalisierungsprozess. Jede dieser Phasen wird in mehreren Teilschritten durchgeführt. Einen Überblick über den Ablauf des Benchmarking-Prozesses zeigt Abb. 3.2.

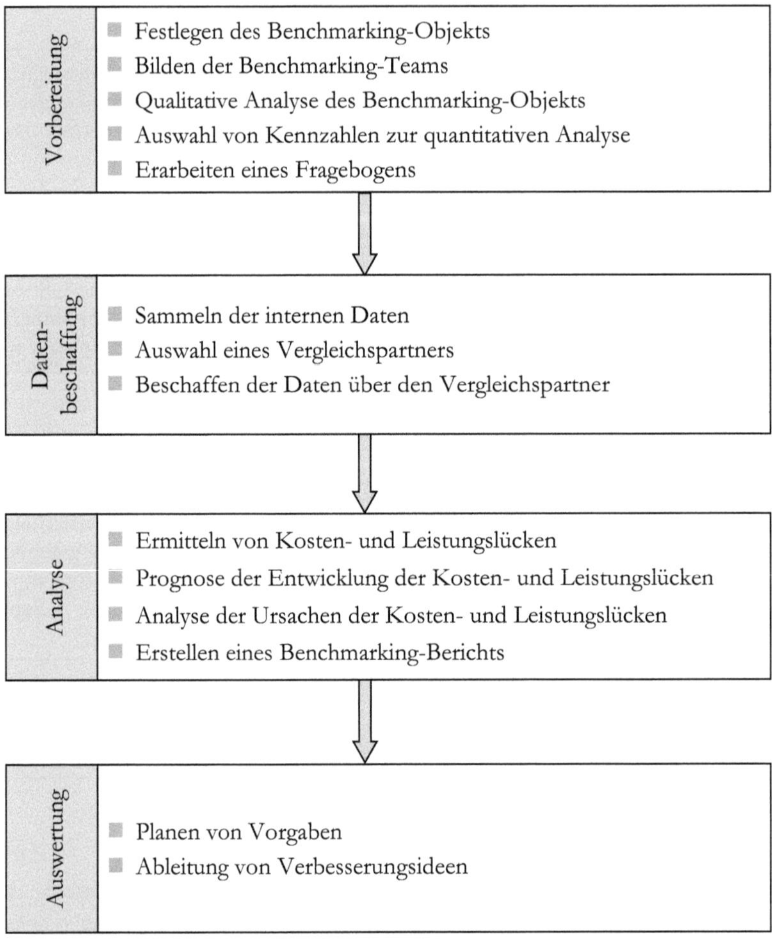

Abb. 3.2: Phasen im Benchmarking-Prozess

[1] Vorbereitung

Der Benchmarking-Prozess beginnt mit der Auswahl des **Benchmarking-Objekts.** Aus der Gesamtheit der durch die Stärken-/Schwächen-Analyse der strategischen Kostenanalyse identifizierten Verbesserungspotentiale (vgl. Töpfer (1997), S. 202 f.) werden Objekte ausgewählt, die erfolgskritisch oder sogar existenzbedrohend sind oder als Erfolgspotential für die zukünftige Unternehmungsentwicklung gelten (vgl. Lamla (1995), S. 94). Zu einem Benchmarking-Objekt wird ein Objekt jedoch nur dann, wenn die verantwortliche Führungskraft für die Mitwirkung an der Analyse gewonnen werden kann (vgl. Watson (2007), S. 75). Mit dem Benchmarking-Objekt wird die Problemstellung der Analyse festgelegt. Es sollte deshalb präzise definiert und dokumentiert werden, um einer uferlose Datensammlung von vornherein zu begegnen (vgl. Pryor (1989), S. 31; Weber/Wertz (1999), S. 20 f.).Das **Benchmarking-Team** wird aus drei bis zehn in der Regel jedoch aus sechs Mitgliedern gebildet. Nach der Zusammensetzung werden drei Arten von Benchmarking-Teams unterschieden (vgl. Spendolini (1993), S. 53 f.):

- bestehende Arbeitsgruppen,
- funktionale Teams und
- multifunktionale Teams.

Eine **bestehende Arbeitsgruppe** setzt sich aus dem Leiter und Mitarbeitern des Untersuchungsbereichs zusammen. Sie bearbeiten Probleme aus ihrem eigenen Verantwortungsbereich. Bestehende Arbeitsgruppen eignen sich für die Sicherung und kontinuierliche Verbesserung der Kosten und Leistungen des Bereichs nach der Umsetzung der erarbeiteten Rationalisierungsmaßnahmen (vgl. Tucker/Zivian/Camp (1987), S. 18), d. h. für die Verstetigungsphase des Rationalisierungsprozesses. Gehören die Mitglieder dem gleichen Funktionsbereich an unterschiedlichen Standorten oder in verschiedenen Divisionen der Unternehmung an, liegt ein **funktionales Team** vor. Um ein breites Spektrum an Qualifikationen zu erreichen, wird ein **multifunktional** zusammengesetztes Team gefordert. In dieses werden auch Mitarbeiter der betroffenen Bereiche einbezogen, um die Akzeptanz der erarbeiteten Ergebnisse und der sich anschließenden Rationalisierungsvorhaben zu fördern. Ergänzt werden die Teams durch Mentoren, das sind Mitarbeiter, die über Erfahrungen mit dem Benchmarking verfügen. Benötigt werden die Erfahrungen der Mentoren, um zu einem realisierbaren Zeitplan zu gelangen und eine hinreichend gründliche Ausführung aller Teilschritte sicherzustellen (vgl. Spendolini (1993), S. 57). Hat die Unternehmung noch keine Erfahrungen mit dieser Methode gesammelt, kann das Benchmarking-Team um externe Berater erweitert werden. Die Mitglieder des Benchmarking-Teams sind durch Schulungen auf ihre Aufgaben vorzubereiten (vgl. Karlöf/Östblom (1993), S. 75 ff.). Vermittelt werden sollen Verhaltensregeln für den Umgang mit den Vergleichspartnern, Kenntnisse in der Anwendung einzusetzender Methoden sowie ein Überblick über potentielle Quellen für Informationen über potentielle und tatsächliche Vergleichspartner (vgl. Weber Wertz (1999), S. 23).

In einem nächsten Schritt wird das Benchmarking-Objekt qualitativ analysiert. Diese **qualitative Analyse** erstreckt sich über den Mitteleinsatz, den Prozessablauf, den Output einschließlich der im Prozess gewonnenen Daten sowie den Bedarf der internen oder externen Kunden (vgl. Lamla (1995), S. 101 f.). Bereits durch diese Analyse können erste Ideen für Verbesserungsmaßnahmen identifiziert werden (vgl. Watson (2007), S. 17).

Beim Benchmarking handelt es sich um einen Leistungsvergleich, durch den die für die Unternehmungsziele relevanten Kosten- und Leistungsunterschiede und ihre Ursachen quantifiziert werden sollen. Zur Messung der Kosten- und Leistungsunterschiede und der auf sie wirkenden Einflussfaktoren werden zwei Arten von **Kennzahlen** benötigt:

- die Leistungsindikatoren und
- die Treiberindikatoren.

Leistungsindikatoren sind Kennzahlen zur Erfassung von quantitativen, qualitativen und zeitlichen Merkmalen der Ausbringung und des Mitteleinsatzes, die für die Steigerung der Wirtschaftlichkeit von hervorgehobener Bedeutung sind. Kennzahlen zur Abbildung der Faktoren mit ausgeprägten Einfluss auf diese Merkmale sind **Treiberindikatoren** (in Anlehnung an Homburg/Werner/Englisch (1997), S. 54). Die ausgewählten Leistungs- und Treiberindikatoren sind hinreichend präzise zu definieren. Für jede Kennzahl ist ein Datenblatt zu erstellen, in dem Zweck, Beschreibung, Berechnungsvorschrift, zu erfassende Daten und Messpunkte dokumentiert werden (vgl. Weber/Wertz (1999), S. 26). Die Kennzahlen sollten in dieser Phase noch nicht endgültig festgelegt werden, sondern während des Benchmarking-Prozesses kritisch hinterfragt und gegebenenfalls angepasst werden (vgl. Horváth/Gleich/Seiter (2015), S. 205).

> **Beispiel 3.1:** Kennzahlen beim Benchmarking
>
> Für das Benchmarking der Beschaffung sind als Leistungsindikatoren u. a. ausgewählt worden: die Anzahl der Einkaufspositionen pro Einkäufer als Merkmal des Mitteleinsatzes sowie der Quotient aus der Anzahl verspäteter Lieferungen und der Zahl der Lieferungen insgesamt und der durchschnittliche Zeitraum zwischen Bedarfsmeldung und Lieferung als Merkmale der Ausbringung. Als Einflussgrößen auf diese Merkmale des Mitteleinsatzes und der Ausbringung sind die Lieferantenstruktur, der Lieferanteneinsatz, die Mitarbeiterstruktur sowie der Mitarbeitereinsatz in der Beschaffung erkannt worden. Ein Treiberindikator für die Einflussgröße Lieferantenstruktur ist z. B. der Quotient aus der Anzahl der Lieferanten, auf die zusammen ein bestimmter Anteil am wertmäßigen Beschaffungsvolumen entfällt, und der Gesamtzahl der Lieferanten (vgl. Homburg/Werner/Englisch (1997), S. 54; ähnlich bei Schäfer/Seibt (1998), S. 368).

Als Grundlage für die Datenbeschaffung in der nächsten Phase des Benchmarking-Prozesses wird ein **Fragebogen** (Checkliste) erstellt. In diesem wird festgehalten, welche Daten zur Bestimmung der Ausprägungen aller Leistungs- und Treiberindikatoren zu erheben sind.

[2] Datenbeschaffung

In dieser Phase werden auf der Grundlage des Fragebogens die Daten zur Berechnung der Leistungs- und Treiberindikatoren erhoben. Da der Grundgedanke des Benchmarking in einem Vergleich besteht, werden diese Daten sowohl für die eigene Unternehmung als auch für die des Vergleichspartners erhoben. Anhand des Fragebogens werden im ersten Schritt zunächst die **Daten in der Unternehmung** erfasst. Diese Vorgehensweise hat den Vorteil, dass der Fragebogen vor der externen Datenerhebung getestet werden kann.

Für die **externe Datenerhebung** stehen mehrere Möglichkeiten zur Verfügung, die sich in der Zusammenarbeit mit dem Vergleichspartner unterscheiden. Nach der Art der externen Datenerhebung werden die in Abb. 3.3 genannten Formen des Benchmarking unterschieden.

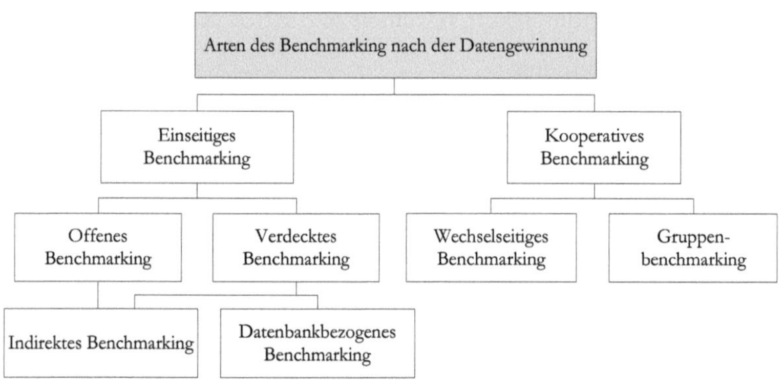

Abb. 3.3: Arten des Benchmarking nach der Datengewinnung

Beim **einseitigen Benchmarking** erhebt eine Unternehmung beim Vergleichspartner Daten, ohne selbst Daten anzubieten. Es kann offen oder verdeckt durchgeführt werden. Tritt die Unternehmung selbst an den Vergleichspartner heran, liegt ein **offenes Benchmarking** vor (vgl. Töpfer (1997), S. 202). Werden die Daten ohne Kontaktaufnahme mit dem Vergleichspartner über Verbände oder Benchmarking-Agenturen gewonnen, wird von einem **verdeckten Benchmarking** gesprochen. Eine verdeckte Form ist das **datenbankbezogene Benchmarking**. Ein Datenbank-Betreiber erfasst die Daten über Unternehmungen und verkauft sie an andere Unternehmungen. Betreiber solcher Datenbanken sind das International Benchmarking Clearinghouse (Housten, USA), der Strategic Planning Council on Benchmarking (Cambridge, USA), The Best Practice Club (Bedford, GB) und das Informationszentrum Benchmarking (IBZ) in Berlin (vgl. Serfling/Schultze (1997), S. 201). In der Regel ist der Unternehmung, die diese Daten erwirbt, die Datenquelle nicht bekannt. Der Vorteil dieser Methode besteht darin, dass auf sehr einfachem Weg eine Vielzahl von Daten gewonnen werden kann. Als Nachteil ist zu erwähnen, dass es sich häufig um aggregierte Daten handelt. Wird die Datensammlung einem Berater übertragen, handelt es sich um das **indirekte Benchmarking**. Es kommt vor allem beim wettbewerbsorientierten Benchmarking zur Anwendung. Wird es als verdecktes Benchmarking ausgestaltet, werden die Datenquellen nicht offengelegt. Im Unterschied zum datenbankorientierten Benchmarking werden die Daten gezielt für eine einzelne Unternehmung erfasst (in Anlehnung an Atkinson/Kaplan/Matsumura/Young (2012), S. 302 f.).

Beim **kooperativen Benchmarking** handelt es sich um einen freiwilligen Informationsaustausch zwischen Vergleichspartnern auf der Grundlage einer gemeinsamen Vereinbarung. Das **wechselseitige Benchmarking** zeichnet sich dadurch aus, dass die Unternehmung das Benchmarking selbstständig durchführt, die Kooperation sich also nur auf den Austausch von Daten bezieht. Führen zwei oder mehrere Unternehmungen gemeinsam eine Benchmarking-Analyse durch, um durch den gegenseitigen Erfahrungsaustausch zu Verbesserungen zu gelangen, liegt ein **Gruppenbenchmarking** vor. Bei dieser Form des kooperativen Benchmarking erstreckt sich die Zusammenarbeit der Unternehmungen auf den gesamten Prozess des Benchmarking (vgl. Watson (2007), S. 12, 23). Die Vergleichspartner arbeiten direkt zusammen. Die Aktivitäten und die Terminologie werden untereinander abgestimmt, und es finden gegenseitige Betriebsbesichtigungen statt.

Das **offene und das kooperative** Benchmarking sind sehr aufwendig, ermöglichen jedoch den besten Einblick in die Unternehmung des Vergleichspartners, da die Daten bedarfsgerecht erfasst werden (vgl. Atkinson/Kaplan/Matsumura/Young (2012), S. 302 f.). Im Rahmen von Betriebsbesichtigungen können nicht nur Daten für die Berechnung der Leistungs- und der Treiberindikatoren gewonnen werden. Es ist vielmehr auch möglich, Arbeitsinhalte, Prozesse und Methoden zu erkennen und zu dokumentieren.

Zur **Auswahl des Vergleichspartners** im nächsten Schritt wird zunächst darüber entschieden, ob ein unternehmungsinternes, ein wettbewerbsorientiertes oder ein funktionales/generisches Benchmarking durchgeführt werden soll. Bevor systematisch nach geeigneten Vergleichspartnern gesucht wird, sollten die Anzahl der Vergleichspartner, ihre Größe und Marktposition festgelegt werden. Hinweise auf Leistungsführer sind die Verleihung von Qualitäts- oder Industriepreisen, positive Presseberichte und hervorragende finanzielle Ergebnisse (vgl. Fromm (1994), S. 125). Damit die Akzeptanz der Analyseergebnisse und des sich anschließenden Rationalisierungsvorhabens nicht durch den „AGABU-Effekt“

(Alles Ganz Anders Bei Uns) zu gefährden (vgl. Kreuz (2002), S. 94 f.), ist bei der Auswahl des Vergleichspartners sicherzustellen, dass die Unternehmungen vergleichbar und die Erkenntnisse übertragbar sind (vgl. Weber/ Wertz (1999), S. 23 f.).

Weiterhin sollten in diesem Schritt Vorstellungen über **vertrauensbildende Maßnahmen** entwickelt werden (vgl. Atkinson/Kaplan/Matsumura/Young (2012), S. 301 f.), wie z. B. die Verpflichtung der Vergleichspartner auf einen Verhaltenskodex (vgl. Küting/Lorson (1996), S. 136). Ein solcher Verhaltenskodex ist der Benchmarking Code of Conduct, der vom International Benchmarking Clearinghouse, einem Service des American Productivity & Quality Center, herausgegeben worden ist. Er umfasst zum einen acht Prinzipien, die in Abb. 3.4 genannt sind. Jedes dieser acht Prinzipien wird durch zwei bis fünf Normen präzisiert. Darüber hinaus enthält der Code of Conduct Verhaltensregeln für Besuche beim Vergleichspartner sowie für das Benchmarking mit Wettbewerbern (vgl. APQC (o.J.)).

Prinzipien	Erläuterungen
Prinzip der Rechtmäßigkeit	Verzicht auf Handlungen, die nicht rechtmäßig sind oder Vertraulichkeitspflichten verletzen
Austauschprinzip	Gegenseitigkeit des Datenaustausches
Vertrauensprinzip	Vertrauensvoller Umgang mit den erhaltenen Daten
Nutzungsprinzip	Nutzung der erhaltenen Daten ausschließlich für die dem Vergleichspartner mitgeteilten Zwecke
Kontaktprinzip	Einhaltung aller Vereinbarungen bei Kontakten mit dem Vergleichspartner
Vorbereitungsprinzip	Sicherung einer effizienten Zusammenarbeit durch sorgfältige Vorbereitung aller Gespräche und Besichtigungen
Vollendungsprinzip	Pünktliche und vollständige Fertigstellung der dem Vergleichspartner zugesagten Leistungen
Prinzip des Handelns und Verstehens	Verhalten im Sinne des Vergleichspartners

Abb. 3.4: Prinzipien des Benchmarking Code of Conduct

Zur Vorbereitung auf die **Erfassung der Daten beim Vergleichspartner** werden zunächst alle Daten aus frei zugänglichen Quellen (z. B. Ausschreibungen zu verschiedenen Auszeichnungen, Informationsdienste, Geschäftsberichte, Produktinformationen, öffentliche Datenbanken) zusammengetragen. Daran schließt sich die Datenerfassung durch sorgfältig geplante Besuche beim Vergleichspartner an.

[3] Analyse

In dieser dritten Phase wird das Benchmarking-Objekt der Unternehmung dem beim Vergleichspartner gegenübergestellt, um die Kosten- und Leistungslücken und ihre Ursachen festzustellen. Zunächst werden die für die eigene Unternehmung und den Vergleichspartner ermittelten Leistungsindikatoren gegenübergestellt, um die **Kosten- und Leistungslücken zu identifizieren**. Um das Ausmaß der notwendigen Verbesserungen in der Unternehmung quantifizieren zu können, genügt es nicht, nur die aktuelle Kosten- und Leistungslücke zu ermitteln. Unter Berücksichtigung der erwarteten Kundenanforderungen sowie des technologischen Fortschritts ist die **Entwicklung** bei den Leistungsindikatoren für die eigene Unternehmung und den Vergleichspartner und damit die Entwicklung der Kosten- und Leistungslücke **zu prognostizieren** (vgl. Lasch/Trost (1997), S. 695).

Zur **Analyse der Ursachen der Kosten- und Leistungslücken** werden zum einen die Treiberindikatoren verglichen und zum anderen Einflussfaktoren identifiziert, die das Vergleichsergebnis verfälschen könnten. Diese Faktoren können in unterschiedlichen Brancheninhalten, Fertigungstiefen, Marktbedingungen, Kostensituationen oder in länderspezifischen Unterschieden begründet sein (vgl. Karlöf/Östblom (1993), S. 165 ff.). Weiterhin verlangt die Ursachenanalyse nach der Auswertung aller Daten zu den Arbeitsinhalten, Methoden und Prozessen, die im Rahmen von Betriebsbesichtigungen dokumentiert worden sind.

Beispiel 3.2: Ursachen der Kosten- und Leistungslücken

Die Lagerauslieferung eines Großhändlers für HiFi- und Fernsehgeräte wird mit der eines Versandgroßhändlers für Bekleidung verglichen. Die Zeit zwischen dem Abruf und der Auslieferung ist bei dem Versandgroßhändler für Bekleidung sehr viel kürzer als bei dem Großhändler für HiFi- und Fernsehgeräte. Als Faktoren, die den Vergleich verfälschen, können die Größe der Produkte und die Sorgfalt genannt werden, mit der die Produkte zu behandeln sind. So kann ein Lagerförderwagen beim Versandgroßhändler für Bekleidung mit sehr viel mehr Bestellungen beladen werden. Zudem sind die Belade- und Entladezeiten aufgrund der notwendigen Sorgfalt bei den Elektrogeräten länger als bei Bekleidung (vgl. Karlöf/Östblom (1993), S. 166 f.).

Um bei den Beteiligten und Betroffenen Akzeptanz für die Rationalisierungsvorhaben zu schaffen, die auf der Grundlage der gewonnenen Erkenntnisse initiiert werden, werden die Ergebnisse der Analyse in der Unternehmung kommuniziert. Zu diesem Zweck wird ein **Benchmarking-Bericht** erstellt (vgl. Karlöf/Östblom (1993), S. 172 f.). In diesem Bericht sollten die Auswirkungen der Rationalisierung auf andere Bereiche der Unternehmung erläutert und der Handlungsbedarf aufgezeigt werden, damit es nicht zu Insellösungen kommt, die durch Schwachstellen in anderen Bereichen nicht zielwirksam sind (vgl. Riegler (2002), Sp. 131).

[4] Auswertung

In dieser Phase werden auf der Grundlage der festgestellten Kosten- und Leistungslücken sowie den identifizierten Ursachen dieser Lücken Rationalisierungsvorhaben abgegrenzt und Vorgaben für diese Vorhaben geplant. Diese werden anschließend einer Realisierbarkeitsprüfung unterzogen. Schließlich werden Verbesserungsideen zur Schließung der Kosten- und Leistungslücken hergeleitet. Grundlage dieses Schritts sind die Kenntnisse über die Arbeitsinhalte, Prozesse und Methoden bei den Vergleichspartnern, die während der Analysephase gewonnen worden sind, sowie die Erkenntnisse der qualitativen Analyse zu Beginn des Prozesses.

3.1.3 Durchführung von Rationalisierungsvorhaben

3.1.3.1 Strategien der Rationalisierung

Rationalisierungsvorhaben werden durch Initiativen zum Abbau von Ineffizienzen ausgelöst. Voraussetzungen einer Initiative für ein Rationalisierungsvorhaben sind das Wahrnehmen von Rationalisierungspotentialen sowie die Veränderungsbereitschaft und eine positive Einschätzung der Veränderungsfähigkeit betroffener Führungskräfte und Mitarbeiter (vgl. Gebert (2002), S. 88; Hauschildt/Salomo (2011), S. 195 ff.). Um zu gewährleisten, dass die für die Erreichung der strategischen Wirtschaftlichkeitsziele erforderlichen Rationalisierungsvorhaben initiiert werden, können Rationalisierungsstrategien geplant und umgesetzt werden. **Rationalisierungsstrategien** legen die grundsätzlichen langfristigen Vorgehensweisen bei der Rationalisierung fest. Abb. 3.5 gibt einen Überblick über Rationalisierungsstrategien.

<table>
<tr><th>Abgrenzungskriterium</th><th colspan="6">Rationalisierungsstrategien</th></tr>
<tr><td>Identifizieren von Rationalisierungspotentialen</td><td colspan="3">Passiv-reaktive Rationalisierungsstrategie</td><td colspan="3">Aktiv-antizipative Rationalisierungsstrategie</td></tr>
<tr><td>Initiatoren der Rationalisierung</td><td colspan="2">Top-down-Strategie</td><td colspan="2">Bottom-up-Strategie</td><td colspan="2">Gegenstromstrategie</td></tr>
<tr><td>Umfang der Rationalisierungsvorhaben</td><td colspan="2">Umbruchstrategie</td><td colspan="2">Evolutionsstrategie</td><td colspan="2">Antizipative Kontinuitätsstrategie</td></tr>
<tr><td>Partizipation der Betroffenen</td><td colspan="2">Strategie des Bombenabwurfs</td><td colspan="2">Partizipationsstrategie</td><td colspan="2">Strategie der geführten Partizipation</td></tr>
</table>

Abb. 3.5: Rationalisierungsstrategien

[1] Strategien nach dem Identifizieren von Rationalisierungspotentialen

Nach der Vorgehensweise bei der Suche nach Rationalisierungspotentialen werden die passiv-reaktive und die aktiv-antizipative Strategie der Rationalisierung unterschieden (vgl. Marr/Hofmann (1992), Sp. 2146). Über den Handlungsdruck, der bei der Identifikation der Rationalisierungspotentiale besteht, wirken diese Strategien sehr unterschiedlich auf den Widerstand der Führungskräfte und Mitarbeiter gegen die Rationalisierung.

Bei der **passiv-reaktive Strategie** wird ein Rationalisierungsvorhaben ausgelöst, wenn Abweichungen von den Zielen erwartet werden oder bereits eingetreten sind. Es wird damit erst spät auf Veränderungen reagiert, so dass u. U. bereits Kostennachteile gegenüber den Wettbewerbern oder (existenzgefährdende) Verluste entstanden sind. Der damit verbundene Handlungsdruck schafft Akzeptanz für das Rationalisierungsvorhaben. Die durch Anpassungsmaßnahmen verursachten Kosten werden umso eher durch die künftigen Kostensenkungen kompensiert, je länger die verbleibende Geltungsdauer der ursprünglichen Entscheidung über betriebliche Rahmenbedingungen ist. Aus diesem Grund werden beispielsweise gegen Ende des Marktzyklus eines Produkts keine Maßnahmen ergriffen, um Rationalisierungspotentiale im Entwurf oder im Produktionsprozess zu heben (vgl. Cooper/Slagmulder (2006), S. 120). Das mit Anpassungsmaßnahmen erschließbare Rationalisierungspotential nimmt mit dem Ablauf der Geltungsdauer der ursprünglichen Entscheidungen ab (vgl. Reiß (1989), S. 91). Entscheidungen sollten deshalb frühzeitig an Veränderungen angepasst werden. Das verlangt nach einer aktiv-antizipativen Rationalisierung.

Die **aktiv-antizipative Rationalisierung** ist durch die kontinuierliche oder zumindest regelmäßige Suche nach erwarteten oder tatsächlich vorhandenen Rationalisierungspotentialen gekennzeichnet. Bei der kontinuierlichen Suche nach Rationalisierungspotentialen wird nach Veränderungen unternehmungsinterner oder -externer Bedingungen gesucht, die Einfluss auf die Ziele oder das Entscheidungsfeld von Entscheidungen über die Rahmenbedingungen haben. Von den identifizierten Rationalisierungspotentialen geht noch keine unmittelbare Gefahr für die Zielerreichung aus. Die Notwendigkeit der Rationalisierung und der damit verbundenen Folgen für die Arbeitssituation der Beteiligen und Betroffenen ist deshalb nur schwer vermittelbar. Die Schaffung von Akzeptanz für das jeweilige Rationalisierungsvorhaben kann deshalb Probleme bereiten (vgl. Krüger (2006c), S. 133).

[2] Strategien nach den Initiatoren des Rationalisierungsvorhabens

Strategien, die nach diesem Merkmal abgegrenzt werden, geben Antwort auf die Frage, ob die Initiative für ein Rationalisierungsvorhaben von der Instanz oder von den ihr unterstellten Mitarbeitern ausgeht. Sie wirken zum einen auf die Bereitschaft der Mitarbeiter zur Rationalisierung und zum anderen auf den Umfang des diagnostizierten Rationalisierungspotentials. Die generischen Rationalisierungsstrategien nach den Initiatoren des Rationalisierungsvorhabens sind

- die Bottom-up-Strategie und
- die Top-down-Strategie der Rationalisierung.

Bei der **Bottom-up-Strategie** der Rationalisierung ist die Problemerkennung, d. h. die Identifikation eines Rationalisierungspotentials, eine Aufgabe der Mitarbeiter. Aufgaben der Instanz sind die Auswahl der zu realisierenden Initiativen und ihre Abstimmung hinsichtlich der angestrebten Wirtschaftlichkeitsziele. Eine Bottom-up-Strategie ist an eine Reihe von Voraussetzungen gebunden (vgl. Bach (2000), S. 251). Diese Voraussetzungen sind:

- das Schaffen von Akzeptanz für die Eigeninitiative bei den Mitarbeitern,
- die Gestaltung eines Anreizsystems für die Initiierung und die Durchführung von Rationalisierungsvorhaben,
- der Aufbau eines transparenten Verfahrens zur objektiven Bewertung von Initiativen durch die Instanz,
- die Unterstützung einer kreativitätsfördernden interdisziplinären Kommunikation zwischen den Mitarbeitern und
- das Schaffen zeitlicher und finanzieller Freiräume für die Mitarbeiter.

Bei der Bottom-up-Strategie besteht die Gefahr, dass die Rationalisierungsvorhaben nicht mit der Unternehmungs- und Geschäftsfeldstrategie abgestimmt sind, der Schwerpunkt auf der punktuellen Rationalisierung liegt und keine fundamentalen Veränderungen der Rahmenbedingungen mit einer deutlichen Zunahme der Wirtschaftlichkeit vorgenommen werden.

Bei der **Top-down-Strategie** der Rationalisierung geht die Initiative für die Rationalisierung von der Instanz aus. Die Problemerkennung ist bei dieser Rationalisierungsstrategie eine Aufgabe der Instanz. Als zweckmäßig erweist sich diese Strategie in Unternehmungskrisen und bei der Implementierung von Unternehmungs- und Geschäftsfeldstrategien. Es kann bei dieser Vorgehensweise selten das gesamte Rationalisierungspotential erschlossen werden, da bei der Problemerkennung das Wissen der Mitarbeiter nicht genutzt wird (vgl. Kieser/Hegele (1998), S. 231). Da die Initiative von der Instanz ausgeht, müssen die Beteiligten und Betroffenen von der Notwendigkeit der Rationalisierung überzeugt werden, um die erforderliche Akzeptanz zu schaffen. Der sozialen Effektivität kommt bei diesen Rationalisierungsvorhaben deshalb ein stärkeres Gewicht zu als bei der Bottom-up-Strategie, bei der die Notwendigkeit des Rationalisierungsvorhabens von den Beteiligten oder Betroffenen selbst erkannt wird (vgl. Bach (2000), S. 252 f.).

Um die Vorteile der Top-down- und der Bottom-up-Strategie zu nutzen und ihre Nachteile zu vermeiden, können die beiden Vorgehensweisen zu einer **Gegenstromstrategie** kombiniert werden. Beim Anstoß des Prozesses zur Entwicklung einer Initiative von oben ist die Problemerkennung für Rationalisierungsvorhaben Aufgabe der Instanz. Die Mitarbeiter werden anschließend aufgefordert, das durch die Instanz identifizierte Rationalisierungspotential auf der Grundlage einer eigenständigen Problemerkennung zu erweitern oder zu modifizieren. Die Instanz wählt die zu realisierenden Rationalisierungspotentiale aus und initialisiert das Rationalisierungsvorhaben. Bei dieser Vorgehensweise handelt es sich um eine Gegenstromstrategie mit Anstoß von oben.

[3] Strategien nach dem Umfang der Rationalisierungsvorhaben

Rationalisierungsvorhaben können einen Veränderungsbedarf erzeugen, der die Bereitschaft und Fähigkeit von Führungskräften und Mitarbeitern zur Veränderung übersteigt. Der Gefahr, dass sich daraus Widerstand gegen das Rationalisierungsvorhaben entwickelt, kann begegnet werden, indem der Umfang von Rationalisierungsvorhaben an die Veränderungsfähigkeit und -bereitschaft angepasst wird. Nach dem Umfang von Rationalisierungsvorhaben werden zwei **generische Rationalisierungsstrategien** unterschieden (vgl. Krüger (1999), S. 868 ff.; Kajüter (2000), S. 128 ff.):

- die Umbruch- und
- die Evolutionsstrategie der Rationalisierung.

Die **Umbruchstrategie** der Rationalisierung zeichnet sich durch die synoptische und eher passiv-reaktive Vorgehensweise bei der Planung und Umsetzung von Rationalisierungsmaßnahmen aus. Sie sieht vor, dass in unregelmäßigen, größeren Zeitabständen Vorhaben zur Systemrationalisierung mit dem Ziel durchgeführt werden, kurzfristig deutliche Steigerungen der Wirtschaftlichkeit zu erreichen. Der Vorteil der Umbruchstrategie ist die Schnelligkeit, mit der deutliche Effizienzsteigerungen erreicht werden können. Die synoptische Vorgehensweise bei der Planung der Rationalisierungsmaßnahmen erlaubt zudem die Erarbeitung abgestimmter Gesamtlösungen. Diesen Vorteilen steht der Nachteil der begrenzten Planbarkeit großer Veränderungen und der damit einhergehenden Umsetzungsprobleme gegenüber. Da in der Zeit zwischen den Rationalisierungsvorhaben nicht systematisch nach Verbesserungen gesucht wird, muss von einer Verringerung der erreichten Effizienz bis zum nächsten Rationalisierungsvorhaben ausgegangen werden (vgl. Imai (1994), S. 50). Zudem erzeugen größere Veränderungen personenbedingte Barrieren, da sie die Veränderungsfähigkeit der Beteiligten und Betroffenen übersteigen (vgl. Krüger (2004), Sp. 1610).

Der Grundgedanke der **Evolutionsstrategie** der Rationalisierung besteht darin, die Rationalisierungsmaßnahmen inkremental zu planen. Bei diesem Planungsansatz werden permanent, in kurzen, regelmäßigen Zeitabständen punktuelle Rationalisierungsvorhaben durchgeführt. Im Mittelpunkt stehen dabei kleinere Anpassungen der Rahmenbedingungen, die in der Summe jedoch zu beachtlichen Effizienzsteigerungen führen können. Positiv zu bewerten ist die Beherrschbarkeit und die höhere Akzeptanz kleinerer Veränderungen. Das Problem der Evolutionsstrategie ist, dass auch eine Vielzahl punktueller Anpassungen nicht für fundamentale Veränderungen mit deutlichen Verbesserungen der Wirtschaftlichkeit ausreicht (vgl. Krüger (2004), Sp. 1610).

Eine Kombination aus Umbruch- und der Evaluationsstrategie ist die **antizipative Kontinuitätsstrategie**. Sie sieht vor, dass regelmäßig in vorgegebenen Zeitabständen bereichsübergreifend nach Rationalisierungspotentialen gesucht wird, die der Systemrationalisierung bedürfen. In der Zeit zwischen den Vorhaben zur Systemrationalisierung wird bereichsintern kontinuierlich nach Rationalisierungspotentialen gesucht, für die unmittelbar punktuelle Rationalisierungsmaßnahmen erarbeitet werden. Durch die regelmäßige bereichsübergreifende Suche nach Rationalisierungspotentialen kann ein Anpassungsbedarf frühzeitig erkannt werden, d. h. bevor der Erfolg sinkt. Ein Aufstauen des Anpassungsbedarfs kann ebenso vermieden werden wie Zeitdruck bei der Durchführung der Rationalisierungsvorhaben. Darüber hinaus wird in der Zeit zwischen den Vorhaben zur Systemrationalisierung die Effizienz durch punktuelle Rationalisierungsvorhaben gesichert.

[4] Strategien nach der Partizipation der Betroffenen

Widerstand gegen Rationalisierungsvorhaben kann durch die Beteiligung der betroffenen Führungskräfte und Mitarbeiter an Rationalisierungsentscheidungen vermindert oder zumindest kanalisiert werden (vgl. Schanz (1992), Sp. 1911). Nach der Art und dem Umfang der Beteiligung werden folgende Rationalisierungsstrategien abgegrenzt:

- die Strategie des Bombenabwurfs,
- die Partizipationsstrategie sowie
- die Strategie der geführten Partizipation.

Bei der **Strategie des Bombenabwurfs** wird ein Grobkonzept für die Rationalisierungsmaßnahmen durch ein kleines Team unter weitgehender Geheimhaltung und Ausschluss der Betroffenen geplant. Zusammengesetzt ist das Team aus Mitgliedern einer übergeordneten Leitungsebene. Hinzu kommen häufig auch externe Berater. Das Grobkonzept wird schlagartig und relativ unwiderruflich in Kraft gesetzt. Anschließend werden die Details unter Einbeziehung der Betroffenen geplant und realisiert, wobei das Grobkonzept der geplanten Rationalisierungsmaßnahmen unveränderlich festliegt (in Anlehnung an Kirsch/Esser/Gabele (1979), S. 180). Die Betroffenen wirken damit zwar bei der Umsetzung, nicht jedoch bei der Planung der Rationalisierungsmaßnahmen mit. In diesem Verzicht auf Partizipation werden zwei Vorteile gesehen: Zum einen kommt es während der Planung zu keinen Entscheidungsverzögerungen, was sich positiv auf die Dauer und die Kosten des Rationalisierungsvorhabens auswirkt. Zum anderen kann der Gefahr begegnet werden, dass die ökonomischen Effektivitätsziele des Rationalisierungsvorhabens verwässert werden. In der Bombenabwurfstrategie wird ein Ansatz für ein schnelles, abgestimmtes Handeln für eine dringend notwendige Steigerung der Wirtschaftlichkeit gesehen (vgl. Bach (2006), S. 186). Diesen Vorteilen steht als Nachteil die geringe Akzeptanz des Rationalisierungsvorhabens und seiner Ergebnisse gegenüber. Erfolgreich ist diese Strategie nur dann, wenn es durch eine möglichst umfassende antizipatorische Interessenberücksichtigung gelingt, den Widerstand der Beteiligten unter dem für die Umsetzung kritischen Niveau zu halten (vgl. Marr (1987), S. 342 f.). Das Wissen der Betroffenen kann weder bei der Problemerkennung noch bei der Erarbeitung von Lösungsideen genutzt werden. Diesem Nachteil kann durch eine partizipationsergänzte Generalplanung entgegengewirkt werden. Bei dieser arbeiten an der Planung des Grobkonzepts Schlüsselpersonen aus den betroffenen Bereichen mit (vgl. Bach (2000), S. 245 ff.).

Die **Partizipationsstrategie** sieht vor, dass die Rationalisierungsmaßnahmen von den Betroffenen geplant und umgesetzt werden. Die Entscheidung über diese Maßnahmen trifft die Instanz (vgl. Kirsch/Esser/Gabele (1979), S. 183 ff.). Das Rationalisierungsvorhaben kann durch eine Initiative der Instanz oder der Betroffenen ausgelöst werden (vgl. Bach (2000), S. 251). Die Vorteile dieser Strategie sind die umfassende Problemanalyse durch die Nutzung des Wissens der Betroffenen sowie die Akzeptanz der Rationalisierungsmaßnahmen durch die Betroffenen (vgl. Marr/Kötting (1992), Sp. 835). Die Umsetzung der Maßnahmen ist deshalb mit weniger Problemen verbunden als bei einer Bombenabwurfstrategie (vgl. Bach (2006), S. 198). Durch die Partizipation der Betroffenen können Konflikte entstehen, wenn das Management und die Betroffenen konkurrierende Ziele verfolgen oder die verschiedenen Akteure die Auswirkungen alternativer Rationalisierungsmaßnahmen unterschiedlich wahrnehmen (in Anlehnung an Glasl (2004), Sp. 629 f.). Auch bei Partizipation der Betroffenen können deshalb Widerstände nicht immer vermieden werden. Diese haben insbesondere dann einen negativen Einfluss auf den Erfolg des Rationalisierungsvorhabens, wenn die Betroffenen selbst die Ideen für Rationalisierungsmaßnahmen generieren sollen.

Bei der **Strategie der geführten Partizipation** werden die Rationalisierungsmaßnahmen von den Betroffenen geplant und umgesetzt. Die Instanz trifft die Entscheidungen, führt parallel zur Planung der Rationalisierungsmaßnahmen Planinhaltskontrollen durch und greift gegebenenfalls korrigierend in den Planungsprozess ein (vgl. Marr/Kötting (1992), Sp. 835 f.; Kieser/Walgenbach (2010), S. 369 f.). Dadurch können Verzögerungen im Rationalisierungsprozess ebenso vermieden werden, wie eine zu starke Verwässerung der Rationalisierungsziele. Zudem werden Konflikte zwischen Management und Betroffenen frühzeitig sichtbar.

3.1.3.2 Ablauf von Rationalisierungsvorhaben

Umfangreiche Rationalisierungsvorhaben stellen einen Unternehmungswandel dar. Die in der Literatur zum Change Management dargestellten Prozesse des Unternehmungswandels gehen überwiegend auf das **Drei-Phasen-Modell von Lewin** zurück (z. B. Kotter (1997), S. 37 ff.), das folgende Phasen abgrenzt (vgl. Lewin (1947), S. 34 f.):

- Auftauen (Unfreeze)
  In dieser Phase soll die Bereitschaft der Beteiligten und Betroffenen für den Unternehmungswandel geschaffen werden. Hierzu ist auf die personenbedingten Barrieren gegen das Rationalisierungsvorhaben Einfluss zu nehmen.
- Bewegen (Move)
  Aufgaben dieser Phase sind die Analyse des identifizierten Rationalisierungspotentials sowie die Planung, Durchsetzung und Realisation von Rationalisierungsmaßnahmen.

- Einfrieren (Freeze)

  Zweck dieser Phase ist die Verankerung der Veränderungen, um einem Rückfall in alte Verfahrensweisen vorzubeugen.

Die Instrumente zur Unterstützung von Rationalisierungsvorhaben, wie z. B. die Gemeinkostenwertanalyse und das Benchmarking, sehen eine Vielzahl von Einzelschritten vor, die zu drei Grundschritten zusammengefasst werden können: Vorbereitung, Analyse und Realisation. Zusammengenommen bilden diese drei Grundschritte die zweite Phase im Drei-Phasen-Modell nach Lewin, d. h. das Bewegen. Wird das Drei-Phasen-Modell des Unternehmungswandels zugrunde gelegt, ergeben sich für den **Rationalisierungsprozess** die folgenden Phasen (in Anlehnung an Krüger (2006b), S. 66 ff.): Initialisieren, Konzipieren, Umsetzen, Verstetigen sowie Aktivieren. Einen Überblick über diesen Ablauf eines Rationalisierungsprozesses zeigt Abb. 3.6.

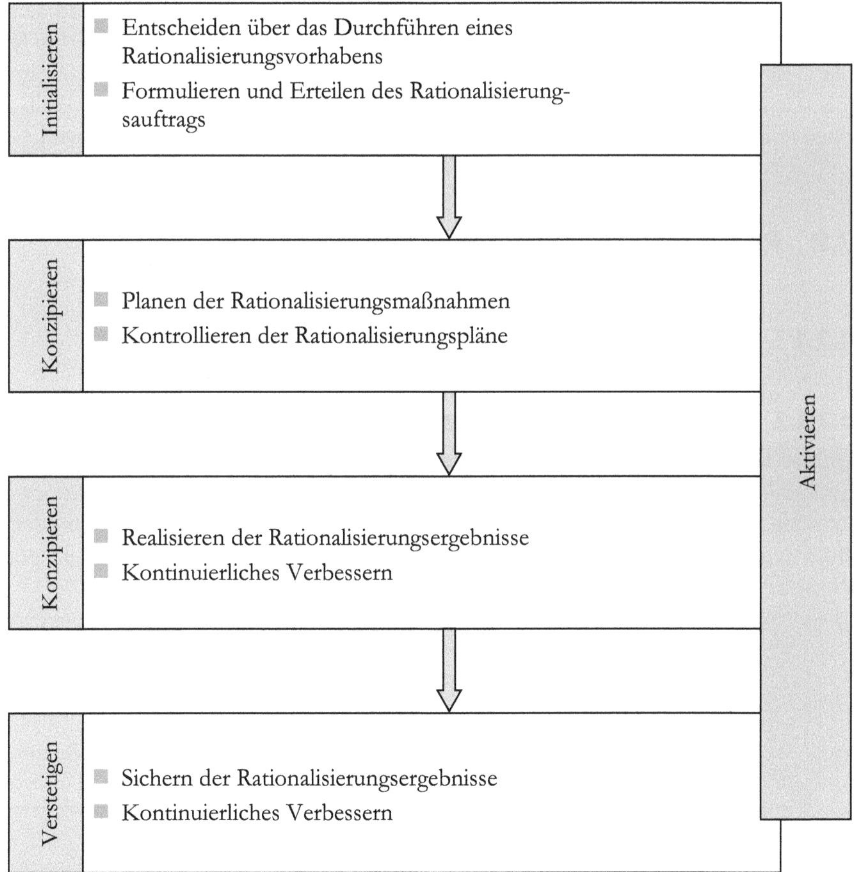

Abb. 3.6: Phasen im Rationalisierungsprozess

Aufgabe des **Initialisierens** ist es, den Rationalisierungsbedarf festzustellen. Es ist darüber zu entscheiden, ob ein diagnostiziertes Rationalisierungspotential realisiert, d. h. ein Rationalisierungsvorhaben ausgelöst werden soll. Ergebnis dieser Phase des Rationalisierungsprozesses ist der Rationalisierungsauftrag. Das **Konzipieren** umfasst die Planung der Rationalisierungsmaßnahmen. Gegenstand der **Umsetzung** ist die Realisation, Kontrolle und Anpassung der geplanten Rationalisierungsmaßnahmen. Bereits während der Umsetzung beginnt das **Verstetigen**, das bis zur Initialisierung des nächsten Rationalisierungsvorhabens andauert. In dieser Phase des Rationalisierungsprozesses werden zunächst die erzielten Rationalisierungsergebnisse gesichert. Damit umfasst das Verstetigen auch das „Einfrieren" im Drei-Phasen-Modell nach Lewin. Zum anderen ist ein Prozess der kontinuierlichen Verbesserung in Gang zu setzen und zu halten, der darauf zielt, die erreichte Wirtschaftlichkeit weiter zu steigern. Das Verstetigen bildet die Schnittstelle zwischen der Rationalisierung und der kontinuierlichen Verbesserung. Parallel zu diesen Phasen verläuft die Phase des **Aktivierens.** Diese Phase zielt auf das Schaffen von Akzeptanz für das Rationalisierungsvorhaben bei den Beteiligten und Betroffenen (in Anlehnung an Krüger (2000), S. 56 ff., 85; Bach (2000), S. 226). Sie entspricht dem „Auftauen" im Drei-Phasen-Modell nach Lewin.

Jede Phase des Rationalisierungsprozesses umfasst eine Vielzahl von Teilaufgaben, die wieder einen Prozess bilden. Das Initialisieren, Aktivieren, Konzipieren, Umsetzen und Verstetigen bilden eine **logische Folge von Teilprozessen**, die nicht streng linear aufeinanderfolgen. Die Teilprozesse können sich überlappen und im Verlauf des Rationalisierungsprozesses mehrfach ausgeführt werden. Es handelt sich bei dieser Phasengliederung deshalb nur um einen grundsätzlichen Ablauf, der von Unterzyklen und Rückläufen überlagert wird.

3.2 Phasen im Rationalisierungsprozess

3.2.1 Initialisieren eines Rationalisierungsvorhabens

3.2.1.1 Prozess des Initialisierens

Anlass für das Initialisieren eines Rationalisierungsvorhabens ist die Diagnose eines Rationalisierungspotentials. Diagnostiziert werden kann es im Rahmen eines Benchmarking, einer kontinuierlichen Suche oder durch Analysen bei drohenden oder bereits eingetretenen Zielabweichungen (vgl. Pfeiffer (1993), Sp. 3645). Abb. 3.7 zeigt die Phasen im Prozess des Initialisierens.

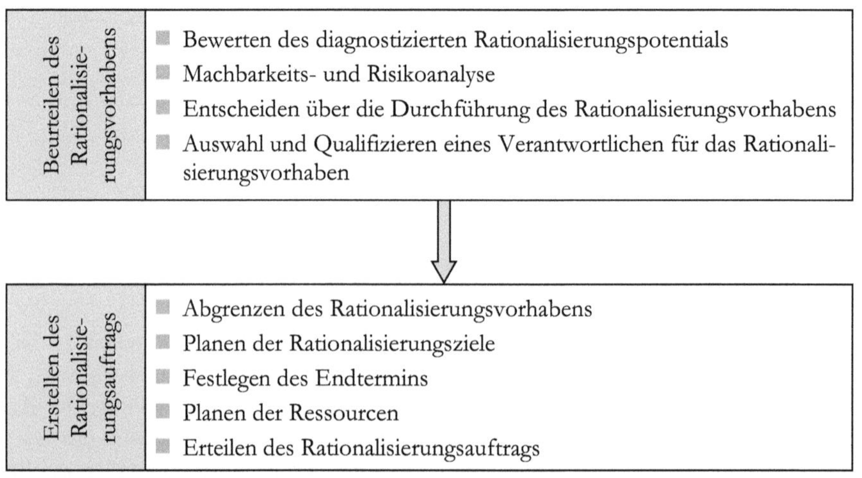

Abb. 3.7: Phasen des Initialisierungsprozesses

[1] Beurteilen des Rationalisierungsvorhabens

Zweck der **Bewertung** des diagnostizierten Rationalisierungspotentials ist die Feststellung, ob die Wirkung der erzielbaren Verbesserung der Wirtschaftlichkeit auf die Unternehmungsziele die Belastungen rechtfertigen, welche ein Rationalisierungsvorhaben verursachen würde. Voraussetzung für die Bewertung ist die Prognose

- der erzielbare Verbesserung der Wirtschaftlichkeit und
- der Zielwirkungen der Verbesserung der Wirtschaftlichkeit während der Geltungsdauer der Rationalisierungsentscheidung sowie
- der einmaligen Rationalisierungskosten.

Gegenstand der **Machbarkeits- und Risikoanalyse** sind die Erfolgsfaktoren sowie die Ursachen der Risiken des Rationalisierungsvorhaben (vgl. Marr/Steiner (2004), Sp. 1199 f.). Ursachen der Risiken sind vor allem eine eingeschränkte Abbaubarkeit der Kosten sowie system- und personenbedingte Barrieren. Erfolgsfaktoren können als Möglichkeiten der Unternehmung verstanden werden, Risiken zu verhindern oder zumindest zu vermindern.Nach der Bewertung des Rationalisierungspotentials und der Machbarkeits- und Risikoanalyse ist eine **Entscheidung** darüber zu treffen, ob das Rationalisierungsvorhaben durchgeführt werden soll. Ist die Entscheidung getroffen, wird ein Verantwortlicher ausgewählt und qualifiziert.

[2] Erstellen des Rationalisierungsauftrags

Zur **Abgrenzung des Rationalisierungsvorhabens** wird in einem ersten Schritt das Untersuchungsobjekt bestimmt. Das Untersuchungsobjekt ist ein Ausschnitt aus den betrieblichen Rahmenbedingungen, der bestimmte Produkte, Programme, Potentiale, Prozesse oder Marktbeziehungen betreffen kann, oder ein spezifisch abgegrenzter Unternehmungsbereich mit seinen Rahmenbedingungen.

Das Initialisieren endet mit den Entscheidungen über den **Endtermin** und die finanziellen, sachlichen und personellen **Ressourcen**, die zur Durchführung des Rationalisierungsvorhabens bereitgestellt werden. Der Endtermin ist der Zeitpunkt, bis zu dem der Rationalisierungsauftrag erfüllt sein soll. Sind diese Entscheidungen getroffen, wird der Rationalisierungsauftrag erteilt.

3.2.1.2 Promotoren als Erfolgsfaktor der Rationalisierung

Der Abbau von Barrieren gegen ein Rationalisierungsvorhaben erfordert Führungskräfte oder Mitarbeiter, die als Promotoren agieren. Das Vorhandensein von Promotoren wird als wichtiger **Erfolgsfaktor** von Rationalisierungsvorhaben gesehen (vgl. Krüger (2006c), S. 129).

Promotoren eines Rationalisierungsvorhabens sind Beteiligte, die den Rationalisierungsprozess aktiv und intensiv fördern (vgl. Witte (1998), S. 15).

Zur Überwindung von Barrieren werden drei **Typen von Promotoren** benötigt (vgl. Hauschildt/Chakrabarti (1998), S. 78):

- Machtpromotoren,
- Fachpromotoren und
- Prozesspromotoren.

Der **Machtpromotor** ist in der Lage, die Opposition ranghoher Betroffener oder Beteiligter zu neutralisieren. Er verfügt über die hierzu erforderliche Macht. Der Machtpromotor muss keine Führungskraft sein, die ihre Macht aus ihrer Position innerhalb der Unternehmungshierarchie bezieht, wenn er über eine andere Machtbasis verfügt (z. B. Experten-, Überzeugungs-, Identifikationsmacht). Der Machtpromotor beeinflusst die Willensbarrieren der Beteiligten und Betroffenen, indem er günstige Rahmenbedingungen für das Rationalisierungsvorhabens schafft.

Der **Fachpromotor** bringt das erforderliche Fachwissen und die benötigte Kreativität in den Rationalisierungsprozess ein. Vom Fachpromotor gehen fachliche Impulse aus und er generiert innovative Ideen, die er anschließend weiterverfolgt und zu Durchführungsplänen ausarbeitet. Der Beitrag des Fachpromotors besteht in der Einflussnahme auf die Wissensbarrieren der Beteiligten.

Der **Prozesspromotor** verfügt über das für das Rationalisierungsvorhaben erforderliche Organisations- und Kommunikationsvermögen. Er hat das Wissen darüber, welche Bereiche an der Umsetzung der geplanten Maßnahmen mitwirken müssen, welche Personen die erforderlichen Kompetenzen haben und er verfügt über die nötigen personellen Netzwerke. Er stellt die Verbindung zwischen Fach- und Machtpromotor her. Zudem ist er in der Lage, die geplanten Maßnahmen den an der Umsetzung Beteiligten zu vermitteln und sie von der Notwendigkeit und der Wirksamkeit dieser Maßnahmen zu überzeugen. Der Prozesspromotor treibt die Umsetzung der geplanten Maßnahmen voran, indem er für die Einhaltung eines straffen Zeitplans sorgt und die Verbindungen zu den Bereichen herstellt, die zur Realisation der Maßnahmen beitragen müssen. Als Prozesspromotor kann ein Mitglied des mittleren oder höheren Managements geeignet sein. Der Beitrag des Prozesspromotors kann als Einflussnahme auf die systembedingten Barrieren beschrieben werden.

Die Existenz von zwei oder drei Promotoren reicht für die Überwindung von Barrieren nicht aus. Die Promotoren müssen eng zusammenarbeiten und sich gegenseitig abstimmen. Sie müssen in einem Arbeitszusammenhang stehen, der nicht organisatorisch begründet sein muss, sondern auch aus der Überzeugung resultieren kann, dass die Aufgabe nur gemeinsam bewältigt werden kann (vgl. Hauschildt/Salomo (2006), S. 169 f.). Je nach der Art des Rationalisierungsvorhabens eignet sich eine **Zwei-Personen-Konstellation**, in der ein Macht- und ein Fachpromotor gemeinsam im Gespann tätig sind, oder eine **Drei-Personen-Konstellation**, d. h. die Troika aus Macht-, Fach- und Prozesspromotor (vgl. Hauschildt/Kirchmann (1998), S. 93; Abb. 3.8). Die Drei-Personen-Konstellation ist bei innovativen Projekten vorteilhaft (vgl. Lechler (1997), S. 243; (1998), S. 208).

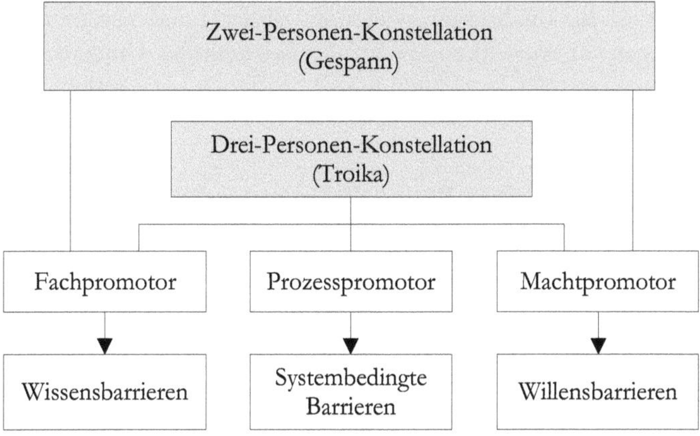

Abb. 3.8: Wirkungen und Konstellationen von Promotoren

Ohne Machtpromotor ist das Rationalisierungsvorhaben mit erheblichen **Risiken** behaftet und sollte nicht durchgeführt werden (vgl. Davenport (1993), S. 179 ff.). Ebenso sollte verfahren werden, wenn keine Mitarbeiter gefunden werden können, die fähig und willens sind, die Rolle des Fachpromotors zu übernehmen (vgl. Lechler (1998), S. 209).

3.2.2 Aktivieren der Beteiligten und Betroffenen

3.2.2.1 Kennzeichnung des Aktivierens

Zweck des Aktivierens ist das Schaffen von Akzeptanz für das Rationalisierungsvorhaben. Diese Phase des Rationalisierungsprozesses beginnt bereits während des Initialisierens und erstreckt sich bis zum Verstetigen der geplanten und umgesetzten Rationalisierungsmaßnahmen.

Das **Aktivieren** umfasst die Gesamtheit der Aktivitäten zur Schaffung von Akzeptanz für das Rationalisierungsvorhaben bei den Betroffenen und Beteiligten.

Wege der **Akzeptanzförderung** sind vor allem die Partizipation betroffener Führungskräfte und Mitarbeiter und die Kommunikation mit diesem Personenkreis (vgl. Wiendieck (1996), Sp. 97). Darüber hinaus kann Barrieren und Widerständen auch durch frühe Rationalisierungserfolge und die Anpassung des Rationalisierungsvorhabens an die Veränderungsbereitschaft und -fähigkeit der Betroffenen begegnet werden.

Widerständen der Beteiligten kann durch **frühe Rationalisierungserfolge** wirksam begegnet werden (vgl. Kotter (1997), S. 168 ff.). Beim Generieren von Rationalisierungsideen sollte deshalb gezielt nach Quick Hits gesucht werden (vgl. Steiger (2013), S. 283). Diese sollten sofort, d. h. noch während des Konzipierens umgesetzt und die erzielten Ergebnisse kommuniziert werden.

Quick Hits sind Rationalisierungsideen, die einfach und kurzfristig umsetzbar sind, keine negativen Auswirkungen auf die Leistung des Untersuchungsobjekts haben, den Interessen der Beteiligten und Betroffenen entsprechen sowie unmittelbar zielwirksam sind (vgl. Anklesaria (2008), S. 149 f.).

Parameter zur **Anpassung eines Rationalisierungsvorhabens** an die Veränderungsbereitschaft und -fähigkeit der betroffenen Führungskräfte und Mitarbeiter sind seine zeitliche Lage und die Zeitdauer (vgl. Krüger (2004), Sp. 1609 f.). Mit der zeitlichen Lage der Rationalisierungsvorhaben wird der Zeitraum zwischen der Durchführung von Rationalisierungsvorhaben bestimmt. Beginnen Rationalisierungsvorhaben noch bevor die letzten Änderungen vorhergehender Rationalisierungsvorhaben bewältigt sind, können aus personenbedingten Barrieren Widerstände entstehen (vgl. Krüger (2006c), S. 134). Mit der **Zeitdauer** wird der Zeitraum für die Durchführung des Rationalisierungsvorhabens festgelegt. Sie erstreckt sich von der Initiierung bis zur Realisation der Rationalisierungsziele. Je kürzer die vorgegebene Zeitdauer, desto kürzer ist auch der Zeitraum, der für die Anpassung der Betroffenen zur Verfügung steht. Zeitvorgaben für ein Rationalisierungsvorhaben, die von den Betroffenen als zu kurz wahrgenommen werden, wirken sich ungünstig auf die Akzeptanz aus.

3.2.2.2 Partizipation der Betroffenen

Nach der sozialpsychologischen Reaktanztheorie sieht der Betroffene seine Handlungsfreiheit bedroht, wenn Maßnahmen durch eine Instanz detailliert geplant und anschließend vorgegeben werden. Auf die Bedrohung ihrer Handlungsfreiheit reagieren die Betroffenen mit **Reaktanz** (vgl. Kirsch/Esser/Gabele (1979), S. 179). Durch die Einbeziehung von Vorschlägen der Betroffenen und ihre Zustimmung kann Widerstand gegen erarbeitete Lösungen vorgebeugt werden (vgl. Vroom/Jago (1991), S. 25). Partizipation ist deshalb grundsätzlich geeignet, Widerstand der Betroffenen gegen Veränderungen zu vermindern oder sogar zu verhindern (vgl. Wiendieck (1992), Sp. 29).

Unter **Partizipation** wird generell die Teilnahme oder Beteiligung betroffener Mitarbeiter an den Entscheidungen einer Instanz verstanden (vgl. Brose/Corsten (1983), S. 26). Bei der Teilnahme an Entscheidungen verfügen die Mitarbeiter über Mitwirkungsrechte, d. h. Anhörungs-, Vorschlags- oder Beratungsrechte. Bei der Beteiligung haben die Mitarbeiter darüber hinaus Mitentscheidungsrechte (vgl. Wagner (2004), Sp. 1115 f.).

Bei der **Rationalisierung** kann die Partizipation auf die Erarbeitung von Rationalisierungsmaßnahmen beim Konzipieren und die Durchführungsplanung in der Phase des Umsetzens begrenzt sein. Sie kann aber auch bereits während des Initialisierens einsetzen, d. h. bei der Entscheidung über die Durchführung des Rationalisierungsvorhabens und der Formulierung des Rationalisierungsauftrags. Von den Entscheidungen im Rationalisierungsprozess betroffen sind die Mitarbeiter, deren Arbeitssituation von der Rationalisierung verändert wird. Von den Entscheidungen über den Projektauftrag können auch die am Rationalisierungsvorhaben beteiligten Mitarbeiter betroffen sein und deshalb in die Entscheidungsfindung einbezogen werden. Arbeitet jeder einzelne der betroffenen Mitarbeiter an der Entscheidung mit, liegt direkte Partizipation vor.

Werden die Mitwirkungs- bzw. Mitbestimmungsrechte der betroffenen Mitarbeiter im Entscheidungsprozess von einem Interessenvertreter ausgeübt, ist eine repräsentative Partizipation gegeben.

Ziel der Gestaltung von Art und Umfang der Partizipation sollte sein, personenbedingte Barrieren in konstruktiven Widerstand umzuwandeln, indem den Betroffenen die Möglichkeit eröffnet wird, auf ihre künftige Arbeitssituation Einfluss zu nehmen. Nach dem **Partizipationsgrad**, d. h. dem Ausmaß des Einflusses der Betroffenen auf die Entscheidung der Instanz, werden unterschieden (vgl. Hill/Fehlbaum/Ulrich (1994), S. 243 ff., 259):

- Entscheidungsdiskussion
  Die Instanz trifft eine vorläufige Entscheidung und legt sie den Betroffenen unter Angabe der verfolgten Ziele, der Prämissen, der berücksichtigten Alternativen und der Alternativenbewertung vor. Die Betroffenen werden durch die Instanz motiviert, Bedenken und Einwände vorzubringen sowie neue Alternativen vorzuschlagen. Nach Auswertung der Gruppendiskussion trifft die Instanz die Entscheidung.
- Meinungsbildung in der Gruppe
  Den Betroffenen wird von der Instanz die Problemstellung präsentiert. Sie haben anschließend ihre Ziele zu artikulieren und Lösungsalternativen zu erarbeiten. Die Betroffenen werden damit von Beginn an in den Entscheidungsprozess einbezogen. Die Entscheidung wird durch die Instanz getroffen.
- Willensbildung durch die Gruppe
  Die Instanz gibt die Rahmenbedingungen für die zu treffende Entscheidung vor. Die Betroffenen erarbeiten unter Berücksichtigung dieser Rahmenbedingungen eine Problemlösung und entscheiden im Rahmen eines demokratischen Willensbildungsprozesses. Die Instanz verfügt über ein Vetorecht für den Fall, dass die Entscheidung der Betroffenen die vorgegebenen Rahmenbedingungen verletzt.

Als Gründe für den positiven **Einfluss der Partizipation auf die Akzeptanz** von Rationalisierungsmaßnahmen können genannt werden:

- Widersprüchliche Vorstellungen der Betroffenen, der beteiligten Experten und des Managements können frühzeitig erkannt und aufgelöst werden.
- Das Management und die Experten gewinnen einen Eindruck von der Veränderungsbereitschaft und -fähigkeit der Betroffenen (vgl. Schanz (2000), S. 278).
- Den Betroffenen können die Notwendigkeit und die Ziele der Rationalisierung sowie die Hintergründe von Entscheidungen über Rationalisierungsmaßnahmen deutlicher vermittelt werden.
- Das Wissen der Betroffenen kann besser ausgewertet und integriert werden. Dadurch kann nicht realisierbaren Lösungen und Umsetzungsproblemen entgegengewirkt werden, die sich vor allem auf die Akzeptanz nachfolgender Rationalisierungsvorhaben ungünstig auswirken können.

Der positive Einfluss der Partizipation auf die Akzeptanz von Veränderungen durch die Betroffenen ist durch viele Studien belegt worden (vgl. Gebert (1993), S. 484). Partizipation fördert aber nicht nur die Akzeptanz von Veränderungen, sondern kann auch zur Verbesserung der **Entscheidungsqualität** beitragen. Dafür sind folgende Gründe maßgebend (vgl. Vroom/Jago (1991), S. 112): (1) Durch die Einbeziehung der Betroffenen verbreitert sich das Wissensspektrum und der Informationsstand im Entscheidungsprozess. (2) Durch das Zusammenwirken von Instanz und Betroffenen werden mehrere verschiedenartige Lösungsperspektiven in den Entscheidungsprozess eingebracht. Das erlaubt eine gründlichere Untersuchung des Problems und vermeidet Lösungen, die durch die „Tunnelperspektive“ des Spezialisten geprägt sind. (3) Partizipation schafft die Voraussetzungen, um über Assoziation zu besseren Lösungen zu gelangen.

3.2.2.3 Kommunikation zur Akzeptanzförderung

Zweck der Kommunikation ist es, die Beteiligten und Betroffenen in die Lage zu versetzen, die Notwendigkeit des Rationalisierungsvorhabens zu erkennen und realistische Erwartungen zu den rationalisierungsbedingten Veränderungen ihrer Arbeitssituation zu bilden. Sofern Entscheidungen im Rationalisierungsprozess nicht partizipativ getroffen werden, ist ein weiterer Zweck der Kommunikation die Vermittlung der Inhalte der Entscheidungen und der mit ihnen verbundenen Erwartungen, um Missverständnissen entgegenzuwirken (vgl. Laux/Liermann (2005), S. 156 f.). Die Förderung der Akzeptanz für das Rationalisierungsvorhaben verlangt, dass in jeder Phase des Rationalisierungsprozesses der Informationsbedarf der Beteiligten und Betroffenen gedeckt wird (vgl. Koch (2004), S. 138).

Die Maßnahmen zur Übermittlung von Informationen an die Beteiligten und Betroffenen des Rationalisierungsvorhabens werden in einem **Kommunikationsplan** festgelegt. Jede Maßnahme wird durch folgende Merkmale beschrieben (vgl. Koch (2004), S. 153):

- Kommunikationsziel und Kommunikationsinhalt,
- Informationssender,
- Informationsempfänger,
- Informationsmittler,
- Kommunikationskanal und Kommunikationsmittel,
- Zeitpunkt der Durchführung sowie
- Hilfsmittel der Kommunikation, z. B. Handouts, Präsentationsfolien.

Beim **Kommunikationsinhalt** handelt es sich um die Informationen, die übermittelt werden sollen. Im Kommunikationsplan werden die Kernbotschaften festgehalten, die in den verschiedenen Phasen des Rationalisierungsprozesses übermittelt werden sollen (vgl. Brehm (2006), S. 294 ff.; Koch (2004), S. 245). Abb. 3.9 gibt einen Überblick über diese Kernbotschaften. Den Willensbarrieren wird mit dem Erzeugen von Handlungsdruck begegnet (vgl. Janz/Krüger (2000), S. 142). Um diesen Handlungsdruck aufzubauen, werden die Konsequenzen aufgezeigt, die ein Verzicht oder das zeitliche Verschieben des Rationalisierungsvorhabens hätte. Hierzu können Informationen über die Erfolgsentwicklung, Kundenanforderungen, Nachteile gegenüber Wettbewerbern oder Hintergründe aktueller Vorkommnisse (z. B. Verlust eines wichtigen Auftrags) übermittelt werden. Darüber hinaus müssen die Beteiligten davon überzeugt werden, dass die aufgezeigten Probleme bei Erreichen der Rationalisierungsziele nachhaltig gelöst werden können. Damit die Glaubwürdigkeit der Kommunikation erhalten bleibt, sollte auch über die Konsequenzen der Rationalisierung berichtet werden, die für die Mitarbeiter nachteilig sind (vgl. Davenport (1993), S. 191). Auch dürfen Probleme und Schwierigkeiten im Rationalisierungsprozess nicht verschwiegen werden. Sie sollten unter Aufzeigen von Lösungswegen bewusst kommuniziert werden (vgl. Koch (2004), S. 279).

Kommunikationsziele	Kommunikationsinhalte
Konzipieren: Vermitteln der Bedeutung der Rationalisierungsmaßnahmen	▪ Rationalisierungsmaßnahmen und Begründung ihrer Eignung ▪ Chancen und Risiken der Rationalisierungsmaßnahmen ▪ Konsequenzen der Rationalisierungsmaßnahmen ▪ Terminplan für die Umsetzung der Rationalisierungsmaßnahmen ▪ Kurzfristige Erfolge (Quick Hits)
Umsetzen: Sichern der Projektdurchführung	▪ Mitarbeiterbezogene Konsequenzen ▪ Maßnahmen zum Ausgleich nachteiliger Konsequenzen der Rationalisierungsmaßnahmen ▪ Fortschritte bei der Durchführung des Rationalisierungsvorhabens ▪ Erzielte Erfolge
Stabilisieren: Stabilisieren der erreichten Ergebnisse	▪ Bestätigen erzielter Erfolge ▪ Hervorheben der Vorteile veränderter Vorgehensweisen ▪ Erfolgsbeispiele

Abb. 3.9: Kommunikationsinhalte im Rationalisierungsprozess

Um die Betroffenen überzeugen zu können, dass ein Rationalisierungsvorhaben notwendig ist und zielwirksam, fair und objektiv durchgeführt wird, muss der **Informationssender** authentisch sein. Bestimmt wird die Authentizität des Senders von seiner Glaubwürdigkeit, seiner Autorität und seiner Attraktivität (Bekanntheit und Sympathie; vgl. Mohr/Woehe/Diebold (1998), S. 85 f.). Vor allem in der Anfangsphase, in der Vertrauen in das Rationalisierungsvorhaben aufgebaut werden muss, sollte die Unternehmungsleitung als Informationssender auftreten (vgl. Davenport (1993), S. 192). Über weitreichende Entscheidungen in nachfolgenden Phasen sollte ebenfalls die Unternehmungsleitung informieren. Informationen über den Fortschritt des Rationalisierungsvorhabens können vom Verantwortlichen übermittelt werden. Über die konkreten Konsequenzen der Rationalisierung für einzelne Bereiche, Abteilungen oder Mitarbeiter sollte das mittlere Management oder der direkte Vorgesetzte informieren (vgl. Koch (2004), S. 184).

Für die Akzeptanzsicherung reicht eine pauschale und einheitliche Kommunikation nicht aus, da Mitarbeiter jeweils einen spezifischen Informationsbedarf haben und sich auch in ihrem Informationsaufnahme- und -verarbeitungsvermögen unterscheiden. Für eine effektive und gleichzeitig effiziente Kommunikation sollte die Gruppe der Beteiligten und Betroffenen deshalb in kleinere Gruppen mit einem möglichst homogenen Informationsbedarf sowie einem ähnlichen Informationsaufnahme- und -verarbeitungsvermögen aufgeteilt werden. Kriterien für die Abgrenzung dieser Teilgruppen sind z. B. die Zugehörigkeit zu einer Berufsgruppe oder einer Organisationseinheit. Als **Informationsempfänger** werden im Kommunikationsplan diese Teilgruppen genannt und durch Angaben zu ihrem Informationsbedarf und ihrem Informationsaufnahme- und -verarbeitungsvermögen ergänzt. Den verschiedenen Informationsempfängern werden nach ihrer Bedeutung für das Rationalisierungsvorhaben Prioritäten zugeordnet, nach denen der Kommunikationskanal, der Rhythmus und der Detaillierungsgrad der Informationsübermittlung für die verschiedenen Teilgruppen differenziert werden können (vgl. Hammer/Stanton (1995), S. 147 f.).

Zwischen den Sender und den Empfänger einer Information kann ein **Informationsmittler** treten. Diese indirekte Form der Kommunikation tritt z. B. auf, wenn eine untergeordnete Organisationseinheit nur von der unmittelbar übergeordneten Instanz Informationen erhält. Neben den Instanzen zählen auch die Multiplikatoren zu den Informationsmittlern.

Multiplikatoren sind Personen, die über eine Vielzahl von Verbindungen zu anderen Personen verfügen, angesehen sind und als glaubwürdig gelten.

Um Widerstand der Mitarbeiter effektiv begegnen zu können, müssen die Multiplikatoren von der Notwendigkeit des Rationalisierungsvorhabens und der Vorteilhaftigkeit der Rationalisierungsmaßnahmen überzeugt werden. Ihnen sollte deshalb eine überdurchschnittlich hohe Priorität zugeordnet werden. Zu den Multiplikatoren zählen auch die Vertreter der Betroffenen, d. h. der Betriebsrat, der Sprecherausschuss und der Wirtschaftsausschuss, die im Zusammenhang mit der Rationalisierung verschiedene Informationsrechte haben.

Nach der zeitlichen Gestaltung wird

- die Entscheidungskommunikation und
- die Prozesskommunikation

unterschieden. Bei der **Entscheidungskommunikation** wird erst kommuniziert, nachdem alle Entscheidungen getroffen sind, d. h. nach Abschluss des Konzipierens. Der Vorteil dieser Vorgehensweise wird darin gesehen, dass nur sichere Inhalte übermittelt werden. Im Zeitraum bis zur Kommunikation decken die Mitarbeiter ihren Informationsbedarf über informelle Wege (Gerüchte), wodurch die Unsicherheit noch zunimmt. Gleichzeitig lässt die Glaubwürdigkeit der formalen Kommunikation nach, so dass die entstandene Unsicherheit nur noch unter Schwierigkeiten abgebaut werden kann. Der Unsicherheit, die eine zentrale Ursache des Widerstandes ist, kann mit dieser Kommunikationsstrategie nicht wirksam begegnet werden (vgl. Koch (2004), S. 178 f.). Um eine Verunsicherung der Mitarbeiter zu vermeiden, sollte frühzeitig, kontinuierlich und prozessorientiert kommuniziert werden. Die Forderung nach Frühzeitigkeit verlangt, dass mit den Kommunikationsaktivitäten so zeitnah wie möglich und unaufgefordert begonnen wird. Das Informationsangebot sollte danach in einem angemessenen Rhythmus aktualisiert und ausgeweitet werden. Die **Prozesskommunikation** sieht vor, dass bereits während des Konzipierens Zwischenergebnisse offen kommuniziert werden. Liegen keine Zwischenergebnisse vor, wird über die Vorgehensweise sowie den voraussichtlichen Termin für die Kommunikation der geforderten Inhalte berichtet (vgl. Koch (2004), S. 277). Zu Beginn des Rationalisierungsprozesses liegen selten detaillierte Informationen über die Auswirkungen auf die Arbeitnehmer vor. Es ist in dieser Situation darüber zu informieren, bis wann diese Informationen vorliegen, unter welchen Voraussetzungen sie gewonnen und wie sie kommuniziert werden.

Das **Kommunikationsmittel** ist der Informationsträger, mit dessen Hilfe der Kommunikationsinhalt transportiert wird (z. B. mündliche Sprache, schriftliche Sprache, Gestik, Mimik). Der Weg der Informationen zwischen Sender und Empfänger ist der

Kommunikationskanal, wie z. B. Face-to-face-Kontakt, Telefon, E-Mail, Video (vgl. Mast (2004), Sp. 599). Für die Kommunikation können vorhandene Kommunikationskanäle oder speziell für das Rationalisierungsvorhaben entwickelte Kommunikationskanäle genutzt werden. Da letztere ein höheres Maß an Interesse und Aufmerksamkeit auf sich ziehen, leisten sie einen größeren Beitrag zur Erreichung der Kommunikationsziele. Nach der Ausrichtung des Kommunikationskanals werden unterschieden (vgl. Koch (2004), S. 158 ff.):

- die massenorientierte und
- die persönliche Kommunikation.

Bei der **massenorientierten Kommunikation** werden allen Beteiligten und Betroffenen identische Informationen übermittelt. Sie lässt in der Regel keine Rückkopplung zu und eignet sich für die zeitnahe Versorgung der Mitarbeiter mit exakt definierten Inhalten zur Schließung vorhandener Informationslücken. Eingesetzt werden kann sie u. a. für die Übermittlung von Informationen über den Projektfortschritt. Die **persönliche Kommunikation** sieht die direkte Ansprache einer Person oder einer kleinen Gruppe vor. Sie lässt die Übermittlung zielgruppenspezifischer Informationen und Rückkopplungen zu. Sie ist dadurch überzeugender und glaubwürdiger. Sie sollte deshalb trotz der höheren Kosten, die sie verursacht, eingesetzt werden, wenn die Vertrauensbildung im Vordergrund steht, über komplexe Sachverhalte zu informieren oder ein unbestimmter Informationsbedarf zu decken ist. Kommunikationsinhalte mit diesen Merkmalen sind die geplanten Rationalisierungsmaßnahmen und ihre Auswirkungen auf die Betroffenen sowie Einzelheiten über Freisetzungs- oder berufliche Bildungsmaßnahmen. Abb. 3.10 gibt einen Überblick über verschiedene Kommunikationskanäle der massenorientierten und persönlichen Kommunikation.

Spezifität / Ausrichtung	Vorhandene Kommunikationskanäle	Speziell geschaffene Kommunikationskanäle
Massenorientierte Kommunikation	▪ Mitarbeiterzeitschrift ▪ Aushänge am Schwarzen Brett ▪ Intranet ▪ E-Mail-Newsletter	▪ Belegschaftsversammlung ▪ Rundschreiben ▪ Broschüren
Persönliche Kommunikation	▪ Abteilungsbesprechung ▪ Mitarbeitergespräch ▪ Sprechstunden	▪ Kick-off-Veranstaltung ▪ Workshop ▪ Runde Tische ▪ Roadshow ▪ Direktes Anschreiben

Abb. 3.10: Arten von Kommunikationskanälen

Zur Übermittlung der Informationen zur Erzeugung von Handlungsdruck unter den Beteiligten eignen sich **Kick-off-Veranstaltungen.** Sie dienen der Durchsetzung des Rationalisierungsauftrags und werden beim Übergang vom Initialisieren zum Konzipieren und vom Konzipieren zum Umsetzen durchgeführt (vgl. Anklesaria (2008), S. 8). Bedeutung, Umfang und Inhalt dieser Veranstaltungen werden ganz erheblich von der gewählten Rationalisierungsstrategie geprägt. In diesen Veranstaltungen werden die Beteiligten über den Rationalisierungsauftrag, die Notwendigkeit des Rationalisierungsvorhabens, die Rationalisierungsziele, die Termine und Ressourcen, die Meilensteine sowie über die Aufgaben- und Kompetenzverteilung informiert (vgl. Doppler/Lauterburg (2014), S. 386). Um deutlich zu machen, dass die Unterstützung des Rationalisierungsvorhabens durch das Topmanagement sichergestellt ist, sollte auch ein Mitglied der Unternehmungsleitung auftreten. Durchgeführt werden können diese Veranstaltungen in der Form von Workshops oder Klausurtagungen (vgl. Brehm (2002), S. 277, 290).

3.2.3 Konzipieren der Rationalisierungsmaßnahmen

3.2.3.1 Prozess des Konzipierens

Das Konzipieren umfasst die Planung von Rationalisierungsmaßnahmen. Abb. 3.11 zeigt die **Phasen** im Prozess des Konzipierens.

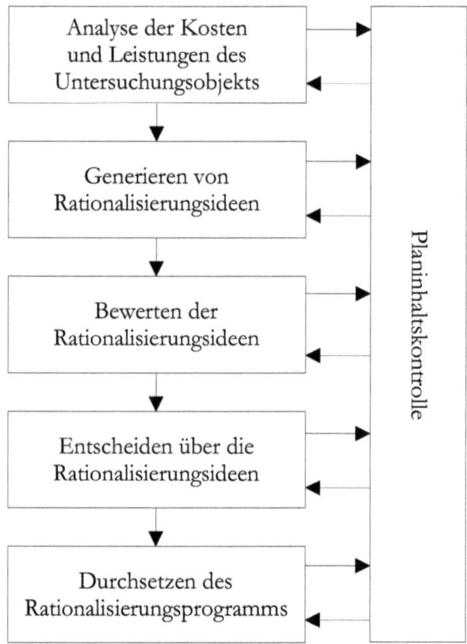

Abb. 3.11: Prozess des Konzipierens

Zweck der **Kosten- und Leistungsanalyse** im Prozess des Konzipierens ist die Identifikation von Ursachen der Ineffizienzen im Untersuchungsobjekt. Als Analysemethoden eignen sich

- die Kosten-Nutzen-Analyse,
- die Zielbeitragsanalyse der erbrachten Leistungen,
- der Vergleich mit einem Leistungsführer sowie
- die Einflussgrößenanalyse.

Die Kosten-Nutzen- und die Zielbeitragsanalyse gelangen bei der Gemeinkostenwertanalyse und dem Zero-Base-Budgeting zum Einsatz. Der Vergleich mit einem

Leistungsführer ist der Grundgedanke des Benchmarking. Die Gemeinkostenwertanalyse und das Zero-Base-Budgeting sowie die zugehörigen Analysemethoden werden in Abschnitt 6.3 erläutert. Die Einflussgrößenanalyse ist ein neuerer Vorschlag für eine Methode zur Analyse von Ineffizienzen und wird in Abschnitt 3.2.3.2 erläutert.

Es sollte eine große Zahl alternativer **Rationalisierungsideen generiert** werden, die sich deutlich unterscheiden und möglichst innovativ sind (vgl. Huber (1987), S. 242). Eine große Zahl von Ideen wird gefordert, da einige der gefundenen Ideen nicht realisierbar und die Zielwirkungen einzelner Ideen zu gering sein können. Es kann auch vorkommen, dass Ideen gefunden werden, deren Zielwirkungen erst nach dem Zeitpunkt eintreten, zu dem die Rationalisierungsziele bereits erreicht sein sollten. Die Ideensuche sollte deshalb nicht bereits dann abgebrochen werden, wenn die geschätzten Kosten- und Leistungswirkungen der gefundenen Ideen den angestrebten Zielwirkungen entsprechen.

Das Generieren innovativer Ideen ist ein kreativer Prozess (vgl. Hauschildt/Salomo (2011), S. 252 ff.), der durch **Kreativitätsbarrieren** behindert werden kann. Das verlangt von den Führungskräften, dass sie die Kreativität der Beteiligten fördern.

Kriterien, die zur **Bewertung der Rationalisierungsideen** herangezogen werden, sind (vgl. Huber (1987), S. 248):

- die erwartete Veränderung der Wirtschaftlichkeit der Leistungserstellung bei Umsetzung der Rationalisierungsidee und die sich daraus ergebenden Erfolgswirkungen,
- der einmalige Aufwand für die Umsetzung der Rationalisierungsidee,
- die Chancen und Risiken sowie
- die Realisationsdauer der Rationalisierungsidee.

Allgemein wird unter Risiko die Gefahr einer negativen, unter Chance die Möglichkeit einer positiven Abweichung von einem erwarteten Wert verstanden (vgl. Gebhardt (2002), Sp. 1714). Für die Bewertung der Rationalisierungsideen hinsichtlich ihrer **Chancen und Risiken** werden mögliche Ursachen für positive und negative Abweichungen von den Rationalisierungszielen und für jede dieser Ursachen das Ausmaß der Abweichung sowie die Eintrittswahrscheinlichkeit ermittelt. Die Beurteilung der Chancen und Risiken verlangt darüber hinaus eine Einschätzung zum Widerstand der Betroffenen bei der Umsetzung der Rationalisierungsideen. Die **Realisationsdauer** ist der Zeitraum zwischen der Durchsetzung der Rationalisierungsidee bis zu dem Zeitpunkt, zu dem die Zielwirkungen eingetreten sind. Rationalisierungsideen mit kurzer Realisationsdauer sind daraufhin zu überprüfen, ob sie sich als Quick Hits eignen. Gegebenenfalls sind aus diesen Rationalisierungsideen Teilaspekte herauszulösen und sofort umzusetzen.

In der letzten Phase des Konzipierens werden Rationalisierungsideen ausgewählt, die realisiert werden sollen. Für jede ausgewählte Rationalisierungsidee wird darüber hinaus über den Zeitpunkt und die Zeitdauer der Realisation entschieden. Ergebnis dieser Phase ist ein **terminiertes Programm** der zu realisierenden Rationalisierungsmaßnahmen.

Die **Planinhaltskontrolle** beginnt unmittelbar nachdem das Rationalisierungsvorhaben initialisiert worden ist mit der Überprüfung der Vollständigkeit, der Eindeutigkeit und der Realisierbarkeit des Rationalisierungsauftrags. Sie wird anschließend parallel zum Konzipieren durchgeführt. Abb. 3.12 gibt einen Überblick über zu kontrollierenden Sachverhalte.

Prozess des Konzipierens	Kontrollobjekte
Kosten- und Leistungsanalyse	Plausibilität der Ergebnisse
Generieren und Bewerten von Rationalisierungsideen	▪ Realisierbarkeit und Zulässigkeit der Rationalisierungsideen ▪ Vollständigkeit (Erreichen der Rationalisierungsziele, Vollständigkeit der Beschreibung jeder Rationalisierungsidee und ihrer Wirkungen) ▪ Realitätsnähe der Wirkungsprognosen und der prognostizierten Realisationsdauern, Plausibilität der Einschätzungen zu den Chancen und Risiken sowie zum Widerstand der Betroffenen
Entscheiden über ein terminiertes Maßnahmenprogramm	▪ Realisierbarkeit innerhalb des vorgegebenen Realisationszeitraums ▪ Konformität mit den Rationalisierungszielen ▪ Wechselwirkungen zwischen den Rationalisierungsmaßnahmen im Maßnahmenprogramm

Abb. 3.12: Planinhaltskontrolle beim Konzipieren

Ergebnis der Entscheidung über die Rationalisierungsideen ist ein terminiertes und mit Prioritäten versehenes Maßnahmenprogramm. Umfangreiche Maßnahmenprogramme werden in mehrere Teilprogramme gegliedert. Weiterhin werden den Maßnahmenprogrammen die finanziellen, personellen und sachlichen Ressourcen zugeordnet. Abschließend werden **Umsetzungsaufträge** erteilt (vgl. Krüger (2006a), S. 74).

3.2.3.2 Einflussgrößenanalyse zur Identifikation der Ursachen von Ineffizienzen

Mit der Einflussgrößenanalyse werden die Wirkungsbeziehungen untersucht, die für die Höhe der Kosten bestimmend sind (vgl. Abb. 3.13). Für diese Methode kennzeichnend ist die getrennte Betrachtung

- der Beziehungen zwischen den Kosten und ihren Bestimmungsfaktoren sowie
- der Beziehungen zwischen den Bestimmungsfaktoren und ihren Einflussgrößen.

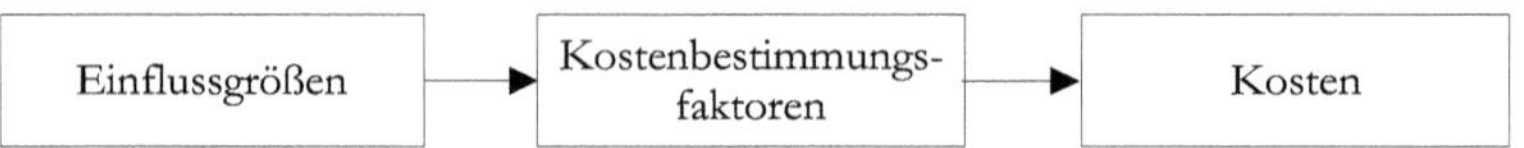

Abb. 3.13: Wirkungsbeziehungen zwischen Einflussgrößen, Bestimmungsfaktoren und Kosten

Kostenbestimmungsfaktoren sind zum einen die Elemente der Kostendefinition, d. h. die Einsatzgüterpreise und die Einsatzgütermengen. Weitere Kostenbestimmungsfaktoren werden hergeleitet, indem die Einsatzgütermengen in eine Folge multiplikativ verknüpfter Quotienten gespalten werden. Der Nenner eines Quotienten ist dabei immer der Zähler des nachfolgenden Quotienten. Der Spaltungsprozess endet, sobald ein Quotient die Leistung enthält, mit der die Erlöse erzielt werden, d. h. die

Marktleistung. Abb. 3.14 zeigt ein Beispiel für die Herleitung von Bestimmungsfaktoren der Lohnkosten (vgl. Anklesaria (2008), S. 87 ff.).

	Lohnkosten einer Periode
=	Lohnkosten pro Stunde (Lohnkostensatz)
×	Quotient aus der bezahlten und der tatsächlichen Arbeitszeit (Nutzungsgrad der Arbeit)
×	Quotient aus der tatsächlichen Arbeitszeit und der Ausbringungsmenge (Produktionsgeschwindigkeit)
×	Quotient aus der Ausbringungsmenge und der Anzahl der Gutteile (Arbeitseffizienz)
×	Quotient aus der Anzahl der Gutteile und der Prozessläufe (Prozessschwierigkeit)
×	Quotient aus der Anzahl der Prozessläufe und der Produktionsmenge (Auflagengröße)
×	Quotient aus der Produktions- und der Absatzmenge (Planungseffizienz)
×	Absatzmenge

Abb. 3.14: Beispiel zur Herleitung von Kostenbestimmungsfaktoren

Die **Einflussgrößen** determinieren die Ausprägungen der Kostenbestimmungsfaktoren. Über die Einflussgrößen können die Kostenbestimmungsfaktoren und damit mittelbar auch die Effizienz gestaltet werden. Einflussgrößen des Nutzungsgrades der Arbeit in Abb. 3.14 sind z. B. tarifvertragliche Regelungen, Rüstzeiten, Arbeitsunterbrechungen durch defekte Maschinen, durch die verspätete Bereitstellung von Material oder durch die Bereitstellung fehlerhafter Materialien. Die Fähigkeiten der Mitarbeiter, der Zustand der Maschinen und die Anzahl der Arbeitsschritte sind Beispiele für Einflussgrößen auf die Prozessschwierigkeit. Abb. 3.15 zeigt den Zusammenhang zwischen den Kostenbestimmungsfaktoren und den Kosteneinflussgrößen (in Anlehnung an Anklesaria (2008), S. 87).

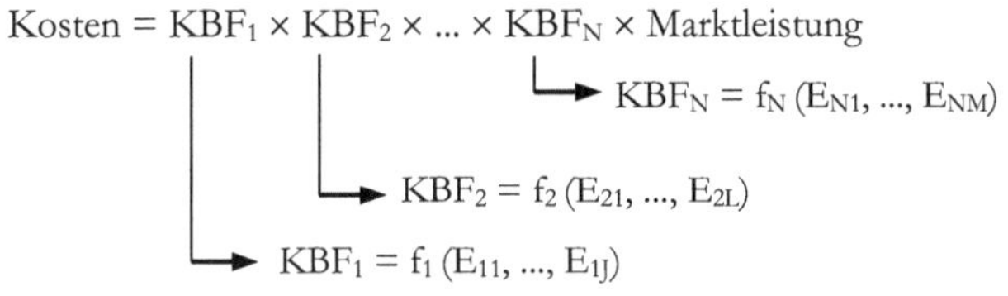

$$\text{Kosten} = KBF_1 \times KBF_2 \times \ldots \times KBF_N \times \text{Marktleistung}$$

$$\rightarrow KBF_N = f_N(E_{N1}, \ldots, E_{NM})$$

$$\rightarrow KBF_2 = f_2(E_{21}, \ldots, E_{2L})$$

$$\rightarrow KBF_1 = f_1(E_{11}, \ldots, E_{1J})$$

KBF_n = Kostenbestimmungsfaktor n (n = 1, ..., N); E_{nm} = Einflussgröße m (m = 1, ..., M) des Kostenbestimmungsfaktors n

Abb. 3.15: Wirkungsbeziehungen in der Einflussgrößenanalyse

Der **Ablauf der Einflussgrößenanalyse** der Effizienz eines Prozesses kann in drei Phasen gegliedert werden. Abb. 3.16 gibt einen Überblick über diese Phasen.

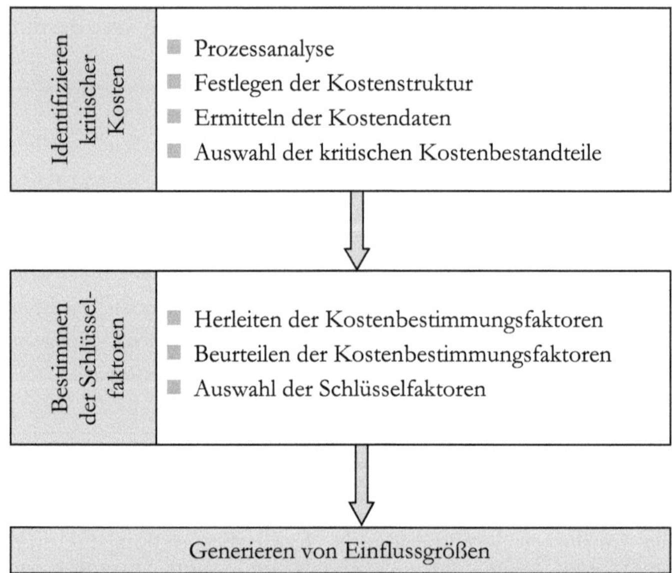

Abb. 3.16: Einflussgrößenanalyse zur Diagnose von Kostensenkungspotentialen

Für das Identifizieren kritischer Kosten wird im **ersten Schritt** zunächst der Prozess analysiert, der als Untersuchungsobjekt gewählt worden ist. Ergebnis dieses ersten Schritts ist ein Diagramm mit den Aktivitäten des Prozesses und den zwischen ihnen bestehenden Ablaufbeziehungen. Mit der Kostenstruktur wird im **zweiten Schritt** festgelegt, welche Bestandteile der Kosten gesondert betrachtet werden sollen. Auf der ersten Ebene werden Kostenarten abgegrenzt (z. B. Materialeinzelkosten, Lohn- und Gehaltskosten, Verwaltungsgemeinkosten), die auf der zweiten Ebene der Kostenstruktur in Kostenkategorien untergliedert werden (z. B. Lohn- und Gehaltskosten verschiedener Mitarbeitergruppen). Auf der dritten Ebene werden die Kostenkategorien in Kostenelemente zerlegt (z. B. Lohn- und Gehaltskosten einer Mitarbeitergruppe an verschiedenen Standorten). Im **dritten Schritt** werden für jede Aktivität die Kostendaten ermittelt. Abschließend werden im **vierten Schritt** die kritischen Kostenbestandteile anhand

- der künftigen Zahlungswirksamkeit und
- der Beeinflussbarkeit

ausgewählt (vgl. Anklesaria (2008), S. 71 ff.). Mit dem ersten Kriterium werden Abschreibungen und alle Kostenbestandteile, die einmalig anfallen (z. B. Entwicklungskosten), aus der Analyse ausgeschlossen. Die Beeinflussbarkeit der Kosten hängt vom Handlungsspielraum bei der Gestaltung der Kosteneinflussgrößen ab, der durch leistungsbezogene Vorgaben für das Untersuchungsobjekt oder den Umfang des Rationalisierungsvorhabens begrenzt sein kann.

Beispiel 3.3: Auswahl kritischer Kostenbestandteile

Untersucht wird das Erstellen einer Gebrauchsanweisung für einen Kopierer. Folgende Tabelle zeigt die Auswahl der kritischen Kostenbestandteile (vgl. Anklesaria (2008), S. 75):

Kostenarten	Kostenkategorien	Zahlungswirksam	Beeinflussbar	Kritisch
Kosten des Entwurfs	Lohnkosten	×	×	×
	Gemeinkosten	×		
Materialkosten (Papier)		×	×	×
Druckkosten		×	×	×
Übersetzungskosten		×	×	×

In der **zweiten Phase** des Analyseprozesses werden nur noch die kritischen Kostenbestandteile betrachtet. Für diese werden die Kostenbestimmungsfaktoren hergeleitet und die Schlüsselfaktoren ausgewählt. Die Schlüsselfaktoren sind die Kostenbestimmungsfaktoren, für die in der **dritten Phase** Einflussgrößen generiert werden. Als Schlüsselfaktoren werden Kostenbestimmungsfaktoren ausgewählt, die

- einen hohen Einfluss auf die Gesamtkosten haben,
- ein hohes Verbesserungspotential aufweisen und
- beeinflussbar sind.

Zur **Beurteilung der Kostenbestimmungsfaktoren** für die Auswahl der Schlüsselfaktoren wird ein Scoring-Verfahren vorgeschlagen, mit dem der Einflusswert jedes Kostenbestimmungsfaktors ermittelt wird. Der Einflusswert ist definiert als die Summe der gewichteten Wirkungsfaktoren der Kostenbestimmungsfaktoren. Ein Wirkungsfaktor bringt die Stärke des Einflusses eines Kostenbestimmungsfaktors auf die kritischen Kostenbestandteile zum Ausdruck. Als Gewicht wird der Anteil des jeweiligen Kostenbestandteils an den Gesamtkosten herangezogen. Den ermittelten Einflusswerten werden Zielwerte gegenübergestellt. Als Zielwerte eignen sich das theoretische Minimum/Maximum oder Werte, die durch interne oder externe Betriebsvergleiche gewonnen worden sind. Die Differenz zwischen dem aktuellen Einflusswert und dem Zielwert ist ein Maß für das Verbesserungspotential des Kostenbestimmungsfaktors. Als Schlüsselfaktoren werden die durch das Projektteam gestaltbaren Kostenbestimmungsfaktoren mit dem größten Verbesserungspotential gewählt.

Beispiel 3.4: Auswahl der Schlüsselfaktoren

Die kritischen Kostenbestandteile aus Beispiel 3.3 können in folgende Kostenbestimmungsfaktoren gespalten werden (vgl. Anklesaria (2008), S. 95):

Kritische Kostenbestandteile	Lohnkosten des Entwurfs	Materialkosten	Druckkosten	Übersetzungskosten
Kosten-bestimmungs-faktoren	Lohnkostensatz	Papierpreis	Preis pro Druckseite	Preis einer übersetzten Seite
	Designeffizienz	Papiergewicht		
	Detaillierungsgrad			
	Behandelte Themen			
	Struktur des Inhalts			
	Bedarf an Gebrauchsanweisungen			

Folgende Tabelle zeigt die Auswahl der Schlüsselfaktoren (in Anlehnung an Anklesaria (2008), S. 108, 117).

Kritische Kosten (Gewichte) / Kosten-bestimmungs-faktoren	Lohnkosten (4 %)	Materialkosten (84 %)	Druckkosten (10 %)	Übersetzungskosten (2 %)	Einflusswert	Zielwert	Beeinflussbarkeit	Schlüsselfaktor
Lohnkostensatz	5	0	0	0	0,2	0,2	Nein	
Designeffizienz	3	0	0	0	0,12	0,5	Ja	
Papierpreis	0	5	0	0	4,2	3,5	Ja	×
Papiergewicht	0	3	0	0	2,52	2,3	Ja	
Preis pro Druckseite	0	0	5	0	0,5	0,48	Ja	
Preis einer übersetzten Seite	0	0	0	5	0,1	0,09	Nein	
Detaillierungsgrad	1	3	3	5	2,96	1,8	Ja	×
Behandelte Themen	1	1	1	3	1,04	0,8	Ja	
Struktur des Inhalts	1	1	1	3	1,04	0,8	Ja	
Bedarf an Gebrauchsanweisungen	3	3	5	5	3,24	2,2	Ja	×

Für die Schlüsselfaktoren werden in der **dritten Phase** die auf sie wirkenden Einflussgrößen bestimmt und nach ihrer Bedeutung für die Entwicklung von Anpassungsmaßnahmen geordnet.

Beispiel 3.5: Generieren von Einflussgrößen

Für die in Beispiel 3.4 ausgewählten Schlüsselfaktoren sind die in der folgenden Tabelle genannten Einflussgrößen hergeleitet worden (vgl. Anklesaria (2008), S. 118). Für die vier markierten Einflussgrößen sollten Rationalisierungsideen generiert werden.

Detaillierungsgrad		Bedarf an Gebrauchsanweisungen		Papierpreis	
	Menge an Informationen		Kundenanforderungen	4	**Papierstärke**
	Seitenlayout		Anzahl der von einem Kunden gekauften Kopierer		Wettbewerbssituation
	Zahl der Grafiken	3	**Anzahl der Kunden, die mehrere Kopierer kaufen**		Anzahl der Anbieter
2	**Anteil der Informationen in anderen Medien**				Standort der Anbieter
1	**Anzahl vorinstallierter Eigenschaften**				Bedarfsmenge

3.2.4 Umsetzen der Rationalisierungsmaßnahmen

3.2.4.1 Teilphasen der Umsetzung

Aufgabe der Umsetzung ist es, das terminierte Maßnahmenprogramm in konkrete Maßnahmen zu transformieren, diese zu realisieren und zu kontrollieren. Phasen im Prozess der Umsetzung sind die Durchführungsplanung, die Realisation, die Kontrolle und die Auswertung des Rationalisierungsvorhabens.

Objekte der **Durchführungsplanung** sind vor allem die komplexen perioden- oder bereichsübergreifenden Rationalisierungsmaßnahmen. Die Durchführungsplanung ist eine operative Planung, in der konkrete Handlungsanweisungen festgelegt werden. Als Beispiele für diese Handlungsanweisungen können genannt werden (vgl. Huber (1980), S. 258 ff.):

- die Neuzuordnung von Mitarbeitern zu Stellen,
- die personenbezogene Festlegung von Freisetzungsmaßnahmen,
- die inhaltliche Gestaltung und Terminierung von Schulungsmaßnahmen,
- die Durchführung von Baumaßnahmen sowie
- die Beschaffung von Betriebsmitteln.

Die Ausführung der verschiedenen Durchführungspläne ist Aufgabe der **Realisation**. Die Kontrolle wird als Planungs-, Planfortschritts- oder Endkontrolle ausgeführt. Im Mittelpunkt der Planungskontrolle steht die Abstimmung zwischen den Durchführungsplänen und dem terminierten Maßnahmenprogramm sowie den verschiedenen Durchführungsplänen untereinander. Die **Planfortschrittskontrolle** und die **Endkontrolle** sind Realisationskontrollen, die als Ergebniskontrollen durchgeführt werden.

Zweck der **Auswertung** eines abgeschlossenen Rationalisierungsvorhabens ist es, das im Rationalisierungsprozess generierte Wissen zu nutzen, um weitere Rationalisierungspotentiale zu diagnostizieren oder die Effektivität oder Effizienz künftiger Rationalisierungsvorhaben zu verbessern. Aufgaben dieser Phase sind

- das Dokumentieren von Berichten, Protokollen, realisierten Rationalisierungsmaßnahmen, von verworfenen Rationalisierungsideen, Daten und Ergebnissen des Rationalisierungsvorhabens sowie der gesammelten Erfahrungen und
- das Analysieren der Übertragbarkeit generierter Rationalisierungsideen und realisierter Rationalisierungsmaßnahmen auf andere Bereiche.

Die Analyse der Übertragbarkeit setzt die bereichsübergreifende **Kommunikation** der Rationalisierungsideen und -maßnahmen voraus. Als Kommunikationsmittel kann eine systematisch aufgebaute Ideensammlung dienen, auf die alle Bereiche Zugriff haben. Über Prämien können die Konzipierungs- und Umsetzungsteams motiviert werden, als Sender von Informationen über Rationalisierungsideen und -maßnahmen tätig zu werden und in anderen Bereichen gezielt über diese Ideen und Maßnahmen zu berichten. Als Prämie wird ein Anteil an den Einsparungen vorgeschlagen, die durch die Ideen und Maßnahmen in den anderen Bereichen erzielt werden. Schließlich können als Kommunikationskanal regelmäßig bereichsübergreifende Sitzungen dienen, in denen das in Rationalisierungsvorhaben generierte Wissen ausgetauscht wird (vgl. Anklesaria (2008), S. 206 f.).

3.2.4.2 Gestaltung der mitarbeiterbezogenen Auswirkungen

Um **Widerständen** der Betroffenen gegen die Rationalisierungsmaßnahmen zu begegnen, kann versucht werden, negative Auswirkungen für die Betroffenen zu vermeiden, zu mindern oder auszugleichen oder positive Auswirkungen für die Betroffenen zu stärken oder zu schaffen. Einfluss auf die Auswirkungen der Rationalisierungsmaßnahmen für die Betroffenen kann genommen werden durch

- die Gestaltung der Arbeitstechnik und der Arbeitsorganisation,
- die Personalfreisetzungsplanung sowie
- die Personalentwicklung der Unternehmung.

[1] Gestaltung der Arbeitstechnik und der Arbeitsorganisation

Zur Förderung der Akzeptanz von Rationalisierungsmaßnahmen durch die Betroffenen ist eine benutzeradäquate Gestaltung der Arbeitstechnik und der Arbeitsorganisation sicherzustellen. Für die Akzeptanz relevante Merkmale der **Arbeitstechnik** sind die Benutzerfreundlichkeit und die Aufgabenbezogenheit, d. h. der Umfang, in dem das Betriebsmittel die Anforderungen des Benutzers erfüllt und damit als Hilfe oder Belastung bei der Aufgabenbewältigung empfunden wird. Für die **Arbeitsorganisation** lassen sich die Handlungsfreiheit, die Aufgabenvielfalt sowie die Kooperations- und Koordinationsbeziehungen als Merkmale nennen, die für die Akzeptanz durch die Betroffenen relevant sind (vgl. Wiendieck (1992), Sp. 95 f.).

[2] Personalfreisetzungsplanung der Unternehmung

Wirkt sich die Anpassung der Rahmenbedingungen auf den quantitativen oder qualitativen Personalbedarf aus, so ist es für die Akzeptanz des Rationalisierungsvorhabens bei den Betroffenen von zentraler Bedeutung, dass nachteilige Wirkungen, die sich durch den Ausgleich einer Personalüberdeckung für die Betroffenen ergeben, vermieden, vermindert oder ausgeglichen werden. Die Planung dieser Maßnahmen ist **Aufgabe** der Personalfreisetzungsplanung. Sie umfasst (in Anlehnung an Drumm (2008), S. 252 f.):

- die Auswahl von Freisetzungsmaßnahmen sowie
- die Gestaltung flankierender Maßnahmen.

Zu den **Freisetzungsmaßnahmen** zählen alle Maßnahmen, die zu einem Abbau der Personalüberdeckung führen. Einen Überblick über alternative Freisetzungsmaßnahmen zeigt Abb. 3.17 (vgl. Hentze/Graf (2005), S. 273 ff.; Berthel/Becker (2013), S. 395 ff.). **Flankierende Maßnahmen** zielen auf den Ausgleich von Nachteilen der Betroffenen aus Freisetzungsmaßnahmen. Als Beispiele für flankierende Maßnahmen bei Versetzungen können Fahrtkostenzuschüsse, Umzugshilfen, Fortbildung oder Umschulung genannt werden. Bei Entlassungen sind es Abfindungen und die Outplacement-Beratung, d. h. die aktive Unterstützung der Betroffenen bei der Stellensuche, der Bewerbung oder beim Übergang in ein neues Arbeitsverhältnis (vgl. Bühner (2005), S. 84).

Freisetzungsmaßnahmen	
Freisetzung ohne Änderung von Arbeitsverträgen	▪ Einstellungsstopp (Nutzung der natürlichen Fluktuation) ▪ Nichtverlängerung oder Kündigung von Personalleasingverträgen ▪ Abbau von Mehrarbeit/Überstunden
Freisetzung durch Änderung bestehender Arbeitsverhältnisse	▪ Arbeitszeitverkürzung – Allgemeine Verkürzung der Arbeitszeit – Angebot individueller Arbeitszeitverkürzung ▪ Versetzung – Horizontale Versetzung – Vertikale Versetzung
Freisetzung durch Beendigung bestehender Arbeitsverhältnisse	▪ Vorzeitige Pensionierung ▪ Nichtverlängerung befristeter Arbeitsverträge ▪ Aufhebungsverträge (Beendigung von Arbeitsverträgen in gegenseitigem Einvernehmen) ▪ Kündigung

Abb. 3.17: Überblick über die Freisetzungsmaßnahmen

Die Personalfreisetzungsplanung kann reaktiv oder antizipativ durchgeführt werden. Die **reaktive Personalfreisetzungsplanung** ist eine kurzfristige Planung, die erst dann ausgelöst wird, wenn die Personalüberdeckung bereits besteht. Die **antizipative Personalfreisetzungsplanung** ist Bestandteil der Unternehmungsplanung und wird periodisch durchgeführt. Sie zeichnet sich dadurch aus, dass auf der Grundlage der Unternehmungspläne und der identifizierten Rationalisierungspotentiale der langfristige Personalbedarf prognostiziert und damit eine Personalüberdeckung frühzeitig erkannt werden kann. Je früher eine künftige Personalüberdeckung identifiziert wird, desto größer ist der Handlungsspielraum für weiche Freisetzungsmaßnahmen, d. h. für den Abbau einer Personalüberdeckung ohne Kündigungen (vgl. Drumm (2008), S. 249). Bei reaktiver Personalfreisetzungsplanung sind harte Freisetzungsmaßnahmen dagegen kaum zu vermeiden (vgl. Berthel/Becker (2013), S. 391). Die antizipative Personalfreisetzungsplanung ermöglicht bereits in frühen Phasen des Rationalisierungsprozesses die Herleitung von Aussagen über das Ausmaß harter und weicher Freisetzungsmaßnahmen, die im Rahmen der Kommunikation mit den Betroffenen glaubwürdig vermittelt werden können.

[3] Personalentwicklung

Führt die Rationalisierung zu einer Qualifikationslücke, d. h. zu Abweichungen zwischen Anforderungs- und Qualifikationsprofil der Mitarbeiter, sind **qualifizierende Maßnahmen** zu planen und umsetzen. Gegenstand dieser Planung ist

- die Auswahl der zu qualifizierenden Mitarbeiter,
- die Entwicklung der Fortbildungs- und Umschulungsmaßnahmen sowie
- das Festlegen flankierender Maßnahmen zum Ausgleich von Nachteilen der beruflichen Bildungsmaßnahmen für die Betroffenen.

Wie die Personalfreisetzungsplanung kann auch die Personalentwicklung reaktiv und antizipativ durchgeführt werden. Da der Qualifizierungsbedarf nur sehr schwer zu prognostizieren ist, werden bei der antizipativen Personalentwicklung keine Maßnahmen ergriffen, die dem Ausgleich konkreter Qualifikationslücken dienen. Es werden vielmehr Maßnahmen zur Vermittlung von Metaqualifikationen durchgeführt (vgl. Gaugler/Mungenast (1992), Sp. 240 f.). Zu den Metaqualifikationen zählen u. a. Lernfähigkeit, Denken in übergreifenden Zusammenhängen, analytisches Denken, Fähigkeit zur Gewinnung und Auswertung von Informationen, Kommunikations-, Innovations- und Kooperationsfähigkeit sowie Fähigkeit zur Konflikt- und Problemlösung (vgl. Schanz (2000), S. 485 f.). Durch die Vermittlung von Metaqualifikationen können Maßnahmen zum Ausgleich vorhandener Qualifikationslücken auf die zentralen Inhalte beschränkt werden. Die Vermittlung von Metaqualifikationen ist geeignet, Widerstand der Betroffenen zu vermeiden, die aus Befürchtungen resultieren, durch Qualifizierungsmaßnahmen überfordert zu sein.

3.2.5 Verstetigen der Rationalisierung

Mit einem Rationalisierungsvorhaben wird eine deutliche Steigerung der Wirtschaftlichkeit in einem kurzen Zeitraum angestrebt. Insbesondere die Systemrationalisierung führt zu bedeutsamen Veränderungen der Rahmenbedingungen. Unmittelbar nach der Umsetzung der Rationalisierungsmaßnahmen laufen Arbeitsprozesse nicht stabil ab, weil Teilprozesse nicht abgestimmt sind, unvollständig oder fehlerhaft ausgeführt werden, falsche oder ungeeignete Einsatzgüter bereitgestellt werden oder Mitarbeiter nicht hinreichend geschult worden sind. Darüber hinaus kann es sein, dass die Mitarbeiter die durch die Umsetzung der Rationalisierungsmaßnahmen veränderten Arbeitsprozesse nicht beibehalten und zu den alten Arbeitsabläufen zurückkehren. Werden die veränderten Arbeitsprozesse nach der Umsetzung der Rationalisierungsmaßnahmen nicht gesichert und verbessert, ist von einer Abnahme der Effizienz im Zeitablauf auszugehen (vgl. Imai (1994), S. 49 ff.). Aus dieser Erkenntnis heraus tritt zum Konzipieren und Umsetzen die Phase des Verstetigens (vgl. Davenport (1993), S. 194). **Ziel des Verstetigens** ist es, die Kosten- und Leistungsziele des Rationalisierungsvorhabens zu erreichen, zu erhalten und zu verbessern.

> Das **Verstetigen** ist ein Zyklus mit den Phasen Stabilisieren und Verbessern der durch die Umsetzung der Rationalisierungsmaßnahmen veränderten Arbeitsprozesse. Sie wird bereits während der Umsetzung in Gang gesetzt und setzt sich bis zur Initialisierung eines neuen Rationalisierungsprojektes fort.

Das Verstetigen ist Aufgabe der Mitarbeiter und Führungskräfte in den von der Rationalisierung betroffenen Bereichen. In dieser Phase des Rationalisierungsprozesses tritt an die

Stelle des Umbruchprinzips, das dem Konzipieren und Umsetzen der Rationalisierungsmaßnahmen zugrunde liegt, das Evolutionsprinzip, d. h. die Verbesserung der Effizienz in kleinen Schritten als Ergebnis fortlaufender Bemühungen (vgl. Krüger (2002), S. 58). Umgesetzt wird dieses Prinzip durch den SDCA-/PDCA-Zyklus (vgl. Imai (1997), S. 4 f.; Simon (1996), S. 24). Er beruht auf dem Gedanken, dass ein Arbeitsprozess zunächst stabil ablaufen muss, bevor er verbessert werden kann. Abb. 3.18 veranschaulicht das Zusammenwirken von SDCA- und PDCA-Zyklus (vgl. Imai (1997), S. 53). Das Stabilisieren vollzieht sich in einem **SDCA-Zyklus**, der folgende Phasen umfasst:

- **S**tandardize: Festlegen präziser Anweisungen für den Arbeitsprozess
- **D**o: Ausführen der Prozesse nach den festgelegten Arbeitsanweisungen
- **C**heck: Gegenüberstellung von Anweisungen und tatsächlichem Ablauf des Arbeitsprozesses
- **A**ct: Abweichungen von den Arbeitsanweisungen korrigieren oder Auslösen des PDCA-Zyklus

Um den Arbeitsprozess zu verbessern, wird der **PDCA-Zyklus** mit den folgenden Phasen durchgeführt:

- **P**lan: Festlegen von Verbesserungszielen und Konzipieren von Maßnahmen zu deren Verwirklichung
- **D**o: Umsetzen der Verbesserungsmaßnahmen
- **C**heck: Kontrolle der Verbesserungsziele
- **A**ct: Anpassungsmaßnahmen ergreifen oder Auslösen des SDCA-Zyklus

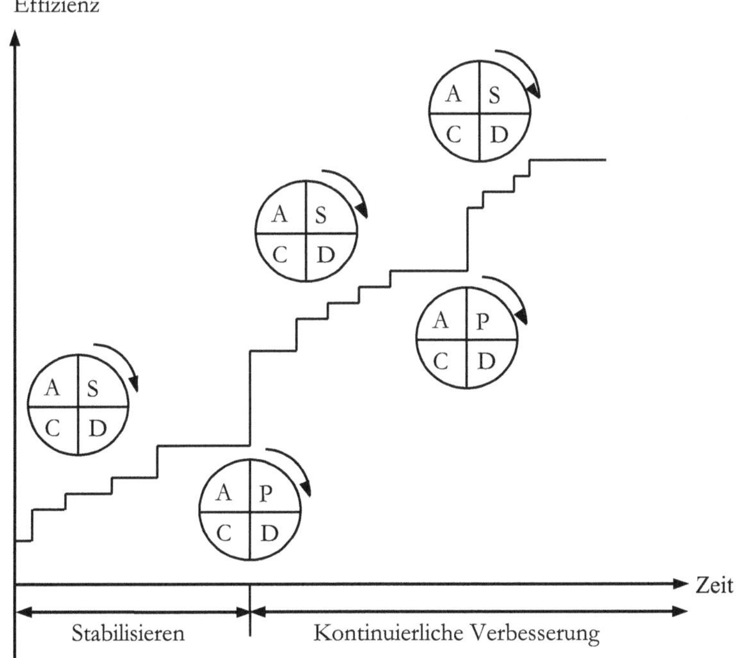

Abb. 3.18: Zusammenhang zwischen Stabilisieren und Verbessern

[1] Stabilisieren der Arbeitsprozesse

In dieser Phase des Verstetigens werden zunächst die Ziele, die Aufgaben und die Arbeitsabläufe entsprechend der konzipierten Rationalisierungsmaßnahmen umgestellt und die Führungssysteme (z. B. Anreizsysteme) angepasst. Diese Umstellung beginnt bereits während der Umsetzung. In der Zeit unmittelbar nach der Umsetzung der Rationalisierungsmaßnahmen werden die Arbeitsabläufe standardisiert. **Standardisierung** ist die Übersetzung technischer Anforderungen an die Arbeitsaufgabe in Ausführungsanweisungen (vgl. Imai (1997), S. 20). Inhalte der Standards oder Ausführungsanweisungen sind die Ziele und die Methoden, die angewendet werden sollen. Sie dienen als Vorgaben zu Umsetzung der Wirtschaftlichkeitsziele im Handlungsfeld „Sichern einer effizienten Leistungserbringung". Um zu verhindern, dass die Mitarbeiter zu den alten Arbeitsabläufen zurückkehren, werden die Standards in schriftlicher oder graphischer Form vorgegeben.

Die Standards bilden die Grundlage für die **Kontrolle der Arbeitsprozesse**. Sie werden hierzu den tatsächlichen Arbeitsabläufen gegenübergestellt. Treten Abweichungen auf, greift der Verantwortliche in die Arbeitsprozesse ein oder verändert die Standards (vgl. Krüger (2002), S. 58). Sind alle Arbeitsabläufe standardisiert und befolgen alle Mitarbeiter diese Standards ohne jede Abweichung, ist der Arbeitsprozess stabil und die kontinuierliche Verbesserung kann eingeleitet werden.

[2] Kontinuierliche Verbesserung

Die kontinuierliche Verbesserung folgt dem **PDCA-Zyklus**. In diesem Prozess werden Verbesserungsmaßnahmen geplant, realisiert, kontrolliert und korrigiert, die deutlich kleinere Veränderungen zur Folge haben als die Rationalisierungsmaßnahmen. Verbesserungsmaßnahmen können in kürzerer Zeit realisiert werden und erfordern keine größeren Investitionen.

Die Verbesserungsmaßnahmen führen vielfach nicht unmittelbar zu einer Effizienzsteigerung. Sie bewirken zunächst nur eine Reduzierung der Bearbeitungsdauer, eine Verkürzung von Durchlaufzeiten, eine Verringerung der Zahl der Fehler oder einen Abbau von Beständen, d. h. eine Verringerung des Bedarfs an Potentialgütern oder finanziellen Mitteln. Erst die Summe der Wirkungen einer Vielzahl kleiner Veränderungen schafft die Voraussetzungen für **Anpassungsmaßnahmen**. Durch diese sollen die durch die Verbesserungsmaßnahmen geschaffenen Überkapazitäten in Kostensenkungen oder Leistungssteigerungen überführt werden.

Nach jeder Umsetzung von Verbesserungsmaßnahmen, spätestens jedoch nach der Realisation von Anpassungsmaßnahmen wird ein SDCA-Zyklus ausgelöst. Erst wenn die veränderten Arbeitsprozesse wieder stabil ablaufen, werden weitere Verbesserungsmaßnahmen konzipiert und umgesetzt. Abb. 3.19 zeigt den **Prozess des Verstetigens**.

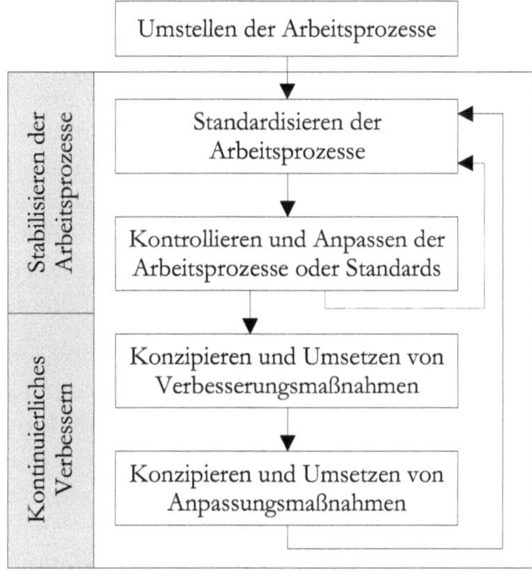

Abb. 3.19: Prozess des Verstetigens

3.3 Rahmenbedingungen der Rationalisierung

3.3.1 Rationalisierung als Projekt

3.3.1.1 Merkmale von Rationalisierungsprojekten

Ein **Projekt** ist ein zeitlich befristetes, relativ neuartiges und komplexes Vorhaben, bei dessen Bewältigung Personen verschiedener Unternehmungsbereiche zusammenarbeiten. Von den routinemäßig durchgeführten Aktivitäten unterscheiden sich Projekte durch vier Merkmale (z. B. Frese/Graumann/Theuvsen (2012), S. 489):

- die zeitliche Befristung,
- die relative Neuartigkeit,
- die Komplexität und
- die Interdisziplinarität.

Bei der **Rationalisierung** sind Maßnahmen zur Anpassung betrieblicher Rahmenbedingungen unter Berücksichtigung der Wirtschaftlichkeitsziele, der personenbedingten Barrieren sowie der Regelungen zur betrieblichen Mitbestimmung und zum Kündigungsschutz zu planen und umzusetzen. Das Konzipieren und Umsetzen von Rationalisierungsmaßnahmen sowie das Aktivieren der Beteiligten und Betroffenen ist eine befristete, relativ neuartige, komplexe und interdisziplinär zu bearbeitende Aufgabe. Diese Phasen der Rationalisierung weisen die Merkmale eines Projekts auf (vgl. Krüger (1993), Sp. 3559). Das Verstetigen der Anpassung ist dagegen eine Daueraufgabe, die im Zeitraum zwischen zwei Rationalisierungsvorhaben ausgeführt wird (vgl. Brehm/ Hackmann/Jantzen-Homp (2006), S. 228).

Projektbeteiligte sind der Projektauftraggeber, die Projektleitung sowie die Projektbearbeiter (vgl. Schulte-Zurhausen (2014), S. 447). Der Projektauftraggeber initialisiert das Rationalisierungsprojekt durch einen Projektauftrag, formuliert die Rationalisierungsziele, gibt Ressourcen für den Rationalisierungsprozess frei und fällt Zwischen- und Abschlussentscheidungen. Zu den Aufgaben der Projektleitung zählen vor allem die Projektplanung und -steuerung sowie der Personaleinsatz. Die Leistungen, die für die Erfüllung des Projektauftrags erforderlich sind, werden von den Projektbearbeitern erbracht. Sie führen das Projekt durch, indem sie z. B. Analysen erstellen, Entwürfe erarbeiten oder Konstruktionszeichnungen anfertigen. Neben die Projektbeteiligten tritt die Gruppe der Betroffenen (vgl. Krüger (1993), Sp. 3564 f.).

Komplexe Rationalisierungsvorhaben können nicht von einzelnen Stellen oder Abteilungen der Primärorganisation übernommen werden, die das Tagesgeschäft tragen. Für solche Rationalisierungsvorhaben wird deshalb eine **Projektorganisation** geschaffen (vgl. Krüger (2005), S. 222). Charakteristisch für die Projektorganisation ist die Einrichtung einer Organisationseinheit für die Projektleitung. In Abhängigkeit von Inhalt, Komplexität und Größe des Rationalisierungsprojekts werden weitere Organisationseinheiten geschaffen. Organisationseinheiten der Organisation von Rationalisierungsprojekten können sein (vgl. Huber (1987), S. 222 f.; Krüger (1993), Sp. 356 ff.):

- der Lenkungsausschuss,
- die Projektleitung,
- das Projektteam,
- der Personalausschuss und
- der Projektservice.

Bei sehr großen oder für die Unternehmung bedeutenden Rationalisierungsvorhaben wird die Rolle des Auftraggebers von einem **Lenkungsausschuss** wahrgenommen. Er hat den Rationalisierungsauftrag zu formulieren sowie die Realisation des Rationalisierungsprojekts und die Akzeptanz der Rationalisierungsmaßnahmen bei den Beteiligten und Betroffenen zu sichern. Er hält die Verbindung zum Betriebsrat und trägt die Verantwortung für das Aktivieren. Zudem hat der Lenkungsausschuss den Projektverlauf und die Projektergebnisse gegenüber der Unternehmungsleitung zu vertreten. Der Lenkungsausschuss legt die Projektorganisation fest, gibt die Ressourcen frei und trifft alle Entscheidungen über Projekt(teil)ergebnisse und die Projektfortführung. Vom Lenkungsausschuss werden der Projektleiter ernannt, der Personalausschuss eingesetzt und die Mitglieder des Projektteams formal bestellt. Während der Projektdauer unterstützt der Lenkungsausschuss die Projektleitung gegenüber den Instanzen der Primärorganisation, überwacht den gesamten Projektablauf und setzt die übergeordneten Unternehmungsinteressen gegenüber der Projektleitung und den Instanzen der Primärorganisation durch. Dem Lenkungsausschuss sind alle anderen Organisationseinheiten der Projektorganisation untergeordnet. Er konstituiert sich mit der Formulierung des Rationalisierungsauftrags und ist mit den Entscheidungs- und Verantwortungsträgern für das Rationalisierungsprojekt aus der Primärorganisation besetzt. Er tritt in zeitlich festgelegter Folge oder auf Wunsch der Projektleitung zusammen. Nach Abschluss des Rationalisierungsprojekts wird der Lenkungsausschuss aufgelöst.

Wird ein komplexer Rationalisierungsauftrag in mehrere Teilprojekte zerlegt, wie z. B. beim Business Reengineering, kann als weitere Organisationseinheit eine **Programmleitung** eingesetzt werden. Hierarchisch ist sie zwischen dem Lenkungsausschuss und den Projektleitern eingeordnet. Ihre Aufgabe besteht in der vertikalen und horizontalen Koordination der Teilprojekte (vgl. Brehm/Hackmann/Jantzen-Homp (2006), S. 226 ff.). Zu den Aufgaben der Programmleitung zählen die Herleitung der Projektteilaufträge und ihrer Ziele aus dem Projektauftrag. In Abstimmung mit dem Lenkungsausschuss wählt sie die Projektleiter aus.

Die **Projektleitung** ist dem Lenkungsausschuss unterstellt. Gibt es eine Programmleitung, so ist die Projektleitung dieser unterstellt. Die Projektleitung trägt die Ergebnisverantwortung für die Erfüllung des Projektauftrags und die Erreichung der Rationalisierungsziele. Für die Arbeit in den Projektteams präzisiert die Projektleitung den Rationalisierungsauftrag und die Rationalisierungsziele. Die Mitglieder des Projektteams werden von der Projektleitung vorgeschlagen und vom Lenkungsausschuss bestellt. Die Projektleitung ist für den Lenkungsausschuss und die Betroffenen der Ansprechpartner für alle inhaltlichen Fragen zum Projekt.

Das **Projektteam** konzipiert die Rationalisierungsmaßnahmen oder setzt diese um. Es ist eine zeitlich befristet eingerichtete Organisationseinheit, die unter der Zuständigkeit der Projektleitung tätig ist. Im Projektteam sollten alle Methoden- und Fachkenntnisse vertreten sein, die zur Lösung des im Rationalisierungsauftrag beschriebenen Problems erforderlich sind. Neben Mitarbeitern verschiedener Unternehmungsbereiche können auch externe Berater Teammitglieder sein. Zudem sollten die Betroffenen in den Projektteams vertreten sein, um die soziale Effektivität des Rationalisierungsvorhabens zu sichern. Darüber hinaus sollte die Instanz, die auf das Engste mit dem Untersuchungsobjekt beschäftigt ist, im Projektteam tätig sein (vgl. Anklesaria (2008), S. 46). Die Teammitglieder können voll- oder teilzeitlich für das Projekt abgestellt werden. Die Zusammensetzung des Projektteams kann während der Projektdauer an die Aufgabenschwerpunkte angepasst werden. Das Projektteam tritt nur zu Projektsitzungen zusammen. Ansonsten bearbeiten die einzelnen Teammitglieder ihre Projektteilaufgaben (vgl. Schulte-Zurhausen (2014), S. 453). Nach Projektabschluss wird das Projektteam aufgelöst.

Um der Bedeutung der sozialen Effektivität des Rationalisierungsvorhabens gerecht zu werden, kann es bei Rationalisierungsprojekten mit weitreichenden Auswirkungen auf die Arbeitssituation der Mitarbeiter zweckmäßig sein, dem Projektteam einen **Personalausschuss** an die Seite zu stellen. Dieser ist Mittler zwischen dem Projektteam und den betroffenen Organisationseinheiten der Primärorganisation. Besetzt werden sollte der Personalausschuss mit Führungskräften, der von dem Projekt betroffenen Bereiche. Der Personalausschuss soll das Projektteam mit projektrelevantem Fachwissen unterstützen, die erarbeiteten Lösungen auf Realisierbarkeit überprüfen und hinsichtlich ihrer Auswirkungen, Risiken und Begleiterscheinungen für die betroffenen Mitarbeiter beurteilen (vgl. Huber (1987), S. 225). Dem Personalausschuss werden keine Entscheidungs- und Weisungsbefugnisse übertragen, aber ein Vetorecht für die Entscheidungen über Rationalisierungsmaßnahmen. Ein Veto muss der Personalausschuss gegenüber dem Lenkungsausschuss vertreten. Der Personalausschuss tritt bei Bedarf zusammen und wird nach Projektabschluss aufgelöst (vgl. Schulte-Zurhausen (2014), S. 451).

Die Projektorganisation kann bei entsprechender Projektgröße um einen **Projektservice** für die Dokumentation, die Administration, das Controlling, die Kommunikation und die Methodenberatung erweitert werden. Dieser erbringt spezielle Dienstleistungen für den Lenkungsausschuss, die Programm- und Projektleitung, die Projektteams und den Personalausschuss (vgl. Krüger (2005), S. 226). Abb. 3.20 zeigt ein Beispiel für die Organisationsstruktur eines komplexen Rationalisierungsprojekts.

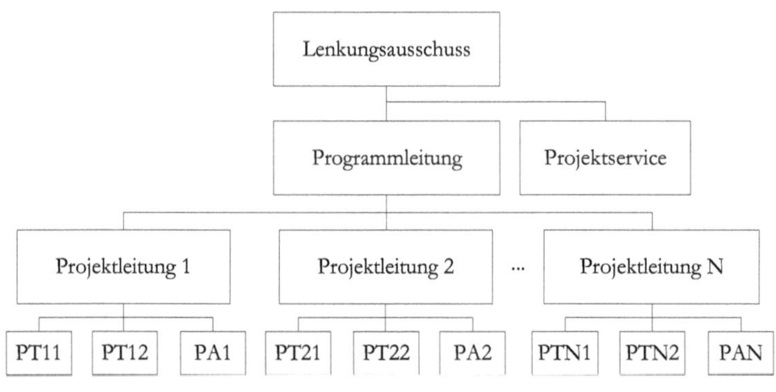

Abb. 3.20: Organisation eines Rationalisierungsprojekts

3.3.1.2 Aufgaben des Projektmanagements bei der Rationalisierung

Die Komplexität des Rationalisierungsprozesses und sein interdisziplinärer Charakter machen ein Projektmanagement erforderlich. Es beschäftigt sich mit der Gestaltung und Steuerung des Rationalisierungsprozesses (vgl. Marr/Steiner (2004), Sp. 1198), d. h. der Planung und Steuerung aller Aktivitäten im Rationalisierungsprozess unter Berücksichtigung der verfolgten Projektziele. Das Projektmanagement ist Aufgabe der Projektleitung (in Anlehnung an Corsten/Corsten/Gössinger (2008), S. 5 f.). Das **Projektmanagement der Rationalisierung** verläuft parallel zum Konzipieren und Umsetzen. Es umfasst entsprechend

- das Projektmanagement des Konzipieren sowie
- das Projektmanagement der Umsetzung.

Diese **Untergliederung des Projektmanagements** wird aus zwei Gründen eingeführt: (1) Das Konzipieren besteht aus Planungsaktivitäten, der Umsetzungsprozess vor allem aus Ausführungsaktivitäten. Die beiden Teilprozesse im Rationalisierungsprozess stellen damit unterschiedliche Anforderungen an die Projektorganisation und das Projektmanagement (vgl. Huber (1987), S. 224 f.). (2) Die Aktivitäten, die zur Umsetzung der geplanten Rationalisierungsmaßnahmen ausgeführt werden müssen, liegen erst nach Abschluss des Konzipierens fest. Sie können deshalb nicht gemeinsam mit dem Konzipieren geplant werden. Das Projektmanagement des Konzipierens und des Umsetzens sind deshalb zwei aufeinanderfolgende Teilprozesse des Projektmanagements der Rationalisierung.

Das Management von Rationalisierungsprojekten umfasst zwei **Arten von Aufgaben** (in Anlehnung an Krüger (1993), Sp. 3561 f.):

- die sachbezogenen und
- die personenbezogenen Aufgaben.

Die **sachbezogenen Aufgaben des Projektmanagements** haben die Planung und Steuerung des Rationalisierungsprozesses zum Inhalt, d. h. der Aktivitäten in den Phasen des Konzipierens und Umsetzens. Sie bilden den in Abb. 3.21 dargestellten **Prozess des Projektmanagements** (vgl. z. B. Haberfellner (1992), Sp. 2094 ff.; Krüger (1993), Sp. 3561 f.; Reiß (1996), Sp. 1662). **Personenbezogen** sind alle Aufgaben, durch welche die Projektteams gebildet und ihre Mitglieder zur Realisation des geplanten Rationalisierungsprozesses befähigt und motiviert werden. Die sach- und personenbezogenen Aufgaben werden sowohl für die Konzipierungs- als auch für die Umsetzungsprojekte ausgeführt.

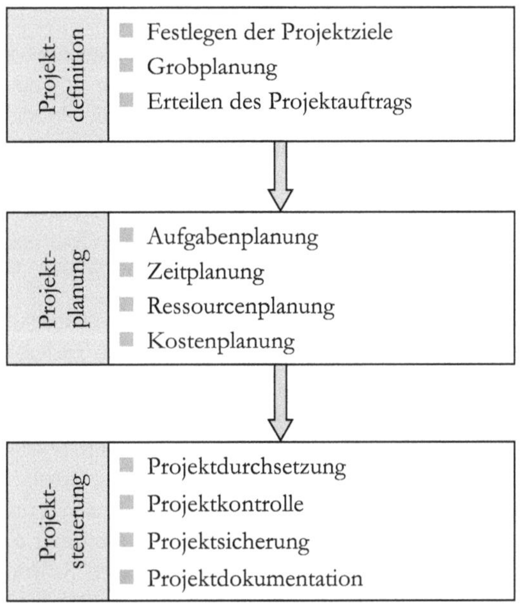

Abb. 3.21: Prozess des Projektmanagements

[1] Sachbezogene Aufgaben

Die **Projektdefinition** ergänzt das Initialisieren des Rationalisierungsprojekts, sofern der Rationalisierungsauftrag in mehrere Teilprojekte gegliedert wird. Aufgabe dieser Phase ist das Entwickeln der Projektteilaufträge und die Zusammenstellung des Projektteams (vgl. Marr/Steiner (2004), Sp. 1199). Die Zielfestlegung in der Phase der Projektdefinition umfasst die Zerlegung der Rationalisierungsziele in Teilziele. Die Grobplanung dient u. a. einer Zerlegung des Rationalisierungsprojekts in Teilabschnitte und der Festlegung von Meilensteinen. Meilensteine sind markante Projektzustände, zu denen eine sachlich-inhaltliche Überprüfung des Projekts durchgeführt und über die Freigabe weiterer Projektabschnitte entschieden wird. Der Projektauftrag enthält für jeden Meilenstein Vorgaben zu den Terminen sowie zu den finanziellen, personellen und sachlichen Ressourcen, die bis zum Erreichen des jeweiligen Meilensteins höchstens eingesetzt werden dürfen (vgl. Corsten/Corsten/Gössinger (2008), S. 152 f.).

Die **Aufgabenplanung** gliedert sich in die Projektstrukturplanung und die Projektablaufplanung. Aufgabe der Projektstrukturplanung ist die Zerlegung des Projektauftrags in Arbeitspakete und die Analyse der zwischen ihnen bestehenden Reihenfolgebeziehungen. Die identifizierten Arbeitspakete bilden die Grundlage der Projektablaufplanung. Diese umfasst die Planung der Reihenfolge, in der die Arbeitspakete bearbeitet werden sollen, unter Berücksichtigung der festgestellten Reihenfolgebeziehungen und der verfügbaren Ressourcen (vgl. Schmolke (2002), Sp. 1604 f.).

Aufgabe der **Zeitplanung** ist die Prognose der Vorgangsdauer jedes einzelnen Arbeitspakets im Rationalisierungsprozess. Mit den prognostizierten Vorgangsdauern werden im Projektablaufplan die Anfangs- und Endzeiten der Arbeitspakete unter Berücksichtigung des vorgegebenen Projektendtermins und der identifizierten Reihenfolgebeziehungen festgelegt. Ergebnis der Zeitplanung sind terminierte Arbeitspakete und Meilensteine, die als zeitliche Teilziele vorgegeben werden.

Im Rahmen der **Ressourcenplanung** wird für jedes Arbeitspaket im Rationalisierungsprozess der Ressourcenbedarf bei planmäßiger Ausführung geschätzt. Auf dieser Basis werden die für das Projekt verfügbaren Ressourcen auf die Arbeitspakete verteilt (vgl. Marr/Steiner (2004), Sp. 1201). Die **Kostenplanung** ordnet schließlich jedem Arbeitspaket im Rationalisierungsprozess auf der Grundlage der zugewiesenen Ressourcen die Rationalisierungskosten zu, die bei planmäßiger Bearbeitung anfallen werden. Für die Meilensteine werden Rationalisierungskostenziele ermittelt. Sie geben die Rationalisierungskosten vor, die bis zum Erreichen eines Meilensteins höchstens anfallen dürfen.

Aufgabe der **Projektdurchsetzung** ist zum einen, die Projektbearbeiter auf die Realisation der geplanten Arbeitspakete vorzubereiten und zum anderen die Voraussetzungen für die Realisation der geplanten Arbeitspakete zu schaffen. Die **Projektkontrolle** umfasst die Ermittlung und Analyse realisierter oder erwarteter Abweichungen von den Rationalisierungs- und Zeitzielen durch den Vergleich realisierter und geplanter Werte der Kontrollgrößen. Sie wird als Planfortschrittskontrolle durchgeführt, d. h. regelmäßig beim Erreichen eines Meilensteines im Rationalisierungsprozess (vgl. Haberfellner (1992), Sp. 2096). Treten Abweichungen auf, die nicht toleriert werden können, sind Maßnahmen zu ergreifen, um die identifizierten Störungen und Fehler zu mindern oder zu beseitigen (vgl. Schweitzer (2005), S. 81). Die Auswahl und Durchsetzung dieser Maßnahmen ist Gegenstand der **Projektsicherung**.

[2] Personenbezogene Aufgaben

Die personenbezogenen Aufgaben des Projektmanagements beziehen sich auf die Beteiligten in den Projektteams (Projektbearbeiter). Zu diesen Aufgaben zählen vor allem das Beeinflussen des Arbeitsverhaltens sowie das Sichern der erforderlichen Fachkenntnisse in den Projektteams. Als Maßnahmen zur **Beeinflussung des Arbeitsverhaltens** eignen sich:

- das Fördern der Akzeptanz der Projektziele durch
  - präzise Vorgaben,
  - den Nachweis der Realisierbarkeit der Projektziele,
  - das Erläutern der Bedeutung der Projektziele, insbesondere der ökonomischen Effektivität für die Unternehmung, und
  - das Einbeziehen des Projektteams in die Planung der Projektziele;
- das Gestalten von Anreizen sowie
- das Unterstützen der Arbeit der Projektteams durch
  - das Bereitstellen der erforderlichen Ressourcen und Informationen,
  - das Übermitteln von Rückkopplungsinformationen und
  - Hilfestellungen bei der Problembearbeitung.

Die Leistung der Projektteams kann durch **Wissensbarrieren** und bei innovativen Aufgabenstellungen auch durch **Kreativitätsbarrieren** beeinträchtigt werden. Zu den personenbezogenen Aufgaben des Projektmanagements zählen deshalb auch die Qualifizierung der Mitglieder der Projektteams für die Projektaufgabe und u. U. auch das Fördern ihrer Kreativität. Wissens- und Kreativitätsbarrieren in den Projektteams kann durch den Einsatz von

- Moderatoren und
- externen Beratern

begegnet werden. **Moderatoren** sind unternehmungsinterne oder -externe Experten, die am Konzipieren und Umsetzen von Rationalisierungsmaßnahmen mitwirken, jedoch nur einen mittelbaren Beitrag leisten. Sie sind keine Problemlöser, sondern Prozessbegleiter, die dazu beitragen, dass die Projektbeteiligten Rationalisierungsideen generieren, in Aktionsplänen konkretisieren und schließlich umsetzen (vgl. von Rosenstiel (1997), S. 227 f.). Sie verfügen über Methodenkompetenz und unterstützen die Projektbeteiligten bei der Anwendung der Methoden, indem sie z. B. Arbeitsschritte vorgeben und erläutern und für die Ausführung der Arbeitsschritte Anregungen geben. Der Moderator leistet Hilfe zur Selbsthilfe.

Berater sind unternehmungsexterne Projektbeteiligte, die einen unmittelbaren Beitrag zum Konzipieren und Umsetzen der Rationalisierungsmaßnahmen leisten (vgl. Seeger/Goede (1992), Sp. 318). Beiträge des Beraters zum Abbau von Wissensbarrieren in den Projektteams sind (in Anlehnung an Jarmai (1997), S. 173):

- die Bereitstellung von Prozess- und Fachwissen,
- die Einbringung neuer Lösungsperspektiven, d. h. das Überwinden von Betriebsblindheit, sowie
- die Erfahrung aus mehreren Rationalisierungsprojekten in Unternehmungen verschiedener Branchen.

Durch ihre Erfahrungen aus früheren Rationalisierungsprojekten fördern Berater u. a. die Realisation von Quick Hits (vgl. Janz/Krüger (2000), S. 169). Ein Berater kann durch seine Neutralität und Unvoreingenommenheit auch zum Abbau von Willens- oder Risikobarrieren der Beteiligten und Betroffenen gegen Rationalisierungsideen beitragen (vgl. Huber (1987), S. 228).

3.3.1.3 Einordnung in die Unternehmungsorganisation

Wird auf die Einrichtung projektbezogener Organisationseinheiten verzichtet, fallen die Projektleitung und -bearbeitung in den Aufgabenbereich mehrerer Instanzen und Ausführungsstellen der Primärorganisation. Alle Projektbeteiligten verbleiben auf ihren Stellen der Primärorganisation. Es wird deshalb von der dualen oder **linienintegrierten Projektorganisation** gesprochen. Koordiniert werden die Projektaktivitäten in einem Projektausschuss. Dieser ist mit Vertretern aller an dem Rationalisierungsprojekt beteiligten Abteilungen besetzt. Die Ausschussmitglieder widmen sich einem Rationalisierungsprojekt häufig nur neben ihren eigentlichen Aufgaben. Dieses Modell der Projektorganisation eignet sich für unbedeutende Rationalisierungsprojekte mit einem geringen Komplexitätsgrad (vgl. Frese/Graumann/Theuvsen (2012), S. 495). Bei umfangreichen oder komplexen Rationalisierungsprojekten bietet es sich an, für die Projektleitung projektspezifische Organisationseinheiten zu schaffen. Formen der Organisation mit struktureller Projektausrichtung sind die Stabs-Projektorganisation, die reine Projektorganisation und die Matrix-Projektorganisation (vgl. Frese/Graumann/Theuvsen (2012), S. 495 ff.).

Bei der **Stabs-Projektorganisation** wird die Projektleitung von Stabsstellen wahrgenommen, die keine Entscheidungs-, Verfügungs- oder Weisungskompetenzen gegenüber den am Rationalisierungsprojekt beteiligten Stellen der Primärorganisation haben. Die Projektleitung muss die beteiligten Stellen vielmehr durch ihre Informationen, ihre Fachkenntnisse und ihren Überblick über das Gesamtprojekt von ihren Plänen überzeugen. Bei dieser Organisationsform wird deshalb auch vom Einfluss-Projektmanagement gesprochen. Auch diese Organisationsform eignet sich nur für kleine und wenig komplexe Rationalisierungsprojekte.

Bei dem Modell der **reinen Projektorganisation** erhält die Projektleitung die alleinige Verfügungsgewalt über die für die Erfüllung des Rationalisierungsauftrags notwendigen Ressourcen. Die Projektbearbeiter werden aus der Primärorganisation ausgegliedert und für die Dauer des Rationalisierungsprojekts der Projektleitung unterstellt. Die Projektleitung wird mit allen Entscheidungs-, Weisungs- und Verfügungskompetenzen ausgestattet und trägt die Verantwortung für die Erfüllung des Rationalisierungsauftrags und die Erreichung der Rationalisierungsziele. Die Erfüllung des Rationalisierungsauftrags kann ungehindert von anderen Aufgaben in der Unternehmung verfolgt werden. Die reine Projektorganisation ist für Großprojekte mit einem hohen Komplexitäts- und Innovationsgrad vorgeschlagen worden.

Verbleiben die Ressourcen und die Projektbearbeiter in der Primärorganisation, wird die Projektleitung jedoch mit den für die Erfüllung des Rationalisierungsauftrags erforderlichen Entscheidungs-, Weisungs- und Verfügungskompetenzen ausgestattet, liegt eine **Matrix-Projektorganisation** vor. Es entsteht ein Mehrliniensystem, bei dem die Projektmitarbeiter Anweisungen sowohl von der Projektleitung als auch von der Instanz der Primärorganisation erhalten. Der Projektleitung werden keine Ressourcen fest zugeteilt. Sie verfügt jedoch über die Kompetenzen, um die Erfüllung des Rationalisierungsauftrags und die Erreichung der Rationalisierungsziele mit Nachdruck zu verfolgen. Sie kann den Organisationseinheiten der Primärorganisation Anordnungen erteilen, Leistungen für das Rationalisierungsprojekt zu erbringen.

3.3.2 Betriebliche Mitbestimmung bei der Rationalisierung

3.3.2.1 Mitwirkungs- und Mitbestimmungsrechte

Rationalisierung kann zur Veränderung des Personalbedarfs, zum Einsatz neuer Arbeitstechniken oder zu einer Änderung der Arbeitsorganisation führen. Rationalisierungsvorhaben unterliegen deshalb generell der **betrieblichen Mitbestimmung** nach dem Betriebsverfassungsgesetz (BetrVG) und dem Gesetz über Sprecherausschüsse der leitenden Angestellten (SprAnG). Die betriebliche Mitbestimmung betrifft die Beteiligung der Arbeitnehmer an Entscheidungen über soziale, personelle und wirtschaftliche Angelegenheiten, von denen sie unmittelbar betroffen sind, durch eine kollektive Interessenvertretung (vgl. Sundermann (1992), Sp. 1344 f.). Organe der kollektiven Interessenvertretung sind der Betriebsrat (§ 1 BetrVG), die Einigungsstelle (§ 76 BetrVG), der Wirtschaftsausschuss (§ 106 BetrVG) und der Sprecherausschuss der leitenden Angestellten (§ 1 SprAuG). Führt das Rationalisierungsvorhaben zu **be-**

triebsbedingten Kündigungen, ergibt sich aus dem Kündigungsschutzgesetz (KSchG) für den Arbeitgeber eine Reihe von Pflichten.

Nach § 106 BetrVG ist in Unternehmungen mit in der Regel mehr als 100 ständig beschäftigten Arbeitnehmern der Wirtschaftsausschuss über **Rationalisierungsvorhaben** und die sich daraus ergebenden Auswirkungen auf die Personalplanung unter Vorlage der erforderlichen Unterlagen zu informieren. Darüber hinaus fallen viele Rationalisierungsmaßnahmen und ihre Konsequenzen unter die Mitwirkungs- und Mitbestimmungsrechte des Betriebsrats und des Sprecherausschusses. Weiterhin sind Entlassungen, die aus Rationalisierungsmaßnahmen folgen, ab einer bestimmten Größenordnung der Agentur für Arbeit zu melden. Abb. 3.22 gibt einen Überblick über die gesetzlichen Regelungen, die für Rationalisierungsvorhaben relevant sein können.

Betriebsverfassungsgesetz (BetrVG)		
Gegenstand	Sachverhalte	Mitwirkungs- und Mitbestimmungsrechte
Soziale Angelegenheiten (§ 87 Abs. 1 BetrVG)	Vorübergehende Kürzung oder Verlängerung der betrieblichen Arbeitszeit, Festsetzung leistungsbezogener Entgelte (Anreizsysteme), Grundsätze über das betriebliche Vorschlagswesen	Zustimmungsrecht
Gestaltung von Arbeitsplatz, Arbeitsablauf und Arbeitsumgebung (§§ 90 f. BetrVG)	Planung neuer oder Änderung bestehender betrieblicher Bauten, technischer Anlagen, Arbeitsverfahren und Arbeitsabläufe sowie Arbeitsplätze	▪ Unterrichtungs- und Beratungsrecht ▪ Initiativrecht bei besonderen Belastungen der Arbeitnehmer (angemessene Maßnahmen zur Abwendung, zur Milderung oder zum Ausgleich der Belastungen)

Personelle Angelegenheiten	Allgemeine personelle Angelegenheiten (§§ 92, 92a BetrVG)	Personalplanung, gegenwärtiger und künftiger Personalbedarf, personelle Maßnahmen, Maßnahmen zur Berufsbildung	Unterrichtungs- und Beratungsrecht (Art und Umfang der erforderlichen Maßnahmen, Vermeidung von Härten)
		Vorschlagsrecht zur Sicherung und Förderung der Beschäftigung (z. B. flexible Gestaltung der Arbeitszeit, neue Formen der Arbeitsorganisation, Änderung der Arbeitsverfahren und Arbeitsabläufe, Alternativen zur Ausgliederung der Arbeit)	
	Berufsbildung (§§ 97 II, 98 BetrVG)	▪ Einführung von Maßnahmen der betrieblichen Berufsbildung, wenn Maßnahmen geplant oder durchgeführt werden, die dazu führen, dass sich die Tätigkeiten der Arbeitnehmer ändern und ihre beruflichen Kenntnisse und Fähigkeiten nicht mehr ausreichen ▪ Durchführung von Maßnahmen der betrieblichen Berufsbildung ▪ Auswahl der Teilnehmer an Maßnahmen der betrieblichen Berufsbildung, die vom Arbeitgeber gefördert werden	Zustimmungsrecht
	Personelle Einzelmaßnahmen (§ 99 BetrVG)	Einstellung, Eingruppierung, Umgruppierung und Versetzung	▪ Unterrichtungsrecht[1)] ▪ Zustimmungsverweigerungsrecht bei den in § 99 II abschließend aufgeführten Gründen[1)]
		Kündigung	Anhörungsrecht
		Ordentliche Kündigung	Widerspruchsrecht bei den in § 102 III abschließend aufgeführten Gründen

Wirtschaftliche Angelegenheiten	Unterrichtung in wirtschaftlichen Angelegenheiten (§ 106 BetrVG)[2]	▪ Rationalisierungsvorhaben ▪ Fabrikations- und Arbeitsmethoden, insbesondere die Einführung neuer Arbeitsmethoden ▪ Einschränkung oder Stilllegung von Betrieben oder von Betriebsteilen ▪ Verlegung von Betrieben oder Betriebsteilen ▪ Zusammenschluss oder Spaltung von Unternehmungen oder Betrieben ▪ Änderung der Betriebsorganisation oder des Betriebszwecks	Unterrichtungsrecht des Wirtschaftsausschusses, der den Betriebsrat zu unterrichten hat
	Betriebsänderungen (§§ 111 f. BetrVG)[1)]	Geplante Betriebsänderungen, die wesentliche Nachteile für die Belegschaft oder erhebliche Teile der Belegschaft zur Folge haben können; Betriebsveränderungen sind ▪ Einschränkung oder Stilllegung des ganzen Betriebs oder von wesentlichen Betriebsteilen ▪ Verlegung des ganzen Betriebs oder wesentlicher Betriebsteile ▪ Zusammenschluss mit anderen Betrieben oder die Spaltung von Betrieben ▪ Grundlegende Änderungen der Betriebsorganisation, des Betriebszwecks oder der Betriebsanlagen ▪ Einführung grundlegend neuer Arbeitsmethoden und Fertigungsverfahren	Unterrichtungs- und Beratungsrecht
		▪ Interessenausgleich über die Betriebsänderung	▪ Zustimmungsrecht ▪ Initiativrecht
		▪ Sozialplan	▪ Initiativrecht ▪ Zustimmungsrecht
Gesetz über Sprecherausschüsse der leitenden Angestellten (SprAuG)			
Arbeitsbedingungen und Beurteilungsgrundsätze (§ 30 SprAuG)		▪ Gehaltsgestaltung ▪ Allgemeine Arbeitsbedingungen	Unterrichtungs- und Beratungsrecht
Personelle Maßnahmen (§ 31 SprAuG)		Einstellung, personelle Veränderung	Unterrichtungsrecht
		Kündigung	▪ Anhörungsrecht ▪ Widerspruchsrecht

Wirtschaftliche Angelegenheiten (§ 32 SprAuG)	Wirtschaftliche Angelegenheiten nach § 106 BetrVG	Unterrichtungsrecht
	Betriebsänderungen nach § 111 BetrVG, die für die leitenden Angestellten wesentliche Nachteile haben können	Unterrichtungsrecht
	Interessenausgleich über die Betriebsänderung	Beratungsrecht
Kündigungsschutzgesetz (KSchG)		
Abfindungsanspruch bei betriebsbedingter Kündigung (§ 1a KSchG)	0,5 Monatsverdienste für jedes Jahr des Bestehens des Arbeitsverhältnisses	
Sozialauswahl bei betriebsbedingter Kündigung (§ 1 Abs. 3 KSchG)	Berücksichtigung sozialer Gründe bei der Auswahl der zu kündigenden Mitarbeiter (Dauer der Betriebszugehörigkeit, Lebensalter, Unterhaltspflichten, Schwerbehinderung)	
Anzeigepflicht (§ 17 KSchG)	Entlassung von ▪ mehr als 5 AN in Betrieben mit in der Regel mehr als 20 und weniger als 60 AN ▪ 10 % der regelmäßig beschäftigten AN oder aber mehr als 25 AN in Betrieben mit in der Regel mindestens 60 und weniger als 500 AN ▪ mindestens 30 AN in Betrieben mit in der Regel mindestens 500 AN innerhalb von 30 Tagen	▪ Anzeigepflicht gegenüber der Agentur für Arbeit ▪ Unterrichtungs- und Beratungspflicht (Möglichkeiten der Vermeidung oder Einschränkung der Entlassungen und Milderung ihrer Folgen) gegenüber dem Betriebsrat über die Gründe der geplanten Entlassungen, Art und Berufsgruppe der zu entlassenden Arbeitnehmer, Zeitraum, in dem die Entlassungen vorgenommen werden usw.
Entlassungssperre (§ 18 KSchG)	Anzeigepflichtige Entlassungen werden vor Ablauf eines Monats nach Eingang der Anzeige bei der Agentur für Arbeit nur mit ihrer Zustimmung wirksam	

1) Nur in Unternehmungen mit in der Regel mehr als 20 wahlberechtigten Arbeitnehmern
2) Nur in Unternehmungen mit in der Regel mehr als 100 wahlberechtigten Arbeitnehmern
AN Arbeitnehmer

Abb. 3.22: Rechtliche Regelungen zur Rationalisierung

Der Gesetzgeber sieht bei der Rationalisierung verschiedene Mitwirkungs- und Mitbestimmungsrechte der Arbeitnehmervertretungen vor. In Abb. 3.23 werden die Inhalte dieser **Mitwirkungs- und Mitbestimmungsrechte** erläutert (vgl. Hentze/Kammel (2001), S. 151 ff.; Gerum/Mölls (2009), S. 282 f.).

Mitwirkungsrechte	**Unterrichtungs- und Beratungsrechte** Der Betriebsrat oder der Wirtschaftsausschuss sind unter Vorlage der erforderlichen Unterlagen so frühzeitig über vorgesehene Maßnahmen und die daraus resultierenden Auswirkungen für die Arbeitnehmer zu informieren, dass die vom Betriebsrat vorgetragenen Vorschläge und Bedenken bei der Planung noch berücksichtigt werden können. Kommt die Unternehmung ihren Informationspflichten gegenüber dem Betriebsrat nicht nach, können Ansprüche der Arbeitnehmer auf Nachteilsausgleich begründet werden (vgl. Sundermann (1992), Sp. 1358).
	Anhörungsrechte bei Kündigungen Eine Kündigung, die ohne Anhörung des Betriebsrats ausgesprochen wird, ist unwirksam.
	Vorschlagsrechte Der Betriebsrat hat das Recht, Vorschläge zur Sicherung und Förderung der Beschäftigung und zum Interessenausgleich bei Betriebsänderungen zu unterbreiten. Die Ablehnung von Vorschlägen zur Beschäftigungssicherung und -förderung müssen vom Arbeitgeber begründet werden. Bei Meinungsverschiedenheiten zwischen Arbeitgeber und Betriebsrat über den Interessenausgleich bei Betriebsänderungen sind Dritte (Vorstand der Bundesagentur für Arbeit, Einigungsstelle) als Vermittler einzuschalten.
Mitbestimmungsrechte	**Zustimmungsrechte** Der Betriebsrat hat mitzubestimmen und bei Meinungsverschiedenheiten mit dem Arbeitgeber unter Einschaltung der Einigungsstelle eine verbindliche Regelung herbeiführen.
	Zustimmungsverweigerungsrechte bei personellen Einzelmaßnahmen Der Arbeitgeber hat den Betriebsrat über die geplanten Maßnahmen zu unterrichten. Verweigert der Betriebsrat seine Zustimmung, können die Maßnahmen nicht durchgeführt werden. Der Arbeitgeber kann beim Arbeitsgericht beantragen, die Zustimmung des Betriebsrats zu ersetzen.
	Widerspruchsrechte bei ordentlicher Kündigung Widerspricht der Betriebsrat einer ordentlichen Kündigung und klagt der Betroffene auf Feststellung, muss er auf Verlangen bis zum rechtskräftigen Abschluss des Rechtsstreits unter unveränderten Bedingungen weiterbeschäftigt werden.
	Initiativrechte Der Betriebsrat kann vom Arbeitgeber die Durchführung bestimmter Maßnahmen verlangen.

Abb. 3.23: Mitwirkungs- und Mitbestimmungsrechte bei der Rationalisierung

3.3.2.2 Interessenausgleich und Sozialplan

Bei Meinungsverschiedenheiten zwischen Arbeitgeber und Betriebsrat über geplante Betriebsänderungen werden Beratungen mit dem Ziel aufgenommen, einen **Interessenausgleich** herbeizuführen. Gegenstand der Verhandlungen sind die Notwendigkeit, die Art und der zeitliche Ablauf der Betriebsänderung, die technisch-organisatorischen und die personellen Maßnahmen sowie die Abgrenzung des betroffenen Personenkreises nach sozialen Gesichtspunkten (vgl. Schmidt (1989), S. 72 ff.).

Maßnahmen zur Abwendung, Milderung oder dem Ausgleich von Nachteilen der Betriebsänderung für die Arbeitnehmer sind Gegenstand des **Sozialplans**. Der klassische

Sozialplan hat eine Überbrückungs- und Versorgungsfunktion. Geregelt werden vor allem die Abfindungen bei Entlassungen und die Kompensation von Nachteilen bei Versetzungen.

Dem Sozialplan wird inzwischen zunehmend auch eine Beschäftigungssicherungsfunktion zugewiesen, die darin besteht, den Betroffenen neue, gleichwertige Beschäftigungschancen zu eröffnen oder die Existenzgründung zu ermöglichen. Diese Sozialpläne werden in der Wirtschaftspraxis auch als **Transfersozialpläne** bezeichnet (vgl. Kaba (2001), S. 21 f.). Sie konkretisieren die durchzuführenden Transfermaßnahmen. Das sind Maßnahmen, die der Eingliederung der Betroffenen in den Arbeitsmarkt oder ihrem Übergang in die Selbstständigkeit dienen. Seit dem 01.01.2004 werden nach § 216a SGB III Transfermaßnahmen finanziell gefördert. Transfermaßnahmen, die nach § 216a SGB III gefördert werden können, sind

- Profiling
  Arbeitsmarktlich zweckmäßige Maßnahme zur Feststellung der Eingliederungsaussichten (vgl. § 216b SGB III); Maßnahmen, durch welche die Leistungsfähigkeit, die Arbeitsmarktchancen und der Qualifikationsbedarf der Betroffenen festgestellt wird;
- Outplacement-Beratung
  Gezielte Hilfe bei der Bewerbung und Stellensuche, z. B. durch Stellensuche (aktive Ansprache von Unternehmungen, Auswertung von Stellenanzeigen in Zeitungen und im Internet), Beratung zu Stellenangeboten, Bewerbungstraining, Optimierung der Bewerbungsunterlagen;
- Kurzqualifizierung sowie
- Existenzgründerseminare.

Der Transfersozialplan kann den Betroffenen die Möglichkeit eröffnen, für maximal 12 Monate in eine **Transfergesellschaft** (früher: Beschäftigungsgesellschaft) zu wechseln. Nach § 216b SGB III erhält der Arbeitnehmer während dieser Zeit Transferkurzarbeitergeld. Die Förderung setzt u. a. voraus, dass eine Vermittlung nicht möglich ist und der Betroffene an einem Profiling teilgenommen hat. Die Transfergesellschaft bietet dem Arbeitnehmer Transfermaßnahmen an. Zu diesen zählen mit Ausnahme des Profiling die oben genannten Maßnahmen, Weiterbildungs- und Qualifizierungsmaßnahmen sowie die zeitliche Überlassung der Mitarbeiter an eine andere Unternehmung zum Zwecke der Erprobung oder Qualifizierung.

4 Kontinuierliche Verbesserung als Handlungsfeld

4.1 Grundlagen der kontinuierlichen Verbesserung

4.1.1 Abgrenzung der kontinuierlichen Verbesserung

Die kontinuierliche Verbesserung geht auf das japanische Kaizen zurück. In der Literatur wird sie gelegentlich als Teilgebiet des **Kaizen** verstanden. Danach umfasst das Kaizen alle Verbesserungsmaßnahmen in sämtlichen Bereichen der Unternehmung. Die kontinuierliche Verbesserung hat dagegen nur die von jedem Mitarbeiter in der Unternehmung getragene ständige Verbesserung der eigenen Arbeit in kleinen und kleinsten Schritten zum Inhalt (vgl. Simon (1996), S. 22). Üblich ist es jedoch, den Begriff „kontinuierliche Verbesserung" als Übersetzung für das japanische „Kaizen" (eigentlich: „Ändern zum Guten") zu verwenden (so auch Imai (1997), S. 1).

Die **kontinuierliche Verbesserung** (Kaizen) ist ein stetiger, von allen Führungskräften und Mitarbeitern getragener Prozess der Erarbeitung und Realisation kleiner, unzusammenhängender Verbesserungen der Leistungserbringung zur Erreichung des operativen Wirtschaftlichkeitsziels des Kostenmanagements.

Die kontinuierliche Verbesserung lässt sich danach durch die folgenden vier **Merkmale** beschreiben (vgl. Cooper/Slagmulder (2005b), S. 271):

- Erfolgszielorientierung,
- Verbessern der Leistungserbringung,
- Einbeziehen aller Mitarbeiter sowie
- Kontinuität des Verbesserungsprozesses.

Mit der kontinuierlichen Verbesserung wird das operative Wirtschaftlichkeitsziel des Kostenmanagements verfolgt. Dieses gibt den Beitrag zur Erreichung des kurzfristigen **Erfolgsziels** der Unternehmung vor, d. h. des finanziellen Ergebnisses, das mit dem geplanten Produktions- und Absatzprogramm erreicht werden soll. Realisiert werden soll das operative Wirtschaftlichkeitsziel durch Maßnahmen zur **Verbesserung der Leistungserbringung**. Diese Maßnahmen sind kurzfristig umsetzbar und betreffen Probleme bei der Leistungserbringung, die in Mängeln der Entscheidungen über betriebliche Rahmenbedingungen oder ihrer Umsetzung begründet sind. Die Verbesserungen können direkt zu Kostensenkungen führen oder indirekt über die Qualitätssicherung, die Verbesserung der Beziehungen zu den Lieferanten, die Erhöhung der quantitativen und zeitlichen Lieferzuverlässigkeit, die Steigerung der Produktivität oder der Arbeitssicherheit (vgl. Imai (1994), S. 35). Die Erarbeitung und Umsetzung dieser Verbesserungsmaßnahmen ist Aufgabe aller **Mitarbeiter** der Unternehmung. Die kontinuierliche Verbesserung ist selbstverständlicher und wesentlicher Bestandteil der Arbeitsaufgabe aller Führungskräfte und Mitarbeiter. Jede Verbesserungsmaßnahme, die erarbeitet und umgesetzt wird, bewirkt nur kleine Verbesserungen der Leistungserbringung. Die Realisation der operativen Wirtschaftlichkeitsziele verlangt deshalb die Erarbeitung einer **stetigen Folge von Verbesserungsmaßnahmen**.

Zur Verbesserung der Leistungserbringung können Prozesse, Produkte oder Potentiale angepasst werden. Nach diesen **Objekten** werden die folgenden Teilbereiche der kontinuierlichen Verbesserung unterschieden:

- das Prozess-Kaizen,
- das Produkt-Kaizen und
- das Potential-Kaizen.

Beim **Prozess-Kaizen** werden zur Verbesserung der Leistungserbringung abgegrenzte Prozesse gestaltet. Das können Prozesse sein, die an einem Arbeitsplatz oder in einem Bereich ablaufen, aber auch bereichsübergreifende Prozesse. Nach der Abgrenzung der Prozesse kann das Prozess-Kaizen im Aufgabenbereich der einzelnen Mitarbeiter, bereichsinterner oder bereichsübergreifender Teams liegen. Das **Produkt-Kaizen** bezieht sich jeweils auf ein einzelnes Produkt in der Marktphase des Produktlebenszyklus oder auf ein Bauteil, das in mehrere Produkte eingeht. Das Produkt-Kaizen wird projektbezogen ausgeführt. Das **Potential-Kaizen** zielt auf die Verringerung der Anzahl verschiedenartiger Einzelteile, Bauteile und Werkzeuge in der Unternehmung. Durch dieses Teilgebiet der kontinuierlichen Verbesserung wird eine Senkung der Gemeinkosten durch den Abbau von Komplexität im indirekten Leistungsbereich angestrebt (vgl. Cooper/Slagmulder (2005b), S. 282). Die Verringerung der Anzahl verschiedenartiger Einzelteile, Bauteile und Werkzeuge erfordert die Anpassung von Produkten und Prozessen und kann deshalb nur durch multifunktional zusammengesetzte Teams realisiert werden.

Nach den **Organisationseinheiten**, die Verbesserungen erarbeiten und umsetzen, werden drei weitere Teilbereiche des Kaizen abgegrenzt (vgl. Imai (1994), S. 111 ff.):

- das managementorientierte Kaizen,
- das gruppenorientierte Kaizen sowie
- das personenorientierte Kaizen.

Das **managementorientierte Kaizen** zielt auf komplexere Probleme, zu deren Bearbeitung bereichsübergreifende Teams erforderlich sind. Es wird von einer Instanz oder Experten getragen. Diese wählen das zu bearbeitende Problem aus, setzen ein Team zur Problembearbeitung ein und entscheiden schließlich über die zu realisierenden Verbesserungsmaßnahmen. Das managementorientierte Kaizen dient der Verbesserung von Produkten, Potentialen und bereichsübergreifenden Prozessen. Es wird in der Form spezieller Kaizen-Projekte ausgeführt.

Im Mittelpunkt des **gruppenorientierten Kaizen** stehen Verbesserungen der Prozesse in den Arbeitsbereichen. Die Verbesserungsmaßnahmen werden von den Führungskräften und Mitarbeitern des jeweiligen Arbeitsbereichs entweder in Kleingruppen erarbeitet, die sich regelmäßig treffen, oder in mehrtägigen Workshops, die gelegentlich durchgeführt werden. Institutionalisiert wird die Arbeit in Kleingruppen durch Qualitätszirkel (vgl. Imai (1994), S. 126). Mit dieser Organisationsform soll das geistige und praktische Potential der Mitarbeiter stärker als bisher im Sinne der Unternehmungsziele genutzt werden (vgl. Domsch (1985), S. 429).

In **Qualitätszirkeln** erarbeiten kleinere Gruppen, die sich aus Mitarbeitern der unteren Hierarchieebenen zusammensetzen, auf freiwilliger Basis in einer Serie regelmäßig durchgeführter moderierter Gesprächsrunden Lösungen für Probleme oder Schwachstellen des eigenen Arbeitsbereichs, die sie anschließend präsentieren, umsetzen und kontrollieren (vgl. Domsch (1985), S. 428).

Beim **personenorientierten Kaizen** wird die kontinuierliche Verbesserung der Leistungserbringung erreicht, indem Mitarbeiter Vorschläge zur Verbesserung der Arbeit am eigenen Arbeitsplatz entwickeln und realisieren (vgl. Japan Human Relations Association (1995), S. 48 ff.). Die Verbesserungsvorschläge können sich u. a. auf den Arbeitsablauf und das Arbeitsumfeld, das durch die Maschinen, Werkzeuge und Geräte und ihre Anordnung geprägt ist, sowie die administrativen Tätigkeiten beziehen und beispielsweise Einsparungen bei den Ressourcen, eine Erhöhung der Arbeitssicherheit, eine Verkürzung der Durchlaufzeiten oder eine Steigerung der Produktqualität bewirken. Institutionalisiert wird das personenorientierte Kaizen durch ein betriebliches Vorschlagswesen (vgl. Imai (1994), S. 144 ff.).

Das **betriebliche Vorschlagswesen** ist ein System der Unternehmung zur Anregung, Prüfung, Umsetzung und Anerkennung oder Honorierung von Verbesserungsvorschlägen, die überwiegend von Mitarbeitern eingebracht werden (vgl. Grochla (1978), S. 5; Anić (2001), S. 36).

Die Vorgaben zur Umsetzung des operativen Wirtschaftlichkeitsziels werden beim managementorientierten Kaizen für jedes einzelne Projekt geplant. Beim gruppen- und personenorientierten Kaizen werden für jeden Bereich der Unternehmung periodenbezogene Vorgaben geplant. Das gruppen- und personenorientierte Kaizen wird deshalb auch unter dem Begriff des **bereichsbezogenen Kaizen** zusammengefasst (vgl. Monden (1999), S. 327). Abb. 4.1 stellt die verschiedenen Bereiche des Kaizen gegenüber.

Teilbereiche / Merkmale	Managementorientiertes Kaizen	Bereichsbezogenes Kaizen	
		Gruppenorientiertes Kaizen	Personenorientiertes Kaizen
Träger der Erarbeitung und Umsetzung von Verbesserungsmaßnahmen	Management, Experten/ Projektteams	Gruppen von Mitarbeitern aus einem Arbeitsbereich	Mitarbeiter
Organisatorische Verankerung	Projektorganisation	Qualitätszirkel, Workshops	Betriebliches Vorschlagswesen
Objekt der Verbesserungsmaßnahmen	Produkte, Potentiale, bereichsübergreifende Prozesse	Prozesse im Arbeitsbereich	Prozesse am Arbeitsplatz
Art der Vorgaben zur Umsetzung des operativen Wirtschaftlichkeitsziels	Projektbezogene Vorgaben	Bereichsbezogene Vorgaben	Bereichsbezogene Vorgaben

Abb. 4.1: Teilbereiche des Kaizen

4.1.2 Ziele der kontinuierlichen Verbesserung

Wie bei der Rationalisierung werden auch bei der kontinuierlichen Verbesserung **drei Arten von Zielen** verfolgt: ökonomische Effektivitätsziele, soziale Effektivitätsziele sowie Verbesserungskostenziele.

[1] Ökonomische Effektivitätsziele

Die kontinuierliche Verbesserung beginnt mit der Verstetigung eines Vorhabens zur Neugestaltung oder Rationalisierung von Rahmenbedingungen und dauert bis zur Initialisierung eines nachfolgenden Rationalisierungsvorhabens an (vgl. Imai (1994), S. 47 ff.). Sind bei einem Rationalisierungsvorhaben die Kosten- oder Leistungsziele nicht erreicht worden, ist zunächst die festgestellte Zielabweichung für das ökonomischen Effektivitätsziel der kontinuierlichen Verbesserung bestimmend. Sind die Kosten- und Leistungsziele dagegen erreicht worden, soll durch die kontinuierliche Verbesserung das erreichte Niveau der Zielerreichung erhalten und verbessert werden. In diesem Fall bildet das **operative Wirtschaftlichkeitsziel** des Kostenmanagements das ökonomische Effektivitätsziel der kontinuierlichen Verbesserung (in Anlehnung an Monden/Hamada (1991), S. 25 f.) und das geplante Periodenprogramm die effektivitätsbezogene Restriktion.

Die **ökonomischen Effektivitätsziele** der kontinuierlichen Verbesserung sind entweder das operative Wirtschaftlichkeitsziel des Kostenmanagements oder zeitlich und sachlich begrenzt die Abweichung von den Kosten- und Leistungszielen eines Rationalisierungsvorhabens oder eines Vorhabens der effizienzorientierten Neugestaltung.

Umgesetzt wird das operative Wirtschaftlichkeitsziel durch **Vorgaben** für Kaizen-Projekte und Bereiche (z. B. Kostenstellen, Abteilungen, Werke), die Maßnahmen zur Verbesserung der Leistungserbringung erarbeiten und umsetzen sollen. Dabei sind neben direkten Kostensenkungen auch Leistungssteigerungen von Bedeutung, aus denen kurz- oder mittelfristig weitere Kostensenkungen folgen. Beispiele für diese Verbesserungen sind Einsparungen beim Einsatz personeller oder maschineller Ressourcen, die Senkung der Fehlerrate, die Erhöhung der Arbeitssicherheit, die Verkürzung der Durchlaufzeiten und die Verringerung der Lagerbestände.

[2] Soziale Effektivitätsziele

Die Realisation der ökonomischen Effektivitätsziele setzt voraus, dass von den Führungskräften und Mitarbeitern in stetiger Folge Maßnahmen zur Verbesserung der Leistungserbringung erarbeitet und umgesetzt werden. Im Handlungsfeld der kontinuierlichen Verbesserung ist es deshalb Aufgabe des Kostenmanagements, die Führungskräfte und Mitarbeiter zu beeinflussen, um ihr **Verbesserungsverhalten** an den Zielen zur ökonomischen Effektivität auszurichten. Das Verbesserungsverhalten ist ein Merkmal des Arbeitsverhaltens von Mitarbeitern, das sich in dem Beitrag zur Erreichung der Unternehmungsziele durch das Einbringen und Umsetzen von Verbesserungsvorschlägen äußert.[15]

Die **sozialen Effektivitätsziele** der kontinuierlichen Verbesserung sind Aussagen über ein für die Erreichung der Ziele der ökonomischen Effektivität förderliches Verbesserungsverhalten, das als Ergebnis der Beeinflussung der Führungskräfte und Mitarbeiter eintreten soll.

Die aktive Mitwirkung der Führungskräfte und Mitarbeiter an der kontinuierlichen Verbesserung kann intrinsisch oder extrinsisch motiviert sein. **Extrinsisch motiviert** sind Verbesserungsaktivitäten, die über außerhalb der Verbesserungsaktivitäten liegende Anreize ausgelöst oder aufrechterhalten werden, wie z. B. über Sach- und Geldprämien. Die **intrinsische Motivation** resultiert direkt aus der Erarbeitung und Umsetzung von Verbesserungsmaßnahmen durch die Befriedigung sozialer Motive, Achtungsmotive oder des Wachstumsmotivs der Selbstverwirklichung (in Anlehnung an Deppe (1991), S. 657 ff.). Intrinsische Motivation kann sich auch indirekt aus dem durch die Verbesserung veränderten Aufgaben- oder Arbeitsumfeld ergeben (vgl. Thom (1991), S. 604 f.), wie z. B. durch eine Erleichterung der Arbeit oder eine Steigerung der Arbeitssicherheit.

Die Bereitschaft der Mitarbeiter, sich aktiv an Verbesserungsaktivitäten zu beteiligen, kann durch Barrieren gefährdet sein. **Systembedingte Barrieren** sind alle Unternehmungsbedingungen, die Verbesserungsaktivitäten der Mitarbeiter behindern oder sogar verhindern. Beispiele für systembedingte Barrieren sind eine hohe Arbeitsbelastung, der begrenzte Zugriff auf erforderliche Informationen (vgl. von Bismarck (2000), S. 150), die verzögerte Umsetzung eingereichter Verbesserungsvorschläge durch langwierige Beurteilungs- und Genehmigungsverfahren (vgl. Thom (1996), Sp. 2230) oder das ablehnende Verhalten von Vorgesetzten, die einen Verbesserungsvorschlag vielfach als Hinweis auf ein persönliches Versäumnis oder Kritik an ihren Fähigkeiten verstehen (vgl. Staudt/Schmeisser (1986), S. 294). **Personenbedingte Barrieren** der kontinuierlichen Verbesserung sind (vgl. Thom (2003), S. 47)

- Wissensbarrieren,
- Willensbarrieren und
- Risikobarrieren.

Wissensbarrieren liegen vor, wenn Mitarbeiter tatsächlich oder vermeintlich nicht in der Lage sind, Probleme zu erkennen, Lösungen zu finden oder einen Verbesserungsvorschlag schriftlich auszuarbeiten. Sie können in fehlenden Fachkenntnissen begründet sein oder darin, dass die Mitarbeiter die Möglichkeiten und die Funktionsweise der Qualitätszirkel oder des betrieblichen Vorschlagwesens nicht kennen (vgl. Urban (1993), S. 37). Wissensbarrieren können durch Schulungen der Mitarbeiter abgebaut werden. Themen dieser Schulungen können die Merkmale der kontinuierlichen Verbesserung, der PDCA-/SDCA-Zyklus, die Checklisten und Instrumente der kontinuierlichen Verbesserung sowie der Aufbau und die Funktionsweise des betrieblichen Vorschlagswesens und der Qualitätszirkel sein (vgl. Kajüter (2000), S. 415). Unter

[15] Die Merkmale des Arbeitsverhaltens werden in Abschnitt 9.1.1.1 erläutert.

Willensbarrieren können alle Konflikte zwischen den Unternehmungszielen und den individuellen Zielen der Mitarbeiter zusammengefasst werden. Diese Konflikte äußern sich in Gleichgültigkeit gegenüber dem Betriebsgeschehen, Ressentiments gegenüber der Unternehmung und eine negative Einstellung gegenüber Veränderungen. Willensbarrieren können aber auch aus der Befürchtung entstehen, dass Vorschläge nicht objektiv beurteilt werden (vgl. Läge (2002), S. 16). Ursache der **Risikobarrieren** sind Ängste vor materiellen oder ideellen Nachteilen aus den erarbeiteten und umgesetzten Verbesserungsvorschlägen, z. B. Arbeitsplatzverlust, Schwierigkeiten mit Kollegen oder Vorgesetzten (vgl. Thom (2003), S. 48 ff.; Deppe (1991), S. 661).

[3] Verbesserungskostenziele

Dem Beitrag zur Realisation des operativen Wirtschaftlichkeitsziels des Kostenmanagements stehen die Verbesserungskosten gegenüber. Das sind die Kosten, die für die kontinuierliche Verbesserung zusätzlich anfallen. Beispiele für die **Verbesserungskosten** sind die Lohn- und Gehaltskosten der bezahlten Überstunden für die Arbeit in den Qualitätszirkelgruppen, die Kosten für Sachmittel, die bei der Umsetzung der Verbesserungsmaßnahmen verbraucht werden, sowie die Kosten für die Beeinflussung der Führungskräfte und Mitarbeiter, wie z. B. Prämien für umgesetzte Verbesserungsvorschläge und Honorare für die Durchführung von Schulungen zur Vorbereitung von Führungskräften und Mitarbeitern auf die kontinuierliche Verbesserung. Zur Sicherung der Effizienz der kontinuierlichen Verbesserung werden Verbesserungskostenziele festgelegt.

Verbesserungskostenziele sind Aussagen über die Kosten, die in den Bereichen oder Projekten für die Realisation der ökonomischen Effektivitätsziele höchstens anfallen sollen.

4.1.3 Strategien der kontinuierlichen Verbesserung

Die Strategien der kontinuierlichen Verbesserung beschreiben mögliche Vorgehensweisen zur Beeinflussung der Führungskräfte und Mitarbeiter, die bei gegebenen Bereitschaftsbarrieren eine Erreichung der sozialen Effektivitätsziele bewirken. Zur Einflussnahme auf das Verbesserungsverhalten von Mitarbeitern und Führungskräften werden zwei Strategien vorgeschlagen (vgl. Japan Human Relations Association (1995), S. 119 ff.):

- die Push-Strategie und
- die Pull-Strategie.

Die **Push-Strategie** sieht Maßnahmen vor, von denen ein mehr oder weniger starker Druck auf die Mitarbeiter ausgeht, aktiv an Verbesserungsaktivitäten mitzuwirken. Zu diesen Maßnahmen zählen die Planung und Kontrolle von Vorgaben, Zielvereinbarungen mit den Mitarbeitern sowie Kommunikationsmaßnahmen. Zielvereinbarungen sind Kosten- und Leistungsziele, die der Vorgesetzte mit seinen Mitarbeitern in Mitarbeitergesprächen festlegt. Ein Vorteil der Zielvereinbarung wird darin gesehen, dass sich die Mitarbeiter stärker zur Zielerreichung verpflichten. Zielvereinbarungen fördern die Eigenverantwortung der Mitarbeiter und eröffnen ihnen Handlungsspielräume auf dem Weg zur Zielerreichung. Es wird deshalb erwartet, dass Zielvereinbarungen auf die Mitarbeiter motivierend wirken (vgl. Breisig (2004), Sp. 2053 f.). Zweck der Kommunikationsmaßnahmen ist es, die Mitarbeiter über die Funktionsweise des betrieblichen Vorschlagswesens zu informieren und zur aktiven Mitwirkung anzuregen. Beispiele für Kommunikationsmaßnahmen sind der Einsatz von Broschüren und Plakaten, Ausstellungen zu erfolgreichen Verbesserungsvorschlägen und die Veröffentlichung von Mustervorschlägen am Schwarzen Brett (vgl. Thom (1996), Sp. 2228 f.).

Mit **Pull-Strategien** werden Anreize geschaffen, die mindestens ein Motiv aktivieren, zu dessen Befriedigung das erwünschte Verbesserungsverhalten beiträgt. **Extrinsische Anreize** gehen von Prämiensystemen zur Bewertung und Honorierung erarbeiteter oder umgesetzter Verbesserungen aus. Diesen Prämiensystemen wird im traditionellen betrieblichen Vorschlagswesen eine hohe Bedeutung beigemessen. Eine ausschließlich an extrinsischen Anreizen orientierte Beeinflussung von Mitarbeitern ist nicht dauerhaft erfolgreich, da sie den Eigenantrieb der Mitarbeiter schwächt, d. h. das Interesse der Mitarbeiter von der Verbesserung auf die Belohnung verschieben. Im Kaizen werden neben extrinsischen Anreizen deshalb verstärkt intrinsische Anreize geschaffen (vgl. Hahn (2000), S. 209 f.). Als **intrinsische Anreize** werden genannt (vgl. Japan Human Relations (1995), S. 121 f.):

- Unterstützung und Anleitung der Mitarbeiter bei der Ausarbeitung und Umsetzung der Verbesserungsvorschläge durch den Vorgesetzten,
- Objektivität der Beurteilung und Bewertung der Verbesserungsvorschläge sowie
- Unmittelbarkeit der Reaktion auf eingereichte Verbesserungsvorschläge.

Für die Vorgesetzten sind Verbesserungsvorschläge Zusatzarbeit im Tagesgeschäft und werden von ihnen teilweise auch als Kritik am Zustand ihres Aufgabenbereichs verstanden. Sie stehen den Verbesserungsaktivitäten ihrer Mitarbeiter deshalb vielfach ablehnend gegenüber. Diese Einstellung kann das Filtern, Blockieren oder Verzögern der Begutachtung oder subjektive Bewertungen von Vorschlägen zur Folge haben (vgl. Staudt/Schmeisser (1986), S. 294). Um diesem Verhalten entgegenzuwirken, können mit den **Vorgesetzten** Zielvereinbarungen getroffen werden, die das Vorschlagsaufkommen der Mitarbeiter in ihrem Verantwortungsbereich zum Inhalt haben. Durch die regelmäßige Kontrolle und Diskussion dieser Zielvereinbarungen auf übergeordneter Ebene werden die Vorgesetzten angehalten, die Verbesserungsaktivitäten ihrer Mitarbeiter zu unterstützen und die vorgeschlagenen Verbesserungen zügig und sachlich gut begründet zu bewerten. Durch die Aufwertung und die Integration der Förderung von Verbesserungsaktivitäten in das Alltagsgeschäft des Vorgesetzten werden für die Mitarbeiter intrinsische Anreize zur aktiven Mitwirkung an Verbesserungsaktivitäten geschaffen. In diesem Sinne kann das Prämiensystem auch eine Prämienbeteiligung der Vorgesetzten und der Gutachter vorsehen, um sie zu einer zügigen und objektiven Begutachtung zu motivieren (vgl. Simon (1996), S. 32 f.). Abb. 4.2 gibt einen zusammenfassenden Überblick über die Strategien der kontinuierlichen Verbesserung.

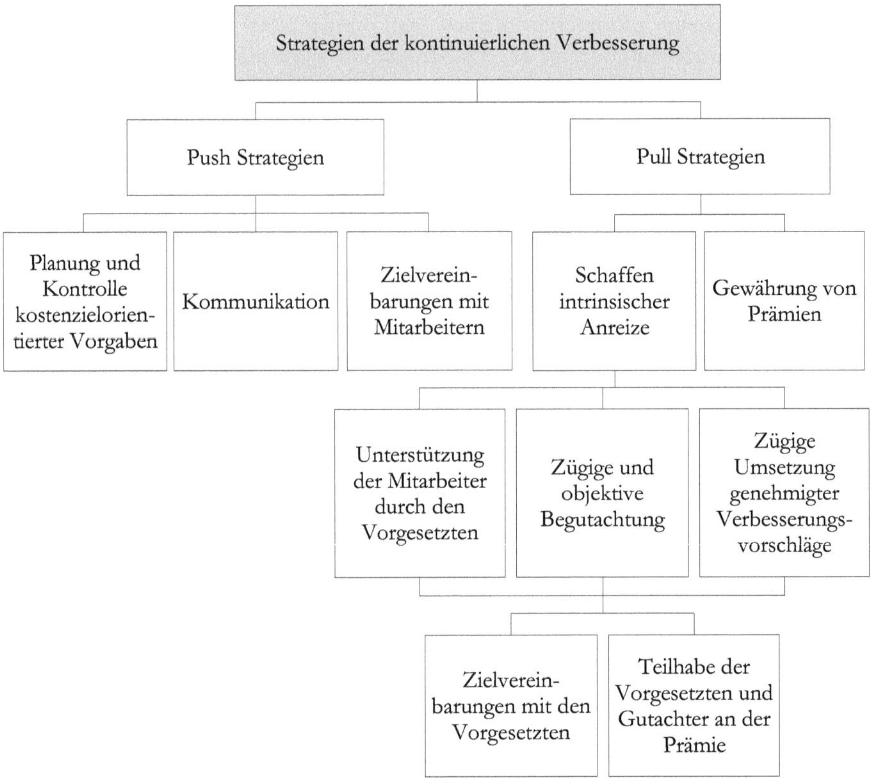

Abb. 4.2: Strategien zur Einflussnahme auf das Verbesserungsverhalten

4.2 Sachbezogene Aufgaben bei der kontinuierlichen Verbesserung

4.2.1 Planung von Vorgaben für die kontinuierliche Verbesserung

4.2.1.1 Arten von Vorgaben für die kontinuierliche Verbesserung

Zur Umsetzung der operativen Wirtschaftlichkeitsziele des Kostenmanagements bei der kontinuierlichen Verbesserung werden zwei **Arten von Vorgaben** geplant und kontrolliert (vgl. Horváth/Lamla (1995), S. 80 ff.):

- Kaizen Cost und
- nichtmonetäre Kennzahlen.

Kaizen Cost geben den Kostensenkungsbetrag an, den ein Verantwortungsbereich innerhalb des Planungszeitraums durch kontinuierliche Verbesserungen erbringen muss, wenn ein kurzfristiges Erfolgsziel erreicht werden soll.

Vorgegeben werden die Kaizen Cost den **Führungskräften** in den Verantwortungsbereichen. Für **Mitarbeiter**, die in den Verantwortungsbereichen Verbesserungsmaßnahmen vorschlagen und umsetzen sollen, sind Kostenvorgaben aus folgenden Gründen nicht geeignet (in Anlehnung an Horváth/Lamla (1995), S. 79 f.):

- **Fehlende Echtzeit-Rückkopplung**
  Kostenwirkungen von Verbesserungsmaßnahmen können nicht unmittelbar beobachtet werden, sondern müssen auf der Basis von Preisen sowie Mengen- und Zeitgrößen berechnet werden. Bei Kostendaten kann es deshalb keine Echtzeit-Rückkopplung geben, d. h., Informationen über die Kostenwirkungen von Verbesserungsmaßnahmen können nur zeitlich verzögert bereitgestellt werden. Aufgrund der zeitlichen Distanz und der Tatsache, dass sich mehrere Kosteneinflussgrößen gleichzeitig verändern können, kann kein unmittelbar erkennbarer Zusammenhang zwischen den umgesetzten Verbesserungsmaßnahmen und den Veränderungen bei den Kosten hergestellt werden. Dadurch bleiben Lerneffekte aus.
- **Unzureichende Akzeptanz von Kostenvorgaben**
  Ursachen der Akzeptanzprobleme sind die Manipulierbarkeit und die schwierige Interpretation von Kostengrößen. Bei der Erfassung und Verrechnung von Kosten gibt es eine Vielzahl von Freiräumen, die rechnungszielorientiert zu schließen sind und zu Manipulationen genutzt werden können (vgl. Schweitzer/Küpper (2008), S. 729 f.). Mitarbeitern im Leistungserstellungsprozess fehlen vielfach die Kenntnisse zur sachgemäßen Interpretation von Kostendaten.
- **Begrenzte Auswertbarkeit von Kostengrößen**
  Kostengrößen sind hoch verdichtet. Auch bei Einsatz sehr differenzierter Systeme der Kostenrechnung, wie z. B. der flexiblen Plankostenrechnung, können Kostenabweichungen nur auf einige wenige, vorab festgelegte Kosteneinflussgrößen zurückgeführt werden.
- **Geringe Beeinflussbarkeit der Kosten**
  Durch die kontinuierliche Verbesserung kann häufig zunächst nur eine Veränderung der Nutzung von Potentialgütern erreicht werden. Erst wenn der Bedarf an Potentialgütern in einem Umfang gesenkt worden ist, dass Kapazitäten abgebaut werden können, sind umfangreichere Kostensenkungen möglich. Diese müssen durch Entscheidungen der zuständigen Instanzen über die Potentialgüter realisiert werden.

Mitarbeitern werden deshalb einige wenige **nichtmonetäre Kennzahlen** vorgegeben, die verständlich sind, zeitnah ermittelt werden können und Einfluss auf die Kosten haben (vgl. Horváth/Lamla (1995), S. 81 ff.). Abb. 4.3 zeigt Beispiele für diese Kennzahlen aus verschiedenen Funktionsbereichen der Unternehmung (vgl. Horváth/Lamla (1995), S. 82; Kajüter (2000), S. 111).

Bereich \ Dimension	Mengenkennzahlen	Qualitätskennzahlen	Zeitkennzahlen
Entwicklung	Anzahl der Gleichteile Anzahl der Prototypen	Anzahl der Konstruktionsänderungen	Entwicklungszeiten
Beschaffung	Anzahl der Lieferanten Anzahl der Bestellungen Höhe der Einsatzgüterbestände	Anzahl fehlerhafter Kaufteile Anzahl verspäteter Lieferungen	Lieferzeit der Lieferanten Liefertreue der Lieferanten
Fertigung	Anzahl der Zwischenlager Höhe der Bestände in Zwischenlagern	Anteil der Gut-Teile Höhe des Ausschusses	Ausfallzeiten der Maschinen Durchlaufzeiten Rüstzeit
Vertrieb	Anzahl der Kunden Anzahl der Aufträge	Anzahl der Kundenreklamationen Anzahl zurückgerufener Produkte	Eigene Lieferzeit Eigene Liefertreue
Verwaltung	Anzahl der Buchungen	Anzahl fehlerhafter Rechnungen	Buchungszeit

Abb. 4.3: Beispiele für nichtmonetäre Kennzahlen

4.2.1.2 Kaizen Costing zu Planung der Vorgaben

Cooper/Slagmulder verstehen unter Kaizen Costing die Verringerung der Kosten von Produkten in der Marktphase des Produktlebenszyklus (vgl. Cooper/Slagmulder (2005b), S. 271). Nach diesem Verständnis hat das Kaizen Costing die Senkung der Kosten von Produkten im Produktions- und Absatzprogramm der Unternehmung zum Ziel, während mit dem Kaizen auch eine Steigerung der Qualität dieser Produkte und der Lieferzuverlässigkeit angestrebt wird (vgl. Cooper (1998), S. 279). Nach der Auffassung in der japanischen Literatur handelt es sich beim **Kaizen Costing** um ein System zur Planung und Kontrolle von Kostenvorgaben für die kontinuierliche Verbesserung (vgl. Monden/Lee (2000), S. 230). Zweck des Kaizen Costing ist es, für die Verantwortungsbereiche Kostenvorgaben zu planen und zu kontrollieren, um die Führungskräfte und Mitarbeiter zur aktiven Mitwirkung an Verbesserungsaktivitäten anzuhalten und damit die kurzfristigen Erfolgsziele zu sichern (vgl. Monden (1999), S. 333 f.).

Das **Kaizen Costing** ist ein Teilsystem des Planungs- und Kontrollsystems der Unternehmung, in dem die Kostenvorgaben für die kontinuierliche Verbesserung in den Verantwortungsbereichen geplant, durchgesetzt und kontrolliert werden.

Auch die Systeme der **traditionellen Plankostenrechnung**, wie z. B. die flexible Plankostenrechnung, sehen die Planung und Kontrolle von Kostenvorgaben für Verantwortungsbereiche vor (vgl. z. B. Friedl (2010), S. 222 ff., 308 ff.). Anders als das Kaizen Costing bezwecken Systeme der traditionellen Plankostenrechnung keine Erhöhung, sondern die Sicherung der Wirtschaftlichkeit in den Kostenstellen. Systeme der traditionellen Plankostenrechnung sind für das Handlungsfeld der Sicherung einer effizienzorientierten Leistungserbringung, d. h. das Vermeiden von Ineffizienzen bei gegebenen Rahmenbedingungen, entwickelt worden und das Kaizen Costing für das Handlungsfeld der kontinuierlichen Verbesserung, die den Abbau von Ineffizienzen bei gegebenen Rahmenbedingungen erfordert. Abb. 4.4 gibt einen Überblick über die daraus resultierenden Unterschiede zwischen den Systemen der traditionellen Plankostenrechnung und dem Kaizen Costing (in Anlehnung an Monden/Lee (2000), S. 241).

Abgrenzungsmerkmal \ System		Systeme der traditionellen Plankostenrechnung	Kaizen Costing
Rechnungsziel	Sachziel	Planung und Kontrolle von Kostenvorgaben	Planung und Kontrolle von Kosten**senkungs**vorgaben
	Formalziel	Sicherung der Wirtschaftlichkeit	Verbesserung der Wirtschaftlichkeit zur Realisation des kurzfristigen Erfolgsziels
Prämissen der Kostenplanung		Konstante Produktionsbedingungen (gegebene Produkte, Programme und Prozesse)	Kontinuierliche Verbesserung der Leistungserbringung
Verantwortungsbereiche		Kostenstellen	Verantwortungsbereiche auf allen Ebenen der Unternehmungshierarchie
Planungs- und Kontrollrhythmus		Jährliche oder halbjährliche Kostenplanung und -kontrolle	Monatliche Kostenplanung und -kontrolle
Verfahren der Kostenplanung		Analytische Kostenplanung	Erfolgsorientierte Kostenplanung, d. h., die Kostensenkungsvorgaben werden aus dem kurzfristigen Erfolgsziel abgeleitet
Zweck der Abweichungsanalyse		Feststellen von Unwirtschaftlichkeiten	Initiieren von Anpassungsmaßnahmen

Abb. 4.4: Vergleich zwischen den Systemen der traditionellen Plankostenrechnung und dem Kaizen Costing

4.2.1.3 Planung der Kaizen Cost

Die Planung der Kaizen Cost vollzieht sich in zwei **Grundschritten**, die weitere Teilschritte umfassen (in Anlehnung an Wolbold (1995), S. 145 ff.):

- Grundschritt 1: Ermitteln des Kostensenkungsbetrags der Unternehmung
  - Festlegen des Zielgewinns der Planungsperiode
  - Prognose des Gewinns der Planungsperiode

- Grundschritt 2: Ermitteln der Kaizen Cost der Verantwortungsbereiche auf allen Ebenen der Unternehmungshierarchie
  - Verrechnen des Kostensenkungsbetrags der Unternehmung auf die Verantwortungsbereiche
  - Verhandlungen zur Festlegung der Kaizen Cost für die Verantwortungsbereiche in Kaizen Cost Meetings

[1] Ermitteln des Kostensenkungsbetrags der Unternehmung

Der **prognostizierte Periodengewinn** ergibt sich aus der Differenz zwischen dem prognostizierten Periodenerlös und den prognostizierten Periodenkosten. Zur Prognose der Periodenkosten werden die Materialeinzelkosten der Periode und die variablen und fixen Periodengemeinkosten sowie die erwartete Kostensenkung getrennt betrachtet. Abb. 4.5 zeigt die Struktur der Prognose des Periodengewinns.

	Prognostizierter Periodenerlös
–	Prognostizierte Materialeinzelkosten der Periode
–	Prognostizierte variable Periodengemeinkosten
–	Prognostizierte fixe Periodenkosten
+	Prognostizierte Kostensenkung
=	Prognostizierter Periodengewinn

Abb. 4.5: Schema zur Prognose des Periodengewinns

Für die Prognose der Periodenerlöse und der verschiedenen Bestandteile der Periodenkosten sind zunächst die folgenden **Periodenpläne** zu erstellen (vgl. Monden/Lee (1993), S. 22 f.):

- das Produktions- und Absatzprogramm,
- das Beschaffungsprogramm,
- der Personalplan,
- der Investitionsplan (einschließlich der Planung der Abschreibungen),
- das Fixkostenbudget, das aus dem FuE-Budget, dem Vertriebs- und Verwaltungsbudget gebildet wird, sowie
- der Verbesserungsplan.

Grundlage für die Prognose der **Periodenerlöse** ist das geplante Absatzprogramm. Für die Prognose der **Materialeinzelkosten** der Periode werden das Beschaffungs- und Produktionsprogramm ausgewertet. Die prognostizierten **variablen Gemeinkosten** der Periode können der Plankostenrechnung entnommen werden.

Konstitutives Merkmal des Kaizen Costing ist die Prognose der für die Planungsperiode **erwarteten Kostensenkungen** auf der Grundlage der Verbesserungspläne. Gegenstand eines Verbesserungsplans sind alle Projekte und Einzelmaßnahmen des managementorientierten Kaizen, die in der Planungsperiode umgesetzt werden sollen. Für die Prognose der Kostensenkungen werden die Auswirkungen der geplanten Verbesserungsmaßnahmen auf die Kosten prognostiziert. Neben diesen geplanten Verbesserungen der Leistungserbringung gibt es auch eine Vielzahl ungeplanter Verbesserungen, die aus dem gruppen- und personenorientierten (bereichsbezogenen) Kaizen resultieren. Die Kostenwirkungen dieser ungeplanten Verbesserungen der Planungsperiode werden nach der Auswertung von Vergangenheitswerten geschätzt (vgl. Wolbold (1995), S. 81, 145).

Der **Kostensenkungsbetrag der Unternehmung** für die Planungsperiode ergibt sich schließlich aus der Differenz zwischen dem Zielgewinn der Planungsperiode und dem prognostizierten Periodengewinn (vgl. Monden/Hamada (1991), S. 28):

$$\Delta K = ZG - PG,$$

wobei ΔK = Kostensenkungsbetrag der Unternehmung,
ZG = Zielgewinn der Unternehmung für die Planungsperiode,
PG = prognostizierter Periodengewinn der Unternehmung.

[2] Spalten des Kostensenkungsbetrags der Unternehmung

In diesem Grundschritt wird der Kostensenkungsbetrag der Unternehmung in einem komplexen, langen und auf Konsens bedachten Prozess in die Kaizen Cost der Verantwortungsbereiche auf allen Hierarchieebenen der Unternehmung gespalten (vgl. Horváth/Lamla (1995), S. 77 f.). Beispiele für Verantwortungsbereiche sind Werke, Bereiche, Abteilungen und Kostenstellen. Durch die Spaltung des Kostensenkungsbetrags der Unternehmung entsteht ein **System von Vorgaben**, wie es in Abb. 4.6 dargestellt ist.

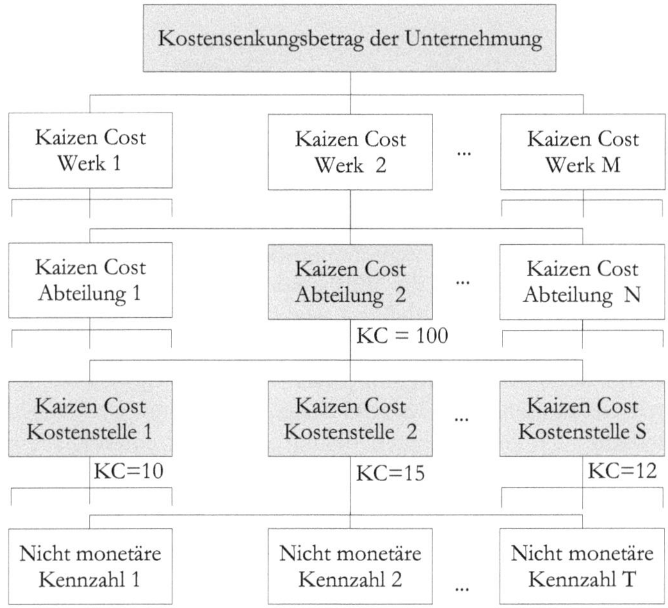

Abb. 4.6: System von Vorgaben im Kaizen Costing

Die Leiter der Verantwortungsbereiche auf den unteren Ebenen der Unternehmungshierarchie haben begrenzte Entscheidungskompetenzen und können nur Teile der **Kosten beeinflussen**. So können die Kostenstellenleiter zwar Teile der variablen Kosten der Kostenstellen beeinflussen, die fixen Kosten sind für sie jedoch nicht beeinflussbar, da ihnen die Kompetenzen für Entscheidungen über die Anpassung der

Kapazitäten fehlen. Aus diesem Grund ist die Summe der Kaizen Cost der Kostenstellen geringer als die Kaizen Cost der Abteilung, der sie unmittelbar unterstellt sind. Die in Abb. 4.6 beispielhaft genannten Kaizen Cost (KC) sind damit wie folgt zu interpretieren: Abteilung 2 hat einen Kostensenkungsbetrag in Höhe von 100 zu erbringen. Über Verbesserungen auf der Ebene der Kostenstellen sind die Kosten um 10 + 15 + 12 = 37 zu senken. Die Verbesserungsaktivitäten auf der Kostenstellenebene wirken sich auch auf den Kapazitätsbedarf aus und führen zu Leerkapazitäten. Gestaltet werden können die fixen Kosten erst dann, wenn die Leerkapazitäten den Umfang der Kapazität eines abbaubaren Potentialgutes (z. B. eine Maschine, ein Mitarbeiter) erreichen. Die Entscheidungen über den Abbau oder die innerbetriebliche Verlagerung von Kapazitäten und die gegebenenfalls erforderliche organisatorische Umgestaltung wird nicht auf der Kostenstellenebene, sondern auf übergeordneten Ebenen getroffen (vgl. Horváth/Lamla (1996), S. 339 f.). Durch diese Entscheidungen sind auf der Ebene der Abteilung Kostensenkungen in Höhe von 100 € – 37 € = 63 € zu realisieren.

Als Grundlage für die Verhandlungen in den Kaizen Cost Meetings wird der Kostensenkungsbetrag der Unternehmung zunächst **proportional zu den beeinflussbaren Kosten** auf die Verantwortungsbereiche der Ebene unterhalb der Unternehmungsleitung **verrechnet** (in Abb. 4.6 sind das die Werke):

$$\Delta K_j = \Delta K \cdot \frac{K_j^b}{\sum_{i=1}^{J} K_i},$$

wobei ΔK_j = dem Werk j (j = 1, ..., J) zugerechneter Teil des Kostensenkungsbetrags der Unternehmung,

K_i = Kosten des Werks i (i = 1, …, J),

K_j^b = beeinflussbare Kosten des Werks j.

Der einem Werk zugerechnete Kostensenkungsbetrag wird wiederum proportional zu den beeinflussbaren Kosten auf die ihm untergeordneten Abteilungen verrechnet. Dieser **Verrechnungsprozess** wird fortgesetzt, bis die Ebene der Kostenstellen erreicht ist (vgl. Monden/Hamada (1991), S. 28). Der Verrechnung des Kostensenkungsbetrags liegt der Gedanke zugrunde, dass Verantwortungsbereiche mit höheren beeinflussbaren Kosten einen größeren Gestaltungsspielraum bei der Kostensenkung haben und deshalb auch einen höheren Beitrag zur angestrebten Kostensenkung leisten können.

Die Realisation der zugerechneten Kostensenkungsbeträge kann verlangen, dass weitere Kaizen-Projekte angestoßen, zusätzliche Einzelmaßnahmen zur Kostensenkung erarbeitet und umgesetzt oder Maßnahmen zur Intensivierung der Arbeit in den Qualitätszirkeln oder zur Erhöhung der Zahl eingereichter Verbesserungsvorschläge ergriffen werden (vgl. Wolbold (1995), S. 81, 144). Auf der Grundlage der geplanten Maßnahmen werden in den Kaizen Cost Meetings die **Kaizen Cost** der Kostenstelle zwischen den Kostenstellenleitern und dem Abteilungsleiter **ausgehandelt**. Auf der Ebene der Abteilungen werden wiederum die Verbesserungspläne angepasst und anschließend die Kaizen Cost mit den Werkleitern ausgehandelt. Dieses Vorgehen setzt sich fort, bis die oberste Ebene der Unternehmungshierarchie erreicht ist.

Liegen die Kaizen Cost fest, werden auf der Ebene der Abteilungen Wege zur Kostensenkung identifiziert und in geeignete **nichtmonetäre Kennzahlen** transformiert, die im Einklang mit den Kaizen Cost stehen (vgl. Horváth/Lamla (1995), S. 80 ff.). Diese Kennzahlen werden anschließend den Qualitätszirkel-Gruppen und Mitarbeitern vorgegeben.

4.2.2 Kontrolle der kontinuierlichen Verbesserung

4.2.2.1 Abgrenzung der Kontrollen

Die **Kontrolle der kontinuierlichen Verbesserung** ist ein systematischer Prozess der Ermittlung, Analyse und Beurteilung zu erwartender oder bereits realisierter Abweichungen vom kurzfristigen Erfolgsziel der Unternehmung zur Sicherung der Realisation des operativen Wirtschaftlichkeitsziels des Kostenmanagements.

Das **Kontrollziel** im Handlungsfeld der kontinuierlichen Verbesserung ist das operative Wirtschaftlichkeitsziel des Kostenmanagements. **Kontrollobjekt** in diesem Handlungsfeld können die Planungs- oder die Realisationshandlungen der kontinuierlichen Verbesserung sein. Bei der Planungskontrolle bildet die Planung der Vorgaben im Kaizen Costing das Kontrollobjekt. Die Realisationskontrolle der kontinuierlichen Verbesserung hat als Kontrollobjekt die Verbesserungsaktivitäten, d. h. die Erarbeitung, Bewertung und Umsetzung von Verbesserungsmaßnahmen durch die Führungskräfte und Mitarbeiter.

Mit der **Realisationskontrolle** sollen Informationen über die kontinuierliche Verbesserung erfasst werden, die bei Abweichungen vom kurzfristigen Erfolgsziel genutzt werden können, um das operative Wirtschaftlichkeitsziel durch die Korrektur der zugrunde liegenden Pläne, die Anpassung der Realisation dieser Pläne sowie die Beeinflussung der Führungskräfte und Mitarbeiter zu sichern. Nach der Nutzung der erfassten Informationen werden drei Funktionen der Realisationskontrolle der kontinuierlichen Verbesserung abgegrenzt:

- die Plankorrekturfunktion,
- die Anpassungsfunktion sowie
- die Verhaltensbeeinflussungsfunktion.

Die **Pläne**, die zur Sicherung des operativen Wirtschaftlichkeitsziels **korrigiert** werden, sind die Verbesserungspläne sowie die Vorgaben des Kaizen Costing. Die **Planrealisation** durch die Erarbeitung, Bewertung und Umsetzung von Verbesserungsmaßnahmen kann u. a. durch die Korrektur der Organisation der Qualitätszirkel, des betrieblichen Vorschlagswesens, der Zusammensetzung der Teams der Kaizen-Projekte und der Qualitätszirkelgruppen sowie der Vorbereitung der Führungskräfte und Mitarbeiter auf ihre Aufgaben bei der kontinuierlichen Verbesserung angepasst werden. Die **Verhaltensbeeinflussung** zielt auf die Führungskräfte und Mitarbeiter, die mit der Erarbeitung, Bewertung und Umsetzung von Verbesserungsmaßnahmen betraut sind, um ihr Verbesserungsverhalten am operativen Wirtschaftlichkeitsziel auszurichten. Das erfordert die Anpassung von Instrumenten zur Verhaltenslenkung, -beurteilung und -abgeltung.

Nach dem Inhalt der Kontrollgrößen wird zwischen folgenden Formen der Realisationskontrolle der kontinuierlichen Verbesserung differenziert:

- der Ergebniskontrolle,
- der Prozesskontrolle und
- der Verhaltenskontrolle.

Kontrollgrößen der **Ergebniskontrollen** sind Bestandteile des Kaizen Costing und der dem Kaizen Costing zugrunde liegenden Pläne. Im Vordergrund stehen die Kosten- und Leistungsgrößen, die aus dem Kaizen Costing resultieren. Weitere Kontrollgrößen sind die Annahmen für die Prognose der erwarteten Kostensenkung. Kontrollgrößen der **Prozesskontrollen** sind Kennzahlen, mit denen der Ressourcenverbrauch sowie die quantitative, qualitative und zeitliche Leistung der Verbesserungsaktivitäten erfasst werden können. Als Beispiele für diese Kennzahlen können angeführt werden (vgl. Anić (2006), S. 86):

- die durchschnittliche Bearbeitungsdauer eines Verbesserungsvorschlags,
- die Zeitspanne von der Einreichung des Verbesserungsvorschlags bis zu dem Zeitpunkt der Entscheidung über den Verbesserungsvorschlag,
- die Zahl der Einsprüche gegen Entscheidungen über die Verbesserungsvorschläge und
- das Verhältnis der Einsparungen zu den Kosten für die Begutachtung und die Prämien.

Für **Verhaltenskontrollen** werden als Kontrollgrößen Kennzahlen herangezogen, die zur Beschreibung des Verbesserungsverhaltens geeignet sind. Einige Beispiele für diese Kennzahlen werden in Abb. 4.7 genannt (vgl. Anić (2006), S. 84 f.).

Kennzahl	Erläuterung
Beteiligungsquote	Verhältnis aus der Zahl eingereichter Verbesserungsvorschläge und der Anzahl aller Beschäftigten
Einreicherquote	Anteil der Beschäftigten, die Verbesserungsvorschläge eingereicht haben, an der Anzahl aller Beschäftigten
Einreicherdichte	Verhältnis aus der Anzahl der Beschäftigten, die Verbesserungsvorschläge eingereicht haben, zu der Zahl der eingereichten Vorschläge
Verteilungsquote	Verhältnis der Beteiligungsquoten abgegrenzter Unternehmungsbereiche

Abb. 4.7: Kennzahlen für die Verhaltenskontrolle der kontinuierlichen Verbesserung

4.2.2.2 Kontrolle der Vorgaben aus dem Kaizen Costing

Kontrollgrößen der Ergebniskontrolle der kontinuierlichen Verbesserung sind u. a. die Vorgaben aus dem Kaizen Costing. Mit dem Kaizen Costing werden Vorgaben für mehrere **Ebenen der Unternehmungshierarchie** geplant:

- nichtmonetäre Kennzahlen für die Ebene der Mitarbeiter,
- variable Kosten für die Kostenstellenebene sowie
- fixe Kosten für übergeordnete Ebenen.

Die Kontrollgrößen auf den Hierarchieebenen sind in unterschiedlich langen Zeiträumen veränderbar. Für jede dieser Kontrollgrößen wird deshalb ein anderer **Kontrollrhythmus** gewählt (vgl. Horváth/Lamla (1996), S. 338 f.).

Auf der **Ebene der Mitarbeiter** werden die Ergebniskontrollen als begleitende Kontrollen täglich oder wöchentlich durchgeführt (vgl. Wolbold (1995), S. 146). Hierzu wird der Planungszeitraum in mehrere Teilabschnitte gegliedert. Für jeden Teilabschnitt wird aus der Vorgabe unter der Annahme, dass sich das Niveau der Kennzahl während der Planungsperiode linear entwickelt, eine Teilvorgabe hergeleitet (vgl. Monden (1999), S. 361). Wird beispielsweise angestrebt, die Rüstzeit pro Rüstvorgang an einem Arbeitsplatz innerhalb von sechs Monaten um 24 Minuten zu verringern, wird für die Ergebniskontrolle auf der Ebene der Mitarbeiter während des Planungszeitraums eine wöchentliche Senkung der Rüstzeit um eine Minute vorgegeben. Ist-Werte dieser Kennzahlen können unmittelbar am Arbeitsplatz erfasst werden. Die Kontrolle wird deshalb als Eigenkontrolle durchgeführt, d. h., die Kennzahlen werden von den Mitarbeitern selbst kontrolliert. Das Visual Management verlangt, dass festgestellte Abweichungen in einem Diagramm eingetragen werden, das gut sichtbar in der Nähe des Arbeitsplatzes anzubringen ist (vgl. Wolbold (1995), S. 145). Bleiben die Ist-Werte einer Kennzahl hinter den Vorgaben zurück, unterstützt der Vorgesetzte den Mitarbeiter bei der Suche und Umsetzung von Verbesserungsmaßnahmen.

Auf der **Ebene der Kostenstellen** werden die variablen Kosten monatlich kontrolliert. Hierzu werden die Kaizen Cost zunächst an Änderungen der Produktionsmenge und der Zusammensetzung des Produktionsprogramms sowie an Modifikationen der Produkte angepasst, die durch Kunden veranlasst worden sind. Die Kaizen Cost, die den Ist-Kosten gegenübergestellt werden, haben damit den Charakter von Soll-Kosten (vgl. Monden (1999), S. 357 ff.). Treten Ist-Soll-Abweichungen auf, sind ihre Ursachen zu analysieren. Hierzu sind die Kaizen-Projekte und Einzelmaßnahmen zu identifizieren, bei denen es zu Abweichungen gekommen ist. Es ist weiterhin zu analysieren, ob die Abweichungen auf zeitliche Verzögerungen beim Projektfortschritt zurückgehen oder die Kostenwirkungen hinter den Erwartungen zurückbleiben (vgl. Wolbold (1995), S. 145).

Voraussetzungen für Veränderungen bei den fixen Kosten sind Leerkapazitäten bei Potentialgütern, die durch organisatorische Anpassungen abgebaut werden können. Verbesserungsmaßnahmen wirken sich dadurch nur mittelbar und mit erheblichem Zeitverzug auf die fixen Kosten des jeweiligen Verantwortungsbereichs aus. Ergebniskontrollen auf **übergeordneten Ebenen** der Unternehmungshierarchie mit den fixen Kosten als Kontrollgrößen werden mit einem bestimmten Zeitverzug (z. B. viertel- oder halbjährlich) durchgeführt. Die Länge des Zeitverzugs wird durch die zeitliche Abbaubarkeit der Potentialgüter (z. B. Kündigungsfristen) bestimmt. Abweichungen zwischen den realisierten und den vorgegebenen Fixkostensenkungen sollten regelmäßig Anlass für die Suche nach Leerkapazitäten sein (in Anlehnung an Horváth/Lamla (1995), S. 80).

4.3 Strukturbezogene Aufgaben bei der kontinuierlichen Verbesserung

4.3.1 Einrichtung von Qualitätszirkeln

4.3.1.1 Aufbauorganisation von Qualitätszirkeln

Das gruppenorientierte Kaizen wird durch die kontinuierliche Gruppenarbeit in Qualitätszirkeln realisiert (vgl. Imai (1994), S. 126). Qualitätszirkel sind eine Form der Sekundärorganisation (vgl. Deppe (1992), S. 14 f.; Bühner (1995), S. 44). Die **Sekundärorganisation** ist eine die Hierarchie ergänzende und übergreifende Struktur mit Organisationseinheiten, deren Mitglieder hauptsächlich in den durch die Primärorganisation geschaffenen Abteilungen mit Daueraufgaben befasst sind und nur diskontinuierlich zur gemeinsamen Erfüllung von Aufgaben zusammentreten, die Kreativität oder einen offenen Informationsaustausch erfordern (vgl. Seidel (1992), Sp. 714; Kahle (2004), Sp. 71 f.).

Unverzichtbare **Organisationseinheiten** von Qualitätszirkeln sind

- das Steuerungsteam,
- der Koordinator und
- die Qualitätszirkel-Gruppen mit
  - den Moderatoren und
  - den Qualitätszirkel-Teilnehmern.

Unterstützt werden können diese Organisationseinheiten durch interne oder externe **Berater**. Interne Berater sind u. a. Mitarbeiter der Fachabteilungen (z. B. Konstruktion). Für die Ausbildung der Moderatoren werden vielfach externe Berater eingeschaltet. Externe Berater können auch Mitarbeiter anderer Unternehmungen sein (z. B. Lieferanten), die ihre Erfahrungen einbringen (vgl. Domsch (1985), S. 433 ff.; Deppe (1992), S. 63). Abb. 4.8 gibt einen Überblick über die Struktur von Qualitätszirkeln.

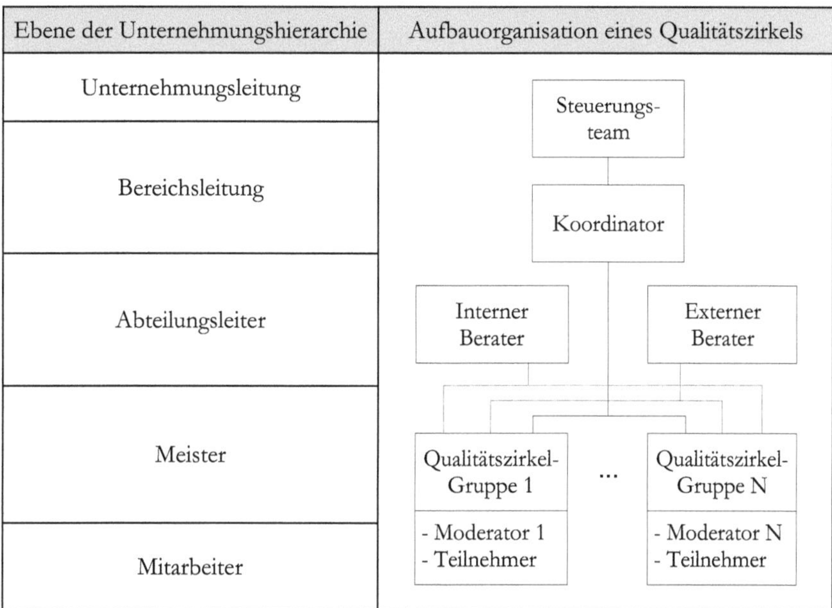

Abb. 4.8: Struktur von Qualitätszirkeln

[1] Steuerungsteam

Das Steuerungsteam ist eine Mehrpersoneneinheit, die sich aus drei bis vier Mitgliedern der Unternehmungsleitung und der Bereichsleitung, dem Koordinator und einem Mitglied des Betriebsrats zusammensetzt (vgl. Deppe (1991), S. 645). Es hat den **Qualitätszirkel** der Unternehmung zu **gestalten** (vgl. Deppe (1992), S. 51 ff.). Gestaltungsparameter eines Qualitätszirkels sind die Bereiche der Qualitätszirkelarbeit, die Anzahl der Qualitätszirkel-Gruppen, ihre Aufgaben und Kompetenzen, die Aufgaben und Kompetenzen des Koordinators, die Besetzung der Stelle des Koordinators, der Ablauf des Prozesses zur Genehmigung und Umsetzung der von den Qualitätszirkel-Gruppen erarbeiteten Lösungsvorschläge sowie die Ausstattung mit sachlichen Ressourcen, wie z. B. Gruppenarbeitsräume. Das Steuerungsteam trifft weiterhin die Entscheidungen über die Ziele für die Arbeit in den Qualitätszirkel-Gruppen und den Umfang der personellen und finanziellen Ressourcen, die dem Qualitätszirkel in einer Planungsperiode zur Verfügung gestellt werden. In der Literatur wird eine Vielzahl von **Zielen** genannt, die mit Qualitätszirkeln verfolgt werden. Abb. 4.9 gibt einen Überblick über diese Ziele (vgl. Deppe (1986), S. 24). Nach der Kaizen-Philosophie führt das Erreichen dieser Ziele mittel- oder langfristig zu einer Steigerung der Effizienz.

Zielarten	Ziele von Qualitätszirkeln
Ökonomische Ziele	▪ Effizienzsteigerung ▪ Senkung der Fluktuations- und Absentismusrate ▪ Verbesserung der Kundenzufriedenheit
Technische Ziele	▪ Produktivitätssteigerung ▪ Verbesserung der Produkt- und Prozessqualität ▪ Produktionsverfahrensverbesserung ▪ Weiterqualifikation der Mitarbeiter
Soziale Ziele	▪ Motivationsverbesserung ▪ Verbesserung der Arbeitsqualität und des Arbeitslebens ▪ Verbesserung der Kommunikation und des Arbeitsklimas ▪ Identifikation der Mitarbeiter mit der Unternehmung

Abb. 4.9: Ziele von Qualitätszirkeln

Die personellen **Ressourcen** sind die Zeitbudgets für die Freistellung der Mitarbeiter von ihren Daueraufgaben für die Arbeit in Qualitätszirkel-Gruppen und die Teilnahme an Schulungsmaßnahmen zur Vorbereitung auf diese Arbeit. Die finanziellen Ressourcen werden für die Realisation der von den Qualitätszirkel-Gruppen erarbeiteten Lösungsvorschläge bereitgestellt.

Im Laufe der Zeit stagniert die **Effektivität der Qualitätszirkel-Gruppen**, da nach erfolgreicher Umsetzung vieler Verbesserungsmaßnahmen das Verbesserungspotential eines Arbeitsbereichs ausgeschöpft ist. In der Literatur werden deshalb Maßnahmen zur Belebung dieser Systeme vorgeschlagen, die u. a. eine Ausrichtung an anderen Zielen zum Inhalt haben können (vgl. Cooper (1998), S. 291 ff.). Für die Verstetigung von Rationalisierungsmaßnahmen in einem Arbeitsbereich wird empfohlen, die Qualitätszirkel-Gruppen mindestens bis zur Erreichung einer zufriedenstellenden Effizienz und Effektivität zu erhalten und danach die Gruppen aufzulösen und keine weiteren Ressourcen bereitzustellen (vgl. Lawler/Mohrmann (1985), S. 38). Nach der Rationalisierung in dem Arbeitsbereich können erneut Qualitätszirkel-Gruppen eingesetzt werden. Aufgabe des Steuerungsteams ist es deshalb, die Effektivität der Qualitätszirkel-Gruppen in den Arbeitsbereichen zu kontrollieren und ihnen gegebenenfalls neue Ziele vorzugeben oder die Qualitätszielgruppen aufzulösen.

[2] Koordinator

Der Koordinator gehört der mittleren oder unteren Ebene der Managementhierarchie an. Er hat den **Qualitätszirkel** zu **realisieren**. Hierzu zählt die Auswahl von Pilotbereichen für die Einführung des Qualitätszirkels, die Unterrichtung aller Mitarbeiter der ausgewählten Bereiche über die Ziele, die Struktur des Qualitätszirkels und die Aktivitäten der zu bildenden Qualitätszirkel-Gruppen sowie die Auswahl und die Ausbildung der Moderatoren (vgl. Domsch (1985), S. 435; Antoni (1990), S. 34). Nach Einführung des Qualitätszirkels stimmt der Koordinator die Aktivitäten der verschiedenen Qualitätszirkel-Gruppen ab und bildet das Bindeglied zwischen den Qualitätszirkel-Gruppen, dem Steuerungsteam, den Fachabteilungen, den Bereichsleitungen und der Unternehmungsleitung (vgl. Domsch/Ladwig (1996), Sp. 1766). Diese **Vermittlungs- und Verbindungsfunktion** verlangt die Bereitstellung von Informationen aus den Fachbereichen, indem z. B. interne Berater zur Unterstützung der Arbeit der Qualitätszirkel-Gruppe gewonnen werden, sowie die Terminvereinbarung mit Führungskräften für Gesprächsrunden, in denen der Moderator einer Qualitäts-Gruppe erarbeitete Lösungsvorschläge präsentiert. Schließlich wird die Arbeit der Qualitätszirkel-Gruppen durch den Koordinator **inhaltlich und zeitlich geplant und gesteuert**. Auf der Grundlage der terminierten Arbeitspläne der Qualitätszirkel-Gruppen plant der Koordinator den Periodenbedarf an personellen und finanziellen Ressourcen, über deren Bereitstellung das Steuerungsteam entscheidet (vgl. Domsch (1985), S. 435; Deppe (1986), S. 47 f.).

[3] Qualitätszirkel-Gruppen

Eine Qualitätszirkel-Gruppe sind 5-9 Mitarbeiter der unteren Hierarchieebenen, die sich regelmäßig auf freiwilliger Basis während der Arbeitszeit oder im Rahmen bezahlter Überstunden treffen, um Probleme des eigenen Aufgabenbereichs zu bearbeiten (vgl. Antoni (1990), S. 32). Sie kann als Team oder als Arbeitsgruppe ausgestaltet sein. Ein Team ist eine befristete, aufgabenbezogen zusammengesetzte Mehrpersoneneinheit zur Ausführung einer innovativen Spezialaufgabe. Arbeitsgruppen werden dagegen auf Dauer gebildet, um bereichsinterne Verbesserungen zu erarbeiten und umzusetzen. Sie verfügen über die Kompetenzen, um im Rahmen vorgegebener Ziele über Maßnahmen der Zielerreichung entscheiden zu können, und wirken aktiv an der Zielbildung mit (vgl. Krüger (1994), S. 54, 56 f.). **Aufgaben** einer Qualitätszirkel-Gruppe sind das Identifizieren von Problemen im eigenen Arbeitsbereich, die Auswahl der zu bearbeitenden Probleme, die Analyse ihrer Ursachen sowie die Erarbeitung und Bewertung von Lösungsvorschlägen. Die Entscheidung über die Lösungsvorschläge kann von der Qualitätszirkel-Gruppe, den Vorgesetzten im jeweiligen Arbeitsbereich oder im Rahmen des betrieblichen Vorschlagswesens getroffen werden. Sofern es möglich ist, werden die ausgewählten Problemlösungen von der Qualitätszirkel-Gruppe selbst umgesetzt. Sie kontrolliert auch die Wirkungen der umgesetzten Problemlösungen (vgl. Domsch/Ladwig (1996), Sp. 1766).

Teilnehmer einer Qualitätszirkel-Gruppe sind Mitarbeiter und deren Vorgesetzte. Sie gehören in der Regel einem Arbeitsbereich an. Qualitätszirkel-Gruppen, die Schnittstellenprobleme bearbeiten, können aus Mitarbeitern verschiedener Arbeitsbereiche gebildet sein (vgl. Antoni (1990), S. 32 f.).

Die Arbeit einer Qualitätszirkel-Gruppe wird durch einen **Moderator** angeleitet. Er wird aus dem Kreis der Führungskräfte der untersten Ebene der Managementhierarchie und der Mitarbeiter des Arbeitsbereichs ausgewählt, die freiwillig zur Übernahme dieser Aufgabe bereit sind (vgl. Antoni (1990), S. 33). Der Moderator wählt die Teilnehmer der Qualitätszirkel-Gruppe aus den Mitarbeitern der betroffenen Arbeitsbereiche aus, die Interesse an einer aktiven Mitarbeit äußern, und unterweist die Teilnehmer anschließend in der Anwendung der erforderlichen Arbeitstechniken. Er leitet und moderiert die Aktivitäten der Gruppe, dokumentiert die Ergebnisse, präsentiert diese schließlich den verantwortlichen Führungskräften oder leitet sie an das betriebliche Vorschlagswesen weiter und informiert die Gruppe über alle Rückmeldungen. Darüber hinaus beschafft der Moderator in Zusammenarbeit mit dem Koordinator die erforderlichen Informationen. Er vertritt zudem die Qualitätszirkel-Gruppe nach außen und ist die Kontaktperson für den Koordinator, die Vorgesetzten und die anderen Qualitätszirkel-Gruppen (vgl. Deppe (1992), S. 58).

4.3.1.2 Ablauforganisation von Qualitätszirkeln

Die Arbeit in Qualitätszirkel-Gruppen folgt dem **PDCA-Zyklus**. Qualitätszirkel-Gruppen durchlaufen damit ständig Prozesse der Problemlösung (Plan), der Umsetzung erarbeiteter Problemlösungen (Do), der Kontrolle der Wirksamkeit realisierter Änderungen (Check) und des Handelns (Act) (vgl. Deppe (1992), S. 69; Imai (1994), S. 126 f.). Abb. 4.10 zeigt die Aktivitäten von Qualitätszirkel-Gruppen in den einzelnen Phasen dieses Zyklus (in Anlehnung an Domsch (1985), S. 432; Deppe (1992), S. 67 ff.; Pfeifer (2001), S. 38 f.).

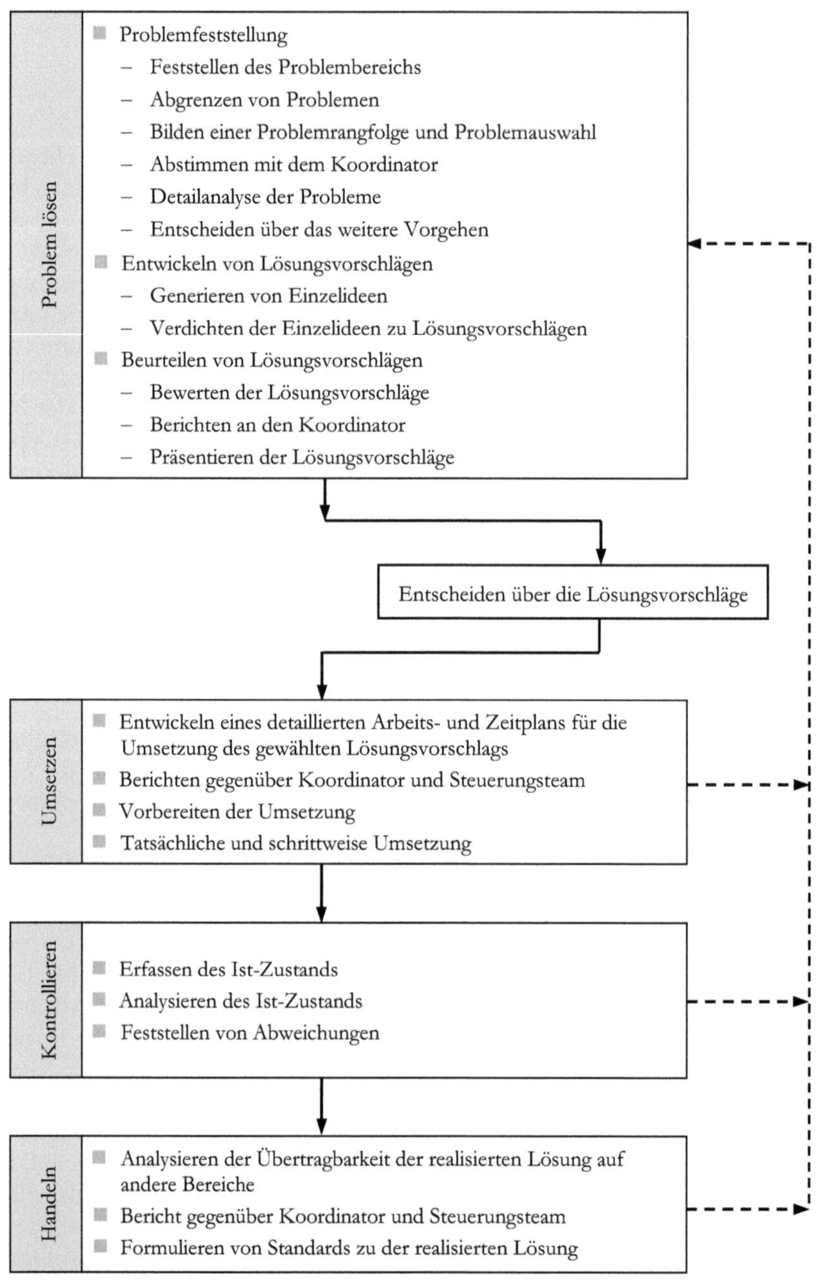

Abb. 4.10: PDCA-Zyklus

Zweck der **Problemfeststellung** ist es, den gesamten Arbeitsbereich der Qualitätszirkel-Gruppe im Hinblick auf Probleme zu analysieren. Sind mehrere Probleme identifiziert worden, die nicht alle gleichzeitig bearbeitet werden können, werden Schwerpunkte der Arbeit in der Qualitätszirkel-Gruppe bestimmt. Diese umfassen die Probleme, bei deren Lösung der größtmögliche Zielbeitrag zu erwarten ist. Mit der Detailanalyse des ausgewählten Problems sollen die Problemursachen identifiziert werden. Auf der Basis der identifizierten Problemursachen wird über das weitere Vorgehen entschieden, d. h. über den Abbruch des Problemlösungsprozesses, die Zerlegung des Problems in Teilprobleme, die Weiterleitung an eine Fachabteilung oder eine andere Qualitätszirkel-Gruppe (vgl. Domsch (1985), S. 482).

Soll das Problem oder ein Teilproblem weiterbearbeitet werden, folgt die **Entwicklung von Lösungsvorschlägen**, die mit der Suche nach Einzelideen beginnt. Die Ideengenerierung im PDCA-Zyklus ist nicht auf die Suche nach Ideen zur Problemlösung begrenzt. Es sollen darüber hinaus auch alle Schwierigkeiten identifiziert werden, die deren Realisation entgegenstehen, sowie Ideen für Maßnahmen zur Bewältigung dieser Schwierigkeiten generiert werden (vgl. Kamiske/Brauer (2011), S. 279).

In der Phase der **Umsetzung** werden alle Aktivitäten, die zur Realisation des gewählten Problemlösungsvorschlags ausgeführt werden müssen, sachlich und zeitlich geplant, durchgesetzt und kontrolliert. Ergibt die **Kontrolle**, dass ein Problem nicht zufriedenstellend gelöst wurde, werden neue Problemlösungsvorschläge erarbeitet, umgesetzt und kontrolliert. In dieser Phase wird der PDCA-Zyklus damit nochmals in der Form eines Unterzyklus durchlaufen (vgl. Imai (1994), S. 126 f.).

Die Phase des **Handelns** umfasst vor allem zwei Aufgabenbereiche:

- die Sicherung der realisierten Verbesserung sowie
- die Übertragung der gewählten Problemlösung auf andere Bereiche.

Hat die umgesetzte Problemlösung eine Veränderung der Arbeitsabläufe zum Inhalt, besteht die Gefahr, dass die Mitarbeiter früher oder später wieder zu den alten Abläufen zurückkehren. Um dem entgegenzuwirken, werden die Arbeitsabläufe standardisiert, die sich nach Umsetzung des Lösungsvorschlags bewährt haben. Die **Sicherung** der realisierten Verbesserung umfasst weiterhin die Erarbeitung von Maßnahmen, mit denen die Beibehaltung der neuen Arbeitsabläufe gewährleistet werden kann.

Von der Qualitätszirkel-Gruppe werden für Problemlösungen, die sich als zweckmäßig erweisen, Problemstellungen im eigenen Arbeitsbereich gesucht, auf die sich die gefundene Lösung übertragen lässt. Werden solche Problemstellungen gefunden, wird ein neuer PDCA-Zyklus ausgelöst. Die **Übertragung von Verbesserungsvorschlägen** auf Probleme in den Arbeitsbereichen anderer Qualitätszirkel-Gruppen wird durch den Koordinator initiiert.

4.3.2 Aufbau eines Vorschlagswesens

4.3.2.1 Abgrenzung zum traditionellen Vorschlagswesen

Das betriebliche Vorschlagswesen hat in Deutschland eine lange Tradition. Bereits 1888 institutionalisierte Alfred Krupp ein betriebliches Vorschlagswesen. Den Durchbruch erreichte es in der Zeit des Nationalsozialismus. In den 50er und 60er Jahren wurde eine

Reihe von Gesetzen erlassen, die das betriebliche Vorschlagswesen in Deutschland nachhaltig geprägt haben (vgl. Grochla (1978), S. 6 ff.). Ziel des **traditionellen Vorschlagswesens** ist es, die Erarbeitung von Verbesserungsvorschlägen mit vergleichsweise hohen Zielbeiträgen zu fördern. Um dieses Ziel zu erreichen, lässt es Mitarbeiter über die Prämien am Nutzen des Vorschlags für die Unternehmung partizipieren (vgl. Hahn (2000), S. 63). Aus diesem Grund stellt das traditionelle betriebliche Vorschlagswesen hohe Anforderungen an die sachliche Zulässigkeit der Verbesserungsvorschläge.

Im traditionellen betrieblichen Vorschlagswesen ist ein **Verbesserungsvorschlag** nur dann **sachlich zulässig**, wenn er folgenden Anforderungen genügt (vgl. Grochla (1978), S. 5):

- **Konstruktivität:** Gegenstand des Vorschlags ist die Veränderung eines betrieblichen Zustands oder Objekts.
- **Neuheit:** Die vorgeschlagene Veränderung ist für den Anwendungszweck oder den Anwendungsbereich neu.
- **Zielbeitrag:** Die vorgeschlagene Veränderung trägt erheblich zur Erreichung der Ziele bei.
- **Konkretheit:** Die Umsetzung der vorgeschlagenen Veränderung ist detailliert beschrieben.
- **Bereichsbezug:** Die vorgeschlagene Veränderung betrifft nicht den Aufgabenbereich des Einreichers.
- **Aufgabenbezug:** Die vorgeschlagene Veränderung ist kein unmittelbares Ergebnis der zugewiesenen Tätigkeiten, sondern ist eine darüber hinaus gehende freiwillige Leistung.

Der **Betriebsrat** hat nach § 87 Abs. 1 Nr. 12 BetrVG bei der Erstellung der Grundsätze über das betriebliche Vorschlagswesen ein **Zustimmungsrecht**, d. h., er kann mitbestimmen und bei Meinungsverschiedenheiten mit dem Arbeitgeber über die Ausgestaltung des betrieblichen Vorschlagswesens unter Einschaltung der Einigungsstelle eine verbindliche Regelung herbeiführen. Nach dem Beschluss des Bundesarbeitsgerichts vom 28.4.1981 steht dem Betriebsrat in dieser Angelegenheit auch ein **Initiativrecht** zu. Danach kann er die Aufstellung von Grundsätzen für ein betriebliches Vorschlagswesen verlangen, sobald ein Bedarf an einer allgemeinen Regelung besteht (vgl. Institut für angewandte Arbeitswissenschaft e.V. (2005), S. 19). Das Mitbestimmungsrecht des Betriebsrats wird in der Regel über den Abschluss einer Betriebsvereinbarung ausgeübt. Diese soll sich auf folgende Punkte erstrecken: die Ziele der Einführung, den Kreis der Teilnahme- und Prämienberechtigten, die Merkmale eines Verbesserungsvorschlags und die Abgrenzung der schutzfähigen Verbesserungsvorschläge, die Organe und die Organisation des betrieblichen Vorschlagswesens sowie das Prämiensystem (vgl. Heidack (1992), S. 2304 f.).

Mit einem betrieblichen **Vorschlagswesen für das personenorientierte Kaizen** werden drei Arten von Zielen verfolgt (vgl. Japan Human Relations Association (1995), S. 54 ff.):

- die Beeinflussung der Mitarbeiter in Richtung der aktiven Beteiligung an der Verbesserung von Ausführungs-, Verwaltungs- und Führungsprozessen,
- die Entwicklung des Fähigkeitspotentials aller Mitarbeiter und
- die wirtschaftlichen, technischen, sozialen und ökologischen Ziele der Unternehmung.

Um diese Ziele zu erreichen, wird das betriebliche Vorschlagswesen in japanischen Unternehmungen in einem **dreistufigen Prozess** eingeführt, der sich über fünf bis sechs Jahre erstrecken kann (vgl. Imai (1994), S. 147). In der **ersten Phase** sollen die Mitarbeiter zur aktiven Beteiligung am Vorschlagswesen motiviert werden, weshalb für jeden eingereichten Vorschlag eine Anerkennungsprämie gewährt wird. Als Kennzahlen zur Messung der Zielerreichung des betrieblichen Vorschlagswesens eignen sich in dieser Phase die Anzahl der eingereichten Verbesserungsvorschläge und die Beteiligungsquoten. Weisen diese Kennzahlen zufriedenstellende Werte auf, beginnt die **zweite Phase**, in der das Fähigkeitspotential der Mitarbeiter entwickelt werden soll. Hierzu werden die Mitarbeiter in der Analyse und Lösung von Problemen geschult. Prämien für einen Vorschlag werden in dieser Phase nach der Realisierbarkeit und dem Arbeitsaufwand für die Erarbeitung des Verbesserungsvorschlags bemessen. Gemessen wird die Zielerreichung des Vorschlagswesens in dieser Phase über die Umsetzungsquote. In der **dritten Phase** stehen schließlich die Beiträge der Vorschläge zur Erreichung verfolgter Unternehmungsziele im Vordergrund. Als Prämie für einen umgesetzten Verbesserungsvorschlag wird eine Beteiligung an der erreichten Zielwirkung gewährt (vgl. Japan Human Relations Association (1995), S. 54 ff., 127 ff., 142 ff.).

Die Unterschiede in den Zielen führen dazu, dass im Vorschlagswesen für das personenorientierte Kaizen **andere Anforderungen an Verbesserungsvorschläge** gestellt werden als im traditionellen Vorschlagswesen. An Verbesserungsvorschläge werden im Kaizen geringere Anforderungen hinsichtlich der **Neuheit** gestellt. Erwünscht sind kurzfristig realisierbare Verbesserungen mit geringen Umsetzungskosten (vgl. Japan Human Relations Association (1995), S. 26 f., 138). Erst in der dritten Phase der Einführung des betrieblichen Vorschlagswesens werden Vorschläge mit einem **Zielbeitrag** gefordert. In den beiden ersten Phasen des Einführungsprozesses ist der Zielbeitrag der Idee noch keine Voraussetzung für die Anerkennung als Verbesserungsvorschlag.

Das betriebliche Vorschlagswesen zur Umsetzung des personenorientierten Kaizen ordnet dem Einreicher eine sehr viel größere **Verantwortung für die Realisation** des Verbesserungsvorschlags zu, da es nicht nur die detaillierte Beschreibung der Umsetzung des Verbesserungsvorschlags fordert, sondern die tatsächliche Umsetzung. Entsprechend werden entweder nur bereits realisierte Ideen als Verbesserungsvorschläge angenommen oder Prämien in Abhängigkeit von der Mitwirkung des Einreichers an der Realisation des Verbesserungsvorschlags gewährt (vgl. Japan Human Relation Association (1995), S. 88 f.). Durch die Verantwortung des Einreichers für die Umsetzung des Vorschlags soll zum einen die Qualität der eingereichten Vorschläge hinsichtlich der Realisierbarkeit verbessert werden. Zum anderen soll damit verhindert werden, dass vom betrieblichen Vorschlagswesen in größerem Umfang nicht realisierbare Vorschläge begutachtet und abgelehnt werden müssen. Dadurch können die Kosten des Vorschlagswesens verringert, die Bearbeitungszeiten von Verbesserungsvorschlägen verkürzt und die negativen Wirkungen abgelehnter Vorschläge auf die Motivation von Einreichern und Gutachtern vermieden werden.

Nach den Vorstellungen des traditionellen Vorschlagswesens gehört es zu den Pflichten jedes Arbeitnehmers, seinen eigenen Arbeitsbereich zu verbessern. Ideen zur Verbesserung des eigenen Arbeitsbereichs werden deshalb nicht als Verbesserungsvorschläge anerkannt. Prämiert werden nur Ideen **ohne Bereichsbezug** (vgl. Anić (2001), S. 40 f.). Verbesserungsvorschläge, die im Fremdbereich des Einreichers liegen, weisen folgende Nachteile auf: (1) Dem Einreicher kann nicht die Verantwortung für die Realisation des Verbesserungsvorschlags übertragen werden. (2) Der Vorschlag kann von den Mitarbeitern in dem betroffenen Bereich als Hinweis auf Versäumnisse verstanden werden und zu Konflikten führen. (3) Diese Vorschläge weisen eine geringere Qualität auf und werden vielfach abgelehnt. Sie sind häufig die Ursache für Engpässe im Beurteilungs- und Bewertungsprozess des Vorschlagswesens. Das Vorschlagswesen des personenorientierten Kaizen geht einen anderen Weg und legt den Schwerpunkt auf Vorschläge aus dem Aufgabenbereich des Einreichers. Da die Mitarbeiter in ihrem eigenen Aufgabenbereich über ein großes Maß an Sachkunde verfügen, sind von ihnen gerade aus diesem Bereich kreative und wertvolle Ideen zu erwarten (vgl. Anić (2001), S. 40 f.). Auf der anderen Seite betrachten Außenstehende ein Problem aus einem anderen Blickwinkel, so dass ihre Verbesserungsvorschläge auf originellen Denkansätzen beruhen können. Verbesserungsvorschläge aus anderen Bereichen sollten deshalb nicht ignoriert werden. Um zu verdeutlichen, dass der Schwerpunkt auf realisierten Verbesserungsvorschlägen aus dem eigenen Aufgabenbereich liegt, werden im Vorschlagswesen des personenorientierten Kaizen Vorschläge aus dem Fremdbereich nur als weitere Meinung betrachtet, für die keine Prämien gewährt werden (vgl. Japan Human Relations Association (1995), S. 85 f., 152 ff.).

Vom traditionellen Vorschlagswesen werden nur Ideen als Verbesserungsvorschlag anerkannt, die **freiwillige Sonderleistungen** sind, d. h. außerhalb der Arbeitszeit erarbeitet werden. Das Kaizen verlangt, dass von den Mitarbeitern fortlaufend Verbesserungsvorschläge eingereicht werden. Die Erarbeitung und Umsetzung von Verbesserungsvorschlägen ist deshalb ein Bestandteil der Aufgabe jedes Mitarbeiters. In Abb. 4.11 werden die Anforderungen an Verbesserungsvorschläge im traditionellen Vorschlagswesen und im Vorschlagswesen für das personenorientierten Kaizen zusammenfassend gegenübergestellt.

Merkmal des Vorschlags	Traditionelles Vorschlagswesen	Vorschlagswesen für das personenorientierte Kaizen
Konstruktivität	Veränderung eines Objekts oder Zustands	
Neuheit	Neuheit der Veränderung	Kurzfristig realisierbare Veränderungen, die nur geringe Umsetzungskosten verursachen
Zielbeitrag	Erheblicher Zielbeitrag	Hinweis auf ein Problem, Problemlösung, Zielbeitrag
Konkretheit	Detaillierte Beschreibung der Umsetzung des Verbesserungsvorschlags	Umsetzung des Verbesserungsvorschlags
Bereichsbezug	Ideen aus dem Aufgabenbereich des Einreichers werden nicht als Vorschläge anerkannt	Der Schwerpunkt liegt auf Vorschlägen aus dem Aufgabenbereich des Einreichers
Bezug zur Arbeitsaufgabe	Ausarbeitung von Ideen als freiwillige Sonderleistung	Ausarbeitung und Umsetzung von Ideen als Bestandteil der Arbeitsaufgabe

Abb. 4.11: Anforderungen an Verbesserungsvorschläge

4.3.2.2 Organisation des betrieblichen Vorschlagswesens

Das traditionelle betriebliche Vorschlagswesen ist durch einen hohen **Zentralisationsgrad der Vorschlagsbearbeitung** gekennzeichnet. Es ist durch die Verordnung über die steuerliche Behandlung von Prämien für Verbesserungsvorschläge vom 18.2.1957 geprägt, die jedoch am 1.1.1989 außer Kraft gesetzt worden ist. Die Kritik am Modell des zentralen betrieblichen Vorschlagswesens und die Diskussion um das Kaizen haben zur Entwicklung des Vorgesetztenmodells geführt, das eine dezentrale Vorschlagsbearbeitung vorsieht.

[1] Modell des zentralen betrieblichen Vorschlagswesens

Das zentrale Vorschlagswesen umfasst drei **Organe** (vgl. Anić (2001), S. 64):

- den BVW-Beauftragten,
- die Fachgutachter und
- die BVW-Kommission.

Der **BVW-Beauftragte** ist haupt- oder nebenamtlich vor allem mit operativen Aufgaben des betrieblichen Vorschlagswesens betraut. **Fachgutachter** werden von der BVW-Kommission ernannt und sind für alle Verbesserungsvorschläge eines Fachbereichs zuständig. Mit der Begutachtung eines Verbesserungsvorschlags kann jedoch auch jeder andere fachkundige Mitarbeiter des jeweiligen Bereichs beauftragt werden. Die **BVW-Kommission** setzt sich in der Regel aus Vertretern der Unternehmungsleitung und Arbeitnehmervertretern zusammen. Sie entscheidet auf der Grundlage der Gutachten über die Annahme oder Ablehnung der Vorschläge. Einsprüche des einreichenden Mitarbeiters gegen die Entscheidung über den Verbesserungsvorschlag oder die Prämie werden der BVW-Kommission zur erneuten Behandlung vorgelegt. Es kann jedoch auch eine gesonderte **BVW-Einspruchsstelle** eingerichtet werden, der aus Gründen der Objektivität keine Mitglieder der BVW-Kommission angehören sollten (vgl. Thom (2003), S. 101). Abb. 4.12 gibt einen Überblick über die Aufgaben der Organe des zentralen betrieblichen Vorschlagswesens (vgl. Heidack (1999), Sp. 2308; Anić (2001), S. 65 ff.).

Organ	Aufgaben
BVW-Beauftragter	▪ Beratung und Unterstützung der Mitarbeiter bei der Vorbereitung und Einreichung eines Verbesserungsvorschlags ▪ Entgegennahme von Verbesserungsvorschlägen ▪ Vorprüfung der eingereichten Vorschläge hinsichtlich Zulässigkeit, Vollständigkeit und Plausibilität ▪ Zuleitung der Vorschläge zu Prüf-, Bewertungs- und Realisierungsprozessen ▪ Planung, Durchführung und Kontrolle von Kommunikationsmaßnahmen zur Verbesserung des Vorschlagsverhaltens ▪ Überwachung der Einhaltung der BVW-Betriebsvereinbarung sowie aller rechtlichen Vorschriften
BVW-Fachgutachter	▪ Prüfung der Realisierbarkeit der Vorschläge ▪ Suche nach weiteren Anwendungsbereichen für die Vorschläge ▪ Ermittlung und Bewertung der Wirkungen der Vorschläge ▪ Ermittlung der Kosten für die Umsetzung der Vorschläge ▪ Ausarbeitung einer stichhaltigen Begründung für jeden abgelehnten Vorschlag

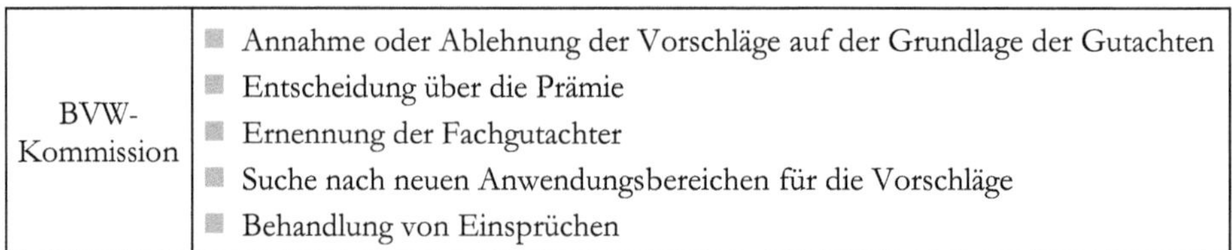

BVW-Kommission	▪ Annahme oder Ablehnung der Vorschläge auf der Grundlage der Gutachten ▪ Entscheidung über die Prämie ▪ Ernennung der Fachgutachter ▪ Suche nach neuen Anwendungsbereichen für die Vorschläge ▪ Behandlung von Einsprüchen

Abb. 4.12: Organe und ihre Aufgaben im zentralen Vorschlagswesen

Um Risikobarrieren entgegenzuwirken, räumt das zentrale Vorschlagswesen die Möglichkeit einer anonymen Einreichung ein. Der Vorschlag kann an das betriebliche Vorschlagswesen geleitet werden, ohne dass der Vorgesetzte informiert wird. Den **Ablauf** der Bearbeitung eines Verbesserungsvorschlags bei anonymer Einreichung zeigt Abb. 4.13 (in Anlehnung an Anić (2001), S. 73).

Phasen im Prozess der Bearbeitung eines Verbesserungsvorschlags	Aktivitäten
Einreicher	▪ Formulierung und Einreichung eines Vorschlags
BVW-Beauftragter	▪ Unterstützung der Einreicher bei der Formulierung des Vorschlags ▪ Erfassung und Datierung des Vorschlags ▪ Vorprüfung des Vorschlags auf Zulässigkeit, Vollständigkeit und Plausibilität
Gutachter	▪ Prüfung des Vorschlags auf Realisierbarkeit ▪ Suche nach weiteren Anwendungsbereichen für den Vorschlag ▪ Bewertung des Zielbeitrags des Vorschlags ▪ Ermittlung der Umsetzungskosten des Vorschlags ▪ Abgabe eines Prämienvorschlags oder Begründung der Ablehnung des Vorschlags
BVW-Beauftragter	▪ Auswertung der Gutachten ▪ Einholung weiterer Gutachten ▪ Vorbereitung der Kommissionssitzung
BVW-Kommission	▪ Entscheidung über Annahme oder Ablehnung des Vorschlags ▪ Prüfung der Prämienberechtigung ▪ Entscheidung über die Art und die Höhe der Prämie
BVW-Beauftragter	▪ Prämienanweisung an die entgeltabrechnende Stelle ▪ ggf. Veranlassung der Prämienübergabe
Einreicher	▪ Akzeptiert Kommissionsentscheidung oder erhebt Einspruch

Abb. 4.13: Ablauforganisation im zentralen Vorschlagswesen

Das Modell des zentralen betrieblichen Vorschlagswesens ist mit folgenden **Problemen** verbunden: (1) Es fehlt die direkte Kommunikation zwischen den Gutachtern und den Einreichern, was zu Missverständnissen und Fehlentscheidungen führen kann. (2) Der Prozess der Bearbeitung von Verbesserungsvorschlägen ist zu bürokratisch. Dies wirkt sich ungünstig auf die Bearbeitungsdauer und die Transparenz der Bewertung aus (vgl.

Läge (2002), S. 14). Diesen Problemen des zentralen Vorschlagswesens, die Willensbarrieren sein können, soll durch das Vorgesetztenmodell entgegengewirkt werden.

[2] Vorgesetztenmodell des betrieblichen Vorschlagswesens

Das Vorgesetztenmodell zeichnet sich durch einen **hohen Dezentralisationsgrad** aus, der durch die weitreichende Delegation von Kompetenzen zur Prüfung, Realisation und Honorierung von Verbesserungsvorschlägen an den Vorgesetzten des Einreichers entsteht. Dadurch wird die Vorschlagsbearbeitung beschleunigt, die Transparenz des Bewertungsprozesses erhöht und die Zusammenarbeit der Prozessbeteiligten verbessert (vgl. Anić (2001), S. 245).

Beim Vorgesetztenmodell werden die Verbesserungsvorschläge schriftlich oder mündlich beim direkten Vorgesetzten eingereicht, der den Einreicher bei der schriftlichen Abfassung des Verbesserungsvorschlags auch unterstützt. Der Vorgesetzte führt die Vorprüfung des Verbesserungsvorschlags hinsichtlich Zulässigkeit, Vollständigkeit und Plausibilität durch. In diesem ersten Schritt wird auch geprüft, ob der Verbesserungsvorschlag in den Verantwortungsbereich des Vorgesetzten fällt oder mehrere Verantwortungsbereiche berührt. **Bereichsübergreifende Verbesserungsvorschläge** leitet der Vorgesetzte an den BVW-Beauftragten weiter. Diese Verbesserungsvorschläge werden anschließend wie im Modell des zentralen betrieblichen Vorschlagswesens behandelt. Das Vorgesetztenmodell ergänzt damit das zentrale Modell, ersetzt es aber nicht. **Bereichsinterne Vorschläge** werden vom Vorgesetzten gegebenenfalls unter Mitwirkung des Einreichers begutachtet. Verursacht die Realisation des Verbesserungsvorschlags nur geringe Kosten, wird er vom Verantwortungsbereich des Vorgesetzten unter weitestmöglicher Einbeziehung des Einreichers umgesetzt. Übersteigen die Kosten der Realisation die Möglichkeiten, über die ein Vorgesetzter innerhalb seines Budgets verfügt, wird der Verbesserungsvorschlag an die nächsthöhere Instanz zur Entscheidung über die Realisation gereicht. Nach der Realisation ist es Aufgabe des Vorgesetzten, eine Prämie für den Verbesserungsvorschlag festzulegen. In der Regel wird dem Vorgesetzten eine Prämienhöchstgrenze vorgegeben. Soll ein Verbesserungsvorschlag mit einer höheren Prämie honoriert werden, wird der Verbesserungsvorschlag mit allen Gutachten und einem Prämienvorschlag an den BVW-Beauftragten weitergereicht, der die Unterlagen prüft und der BVW-Kommission zur endgültigen Entscheidung über die Prämie vorlegt (vgl. Anić (2001), S. 245 ff., 256 ff.). Abb. 4.14 zeigt eine zusammenfassende Würdigung des Vorgesetztenmodells (vgl. Anić (2001), S. 260 ff.; von Bismarck (2000), S. 59).

Vorteile	Nachteile
▪ Höhere Transparenz der Bewertung für die Einreicher ▪ Direkte Kommunikation mit dem Einreicher bei der Begutachtung des Verbesserungsvorschlags ▪ Zügige Begutachtung, Umsetzung und Prämierung, die zu einer höheren Vorschlagsbereitschaft führen	▪ Gefahr der subjektiven oder budgetgeleiteten Bewertung des Verbesserungsvorschlags ▪ Gefahr immaterieller Nachteile durch den Vorgesetzten oder die Kollegen ▪ Erhöhtes Risiko subjektiv beeinflusster Prämien ▪ Zusätzliche Belastung der Führungskräfte, die ein geringes Engagement oder eine ablehnende Haltung gegenüber Einreichern zur Folge haben kann

Abb. 4.14: Beurteilung des Vorgesetztenmodells

Die Verbesserungsvorschläge sind beim **Kaizen** üblicherweise dem Aufgabenbereich des Einreichers entnommen, weisen einen geringen Innovationsgrad auf und sind kurzfristig und zu geringen Kosten umsetzbar. Der Vorgesetzte verfügt deshalb bei den meisten Verbesserungsvorschlägen über die zu ihrer Begutachtung und Bewertung erforderlichen Fachkenntnisse und Entscheidungskompetenzen. Für die Organisation des Vorschlagswesens im Kaizen ist deshalb das Vorgesetztenmodell besonders geeignet. Um seinen Nachteilen entgegenzuwirken, kann die Möglichkeit der anonymen Einreichung eröffnet werden, die aber nur ergänzenden Charakter haben sollte (vgl. Japan Human Relations Association (1995), S. 123 ff., 155 f.).

4.3.3 Entwicklung von Prämiensystemen

4.3.3.1 Zulässigkeit von Verbesserungsvorschlägen

Damit ein Verbesserungsvorschlag prämiert werden kann, muss er zulässig sein. Die Zulässigkeit von Ideen für das Vorschlagswesen kann nicht nur sachlich (vgl. Abb. 4.11), sondern auch personell und zeitlich begrenzt sein.

[1] Abgrenzung des Kreises der Teilnahmeberechtigten

Personell zulässig ist eine Idee, wenn der Einreicher dem Kreis der Teilnahmeberechtigten angehört. Geklärt werden muss vor allem die Teilnahmeberechtigung von Unternehmungsexternen (z. B. Lieferanten, Kunden, Praktikanten), von Mitarbeitern des Vorschlagswesens und leitenden Angestellten sowie von Gruppen (vgl. Urban (1993), S. 36 f.). Um das kreative Potential auf allen Ebenen auszuschöpfen, werden **Unternehmungsexterne** und **leitende Angestellte** in jüngster Zeit zunehmend in den Kreis der Teilnahmeberechtigten einbezogen (vgl. Anić (2001), S. 42).

Bei Einbeziehung informaler oder formaler **Gruppen** in den Kreis der Teilnahmeberechtigten können höhere Beteiligungsquoten und besser durchdachte Verbesserungsvorschläge erwartet werden. Zudem trägt die Zusammenarbeit in Gruppen zum Abbau von Wissens-, Willens- und Risikobarrieren bei (vgl. Thom (2003), S. 114 f.). Werden Gruppen als Teilnahmeberechtigte zugelassen, ist zu entscheiden, wie sie auszugestalten sind. Es werden drei Typen teilnahmeberechtigter Gruppen unterschieden (vgl. Thom (2003), S. 117 ff.):

- die Einreichergemeinschaft,
- die Vorschlagsgruppe und
- die Qualitätszirkel-Gruppe.

Abb. 4.15 gibt einen Überblick zu den Unterschieden zwischen diesen Gruppen (vgl. Thom (2003), S. 118).

Vergleichs-kriterium	Betriebliches Vorschlagswesen		Qualitätszirkel-Gruppe
	Einreicher-gemeinschaft	Vorschlagsgruppe	
Organisationsgrad	Informal	Formal	Formal
Gruppenbildung	Spontaner freiwilliger Zusammenschluss	Gezielte Gruppenbildung aufgrund freiwilliger Meldungen	
Gruppengröße	2-3 Personen	5-10 Personen	5-9 Personen
Herkunft der Gruppenmitglieder	Offen (gleiche oder unterschiedliche Unternehmungsbereiche)	Fachlich komplementäre Zusammensetzung	Regelmäßig Mitglieder eines Arbeitsbereichs
Lebensdauer der Gruppe	Meist auf die Ausarbeitung des Verbesserungsvorschlags begrenzt	Teils auf die Ausarbeitung des Verbesserungsvorschlags begrenzt, teils länger	Grundsätzlich unbefristet
Realisierung der Vorschläge	In der Regel nicht durch die Gruppenmitglieder		Nach Möglichkeit durch die Gruppenmitglieder

Abb. 4.15: Gruppenvorschlagswesen

[2] Zeitliche Zulässigkeit

Die Regeln zur zeitlichen Zulässigkeit geben **Ausschlussfristen** vor. Das sind Fristen nach der Umsetzung von Innovationen, innerhalb derer Ideen nicht als Verbesserungsvorschläge anerkannt werden. Begründet wird die zeitliche Begrenzung der Zulässigkeit mit der intensiven Betreuung der betroffenen Bereiche durch die zuständigen Fachbereiche, um die Anlaufschwierigkeiten zu beheben, die mit einer umfassenden Veränderung regelmäßig verbunden sind. Gegen Ausschlussfristen spricht jedoch, dass Verbesserungsvorschläge zur Verkürzung der Anlaufphase beitragen können. Eine frühzeitige Einreichung von Verbesserungsvorschlägen sollte deshalb nicht behindert, sondern gefördert werden (vgl. Urban (1993), S. 70).

4.3.3.2 Struktur des Prämiensystems

Prämiensysteme legen die Prämien fest, die für die Einreichung oder Bearbeitung eines Verbesserungsvorschlags gewährt werden, um die Begünstigten zu dem erwünschten Verbesserungsverhalten zu motivieren. Bei der Gestaltung von Prämiensystemen ist über folgende Größen zu entscheiden: die Ziele, die Bemessungsgrundlage, die Belohnungsregel, die Prämie und die Ausschüttungsregel.

Die **Ziele des Prämiensystems** legen das Verbesserungsverhalten der Mitarbeiter fest, zu dem motiviert werden soll. Das in der ersten Phase der Einführung des betrieblichen Vorschlagswesens erwünschte Verbesserungsverhalten ist das Erkennen und Melden von Problemen. In der zweiten Phase umfasst es darüber hinaus die Suche nach Problemlösungen und die Entwicklung von Maßnahmen. Schließlich wird in der dritten Phase gefordert, dass die Maßnahmen nicht nur entwickelt, sondern auch realisiert werden. Nach diesen Zielen wird zwischen der Anerkennungsprämie für die Einreichung eines Verbesserungsvorschlags (Problemerkennung), der Belohnung für einen realisierten Verbesserungsvorschlag (Problemlösung) und der Kompensation für die Umsetzung der Lösung unterschieden (vgl. Japan Human Relations Association (1995), S. 127 ff.).

Die **Bemessungsgrundlage** ist der Indikator zur Messung des Verbesserungsverhaltens. Anerkennungsprämien werden stets in einer vorgegebenen Höhe gewährt, so dass sich eine Messung erübrigt. Nur für Belohnungen und Kompensationen muss eine Bemessungsgrundlage ausgewählt werden. Mit Belohnungen wird der Arbeitsaufwand für die Erarbeitung und Umsetzung eines Verbesserungsvorschlags und mit Kompensationen der Zielbeitrag der umgesetzten Verbesserung honoriert. Bei der Festlegung der Bemessungsgrundlage für eine Kompensation wird unterschieden, ob der Verbesserungsvorschlag

- quantifizierbare oder
- nicht quantifizierbare Wirkungen

hat. Ist der **Zielbeitrag quantifizierbar** (z. B. Verringerung von Ausschuss, Materialeinsparung) wird der Nettovorschlagsbeitrag (z. B. die Nettokosteneinsparung) im ersten Anwendungsjahr als Bemessungsgrundlage herangezogen, d. h. der Zielbeitrag im ersten Anwendungsjahr abzüglich der Kosten der Umsetzung des Verbesserungsvorschlags (vgl. Anić (2001), S. 74 ff.). Ist der Zielbeitrag des Verbesserungsvorschlags **nicht quantifizierbar**, wird er mit Hilfe eines ordinalen Bewertungssystems ermittelt. Diese Systeme sind dadurch gekennzeichnet, dass jeder Verbesserungsvorschlag hinsichtlich mehrerer Beurteilungskriterien bewertet wird. Zu diesen zählen der Zielbeitrag für die Unternehmung, der Arbeitsaufwand für den Einreicher, die Originalität und die Werbewirksamkeit für potentielle Einreicher (vgl. Grochla/Thom (1980), S. 772). Für jedes der berücksichtigten Kriterien wird dem zu bewertenden Verbesserungsvorschlag eine Punktzahl aus einem vorgegebenen Intervall zugeordnet, die umso höher ist, je besser der Vorschlag hinsichtlich des jeweiligen Kriteriums beurteilt wird. Um die Gesamtpunktzahl eines Vorschlags zu ermitteln, werden die zugeordneten Punktzahlen mit dem Gewicht des jeweiligen Kriteriums multipliziert und anschließend addiert. Die Gewichtungsfaktoren spiegeln die relative Bedeutung der Beurteilungskriterien wider. Abb. 4.16 zeigt ein Beispiel für den Aufbau eines solchen Bewertungssystems (vgl. Japan Human Relations Association (1995), S. 142 f.).

Beurteilungs-kriterium	Gewich-tungsfaktor	Beurteilung							
		Gering 5 - 15 Punkte		Mittel 16 - 30 Punkte		Hoch 31 - 50 Punkte		Sehr hoch 51 - 100 Punkte	
Umfang der Verbesserung									
▪ Kundennutzen	1,0					42	42		
▪ Einsparungen	2,0			22	44				
▪ Arbeitssicherheit	1,0	12	12						
▪ Arbeitserleichterung	1,0	0	0						
Ausarbeitungsgrad	1,5							80	120
Originalität	1,5			20	30				
Anwendungshäufigkeit	2,0			25	50				
Gesamtpunktzahl			12		124		42		120
		298							

Abb. 4.16: Bewertungsschema für Vorschläge mit einem nicht quantifizierbaren Zielbeitrag

Mit der **Belohnungsregel** wird aus dem Wert des Indikators, der als Bemessungsgrundlage verwendet wird, die Höhe der Prämie ermittelt. Für Verbesserungsvorschläge mit quantifizierbaren Zielwirkungen sieht die Belohnungsregel als Prämie meist einen prozentualen Anteil am Nettovorschlagsbeitrag im ersten Anwendungsjahr vor. Dieser Prämiensatz kann unabhängig von der Höhe des Nettovorschlagsbeitrags sein oder mit steigendem Nettovorschlagsbeitrag sinken, was einen linearen oder degressiven Prämienverlauf in Abhängigkeit vom Nettovorschlagswert bedeutet (vgl. Anić (2001), S. 75 f.). Im Fall nicht quantifizierbarer Zielwirkungen gibt die Belohnungsregel einen Geldbetrag pro Punktwert vor. Die Belohnungsregel kann darüber hinaus

- personenbezogene oder
- vorschlagsbezogene Korrekturfaktoren

vorsehen, mit denen die aus dem Zielbeitrag berechnete Prämie nach oben oder unten angepasst wird. Über die **personenbezogenen Korrekturfaktoren** wird berücksichtigt, dass Mitarbeiter aufgrund ihrer organisatorischen Eingliederung selbst bei gleicher Leistungsbereitschaft und -fähigkeit unterschiedlich gute Chancen haben, Verbesserungsvorschläge zu entwickeln. Wird der Nettovorschlagsbeitrag als Bemessungsgrundlage verwendet, können weitere Beurteilungskriterien über **vorschlagsbezogene Korrekturfaktoren** in die Bemessung der Prämie einbezogen werden, wie z. B. der Ausarbeitungsgrad und die Originalität des Verbesserungsvorschlags (vgl. Thom (1991), S. 601). Schließlich können mit der Belohnungsregel auch Mindest- und Höchstprämien vorgegeben werden. Die Anerkennungsprämie entspricht häufig der Höhe der Mindestprämie (vgl. Anić (2001), S. 81).

Die **Prämien** können materieller oder immaterieller Art sein. Materielle Prämien sind Geldzuwendungen und Sachprämien (z. B. Bücher, Eintrittskarten zu Sportveranstaltungen, Werbegeschenke der Unternehmung). Kann einer gewährten Prämie kein monetärer Wert zugeordnet werden, ist sie immaterieller Natur. Eine immaterielle Prämie kann in einer Belobigung oder einer öffentlichen Würdigung bestehen, z. B. durch einen Bericht in der Mitarbeiterzeitschrift oder die öffentliche Übergabe von Urkunden, Plaketten oder Medaillen durch ein Mitglied der Unternehmungsleitung (vgl. Anić (2001), S. 82).

Die **Ausschüttungsregel** gibt den Zeitpunkt an, zu dem die Prämie ausbezahlt wird. Ausbezahlt werden kann die Prämie nach der Annahme des Verbesserungsvorschlags. Möglich ist es auch, nach der Annahme des Verbesserungsvorschlags nur die Hälfte einer vorläufig bemessenen Prämie auszubezahlen. Am Ende des ersten Anwendungsjahres wird der Restbetrag auf der Basis des tatsächlichen Nettovorschlagsbeitrags ermittelt und ausbezahlt. Die Ausschüttungsregel kann für Vorschläge, deren Anwendungsbereich nach der Umsetzung und Prämierung ausgedehnt wird, eine Nachbewertung und Nachprämierung vorsehen (vgl. Anić (2001), S. 76).

Die Prämien fallen im **Kaizen** deutlich geringer aus als im traditionellen betrieblichen Vorschlagswesen. Dafür werden die folgenden Gründe genannt:

[1] Der Umfang der Verbesserung, der im Kaizen von Verbesserungsvorschlägen gefordert wird, ist geringer als im traditionellen betrieblichen Vorschlagswesen.

[2] Um einen anhaltenden Strom von Verbesserungsvorschlägen zu erreichen, kommt der Beeinflussung der Mitarbeiter in Richtung der Beteiligung an der kontinuierlichen Verbesserung eine sehr viel größere Bedeutung zu als im traditionellen betrieblichen Vorschlagswesen.

[3] Intrinsischen Belohnungen wird im betrieblichen Vorschlagswesen für die kontinuierliche Verbesserung eine deutlich höhere Bedeutung beigemessen.

In japanischen Unternehmungen liegen die Prämien in der Regel zwischen 1,20 und 6,00 €. Nur in seltenen Ausnahmefällen können sie auch eine Höhe von 1.500 € annehmen (vgl. Japan Human Relations Association (1995), S. 45, 145). Die geringen Prämien legen es nahe, die Beurteilungssysteme weniger aufwendig zu gestalten. Abb. 4.17 zeigt ein Beispiel für eine **Blitzbewertungstabelle**, die für die konkrete Anwendung noch um Erläuterungen für die Einordnung der Verbesserungsvorschläge ergänzt wird (vgl. Japan Human Relations Association (1995), S. 145).

Bewertungsklasse / Anforderung	Mäßig	Gut	Sehr gut
Problemidentifikation (Anerkennung)	Ablehnung	Anerkennungsprämie	1,20 €
Lösungsidee (Belohnung)	Anerkennungsprämie	1,20 €	3,00 €
Implementierung/Auswirkung (Kompensation)	1,20 €	3,00 €	6,00 € oder mehr

Abb. 4.17: Vereinfachtes Beurteilungssystem für das Vorschlagswesen bei der kontinuierlichen Verbesserung

4.4 Instrumente der kontinuierlichen Verbesserung

4.4.1 Überblick über die Instrumente

4.4.1.1 Instrumente im PDCA-Zyklus

In der japanischen Management-Literatur sind **Instrumente zur Qualitäts- und Effizienzsteigerung** vorgeschlagen worden, die für die Problemlösungsprozesse im Kaizen geeignet sind (vgl. Gogoll (1994), S. 370). Diese Instrumente werden unter den Bezeichnungen „Sieben statistische QC-Werkzeuge" und „Sieben neue QC-Werkzeuge" zusammengefasst. Abb. 4.18 gibt einen Überblick über die QC-Werkzeuge (vgl. Mizuno (1988), S. 15, 20; Asaka/Ozeki (1990), S. 121 ff.).

Sieben statistische QC-Werkzeuge	Sieben neue QC-Werkzeuge
▪ Ursache-Wirkungs-Diagramm (Ishikawa-Diagramm) ▪ Paretodiagramm ▪ Strichliste ▪ Histogramm ▪ Streuungsdiagramm ▪ Regelkarte ▪ Graphen (Balken-, Linien-, Kreis-, Band- und Spinnendiagramm)	▪ Affinitätsdiagramm ▪ Beziehungsdiagramm ▪ Systematisches Diagramm ▪ Pfeildiagramm ▪ Matrixdiagramm ▪ Matrixdatenanalyse ▪ Prozessplanungsdiagramm

Abb. 4.18: QC-Werkzeuge

> Die **Sieben statistischen QC-(Quality Control-)Werkzeuge** unterstützen die Datensammlung und die Datenanalyse für die Problemfeststellung und die Kontrolle im PDCA-Zyklus.

Verwendet werden können die Instrumente nur, wenn zumindest Vorstellungen über die Ursachen des zu untersuchenden Problems vorliegen, die zudem beobachtbar sind, so dass entsprechende Daten erhoben werden können. Sie eignen sich deshalb vor allem für das gruppenbezogene Kaizen, nicht jedoch für die Lösung komplexer Probleme, wie sie beim managementorientierten Kaizen auftreten. Die Komplexität dieser Probleme kann aus der Vielzahl von Problemursachen oder Zielen resultieren, aber auch daraus, dass zur Erarbeitung eines Problemlösungsvorschlags eine Vielzahl von Einzelideen generiert und kombiniert werden muss. Für Probleme mit diesen Merkmalen sind die **Sieben neuen QC-Werkzeuge** vorgeschlagen worden. In der Planungsphase des PDCA-Zyklus unterstützen sie die Problemfeststellung, das Generieren von Problemlösungsideen, die Auswahl der Problemlösungsideen, die detailliert geplant und umgesetzt werden sollen, sowie die Erarbeitung von Problemlösungsvorschlägen. Weiterhin dienen diese Werkzeuge der Arbeitsplanung in der Umsetzungsphase (vgl. Mizuno (1988), S. 48 ff.).

Bei den **Sieben neuen QC-Werkzeugen** handelt sich um Instrumente, die überwiegend verbale Daten verarbeiten und Beziehungen zwischen den verschiedenen Problemperspektiven visualisieren.

Jedes QC-Werkzeug kann für sich allein verwendet werden. Empfohlen wird jedoch der **kombinierte Einsatz der Instrumente**, so dass die Ergebnisse, die mit einem Instrument erzielt worden sind, als Eingangsinformationen des nächsten Instruments genutzt werden können. Abb. 4.19 zeigt den Zusammenhang zwischen QC-Werkzeugen bei kombiniertem Einsatz und ihre Zuordnung zu den Phasen des PDCA-Zyklus (vgl. Mizuno (1988), S. 48; Brassard (1996), S. 7).

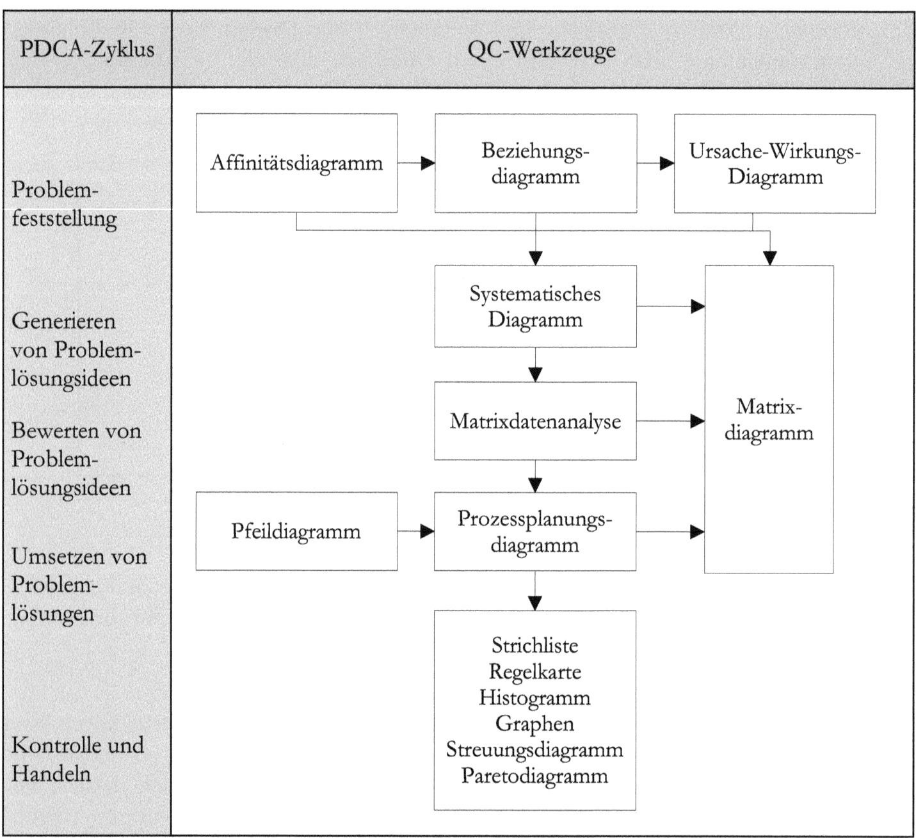

Abb. 4.19: QC-Werkzeuge im PDCA-Zyklus

4.4.1.2 Unterstützende Instrumente

Die Methodik der meisten neuen QC-Werkzeuge sieht neben dem logisch-diskursiven Ableiten auch das **intuitive Generieren von Ideen** vor, u. a. zu Problemursachen und Problemlösungen. Bei diesen Verfahrensschritten gelangen unterstützende Instrumente zum Einsatz, zu denen Kreativitätstechniken und Methoden zur Identifikation der finalen Problemursachen zählen.

[1] Kreativitätstechniken

Um in kurzer Zeit möglichst viele Ideen generieren zu können, wird der Einsatz von Kreativitätstechniken vorgeschlagen, die auf dem Prinzip der intuitiven Assoziation beruhen (vgl. Brassard (1996), S. 297). Zu diesen Techniken zählen alle Varianten des Brainstorming und des Brainwriting (zu einem Überblick über diese Varianten vgl. Pepels (1996), S. 875 ff.).

Das **Brainstorming** ist die interaktive Zusammenarbeit mehrerer Personen in einem Team unter Bedingungen, welche freie Assoziationen und die spontane Äußerung von Ideen fördern.

Diese Bedingungen werden durch die vier Grundregeln des Brainstorming und die Zusammensetzung des Brainstorming-Teams geschaffen. Die **Grundregeln des Brainstorming** lauten wie folgt (vgl. Osborn (1966), S. 151 ff.):

[1] Während der Dauer des Brainstorming darf keine Kritik an den Ideen geäußert werden.

[2] Außergewöhnliche, originelle oder phantasievolle Ideen sind ausdrücklich erwünscht.

[3] Angestrebt wird eine große Zahl von Ideen.

[4] Die Teilnehmer sind aufgefordert, auch die von anderen geäußerten Ideen aufzugreifen und weiterzuentwickeln. Es sollen Assoziationsketten gebildet werden, aus denen innovative Ideen resultieren können.

Das **Brainstorming-Team** setzt sich aus 5-8 Mitgliedern zusammen und wird von einem Moderator geleitet. Der Moderator überwacht die Einhaltung der Grundregeln und aktiviert durch Reizfragen den Ideenfluss. Die Mitglieder sind Mitarbeiter der gleichen Hierarchieebene aus unterschiedlichen Fachbereichen der Unternehmung. Eine exponierte Fachautorität sollte sich nicht im Brainstorming-Team befinden (vgl. Schlicksupp (2004), S. 105).

Der **Brainstorming-Prozess** umfasst drei Phasen (vgl. Schlicksupp (2004), S. 107 f.):

- die Vorbereitung,
- die Ideensammlung sowie
- die Ideensichtung und -bewertung.

Die **Vorbereitungsphase** beginnt mit der Klärung des Problems, das dem Team von außen vorgegeben wird. Der Moderator erläutert den Mitgliedern des Teams möglichst genau den aktuellen Problemzustand und den angestrebten Zielzustand. Die Vorbereitungsphase endet nicht, bevor im Team Konsens über Inhalt, Ausmaß und Struktur des Problems besteht (vgl. Schlicksupp (1977), S. 215). In dieser ersten Phase des Brainstorming-Prozesses erläutert der Moderator dem Team auch die Grundregeln dieser Methode.

Für die **Ideensammlung** durch das Team sind etwa 30 Minuten vorgesehen. Sie sollte keinesfalls länger als eine Stunde dauern. Führt die Diskussion zu keinen weiteren Ideen, wird die Ideensammlung durch den Moderator beendet (vgl. Schlicksupp (1977), S. 216). Diese Phase des Brainstorming-Prozesses kann in zwei Formen ausgeführt werden. Bei der strukturierten Vorgehensweise wird eine Reihenfolge, in der die

Teammitglieder ihre Ideen äußern, vorgegeben und mehrfach durchlaufen. Ist ein Mitglied an der Reihe, äußert es eine Idee oder setzt für eine Runde aus. Diese Vorgehensweise erzeugt bei den Mitgliedern einen gewissen Druck zur aktiven Mitarbeit. Wird unstrukturiert vorgegangen, kann jedes Teammitglied seine Ideen zu jedem beliebigen Zeitpunkt während der Teamsitzung äußern. Damit verbunden ist die Gefahr, dass einzelne Mitglieder das Team dominieren und zurückhaltendere Mitarbeiter ihre Ideen nicht äußern (vgl. Brassard (1996), S. 297). Bei beiden Formen werden die geäußerten Ideen vom Moderator für alle Teilnehmer sichtbar auf einer Tafel notiert. Die Ideen werden nicht ausführlich erläutert, sondern nur in den Grundzügen skizziert. Darüber hinaus werden der Ablauf und die Ergebnisse der Teamsitzung von einem Teilnehmer protokolliert (vgl. Schlicksupp (1977), S. 216).

Die gesammelten Ideen werden nicht vom Team, sondern von einem Mitarbeiter **gesichtet und bewertet**, der nicht an der Ideensammlung beteiligt war. In dieser Phase werden die protokollierten Ideen geordnet, vervollständigt sowie auf Realisierbarkeit und ihren Beitrag zur Problemlösung überprüft (vgl. Klein/Scholl (2011), S. 150).

Das Brainstorming verbessert und erweitert den Wissensstand jedes Teammitglieds und fördert das Entstehen von Assoziationsketten, die zu innovativen Ideen führen können. Es lässt jedoch keinen Raum für konzentriertes Nachdenken (vgl. Hauschildt/Salomo (2011), S. 282). Um die Vorteile des Brainstorming mit denen der konzentrierten Einzelleistung zu kombinieren, ist es zum **Brainwriting** weiterentwickelt worden. Die bekannteste Variante des Brainwriting ist die Methode 635. Die Ziffern 6, 3 und 5 stehen für die sechs Teammitglieder, die drei Ideen, die jedes Mitglied in jeder Runde generieren soll, sowie die fünf Minuten, die einem Teammitglied für das Notieren der drei Ideen jeweils zur Verfügung stehen (vgl. Schlicksupp (2004), S. 116).

Die **Methode 635** weicht in der Phase der Ideensammlung von der Methode des Brainstorming ab. Diese Phase beginnt damit, dass jedes der sechs Team-Mitglieder innerhalb von fünf Minuten drei Ideen in ein Formular einträgt. Nach Ablauf der Bearbeitungszeit gibt jedes Teammitglied das von ihm ausgefüllte Formular an seinen Nachbarn weiter. Jeder Teilnehmer trägt drei weitere Ideen in das Formular ein, das er von seinem Nachbarn erhalten hat. Diese Ideen können eine Weiterentwicklung der Ideen der Vorgänger oder vollkommen neue Vorschläge zum Inhalt haben. Die Formulare werden in der gleichen Richtung weitergereicht und ergänzt, bis jedes Mitglied jedes Formular bearbeitet hat. Nach Abschluss der sechsten Runde liegen $6 \times 6 \times 3 = 108$ Ideen vor. Da die Zeit, die zur Auswertung der Ideen auf dem Formular erforderlich ist, in jeder Runde zunimmt, kann die Bearbeitungszeit kontinuierlich verlängert werden. Eine Teamsitzung kann damit zwischen 30 und 45 Minuten dauern (vgl. Schlicksupp (1977), S. 218).

[2] Methoden zur Identifikation der finalen Problemursache

Der Suche nach der **finalen Problemursache** liegt der Gedanke zugrunde, dass eine offensichtliche oder direkt beobachtbare Problemursache selbst die Wirkung (Symptom) vorgelagerter Problemursachen sein kann, die nicht oder nur schwer erkennbar sind. Es gilt daher, eine Folge von Problemursachen zu erkennen, die durch Ursache-Wirkungs-Beziehungen verbunden sind. Nur durch die Beseitigung des letzten Glieds dieser Folge kann ein Problem endgültig und vollständig gelöst werden (vgl. Ohno (2013), S. 51 f.). Die Suche nach der finalen Problemursache kann durch

- die Methode des Fünffachen Warum und
- die Methode der Sechs W

unterstützt werden. Die Methode des **Fünffachen Warum** verlangt, dass bei einem Problem die Frage nach dem Warum gestellt wird und die Antwort wieder mit einem Warum hinterfragt wird. Dieser Prozess wird fortgesetzt, bis eine Folge von mindestens fünf Antworten vorliegt. Beispiel 4.1 verdeutlicht die Vorgehensweise dieser Methode (aus Ohno (2013), S. 51).

Beispiel 4.1: Methode des Fünffachen Warum

1. **Warum** hat die Maschine angehalten?
   Es hat eine Überlastung gegeben, und die Sicherung ist durchgebrannt.
2. **Warum** hat es eine Überlastung gegeben?
   Das Lager war nicht ausreichend geschmiert.
3. **Warum** war es nicht ausreichend geschmiert?
   Die Ölpumpe hat nicht genügend gepumpt.
4. **Warum** hat sie nicht genügend gepumpt?
   Die Welle ist ausgeschlagen und rattert.
5. **Warum** ist die Welle ausgeschlagen?
   Es war kein Sieb angebracht, und deshalb gerieten Metallsplitter in die Maschine.

Bei der Methode der **Sechs W** handelt es sich um einen Fragenkatalog für die Problemidentifikation. Er umfasst jeweils sechs Fragen zu dem Wer, dem Was, dem Wo, dem Wann, dem Warum und dem Wie (vgl. Imai (1994), S. 277 f.). Abb. 4.20 zeigt diesen Fragenkatalog (mit Änderungen entnommen aus Imai (1994), S. 277).

Wer	1. Wer macht es? 2. Wer macht es gerade? 3. Wer sollte es machen? 4. Wer kann es noch machen? 5. Wer soll es noch machen? 6. Wer macht Verluste[1)]?	Wann	1. Wann wird es gemacht? 2. Wann wird es wirklich gemacht? 3. Wann soll es gemacht werden? 4. Wann kann es sonst gemacht werden? 5. Wann soll es noch gemacht werden? 6. Gibt es Verluste[1)]?
Was	1. Was ist zu tun? 2. Was wird gerade getan? 3. Was sollte getan werden? 4. Was kann noch gemacht werden? 5. Was soll noch gemacht werden? 6. Welche Verluste[1)] werden gemacht?	Warum	1. Warum macht er es? 2. Warum soll es gemacht werden? 3. Warum soll es hier gemacht werden? 4. Warum wird es dann gemacht? 5. Warum wird es so gemacht? 6. Gibt es Verluste[1)] in der Art zu denken?
Wo	1. Wo soll es getan werden? 2. Wo wird es getan? 3. Wo sollte es getan werden? 4. Wo kann es noch gemacht werden? 5. Wo soll es noch gemacht werden? 6. Wo werden Verluste[1)] gemacht?	Wie	1. Wie wird es gemacht? 2. Wie wird es gerade gemacht? 3. Wie soll es gemacht werden? 4. Kann diese Methode auch in anderen Bereichen angewendet werden? 5. Wie kann es noch gemacht werden? 6. Gibt es Verluste[1)] in der Methode?

1) Zu den Verlusten vgl. Abschnitt 6.4.2

Abb. 4.20: Fragenkatalog der Methode der Sechs W

4.4.2 Matrixdiagramm als phasenübergreifendes Instrument

Primärer Zweck von Matrixdiagrammen ist es, die Existenz, die Art, die Richtung oder die Stärke der Beziehungen zwischen zwei oder mehreren Perspektiven eines Problems zu klären und zu visualisieren. Problemperspektiven können Ziele, Maßnahmen, Ursachen, Wirkungen, Einflussgrößen, Personen, Bereiche, Zeitpunkte, Zeiträume usw. sein. Neben Ziel-Mittel- und Ursache-Wirkungs-Beziehungen kann mit Matrixdiagrammen auch eine Zuordnung ausgedrückt werden.

> Ein **Matrixdiagramm** ist eine Tabelle mit den Elementen einer Problemperspektive als Spalteneingänge und den Elementen einer anderen Problemperspektiven als Zeileneingänge. Symbole in den Tabellenfeldern bilden die Art oder die Intensität der Beziehungen zwischen den jeweiligen Elementen der beiden Problemperspektiven ab.

Der **Einsatzbereich** von Matrixdiagrammen erstreckt sich über alle Aufgaben im PDCA-Zyklus, die eine Analyse der Beziehungen zwischen zwei oder mehreren Problemperspektiven notwendig machen. Folgende Aufgaben im PDCA-Zyklus können durch Matrixdiagramme unterstützt werden:

- die inhaltliche, zeitliche und räumliche Abgrenzung und Analyse von Problembereichen für die Problemfeststellung,
- die Analyse der Vollständigkeit und der Bedeutung von Problemlösungsideen bei der Erarbeitung von Problemlösungsvorschlägen,
- die Feststellung konfliktärer Beziehungen zwischen den Einzelmaßnahmen innerhalb eines Problemlösungsvorschlags,
- die Zuordnung von Aktivitäten und Kompetenzen zu Aufgabenträgern bei der Arbeitsplanung in der Umsetzungsphase.

Abb. 4.21 zeigt ein Matrixdiagramm mit den Problemen, den Problemursachen und den Prozessen als **Problemperspektiven** zur inhaltlichen und räumlichen Abgrenzung von Problembereichen. Im oberen Teil der Matrix werden Ursache-Wirkungs-Beziehungen, im unteren dagegen das Auftreten von Ursachen in Prozessen dargestellt (vgl. Asaka/Ozeki (1990), S. 266).

Problem / Ursache / Prozess	Ursache A	Ursache B	Ursache C	Ursache D	Ursache E	Ursache F	Ursache G	Ursache H
Problem A	○							△
Problem B		●	△		●			○
Problem C	△						○	
Problem D		●	●	○		●	●	●
Problem E				●	○			
Prozess 1		●	●					
Prozess 2	●	●						
Prozess 3		○	○	●	●			
Prozess 4			○					
Prozess 5		○	○	○				
Prozess 6		●					○	
Prozess 7		●			●		○	
Prozess 8		●					○	

● = Starke Beziehung; △ = Beziehung; ○ = Mögliche Beziehung

Abb. 4.21: Beispiel für ein Matrixdiagramm

Nach der Anzahl der Problemperspektiven und der abgebildeten Beziehungen werden L-, T-, Y-, C- und X-Typ-Matrixdiagramme unterschieden (vgl. Abb. 4.22). **L-Typ-Matrixdiagramme** bilden die Beziehungen zwischen den Elementen zweier Problemperspektiven ab. Die Bewertungsmatrix im House of Quality (vgl. Abschnitt 5.3.1) ist ein Beispiel für ein L-Typ-Matrixdiagramm. Abb. 4.21 zeigt ein **T-Typ-Matrixdiagramm**. In Matrixdiagrammen diesen Typs werden drei Problemperspektiven berücksichtigt, wobei jedoch nur die direkten Beziehungen zwischen den Elementen einer Perspektive A (Ursachen) zu den Elementen der beiden anderen Perspektiven B (Probleme) und C (Prozesse) abgebildet werden, nicht jedoch die direkten Beziehungen, die zwischen den Elementen der Perspektiven B und C auftreten. So zeigt das Matrixdiagramm in Abb. 4.21 nicht, in welchen Prozessen die Probleme auftreten. Dies könnte in einem ebenfalls drei Perspektiven umfassenden **Y-Typ-Matrixdiagramm** gezeigt werden. Mit diesem Matrixdiagramm können die direkten Beziehungen zwischen allen Perspektiven transparent gemacht werden. Wie die T- und die Y-Typ-Matrix bezieht auch die **C-Typ-Matrix** drei Problemperspektiven in die Betrachtung ein. Von diesen beiden Matrix-Typen unterscheidet sie sich dadurch, dass sie nicht die Elemente von jeweils nur zwei Perspektiven gegenüberstellt, sondern die Elemente aller drei Perspektiven gleichzeitig betrachtet. In der Literatur wird die C-Matrix stets als Würfel dargestellt. Diese Form der Darstellung bereitet sowohl bei der Erstellung als auch bei der Interpretation erhebliche Schwierigkeiten. In Abb. 4.22 wird deshalb eine einfacher zu handhabende Darstellungsform vorgeschlagen. In eine **X-Typ-Matrix** gehen vier Problemperspektiven ein. Visualisiert werden nur die direkten Beziehungen, die zwei Perspektiven A und B zu jeweils zwei weiteren Perspektiven C und D haben, nicht jedoch die direkten Beziehungen, die zwischen den Elementen der Perspektiven A und B einerseits und den Perspektiven C und D andererseits bestehen. Beispielsweise werden in der X-Matrix der Abb. 4.22

die direkten Beziehungen zwischen den Ursachen und Objekten sowie zwischen den Problemen und Prozessen nicht visualisiert (vgl. Mizuno (1988), S. 173 ff.).

a) Y-Typ-Matrixdiagramm

			Ursache 1		
			Ursache 2		
			Ursache 3		
			Ursache 4		
Problem 1	Problem 2	Problem 3		Prozess 1	Prozess 2
			Prozess 1		
			Prozess 2		

b) C-Typ-Matrixdiagramm

Ursache	Problem / Prozess	Problem 1	Problem 2	Problem 3
Ursache 1	Prozess 1			
	Prozess 2			
Ursache 2	Prozess 1			
	Prozess 2			

c) X-Typ-Matrixdiagramm

			Ursache 1		
			Ursache 2		
			Ursache 3		
			Ursache 4		
Problem 1	Problem 2	Problem 3		Prozess 1	Prozess 2
			Mensch		
			Maschine		
			Material		
			Methode		

Abb. 4.22: Arten von Matrixdiagrammen

Der **Prozess der Entwicklung** eines Matrixdiagramms umfasst die folgenden Schritte (Assaka/Ozeki (1990), S. 266 ff.; Brassard (1996), S. 158 ff.):

- Schritt 1: Auswählen der Problemperspektiven und der Elemente
- Schritt 2: Auswählen des Matrix-Typs
- Schritt 3: Analyse der Beziehungen
- Schritt 4: Auswerten der Matrix

Im **ersten Schritt** werden alle Problemperspektiven ermittelt, die für die betrachtete Aufgabe von Relevanz sind. Die generierten Perspektiven werden hinsichtlich ihrer Wichtigkeit für die zu bearbeitende Aufgabe bewertet. Damit wird die Grundlage für die Auswahl der Problemperspektiven geschaffen, die in die Betrachtung einbezogen werden sollen. Für die Elemente der ausgewählten Perspektiven wird der Detaillierungsgrad festgelegt. So ist z. B. zu entscheiden, ob Personen oder Abteilungen als Aufgabenträger, Stunden oder Schichten als Zeitintervalle berücksichtigt werden sollen. Für jede Perspektive sind anschließend die Elemente zu generieren.

Sind drei Perspektiven ausgewählt worden, ist im **zweiten Schritt** festzulegen, ob eine T-, Y- oder C-Typ-Matrix erstellt werden soll. Diese Entscheidung wird bestimmt durch die Beziehungen, die analysiert werden sollen.

Für die Analyse der Beziehungen zwischen den Elementen sind im **dritten Schritt** zunächst die Analysekriterien und die Symbole auszuwählen. Einen Überblick über Analysekriterien und Symbole gibt Abb. 4.23. Zur Analyse der Beziehungen ist die Matrix zu erstellen. Für jedes einzelne Matrixfeld sind anschließend die Elemente des jeweiligen Zeilen- und Spalteneingangs hinsichtlich der zwischen ihnen bestehenden Beziehungen zu analysieren.

<table>
<tr><th>Art der Beziehung</th><th>Analysekriterium</th><th>Symbole</th></tr>
<tr><td rowspan="3">Ursache-Wirkungs-, Mittel-Zweck-Beziehung</td><td>Intensität</td><td>● = Starke Beziehung, ○ = Beziehung möglich, △ = Schwache Beziehung</td></tr>
<tr><td>Richtung</td><td>↑ = Zeilenelement ist die Ursache, ← = Spaltenelement ist die Ursache</td></tr>
<tr><td>Art</td><td>+ = Positiver Einfluss, – = Negativer Einfluss</td></tr>
<tr><td colspan="2">Interdependenzrelationen</td><td>+ = Komplementäre Beziehung, – = Konfliktäre Beziehung</td></tr>
<tr><td colspan="2">Zuordnung</td><td>● = Verantwortung, ○ = Aufgabe, △ = Informationsrecht</td></tr>
</table>

Abb. 4.23: Beziehungen im Matrixdiagramm

Die Art der Auswertung eines Matrixdiagramms im **vierten Schritt** wird durch die Fragestellung bestimmt. Von Interesse ist häufig die Konzentration von Beziehungen, da diese auf mögliche Schwerpunkte für die weiteren Planungs- und Umsetzungsaktivitäten hinweisen.

4.4.3 Instrumente für die Problemfeststellung

4.4.3.1 Affinitätsdiagramm

Die Methode zur Erstellung eines Affinitätsdiagramms wird nach seinem Entwickler, Jiro Kawakita, auch als KJ-Methode bezeichnet (vgl. Evans (2005), S. 276).

Die **KJ-Methode** unterstützt die Strukturierung komplexer Probleme durch die Sammlung großer Mengen verbaler Daten und die Analyse dieser Daten mit dem Ziel, Verwandtschaften aufzudecken, die eine Abgrenzung von Teilproblemen zulässt (vgl. Mizuno (1988), S. 115).

Ein Affinitätsdiagramm wird von einem Team mit 5-6 Mitgliedern in einem **Prozess** mit den folgenden Schritten entwickelt (vgl. Asaka/Ozeki (1990), S. 246 ff.):

- Schritt 1: Formulieren des Problems
- Schritt 2: Sammeln verbaler Daten zu dem formulierten Problem
- Schritt 3: Übertragen der verbalen Daten auf Kärtchen
- Schritt 4: Ordnen der Kärtchen
- Schritt 5: Beschreiben identifizierter Verwandtschaften
- Schritt 6: Gruppieren der Kärtchen
- Schritt 7: Erstellen des Affinitätsdiagramms

Das Problem sollte im **ersten Schritt** möglichst unbestimmt formuliert werden, damit die Problemlösung nach allen Richtungen offen bleibt. Geeignet sind Formulierungen wie z. B. „Welche Gründe sind für ... maßgebend" (vgl. Brassard (1996), S. 21). Verbale Daten können Fakten, Ideen oder Meinungen sein. Gewonnen werden sie im **zweiten Schritt** durch direkte Beobachtung, Interviews, Dokumentenanalysen, Brainstorming, die Auswertung von Erfahrungen oder die gedankliche Durchdringung des Problems (vgl. Mizuno (1988), S. 122 f.). Die gesammelten Daten werden im **dritten Schritt** auf Kärtchen übertragen, die anschließend nebeneinander an einer Pinnwand befestigt werden. Im **vierten Schritt** werden die Kärtchen mit verwandten Inhalten gesucht, die auf der Pinnwand gruppiert befestigt werden. Aufgabe des **fünften Schritts** ist es, für jede dieser Gruppen einen Begriff zu finden, der die Verwandtschaft zwischen den Daten einer Gruppe beschreibt. Diese Begriffe bilden den Inhalt der Affinitätskärtchen. Die Kärtchen jeder Gruppe werden im **sechsten Schritt** hinter das jeweilige Affinitätskärtchen geheftet. Für die so gebildeten Päckchen werden die Schritte 4-6 wiederholt, bis höchstens fünf Päckchen verbleiben, wobei es durchaus einzelne Kärtchen geben kann, die keiner der gebildeten Gruppen zugeordnet werden können. In diesem Prozess nimmt die Verwandtschaft der Inhalte von Kärtchen, die zu einer Gruppe zusammengefasst werden, kontinuierlich ab. Zur Erstellung des Affinitätsdiagramms im **siebten Schritt** werden die einzelnen Kärtchen schließlich unter den zugehörigen Affinitätskärtchen an der Pinnwand befestigt. Zur Abgrenzung der Gruppen werden die Kärtchen anschließend eingerahmt. Die Gruppen, die in aufeinanderfolgenden Schleifen des beschriebenen Prozesses gebildet worden sind, können durch verschiedene Farben oder Strichstärken der Rahmen kenntlich gemacht werden. Abb. 4.24 zeigt die Struktur eines Affinitätsdiagramms an einem verkürzten Beispiel (vgl. Brassard (1996), S. 36).

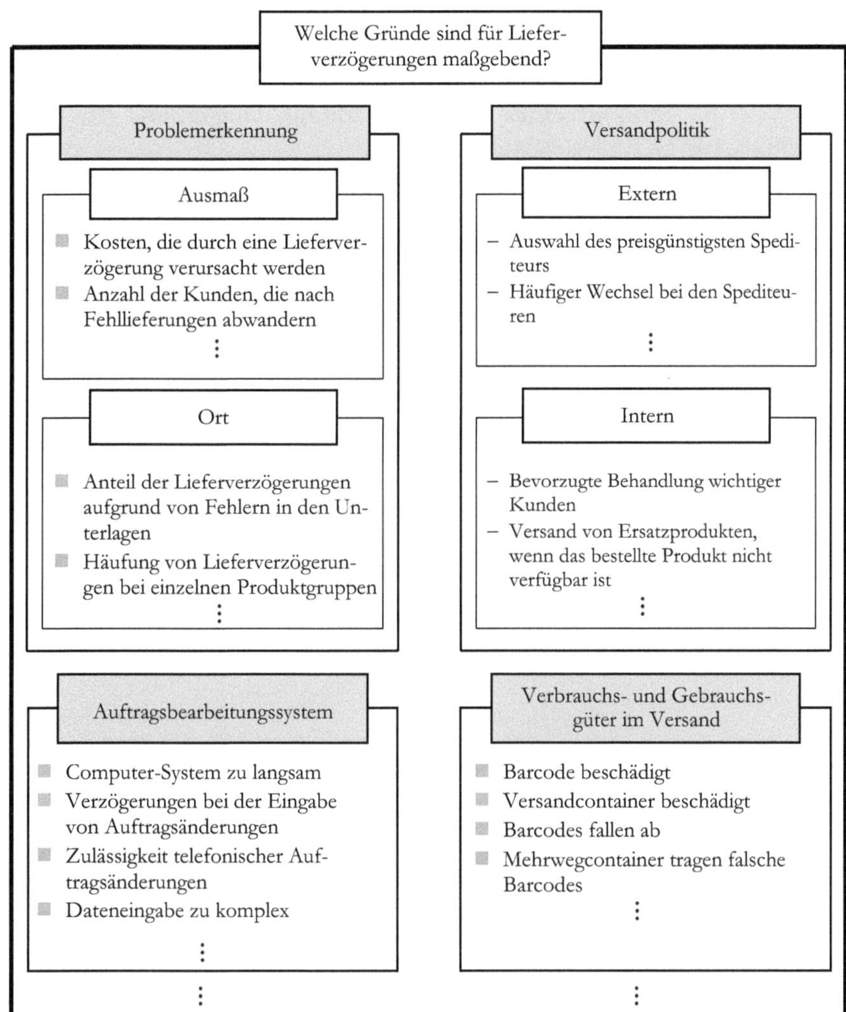

Abb. 4.24: Struktur eines Affinitätsdiagramms

4.4.3.2 Ursache-Wirkungs-Diagramm

Das Ursache-Wirkungs-Diagramm wird nach seinem Entwickler, Kaoru Ishikawa, als Ishikawa-Diagramm und nach seiner Form als Fischgräten- oder Tannenbaumdiagramm bezeichnet. Sein Zweck ist die Ideengenerierung im Rahmen der Problemanalyse sowie die geordnete **Darstellung der Problemursachen** und ihrer Wirkungsrichtung. Anders als ein Affinitätsdiagramm setzt das Ursache-Wirkungs-Diagramm ein spezifisch abgegrenztes Problem in der Form der Abweichung einer Wirkung von einem vorgegebenen Standard voraus.

> Das **Ursache-Wirkungs-Diagramm** ist eine hierarchisch gegliederte, gerichtete Abbildung der Faktoren mit Einfluss auf die Wirkung eines Prozesses.

Abb. 4.25 zeigt die **Struktur eines Ursache-Wirkungs-Diagramms** (vgl. Asaka/ Ozeki (1990), S. 149 f.). Es besteht aus

- dem Wirkungsbereich und
- dem Ursachenbereich.

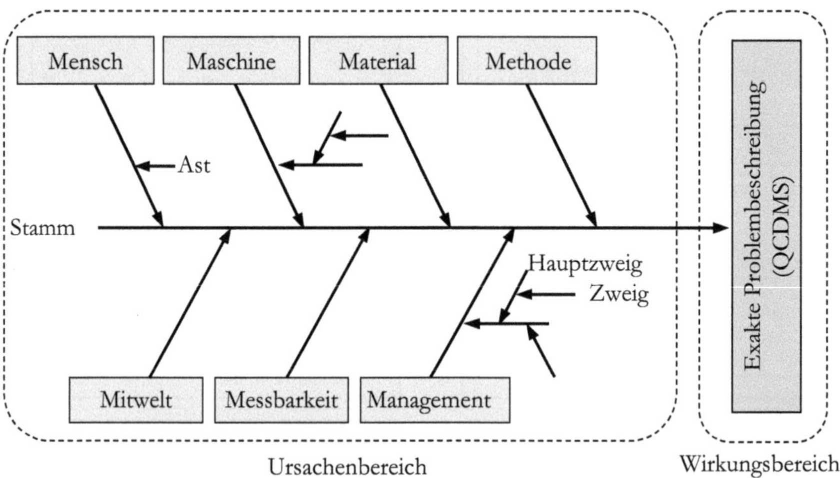

Abb. 4.25: Struktur des Ursache-Wirkungs-Diagramms

Der **Wirkungsbereich** besteht aus dem Stamm. Das ist ein horizontal verlaufender Pfeil, der auf der rechten Seite mit einer exakten Problembeschreibung endet. Diese nennt eine Wirkung des betrachteten Prozesses und die Richtung der festgestellten Abweichung vom geforderten Standard. QCDMS steht für die fünf verschiedenen Prozesswirkungen, die in einem Ursache-Wirkungs-Diagramm berücksichtigt werden. Zu ihnen zählen die Produkt- oder Prozessqualität (Q), die Kosten (C), die Prozessdauer (D), die Arbeitsmotivation (M) und die Arbeitsplatzsicherheit (S) (vgl. Imai (1997), S. 109).

Der **Ursachenbereich** setzt sich aus einer Vielzahl von Pfeilen zusammen, die stets in einem übergeordneten Pfeil (Endpfeil) enden. Sie stehen für die Faktoren mit Einfluss auf die betrachtete Prozesswirkung. Durch die Richtung und den Endpfeil, in den der Pfeil mündet, wird der Detaillierungsgrad der Faktoren symbolisiert. Nach diesem Detaillierungsgrad werden vier Arten von Pfeilen unterschieden (vgl. Asaka/Ozeki (1990), S. 149; Imai (1997), S. 109 ff.):

- die Hauptäste (Faktorenklassen),
- die Äste (Faktoren),
- die Hauptzweige (Merkmale der Faktoren) und
- die Zweige (Abweichungen bei den Faktormerkmalen).

Die Wirkung, d. h. der Output eines Prozesses, wird durch den Input und den Throughput bestimmt. Es werden sieben Klassen von Input- und Throughput-Faktoren unterschieden, die durch die Sieben M beschrieben werden: Mensch, Maschine, Material,

Methode, Messbarkeit, Management und Mitwelt (Umwelt) (vgl. Imai (1997), S. 108 ff.). Für die Problemanalyse im Verwaltungsbereich ist das Konzept der Vier P vorgeschlagen worden: Policies, Procedures, People und Plant (vgl. Brassard (1996), S. 275). In einem Ursache-Wirkungs-Diagramm werden je nach Problemstellung 4-6 dieser Klassen berücksichtigt. Symbolisiert werden sie durch die **Hauptäste**, das sind Pfeile, die in den Stamm münden. Die **Äste** enden in diesen Hauptästen. Sie stehen für einzelne Faktoren einer Klasse. Hierbei handelt es sich um Arbeitskräftegruppen, Leistungskomponenten der Arbeitskräfte (Können, Wollen), Maschinengruppen, Arten von Verfahren, Materialarten usw. Merkmale dieser Faktoren (z. B. Geschwindigkeit, Genauigkeit) gehen als **Hauptzweige**, die in Äste münden, in das Ursache-Wirkungs-Diagramm ein. Sie sind die Ursachen des betrachteten Problems. Die **Zweige**, die an den Hauptzweigen enden, zeigen die Richtung der Abweichung (z. B. niedrig, gering) bei dem durch den jeweiligen Endpfeil symbolisierten Faktormerkmal. Sie zeigen auf, in welche Richtung ein Faktormerkmal zur Problemlösung zu verändern ist. Abb. 4.26 zeigt einen Auszug aus einem Ursache-Wirkungs-Diagramm (vgl. Asaka/Ozeki (1990), S. 151 ff.).

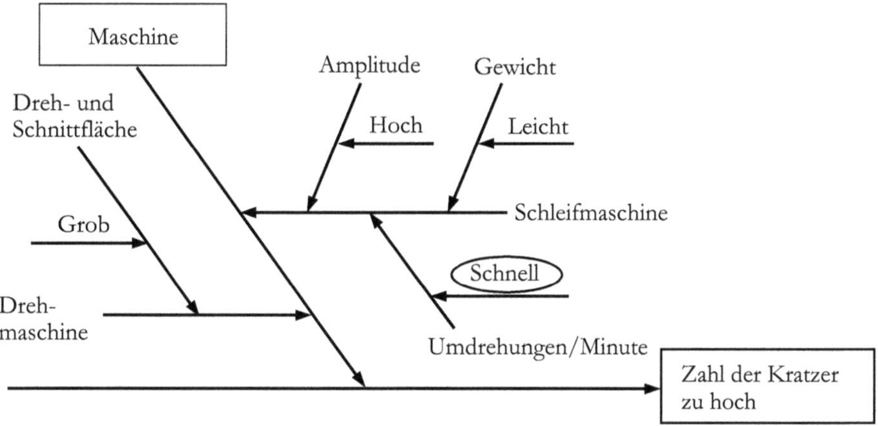

Abb. 4.26: Systematisch-analytische Vorgehensweise der Identifikation der Problemursachen

Der **Prozess zur Erstellung** eines Ursache-Wirkungs-Diagramms kann in vier Schritte gegliedert werden (vgl. Asaka/Ozeki (1990), S. 150 ff.):

- Schritt 1: Beschreibung des Problems
- Schritt 2: Identifizieren der Problemursachen
- Schritt 3: Vollständigkeitsanalyse
- Schritt 4: Bewerten der identifizierten Problemursachen

Im **ersten Schritt** ist u. a. sicherzustellen, dass alle Beteiligten das zu analysierende Problem verstanden haben. Beteiligt werden sollten alle Mitarbeiter, die an dem betrachteten Prozess mitwirken, d. h. Mitarbeiter, die den Input bereitstellen, die Träger der Prozessausführung sowie die Empfänger des Prozess-Outputs. Ergebnis der ersten Phase ist der Stamm des Diagramms mit der exakten Problembeschreibung.

Für die Identifikation der Problemursachen im **zweiten Schritt** gibt es zwei Vorgehensweisen (vgl. Asaka/Ozeki (1990), S. 151 ff.):

- die systematisch-analytische und
- die synthetische Vorgehensweise.

Bei der **systematisch-analytischen** Vorgehensweise werden zunächst die Input- und Throughput-Klassen ausgewählt, die Einfluss auf die Wirkung des betrachteten Prozesses haben, und als Hauptäste in das Diagramm eingezeichnet. Jeder Hauptast wird anschließend um Äste, Hauptzweige und Zweige erweitert. Bei der **synthetischen Vorgehensweise** wird ein Affinitätsdiagramm aufgebaut. Hierzu werden zunächst Ideen zu Abweichungen bei den Faktormerkmalen (Zweige) generiert. Die Kärtchen mit diesen Ideen werden anschließend nach ihrer Zugehörigkeit zu den Faktoren gruppiert. Die gebildeten Gruppen werden schließlich unter der jeweiligen Faktorklasse zusammengefasst. Die in dieser Form strukturierten Ideen werden abschließend in das Ursache-Wirkungs-Diagramm übernommen. Die Suche nach den einzelnen Problemursachen kann durch die Methode des Fünffachen Warum und der Sechs W unterstützt werden.

Im **dritten Schritt** wird die Vollständigkeit des Ursache-Wirkungs-Diagramms analysiert. Überprüft wird zum einen, ob alle Ursachen für das Problem erkannt und vollständig beschrieben worden sind. Die Beschreibung der Ursachen ist vollständig, wenn erkennbar ist, in welche Richtung jedes Faktormerkmal zu verändern ist (vgl. Asaka/Ozeki (1990), S. 155).

Die im Ursache-Wirkungs-Diagramm genannten Problemursachen sind im **vierten Schritt** zu bewerten, um maximal fünf der Problemursachen auszuwählen, die einer detaillierten Analyse unterzogen werden sollen (vgl. Ebeling (1994), S. 315 ff.). Diese Problemursachen werden im Ursache-Wirkungs-Diagramm durch verschiedene Umrahmungen und Unterstreichungen kenntlich gemacht.

4.4.3.3 Beziehungsdiagramm

Im Ishikawa-Diagramm werden nur die Ursachen eines Problems abgebildet, d. h. einer Abweichung bei einer Wirkung des betrachteten Prozesses. Ein Prozess kann jedoch mehrere Wirkungen haben, die sich gegenseitig beeinflussen (z. B. Durchlaufzeit und Produktqualität). Es können deshalb mehrere Probleme auftreten, die nicht unabhängig voneinander lösbar sind, da eine Problemursache Einfluss auf Ursachen anderer Probleme haben kann. Solche Wirkungsbeziehungen zwischen Problemursachen können im Ishikawa-Diagramm nicht abgebildet werden. Ishikawa-Diagramme eignen sich deshalb nicht zur Abbildung **komplexer Probleme** (vgl. Brassard (1996), S. 70).

Beziehungsdiagramme bilden die Faktoren mit Einfluss auf mehrere sich gegenseitig beeinflussende Wirkungen eines Prozesses sowie die zwischen diesen Faktoren bestehenden Wirkungsbeziehungen ab (in Anlehnung an Mizuno (1988), S. 87).

Zweck der Beziehungsdiagramme ist die Unterstützung der Problemfeststellung. Sie schaffen eine Grundlage für die Erarbeitung von Problemlösungsvorschlägen und die Analyse ihrer Wirkungen auf die verschiedenen Probleme (vgl. Mizuno (1988), S. 88). Beziehungsdiagramme fördern

- das Generieren aller, insbesondere der finalen Problemursachen,
- das Identifizieren der Ursache-Wirkungs-Beziehungen,

- das vollständige Abbilden der Problemstruktur sowie
- das Abgrenzen derjenigen Problemursachen, die für die Problemlösung von größter Bedeutung sind.

Komponenten eines Beziehungsdiagramms sind die Probleme, die als Ovale eingezeichnet werden, die Problemursachen, die durch Rechtecke symbolisiert werden, sowie die Ursache-Wirkungs-Beziehungen, für die Pfeile verwendet werden. Im Beziehungsdiagramm wird zwischen primären, sekundären, tertiären usw. Problemursachen unterschieden. Primäre Problemursachen sind über einen Pfeil direkt mit dem Problem verbunden. Pfeile, die von sekundären Problemursachen ausgehen, münden in Rechtecke, die eine primäre Problemursache symbolisieren usw. Das letzte Glied in dieser Ursache-Wirkungs-Kette ist die finale Problemursache. Die Struktur eines Beziehungsdiagramms zeigt Abb. 4.27 (vgl. Asaka/Ozeki (1990), S. 251; Brassard (1996), S. 69). Einen Überblick über andere Formen des Beziehungsdiagramms gibt Mizuno ((1998), S. 94 ff.).

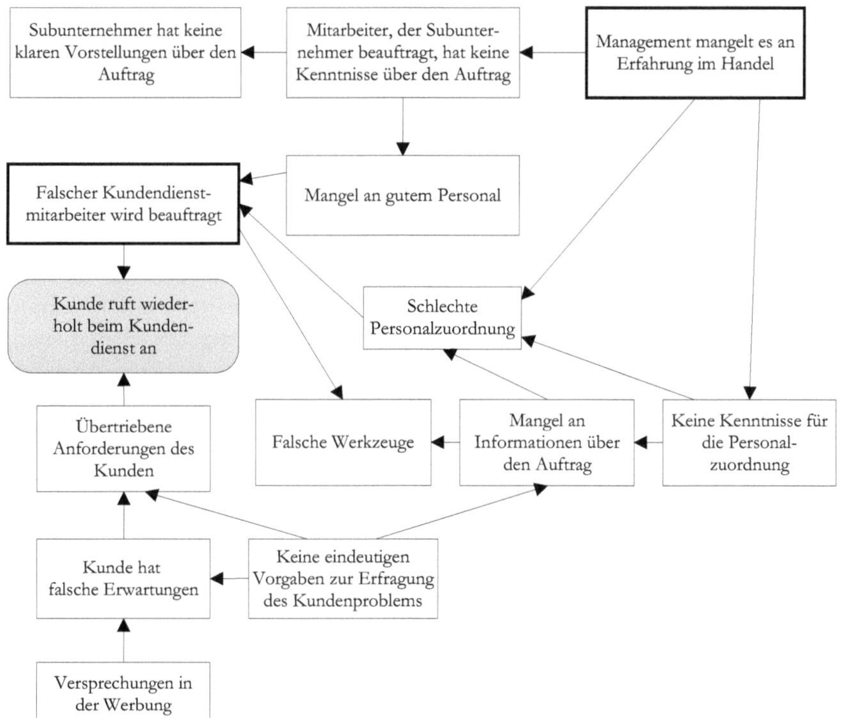

Abb. 4.27: Struktur eines Beziehungsdiagramms

Für die Entwicklung eines Beziehungsdiagramms wird ein Team mit fünf bis sechs Mitgliedern gebildet, die in enger Beziehung zum betrachteten Bereich stehen. Der **Prozess zur Entwicklung eines Beziehungsdiagramms** umfasst die folgenden sechs Schritte (vgl. Mizuno (1988), S. 97 ff.):

- Schritt 1: Beschreiben des Problems
- Schritt 2: Generieren von Ideen zu Problemursachen

- Schritt 3: Bestimmen der Ursache-Wirkungs-Beziehungen
- Schritt 4: Ordnen der Ideen zu Problemursachen
- Schritt 5: Vollständigkeitsprüfung
- Schritt 6: Bewerten der Problemursachen

Das zu bearbeitende **Problem** kann frei gewählt werden oder einem Affinitäts- oder Ursache-Wirkungs-Diagramm entnommen werden (vgl. Brassard (1996), S. 45 f.). Ist bereits ein Affinitäts- oder Ursache-Wirkungs-Diagramm erstellt worden, bilden die in ihm enthaltenen Ideen zu Problemursachen eine Grundlage für das Beziehungsdiagramm. Zum Generieren von Ideen können im **zweiten Schritt** die Methoden zum Einsatz gelangen, die bereits im Zusammenhang mit der KJ-Methode (Affinitätsdiagramm) beschrieben worden sind. Ergänzt werden sollten sie durch die Methode des Fünffachen Warum, um zu den finalen Problemursachen zu gelangen. Die Entwicklung eines Beziehungsdiagramms ist nur dann zweckmäßig, wenn 15-50 Ideen zu Problemursachen gefunden worden sind (vgl. Brassard (1996), S. 52). Jede Idee wird auf einem Kärtchen notiert, die an einer Pinnwand befestigt werden.

Um im **dritten Schritt** die Ursache-Wirkungs-Beziehungen zu bestimmen, wird jede Idee jeder anderen gegenübergestellt. Ist sie Ursache (Wirkung), wird sie über einen ausgehenden (eingehenden) Pfeil mit der jeweils anderen Idee verbunden. Beeinflussen sich Pfeile wechselseitig, wird nur die dominierende Wirkungsrichtung durch einen Pfeil kenntlich gemacht (vgl. Brassard (1996), S. 52).

Die Ursachenkärtchen werden im **vierten Schritt** nach der Unmittelbarkeit der Beziehung zum Problem zu Gruppen zusammengefasst, d. h., es wird eine Gruppe der primären Ursachen, eine Gruppe der sekundären Ursachen usw. gebildet und an eine Pinnwand geheftet. Die Kärtchen mit den primären Ursachen werden unmittelbar neben dem Problem befestigt, die Kärtchen mit sekundären Ursachen neben den Kärtchen mit den primären Ursachen, jedoch in einem etwas größeren Abstand zum Problem usw. Anschließend werden die Pfeile für die festgestellten Ursache-Wirkungs-Beziehungen eingezeichnet (vgl. Asaka/Ozeki (1990), S. 253).

Mit der Bewertung im **sechsten Schritt** soll eine Grundlage für die Auswahl der Problemursachen geschaffen werden, für die anschließend Problemlösungsvorschläge entwickelt werden. Zur Bewertung der Problemursachen werden zunächst die Ursachen mit der höchsten Anzahl ein- und ausgehender Pfeile ermittelt. Aus der Menge dieser Ursachen werden dann zum einen diejenigen mit überwiegend ausgehenden Pfeilen bestimmt. Maßnahmen, die auf diese Ursachen zielen, wirken nicht nur unmittelbar auf das Problem, sondern zusätzlich auch mittelbar über eine Reihe anderer Ursachen, auf die sie Einfluss haben. Diesen Ursachen kann häufig mit gezielten Einzelmaßnahmen kurzfristig begegnet werden. Zum anderen wird festgestellt, bei welchen Ursachen die eingehenden Pfeile überwiegen. Diese Ursachen sind Folge mehrerer vorgelagerter Ursachen und liegen meist nahe beim Problemkärtchen. Maßnahmen, die für diese Ursachen erarbeitet werden sollen, müssen sich auf alle ihr vorgelagerten Ursachen erstrecken, wenn sie wirksam sein sollen. Es sind komplexe Maßnahmen, die sich aus einer Vielzahl von Einzelmaßnahmen zusammensetzen und eine detaillierte Planung erfordern (vgl. Brassard (1996), S. 130). Zur Bewertung der Ursachen sollten neben Informationen über die Anzahl ein- und ausgehender Pfeile auch die Erfahrungen der Teammitglieder ausgewertet werden. Möglich ist deshalb auch die Auswahl von Problemursachen, die mit nur wenigen anderen Ursachen in Beziehung stehen. Wichtig ist, dass alle Teammitglieder der getroffenen Auswahl zustimmen (vgl. Brassard (1996), S. 62 f.). Die ausgewählten Problemursachen werden durch verschiedenartige Umrahmungen oder Unterstreichungen kenntlich gemacht.

4.4.4 Instrumente für die Ideenermittlung

Instrumente zur Ideenermittlung dienen dem Generieren und Bewerten von Problemlösungsideen. Für diese Aktivitäten ist Kreativität unabdingbar, wenn grundsätzliche Handlungsstrategien für die Lösung komplexer neuartiger Probleme zu erarbeiten sind. Die Probleme, die im Rahmen des gruppen- oder personenorientierten Kaizen bearbeitet werden, liegen im unmittelbaren Erfahrungsbereich der Mitarbeiter und sind nicht neuartig. Die Bearbeiter von Verbesserungsvorschlägen verfügen deshalb über Vorstellungen zu den grundlegenden Wirkungsbeziehungen zwischen Gestaltungsparametern und Zielen. Es ist deshalb keine Ideenkreierung in einem eher zufälligen, durch den Einsatz von Kreativitätstechniken gestützten Problemlösungsprozess erforderlich. Es ist vielmehr eine **Ideengenerierung** durchzuführen, deren Inhalt darin besteht, in einem logisch-diskursiven Prozess die Wirkungszusammenhänge zu erkennen und daraus Schlussfolgerungen über Maßnahmen zu ziehen, die zur Problemlösung geeignet erscheinen. Die Einzelideen sind anschließend zu Maßnahmenkomplexen zu kombinieren, die zur vollständigen Lösung des Problems geeignet sind (vgl. Klein/Scholl (2011), S. 153).

4.4.4.1 Systematisches Diagramm

Das systematische Diagramm (vgl. Mizuno (1988), S. 31) dient dem Generieren vollständiger Ideen zur Lösung eines abgegrenzten Problems. Es beruht auf dem Prinzip, Maßnahmen zur Problemlösung logisch-diskursiv **in detailliertere Teilmaßnahmen zu spalten**, bis sich Problemlösungsideen ergeben, die hinsichtlich Umfang, fachlichen Anforderungen und Präzisionsgrad der Vorgaben einem Aufgabenträger zur Ausarbeitung eines Problemlösungsvorschlags übertragen werden können. Für dieses Instrument findet sich in der Literatur auch die Bezeichnung „Baumdiagramm" oder „Tree Diagram" (vgl. Gogoll (1994), S. 374).

> Ein **systematisches Diagramm** bildet die Ideen zur Lösung eines abgegrenzten Problems mit zunehmendem Detaillierungsgrad vollständig ab (vgl. Brassard (1996), S. 73).

Abb. 4.28 zeigt die **Struktur** eines systematischen Diagramms (vgl. Brassard (1996), S. 106). Es setzt sich aus folgenden Komponenten zusammen:

- dem abgegrenzten Problem,
- den primären Lösungsideen,
- den Lösungsideen höherer Ordnung (sekundäre, tertiäre usw. Lösungsideen) und
- den finalen Lösungsideen.

Das Problem wird einem Affinitäts-, Beziehungs- oder Ursache-Wirkungs-Diagramm entnommen. Bei den **primären Lösungsideen** handelt es sich um grob beschriebene Maßnahmen, die zur Problemlösung ergriffen werden können. Sie werden schrittweise in Teilmaßnahmen gespalten, die als **sekundäre, tertiäre** usw. **Problemlösungsideen** in das Diagramm eingehen. **Finale Problemlösungsideen** gehen aus den Lösungsideen höherer Ordnung hervor und weisen einen Detaillierungsgrad auf, der eine Zuordnung zu einem Aufgabenträger zur Ausarbeitung eines Problemlösungsvorschlags zulässt (vgl. Asaka/Ozeki (1990), S. 262).

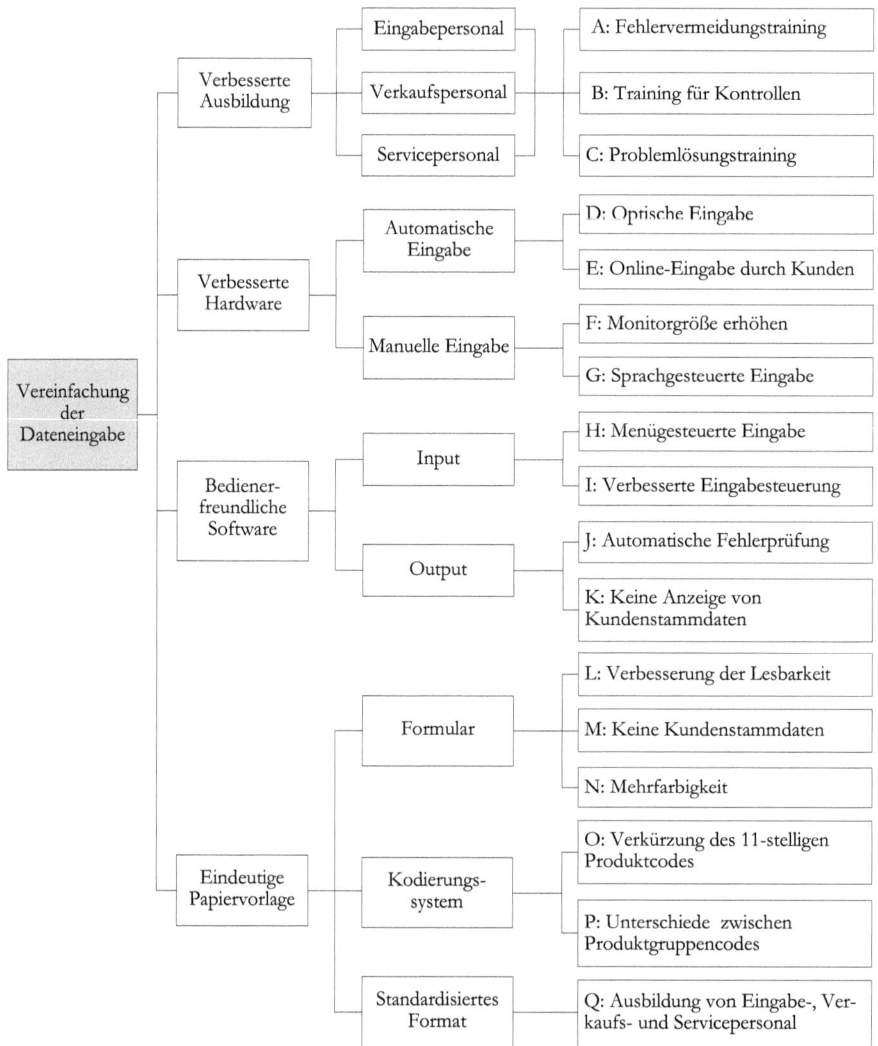

Abb. 4.28: Struktur eines systematischen Diagramms

Ein systematisches Diagramm wird in einem **Prozess** mit den folgenden Schritten erstellt (vgl. Mizuno (1988), S. 145 ff.; Brassard (1996), S. 82 ff.):

- Schritt 1: Formulieren des Problems
- Schritt 2: Generieren der primären Problemlösungsideen
- Schritt 3: Bewerten der primären Problemlösungsideen
- Schritt 4: Herleiten der finalen Problemlösungsideen
- Schritt 5: Überprüfen von Struktur und Vollständigkeit des Diagramms

Im **ersten Schritt** wird das zu lösende Problem formuliert. Beschrieben wird es durch zwei Worte: einem Verb und einem Substantiv, die zusammen den Gegenstand und die Art der notwendigen Veränderung angeben. Die Problemstellung wird auf einem Kärtchen notiert, das am linken Ende einer Pinnwand befestigt wird.

Ist das Problem formuliert, werden im **zweiten Schritt** die primären Problemlösungsideen generiert. Ist das Problem einem Affinitäts- oder einem Beziehungsdiagramm entnommen worden, kann das zugrunde liegende Diagramm ausgewertet werden. Durch Brainstorming werden weitere primäre Problemlösungsideen generiert.

Die Bewertung im **dritten Schritt** verlangt, dass die gefundenen Problemlösungsideen in die Gruppen der zur Problemlösung geeigneten und ungeeigneten eingeteilt werden. Für jede geeignete primäre Problemlösungsidee wird anschließend ein Kärtchen ausgestellt. Diese Kärtchen werden auf der Pinnwand rechts vom Problem befestigt.

Aus den primären werden im **vierten Schritt** zunächst die sekundären Problemlösungsideen hergeleitet. Anders als bei den primären Problemlösungsideen, die eher intuitiv generiert werden, dominiert hierbei eine streng analytische Vorgehensweise. Diese besteht darin, dass für jede einzelne primäre Problemlösungsidee die Frage beantwortet wird, wie sie umgesetzt werden kann. Die Kärtchen mit den sekundären Problemlösungsideen werden an der Pinnwand rechts von der primären Problemlösungsidee befestigt, aus der sie hergeleitet worden sind, und mit dieser über Linien verbunden. Analog dazu werden aus den sekundären die tertiären Problemlösungsideen usw. hergeleitet, bis die finale Problemlösungsidee gefunden ist.

Im **letzten Schritt** wird überprüft, ob die finalen Problemlösungsideen zur vollständigen Lösung des Problems geeignet sind. Hierzu wird auf jeder Stufe des Diagramms für jede einzelne Problemlösungsidee gefragt, ob sie über die unmittelbar aus ihr hergeleiteten Ideen umgesetzt werden kann. Diese Überprüfung wird sowohl vom Team als auch von den mit der Erarbeitung der Problemlösungsvorschläge betrauten Mitarbeitern durchgeführt.

4.4.4.2 Matrixdatenanalyse

Das systematische Diagramm kann zu einer **Vielzahl von Problemlösungsideen** führen. Wenn aufgrund der begrenzten zeitlichen, personellen oder finanziellen Kapazitäten nicht alle Problemlösungsideen detailliert geplant und umgesetzt oder simultan verfolgt werden können, müssen Planungs- oder Umsetzungsschwerpunkte abgegrenzt werden. Hierzu werden die Problemlösungsideen nach der Dringlichkeit der Problemlösung in eine Rangfolge gebracht. Auf der Grundlage dieser Rangfolge werden diejenigen Problemlösungsideen ausgewählt, die ausgearbeitet oder umgesetzt werden sollen, oder die Reihenfolge ihrer Weiterbearbeitung festgelegt. Ein Instrument, mit dem eine solche Rangfolge der Problemlösungsideen zur Schwerpunktbildung bei der Erarbeitung von Problemlösungsvorschlägen oder der Arbeits- und Zeitplanung gebildet werden kann, ist die Matrixdatenanalyse (vgl. Brassard (1996), S. 99 ff.).

Die **Matrixdatenanalyse** ist eine Gruppe von Methoden, um eine Vielzahl von Problemlösungsideen nach der Dringlichkeit ihrer Realisation in eine Rangordnung zu bringen.

Die Matrixdatenanalyse (Matrix Data-Analysis) ist in der Literatur unscharf abgegrenzt (vgl. Mizuno (1988), S. 197). So finden sich für dieses Instrument zum einen mehrere Bezeichnungen, wie z. B. Prioritization Matrix (vgl. Brassard (1996), S. 99) und Portfolio (vgl. Pfeifer (2001), S. 42). Auch werden ihm verschiedene Verfahren zugeordnet. Brassard ordnet der Matrixdatenanalyse verschiedene **Gewichtungsverfahren** zu, die vor allem der Forderung nach Praktikabilität genügen sollen. Zu diesen zählen (vgl. Brassard (1996), S. 102 ff.)

- die zielbezogenen Verfahren und
- die beziehungsorientierten Verfahren der Rangfolgebildung.

[1] Zielbezogene Matrixdatenanalyse

Zielbezogene Verfahren bilden die Rangfolge der Problemlösungsalternativen nach ihrem Beitrag zur Zielerreichung. Es handelt sich bei diesen Verfahren um **Scoring-Modelle**, die in den folgenden Schritten erstellt und ausgewertet werden (vgl. Brassard (1996), S. 103 ff.):

- Schritt 1: Bestimmen der Ziele
- Schritt 2: Festlegen der Zielgewichte
- Schritt 3: Ermitteln der Einzelzielwerte
- Schritt 4: Aggregieren der Einzelzielwerte zu einem Gesamtzielwert

Den Ablauf der zielbezogenen Rangfolgebildung zeigt Beispiel 4.2 auf der Grundlage des systematischen Diagramms in Abb. 4.28 (vgl. Brassard (1996), S. 106 ff.).

Die zu erreichenden Ziele werden im **ersten Schritt** im Rahmen einer Gruppendiskussion bestimmt. Angegeben werden das Zielkriterium und das Zielausmaß. Zur Festlegung der Zielgewichte, welche die relative Wichtigkeit der verschiedenen Ziele zum Ausdruck bringen, werden für den **zweiten Schritt** zwei Verfahren vorgeschlagen:

- die Methode des paarweisen Zielvergleichs und
- die Rangpunktemethode.

Bei der Methode des **paarweisen Vergleichs** wird jedes Ziel mit jedem anderen verglichen, um die Unterschiede in der Wichtigkeit festzustellen. Bewertet werden können die Bedeutungsunterschiede nach folgender Skala:

$a_{ij} = 1$: die Ziele i und j sind gleich wichtig,
$a_{ij} = 5$: das Ziel i ist wichtiger als das Ziel j
$a_{ij} = 1/5$: das Ziel i ist weniger wichtig als das Ziel j,
$a_{ij} = 10$: das Ziel i ist sehr viel wichtiger als das Ziel j,
$a_{ij} = 1/10$: das Ziel i ist deutlich weniger wichtig als das Ziel j.

Die Ergebnisse dieses Vergleichs werden in einer Matrix mit den Zielen als Spalten- und Zeileneingänge festgehalten (vgl. Abb. 4.29). Zur Ermittlung der Zielgewichte g_i ($i = 1, ..., I$) wird für jedes Ziel die Zeilensumme bestimmt und zur Summe der Zeilensummen in Beziehung gesetzt:

$$g_i = \sum_{j=1}^{J} a_{ij} \Big/ \sum_{n=1}^{I} \sum_{j=1}^{J} a_{nj} \, .$$

Bei Anwendung des **Rangpunkteverfahrens** ordnet jedes Teammitglied den verfolgten Zielen individuelle Zielgewichte zu, deren Summe 1 beträgt. Das Zielgewicht jedes Ziels wird als Summe der ihm zugeordneten individuellen Zielgewichte ermittelt. Ziele mit einem geringen Zielgewicht können aus der weiteren Betrachtung ausgeschlossen werden. Im Beispiel 4.2 sind das die Ziele „Geringe Einführungskosten" und „Verwendung von Standardsoftware".

Die Einzelzielwerte, die im **dritten Schritt** ermittelt werden, bilden die relative Vorteilhaftigkeit verschiedener Problemlösungsideen hinsichtlich eines einzelnen Ziels ab. Ermittelt werden können sie nach

- der Methode des paarweisen Ideenvergleichs oder
- dem Rangreihenverfahren.

Zur Ermittlung der Einzelzielwerte sieht die Methode des **paarweisen Ideenvergleichs** vor, dass jede Idee hinsichtlich jedes einzelnen Ziels mit jeder anderen Idee verglichen wird. Für jedes der verfolgten Ziele wird eine Matrix mit den Problemlösungsideen als Zeilen- und Spalteneingänge gebildet, in deren Matrixfelder die Ergebnisse des Vergleichs eingetragen werden (vgl. Abb. 4.30). Bewertet werden kann die Vorteilhaftigkeit im Hinblick auf das Ziel i mit folgender Skala:

$b_{imn} = 1$: die Ideen m und n sind gleichwertig,

$b_{imn} = 5$: die Idee m ist vorteilhafter als die Idee n

$b_{imn} = 1/5$: die Idee m ist weniger vorteilhaft als die Idee n,

$b_{imn} = 10$: die Idee m ist sehr viel vorteilhafter als die Idee n,

$b_{imn} = 1/10$: die Idee m ist deutlich weniger vorteilhaft als die Idee n.

Die Einzelzielwerte werden anschließend wie die Zielgewichte nach der Methode des paarweisen Zielvergleichs berechnet. Beim **Rangreihenverfahren** bringt jedes Teammitglied die Problemlösungsideen für jedes einzelne Ziel in eine Rangordnung. Die Zielwerte der Problemlösungsideen werden für jedes einzelne Ziel durch die Addition der jeweiligen Rangplätze ermittelt.

Der Gesamtzielwert einer Problemlösungsidee wird im **vierten Schritt** als Summe der mit den Zielgewichten multiplizierten Einzelzielwerte berechnet:

$$W_m = \sum_{i=1}^{I} g_i \cdot b_{im} \, .$$

Werden die berechneten Gesamtzielwerte auf die Summe der Gesamtzielwerte bezogen, ergeben sich die relativen Gesamtzielwerte:

$$w_m = W_m \Big/ \sum_{n=1}^{M} W_n \, .$$

Die Problemlösungsideen mit den höchsten relativen Gesamtzielwerten bilden die Schwerpunkte bei der Erarbeitung der Problemlösungsvorschläge oder der Arbeits- und Zeitplanung.

Beispiel 4.2: Zielbezogene Matrixdatenanalyse

(1) Bestimmung der Zielgewichte nach der Methode des paarweisen Zielvergleichs

Ziel j / Ziel i	Geringe Einführungskosten	Verwendung von Standardsoftware	Schnelle Einführung	Hohe Akzeptanz bei den Nutzern	Minimaler Einfluss auf andere Abteilungen	Zeilensumme (in %)
Geringe Einführungskosten		5	0,1	0,1	0,2	5,4 (7,5)
Verwendung von Standardsoftware	0,2		0,2	0,1	0,2	0,7 (1,0)
Schnelle Einführung	10	5		0,1	0,2	15,3 (21,4)
Hohe Akzeptanz bei den Nutzern	10	10	10		0,2	30,2 (42,2)
Minimaler Einfluss auf andere Abteilungen	5	5	5	5		20,0 (27,9)
Summe der Zeilensummen						71,6

Abb. 4.29: Bestimmung der Zielgewichte nach der Methode des paarweisen Zielvergleichs

Die Ziele „Geringe Einführungskosten“ und „Verwendung von Standardsoftware“ weisen im Vergleich zu den drei anderen Zielen ein deutlich geringeres Zielgewicht auf. Sie werden deshalb nicht weiter berücksichtigt (vgl. Brassard (1996), S. 110).

(2) Ermitteln der Einzelzielwerte mit der Methode des paarweisen Ideenvergleichs

Abb. 4.30 zeigt die Ermittlung der Einzelzielwerte für das Ziel „Schnelle Einführung“ (vgl. Brassard (1996), S. 113). Entsprechende Matrizen sind auch für die Ziele „Hohe Akzeptanz bei den Nutzern“ und „Minimaler Einfluss auf andere Abteilungen“ zu bilden.

Alternativen	A	B	C	D	E	F	G	H	I	J	K	L	M	N	O	P	Q	Σ/ (Anteil)
A		0,2	0,2	5	10	0,2	10	0,2	0,1	0,2	0,2	0,2	0,2	0,1	5	5	0,1	36,9/4,2
B	5		5	10	10	0,2	10	0,2	0,2	0,2	0,2	0,2	0,1	0,1	10	5	0,2	56,6/6,5
C	5	0,2		5	10	0,2	10	0,2	0,1	0,2	0,2	0,2	0,2	0,1	5	5	0,1	41,7/4,8
D	0,2	0,1	0,2		1	0,1	5	0,2	0,1	0,2	0,2	0,1	0,1	0,1	1	0,2	0,1	8,9/1,0
E	0,1	0,1	0,1	1		0,2	5	0,1	0,1	0,2	0,1	0,1	0,1	0,1	1	0,2	0,1	8,6/1,0
F	5	5	5	10	5		10	5	5	5	5	1	1	0,2	5	5	0,2	72,4/8,3
G	0,1	0,1	0,1	0,2	0,2	0,1		0,2	0,1	0,2	0,2	0,1	0,1	0,1	0,2	0,1	0,1	2,2/0,3
H	5	5	5	5	10	0,2	5		1	1	1	0,2	0,2	0,1	5	5	0,2	48,9/5,6
I	10	5	10	10	10	0,2	10	1		5	5	1	5	1	10	5	1	89,2/10,3
J	5	5	5	5	5	0,2	5	1	0,2		0,2	0,2	0,2	0,2	5	5	0,2	42,4/4,9
K	5	5	5	5	10	0,2	5	1	0,2	5		0,2	1	0,2	5	5	0,2	53,0/6,1
L	5	5	5	10	10	1	10	5	1	5	5		5	0,2	10	5	1	83,2/9,6
M	5	10	5	10	10	1	10	5	0,2	5	1	0,2		0,2	5	5	0,2	72,8/8,4
N	10	10	10	10	10	5	10	10	1	5	5	5	5		10	10	1	117/13,4
O	0,2	0,1	0,2	1	1	0,2	5	0,2	0,1	0,2	0,2	0,1	0,2	0,1		1	0,1	9,9/1,1
P	0,2	0,2	0,2	5	5	0,2	10	0,2	0,2	0,2	0,2	0,2	0,2	0,1	1		0,1	23,2/2,7
Q	10	5	10	10	10	5	10	5	1	5	5	1	5	1	10	10		103/11,8
Σ																		869,9

Abb. 4.30: Bestimmung der Einzelzielwerte für das Ziel „Schnelle Einführung"

(3) Aggregation der Einzelzielwerte zu Gesamtzielwerten

Bewertungskriterien / Maßnahmen	Schnelle Einführung	Hohe Akzeptanz bei den Nutzern	Minimaler Einfluss auf andere Abteilungen	Zeilensumme (Anteil)
A: Fehlervermeidungstraining	0,04 · 0,21=0,008	0,03 · 0,42=0,013	0,03 · 0,28=0,008	0,029 (0,03)
B: Training für Kontrollen	0,07 · 0,21=0,015	0,04 · 0,42=0,017	0,02 · 0,28=0,006	0,038 (0,04)
C: Problemlösungstraining	0,05 · 0,21=0,011	0,04 · 0,42=0,017	0,03 · 0,28=0,008	0,036 (0,04)
D: Optische Eingabe	0,01 · 0,21=0,002	0,03 · 0,42=0,013	0,02 · 0,28=0,006	0,021 (0,02)
E: Online-Eingabe durch Kunden	0,01 · 0,21=0,002	0,01 · 0,42=0,004	0,03 · 0,28=0,008	0,014 (0,02)
F: Monitorgröße erhöhen	0,08 · 0,21=0,017	0,06 · 0,42=0,025	0,08 · 0,28=0,022	0,064 (0,07)
G: Sprachgesteuerte Eingabe			0,04 · 0,28=0,011	0,011 (0,01)
H: Menügesteuerte Eingabe	0,06 · 0,21=0,013	0,09 · 0,42=0,038	0,11 · 0,028=0,031	0,082 (0,09)
I: Verbesserte Eingabesteuerung	0,1 · 0,21=0,021	0,09 · 0,42=0,038	0,11 · 0,28=0,031	0,09 (0,1)
J: Automatische Fehlerprüfung	0,05 · 0,21=0,011	0,06 · 0,42=0,025	0,05 · 0,28=0,014	0,05 (0,06)
K: Keine Anzeige der Kundenstammdaten	0,06 · 0,21=0,013	0,05 · 0,42=0,021	0,06 · 0,28=0,017	0,051 (0,06)
L: Verbesserung der Lesbarkeit	0,1 · 0,21=0,021	0,06 · 0,42=0,025	0,9 · 0,28=0,025	0,071 (0,08)
M: Keine Kundenstammdaten	0,08 · 0,21=0,017	0,06 · 0,42=0,025	0,02 · 0,28=0,006	0,048 (0,05)
N: Mehrfarbigkeit	0,13 · 0,21=0,027	0,13 · 0,42=0,055	0,11 · 0,28=0,031	0,113 (0,12)
O: Verkürzung des 11-stelligen Produktcodes	0,01 · 0,21=0,002	0,12 · 0,42=0,05	0,03 · 0,28=0,008	0,06 (0,07)
P: Unterschiede zwischen Produktgruppencodes	0,03 · 0,21=0,006	0,1 · 0,42=0,42	0,13 · 0,28=0,036	0,084 (0,09)
Q: Ausbildung von Eingabe-, Verkaufs- und Servicepersonal	0,12 · 0,21=0,025	0,03 · 0,42=0,013	0,04 · 0,28=0,011	0,049 (0,05)
Spaltensumme				0,911

Abb. 4.31: Ermittlung der Gesamtzielwerte

Folgende Problemlösungsideen weisen die höchsten Gesamtzielwerte auf: N: Mehrfarbigkeit (0,12), I: Verbesserte Eingabesteuerung (0,1), H: Menügesteuerte Eingabe (0,09), P: Unterschiede zwischen Produktgruppencodes (0,09). Diese werden vor allen anderen Ideen realisiert (vgl. Brassard (1996), S. 116).

[2] Beziehungsorientierte Matrixdatenanalyse

Das beziehungsorientierte Verfahren der Rangfolgebildung kommt zur Anwendung, wenn zwischen den Problemlösungsideen **enge Mittel-Ziel-Beziehungen** bestehen. Diese Methode weist den Problemlösungsideen höchste Priorität zu, die Mittel für viele andere Ideen sind, d. h. Voraussetzungen für ihre Realisation schaffen. Dieses Verfahren läuft in folgenden Schritten ab (vgl. Brassard (1996), S. 124 ff.):

- Schritt 1: Analyse der Intensität der Beziehungen zwischen den Problemlösungsideen
- Schritt 2: Analyse der Richtung der Beziehungen zwischen den Problemlösungsideen
- Schritt 3: Ermitteln der Beziehungswerte jeder Problemlösungsalternative
- Schritt 4: Auswerten der Beziehungsmatrix

Beispiel 4.3 verdeutlicht den Ablauf der beziehungsorientierten Matrixdatenanalyse am Beispiel der Auswahl von Werbemaßnahmen (vgl. Brassard (1996), S. 133).

Im **ersten Schritt** wird jede Problemlösungsidee mit jeder anderen verglichen. Bei diesem Vergleich werden die Beziehungen zwischen den Problemlösungsideen und die Intensität dieser Beziehungen festgestellt. Die Ergebnisse dieses Vergleichs werden in einer Matrix mit den Problemlösungsideen als Zeilen- und Spalteneingänge festgehalten. Einer Beziehung wird dabei ein umso höherer Punktwert zugeordnet, je stärker sie ist. Die Punktwerte werden im **zweiten Schritt** mit Pfeilen versehen, welche die Richtung der Beziehung anzeigen. Der nach links zeigende Pfeil (←) bezeichnet eine Ziel-Beziehung, d. h. die Problemlösungsidee der jeweiligen Zeile ist ein Ziel der Problemlösungsidee in der jeweiligen Spalte. Zeigt der Pfeil nach oben (↑), liegt eine Mittelbeziehung vor. In diesem Fall ist die Idee der Zeile das Mittel zur Realisation der Idee in der Spalte (vgl. Abb. 4.32). Sind alle Beziehungen ermittelt und bewertet, werden im **dritten Schritt** für jede Zeile der Matrix die Summe der Punktwerte, die Anzahl der Beziehungen sowie der Mittel- und der Zielbeziehungen ermittelt.

Zur Auswertung der Matrix werden die Problemlösungsideen im **vierten Schritt** zunächst nach der Summe der Punktwerte, d. h. der Stärke ihrer Beziehungen, in die Gruppe der Ideen mit starken, mittleren und schwachen Beziehungen gegliedert. Aus der Gruppe der Lösungsideen mit starken Beziehungen werden anschließend die Problemlösungsideen ausgewählt, die eine hohe Anzahl von Beziehungen zu anderen Lösungsideen aufweisen. Aus diesen Lösungsideen werden schließlich diejenigen ausgewählt, bei denen die Mittel- oder Zielbeziehungen dominieren (vgl. Abb. 4.33). Mit der Realisation der Problemlösungsideen, bei denen die Mittel-Beziehungen dominieren, werden die Voraussetzungen für die Umsetzung anderer Lösungsideen geschaffen. Dominieren die Ziel-Beziehungen, weist das auf komplexe Problemlösungen hin, da zu ihrer Realisation eine Vielzahl anderer Ideen realisiert werden müssen. In die Auswahl der Lösungsideen, die weiter bearbeitet werden, sollten neben den Analyseergebnissen auch die Erfahrungen der Teammitglieder einfließen.

Beispiel 4.3: Beziehungsorientierte Rangfolgebildung

(1) Erstellen der Bewertungsmatrix (Schritte 1-3)

	A	B	C	D	E	F	G	H	I	J	K	L	S	B	MB	ZB
A		↑●	↑○	↑●			↑△	↑△					30	5	5	0
B	←●		↑△	↑●		↑○	↑●	↑●		↑○		←●	60	8	6	2
C	←○	←△		↑●	↑○	↑○	↑△	↑○					39	7	5	2
D	←●	←●	←●			↑●	←○	↑○				←△	51	7	2	5
E			←○			↑●	←●			←○			30	4	1	3
F		←○	←○	←●	←●		←●	←●	←●	←●		←○	72	9	0	9
G	←△	←●	←△	↑○	↑●	↑●		←●				←○	54	8	3	5
H	←△	←●	←○	←○		↑●	↑●						42	6	2	4
I						↑●							9	1	1	0
J		←○			↑○	↑●					←△	←●	33	5	2	3
K										↑△		↑●	12	2	2	0
L		↑●		↑△		↑○	↑○			↑●	←●		42	6	5	1

● :Starke Beziehung (9 Punkte); ○: Mittlere Beziehung (6 Punkte); △: Schwache Beziehung (3 Punkte); S: Intensität der Beziehungen; B: Anzahl der Beziehungen; MB: Anzahl der Mittelbeziehungen; ZB: Anzahl der Zielbeziehungen

A: Anstellen eines Marketing-Managers mit Erfahrungen auf dem Gebiet von Produkten für Kinder; B: Entwickeln von Produkttests unter Labor- und Gebrauchsbedingungen; C: Entwickeln von Anzeigen, die einen Vergleich mit den Produkten des Wettbewerbers zeigen; D: Entwickeln von Anzeigen, welche die Einfachheit der Verwendung hervorheben; E: Entwickeln von Anzeigen für hoch angesehene Zeitungen, die in städtischen Marktsegmenten erscheinen; F: Entwerfen von Verkaufsargumenten für das Händlernetz; G: Entwickeln von Anschauungsmaterial; H: Visuelle und akustische Werbematerialien kombinieren; I: Ermitteln genauer Informationen über die Kosten für die Händler; J: Sammeln korrekter Daten zu den Ergebnissen von Sicherheitstests; K: Ermitteln der zuständigen Entscheidungsträger in den Behörden; L: Einhalten der behördlich vorgegebenen Anforderungen an das Produkt.

Abb. 4.32: Beziehungsmatrix

(2) Auswerten der Bewertungsmatrix

Problemlösungsidee	S	B	MB	ZB
A	30			
B	60	8	6	2
C	39			
D	51	7	2	5
E	30			
F	72	9	0	9
G	54	8	3	5
H	42			
I	9			
J	33			
K	12			
L	42			

Abb. 4.33: Auswahl der Problemlösungsideen

4.4.5 Prozessplanungsdiagramm als Instrument für die Umsetzung

Im PDCA-Zyklus wird in der Phase der Umsetzung ein Arbeitsplan zur Realisation des ausgewählten Lösungsvorschlags erarbeitet. Aufgabe der Arbeitsplanung ist die Festlegung aller Aktivitäten zur Realisation des Problemlösungsvorschlags und der Reihenfolge, in der sie ausgeführt werden. Geplant wird der Prozess zur Realisation des erarbeiteten Problemlösungsvorschlags. Zur Unterstützung der Arbeitsplanung kann die Netzplantechnik (Pfeildiagramm) eingesetzt werden, die hier nicht betrachtet werden soll. Ein weiteres Instrument zur **Unterstützung der Arbeitsplanung** ist das

Prozessplanungsdiagramm (Process Determination Programm Chart, PDPC; vgl. Mizuno (1988), S. 217). Zum Einsatz gelangt es, wenn während des Realisationsprozesses Störungen auftreten können, die hinsichtlich der Art vorhersehbar sind. Erstellt wird ein Prozessplanungsdiagramm nur bei neuartigen Problemlösungen mit einem komplexen Realisationsprozess, der unter Zeitdruck ausgeführt werden muss, und ein Fehlschlag zu spürbaren Verlusten führt (vgl. Brassard (1996), S. 172 f.).

Das **Prozessplanungsdiagramm** ist eine Abbildung der Aktivitäten zur Realisation des Problemlösungsvorschlags, der unsicheren Einflüsse auf die Wirkungen dieser Aktivitäten sowie der Gegenmaßnahmen zur Sicherung der erwünschten Wirkungen des Problemlösungsvorschlags.

Mit dem Prozessplanungsdiagramm können in der Phase der Umsetzung folgende **Zwecke** verfolgt werden (vgl. Brassard (1996), S. 172):

- die Gestaltung eines Realisationsprozesses, der auch bei ungünstigen Einflüssen zur Zielerreichung führt, oder
- die Entwicklung von Prozessalternativen, um bei Eintritt unerwarteter Einflüsse unmittelbar reagieren zu können.

Den Aufbau eines Prozessplanungsdiagramms zeigt Abb. 4.34. Erstellt wird es in folgenden **Schritten** (vgl. Mizuno (1988), S. 228 f.; Brassard (1996), S. 179 ff.):

- Schritt 1: Erstellen eines groben Arbeitsplans für den Prozess zur Realisation des Problemlösungsvorschlags
- Schritt 2: Suche nach möglichen Störungen
- Schritt 3: Bewerten der möglichen Störungen
- Schritt 4: Generieren möglicher Gegenmaßnahmen
- Schritt 5: Bewerten der generierten Gegenmaßnahmen
- Schritt 6: Prüfen und Anpassen des Prozessplanungsdiagramms

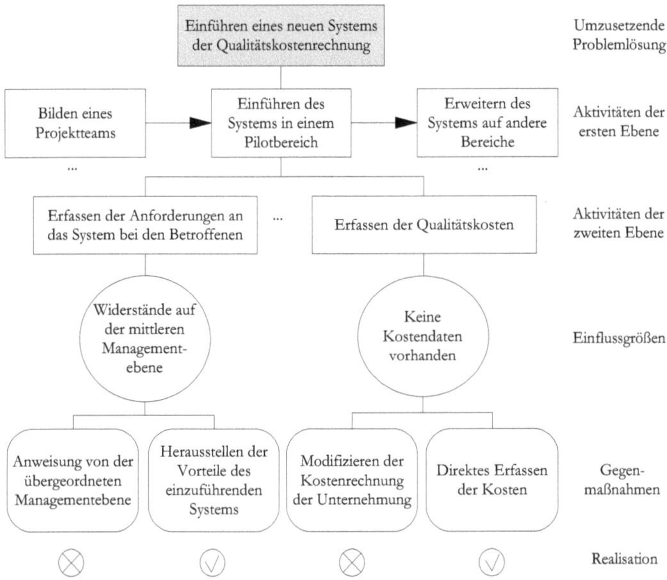

Abb. 4.34: Struktur eines PDP-Diagramms

Im **ersten Schritt** wird ein grober Arbeitsplan erarbeitet, der maximal zwei Ebenen des bei der Arbeitsplanung zu erstellenden mehrstufigen Projektstrukturplans sowie die zwischen diesen Aktivitäten bestehenden Reihenfolgebeziehungen enthält. Dieser grobe Arbeitsplan bildet im Prozessplanungsdiagramm die beiden Ebenen unterhalb der Beschreibung des zu implementierenden Problemlösungsvorschlags.

Für jede einzelne Aktivität wird im **zweiten Schritt** nach Störungen gesucht, die möglicherweise auftreten können. Für die Suche nach potentiellen Störungen wird das Brainstorming vorgeschlagen. In diesem Prozess wird jede Störung auf einem Kärtchen notiert, das anschließend jeweils unterhalb der Aktivität eingefügt wird, bei der die Störung möglicherweise auftritt.

Zur Bewertung der Störungen im **dritten Schritt** werden ihre Wirkungen auf das mit der Problemlösung verfolgte Ziel sowie die Wahrscheinlichkeit des Auftretens prognostiziert. Auf der Basis dieser Bewertung werden die potentiellen Störungen ausgewählt, für die anschließend Gegenmaßnahmen erarbeitet werden.

Für die ausgewählten Störungen werden im **vierten Schritt** durch Brainstorming mögliche Gegenmaßnahmen generiert. Die generierten Gegenmaßnahmen bilden die unterste Ebene des Prozessplanungsdiagramms. Im **fünften Schritt** werden die generierten Gegenmaßnahmen hinsichtlich ihrer Wirksamkeit, Durchführbarkeit und Komplexität beurteilt und diejenigen ausgewählt, die umgesetzt werden sollen.

Mit der Neuartigkeit der umzusetzenden Problemlösung sinkt die Planbarkeit des Realisationsprozesses. Während der Umsetzung des Problemlösungsvorschlags können deshalb Abweichungen von dem Arbeitsplan, der dem Prozessplanungsdiagramm zugrunde liegt, notwendig werden. Derartige Abweichungen können zur Folge haben, dass weitere Störungen erwartet werden müssen oder die Risiken zunehmen, die von bereits erkannten, jedoch als unbedeutend eingestuften Störungen ausgehen. Der **sechste Schritt** sieht deshalb vor, dass das Prozessplanungsdiagramm parallel zum Realisationsprozess regelmäßig hinsichtlich der Aktualität des zugrunde liegenden Arbeitsplans, der Vollständigkeit der potentiellen Störungen und der korrekten Einschätzung der von den Störungen ausgehenden Risiken überprüft und gegebenenfalls angepasst wird (vgl. Mizuno (1988), S. 221 ff.).

Teil 3: Gestaltungsbereiche des Kostenmanagements

5 Produktorientiertes Kostenmanagement

5.1 Abgrenzung des produktorientierten Kostenmanagements

5.1.1 Kostenmanagement bei der Produktgestaltung

5.1.1.1 Merkmale von Produkten

Nach allgemeiner Auffassung werden durch Entscheidungen während der Entwicklung und Konstruktion etwa 70 % der **Gesamtkosten eines Produkts** festgelegt, während die Fertigungsvorbereitung für rund 20 %, die Fertigung für etwa 7 % und die Beschaffung nur noch für die restlichen 3 % dieser Kosten bestimmend sind (vgl. VDI (1987), S. 3). Nach Blanchard werden im Entwicklungsprozess 95 % der Lebenszykluskosten eines Produkts festgelegt (vgl. Blanchard (1978), S. 14 f.). Es handelt sich bei diesen Angaben um häufig zitierte Erfahrungswerte (vgl. Labro (2006), S. 504 f.), an deren Gültigkeit begründete Zweifel vorgetragen werden (vgl. Cooper/Slagmulder (2004), S. 50). Auch wenn durch die Gestaltung der Prozesse und Potentiale ein höherer Teil der Lebenszykluskosten von Produkten als bisher angenommen beeinflussbar ist, belegen diese Zahlen die Bedeutung der Produktgestaltung für die Erreichung der Wirtschaftlichkeitsziele der Unternehmung.

Das produktorientierte Kostenmanagement ist der Gestaltungsbereich des Kostenmanagements, der als Schwerpunkt der Effizienzgestaltung das Vermeiden und den Abbau von Ineffizienzen durch die **Gestaltung der Produkte** der Unternehmung hat. Abgegrenzt wird das produktorientierte Kostenmanagement durch

- den Produktwert als Gestaltungsobjekt und
- die Kosten beeinflussenden Produktmerkmale als Gestaltungsparameter.

Definiert werden kann das **produktorientierte Kostenmanagement** als die unternehmungszielorientierte Gestaltung des Wertes von Produkten der Unternehmung durch das Festlegen von Wirtschaftlichkeitszielen für diese Produkte und die Sicherung des Erreichens dieser Wirtschaftlichkeitsziele durch die Mitarbeiter und mit den Mitarbeitern.

Ein **Produkt** ist die von der Unternehmung im Hinblick auf die Bedürfnisbefriedigung beim externen Kunden gebündelte Menge von Eigenschaften, die zur Erreichung der Unternehmungsziele verkauft werden soll (in Anlehnung an Brockhoff (1999), S. 13).

Produkte können Sachgüter, Dienstleistungen oder Kombinationen aus Sachgütern und Dienstleistungen sein. Sie sind ein Bündel von Eigenschaften, die in der Lage sind, beim externen Kunden zur **Bedürfnisbefriedigung** beizutragen.

Der Grad der Bedürfnisbefriedigung wird als **Kundennutzen** bezeichnet.

Der Kundennutzen resultiert nicht nur aus der Bedürfnisbefriedigung durch Problemlösungseigenschaften, wie z. B. dem Anzeigen der Zeit bei einer Uhr. Zu diesem **Gebrauchsnutzen** tritt ein **Zusatznutzen**, der sich aus dem individuellen und dem sozialen Nutzen zusammensetzt. Der individuelle Nutzen entsteht aus der Befriedigung emotionaler Bedürfnisse (Ästhetik, Selbstverwirklichung, Wohlbefinden), wie z. B. dem Tragekomfort bei einer Armbanduhr. Für den sozialen Nutzen ist das Bedürfnis des Kunden nach sozialer Anerkennung relevant, wie z.B. Prestige, Status und Wertschätzung (vgl. Corsten/Gössinger (2016), S. 17 f.). Dieser kann z. B. aus einer prestigeträchtigen Marke resultieren (z. B. Rolex, Omega, Longiness).

Definiert werden die **Eigenschaften**, die ein Produkt ausmachen, durch seine Funktionalität und Qualität. Unter der **Funktionalität** werden die Wirkungen des Produkts verstanden, die zur Befriedigung der Bedürfnisse des Kunden beitragen. Jede dieser Wirkungen ist eine Produktfunktion.

Eine **Produktfunktion** ist eine Wirkung des Produkts oder einer Produktkomponente, die Einfluss auf den Kundennutzen hat.

Die **Qualität** bezeichnet das Niveau dieser Wirkungen (in Anlehnung an Cooper (1995), S. 15). Bei einer Kaffeemaschine ist z. B. das Speichern von Flüssigkeiten eine Produktfunktion. Das zugehörige Qualitätsmerkmal ist das Speichervermögen von z. B. acht Tassen.

5.1.1.2 Produktplanung als Aufgabe der Produktgestaltung

Produktgestaltung ist jede zielorientierte Entscheidung über Produktmerkmale während des Produktlebenszyklus und die Umsetzung dieser Entscheidungen in einen Produktentwurf. Die zielorientierte Gestaltung von Produkten mit neuer oder verbesserter Funktionalität oder Qualität ist Aufgabe der **Produktplanung**.

Sie besteht aus zwei aufeinanderfolgenden Phasen: der Produktkonzeptplanung und der Konstruktion (vgl. Pahl/Beitz (1993), S. 82 f.). Für diese Phasen finden sich auch die Bezeichnungen „Produktfindung" und „Produktrealisation" (vgl. VDI 2220 (1980), S. 2). Ergänzt wird die Produktplanung durch die Produktplanungsverfolgung und die Produktüberwachung. Die Produktplanungsverfolgung kontrolliert und sichert die Zielerreichung parallel zur Konstruktion. Nach Abschluss der Produktplanung wird die Zielerreichung durch die Produktüberwachung kontrolliert und gesichert.

[1] Phasen der Produktkonzeptplanung

Die Produktkonzeptplanung umfasst folgende **Phasen** (in Anlehnung an Zäpfel (1989), S. 22 ff.):

- die Ideenfindung,
- die Selektion der Produktideen,
- die Planung der Produktfunktionen sowie
- die Produktdefinition.

Die **Ideenfindung** ist das Sammeln von Produktideen durch Auswerten unternehmungsinterner und -externer Informationen und die Suche nach Produktideen in zuvor abgegrenzten, zukunftsträchtigen Suchfeldern. Aufgabe der **Selektion der Produktideen** ist die Bewertung sowie die Auswahl der Produktideen, die weiterverfolgt werden sollen. Die Ideenselektion wird in einem mehrstufigen Prozess vollzogen, in dem der Detaillierungsgrad der Produktideen und der Präzisionsgrad der Bewertung sukzessive erhöht werden (vgl. VDI 2220 (1980), S. 4 ff.). Parallel zur Ideenselektion werden für aussichtsreiche Produktideen die Produktfunktionen geplant. Die **Planung der Produktfunktionen** vollzieht sich in zwei Schritten (vgl. Pfeifer (2001), S. 293 ff.):

- dem Festlegen der kundenbezogenen Funktionen sowie
- dem Bestimmen der produktbezogenen Funktionen.

Kundenbezogene Funktionen beschreiben die Wirkungen eines Produkts, die zum Kundennutzen des Produkts beitragen.

Für die Realisation kundenbezogener Funktionen kann es eine Vielzahl technischer Lösungen geben. Beispielsweise kann bei der Planung eines Fahrzeugs die vom Kunden geäußerte Anforderung „niedrige Unterhaltskosten" durch einen geringen Kraftstoffverbrauch, eine günstige Steuer- und Versicherungsklasse, die durch Hubraum und Leistung bestimmt wird, oder durch geringe Wartungs- und Reparaturkosten erreicht werden (vgl. Saatweber (1994), S. 454). Eine Verringerung des Kraftstoffverbrauchs eines Fahrzeugs kann u. a. durch eine Automatisierung des Getriebes, eine Gewichtsreduzierung oder eine Aerodynamikoptimierung erreicht werden. Eine weitere Aufgabe der Planung der Produktfunktionen ist es deshalb, die kundenbezogenen Funktionen in produktbezogene Funktionen zu übertragen.

Produktbezogene Funktionen sind die Wirkungen eines Produkts, einer Produktkomponente oder zwischen den Produktkomponenten, welche zur Realisation der kundenbezogenen Funktionen beitragen.

Die **Produktdefinition** dient der Formulierung eines Realisierungsvorschlags, welcher der Unternehmungsleitung zur Entscheidung vorgelegt wird. Der Vorschlag enthält eine Beschreibung der geplanten Produktfunktionen, Angaben zu den vorgesehenen Märkten oder Zielgruppen, dem Entwicklungs- und Investitionsaufwand, den voraussichtlichen Stückzahlen, den Preiserwartungen, den geschätzten Produktkosten sowie dem Zeitplan bis zur Markteinführung. Stimmt die Unternehmungsleitung dem Vorschlag zu, wird er in ein Produktkonzept überführt (vgl. VDI 2220 (1980), S. 8).

Das **Produktkonzept** ist eine vorläufige, lösungsneutral formulierte Beschreibung der produktbezogenen Funktionen, die der Konstruktion vorgegeben wird.

[2] Phasen der Konstruktion

Die **Konstruktion** oder technische Entwicklung ist ein informationsverarbeitender Prozess zur Erstellung eines Entwurfs, durch den die Merkmale eines Produkts so festgelegt werden, dass es die durch das Produktkonzept vorgegebenen produktbezogenen Funktionen zielorientiert erfüllt. Die Ziele der Konstruktion haben den Entwicklungs- und Investitionsaufwand, die Entwicklungsdauer, die Qualität des Entwicklungsergebnisses, d. h. das Ausmaß, in dem die kundenbezogenen Funktionen erfüllt sind, sowie die Produktkosten zum Inhalt.

Die Konstruktion vollzieht sich in mehreren Phasen, die sequentiell ablaufen. Die in einer Phase gewonnenen Erkenntnisse können jedoch dazu führen, dass zu vorhergehenden Phasen zurückgekehrt oder auch das Produktkonzept korrigiert werden muss. Jede dieser Phasen ist ein vollständiger Entscheidungsprozess mit den Teilphasen Zielbildung, Problemfeststellung, Alternativensuche, Bewertung und Entscheidung (vgl. Pahl (1979), Sp. 920; Ehrlenspiel (1996), Sp. 912). **Phasen der Konstruktion** sind

- das Klären der Aufgabenstellung,
- das Konzipieren,
- das Entwerfen und
- das Ausarbeiten.

Das **Klären der Aufgabenstellung** ist das Erarbeiten einer Liste der Anforderungen (produktbezogene Funktionen) an das geplante Produkt, die an die Bedürfnisse der Konstruktion angepasst ist. In der Phase des **Konzipierens** wird über die prinzipielle Lösung entschieden, d. h. über den grundsätzlichen Weg zur Erfüllung der durch das Produktkonzept vorgegebenen produktbezogenen Funktionen. Beim **Entwerfen** wird zunächst festgelegt, welche Funktionen durch welche Baugruppen und Teile erfüllt werden sollen. Anschließend werden die Baugruppen und Teile gestaltet. In der letzten Phase der Konstruktion, dem **Ausarbeiten**, wird der Entwurf um endgültige Vorschriften zu Form, Abmessungen, Oberflächenbeschaffenheit und Werkstoffen ergänzt und die Produktdokumentation erstellt (vgl. Pahl/Beitz (1993), S. 82 ff.).

Nur bei der **Neukonstruktion** werden alle Phasen der Konstruktion durchlaufen, da nur bei dieser Konstruktionsart ein neues Lösungsprinzip erarbeitet wird. Bei der **Anpassungskonstruktion** wird das Produkt bei unverändertem Lösungsprinzip an neue Anforderungen angepasst. Neben dem Klären der Aufgabenstellung erfordert sie nur das Entwerfen und das Ausarbeiten. Werden nur Maßänderungen vorgenommen, liegt eine **Variantenkonstruktion** vor, die sich über das Klären der Aufgabenstellung und das Ausarbeiten erstreckt (vgl. Ehrlenspiel (1996), Sp. 913 f.).

5.1.2 Merkmale des produktorientierten Kostenmanagements

5.1.2.1 Produktwert als Gestaltungsobjekt

Das **Ziel des produktorientierten Kostenmanagements** hat die Wirtschaftlichkeit der Produkte der Unternehmung zum Inhalt.

Die **Wirtschaftlichkeit eines Produkts** ist der Quotient aus dem Ergebnis einer abgegrenzten Menge des Produkts und den Mitteln, die für die Erstellung und Verwertung dieser Menge des Produkts eingesetzt werden, d. h.

$$\text{Wirtschaftlichkeit}_{\text{Produkt}} = \frac{\text{Ergebnis}_{\text{Produkt}}}{\text{Mitteleinsatz}_{\text{Produkt}}}.$$

Ergebnis und Mitteleinsatz können sich auf die Menge einer Periode oder der Marktphase im Produktlebenszyklus beziehen. Der **Produktlebenszyklus** umfasst den Zeitraum, über den das Produkt Auswirkungen auf die Zielerreichung der Unternehmung hat (vgl. Götze (2000), S. 267). Er wird in eine Entstehungs-, eine Markt- und eine Nachsorgephase gegliedert (vgl. Back-Hock (1992), S. 706 f.). Die Marktphase ist der Zeitraum vom Markteintritt bis zum Marktaustritt, in dem das Produkt hergestellt und abgesetzt wird.

Ein Produkt erbringt keine Leistung in der Form einer Ausbringung. Als **Leistung eines Produkts** kann jedoch der Grad der Bedürfnisbefriedigung beim Kunden interpretiert werden, der bei Erwerb und Nutzung oder Verbrauch des Produkts resultieren würde, d. h. der (potentielle) Kundennutzen. Der potentielle Kundennutzen kann zur Spaltung der Wirtschaftlichkeit eines Produkts in eine Effizienz- und eine Effektivitätsgröße herangezogen werden. Werden der Mitteleinsatz und der Kundennutzen gegenübergestellt, ergibt sich als Effizienzgröße der Produktwert (vgl. Kato/Böer/Chow (1995), S. 46), der das Gestaltungsobjekt des produktorientierten Kostenmanagements bildet.

Der **Produktwert** wird nach DIN EN 12973 (vgl. DIN Deutsches Institut für Normung e. V. (2002), S. 12) definiert als Verhältnis aus dem (potentiellen) Kundennutzen und dem Mitteleinsatz des Produkts:

$$\text{Produktwert} \propto \frac{\text{Kundennutzen des Produkts}}{\text{Mitteleinsatz des Produkts}}.$$

Das Symbol „α“ soll zum Ausdruck bringen, dass der Kundennutzen und der Mitteleinsatz des Produkts gegenübergestellt und gegeneinander abgewogen werden.

Danach liegen **Ineffizienzen** vor, wenn der Produktwert unter dem liegt, der bei den gegebenen Produktionsverfahren und Kundenbedürfnissen maximal erreichbar ist. Vermieden oder abgebaut werden können diese Ineffizienzen durch folgende Maßnahmen bei der Produktgestaltung (vgl. Schröder (1994), S. 157; DIN Deutsches Institut für Normung e. V. (2002), S. 13):

- Erweitern des Produkts um Funktionen, deren Kundennutzen den erforderlichen Mitteleinsatz übersteigt,
- Eliminieren von Funktionen aus dem Produkt, deren Kundennutzen unter dem erforderlichen Mitteleinsatz liegt,
- Verbessern der Qualität des Produkts mit einer Erhöhung des Mitteleinsatzes, die unter dem zusätzlichen Kundennutzen liegt, oder
- Verringern der Qualität des Produkts mit einer Verringerung des Mitteleinsatzes, die über der Abnahme des Kundennutzens liegt.

Der **Mitteleinsatz** für die Erstellung und Verwertung des Produkts kann mengen- oder wertmäßig erfasst werden. Für die wertmäßige Erfassung eignen sich Kostengrößen, da sie den bewerteten Güterverbrauch wiedergeben, der in einem unmittelbaren Zusammenhang mit der Erstellung und Verwertung der von der Unternehmung zu produzierenden und abzusetzenden Produkten steht. Um Verzerrungen der Wirtschaftlichkeit eines Produkts oder seines Produktwertes durch Kosten für produktferne Prozesse (z. B. Geschäftsleitung, Controlling, Lohn- und Gehaltsabrechnung) auszuschließen, werden dem Kundennutzen des Produkts nur die Produktkosten gegenübergestellt.

Die **Produktkosten** sind die Kosten, die für die Erstellung und Verwertung eines Produkts anfallen und primär durch Entscheidungen über die Produktmerkmale determiniert werden.

Die Produktkosten werden aus den folgenden Kostenkategorien ermittelt (vgl. Franz (1993), S. 126; Yoshikawa/Innes/Mitchell/Tanaka (1993), S. 78 ff.):

	Materialeinzelkosten
+	Direkte Fertigungskosten
	▪ Fertigungslöhne
	▪ Direkte Anlagenkosten
+	Indirekte Fertigungskosten
+	Produktnahe Gemeinkosten
+	Bereinigte Produkteinzelkosten
=	Produktkosten

Materialeinzelkosten sind der bewertete Verbrauch von Rohstoffen, Teilen und Baugruppen, der direkt bei dem Produkt erfasst wird. Die **direkten Fertigungskosten** sind die Kosten des Fertigungsbereichs, die einer Person oder einer Maschine, die unmittelbar auf das Produkt einwirkt, direkt zugeordnet werden können. **Fertigungslöhne** sind das Entgelt (einschließlich der Sozialkosten) für unmittelbar an dem Produkt erbrachte Arbeitsleistungen. Als Beispiele für die **direkten Anlagenkosten** können Abschreibungen und Instandhaltungskosten genannt werden. Die **indirekten Fertigungskosten** sind die Kosten für den Verbrauch von Arbeits- und Maschinenleistungen sowie Hilfs- und Betriebsstoffen, der nicht direkt bei dem Produkt erfasst wird. Sie werden den Produkten über Hilfsgrößen möglichst verursachungsgerecht zugerechnet. Beispiele für diese Kostenkategorie sind Hilfslöhne, Gemeinkostenmaterial und Energiekosten. **Produktnahe Gemeinkosten** werden durch Prozesse des indirekten Leistungsbereichs verursacht, die an Produkten oder ihren Bestandteilen vollzogen werden. Die Prozesse stehen in einem unmittelbaren Zusammenhang mit der Materialbeschaffung, der Material-, Fertigungs- und Entsorgungslogistik, der Leistungserstellung und Entsorgung sowie der Fertigungsauftragsplanung und -abwicklung. Sie werden für mehrere Produkte durchgeführt. Ihre Kosten können deshalb nicht direkt bei den Produkten erfasst werden und müssen wie auch die indirekten Fertigungskosten über Hilfsgrößen auf die Produkte verrechnet werden. **Produkteinzelkosten** können nur einer bestimmten Menge eines Produkts direkt zugeordnet werden, wie z. B. der Lebenszyklusmenge. Zu ihnen zählen Entwicklungskosten, Patentgebühren, Kosten für Gussformen und Werkzeuge. Nicht alle Produkteinzelkosten hängen von Entscheidungen über Produktmerkmale ab, wie z. B. Entwicklungskosten und Patentgebühren. Als Produktkosten werden deshalb nur Produkteinzelkosten berücksichtigt, die von diesen Kostenbestandteilen bereinigt sind.

Für die Entsorgung von Produktverpackungen oder abgesetzter Produkteinheiten am Ende der Nutzungsdauer können für die Unternehmung weitere Kosten anfallen, die von den Entscheidungen über die Produktmerkmale abhängig sind. Die Entsorgung dieser Objekte ist eine Dienstleistung für den Kunden, die zusammen mit dem Sachgut das Produkt bildet. Die **Entsorgungskosten** sind deshalb Bestandteil von Kategorien der Produktkosten.

Für das Produkt können beim externen Kunden **Nutzungskosten** anfallen, die von den Entscheidungen über die Produktmerkmale abhängig sind. Sofern sie nicht vom Hersteller übernommen werden, entstehen für das Produkt beim Kunden auch Entsorgungskosten (vgl. Siegwart/Senti (1995), S. 80). Die Kosten, die der Kunde zu tragen hat, sind ein Merkmal der Funktionalität des Produkts. Deutlich wird das beim Kraftstoffverbrauch als Bestandteil der Nutzungskosten eines Fahrzeugs. Diese Kosten haben Einfluss auf den Kundennutzen und sind kein Bestandteil der Produktkosten.

5.1.2.2 Produktmerkmale als Gestaltungsparameter

Gestaltungsparameter des produktorientierten Kostenmanagements sind die **Kosten beeinflussenden** Produktmerkmale, über die bei der Produktgestaltung entschieden wird. Ohne Bedeutung für das produktorientierte Kostenmanagement sind Produktmerkmale, die nicht Kosten beeinflussend sind. Dieser Gruppe gehört ein Produktmerkmal an, wenn zwischen seinen alternativen Ausprägungen keine (bedeutenden) Kostenunterschiede bestehen.

Unter **Produktmerkmalen** werden alle Merkmale eines Produkts verstanden, die in den am Ende des Konstruktionsprozesses zu erstellenden Fertigungsunterlagen festgeschrieben sind. Zu den Fertigungsunterlagen zählen Zeichnungen, Stücklisten, Erzeugnisstrukturen sowie Montage-, Transport- und Prüfvorschriften. Beispiele für Kosten beeinflussende Produktmerkmale sind Produktfunktionen, prinzipielle Lösungen, Abmessungen, Toleranzen, Werkstoffe, Fertigungsverfahren, Werkstoffbehandlung, Teilezahl, Oberflächenart und Rauheit (vgl. VDI Verein Deutscher Ingenieure (1987), S. 10 f.).

Die Bedingungen, unter denen das Produkt hergestellt wird, werden durch die langfristige Fertigungsvorbereitung festgelegt und u. a. im Arbeitsplan dokumentiert, wie z. B. die Arbeitsgänge, die zwischen den Arbeitsgängen bestehenden Arbeitsbeziehungen, die Zuordnung von Arbeitsgängen zu Kostenstellen und Arbeitsplätzen, der Einsatz von Fertigungsmitteln, Werkzeugen und -vorrichtungen, die geforderte Qualifikation der einzusetzenden Arbeitskräfte sowie die Maßnahmen zur Qualitätssicherung in der Produktion (vgl. Ziegler (1996), S. 117 ff.). Diese **Produktionsbedingungen** zählen nicht zu den Produktmerkmalen. Nicht zu den Gestaltungsparametern zählen auch **vorgegebene Produktmerkmale**. Ihre Ausprägungen sind nicht frei gestaltbar, weil sie z. B. aus Sicherheitsbestimmungen folgen.

5.1.3 Handlungsfelder des produktorientierten Kostenmanagements

5.1.3.1 Abgrenzung der Handlungsfelder

Durch die Produktgestaltung können Ineffizienzen vermieden oder auch abgebaut werden. Der Produktwert kann durch eine Veränderung der Rahmenbedingungen in der Form einer Produktveränderung oder bei gegebenen Rahmenbedingungen durch eine Änderung des Produktentwurfs gesteigert werden. Bei einer **Produktänderung** werden die Eigenschaften zur Befriedigung der Kundenbedürfnisse, d. h. die Funktionalität oder Qualität des Produkts modifiziert. Bewirkt die Produktgestaltung eine Senkung des Mitteleinsatzes bei unveränderter Funktionalität oder Qualität, liegt eine **Entwurfsänderung** vor (vgl. zu dieser Abgrenzung Monden (1999), S. 365 f.). Damit können die in Abb. 5.1 genannten Handlungsfelder des produktorientierten Kostenmanagements abgegrenzt werden.

<table>
<tr><th>Rahmenbedingungen / Ineffizienzen</th><th>Effizienzgestaltung bei gegebenen Rahmenbedingungen (Entwurfsänderung)</th><th colspan="2">Effizienzgestaltung durch Veränderung der Rahmenbedingungen (Produktänderung)</th></tr>
<tr><td>Vermeiden von Ineffizienzen</td><td>–</td><td rowspan="2">Kostenorientierte Produktplanung</td><td>Effizienzorientierte Produktneugestaltung</td></tr>
<tr><td>Abbau von Ineffizienzen</td><td>Produkt-Kaizen (= Kontinuierliche Verbesserung der Produkte)</td><td>Effizienzorientierte Produktrationalisierung</td></tr>
</table>

Abb. 5.1: Handlungsfelder des produktorientierten Kostenmanagements

[1] Kostenorientierte Produktplanung

Aus den Erfahrungen der Praxis heraus wurde die Rule of Ten formuliert. Sie besagt, dass sich die Kosten für eine Änderung von Entscheidungen über Produktmerkmale zwischen zwei Phasen des Produktlebenszyklus (Entwicklung, Produktionsvorbereitung, Produktion) um den Faktor 10 erhöhen. Die Analyse von 135 Projekten in 42 Unternehmungen hat gezeigt, dass Entwurfsänderungen in der Marktphase zu einer Senkung der Herstellkosten um durchschnittlich 33 % geführt haben. Im Zeitraum zwischen dem Serienanlauf und der Entwurfsänderung sind damit durchschnittlich 33 % der Herstellkosten unnötig angefallen (vgl. Ehrlenspiel/Kiewert/Lindemann

(2007), S. 12, 14 ff.). Durch eine **effizienzorientierte Produktneugestaltung** sollen deshalb Ineffizienzen bereits in der Entstehungsphase des Lebenszyklus vermieden werden.

Bei Produkten in der Marktphase können durch unternehmungsinterne oder -externe Veränderungen Ineffizienzen entstehen, die über eine Anpassung ihrer Funktionalität oder Qualität abgebaut werden müssen. Diese Veränderungen können z. B. die Kundenbedürfnisse, den Kundennutzen der Produkte von Wettbewerbern oder technischen Möglichkeiten zur Verbesserung von Funktionalität oder Qualität betreffen. Die **effizienzorientierte Produktrationalisierung** ist der Abbau dieser Ineffizienzen durch die Anpassung der Funktionalität oder Qualität von Produkten an solche Veränderungen in der Marktphase ihres Lebenszyklus.

Vollzogen werden die effizienzorientierte Neugestaltung und Rationalisierung von Produkten im Rahmen einer **kostenorientierten Produktplanung**. Sie zeichnet sich dadurch aus, dass alle Entscheidungen über die Produktmerkmale an einem Produktkostenziel ausgerichtet werden. Dazu werden parallel zur Produktkonzeptplanung auf der Grundlage der Wirtschaftlichkeitsziele der Produkte Produktkostenziele als Vorgabe für die Konstruktion geplant. Die Konstruktionsergebnisse werden anschließend daraufhin kontrolliert, ob die Produktkostenziele erreicht worden sind. Kostenorientiert werden nicht nur Sachgüter geplant, sondern auch industrielle Dienstleistungen und hybride Leistungsbündel (vgl. Steven/Wasmuth (2008); Wasmuth (2009); Steven/Soth/Wasmuth (2009).

[2] Produkt-Kaizen

Wie die Produktrationalisierung zielt auch das **Produkt-Kaizen** auf den Abbau von Ineffizienzen durch die Gestaltung von Produkten in der Marktphase ihres Lebenszyklus. Die Ineffizienzen sind jedoch in einem zu hohen Mitteleinsatz begründet, der nur Änderungen im Produktentwurf und keine Anpassung von Funktionalität oder Qualität des Produkts erfordert, d. h. von Rahmenbedingungen der Unternehmung. Als Ursachen solcher Ineffizienzen können genannt werden (in Anlehnung an Cooper/Slagmulder (2005b), S. 283 f.):

[1] Im Prozess der Produktkonzeptplanung werden die Vorgaben zur Durchsetzung des Wirtschaftlichkeitsziels des Produkts in Produktkostenziele für die Entstehungs- und die Marktphase gespalten, d. h. die Durchsetzung des Wirtschaftlichkeitsziels wird über die Entstehungsphase des Produkts hinaus verlängert.

[2] In der Entstehungsphase des Produktlebenszyklus ist das Produktkostenziel verfehlt worden.

[3] Während der Marktphase sinkt der Absatzpreis des Produkts oder steigen die Einsatzgüterpreise schneller, als die Produktkosten durch das Prozess- und das Potential-Kaizen gesenkt werden können.

[4] Im Rahmen eines Rationalisierungsprojekts, des Potential- oder Prozess-Kaizen werden Ineffizienzen im Leistungserstellungs- und -verwertungsprozess des Produkts identifiziert, die eine Anpassung des Produktentwurfs erforderlich machen.

Das Produkt-Kaizen gelangt bei Produkten mit einer längeren Marktphase zur Anwendung (vgl. Cooper (1995), S. 252 f.). Es kann sich nicht nur auf Produkte, sondern auch auf Hauptfunktionen von Produkten oder gemeinsame Baugruppen in Produktfamilien beziehen (vgl. Cooper/Slagmulder (2005b), S. 283). Ausgeführt wird es in der Form des **managementorientierten Kaizen**, d. h. in speziellen Kaizen-Projekten durch bereichsübergreifende Teams.

Produkt-Kaizen ist ein kontinuierlicher, von Führungskräften oder Experten getragener Prozess der Erarbeitung und Umsetzung von Änderungen im Entwurf von Produkten in der Marktphase, um die Erreichung der Wirtschaftlichkeitsziele der Produkte oder der operativen Wirtschaftlichkeitsziele zu sichern.

5.1.3.2 Projekte in den Handlungsfeldern

Die **kostenorientierte Produktplanung** wird als Projekt durch folgende Organisationseinheiten vollzogen (vgl. Seidenschwarz (1993), S. 269):

- dem Projektteam,
- dem Produktmanager und
- den Entwicklungsteams.

Die kostenorientierte Produktplanung ist die Aufgabe eines **Projektteams**, das aus Mitarbeitern der Bereiche Produktion, Produkt- und Prozessentwicklung, Einkauf, Marketing und Rechnungswesen gebildet wird. Die Aufgaben des Projektteams sind die Entwicklung des Produktkonzepts sowie die Planung der Produktkostenziele, deren Durchsetzung, Kontrolle und Sicherung (vgl. Monden (1999), S. 26 f.). Die Mitglieder des Projektteams sind die Vorgesetzten der Mitarbeiter in den Entwicklungsteams. An der Spitze des Projektteams steht ein **Produktmanager**, der nicht nur für das Projektmanagement zuständig ist, sondern die Erfolgsverantwortung für das Produkt trägt (vgl. Clark/Fujimoto (1992), S. 249). Er ist auf der gleichen Ebene der Unternehmungshierarchie eingeordnet wie die Manager der Funktionsbereiche, er kann ihnen sogar übergeordnet sein. Über die Mitglieder des Projektteams kann er auf die Mitarbeiter in den Entwicklungsteams Einfluss nehmen. Den **Entwicklungsteams** gehören Mitarbeiter der Produkt- und Prozessentwicklung, der Beschaffung und der Produktion an (vgl. Cooper/Slagmulder (2005c), S. 262). Sie sind für die Umsetzung des Produktkonzepts in einen Produktentwurf zuständig.

Voraussetzung für das Initiieren von Projekten des **Produkt-Kaizen** ist eine Erfolgsanalyse der Produkte der Unternehmung zur Auswahl und Reihung der Produkte, für die Entwurfsänderungen erarbeitet und umgesetzt werden sollen. Als Informationsbasis dieser Analyse eignet sich eine mehrstufige Deckungsbeitragsrechnung. Initiiert wird ein Kaizen-Projekt für ein Produkt oder eine Produktgruppe durch das Einsetzen eines Kaizen-Teams. Mitglieder solcher Teams sind der Leiter des Werks, in dem die betrachtete Produktgruppe gefertigt wird, der zuständige Produktmanager und die Leiter der betroffenen Bereiche, zu denen die Produktion, die Entwicklung, die Fertigungsvorbereitung und die Beschaffung zählen (vgl. Abb. 5.2). Die Leiter dieser Bereiche richten in ihren Bereichen Arbeitsgruppen ein, welche in enger Abstimmung mit dem Kaizen-Team die Entwurfsänderungen planen und umsetzen (vgl. Monden (1999), S. 364 ff.).

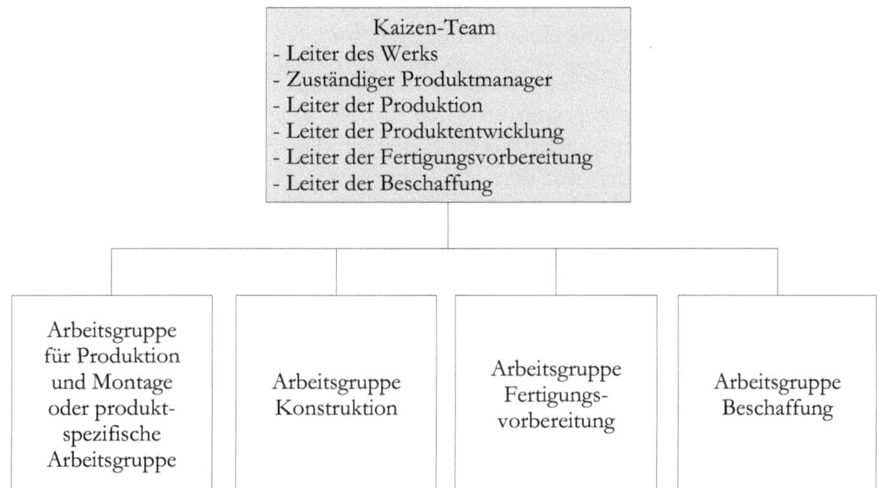

Abb. 5.2: Struktur der Kaizen-Teams für das Produkt-Kaizen

Die Arbeit der Kaizen-Teams wird in folgenden **Schritten** vollzogen (vgl. Monden (1999), S. 367 ff.):

- Feststellen der Abweichung vom Wirtschaftlichkeitsziel des Produkts,
- Analyse der festgestellten Abweichung,
- Erarbeiten von Entwurfsänderungen sowie
- Kontrolle der angepassten Produktkostenziele.

In einem ersten Schritt wird für das betrachtete Produkt zunächst die Entwicklung der Absatzmengen, der Erlöse, der Erfolge, der Kosten und der verschiedenen Kostenanteile während einer mittelfristigen Planungsperiode ermittelt, um eine tatsächliche oder erwartete **Abweichung vom Wirtschaftlichkeitsziel** des Produkts festzustellen. Monden schlägt vor, die Materialeinzelkosten, die Material- und die Fertigungsgemeinkosten und die Verwaltungs- und Vertriebsgemeinkosten getrennt zu analysieren.

Die differenzierte Analyse der Produktkosten soll Hinweise auf die **Ursachen der Abweichung** vom Wirtschaftlichkeitsziel geben. Geht die Zielabweichung auf eine Senkung der Absatzmengen oder einen Anstieg der Materialeinzel-, der Materialgemein- oder der Fertigungsgemeinkosten zurück, können zur Problembearbeitung Wertanalysen durchgeführt werden. Erarbeitet werden die Entwurfsänderungen durch die fachlich zuständigen Arbeitsgruppen in den Bereichen. Das Kaizen-Team stimmt die erarbeiteten Entwurfsänderungen ab und entscheidet über ihre Umsetzung. Entwurfsänderungen können folgende Inhalte haben (vgl. Davila/Wouters (2004), S. 20 ff.):

- Reduktion der Anzahl der Teile, die in das Produkt eingehen,
- Verwendung von Gleichteilen oder Nutzung gemeinsamer Prozesse zur Verringerung der Komplexität im direkten und indirekten Leistungsbereich,
- Vereinfachung der Leistungserstellungsprozesse,
- Verringerung der erforderlichen Arbeitsleistung bei der Produktion des Produkts,
- Substitution von Einsatzgütern durch kostengünstigere Alternativen,

- Abstimmung mit Lieferanten und
- kostengünstigere Umsetzung einer Produktfunktion.

Im letzten Schritt werden auf der Grundlage der durchzuführenden Entwurfsänderungen die Produktkostenziele angepasst und den verantwortlichen Abteilungen Aufgaben zur Umsetzung der Entwurfsänderungen zugewiesen. Die Schritte zur Umsetzung der Entwurfsänderungen werden mit den verantwortlichen Abteilungen geklärt und zeitlich geplant. Die Erreichung der angepassten Produktziele ist schließlich Gegenstand von **begleitende Kontrollen** und **Endkontrollen**. Nach Abschluss des Projekts wird für das in der Rangfolge nachfolgende Produkt ein neues Kaizen-Projekt initiiert.

5.2 Produktkostenziele im Prozess der kostenorientierten Produktplanung

5.2.1 Prozess der Produktkostenplanung und -steuerung

5.2.1.1 Arten von Produktkostenzielen

Aufgabe der Produktkostenplanung ist die Planung von Produktkostenzielen, die den Entwicklungsteams für die kostenorientierte Konstruktion des im Produktkonzept definierten Produkts vorgegeben werden. Die kostenorientierte Konstruktion verlangt, dass bei der Ausarbeitung des definierten Produkts die Entscheidungen über die Produktmerkmale an den Kostenzielen ausgerichtet werden. Die Produktkostenziele determinieren zusammen mit dem potentiellen Kundennutzen des im Produktkonzept definierten Produkts das Produktwertziel. Im Prozess der kostenorientierten Konstruktion können unter der Maßgabe, dass das Produktwertziel erreicht wird, sowohl das Produktkostenziel als auch das im Produktkonzept definierte Produkt angepasst werden.

Produktkostenziele geben den Entwicklungsteams für die kostenorientierte Konstruktion das Niveau der Produktkosten vor, die das im Produktkonzept definierte Produkt höchstens verursachen darf, wenn das Wirtschaftlichkeitsziel des Produkts erreicht werden soll.

Phasen im Prozess der Produktkostenplanung sind die Planung des originären Produktkostenziels und die Planung der derivativen Produktkostenziele (vgl. Yoshikawa/Innes/Mitchell/Tanaka (1993), S. 47 f.). Der komplette Prozess der Produktkostenplanung wird in japanischen Unternehmungen nur für die Basismodelle einiger weniger Kernprodukte durchgeführt. Diese zeichnen sich durch die Mehrfachverwendung ihrer Komponenten aus (vgl. Horváth/Seidenschwarz/Sommerfeldt (1993), S. 14).

Parallel zur **Produktkonzeptplanung** wird zunächst das originäre Produktkostenziel geplant.

Das **originäre Produktkostenziel** wird ausgehend von den Wirtschaftlichkeitszielen des Produkts geplant und bezieht sich auf das Gesamtprodukt.

Die **Planung derivativer Produktkostenziele** vollzieht sich parallel zur Konstruktion und umfasst die Spaltung des originären Produktkostenziels in Teilziele (vgl. Tanaka (1989), S. 54; Yoshikawa/Innes/Mitchell/Tanaka (1993), S. 49). Mit der Planung derivativer Produktkostenziele wird folgender Zweck verfolgt:

- die Abgrenzung von Kostenbeeinflussungsschwerpunkten,
- die eindeutige Zuordnung von Verantwortung für Abweichungen von den Produktkostenzielen und
- die Identifikation von Ursachen dieser Abweichungen.

Derivative Produktkostenziele sind Teilziele vor allem für produktbezogene Funktionen und Komponenten des Produkts (z. B. Baugruppen), die aus dem originären Produktkostenziel hergeleitet werden. Solche Teilziele können auch für Kostenkategorien, Prozesse (z. B. Beschaffung, Produktion, Montage, Entsorgung) oder Entwicklungsteams ermittelt werden (vgl. Yoshikawa/Innes/Mitchell/Tanaka (1993), S. 48).

Um zu verhindern, dass an bekannten Lösungen festgehalten wird und kostengünstige Alternativen zu diesen Lösungen bewusst aus der Betrachtung ausgeschlossen werden, wird bei der Neukonstruktion von Produkten das originäre Produktkostenziel zunächst in **Funktionenkostenziele** gespalten. Ist über die prinzipiellen Lösungen entschieden worden, werden diese Funktionenkostenziele in **Komponentenkostenziele** gespalten (vgl. Tanaka (1989), S. 52 f.). Auf die Spaltung des originären Produktkostenziels in Funktionenkostenziele kann nur bei der Anpassungs- und der Variantenkonstruktion verzichtet werden, da sie von gegebenen Lösungsprinzipien für die Produktfunktionen ausgehen.

Die produktbezogenen Funktionen werden durch die Produktkonzeptplanung festgelegt und beim Konzipieren in Teilfunktionen aufgelöst. Funktionenkostenziele werden deshalb **parallel zum Konzipieren** geplant. Die Planung von Komponentenkostenzielen setzt Informationen über die Baustruktur des Produkts voraus, über die erst in der Phase des **Entwerfens** entschieden wird. Die Komponentenkostenziele werden deshalb parallel zu dieser Phase geplant (vgl. Tanaka (1989), S. 50).

5.2.1.2 Ansätze der Produktkostenplanung

Mit der Vorgabe von Produktkostenzielen soll das **Arbeitsverhalten** der Mitarbeiter in den Entwicklungsteams bei der Ausarbeitung des im Produktkonzept definierten Produkts am Wirtschaftlichkeitsziel des Produkts ausgerichtet werden. Die Wirkungen auf das Arbeitsverhalten der Mitarbeiter in den Entwicklungsteams hängen nach der Zielsetzungstheorie[16] von folgenden Merkmalen der Produktkostenziele ab:

- dem Spezifikationsgrad,
- dem Anforderungsniveau und
- der Zielbindung.

---

16 Die Zielsetzungstheorie wird in Abschnitt 9.1.3.2 erläutert.

Produktkostenziele sind **spezifisch formuliert**, wenn bei der Produktkostenkontrolle festgestellt werden kann, bis zu welchem Grad sie erreicht worden sind. Sind mehrere Entwicklungsteams an der Konstruktion des Produkts beteiligt, kann der Forderung nach spezifisch formulierten Produktkostenzielen durch die Spaltung des originären Produktkostenziels in derivative Produktkostenziele entsprochen werden. Produktkostenziele sollten ein herausforderndes **Anforderungsniveau** aufweisen, d. h. realisierbar, jedoch nur unter großen Anstrengungen der Mitarbeiter in den Entwicklungsteams erreichbar sein (vgl. z. B. Yoshikawa/Innes/Mitchell/Tanaka (1993), S. 38). Um das Arbeitsverhalten der Mitarbeiter in den Entwicklungsteams an dem Wirtschaftlichkeitsziel des Produkts ausrichten zu können, sollte das Anforderungsniveau der Produktkostenziele darüber hinaus auch zielorientiert sein. Das verlangt, dass die Realisation der Produktkostenziele mit der Erreichung des Wirtschaftlichkeitsziels des Produkts einhergeht. **Zielbindung** ist das Ausmaß, in dem sich die Mitarbeiter in den Entwicklungsteams mit den Produktkostenzielen identifizieren und sich verpflichtet fühlen, sie zu erreichen. Die Partizipation von Mitarbeiter der Entwicklungsteams an der Produktkostenplanung kann die Zielbindung der von den Produktkostenzielen betroffenen Mitarbeiter stärken.

Damit Produktkostenziele diese Merkmale aufweisen, muss die Produktkostenplanung folgenden **Anforderungen** genügen:

- Herleitung der Produktkostenziele aus den Wirtschaftlichkeitszielen,
- Berücksichtigung von Kostensenkungsmöglichkeiten sowie
- Beteiligung der Mitarbeiter an der Produktkostenplanung.

Für die Planung des originären Produktkostenziels sind mehrere Ansätze vorgeschlagen worden. Diese Ansätze können isoliert zur Anwendung gelangen. In der Regel werden für die Planung des originären Produktkostenziels jedoch mehrere dieser Ansätze kombiniert. Folgende **Ansätze** werden unterschieden:

- der marktorientierte Ansatz,
- der unternehmungsorientierte Ansatz,
- der wettbewerberorientierte Ansatz sowie
- der verhandlungsorientierte Ansatz.

Beim **marktorientierten Ansatz** wird das originäre Produktkostenziel als Differenz zwischen dem erwarteten Marktpreis des im Produktkonzept definierten Produkts und dem durch das Wirtschaftlichkeitsziel des Produkts vorgegebenen Stückerfolg ermittelt. Der **unternehmungsorientierte Ansatz** sieht vor, das originäre Produktkostenziel aus den Merkmalen des Produkts im Produktkonzept, den vorhandenen Potentialen und Prozessen in der Produktion und den Erfahrungen herzuleiten, die bei der Planung der Vorgängerprodukte gesammelt worden sind (vgl. z. B. Yoshikawa/Innes/Mitchell/Tanaka (1993), S. 42). Nach dem **wettbewerberorientierten Ansatz** wird das originäre Produktkostenziel auf der Basis von Informationen bestimmt, die bei der Zerlegung und Analyse von Produkten der Wettbewerber gewonnen worden sind. Bei der **verhandlungsorientierten Vorgehensweise** wird das originäre Produktkostenziel zwischen Produktmanager, Projektteam und Entwicklungsteams ausgehandelt. Abb. 5.3 zeigt, inwieweit diese Ansätze den Anforderungen genügen.

Ansatz	Beurteilung
Markt-orientierter Ansatz	■ Die Herleitung aus dem Wirtschaftlichkeitsziel des Produkts sichert ein zielorientiertes und ermöglicht ein herausforderndes Anforderungsniveau. ■ Eine Analyse von Kostensenkungsmöglichkeiten ist nicht vorgesehen, die Realisierbarkeit der Produktkostenziele ist damit nicht gesichert. ■ Die Top-down-Vorgehensweise sieht keine Partizipation von Mitarbeitern der Entwicklungsteams vor und schafft keine Zielbindung.
Unternehmungs-orientierter Ansatz	■ Das Wirtschaftlichkeitsziel des Produkts wird nicht in die Planung des Produktkostenziels einbezogen, das Anforderungsniveau ist damit nicht zielorientiert, d. h., das Wirtschaftlichkeitsziel des Produkts wird nicht zwingend erreicht. ■ Die Herleitung aus vermuteten Kostensenkungsmöglichkeiten sichert ein realisierbares, aber kein herausforderndes Anforderungsniveau. ■ Die Bottom-up-Vorgehensweise sichert die Partizipation von Mitarbeitern der Entwicklungsteams und schafft Zielbindung.
Wettbewerber-orientierter Ansatz	■ Das Wirtschaftlichkeitsziel des Produkts wird nicht in die Planung einbezogen, das Anforderungsniveau ist damit nicht zielorientiert, d. h., das Wirtschaftlichkeitsziel des Produkts wird nicht zwingend erreicht. ■ Die Planung auf der Grundlage einer Analyse von Produkten der Wettbewerber sichert ein realisierbares, aber kein herausforderndes Anforderungsniveau. ■ Bei Einbeziehung von Mitarbeitern der Entwicklungsteams in die Analyse der Produkte von Wettbewerbern liegt eine Bottom-up-Vorgehensweise vor. Das Not-invented-here-Syndrom kann einer Zielbindung entgegenstehen.
Verhandlungs-orientierter Ansatz	■ Das Wirtschaftlichkeitsziel des Produkts wird durch den Produktmanager in die Verhandlungen eingebracht, d. h. das Wirtschaftlichkeitsziel des Produkts kann erreicht werden. ■ Die Projekt- und die Entwicklungsteams stellen dem Wirtschaftlichkeitsziel des Produkts identifizierte Kostensenkungsmöglichkeiten gegenüber, d. h., es kann ein realisierbares, aber herausforderndes Anforderungsniveau erreicht werden. ■ Die Mitarbeiter der Entwicklungsteams sind Verhandlungspartner, so dass Zielbindung entstehen kann.

Abb. 5.3: Beurteilung von Ansätzen für die Produktkostenplanung

5.2.1.3 Formen der Produktkostenkontrolle

Die Konstruktion vollzieht sich in einem Prozess, der sich über einen längeren Zeitraum erstreckt. In diesem Prozess nehmen der Präzisierungs- und der Detaillierungsgrad des Produktentwurfs kontinuierlich zu. Damit sinken jedoch auch die Möglichkeiten zur Beeinflussung der Produktkosten und steigen der Zeitbedarf und die Kosten für Änderungen von Entscheidungen über die Produktmerkmale (vgl. Ehrlenspiel/Kiewert/Lindemann (2007), S. 11 f.). Es ist deshalb eine **konstruktionsbegleitende Produktkostensteuerung** erforderlich. Sie ist eine Aufgabe der Produktplanungsverfolgung und besteht aus zwei Phasen

- der konstruktionsbegleitenden Produktkostenkontrolle und
- der konstruktionsbegleitenden Produktkostensicherung.

Die **konstruktionsbegleitende Produktkostenkontrolle** ist eine Planungskontrolle, die als Ergebniskontrolle parallel zum Konstruktionsprozess durchgeführt wird. Sie ermittelt in jeder Phase des Konstruktionsprozesses die erwarteten Abweichungen von den Produktkostenzielen durch den Vergleich der Produktkostenziele mit den Wird-Produktkosten. Die Wird-Produktkosten werden im Kontrollzeitpunkt mit einem Verfahren der konstruktionsbegleitenden Kalkulation oder auf der Basis eines Prototyps ermittelt (vgl. Fisher (1995), S. 56 f.).

Werden Abweichungen von den Produktkostenzielen festgestellt, die vorgegebene Toleranzgrenzen überschreiten, wird die Produktkostenkontrolle um die konstruktionsbegleitende **Produktkostensicherung** erweitert. Sie umfasst die Korrektur des Produktentwurfs, um die festgestellte Abweichung abzubauen. Hierzu werden Entscheidungen über Produktmerkmale revidiert, die in bereits abgeschlossenen Phasen des Konstruktionsprozesses getroffen worden sind. Als Instrument zur Erarbeitung wertsteigernder Gestaltungsalternativen eignet sich die Wertgestaltung.

Entscheidungen zur Umsetzung einer produktbezogenen Funktion oder zur Gestaltung einer Komponente können sich auf die Produktkosten anderer Funktionen oder Komponenten des Produkts auswirken. Eine Kontrolle der derivativen Produktkostenziele reicht deshalb nicht aus. Es ist notwendig, in jeder Phase des Konstruktionsprozesses auch das **originäre Produktkostenziel** zu kontrollieren. Es kann dadurch sichergestellt werden, dass die Wirkungen einer Entscheidung auf die Produktkosten anderer Funktionen oder Komponenten des Produkts erkannt werden, die Abweichungen vom originären Produktkostenziel verursachen. Abb. 5.4 zeigt die Phasen im Prozess der Produktkostenplanung und -steuerung.

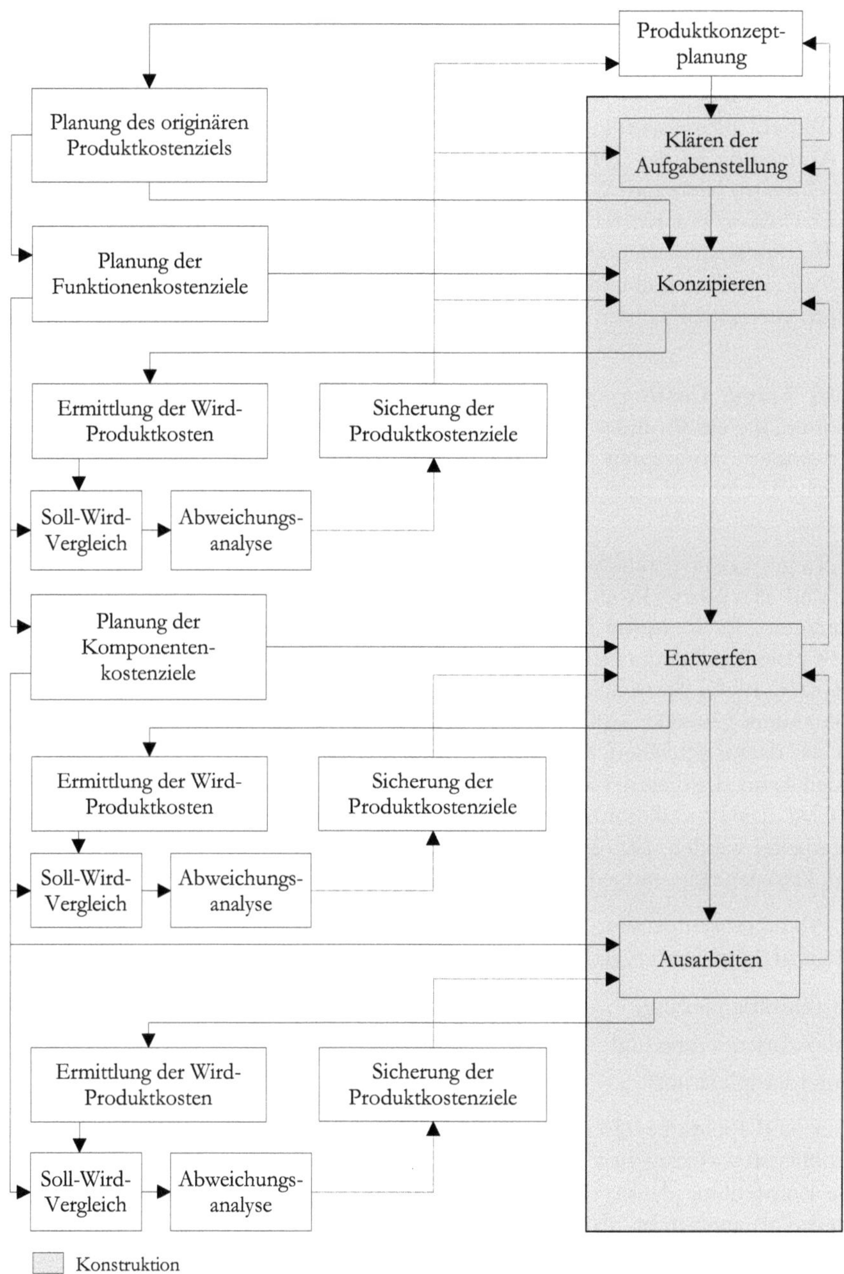

Abb. 5.4: Prozess der Produktkostenplanung und -steuerung

5.2.2 Target Costing zur Planung von Produktkostenzielen

5.2.2.1 Abgrenzung des Target Costing

Das Target Costing wird in der Literatur unterschiedlich weit definiert. Nach der engsten Auffassung ist das Target Costing ein Bündel von Instrumenten und Methoden (vgl. Horváth/Niemand/Wolbold (1993), S. 4). In weiten Definitionen wird unter dem Target Costing ein Kostensenkungsprogramm verstanden, dem sowohl die Planung von Produktkostenzielen als auch ihre Realisation zugeordnet sind (vgl. z. B. Monden (1999), S. 11). Hier soll unter Target Costing ein **Kostenplanungs- und -steuerungssystem** verstanden werden (vgl. z. B. auch Freidank/Zaeh (1997), S. 235).

> Das **Target Costing** ist ein System zur Planung und Steuerung der Produktkosten, die ein Produkt mit genau spezifizierter Funktionalität und Qualität beim erwarteten Absatzpreis verursachen darf, wenn sein Wirtschaftlichkeitsziel erreicht werden soll, um sie Entwicklungsteams vorzugeben.

Das Target Costing transformiert das Wirtschaftlichkeitsziel des Produkts in operationale und akzeptierte Produktkostenziele für die Entwicklungsteams und ausgewählte Lieferanten. Es ist **keine Entscheidungsrechnung** zur Beurteilung der Vorteilhaftigkeit eines Produktentwicklungsprojekts. Seine Produktkostenziele dienen auch nicht als Kriterium für Entscheidungen über den Abbruch eines Produktentwicklungsprojekts (anders Chwolka (2003), S. 135). Werden die Produktkostenziele nicht erreicht, lässt das darauf schließen, dass das Wirtschaftlichkeitsziel des Produkts nicht realisiert werden kann. In diesen Fällen sollte das Projekt nicht sofort abgebrochen, sondern zunächst das Produktkonzept und der Produktentwurf grundlegend überdacht und überarbeitet werden. Das Target Costing hat damit zwar eine Indikatorfunktion, seine Produktkostenziele sind jedoch kein Entscheidungskriterium.

Die Produktkostenplanung nach dem Target Costing lässt sich durch folgende **Merkmale** charakterisieren (vgl. Fessler/Fisher (2000), S. 33):

- Erfolgsorientierung,
- Marktorientierung und
- Interdisziplinarität.

In der VDI-Richtlinie 2235 findet sich die Empfehlung, der Konstruktion die idealen Herstellkosten vorzugeben, das sind 70 % des durchsetzbaren Preises. Begründet wird diese Empfehlung damit, dass „die Kosten im Verlauf der Entwicklung meist höher ausfallen als angestrebt" (VDI Verein Deutscher Ingenieure (1987), S. 17). Der Erfolg des Produkts wird als Restgröße verstanden, deren Höhe von der Fähigkeit der Konstrukteure abhängt, kostengünstige Gestaltungsalternativen zu generieren. Beim Target Costing ist der **Erfolg** des Produkts keine Restgröße, sondern wird aus dem Wirtschaftlichkeitsziel des Produkts hergeleitet und dem Produktmanager vorgegeben (vgl. Fisher (1995), S. 51 f.; Monden (1999), S. 43 ff.). Unter der **Marktorientierung** wird verstanden, dass die Produktkostenziele für den Preis geplant werden, den der Kunde für ein Produkt mit der im Produktkonzept definierten Funktionalität und Qualität zu zahlen bereit ist. Mit der **Interdisziplinarität** wird zum Ausdruck gebracht, dass die Planung und Realisation der Produktkostenziele die Zusammenarbeit der betroffenen

Produktions- und Entwicklungsabteilungen, des Einkaufs, des Marketing und des Controlling erfordert (vgl. Sakurai (1997), S. 54 ff.).

Seine **Vorteile** entfaltet das Target Costing in der montierenden Industrie (mehrteilige Stückgüter) bei der Gestaltung komplexer Produkte mit längeren Entwicklungszeiten und Marktphasen. Breite Verwendung findet dieser Ansatz im Fahrzeugbau, in der Elektroindustrie, im Maschinenbau und im Präzisionsmaschinenbau (vgl. Tani/Kato (1994), S. 196 f.).

5.2.2.2 Planung des originären Produktkostenziels

Das originäre Produktkostenziel wird vom Projektteam geplant. Die Entscheidung über das originäre Produktkostenziel wird von der Unternehmungsleitung nach intensiver Diskussion in Übereinstimmung mit allen Mitgliedern des Projektteams getroffen. Nur in den Fällen, in denen keine Einigkeit erreicht werden kann, entscheidet die Unternehmungsleitung allein über das originäre Produktkostenziel (vgl. Yoshikawa/Innes/Mitchell/Tanaka (1993), S. 47). Hier folgt das Target Costing dem verhandlungsorientierten Ansatz. Die Grenzen des Verhandlungsspielraums werden zuvor nach dem markt- und dem unternehmungsorientierten Ansatz bestimmt. Aus der Kombination dieser drei Ansätze folgt ein **Prozess zur Planung des originären Produktkostenziels**, der die folgenden vier Schritte umfasst (vgl. Sakurai (1989), S. 42; Yoshikawa/Innes/Mitchell/Tanaka (1993), S. 46 f.; Cooper (2002), S. 6 f.):

- 1. Schritt: Ermitteln der zulässigen Produktkosten
- 2. Schritt: Ableiten der geschätzten Produktkosten
- 3. Schritt: Beurteilen des Kostensenkungsbedarfs
- 4. Schritt: Bestimmen des Produktkostenziels

[1] Ermitteln der zulässigen Produktkosten

Die **zulässigen Produktkosten** (allowable cost) definieren das Niveau der Produktkosten, das bei dem erwarteten Absatzpreis und der erwarteten Absatzmenge des im Produktkonzept definierten Produkts zum angestrebten Erfolg führt (vgl. Cooper (2002), S. 12).

Als mögliche Inhalte des **Erfolgsziels** werden diskutiert (vgl. Homburg/Weiß (2002), S. 227 f.):

- die Umsatzrentabilität,
- die Kapitalrentabilität und
- der Unternehmungswert (z. B. Shareholder Value, Economic Value Added).

In japanischen Unternehmungen wird als Erfolgsgröße die **Umsatzrentabilität** der Kapitalrentabilität vorgezogen. Die Umsatzrentabilität besitzt den Vorteil, dass der geplante Stückerfolg des Produkts unmittelbar aus dem Absatzpreis ermittelt werden kann. Es ist anders als bei der Kapitalrentabilität nicht erforderlich, das für die Produktion des Produkts einzusetzende Kapital zu ermitteln, was insbesondere bei Mehrproduktfertigung Schwierigkeiten bereitet (vgl. Sakurai (1991), S. 62 ff.). Die **Kapital-**

rentabilität, wie z. B. der Return on Investment (ROI), wird neben der Umsatzrentabilität auch von der Häufigkeit des Kapitalumschlags determiniert:

$$\mathrm{ROI} = \frac{G}{K} = \frac{G}{U} \cdot \frac{U}{K},$$

mit G = Gewinn, K = Kapitaleinsatz, U = Umsatz.

Wird eine bestimmte Verzinsung des eingesetzten Kapitals angestrebt, ist neben der Umsatzrentabilität auch eine **Häufigkeit des Kapitalumschlags** vorzugeben. Erhöht werden kann die Häufigkeit des Kapitalumschlags durch die Verringerung des Anlagevermögens, des Forderungsbestands, des Bestands an liquiden Mitteln oder der Lagerbestände. Diese Größen werden nicht durch Entscheidungen über Produktmerkmale determiniert. Die Gestaltung der Häufigkeit des Kapitalumschlags muss deshalb Aufgabe anderer Teilbereiche des Kostenmanagements sein. In japanischen Unternehmungen wird die Erhöhung der Häufigkeit des Kapitalumschlags vor allem über Just-in-time-Maßnahmen im Beschaffungs- und Produktionsbereich zur Reduzierung der Bestände an Vorräten sowie fertigen und unfertigen Erzeugnissen erreicht (vgl. Sakurai (1991), S. 64). Wird eine bestimmte Kapitalrentabilität angestrebt, kann deshalb die Umsatzrentabilität zur Berechnung der zulässigen Kosten herangezogen werden, wenn die Häufigkeit des Kapitalumschlags, die zur Erreichung der angestrebten Verzinsung des eingesetzten Kapitals erreicht werden muss, durch andere Teilbereiche des Kostenmanagements sichergestellt wird (vgl. Coenenberg/Fischer/Günther (2016), S. 594). Wird ein **Unternehmungswertziel** verfolgt, ist eine mehrperiodige Planung erforderlich, die bei der Bestimmung der zulässigen Produktkosten die Kapitalkosten explizit berücksichtigt (vgl. Weiß (2006), S. 3, 164 ff.).

Hat das Erfolgsziel die Umsatzrentabilität zum Inhalt, wird zur Berechnung der **zulässigen Produktkosten** zunächst die Differenz zwischen dem erwarteten Absatzpreis und dem Stückerfolg berechnet, den das Produkt zur Erreichung der vorgegebenen Umsatzrentabilität erbringen muss (vgl. z. B. Sakurai (1989), S. 42). Diese Differenz wird anschließend um den Beitrag korrigiert, den das geplante Produkt zur Deckung der Unternehmungskosten leisten soll, die über die Produktkosten des geplanten Produktionsprogramms hinausgehen (vgl. Coenenberg/Fischer/Günther (2016), S. 579 f.).

$$K^z = p \cdot (1 - r) - db,$$

wobei K^z = zulässige Produktkosten,
p = erwarteter Absatzpreis des Produkts,
r = angestrebte Umsatzrentabilität,
db = geplanter Beitrag des Produkts zur Deckung der sonstigen Kosten.

Als originäres Produktkostenziel sind die zulässigen Produktkosten aus zwei Gründen **nicht geeignet** (vgl. Cooper (2002), S. 6). Zum einen sind sie ausschließlich durch die Erwartungen der Kunden und das Erfolgsziel determiniert und nicht mit den Bedingungen in der Unternehmung und bei den Lieferanten abgestimmt. Die zulässigen Kosten können sich deshalb als nicht erreichbar erweisen (vgl. Yoshikawa/Innes/Mitchell/Tanaka (1993), S. 42). Zum anderen ist der marktorientierte Ansatz, nach dem die zulässigen Produktkosten ermittelt werden, durch ein reines Top-down-Vorgehen gekennzeichnet. Das kann sich ungünstig auf die Akzeptanz der Produktkostenziele und das Arbeitsverhalten der Mitarbeiter in den Entwicklungsteams auswirken (vgl. Yoshikawa/Innes/Mitchell/Tanaka (1993), S. 47).

[2] Ableiten der geschätzten Produktkosten

Die **geschätzten Produktkosten** (drifting cost) markieren das Niveau der Produktkosten, die bei Produktion des im Produktkonzept definierten Produkts unter den in der Unternehmung und bei dem Lieferanten aktuell vorliegenden Bedingungen bei Verwendung bekannter Baugruppen und Bauteile anfallen würden (vgl. Yoshikawa/Innes/Mitchell/Tanaka (1993), S. 44 ff.).

Grundlage für die **Ermittlung der geschätzten Produktkosten** ist das Vorgängerprodukt. Für dieses Produkt werden im ersten Teilschritt die tatsächlichen Produktkosten ermittelt. Im zweiten Teilschritt werden die Unterschiede zwischen den Funktionen des Produkts und des Vorgängerprodukts festgestellt. Anschließend werden

- die Änderungen der Produktkosten jeder einzelnen Funktion, die durch abweichende Spezifikationen im Produktkonzept verursacht werden, sowie
- die Produktkosten neu hinzukommender Funktionen

geschätzt. Geschätzt werden diese Produktkostenänderungen gegenüber dem Vorgängerprodukt durch die Auswertung der Produktkosten von Produkten im Marktzyklus mit möglichst ähnlichen Produktfunktionen. Dabei wird unterstellt, dass keine wertsteigernden Modifikationen vorgenommen werden, d. h. die Baugruppen und -teile des Vorgängerprodukts und der anderen ähnlichen Produkte unverändert übernommen werden. Die geschätzten Produktkosten werden im letzten Teilschritt berechnet, indem zu den tatsächlichen Produktkosten des Vorgängerprodukts die geschätzten Produktkostenänderungen addiert werden (vgl. Tanaka (1993), S. F1-4; Cooper/Slagmulder (1997), S. 109). Für die Schätzung der Produktkostenänderungen bei den Produktfunktionen können Methoden der konstruktionsbegleitenden Kalkulation verwendet werden (vgl. Abschnitt 5.3.3).

Die Vorgabe der geschätzten Produktkosten als Produktkostenziele würde zwei **Vorteile** aufweisen. Zum einen wäre die Realisierbarkeit der Vorgabe gesichert, da es sich lediglich um eine Fortschreibung der Produktkosten des Vorgängerprodukts bei unveränderten Baugruppen und -teilen handelt. Zum anderen würde sich das Produktkostenziel zumindest nicht ungünstig auf das Arbeitsverhalten der Mitarbeiter in den Entwicklungsteams auswirken, da sie das Ergebnis einer Bottom-up-Planung ist. Als Produktkostenziel eignen sich die geschätzten Produktkosten dennoch nicht. Da bei der Berechnung der geschätzten Produktkosten die Marktbedingungen nicht berücksichtigt werden, führen sie nicht zu dem geplanten Produkterfolg; unter Umständen lassen sie keine wettbewerbsfähigen Preise zu (vgl. Sakurai (1989), S. 43; Yoshikawa/Innes/Mitchell/Tanaka (1993), S. 42).

[3] Beurteilen des Kostensenkungsbedarfs

Die Differenz zwischen den geschätzten und den zulässigen Produktkosten bestimmt den **Kostensenkungsbedarf des Produkts**, der aus der Sicht des Kunden realisiert werden sollte:

$$\Delta K^{b} = K^{g} - K^{z},$$

wobei ΔK^{b} = Kostensenkungsbedarf des Produkts,
K^{g} = geschätzte Produktkosten.

Da der Kostensenkungsbedarf marktorientiert, d. h. ohne Kenntnis vorhandener Kostensenkungspotentiale ermittelt wird, kann er die aus der Sicht des Herstellers realisierbare Kostensenkung übersteigen. In diesem dritten Schritt der Planung des originären Produktkostenziels müssen deshalb die aus der Sicht des Herstellers **minimalen Produktkosten** ermittelt werden. Festgelegt werden sie in Verhandlungen zwischen dem Produktmanager und dem Projektteam (in Anlehnung an Cooper/Slagmulder (2002a), S. 7). Grundlage dieser Verhandlungen sind ein Plan der durchzuführenden Wertanalyse-Projekte, der durch das Projektteam erarbeitet wird, die Ergebnisse der Wertanalysen bei der Gestaltung von Vorgängerprodukten, eine Beurteilung der technischen Schwierigkeiten der Konstruktion sowie die Auswertung von Produkten der Wettbewerber. Die ausgehandelten minimalen Produktkosten sollten von allen Beteiligten akzeptiert werden und ein Niveau aufweisen, das erreichbar ist, jedoch nur unter erheblichen Anstrengungen aller Beteiligten (vgl. Yoshikawa/Innes/Mitchell/Tanaka (1993), S. 46 f.; Cooper/Slagmulder (2002a), S. 7).

Die aus der Sicht des Herstellers **realisierbare Kostensenkung** kann durch Subtraktion der minimalen von den geschätzten Produktkosten ermittelt werden:

$$\Delta K^{r} = K^{g} - K^{m},$$

wobei ΔK^{r} = realisierbare Kostensenkung des geplanten Produkts,
K^{m} = minimale Produktkosten des geplanten Produkts.

[4] Bestimmen des originären Produktkostenziels

Das vorzugebende Niveau der Produktkosten hängt davon ab, ob die realisierbare Kostensenkung ausreicht, den Kostensenkungsbedarf zu decken. Danach werden die folgenden beiden Fälle unterschieden:

1. Fall: Der Kostensenkungsbedarf übersteigt die realisierbare Kostensenkung

Die minimalen Produktkosten sind höher als die zulässigen. Die zulässigen Produktkosten können damit nicht erreicht werden. Als **originäres Produktkostenziel** werden die minimalen Produktkosten herangezogen.

Die Abweichung zwischen dem originären Produktkostenziel und den zulässigen Produktkosten, d. h. der nicht realisierbare Teil des Kostensenkungsbedarfs, ist der **strategische Kostensenkungsbedarf** (vgl. Abb. 5.5).

Ein strategischer Kostensenkungsbedarf gefährdet die Erreichung der langfristigen Unternehmungsziele und die Wettbewerbsposition. Durch den Ausweis des strategischen Kostensenkungsbedarfs wird Druck auf die Projekt- und Entwicklungsteams der **nächsten Produktgeneration** erzeugt, intensiver und aggressiver nach Möglichkeiten zur Senkung der Produktkosten zu suchen (vgl. Cooper/Slagmulder (2002a), S. 7 f.).

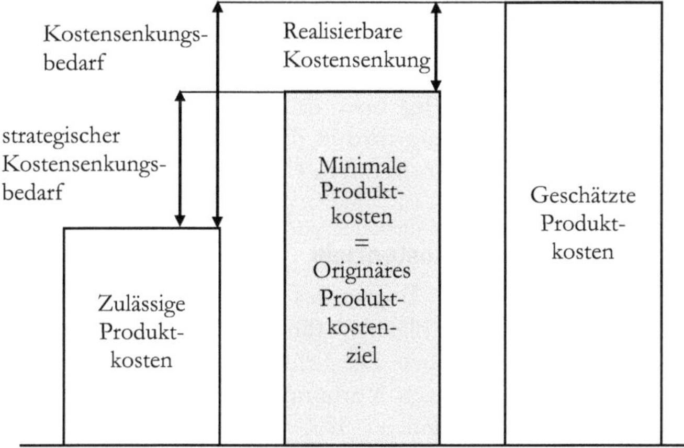

Abb. 5.5: Originäres Produktkostenziel bei nicht realisierbaren zulässigen Produktkosten

2. Fall: Die realisierbare Kostensenkung ist höher als der Kostensenkungsbedarf

Die minimalen Produktkosten liegen unter den zulässigen. Der Teil der realisierbaren Kostensenkung, der den Kostensenkungsbedarf übersteigt, kann verwendet werden, um das Produkt wettbewerbsfähig zu machen, indem z. B. der geplante Absatzpreis gesenkt oder die Funktionalität und Qualität verbessert werden (vgl. Cooper/Slagmulder (1997), S. 110 f.). Um die Entwicklungszeiten zu verkürzen, die Entwicklungskosten zu reduzieren oder um im Entwicklungsbereich Kapazitäten für andere Projekte zu schaffen, kann auch darauf verzichtet werden, die gesamte realisierbare Kostensenkung auszuschöpfen. Das **originäre Produktkostenziel** wird durch die Entscheidung der Unternehmungsleitung über die Verwendung des Teils der realisierbaren Kostensenkung bestimmt, der über den Kostensenkungsbedarf hinausgeht. Den Projekt- und Entwicklungsteams können damit die minimalen Produktkosten oder ein Wert aus dem Intervall zwischen den minimalen und den zulässigen Produktkosten vorgegeben werden (vgl. Abb. 5.6).

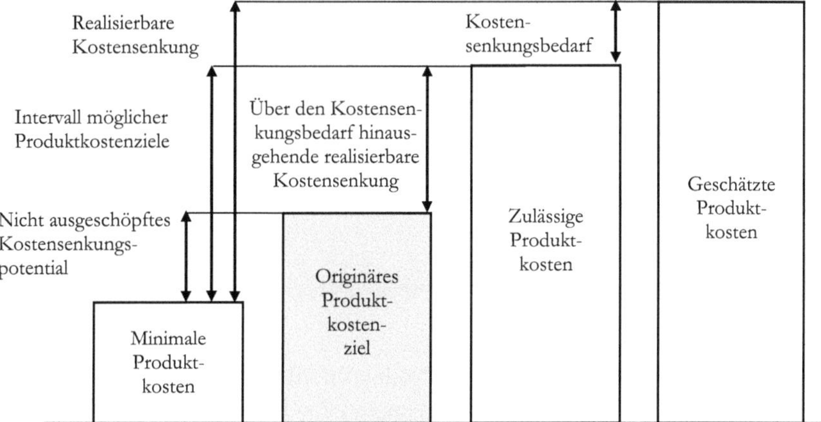

Abb. 5.6: Originäres Produktkostenziel bei realisierbaren zulässigen Produktkosten

Die geschätzten Produktkosten und die realisierbare Kostensenkung unterliegen insbesondere bei Projekten mit langer Entwicklungsdauer großen Unsicherheiten. Aus diesem Grund wird bei derartigen Projekten am Ende dieser ersten Phase im Prozess der Produktkostenplanung **nicht endgültig** über das originäre Produktkostenziel **entschieden.** Die endgültige Entscheidung wird in diesen Fällen erst nach der Planung der derivativen Produktkostenziele getroffen (vgl. Cooper (1998), S. 166).

5.2.2.3 Planung der Funktionenkostenziele

Die Funktionenkostenziele werden zu Beginn des Konstruktionsprozesses durch das Projektteam geplant. Sie werden anschließend für das Konzipieren des im Produktkonzept definierten Produkts vorgegeben. Die Entscheidung über die Funktionenkostenziele trifft der Produktmanager nach **Verhandlungen** mit dem Projektteam im Konsens mit allen Beteiligten (vgl. Monden (1999), S. 141).

Die Produktkosten enthalten Bestandteile, die ausschließlich durch das gesamte Produkt und nicht durch einzelne Funktionen oder Komponenten verursacht werden, z. B. die Montagekosten und die indirekten Fertigungskosten. Für diese Bestandteile der Produktkosten werden eigene Ziele geplant. Durch Subtraktion dieser Kostenziele ergeben sich die **bereinigten Produktkosten.** Bei der Planung der Funktionenkostenziele werden nur die bereinigten Produktkosten auf die produktbezogenen Funktionen verteilt (vgl. Cooper/Slagmulder (1997), S. 148).

Die Planung der Funktionenkostenziele vollzieht sich analog zur Planung der originären Produktkostenziele in den folgenden **vier Schritten** (in Anlehnung an Monden (1999), S. 137 ff.):

- Schritt 1: Bestimmen der zulässigen Funktionenkosten
- Schritt 2: Ermitteln der geschätzten Funktionenkosten
- Schritt 3: Beurteilen des Kostensenkungsbedarfs
- Schritt 4: Festlegen der Funktionenkostenziele

[1] Bestimmen der zulässigen Funktionenkosten

> Die **zulässigen Funktionenkosten** markieren das Niveau der Produktkosten einer Funktion, das zur Realisation des bereinigten originären Produktkostenziels aus der Sicht der Kunden erreicht werden muss.

Ermittelt werden können die zulässige Funktionenkosten durch

- die unternehmungsbezogene,
- die wettbewerberbezogene oder
- die marktbezogene Verrechnung

der bereinigten Produktkosten auf die Produktfunktionen. Bei der **unternehmungsbezogenen** Verrechnung werden die bereinigten Produktkosten nach den Anteilen der Funktionenkosten an den bereinigten Produktkosten des Vorgängerprodukts verrechnet. Damit wird die Kostenstruktur des Vorgängerprodukts auf das Produkt übertragen und die angestrebte Kostensenkung gleichmäßig auf die Produktfunktionen verteilt (vgl. Fröhling (1994b), S. 422). Die **wettbewerberbezogene** Verrechnung bezieht mögliche Kostensenkungspotentiale in die Planung ein, indem sie die Kostenstruktur eines ähnlichen Produkts des stärksten Wettbewerbers auf das Produkt überträgt. Bei der **marktbezogenen** Verrechnung werden die bereinigten Produktkosten proportional zur relativen Bedeutung der Produktfunktionen für die Kunden verrechnet. Die zulässigen Funktionenkosten einer Produktfunktion sind damit umso höher, je höher die relative Bedeutung dieser Produktfunktion für den Kunden ist. Als Verrechnungsgrößen werden bei diesem Ansatz die Funktionengewichte herangezogen.

Im **Target Costing** werden die bereinigten Produktkosten marktbezogen verrechnet (vgl. Tanaka (1989), S. 60), d. h. die Bestimmungsgleichung der zulässigen Funktionenkosten lautet wie folgt:

$$K_{Fn}^{z} = g_{Fn} \cdot K^{sb} \quad \text{für } n = 1, ..., N,$$

wobei K_{Fn}^{z} = zulässige Funktionenkosten der Funktion n,

g_{Fn} = Funktionengewicht der Funktion n,

K^{sb} = bereinigte Produktkosten.

Beispiel 5.1: Berechnung der zulässigen Funktionenkosten

Die bereinigten Produktkosten einer Kaffeemaschine betragen 32,80 €. Die nachfolgende Tabelle zeigt die **Funktionengewichte** der Produktfunktionen dieser Kaffeemaschine.

Produktfunktion	Funktionengewicht
Wasser speichern	0,05
Energie umwandeln	0,06
Kaffeemehl speichern	0,1
Heißes Wasser zuführen	0,1
Kaffee ableiten	0,03

Produktfunktion	Funktionengewicht
Kaffee speichern	0,1
Kaffeesatz zurückhalten	0,06
Kaffeemehl verschließen	0,1
Kaffee verschließen	0,1
Wärme speichern	0,3

Für die **zulässigen Funktionenkosten** der zehn Funktionen ergeben sich damit die folgenden Werte:

$K_{F1}^{z} = 32{,}80\text{ €} \cdot 0{,}05 = 1{,}64\text{ €}$

$K_{F2}^{z} = 32{,}80\text{ €} \cdot 0{,}06 = 1{,}968\text{ €}$

$K_{F3}^{z} = 32{,}80\text{ €} \cdot 0{,}1 = 3{,}28\text{ €}$

$K_{F4}^{z} = 32{,}80\text{ €} \cdot 0{,}1 = 3{,}28\text{ €}$

$K_{F5}^{z} = 32{,}80\text{ €} \cdot 0{,}03 = 0{,}984\text{ €}$

$K_{F6}^{z} = 32{,}80\text{ €} \cdot 0{,}1 = 3{,}28\text{ €}$

$K_{F7}^{z} = 32{,}80\text{ €} \cdot 0{,}06 = 1{,}968\text{ €}$

$K_{F8}^{z} = 32{,}80\text{ €} \cdot 0{,}1 = 3{,}28\text{ €}$

$K_{F9}^{z} = 32{,}80\text{ €} \cdot 0{,}1 = 3{,}28\text{ €}$

$K_{F10}^{z} = 32{,}80\text{ €} \cdot 0{,}3 = 9{,}84\text{ €}$

Die **Funktionengewichte** geben die relative Bedeutung oder den Nutzenanteil der produktbezogenen Funktionen aus der Sicht der Kunden wieder.

In der deutschsprachigen Literatur wird vorgeschlagen, die Funktionengewichte durch eine Kundenbefragung unter Einsatz der Conjoint-Analyse zu bestimmen (vgl. Horváth/Seidenschwarz (1992), S. 145). In japanischen Unternehmungen werden die Funktionengewichte dagegen ermittelt, indem das Projektteam die relative Bedeutung jeder Funktion in dem Bündel der Funktionen des im Produktkonzept definierten Produkts beurteilt. In dieser Phase der Produktplanung handelt es sich nicht um die kundenbezogenen, sondern um die produktbezogenen Funktionen, die durch den Kunden nicht beurteilt werden können. Die Festlegung der Funktionengewichte durch das Projektteam ist deshalb einer Conjoint-Analyse vorzuziehen. Zur **Bestimmung der Funktionengewichte** können

- eine Form der Delphi-Methode oder
- die DARE-Methode (Decision Alternative Ratio Evaluation)

eingesetzt werden. Bei der **Delphi-Methode** beurteilt jedes einzelne Mitglied des Projektteams die relative Bedeutung jeder einzelnen Produktfunktion aus der Sicht des Kunden, indem es den Produktfunktionen Punktwerte zuordnet. Das Projektteam vergleicht anschließend diese Bewertungen und diskutiert die Kriterien, die den Bewertungen der einzelnen Teammitglieder zugrunde gelegt worden sind. Anschließend werden die Produktfunktionen nochmals durch die Mitglieder des Projektteams beurteilt. Auf der Basis der Bewertungsergebnisse wird durch das Projektteam eine gemeinsame Beurteilung der relativen Bedeutung der einzelnen Produktfunktionen erarbeitet. Um die Funktionengewichte zu ermitteln, wird für jede Produktfunktion der Punktwert, der ihr zugeordnet worden ist, durch die Summe der Punktwerte dividiert. Die **DARE-Methode** sieht einen paarweisen Vergleich der Produktfunktionen hinsichtlich ihrer Bedeutung aus der Sicht der Kunden durch das Projektteam vor (vgl. Monden (1999), S. 145 ff.). Darüber hinaus ist das Quality Function Deployment eine Methode zur Herleitung der Funktionengewichte aus den Gewichten für die relative Bedeutung der kundenbezogenen Funktionen, die durch Kundenbefragungen (z. B. Conjoint Analyse) gewonnen werden können.

Beispiel 5.2: Ermitteln der Funktionengewichte

Ein geplantes Produkt weist die fünf Produktfunktionen A - E auf. Die **Delphi-Methode** hat zu der folgenden gemeinsamen Beurteilung der Produktfunktionen durch das Projektteam geführt:

Funktion	A	B	C	D	E	Σ
Punktwerte	12	8	6	9	5	40

Damit ergeben sich die folgenden Funktionengewichte:

$$g_A = \frac{12}{40} = 0{,}3;\ g_B = \frac{8}{40} = 0{,}2;\ g_C = \frac{6}{40} = 0{,}15;$$
$$g_D = \frac{9}{40} = 0{,}225;\ g_E = \frac{5}{40} = 0{,}125$$

Bei Anwendung der **DARE-Methode** hat der paarweise Vergleich folgende Bewertungen für die relative Bedeutung ergeben (vgl. Monden (1999), S. 149 f.):

$A = 2 \cdot B$; $B = 0{,}5 \cdot C$; $C = 1{,}5 \cdot D$ und $D = 3 \cdot E$.

Wird für Funktion E ein Punktwert von 1 angenommen, ergeben sich für die anderen Funktionen folgende Punktwerte: $D = 3 \cdot 1 = 3$; $C = 1{,}5 \cdot 3 = 4{,}5$; $B = 0{,}5 \cdot 4{,}5 = 2{,}25$ und $A = 2 \cdot 2{,}25 = 4{,}5$. Die Summe der Punktwerte ist $(1 + 3 + 4{,}5 + 2{,}25 + 4{,}5)$ 15,25. Als Funktionengewichte ergeben sich damit:

$$g_A=\frac{4,5}{15,25}=0,295;\ g_B=\frac{2,25}{15,25}=0,148;\ g_C=\frac{4,5}{15,25}=0,295;$$

$$g_D=\frac{3}{15,25}=0,197;\ g_E=\frac{1}{15,25}=0,07.$$

[2] Ermitteln der geschätzten Funktionenkosten

Die **geschätzten Funktionenkosten** geben das Niveau der Produktkosten einer Funktion wieder, die bei Produktion des Produkts unter den aktuellen Bedingungen und Verwendung bekannter Baugruppen und Bauteile anfallen würden.

Sie sind bereits bei der Ableitung der geschätzten Produktkosten für die Planung des originären Produktkostenziels ermittelt worden.

[3] Beurteilen des Kostensenkungsbedarfs

Aus der Gegenüberstellung der zulässigen und der geschätzten Funktionenkosten ergibt sich der **Kostensenkungsbedarf** für die Produktfunktion aus der Sicht des Kunden:

$$\Delta K_{Fn} = K^{g}_{Fn} - K^{z}_{Fn} \quad \text{für } n = 1, ..., N,$$

wobei ΔK_{Fn} = Kostensenkungsbedarf bei der Produktfunktion n,

K^{g}_{Fn} = geschätzte Funktionenkosten der Produktfunktion n.

Der Kostensenkungsbedarf kann sich als nicht realisierbar erweisen, da die zulässigen Funktionenkosten aus der Sicht der Kunden ohne Berücksichtigung technischer Restriktionen, geltender Sicherheitsbestimmungen und sonstiger Vorschriften bestimmt werden (vgl. Yoshikawa/Innes/Mitchell/Tanaka (1993), S. 51 f.). In diesem dritten Schritt muss deshalb die **Realisierbarkeit** des Kostensenkungsbedarfs jeder Produktfunktion beurteilt werden. Hierzu werden für jede Produktfunktion zunächst die minimalen Funktionenkosten ermittelt (vgl. Monden (1999), S. 138).

Die **minimalen Funktionenkosten** markieren das niedrigste Niveau der Produktkosten dieser Produktfunktion, das aus Herstellersicht realisierbar ist.

Die minimalen Funktionenkosten werden durch **Verhandlungen** im Projektteam festgelegt. Grundlagen dieser Verhandlungen sind (vgl. Seidenschwarz (1993), S. 219 ff.; Monden (1999), S. 139 f.)

- die Auswertung der Vorschläge zu Wertanalyse-Projekten, die von den Entwicklungsteams erarbeitet und eingebracht werden,
- die Analyse der Produkte von Wettbewerbern, welche die höchsten Marktanteile aufweisen oder einzelne Funktionen in herausragender Weise erfüllen,
- die bei Vorgängerprodukten erzielten Kostensenkungsraten sowie

- die Bewertung der technischen Schwierigkeiten bei der Umsetzung der geplanten Produktfunktionen und der Wertsteigerungsvorschläge.

Die Verhandlungen enden, wenn die minimalen Funktionenkosten von allen Beteiligten als realisierbar akzeptiert werden. Aus den minimalen und den geschätzten Funktionenkosten kann die realisierbare Kostensenkung ermittelt werden.

Die **realisierbare Kostensenkung** ist die aus der Sicht des Herstellers maximal erreichbare Senkung der Produktkosten einer Produktfunktion. Sie ist definiert als Differenz der geschätzten und minimalen Funktionenkosten:

$$\Delta K^{r}_{Fn} = K^{g}_{Fn} - K^{m}_{Fn} \quad \text{für } n = 1, ..., N,$$

wobei ΔK^{r}_{Fn} = realisierbare Kostensenkung bei der Funktion n,

K^{m}_{Fn} = minimale Funktionenkosten der Funktion n.

[4] Bestimmen der Funktionenkostenziele

Welches Niveau der Produktkosten einer Produktfunktion vorgegeben wird, hängt von der Relation zwischen den zulässigen, den geschätzten und den minimalen Funktionenkosten ab. Es müssen folgende Fälle unterschieden werden:

1. Fall: Der Kostensenkungsbedarf übersteigt die realisierbare Kostensenkung

Für jede Produktfunktion, deren Kostensenkungsbedarf die realisierbare Kostensenkung überschreitet, liegen die zulässigen unter den minimalen Funktionenkosten, d. h. die zulässigen Funktionenkosten sind nicht realisierbar. In diesem Fall werden dem Entwicklungsteam die **minimalen Funktionenkosten** als Funktionenkostenziel vorgegeben. Der nicht gedeckte Kostensenkungsbedarf der Produktfunktion in Höhe der Differenz zwischen minimalen und zulässigen Funktionenkosten erhöht den Teil des Kostensenkungsbedarfs des Produkts, der durch andere Produktfunktionen gedeckt werden muss (vgl. Abb. 5.7).

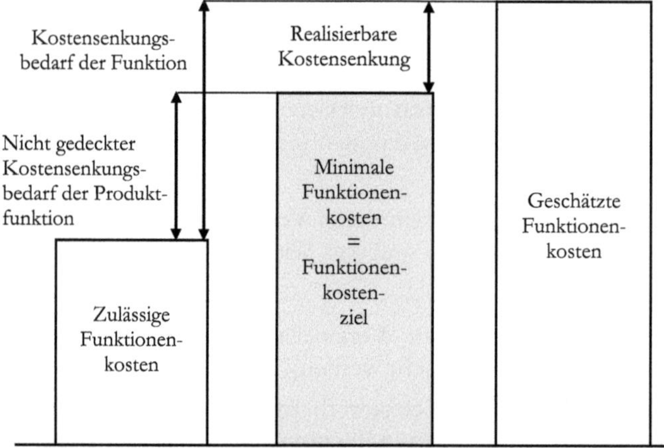

Abb. 5.7: Funktionenkostenziele bei nicht realisierbaren zulässigen Funktionenkosten

2. Fall: Die realisierbare Kostensenkung übersteigt den Kostensenkungsbedarf

Liegen die zulässigen über den minimalen Funktionenkosten, ist eine Kostensenkung erreichbar, die den Kostensenkungsbedarf übersteigt. Bei diesen Produktfunktionen legt der Produktmanager die Funktionenkostenziele unter Berücksichtigung des nicht gedeckten Kostensenkungsbedarfs bei anderen Produktfunktionen fest (vgl. Abb. 5.8). Sind alle Funktionenkostenziele festgelegt, muss ihre Summe mit dem bereinigten Produktkostenziel übereinstimmen.

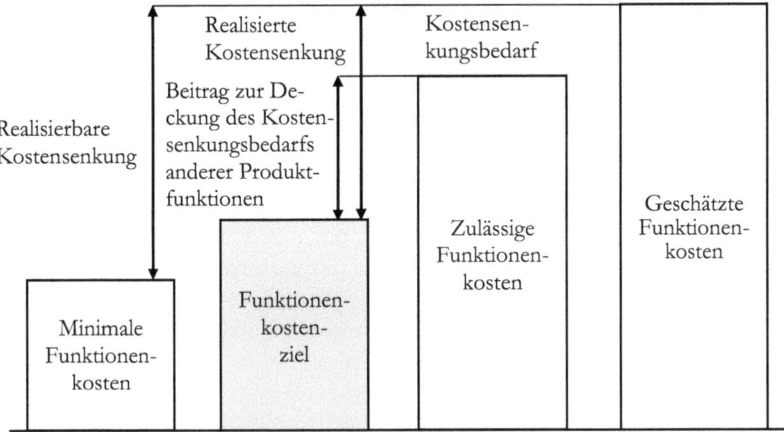

Abb. 5.8: Funktionenkostenziel bei realisierbaren zulässigen Funktionenkosten

5.2.2.4 Planung der Komponentenkostenziele

Die Funktionenkostenziele werden den für das Entwerfen der jeweiligen Produktfunktion zuständigen Entwicklungsteams vorgegeben. Sobald Vorstellungen über die Baustruktur des Produkts entwickelt worden sind, werden die Funktionenkostenziele zunächst in Produktkostenziele für **Baugruppen** (z. B. Autositz) und nach weiterer Detaillierung des Produktentwurfs in Produktkostenziele für **Bauteile** (z. B. Rahmen, Gleitschienen, Verstellmechanismen, Bezüge für den Autositz) gespalten (vgl. Monden (1999), S. 153 f.; Cooper/Slagmulder (2002b), S. 40).

Die Spaltung der Funktionenkostenziele vollzieht sich analog zur Spaltung des originären Produktkostenziels in folgenden **Schritten** (vgl. Monden (1999), S. 159):

- Schritt 1: Bestimmen der zulässigen Komponentenkosten
- Schritt 2: Ermitteln der geschätzten Komponentenkosten
- Schritt 3: Beurteilen des Kostensenkungsbedarfs
- Schritt 4: Bestimmen der Komponentenkostenziele

Im Folgenden werden nur die Abweichungen vom Vorgehen bei der Planung der Funktionenkostenziele erörtert.

[1] Bestimmen der zulässigen Komponentenkosten

Die **zulässigen Komponentenkosten** markieren das Niveau der Produktkosten einer Komponente, das zur Realisation der Funktionenkostenziele und damit aus der Sicht der Kunden erreicht werden muss.

Im **Target Costing** werden die zulässigen Komponentenkosten ermittelt, indem die bereinigten Produktkosten proportional zur relativen Bedeutung der Komponenten für den Kunden auf die Komponenten verrechnet werden.

Das **Komponentengewicht** der Komponente m (m = 1, ..., M) bringt die relative Bedeutung der Komponente für den Kunden zum Ausdruck.

Anders als Produktfunktionen haben Baugruppen und -teile für Kunden keine unmittelbare Bedeutung. Den Komponenten kommt nur eine mittelbare Bedeutung für die Kunden zu, die aus ihrem Beitrag zur Erfüllung der verschiedenen Produktfunktionen resultiert. Um das Komponentengewicht einer Komponente berechnen zu können, müssen die Beiträge bekannt sein, die sie zur Umsetzung jeder einzelnen Produktfunktion leistet, d. h. ihre Komponentenkoeffizienten.

Der **Komponentenkoeffizient** r_{mn} gibt den Anteil der Produktfunktion n (n = 1, ..., N) wieder, der durch Komponente m (m = 1, ..., M) erbracht wird.

Mit den Komponentenkoeffizienten kann das Komponentengewicht h_m einer Komponente m (m = 1, ..., M) als Summe der mit den jeweiligen Funktionengewichten g_n (n = 1, ..., N) multiplizierten Komponentenkoeffizienten berechnet werden:

$$h_m = \sum_{n=1}^{N} r_{mn} \cdot g_n \quad \text{für } m = 1, ..., M.$$

Um die **zulässigen Komponentenkosten** der Komponente m (K_{Tm}^z) aus den bereinigten Produktkosten abzuleiten, wird wie folgt vorgegangen:

$$K_{Tm}^z = h_m \cdot K^{sb} = \sum_{n=1}^{N} r_{mn} \cdot g_n \cdot K^{sb} = \sum_{n=1}^{N} r_{mn} \cdot K_{Fn}^s \quad \text{für } m = 1, ..., M,$$

wobei K_{Fn}^s = Funktionenkostenziel der Produktfunktion n (n = 1, …, N).

Damit wird deutlich, dass die zulässigen Komponentenkosten auch aus den Komponentenkoeffizienten und den Funktionenkostenzielen berechnet werden können.

Beispiel 5.3: Ermitteln der zulässigen Komponentenkosten

Die folgende Tabelle gibt die **Komponentenkoeffizienten** der Kaffeemaschine aus Beispiel 5.1 wieder.

Produktfunktion / Komponente	Wasser speichern	Energie umwandeln	Kaffeemehl speichern	Heißes Wasser zuführen	Kaffee ableiten	Kaffee speichern	Kaffeesatz zurückhalten	Kaffeemehl verschließen	Kaffee verschließen	Wärme speichern
Gehäuse	0,25		0,6	0,2		0,15		0,65	0,25	0,35
Wassertank	0,75									
Heizkörper		1,0								
Steigrohr				0,7				0,25		0,1
Filter			0,4	0,1	1,0		1,0	0,1	0,15	0,1
Thermoskanne						0,85			0,6	0,45

Zusammen mit den Funktionengewichten aus Beispiel 5.1 ergeben sich folgende **Komponentengewichte**:

$$\begin{pmatrix} h_1 \\ h_2 \\ h_3 \\ h_4 \\ h_5 \\ h_6 \end{pmatrix} = \begin{pmatrix} 0,25 & 0 & 0,6 & 0,2 & 0 & 0,15 & 0 & 0,65 & 0,25 & 0,35 \\ 0,75 & 0 & 0 & 0 & 0 & 0 & 0 & 0 & 0 & 0 \\ 0 & 1,0 & 0 & 0 & 0 & 0 & 0 & 0 & 0 & 0 \\ 0 & 0 & 0 & 0,7 & 0 & 0 & 0 & 0,25 & 0 & 0,1 \\ 0 & 0 & 0,4 & 0,1 & 1,0 & 0 & 1,0 & 0,1 & 0,15 & 0,1 \\ 0 & 0 & 0 & 0 & 0 & 0,85 & 0 & 0 & 0,6 & 0,45 \end{pmatrix} \cdot \begin{pmatrix} 0,05 \\ 0,06 \\ 0,1 \\ 0,1 \\ 0,03 \\ 0,1 \\ 0,06 \\ 0,1 \\ 0,1 \\ 0,3 \end{pmatrix} = \begin{pmatrix} 0,3025 \\ 0,0375 \\ 0,06 \\ 0,125 \\ 0,195 \\ 0,28 \end{pmatrix}$$

Aus dem bereinigten Produktkosten in Höhe von 32,80 € ergeben sich damit die folgenden **zulässigen Komponentenkosten**:

$K^z_{T1} = \quad 0{,}3025 \cdot 32{,}80\text{ €} = 9{,}922\text{ €}$

$K^z_{T2} = \quad 0{,}0375 \cdot 32{,}80\text{ €} = 1{,}23\text{ €}$

$K^z_{T3} = \quad 0{,}06 \cdot 32{,}80\text{ €} = 1{,}968\text{ €}$

$K^z_{T4} = \quad 0{,}125 \cdot 32{,}80\text{ €} = 4{,}10\text{ €}$

$K^z_{T5} = \quad 0{,}195 \cdot 32{,}80\text{ €} = 6{,}396\text{ €}$

$K^z_{T6} = \quad 0{,}28 \cdot 32{,}80\text{ €} = 9{,}184\text{ €}$

Werden die Funktionenkostenziele aus Beispiel 5.1 herangezogen, ergeben sich die zulässigen Komponentenkosten des **Gehäuses** wie folgt:

$$K_{T1}^{z} = 0,25 \cdot 1,64\,€ + 0,6 \cdot 3,28\,€ + 0,2 \cdot 3,28\,€ + 0,15 \cdot 3,28\,€ + 0,65 \cdot 3,28\,€ + 0,25 \cdot 3,28\,€ + 0,35 \cdot 9,84\,€ = 9,922\,€$$

Für das **Steigrohr** werden folgende zulässige Komponentenkosten berechnet:

$$K_{T4}^{z} = 0,7 \cdot 3,28\,€ + 0,25 \cdot 3,28\,€ + 0,1 \cdot 9,84\,€ = 4,10\,€$$

[2] Ermitteln der geschätzten Komponentenkosten

In dieser Phase ergibt sich eine Abweichung vom Vorgehen der Planung von Funktionenzielen, da einzelne Komponenten nicht eigengefertigt, sondern von Lieferanten bezogen werden. Die Produktkosten der **fremdbezogenen Komponenten** können nicht unmittelbar durch Entscheidungen über Produktmerkmale gestaltet werden, sondern nur mittelbar über die Einflussnahme auf die Lieferanten. Als geschätzte Komponentenkosten einer fremdbezogenen Komponente wird der Preis verwendet, den der Lieferant auf der Grundlage von Informationen über die geforderten Merkmale der Komponente und der erwarteten Abnahmemenge anbietet. Das Komponentenkostenziel wird mit dem Lieferanten im vierten Schritt des Prozesses zur Planung der Komponentenkostenziele ausgehandelt (vgl. Cooper/Slagmulder (1997), S. 161).

[3] Beurteilen des Kostensenkungsbedarfs

Die Anzahl der Komponenten kann sehr groß sein. Um den **Aufwand** zu **begrenzen**, sollten sich die Planung von Komponentenkostenziele und die Wertanalyseaktivitäten auf ausgewählte Komponenten konzentrieren. Als Verfahren zur Auswahl dieser Komponenten werden zwei Verfahren vorgeschlagen:

- die ABC-Analyse und
- die Value-Control-Methode.

Bei Anwendung der **ABC-Analyse** werden die Komponenten nach dem vermuteten Kostensenkungspotential in A-, B- und C-Güter gruppiert. Als Indikator für das Kostensenkungspotential wird der Umfang der Veränderungen der Komponente gegenüber dem Vorgängerprodukt herangezogen. Die A-Komponenten sind von Änderungen der Funktionalität, der Qualität oder der Technologie des Produkts betroffen und eröffnen damit Spielräume für die Kostengestaltung. Für diese Komponenten werden Komponentenkostenziele geplant. Werden für A-Komponenten mehrere Varianten für verschiedene Produktmodelle entwickelt, werden nur zwei oder drei repräsentative Varianten der Gruppe der A-Komponenten zugeordnet. Alle anderen Varianten sind B-Komponenten. Ihre Komponentenkostenziele werden auf der Basis der für die ähnlichsten A-Komponenten geplanten Komponentenkostenziele geschätzt. C-Komponenten werden unverändert in das geplante Produkt übernommen. Für sie werden keine Komponentenkostenziele geplant und keine Kostensenkungsvorschläge erarbeitet (in Anlehnung an Cooper/Slagmulder (1997), S. 158).

Der **Value-Control-Methode** liegt die Vorstellung zugrunde, dass Komponenten mit einer hohen relativen Bedeutung für die Kunden grundsätzlich höhere Produktkosten verursachen dürfen als Komponenten mit einer geringen relativen Bedeutung für die Kunden. Danach stimmt der Anteil einer Komponente an der Summe der geschätzten Komponentenkosten im Idealfall mit ihrem Komponentengewicht überein, d. h. ihrer relativen Bedeutung für den Kunden (vgl. Tanaka (1989), S. 60 ff.). Anders als bei der ABC-Analyse werden mit der Value-Control-Methode nicht Komponenten mit einem hohen Kostensenkungspotential ausgewählt, sondern Komponenten mit einem Wertsteigerungsbedarf. Liegt der Produktkostenanteil einer Komponente über ihrem Komponentengewicht, ist dieser Wertsteigerungsbedarf durch eine Kostensenkung zu decken. Im anderen Fall erfordert er eine Verbesserung der Funktionalität oder Qualität.

Mit der **Value-Control-Methode** werden die Komponenten, für die Komponentenkostenziele geplant und umgesetzt werden sollen, nach dem Ausmaß des Wertsteigerungsbedarfs ausgewählt.

Als **Maß für den Wertsteigerungsbedarf** wird der Quotient aus der relativen Bedeutung der Komponente für den Kunden, die durch das Komponentengewicht erfasst wird, und ihrem Anteil an den geschätzten Produktkosten verwendet (vgl. Fischer/ Schmitz (1994), S. 427 f.). Dieser Quotient ist der Wertindex der Komponente.

Der **Wertindex** einer Komponente ist definiert als Quotient aus ihrem Komponentengewicht und ihrem Anteil an den geschätzten Komponentenkosten des Produkts.

$$z_m = \frac{h_m}{k^g_{Tm}} \quad \text{für } k^g_{Tm} = \frac{K^g_{Tm}}{\sum\limits_{j=1}^{M} K^g_{Tj}},$$

wobei z_m = Wertindex der Komponente m (m = 1, ..., M),
k^g_{Tm} = Anteil der geschätzten Komponentenkosten der Komponente m,
h_m = Komponentengewicht der Komponente m.

Gilt für den Wertindex $z_m = 1$, so stimmt der Anteil der Komponente an den geschätzten Komponentenkosten des Produkts exakt mit ihrem Komponentengewicht überein. Bei einem Wertindex, der kleiner 1 ($z_m < 1$) ist, übersteigt der Kostenanteil das Komponentengewicht. Nach der Idealvorstellung zur Verteilung der Produktkosten auf die Komponenten sind für diese Komponenten kostengünstigere Gestaltungsalternativen zu erarbeiten. Ein Wertindex, der größer 1 ($z_m > 1$) ist, weist darauf hin, dass die Komponente geringere als die nach der Idealvorstellung geforderten Produktkosten verursacht. Für diese Komponenten ist zu prüfen, ob sie nicht zu einfach gestaltet sind, d. h., ob sie den Anforderungen der Kunden genügen.

Für Wertgestaltungsaktivitäten und die Planung der Komponentenkostenziele werden mit der Value-Control-Methode nur Komponenten ausgewählt, deren Wertsteigerungsbedarf vorgegebene **Toleranzgrenzen** überschreitet. Da der Schwerpunkt der Wertsteigerungsaktivitäten bei den Komponenten liegen sollte, die für die Kunden eine hohe Bedeutung haben, werden diese Toleranzgrenzen so festgelegt, dass die tolerierte Abweichung zwischen Kostenanteil und Komponentengewicht mit steigendem Komponentengewicht abnimmt. Ein Beispiel für die Definition der oberen und unteren Toleranzgrenze, die dieser Anforderung genügt, sind Funktionen der folgenden Struktur (vgl. Tanaka (1989), S. 67):

- Obergrenze: $k_T^o = (h^2 + q^2)^{\frac{1}{2}}$

mit $0 < q < 1$.

- Untergrenze: $k_T^u = \begin{cases} (h^2 - q^2)^{\frac{1}{2}} & \text{für } h > q \\ 0 & \text{sonst} \end{cases}$

Durch den **Toleranzparameter** q wird die Breite des Toleranzbereichs festgelegt. Der Wert des Toleranzparameters sollte umso kleiner gewählt werden, je größer der Kostensenkungsbedarf des Produkts ist (vgl. Coenenberg/Fischer/Schmitz (1994), S. 15).

Beispiel 5.4: Value-Control-Methode

Die Summe der geschätzten Komponentenkosten der Kaffeemaschine aus Beispiel 5.3 beträgt 35,60 €. Weiterhin liegen folgende Werte vor:

Daten \ Komponente	1	2	3	4	5	6
Geschätzte Komponentenkosten (in €)	8,00	3,40	2,10	3,80	4,10	14,20
Komponentengewicht	0,3025	0,0375	0,06	0,125	0,195	0,28
Kostenanteil	0,2247	0,0955	0,059	0,1067	0,1152	0,3999
Wertindex	1,3462	0,3927	1,0169	1,1715	1,6927	0,7002

Für q = 0,1 ergeben sich folgende **Toleranzgrenzen**, die den Kostenanteilen aus der oberen Matrix gegenübergestellt werden:

Daten \ Komponente	1	2	3	4	5	6
Obergrenze	0,3186	0,1068	0,1166	0,1601	0,2191	0,2973
Untergrenze	0,2855	0	0	0,075	0,1674	0,2615
Maßnahmen	Überprüfung der Funktionserfüllung	–	–	–	Überprüfung der Funktionserfüllung	Kostensenkung

Das **Value Control Chart** ist ein Koordinatensystem mit dem Anteil der Komponente an der Summe der geschätzten Komponentenkosten auf der Ordinate und dem Komponentengewicht auf der Abszisse, in das die obere und untere Toleranzgrenze für Abweichungen zwischen diesen beiden Werten eingezeichnet ist.

Abb. 5.9 zeigt das Value Control Chart für Beispiel 5.4. Auf der Winkelhalbierenden gilt z = 1, d. h., sie steht für die Idealvorstellung zur Verteilung der bereinigten Produktkosten auf die Komponenten. Der Bereich um diese Winkelhalbierende zwischen der oberen und der unteren Toleranzgrenze stellt den vorgegebenen Toleranzbereich dar. In das Value Control Chart werden alle Komponenten auf der Basis des Anteils an der Summe der geschätzten Komponentenkosten und dem Komponentengewicht eingetragen.

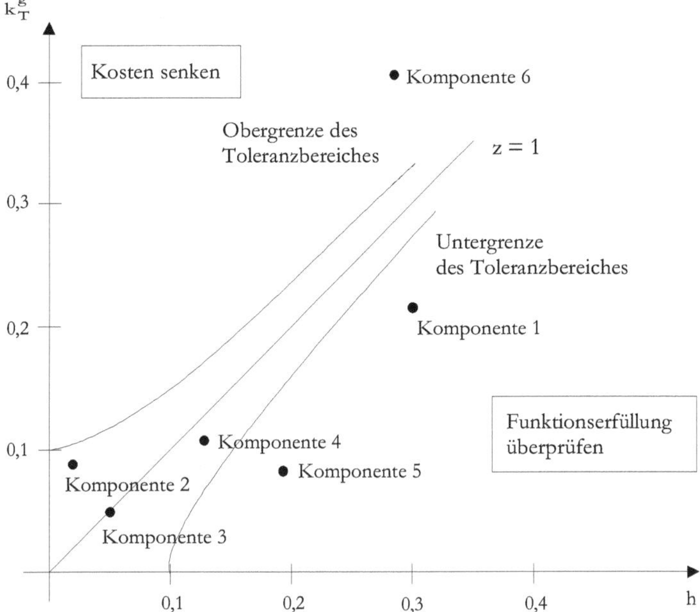

Abb. 5.9: Value Control Chart

Für alle Komponenten, die **innerhalb des Toleranzbereichs** liegen, wird das Niveau der geschätzten Komponentenkosten als **Komponentenkostenziel** übernommen. Komponentenkostenziele werden nur für Komponenten geplant, die außerhalb des Toleranzbereichs liegen. Für Komponenten oberhalb der Obergrenze des Toleranzbereichs ist der Wertindex z kleiner 1, so dass kostengünstigere Gestaltungsalternativen zu erarbeiten sind. Für Komponenten, die unterhalb der Untergrenze des Toleranzbereichs liegen, ist zu analysieren, ob sie den Anforderungen der Kunden genügen. Für diese Komponenten sind gegebenenfalls Gestaltungsalternativen zur Steigerung von Funktionalität oder Qualität zu erarbeiten (vgl. Coenenberg/Fischer/Schmitz (1994), S. 13 ff.).

[4] Bestimmen der Komponentenkostenziele

In diesem Schritt werden für alle Komponenten, die außerhalb des Toleranzbereichs liegen, Komponentenkostenziele festgelegt. Hierzu werden in den Entwicklungsteams durch die Erarbeitung und Auswertung von Wertanalyse-Projekten sowie die Auswertung bereits durchgeführter Wertanalyse-Projekte zunächst vorläufige Komponentenkostenziele bestimmt. Um das Erreichen der Funktionenkostenziele sicherzustellen, werden die vorläufigen Komponentenkostenziele für die Baugruppen und Bauteile, die eigengefertigt werden, und die von den Lieferanten angebotenen Preise der zu beschaffenden Komponenten zusammengeführt. Treten Abweichungen von den Funktionenkostenzielen auf, werden die vorläufigen Komponentenkostenziele in **Verhandlungen** mit den Entwicklungsteams im Konsens korrigiert (vgl. Monden (1999), S. 163). Werden während des Entwerfens und Ausarbeitens Ideen für eine vorteilhaftere Umsetzung von Kundenanforderungen entwickelt, die zu einer Überschreitung der Funktionenkosten führen, ist es die Aufgabe des Produktmanagers, gegenüber anderen Entwicklungsteams Kostensenkungen durchzusetzen, so dass das originäre Produktkostenziel erreicht werden kann (vgl. Cooper/Slagmulder (1997), S. 151 ff.).

5.2.3 Durchsetzung von Produktkostenzielen

5.2.3.1 Barrieren bei der Realisation der Produktkostenziele

Die Produktkostenziele werden durch die Mitarbeiter in den Entwicklungsteams realisiert, indem sie

- Vorschläge für Wertanalyse-Projekte erarbeiten,
- produktwertsteigernde Gestaltungsalternativen entwickeln und
- beim Konzipieren, Entwerfen und Ausarbeiten des Produkts kostenorientierte Entscheidungen treffen.

Das Arbeitsverhalten der Mitarbeiter in den Entwicklungsteams kann beim Wahrnehmen dieser Aufgaben von personen- oder systembedingten Barrieren beeinflusst werden. Die Durchsetzung der Produktkostenziele verlangt die Beeinflussung der Mitarbeiter in den Entwicklungsteams, um zu verhindern, dass Kreativitäts-, Wissens- und Willensbarrieren zu Widerständen führen und die Realisation der Produktkostenziele verzögert, beeinträchtigt oder sogar verhindert wird.

Für die Entwicklung produktwertsteigernder Gestaltungsalternativen müssen innovative und für das Problem verwertbare Lösungen generiert werden. Diese Aufgabe verlangt von den Mitarbeitern der Entwicklungsteams ein bestimmtes Maß an Kreativität. Als **Kreativitätsbarrieren** können fehlende Fachkenntnisse und mangelnde kreativitätsrelevante Fertigkeiten der Mitarbeiter sowie ein ungünstiges Arbeitsumfeld wirken. Es ist die Aufgabe von Produktmanager und Projektteam, kreativitätsfördernde Bedingungen zu schaffen (vgl. Kroy (1984), S. 71; Jehle (1986), S. 95 ff.).

In jeder Phase des Konstruktionsprozesses sind kostenorientierte Entscheidungen über Produktmerkmale zu treffen und zu kontrollieren. Das verlangt nach Informationssystemen, die Informationen über die Kostenwirkungen alternativer Ausprägungen sowie über Abweichungen von den Produktkostenzielen und ihre Ursachen bereitstellen. Beispiele für solche Informationssysteme sind Kostentabellen, Relativkostenkataloge, Grenzstückzahlen, kostenorientierte Konstruktionsrichtlinien sowie Verfahren der konstruktionsbegleitenden Kalkulation mit einer differenzierten Kostenrechnung als Datenbasis. Die Mitarbeiter in den Entwicklungsteams sollten zudem Zugang zu den Informationen über die Kosten und Merkmale der Produkte der Unternehmung und der Wettbewerber haben, um aus früheren Entscheidungen lernen zu können. Die Mitarbeiter in den Entwicklungsteams müssen über die Kenntnisse verfügen, um die Informationssysteme auszuwerten und die verfügbaren Informationen interpretieren und nutzen zu können. Fehlen diese Voraussetzungen gefährden **systembedingte Barrieren** und **Wissensbarrieren** die Erreichung der Produktkostenziele.

Die Mitarbeiter in den Entwicklungsteams fühlen sich vorrangig dem Streben nach Erkenntnis verpflichtet, geben der technischen Perfektion den Vorrang vor ökonomischer Erfordernis und streben nach Autonomie und Unabhängigkeit (vgl. Kern/Schröder (1992), Sp. 628 f.). Die nachrangige Berücksichtigung der Produktkostenziele ist eine **Willens-**

barriere, aus der sich bei asymmetrisch verteilten Informationen über Gestaltungsalternativen und ihre Zielwirkungen Widerstand entwickeln kann. Durch ihre ingenieur- oder naturwissenschaftliche Ausbildung sowie die zunehmende Spezialisierung bei der Gestaltung komplexer Produkte verfügen die Mitarbeiter in den Entwicklungsteams über Informationsvorteile gegenüber Produktmanager und Projektteam, so dass sie über Freiräume verfügen, um ihre individuellen Ziele zu verfolgen (vgl. Riegler (2000), S. 254). Diese Freiräume können von den Mitarbeitern der Entwicklungsteams für

- die unvollständige oder nicht wahrheitsgemäße Berichterstattung gegenüber Produktmanager und Projektteam oder
- die Erarbeitung suboptimaler Lösungen

genutzt werden (vgl. Riegler (1996), S. 87). Eine an den individuellen Zielen ausgerichtete **Berichterstattung** kann in einer Überschätzung der Bedeutung von Komponenten für den Kunden oder einer zu vorsichtigen Einschätzung der Kostensenkungspotentiale bestehen. Beide Verhaltensweisen führen zu unnötig hohen Produktkostenzielen (in Anlehnung an Mitlacher/Mitlacher (2003), S. 279). **Suboptimale Lösungen** treten u. a. in der Form von Overengineering auf, bei dem das Produkt Merkmale aufweist, die nicht zum Kundennutzen beitragen (vgl. Mitlacher/Mitlacher (2003), S. 279). Da diese Merkmale zusätzliche Produktkosten verursachen, vermindern sie den Produktwert. Suboptimale Lösungen können aber auch durch einen unzureichenden Arbeitseinsatz der Entwicklungsteams begründet sein. Dieser kann sich in einem zu frühen Abbruch der Suche nach kostengünstigeren Gestaltungsalternativen oder zu geringer Sorgfalt bei der Suche und Auswertung von Informationen äußern.

5.2.3.2 Abbau von Willensbarrieren

Eine Maßnahme zum Abbau von Willensbarrieren, der in japanischen Unternehmungen hohe Bedeutung beigemessen wird, ist die strenge Anwendung der **Hauptregel des Target Costing**. Sie besagt, dass Produkte, deren Produktkosten über den Produktkostenzielen liegen, nicht eingeführt werden. Darüber wird auf die Entwicklungsteams ein enormer Druck ausgeübt, die Produktkostenziele zu erreichen (vgl. Cooper/ Slagmulder (2002a), S. 6). Strategische Gründe können gelegentlich ein Abweichen von der Hauptregel des Target Costing und die Einführung eines Produkts zu Kosten notwendig machen, die über den Produktkostenzielen liegen. Beispiele für diese Ausnahmen sind

- Produkte, die auf dem Absatzmarkt ein Markenbewusstsein schaffen und damit den Absatz anderer Produkte der Unternehmung fördern,
- Produkte, die auf der nächsten Technologiegeneration aufbauen,
- Produkte mit strategischer Bedeutung im Produktions- und Absatzprogramm und
- Produkte, bei denen eine Verzögerung der Markteinführung zu hohen Verlusten führen würde.

Wird bei der Markteinführung gegen die Hauptregel des Target Costing verstoßen, werden die Ursachen der Abweichung von den Produktkostenzielen analysiert und die Produkte einem intensiven Produkt-Kaizen unterzogen. Dadurch soll deutlich gemacht werden, dass Abweichungen von Produktkostenzielen nur in seltenen Fällen, nur für kurze Zeit und nicht ohne Konsequenzen geduldet werden (vgl. Cooper/Slagmulder (1999a), S. 215 ff.).

Formen der **Teambildung**, die bei der kostenorientierten Produktplanung zum Abbau von Willensbarrieren beitragen können, sind

- interdisziplinären Projektteams und
- konkurrierenden Entwicklungsteams.

Interdisziplinäre Projektteams wirken den Nachteilen asymmetrisch verteilter Informationen entgegen, wenn Teammitglieder mit Informationsvorteilen gegenüber dem Produktmanager unterschiedliche Interessen verfolgen und sich deshalb gegenseitig kontrollieren und korrigieren. Beispielsweise wird bei der Planung der Komponentenkostenziele jedes Entwicklungsteam versuchen, für seine Komponente ein hohes Komponentengewicht durchzusetzen. Nutzt der Vertreter eines Entwicklungsteams im Projektteam Informationsvorteile, um ein höheres Komponentengewicht durchzusetzen, werden die Vertreter der Entwicklungsteams korrigierend eingreifen, deren Komponenten dadurch ein geringeres Gewicht zugeordnet werden soll. Um das Arbeitsverhalten der Mitarbeiter in den Entwicklungsteams an den Produktkostenzielen auszurichten, werden in japanischen Unternehmungen mehrere **konkurrierende Entwicklungsteams** gebildet, die unabhängig voneinander Lösungsvorschläge für dieselbe Funktion oder Komponente erarbeiten (vgl. Riegler (1996), S. 82). Beispielsweise werden bei SAP für ein Problem fünf interdisziplinäre Teams gebildet, die in verschiedenen Ländern angesiedelt sind (vgl. Seiwert/Bergermann/Pecher (2006), S. 86).

In der deutschsprachigen Literatur wird anders als in Beiträgen japanischer Autoren Anreizsystemen für den Abbau von Willensbarrieren bei der kostenorientierten Konstruktion hohe Bedeutung beigemessen. **Anreizsysteme** legen die Art, die Höhe und den Zeitpunkt einer Belohnung fest, die als Folge eines erwünschten Arbeitsergebnisses des Mitarbeiters eintritt oder veranlasst wird und die Befriedigung eines Bedürfnisses, eines Motivs oder mehrerer Motive des Mitarbeiters bewirkt. Elemente eines Anreizsystems sind die Belohnung, die Bemessungsgrundlage, die Belohnungs- und die Ausschüttungsregel (vgl. Hungenberg (1997), S. 685, Laux (2006), S. 24 ff.).

[1] Belohnung

Abb. 5.10 zeigt Beispiele für Belohnungen im FuE-Bereich von Unternehmungen (vgl. Domsch (1984), S. 256; Staudt/Bock/Mühlemeyer/Kriegesmann (1990), S. 1188). Die Anreizwirkungen verschiedener Arten von Belohnungen sind sowohl für die Führungskräfte als auch für die Wissenschaftler und Ingenieure im FuE-Bereich von Unternehmungen untersucht worden. Nach empirischen Befunden gehen auf die **Führungskräfte** im FuE-Bereich die stärksten Anreizwirkungen von monetären, insbesondere leistungsabhängigen Belohnungen und von Karriereentwicklungsmöglichkeiten aus (vgl. Gerpott/Domsch (1991), S. 1011). **Wissenschaftler und Ingenieure** werden vor allem durch intrinsische Anreize motiviert. Diese können durch extrinsische Anreize ergänzt werden. Nicht geeignet sind individuelle leistungsabhängige monetäre Prämien. Anreizwirkungen gehen von der Möglichkeit einer intrinsisch motivierenden Karriere sowie eines konstanten Gehalts aus, das finanzielle Sicherheit und Stabilität gewährleistet (vgl. Chen/Ford/Farris (1999), S. 53). Zu einem anderen Ergebnis gelangen Staudt/Bock/Mühlemeyer/Kriegesmann Nach dieser Studie kommt den monetären Prämien die höchste Bedeutung zu (vgl. Staudt/Bock/Mühlemeyer/Kriegesmann (1990), S. 1197). Dieses Ergebnis kann daraus folgen, dass ausschließlich Arbeitnehmererfinder befragt worden sind und die monetäre Prämie eine Erfindervergütung war.

Belohnungstyp	Beispiele
Materielle Belohnung	■ Sozialleistungen ■ Entgelt (z. B. feste Gehaltserhöhung) ■ Sicherheit des Arbeitsplatzes ■ Leistungszulagen, Prämien für erfolgreich abgeschlossene Projekte
Karriereentwicklungsmöglichkeiten	■ Aufstiegsmöglichkeiten im Unternehmen ■ Aufstiegsmöglichkeiten im eigenen Forschungsbereich
Leistungsherausforderungen und Selbstständigkeit	■ Flexible Arbeitszeitregelung ■ Zeitweise Freistellung für eigene Publikationen ■ Zeitweise Freistellung von der Arbeit für eigene Entwicklungstätigkeiten ■ Komplexe Aufgabenstellung
Weiterbildungsmöglichkeiten	■ Möglichkeit zur Teilnahme an Seminaren ■ Möglichkeit zur Fort- und Weiterbildung ■ Fachzeitschriftenabonnements

Abb. 5.10: Belohnungen im FuE-Bereich der Unternehmung

[2] Bemessungsgrundlage

Die Bemessungsgrundlage ist ein Indikator für das Arbeitsergebnis, für das der Mitarbeiter eine Belohnung erhalten soll. Ein Indikator für das Arbeitsergebnis eignet sich als Bemessungsgrundlage, wenn er anreizkompatibel und beeinflussbar ist. **Anreizkompatibel** ist ein Indikator, wenn mit einer Verbesserung seiner Ausprägung ein Beitrag zur Erreichung des Produktkostenziels geleistet wird. **Beeinflussbarkeit** liegt vor, wenn die Mitarbeiter in den Entwicklungsteams den Wert des Indikators über ihr Arbeitsverhalten gestalten können. Als Bemessungsgrundlage von Anreizsystemen für die kostenorientierte Konstruktion werden genannt:

[1] die Entwicklungskosten,

[2] die Absatzzahlen und -preise (vgl. Riegler (1997), S. 349),

[3] die Produktkosten (vgl. Ewert (1997), S. 316; Dörnemann/Pfitzer (2000), S. 29),

[4] die Produktkosten gemeinsam mit der Funktionalität und Qualität (vgl. Kim/Ansaris/Bell/Swenson (2002), S. 614; Mitlacher/Mitlacher (2003), S. 281) sowie

[5] der Lebenszykluserfolg (vgl. Riegler (1996), S. 176).

Eine Faustregel besagt, dass eine Erhöhung der Entwicklungskosten um eine Geldeinheit zu einer Produktkostensenkung im Umfang von 8 - 10 Geldeinheiten führt (vgl. Shields/Young (1991), S. 39). Streben die Mitarbeiter in den Entwicklungsteams eine Reduzierung der **Entwicklungskosten** an, wird das Erreichen des Produktkostenziels zumindest behindert. Die Entwicklungskosten sind deshalb nicht anreizkompatibel und damit nicht als Bemessungsgrundlage eines Anreizsystems für die kostenorientierte Konstruktion geeignet. Nicht geeignet sind auch die **Absatzzahlen und -preise** sowie der **Lebenszykluserfolg**, da diese Größe nicht nur von den Entscheidungen im Konstruktionsprozess abhängen, sondern von Entscheidungen in allen Funktionsbereichen der Unternehmung und in allen Phasen des Produktlebenszyklus. Diese Bemessungsgrundlagen genügen damit nicht der Forderung nach Beeinflussbarkeit. Die Konzentration auf die **Produktkostenziele** kann zu einer Minderung von Funktionalität und Qualität und damit zu einer Senkung des Produktwertes führen. Anreizkompatibel und durch die Entwicklungsteams beeinflussbar ist nur eine Bemessungsgrundlage, die sich auf die **Produktkosten, die Funktionalität und Qualität** des Produkts bezieht, d. h. auf die beiden Komponenten des Produktwertes.

[3] Belohnungsregel

Die Belohnungsregel legt fest, wie die Belohnung für die erreichte Ausprägung der Bemessungsgrundlage bestimmt wird. Es gibt zwei Arten von Belohnungsregeln:

- die Belohnungsfunktion und
- die subjektive Festsetzung der Belohnung durch die Instanz.

Belohnungsfunktionen definieren den Zusammenhang zwischen der Bemessungsgrundlage und der Belohnung. Die Belohnungsfunktion eines Anreizsystems kann u. a. vorsehen, dass ab dem Erreichen der Produktkostenziele sowie der geforderten Funktionalität und Qualität eine Belohnung in konstanter Höhe gewährt wird. Ein Anreizsystem mit einer solchen Belohnungsfunktion motiviert nicht zu einer Erhöhung des Produktwertes. Um das zu erreichen, sind eine quantifizierbare Bemessungsgrundlage und eine abstufbare Belohnung erforderlich. Da weder die Funktionalität und Qualität noch der Produktwert quantifizierbar sind, ist die **subjektive Festlegung der Belohnung** durch die Instanz vorzuziehen. Sie erlaubt es auch, exogene Einflüsse in die Beurteilung einzubeziehen.

[4] Ausschüttungsregel

Für die Anreizwirkung der Belohnung ist es wichtig, dass der Zusammenhang zwischen der Belohnung und dem erbrachten Arbeitsergebnis für die Mitarbeiter in den Entwicklungsteams erkennbar ist (vgl. Gerpott/Domsch (1991), S. 1011). Die Belohnung sollte deshalb zu dem Zeitpunkt ausgeschüttet werden, in dem die Produktkosten festliegen und die Realisation der angestrebten Funktionalität und Qualität überprüft werden kann, d. h. spätestens nach dem Serienanlauf.

Abb. 5.11 gibt einen Überblick über die **Ausgestaltung von Anreizsystemen** für die Mitarbeiter in den Entwicklungsteams.

Komponente	Gestaltungsalternativen
Anreizziel	Ausrichten des Arbeitsverhaltens am Produktwertziel
Belohnung	▪ Intrinsische Anreize ▪ Intrinsisch motivierende Karrieren ▪ Konstantes Gehalt
Bemessungsgrundlage	Produktkosten, Funktionalität und Qualität
Belohnungsregel	Subjektive Festsetzung der Belohnung durch die Instanz
Ausschüttungsregel	Spätestens nach Serienanlauf

Abb. 5.11: Ausgestaltung von Anreizsystemen für die kostenorientierte Produktplanung

5.3 Instrumente der kostenorientierten Produktplanung

5.3.1 QFD zur Planung der Funktionalität und Qualität

5.3.1.1 Elemente des House of Quality

Das Quality Function Deployment (QFD) ist ein **Instrument des Qualitätsmanagements**, um Produkte und Produktionsprozesse bereits während der Entstehungsphase an den Bedürfnissen des Kunden auszurichten.

> Das **Quality Function Deployment** (QFD) ist eine strukturierte Methode zur Planung operationaler Merkmale eines Produkts, seiner Komponenten, der zugehörigen Produktionsprozesse sowie der Prüf-, Verfahrens- und Arbeitsanweisungen während der Entstehungsphase des Produkts mit dem Ziel, die Bedürfnisse der Kunden bestmöglichst zu erfüllen.

Erreicht wird dieses Ziel, indem die Bedürfnisse des Kunden in Merkmale des Produkts übertragen werden, um daraus technische Spezifikationen für die Komponenten herzuleiten. Diese werden anschließend in Anforderungen an die zugehörigen Produktionsprozesse übersetzt, die schließlich in Prüf-, Verfahrens- und Arbeitsanweisungen transformiert werden. Das Quality Function Deployment besteht aus den folgenden **vier Phasen** (vgl. Ficalora/Cohen (2009), S. 7 f., 359 ff.):

- dem produktbezogenen QFD,
- dem komponentenbezogenen QFD,
- dem prozessbezogenen QFD sowie
- dem verfahrens- und prüfbezogenen QFD.

Im Prozess der Produktkonzeptplanung können mit dem **produktbezogenen QFD** die produktbezogenen Funktionen festgelegt und die Gewichte bestimmt werden, die ihre relative Bedeutung für die Kunden widerspiegeln. Die Gewichte können im Prozess der Produktkostenplanung für die Berechnung der zuläsigen Funktionenkosten verwendet werden.

Das **House of Quality** fasst die Ergebnisse eines produktbezogenen Quality Function Deployment in folgenden Tabellen und Teilmatrizen zusammen (vgl. Ficalora/Cohen (2009), S. 114 ff.):

- der Tabelle der Kundenbedürfnisse,
- der Planungsmatrix,
- der Tabelle der Produktmerkmale,
- der Bewertungsmatrix,
- der Matrix der technischen Beziehungen sowie
- der technischen Matrix.

Die **Tabelle der Kundenbedürfnisse** gibt die kundenbezogenen Funktionen und ihre relative Bedeutung für die Kunden wieder. Die **Planungsmatrix** enthält zu jeder einzelnen kundenbezogenen Funktion verschiedene Informationen, die bei den Kunden erhoben worden sind, sowie Vorgaben aus der strategischen Planung der Unternehmung. Die **Tabelle der Produktmerkmale** zeigt, wie die kundenbezogenen Funktionen technisch umgesetzt werden sollen, d. h. die produktbezogenen Funktionen. Die **Bewertungsmatrix** enthält die Bewertung des Beitrags der Produktmerkmale zur Erfüllung jeder einzelnen kundenbezogenen Funktion. Die Produktmerkmale bilden die Spalten- und die Zeileneingänge der **Matrix der technischen Beziehungen**. Diese Matrix informiert über die Auswirkungen jedes einzelnen Produktmerkmals auf die Umsetzung jedes anderen Produktmerkmals. Die **technische Matrix** enthält Informationen zu den Produktmerkmalen, die realisiert werden sollen. Abb. 5.12 zeigt die Struktur des House of Quality.

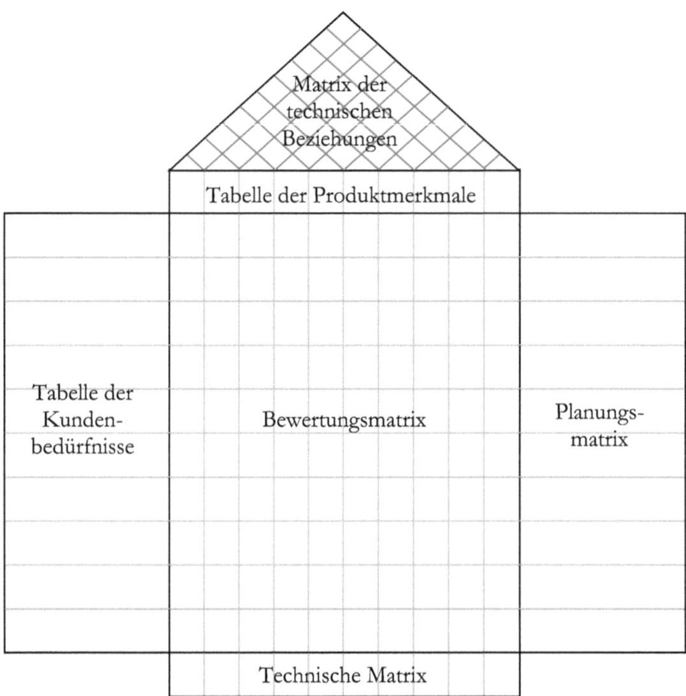

Abb. 5.12: Struktur des House of Quality

5.3.1.2 Prozess des Quality Function Deployment

Der Prozess des Quality Function Deployment zeichnet sich durch ein strukturiertes Vorgehen aus, das die folgenden **zehn Schritten** vorsieht (in Anlehnung an Schröder/ Zenz (1996), Sp. 1699 ff.):

- Schritt 1: Erfassen der Kundenbedürfnisse
- Schritt 2: Bewerten der kundenbezogenen Funktionen
- Schritt 3: Ermitteln und ordnen der Produktmerkmale
- Schritt 4: Identifizieren der Beziehungen zwischen den Produktmerkmalen

- Schritt 5: Festlegen der Optimierungsrichtung für die Produktmerkmale
- Schritt 6: Analyse der Beziehungen zwischen den kundenbezogenen Funktionen und den Produktmerkmalen
- Schritt 7: Ermitteln der Bedeutung der Produktmerkmale für die Kundenzufriedenheit
- Schritt 8: Technische Beurteilung der Konkurrenzprodukte
- Schritt 9: Ermitteln der technischen Schwierigkeiten
- Schritt 10: Festlegen der Zielwerte für die Produktmerkmale

Das strukturierte Vorgehen im Prozess des Quality Function Deployment, die Problemfeststellung und die Ideenfindung sowie die systematische Dokumentation der Ergebnisse werden durch den Einsatz von **QC-Werkzeugen** unterstützt. Die Tabellen der Kundenbedürfnisse und Produktmerkmale bilden zusammen mit der Bewertungsmatrix ein Matrixdiagramm, das in das House of Quality übernommen wird. Die Schritte beim Aufbau eines Matrixdiagramms prägen das Vorgehen im Prozess des Quality Function Deployment.

[1] Erfassen der Kundenbedürfnisse

Aufgabe des ersten Schritts des produktbezogenen Quality Function Deployment ist die vollständige, überschneidungsfreie und unverfälschte Erfassung der Kundenbedürfnisse. Er umfasst die folgenden **Teilschritte** (vgl. Ficalora/Cohen (2009), S. 123 ff., 266 f.):

- Teilschritt 1.1: Identifizieren der Schlüsselkunden
- Teilschritt 1.2: Sammeln von Kundenanforderungen durch
  - freie Interviews und
  - Auswerten von Beschwerden
- Teilschritt 1.3: Klassifizieren und Ergänzen der erfassten Kundenbedürfnisse
- Teilschritt 1.4: Strukturieren der identifizierten Kundenbedürfnisse

Kunden äußern ihre Anforderungen an das Produkt, ohne explizit auf die Bedürfnisse einzugehen, die das Produkt befriedigen soll. Ihre Äußerungen können neben Bedürfnissen auch technische Merkmale, Wirkungen, Zuverlässigkeitsmerkmale und bestimmte Leistungen betreffen. Deshalb werden die Kundenanforderungen in Teilschritt 1.3 zunächst nach den verschiedenen Perspektiven klassifiziert. In Teilschritt 1.4 werden die Kundenanforderungen in einem Affinitätsdiagramm geordnet und ergänzt. Zweck dieser Analyse ist es, Ähnlichkeiten zwischen den gesammelten Kundenanforderungen zu erkennen und auf dieser Grundlage die zugrunde liegenden Bedürfnisse der Kunden aufzudecken. Aus den gesammelten Anforderungen soll eine vollständige Liste der Bedürfnisse der Kunden generiert werden. Ergebnis dieses ersten Schritts ist die **Tabelle der Kundenbedürfnisse,** in der nach dem Detaillierungsgrad zwischen den primären, den sekundären und den tertiären Kundenbedürfnissen unterschieden wird. Nur die tertiären Kundenbedürfnisse bilden als kundenbezogene Funktionen den Gegenstand der nachfolgenden Schritte des produktbezogenen QFD. Abb. 5.13 zeigt die Tabelle der Kundenbedürfnisse am Beispiel einer Kaffeemaschine.

Primäre Bedürfnisse	Sekundäre Bedürfnisse	Tertiäre Bedürfnisse (Kundenbezogene Funktionen)
Kaffee	Wirksamkeit	Aromatischer Kaffee
		Heißer Kaffee
		Schnelle Zubereitung
		Kaffeemenge variierbar
	Aussehen	Platzsparendes Aufstellen
		Eignet sich zum Servieren
	Einfach im Gebrauch	Einfaches Zuführen des Kaffeemehls
		Einfaches Zuführen des Wassers
		Einfaches Zuführen des Filters
		Einfaches Reinigen
		Kein Spritzen
		Kein Tropfen nach Kannenentnahme
	Sicherheit	Kein Verbrennen der Finger
		Keine Brandgefahr
		Kein Stromschlag

Abb. 5.13: Tabelle der Kundenbedürfnisse am Beispiel einer Kaffeemaschine

[2] Bewerten der kundenbezogenen Funktionen

Zweck der Bewertung in diesem zweiten Schritt ist es, die kundenbezogenen Funktionen zu bestimmen, die Schwerpunkte der Produktplanung bilden sollten. Hierzu werden folgende **Teilschritte** ausgeführt (in Anlehnung an Ficalora/Cohen (2009), S. 142 ff.):

- Teilschritt 2.1: Messen der relativen Bedeutung jeder kundenbezogenen Funktion für den Kunden
- Teilschritt 2.2: Vergleich mit den Konkurrenzprodukten aus Kundensicht
- Teilschritt 2.3: Festlegen der Zielwerte und des Verbesserungsgrades
- Teilschritt 2.4: Beurteilen der Absatzwirkungen
- Teilschritt 2.5: Berechnen der Gewichte

Im **ersten Teilschritt** ist eine Kundenbefragung zur Erfassung der relativen Bedeutung jeder der im ersten Schritt identifizierten kundenbezogenen Funktionen durchzuführen. Für diese Aufgabe eignen sich die Conjoint-Analyse und das AHP-Verfahren (vgl. Schröder/Zenz (1996), Sp. 1699 f.). Im **zweiten Teilschritt** wird analysiert, inwieweit das aktuell angebotene Produkt (Vorgängerprodukt) der Unternehmung und die Produkte der Wettbewerber die erfassten kundenbezogenen Funktionen erfüllen. Für diese Bewertung der Produkte aus Kundensicht hat sich eine Bewertungsskala mit fünf Stufen durchgesetzt. Der Vergleich der beiden Bewertungen deckt die Stärken und Schwächen des Vorgängerprodukts auf.

Unter Abwägung ihrer relativen Bedeutung und den Ergebnissen des Vergleichs mit den Produkten der Wettbewerber wird im **dritten Teilschritt** für jede kundenbezogene Funktion ein Zielwert festgelegt. Als Maßstab wird wieder die fünfstufige Bewertungsskala herangezogen. Um die Aufmerksamkeit auf die kundenbezogene Funktion mit einem hohen Verbesserungsbedarf zu lenken, wird der Verbesserungsgrad berechnet. Der Verbesserungsgrad v_j einer kundenbezogenen Funktion j ist definiert als Quotient oder Differenz aus ihrem Zielwert und dem beim Vorgängerprodukt erreichten Zielwert dieser Funktion. Für die kundenbezogene Funktion „Aromatischer Kaffee" in Abb. 5.14 ergibt sich beispielsweise ein Verbesserungsgrad von v = 4/3 = 1,33.

		Konkurrenzvergleich aus Kundensicht (Schlecht … Gut)								
Kundenbezogene Funktionen (Tertiäre Kundenbedürfnisse)	Relative Bedeutung w_j	1	2	3	4	5	Zielwerte z_j	Verbesserungsgrad v_j	Absatzwirkung a_j	Gewicht γ_j in %
Aromatischer Kaffee	85		●	▲			4	1,33	1,5	8,5
Heißer Kaffee	82		●		▲		4	1,0	1,0	4,1
Schnelle Zubereitung	80		●	▲			4	1,33	1,5	8,0
Kaffeestärke variierbar	40		▲			●	5	2,5	1,2	6,0
Platzsparendes Aufstellen	75	●			▲		4	1,0	1,2	4,5
Eignet sich zum Servieren	70	●▲					2	2,0	1,2	8,4
Einfaches Zuführen des Kaffeemehls	62				▲	●	5	1,25	1,0	3,9
Einfaches Zuführen des Wassers	65				●▲		4	1,0	1,2	3,9
Einfaches Zuführen des Filters	66		●	▲			3	1,0	1,2	4,0
Einfaches Reinigen	78		▲		●		4	2,0	1,5	11,7
Kein Spritzen	81		▲			●	5	2,5	1,0	10,1
Kein Tropfen nach Kannenentnahme	76			●	▲		4	1,0	1,0	3,8
Kein Verbrennen der Finger	76				▲	●	5	1,25	1,2	5,7
Keine Brandgefahr	82		▲			●	5	2,5	1,0	10,2
Kein Stromschlag	83	●	▲				3	1,5	1,2	7,5

▲ Eigenes Produkt ● Produkt des Wettbewerbers

Abb. 5.14: Planungsmatrix im House of Quality am Beispiel einer Kaffeemaschine

Einen Schwerpunkt der Produktplanung wird eine kundenbezogene Funktion mit einem hohen Wert beim Verbesserungsgrad nur dann bilden, wenn sich eine Verbesserung positiv auf den Absatz auswirken wird. **Teilschritt 2.4** sieht deshalb eine Beurteilung der Absatzwirkungen von Verbesserungen bei den kundenbezogenen Funktionen vor. Für diese Bewertung werden folgende Werte verwendet: 1: Keine Absatzwirkung; 1,2: Mittlere Absatzwirkung und 1,5: Starke Absatzwirkung.

Abschließend werden in **Teilschritt 2.5** alle Bewertungen zu den Gewichten der kundenbezogenen Funktionen zusammengeführt. Sie werden anschließend in die Planungsmatrix des House of Quality übernommen (vgl. Abb. 5.14).

Das **Gewicht** γ_j einer kundenbezogenen Funktion j (j = 1, ..., J) bringt ihre Bedeutung für die Unternehmung zum Ausdruck. Ermittelt wird es wie folgt:

$$\gamma_j = \frac{w_j \cdot v_j \cdot a_j}{\sum_{m=1}^{J} w_m \cdot v_m \cdot a_m} \quad \text{für } j = 1, ..., J,$$

wobei w_j = relative Bedeutung der kundenbezogenen Funktion j für den Kunden,
v_j = Verbesserungsgrad der kundenbezogenen Funktion j,
a_j = Absatzwirkung der kundenbezogenen Funktion j.

Beispiel 5.5: Berechnung der Gewichtung γ

Für die kundenbezogene Funktion „Aromatischer Kaffee" ergibt sich das Gewicht γ wie folgt:

$$\gamma = \frac{85 \cdot 1{,}33 \cdot 1{,}5}{85 \cdot 1{,}33 \cdot 1{,}5 + \ldots + 83 \cdot 1{,}5 \cdot 1{,}2} \cdot 100 = \frac{169{,}575}{2.004{,}775} \cdot 100 = 8{,}45\,\%.$$

[3] Ermitteln und ordnen der Produktmerkmale

In diesem Schritt werden die kundenbezogenen Funktionen in Produktmerkmale übertragen. In einem Prozess, der von den Beteiligten ein hohes Maß an Kreativität verlangt, sollen Produktmerkmale gefunden werden, durch welche die kundenbezogenen Funktionen vollständig erfüllt werden. Die Produktmerkmale sollen operational, überschneidungsfrei und lösungsneutral formuliert sein. Im House of Quality finden sie sich in der **Tabelle der Produktmerkmale**, die über der Bewertungsmatrix platziert ist.

Als **Dimension** der Produktmerkmale können Leistungen oder produktbezogene Funktionen verwendet werden. **Leistungen** sind lösungsneutral und operationalisieren die kundenbezogenen Funktionen. Beispielsweise kann die kundenbezogene Funktion „Heißer Kaffee" in folgende Leistungen übertragen werden: „Brühtemperatur 90° C", „Serviertemperatur unmittelbar nach dem Aufbrühen 75° C" und „Serviertemperatur 30 Minuten nach dem Aufbrühen 60° C". Leistungen eignen sich insbesondere dann als Dimension der Produktmerkmale, wenn ein Produkt mit einem hohen Innovationsgrad entwickelt werden soll. Ist die Leistung des geplanten Produkts definiert, ist in einem weiteren Teilschritt zu entscheiden, wie sie zu erbringen ist. Das erfordert die Übertragung der geplanten Leistung in **produktbezogene Funktionen**. Wird kein hoher Innovationsgrad angestrebt, können die produktbezogenen Funktionen auch unmittelbar aus den kundenbezogenen Funktionen hergeleitet werden (vgl. Ficalora/ Cohen (2009), S. 176 ff.).

[4] Identifizieren der Beziehungen zwischen den Produktmerkmalen

In diesem Schritt wird untersucht, welchen Einfluss die Verbesserung jedes einzelnen Produktmerkmals auf jedes andere Produktmerkmal hat. Angegeben werden die Art und die Stärke der Wirkung. Unterschieden wird zwischen konfliktären und komplementären Wirkungen einerseits und starken und schwachen Beziehungen andererseits. Zusätzlich kann auch angegeben werden, ob es sich um wechselseitige oder einseitige Beziehungen handelt. Bei einseitigen Beziehungen wird zusätzlich die Wirkungsrichtung genannt. Konfliktäre Beziehungen weisen auf Probleme bei der Konstruktion hin, die durch den Austausch eines Produktmerkmals oder die Zusammenarbeit der zuständigen Projektteams während der Konstruktion gelöst werden müssen (vgl. Schröder/Zenz (1996), Sp. 1702 f.). Zweck dieses Schritts ist es, die **nicht realisierbaren Produktmerkmale** zu erkennen und festzustellen, welche Entwicklungsteams zusammenarbeiten sollten.

[5] Festlegen der Optimierungsrichtung für die Produktmerkmale

Im fünften Schritt wird für jedes Produktmerkmal die Richtung festgestellt, in der eine Veränderung das Produkt verbessert. In diesem Zusammenhang werden Extrem-, Bereichs- und Punktmerkmale unterschieden. Extremmerkmale sollen maximiert oder minimiert werden. Bei Bereichsmerkmalen soll ein vorgegebenes Intervall eingehalten und bei Punktmerkmalen eine vorgegebene Ausprägung erreicht werden. Die Ergebnisse der Schritte 4 und 5 werden in die **Matrix der technischen Beziehungen** des House of Quality übernommen. Abb. 5.15 zeigt diese Matrix für das Beispiel einer Kaffeemaschine.

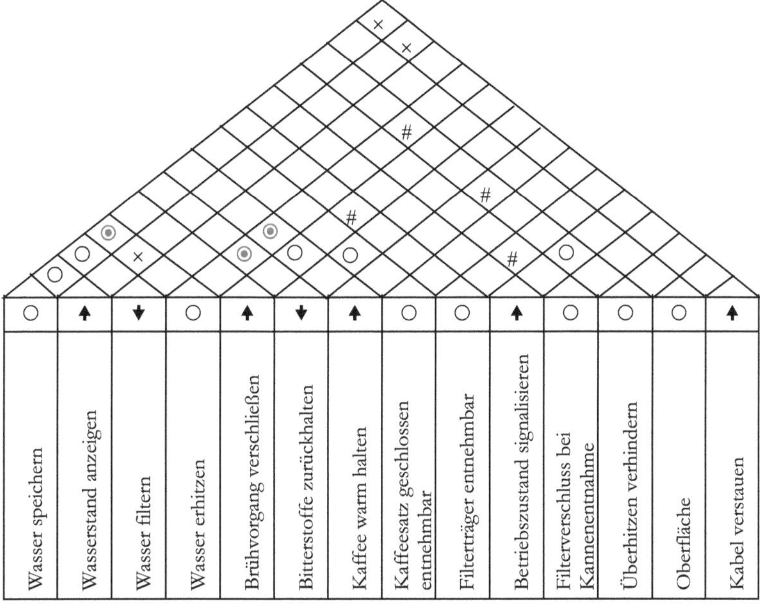

Beziehungen zwischen den Produktmerkmalen: ◉ Stark positiv; ○ positiv; × negativ; # stark negativ; Optimierungsrichtung: ↑ mehr ist besser; ↓ weniger ist besser; ○ der Zielwert ist zu erreichen

Abb. 5.15: Tabelle der Produktmerkmale und Matrix der technischen Beziehungen

[6] Analyse der Beziehungen zwischen den kundenbezogenen Funktionen und den Produktmerkmalen

Der sechste Schritt hat die Analyse und Bewertung der Beziehungen zwischen den Produktmerkmalen und den kundenbezogenen Funktionen zum Inhalt. Untersucht wird, welchen Einfluss jedes Produktmerkmal auf die Erfüllung jeder einzelnen kundenbezogenen Funktion hat. Es werden die in Abb. 5.16 genannten Arten von Wirkungsbeziehungen unterschieden, die in der **Bewertungsmatrix** des House of Quality mit verschiedenen Symbolen beschrieben werden und jeweils mit einem Punktwert versehen sind. Grundlage für die Analyse der Beziehungen können Erfahrungen, Kundenbefragungen, die Auswertung von Daten der Vorgängerprodukte oder Versuche sein (vgl. Hauser/Clausing (1988), S. 67). Behindert die Verbesserung bei einem Produktmerkmal die Erfüllung einer kundenbezogenen Funktion, ist für das betreffende

Produktmerkmal eine Alternative zu suchen, von der keine negativen Wirkungen auf die kundenbezogenen Funktionen ausgehen.

Art der Wirkungsbeziehung	Symbol im House of Quality	Punktwert
Keine Beziehung		0
Unsichere Beziehung	□	1
Schwache Beziehung	◉	3
Starke Beziehung	●	9

Abb. 5.16: Symbole in der Bewertungsmatrix und ihr Punktwert

[7] Ermitteln der Bedeutung der Produktmerkmale

Aus den Gewichten der kundenbezogenen Funktionen und der Bewertung der Beziehungen zwischen den Produktmerkmalen und den kundenbezogenen Funktionen werden die **Gewichte der Produktmerkmale** ermittelt, die ihre relative Bedeutung für den Kunden widerspiegeln:

$$g_n = \frac{\sum_{j=1}^{J} \gamma_j \cdot p_{jn}}{\sum_{m=1}^{N} \sum_{j=1}^{J} \gamma_j \cdot p_{jm}} \quad \text{für } n = 1, \ldots, N,$$

mit g_n = Gewicht des Produktmerkmals n (n = 1, ..., N),
γ_j = Gewicht der kundenbezogenen Funktion j (j = 1, ..., J),
p_{jn} = Punktwert für den Beitrag des Produktmerkmals n für die Erfüllung der kundenbezogenen Funktion j.

Diese Gewichte der Produktmerkmale können bei der Planung der Funktionenkostenziele als Funktionengewichte für die Berechnung der zulässigen Funktionenkosten verwendet werden (vgl. Hauser/Clausing (1988), S. 67 f.). Eingetragen werden die Gewichte in die letzte Zeile der **technischen Matrix** im House of Quality (vgl. Abb. 5.17).

	○	↑	↓	○	↑	↓	↑	○	○	↑	○	○	○	↑
Produktmerkmale / Kundenbezogene Funktionen	Wasser speichern	Wasserstand anzeigen	Wasser filtern	Wasser erhitzen	Brühvorgang verschließen	Bitterstoffe zurückhalten	Kaffee warm halten	Kaffeesatz geschlossen entnehmbar	Filterträger entnehmbar	Signal für Betriebszustand	Filterverschluss bei Kannenentnahme	Überhitzen verhindern	Oberfläche	Kabel verstauen
Aromatischer Kaffee		◉	●	●	●	●								
Heißer Kaffee				●	□		●							
Schnelle Zubereitung	◉	●		●										
Kaffeemenge variierbar	◉	◉												
Platzsparendes Aufstellen														●
Eignet sich zum Servieren													●	
Einfaches Zuführen des Kaffeemehls									◉					
Einfaches Zuführen des Wassers		●												
Einfaches Zuführen des Filters								●						
Einfaches Reinigen								●	◉		□			
Kein Spritzen					●									
Kein Tropfen bei Kannenentnahme											●			
Kein Verbrennen										●				
Keine Brandgefahr										□		●		
Kein Stromschlag										□				
Schwierigkeitsgrad	1	2	5	2	3	5	3	2	3	2	4	4	2	2
Zielwerte	8 Tassen	Gut sichtbar	Härtegrad 1	1250 Watt	Spritzdicht	Bitterstoffgehalt 50 %	4 Stunden	Kein Kaffeesatz in der Maschine	Einfache Handhabung	Sichtweite 6 m	Automatisch	Automatisch	Einfarbig	1 m
Gut					▲					▲				●
▲ Eigenes Produkt	▲		●			▲		●			●	●	●	
● Produkt des	●	▲	▲	▲		●	▲		▲					▲
Wettbewerbers							●		●				▲	
Schlecht		●		●	●			▲		●	▲	▲		
Relative Bedeutung für den Kunden	42	151	77	185	172	77	37	141	47	69	46	92	76	41
	3,4	12,0	6,1	14,8	13,7	6,1	3,0	11,3	3,7	5,5	3,7	7,3	6,0	3,2

Abb. 5.17: Bewertungsmatrix und technische Matrix im House of Quality

Beispiel 5.6: Berechnung der Gewichte g_n

Für das Produktmerkmal „Wasserstand anzeigen" ergibt sich das folgende Gewicht, wobei die Gewichte für die kundenbezogenen Funktionen der Abb. 5.14 entnommen sind:

$$\gamma = \frac{3\cdot 8,5 + 9\cdot 8,0 + 3\cdot 6,0 + 9\cdot 3,9}{(3\cdot 8,0 + 3\cdot 6,0) + \ldots + (9\cdot 4,5)}\cdot 100 = \frac{150,6}{1.250,3}\cdot 100 = 12,0\ \%$$

[8] Technische Beurteilung der Konkurrenzprodukte

Im achten Schritt werden die Produktmerkmale mit denen der Konkurrenzprodukte verglichen. Werden die Ergebnisse den Erkenntnissen aus dem Vergleich der kundenbezogenen Funktionen in Schritt 2 gegenübergestellt, können Hinweise darüber gewonnen werden, ob die kundenbezogenen Funktionen bei der Ermittlung der Produktmerkmale angemessen berücksichtigt worden sind. Dies ist nicht der Fall, wenn das Produkt aus technischer Sicht deutlich besser oder schlechter als aus Kundensicht beurteilt wird (vgl. Pfeifer (2001), S. 318 f.). In Abb. 5.17 findet sich dieser Vergleich in der dritten Zeile der technischen Matrix.

[9] Ermitteln der technischen Schwierigkeiten

In diesem Schritt werden die Schwierigkeiten, die bei der Realisation jedes einzelnen Produktmerkmals beim Stand der Entwicklung und der zur Verfügung stehenden Technologien zu erwarten sind, mit Punktwerten von 1 (einfach) bis 5 (schwierig) bewertet. Diese Werte werden in die erste Zeile der technischen Matrix eingetragen (vgl. Abb. 5.17). Die Bewertung ist den Gewichten für die relative Bedeutung der Produktmerkmale gegenüberzustellen. Produktmerkmale, die eine geringe Bedeutung haben, aber nur mit erheblichen Schwierigkeiten realisiert werden können, sollten durch einfacher zu realisierende Produktmerkmale ersetzt werden (vgl. Pfeifer (2001), S. 318).

[10] Festlegen der Zielwerte für die Produktmerkmale

Für jedes Produktmerkmal wird im zehnten Schritt ein Zielwert festgelegt. Hierzu werden die technischen Produktmerkmale zunächst den Kategorien des Kano Modells zugeordnet. Das **Kano-Modell** unterscheidet drei Kategorien produktbezogener Funktionen:

- die Basismerkmale,
- die Begeisterungsmerkmale und
- die Leistungsmerkmale.

Basismerkmale des Produkts decken die grundlegenden Bedürfnisse des Kunden ab, d. h., sie werden vom Kunden als selbstverständlich angesehen. Sie sind deshalb nicht geeignet, die Kundenzufriedenheit zu steigern. Das Fehlen dieser Merkmale führt jedoch zur Unzufriedenheit der Kunden. Als Beispiel können die durch gesetzliche Sicherheitsbestimmung geforderten Merkmale bei einem Fahrzeug genannt werden. **Begeisterungsmerkmale** befriedigen verborgene Kundenbedürfnisse. Die Befriedigung dieser Bedürfnisse hält der Kunde entweder für technisch nicht machbar oder für unbedeutend (vgl. Ficalora/Cohen (2009), S. 338 ff.) und wird von ihm nicht erwartet. Das Fehlen eines Begeisterungsmerkmals wird vom Kunden deshalb auch nicht bemerkt. Sind sie dagegen vorhanden, lösen sie beim Kunden Begeisterung aus. Das Service Center, das bei einem Fahrzeug die Kontrolle und das Nachfüllen von Öl und Wasser für die Scheibenwaschanlage ohne Öffnen der Motorhaube in bequemer und sauberer Weise erlaubt, ist ein solches Begeisterungsmerkmal. **Leistungsmerkmale** befriedigen geäußerte Kundenbedürfnisse und werden vom Kunden gewünscht. Mit jeder Verbesserung bei diesen Merkmalen kann die Kundenzufriedenheit erhöht werden. Der Kraftstoffverbrauch eines Fahrzeugs ist ein solches Leistungsmerkmal (vgl. Ficalora/Cohen (2009), S. 47 ff.).

Für die Produktmerkmale in der Gruppe der **Basismerkmale** sind die Zielwerte durch die Erwartungen der Kunden vorgegeben. Die Zielwerte der **Begeisterungsmerkmale** werden unter Abwägung der relativen Bedeutung für die Kunden und der bei der Realisation zu erwartenden Schwierigkeiten festgelegt. Bei der Zielbildung für die **Leistungsmerkmale** sind neben der Bedeutung und der Schwierigkeit auch die Ausprägungen des Produktmerkmals beim Konkurrenzprodukt zu berücksichtigen (vgl. Ficalora/Cohen (2009), S. 47 ff., 219). Einzelne Produktmerkmale können Zielwerte haben, die unterhalb der Ausprägungen bei den Konkurrenzprodukten liegen. Insgesamt müssen die Zielwerte der Produktmerkmale so festgelegt werden, dass das Produkt die Kundenbedürfnisse besser erfüllt als die Konkurrenzprodukte. Die Zielwerte werden in der zweiten Zeile der technischen Matrix dokumentiert (vgl. Abb. 5.17). Mit diesem Schritt sind die Funktionalität und Qualität des Produkts definiert.

5.3.2 Instrumente der kostenorientierten Konstruktion

Die kostenorientierte Konstruktion verlangt das Erarbeiten von Kostensenkungsvorschlägen sowie das Ermitteln der Kostenwirkungen aller Alternativen bei den Entscheidungen über die Produktmerkmale. Zur Unterstützung dieser Aufgaben können die in Abb. 5.18 genannten Instrumente eingesetzt werden.

Erarbeitung von Kostensenkungsvorschlägen	Ermittlung der Kostenwirkungen von Konstruktionsalternativen
▪ Reverse Engineering ▪ Wertanalyse	▪ Kostentabellen ▪ Relativkostenkataloge ▪ Grenzstückzahlen ▪ Kostenorientierte Konstruktionsrichtlinien

Abb. 5.18: Instrumente der kostenorientierten Konstruktion

5.3.2.1 Reverse Engineering für die Erarbeitung von Gestaltungsalternativen

Das **Reverse Engineering** ist das Zerlegen eines Produkts in seine Bestandteile und die detaillierte Analyse seiner Materialien, Komponenten und Funktionen, der Oberflächen und des Zusammenwirkens seiner Komponenten sowie seiner Herstellungs- und Montageprozesse (vgl. Cooper/Slagmulder (1997), S. 340).

Es dient verschiedenen Funktionen und kann in allen Phasen der kostenorientierten Produktplanung zum Einsatz gelangen. Als **Funktionen** des Reverse Engineering werden genannt (vgl. Richardson (1988), S. 175):

- die Zielsetzungsfunktion,
- die Erkenntnisfunktion sowie
- die Prognosefunktion.

Die **Zielsetzungsfunktion** des Reverse Engineering besteht in der Identifikation von Leistungslücken gegenüber den Wettbewerbern. Mit den Informationen über diese Leistungslücken können die Produktplanung, die Planung der Produktkostenziele sowie die langfristige Fertigungsvorbereitung unterstützt werden. Die Suche nach kostengünstigen oder innovativen Lösungen für die Erfüllung von Produktfunktionen oder die Gestaltung einzelner Komponenten bilden den Gegenstand der **Erkenntnisfunktion**. Die **Prognosefunktion** zielt auf die Gewinnung von Informationen zur Beurteilung der Realisierbarkeit von Produktkostenzielen, die für die Ermittlung der minimalen Produkt- und Funktionenkosten erforderlich sind.

Das Reverse Engineering vollzieht sich in den beiden folgenden **Phasen**:

- Zerlegung des Produkts und
- Analyse seiner Teile.

Das Produkt wird schrittweise in immer kleinere Baugruppen **zerlegt**, bis die Ebene der Einzelteile erreicht ist. Die Merkmale der sich ergebenden Komponenten werden bei jedem dieser Schritte erfasst und detailliert dokumentiert. Für die **Analyse** werden neben dieser Dokumentation weitere Informationen benötigt, z. B. Informationen über die Produktion, die Maschinenausstattung, die Organisation, die Produktionsmengen und die Lieferanten. Durchgeführt wird das Reverse Engineering von multidisziplinär zusammengesetzten Teams mit Mitgliedern aus der Produkt- und Prozessentwicklung, der Produktion, der Beschaffung und der Kostenrechnung (vgl. Aalbregtse (1993), S. D2-9 f.).

Objekte des Reverse Engineering können die Produkte ausgewählter Wettbewerber oder Produkte der Unternehmung sein. Nach diesen Objekten werden

- das wettbewerberorientierte Reverse Engineering und
- das interne Reverse Engineering

unterschieden. Das **wettbewerberorientierte Reverse Engineering** analysiert die Produkte der Wettbewerber, um Kostensenkungspotentiale zu identifizieren und Kostensenkungsideen für Produkte zu generieren. Funktion des **internen Reverse Engineering** ist das Generieren von Ideen zur Reduktion der Komplexität des Produktionsprogramms der Unternehmung. Es umfasst die Zerlegung von Produkten der Unternehmung und den Vergleich ihrer Komponenten. In der Unternehmungspraxis haben sich mehrere Methoden des Reverse Engineering herausgebildet, mit denen verschiedene Ziele verfolgt werden (vgl. Cooper/Slagmulder (1997), S. 241 ff.). Abb. 5.19 gibt einen Überblick über diese Methoden.

Methoden des wettbewerberorientierten Reverse Engineering	Methoden des internen Reverse Engineering
▪ Statisches Teardown ▪ Dynamisches Teardown ▪ Kosten-Teardown ▪ Material-Teardown	▪ Prozess-Teardown ▪ Matrix-Teardown[1] ▪ Stückgewicht-Teardown ▪ Gruppenschätzung

1 Instrument des Potential-Kaizen in der Marktphase der Produkte

Abb. 5.19: Methoden des Reverse Engineering

Das **statische Teardown** ist die Basismethode des Reverse Engineering. Es sieht lediglich die Zerlegung der Produkte von Wettbewerbern in Einzelteile vor. Mit Einsatz dieser Methode kann dem mit der Produktplanung betrauten Projektteam die Gelegenheit gegeben werden, die Unterschiede zwischen den eigenen Produkten und den Produkten der Wettbewerber zu erkennen. Beim **dynamischen Teardown** werden die Produkte der Wettbewerber zerlegt, um Montageprozesse nachvollziehen zu können. Ziel dieser Analyse ist es, die Anzahl der erforderlichen Montageoperationen zu reduzieren und die Ausführungszeiten der einzelnen Vorgänge zu verkürzen. Das **Kosten-Teardown** unterstützt die Identifikation von Komponenten mit Kostensenkungspotentialen. Es sieht einen Vergleich der Produktkosten der Komponenten des Produkts mit denen der Konkurrenzprodukte vor sowie eine Analyse der festgestellten Kostenunterschiede. Gegenstand des **Material-Teardown** ist die Suche nach kostengünstigeren Alternativen für die Gestaltung der Komponenten eines Produkts durch den Vergleich mit den Materialien und Oberflächen der Komponenten von Produkten der Wettbewerber (vgl. Cooper (1995), S. 178).

Das **Prozess-Teardown** besteht aus einem Vergleich der Produktionsprozesse ähnlicher Komponenten der Produkte im Produktionsprogramm der Unternehmung, um fertigungstechnische Unterschiede zwischen den Produkten und ihren Varianten zu reduzieren. Das langfristige Ziel dieser Methode ist es, die verschiedenen Produkte, Produktvarianten oder Komponenten auf denselben Produktionslinien herstellen zu können. Das **Stückgewicht-Teardown** dient der Identifikation von Kostensenkungspotentialen. Bei dieser Methode werden die Komponenten, die nach ähnlichen Verfahren gefertigt werden, jeweils zu einer Gruppe zusammengefasst. Anschließend werden für die Komponenten einer Gruppe die Kosten pro Kilogramm berechnet, um die Komponenten zu bestimmen, deren Kosten pro Kilogramm den Durchschnitt in der Gruppe deutlich übersteigen. Für diese werden die Ursachen der Abweichungen analysiert und Vorschläge für die Senkung der Kosten erarbeitet. Die Methode der **Gruppenschätzung** fasst die Komponenten mit ähnlichen Funktionen zu Gruppen zusammen. In einer Unternehmung der Autoindustrie wurde beispielsweise aus dem Kühlwasserbehälter und dem Tank für die Scheibenwaschanlagen die Gruppe „Aufbewahrung von Flüssigkeiten“ gebildet. Um Kostensenkungspotentiale zu identifizieren, werden die Komponenten ausgewählt, deren Kosten deutlich über dem Durchschnitt der Gruppe liegen. Diese Komponenten werden anschließend mit den anderen Komponenten der Gruppe verglichen, um Kostensenkungsvorschläge zu generieren (vgl. Cooper (1995), S. 178 f.).

5.3.2.2 Instrumente für die Bereitstellung von Kosteninformationen

Kostentabellen sind meist computergestützte Datenbanken, welche über die Wirkungen verschiedener Ausprägungen von Kosteneinflussgrößen auf die Kosten eines Produkts, einer Funktion oder einer Komponente informieren.

In Kostentabellen werden alle Ausprägungen der Kosteneinflussgrößen berücksichtigt und nicht nur die in der Unternehmung aktuell realisierten. Die Angaben in den Kostentabellen beziehen sich auf die **absoluten Kosten** (vgl. Yoshikawa/Innes/Mitchell (1990), S. 31).

Kostentabellen stellen Informationen für folgende **Zwecke** bereit:

- Preisverhandlungen mit Lieferanten,
- Vergleich der Kosten von Gestaltungsalternativen für die Entscheidungsfindung und

- Schätzung der Produktkosten für die Produktkostenplanung und -kontrolle.

Ursprünglich wurden Kostentabellen als Grundlage für Preisverhandlungen mit Lieferanten erstellt, um zu einem kostengerechten Preis zu gelangen. Heute werden sie vor allem zur Unterstützung von Entscheidungen in der Entstehungsphase sowie beim Produkt-Kaizen in der Marktphase der Produkte eingesetzt. Kostentabellen stellen Informationen für Entscheidungen über das zu gestaltende Produkt und den Erstellungs- und Verwertungsprozess bereit. Sie eignen sich auch zur Ermittlung der geschätzten und minimalen Produkt-, Funktionen- und Komponentenkosten für die Produktkostenplanung sowie zur Bestimmung der Wird-Produktkosten des Produkts, seiner Funktionen und Komponenten für die Produktkostenkontrolle. Nach dem Zweck der Informationsbereitstellung werden die in Abb. 5.20 genannten **Arten** von Kostentabellen unterschieden (vgl. Yoshikawa/Innes/Mitchell/Tanaka (1993), S. 88 ff.).

Bereich	Kostentabelle
Entwicklung	▪ **Kostentabellen für die Produktkonzeptplanung** Sie geben Auskunft über die Kostenwirkungen alternativer Hauptfunktionen eines Produkts. ▪ **Kostentabellen für das Konzipieren** Sie informieren über die Kostenwirkungen der Funktionen in Abhängigkeit vom verwendeten Lösungsprinzip. ▪ **Kostentabellen für das Entwerfen** Sie enthalten Angaben zu den Kosten alternativer Komponenten zur Umsetzung eines Lösungsprinzips. ▪ **Kostentabellen für das Ausarbeiten** Sie weisen die Kosten einer Komponente für verschiedene Materialarten, Gestaltzonen, Toleranzen, Beschichtungen usw. aus.
Produktion	▪ **Kostentabellen der langfristigen Verfahrenswahl** Sie unterstützen Entscheidungen über die einzusetzenden Fertigungsverfahren und das Werk, in dem ein Produkt gefertigt werden soll, sowie Entscheidungen zwischen Eigenfertigung und Fremdbezug von Komponenten. ▪ **Kostentabellen der kurzfristigen Verfahrenswahl** Sie enthalten Angaben zu den Kosten der Produktion auf verschiedenen Maschinen in Abhängigkeit von der geplanten Menge.
Beschaffung	▪ **Kostentabellen für die Beschaffung** Sie stellen Informationen für Verhandlungen mit den Lieferanten bereit. Die Kosten werden unter der Annahme ermittelt, dass die zu beschaffenden Komponenten mit dem kostengünstigsten Verfahren auf der kostengünstigsten Maschine produziert werden. ▪ **Kostentabellen für Gussformen und Werkzeuge** Es handelt sich hierbei um eine Sonderform der Kostentabelle für die Beschaffung. Sie unterstützt Preisverhandlungen mit Lieferanten für Gussformen oder Werkzeuge.
Vertrieb	**Kostentabellen für den Vertrieb** Sie enthalten Angaben zu den Kosten alternativer Vertriebskanäle.

Abb. 5.20: Arten von Kostentabellen

Nach dem **Aufbau** werden

- summarische (approximate cost table, top-down approach) und
- differenzierte (detailled cost table, bottom-up approach) Kostentabellen

unterschieden (vgl. Yoshikawa/Innes/Mitchell/Tanaka (1993), S. 91 ff.). **Summarische Kostentabellen** geben für jede Ausprägung der Kosteneinflussgrößen die gesamten Kosten des Produkts, der Funktion oder der Komponente an. Zur Anwendung gelangen sie bei der Unterstützung von Entscheidungen über Produktmerkmale in den frühen Phasen des Produktplanungsprozesses. Erstellt werden sie mit den Verfahren der konstruktionsbegleitenden Kalkulation (vgl. Gleich (1996), S. 50). In **differenzierten Kostentabellen** werden die Kostenwirkungen von Kosteneinflussgrößen für wichtige Kostenkategorien getrennt ausgewiesen, wie z. B. für die Materialeinzelkosten, die Fertigungskosten, die produktnahen Gemeinkosten sowie die Entwicklungskosten. Erstellt werden sie auf der Grundlage einer Plankostenrechnung für die Unterstützung von Entscheidungen in den späten Phasen des Produktplanungsprozesses, in Beschaffung, Produktion und Vertrieb.

Ein wichtiger **Vorteil** der Kostentabellen ist, dass sie einfach und ohne großen Zeitaufwand ausgewertet werden können. Hinzu kommt, dass beim Erstellen der Kostentabellen Erkenntnisse über die Kosteneinflussgrößen gewonnen werden (vgl. Yoshikawa/Innes/Mitchell (1990), S. 36). Diese lenken die Aufmerksamkeit der Mitarbeiter in den Projekt- und Entwicklungsteams auf die Gestaltungsbereiche, die für die Höhe der Produktkosten kritisch sind (vgl. Scholl (1998), S. 130). **Problematisch** ist jedoch der große Aufwand, der mit der Erstellung und Pflege von Kostentabellen verbunden ist. Yoshikawa/Innes/Mitchell/Tanaka ((1993), S. 104 f.) bemerken dazu, dass in Unternehmungen mit ca. 6000 Mitarbeitern in der Produktion zwei bis drei Mitarbeiter eingesetzt werden müssen, um die Kostentabellen zu erstellen und zu pflegen. Dennoch sind Kostentabellen in der japanischen Unternehmungspraxis weit verbreitet. Eine Befragung ergab, dass nahezu 90 % der Unternehmungen Kostentabellen verwenden (vgl. Tani/Kato (1994), S. 209).

Wie die Kostentabellen sind Relativkostenkataloge Datenbanken, die über die Kostenwirkungen der Ausprägungen von Kosteneinflussgrößen auf die Kosten eines Produkts, einer Funktion oder einer Komponente informieren (vgl. Scholl (1998), S. 127). Sie basieren jedoch nicht auf absoluten, sondern auf **relativen Kostengrößen**. Relativkosten dienen dem Vergleich der Kosten technisch gleichwertiger Lösungsalternativen und sollen die Mitarbeiter in den Projekt- und Entwicklungsteams schnell und zuverlässig zur kostengünstigsten Lösungsalternative führen. Relativkosten dienen nur der Entscheidungsunterstützung, nicht jedoch der Unterstützung von Preisverhandlungen oder der Schätzung von Produktkosten (vgl. Eberle/Heil (1992), S. 786 f.).

Relativkosten sind die auf die Kosten eines Bezugsobjekts bezogenen Kosten einer Gestaltungsalternative (vgl. Eberle/Heil (1992), S. 784 ff.):

$$RK_i = \frac{K_i}{K_0}$$

wobei RK_i = Relativkosten der Gestaltungsalternative,
K_i = Kosten der Gestaltungsalternative,
K_0 = Kosten des Bezugsobjekts.

Bei dem **Bezugsobjekt** kann es sich um die kostengünstigste oder die am häufigsten verwendete Gestaltungsalternative handeln. Relativkosten können grundsätzlich für alle Produktmerkmale gebildet werden, über die im Produktplanungsprozess entschieden wird, z. B. für Baugruppen, Gestaltzonen (Werkstückkanten, Bohrungen, Oberflächenbeschaffenheit, Beschichtungen usw.), Werkstoffe und Halbzeuge. Aus Gründen der Wirtschaftlichkeit werden sie jedoch nur für **ausgewählte Produktmerkmale** erstellt, z. B. für Produktmerkmale, die einen hohen Einfluss auf die Produktkosten haben, die in Produkten häufig auftreten oder für die es eine Vielzahl technisch gleichwertiger Alternativen gibt (vgl. Eberle/Heil (1992), S. 786). Berechnet werden die Relativkosten in der Regel aus den **Herstellkosten** (vgl. Ehrlenspiel (1985), S. 272).

Der **Vorteil** relativer gegenüber absoluten Kostenwerten wird darin gesehen, dass sie bei Kostenänderungen seltener aktualisiert werden müssen. Das setzt jedoch voraus, dass die Kosten der Gestaltungsalternativen und des Bezugsobjekts identische Steigerungsraten aufweisen. Relative Kostenwerte weisen den **Nachteil** auf, dass sie sich zwar für den Alternativenvergleich, nicht jedoch für die Schätzung der Produktkosten eignen.

Ein **Grenzstückzahlenkatalog** ist eine Datenbank für die kostenorientierte Auswahl des Verfahrens, nach dem das geplante Produkt hergestellt werden soll. Grenzstückzahlen geben an, ab welcher Produktionsmenge ein bestimmtes Fertigungsverfahren günstiger ist als alternative Fertigungsverfahren (vgl. Ehrlenspiel/Kiewert/Lindemann (2007), S. 221 f.).

Benötigt werden Grenzstückzahlen, wenn zur Herstellung eines Produkts mehrere alternative Fertigungsverfahren zur Verfügung stehen, die sich in ihrer **Kostenstruktur** unterscheiden. Fertigungsverfahren, die hohe variable Stückkosten und geringe Fixkosten verursachen, weisen bei geringen Stückzahlen geringere Gesamtkosten auf als Fertigungsverfahren mit hohen Fixkosten und geringen variablen Stückkosten. Bei hohen Stückzahlen kehrt sich die Vorteilhaftigkeit jedoch um (vgl. Abb. 5.21).

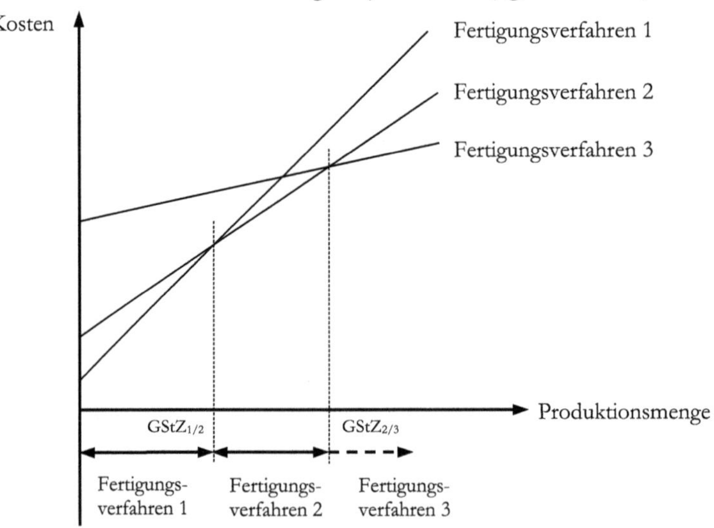

Abb. 5.21: Grenzstückzahlen

Bei **kostenorientierten Konstruktionsrichtlinien** handelt es sich um Aussagen über den wahrscheinlichen Zusammenhang zwischen den Produktkosten und den Ausprägungen von Produktmerkmalen oder Aktivitäten. Teilweise nennen sie auch die Randbedingungen, unter denen dieser Zusammenhang wahrscheinlich gilt.

Kostenorientierte Konstruktionsrichtlinien geben Erfahrungen wieder, die in verschiedenen Unternehmungsbereichen gesammelt worden sind. Sie weisen in der Regel nur auf die **Richtung der Lösungssuche** hin und enthalten keine Lösungsvorschläge. Es handelt sich um verbale Formulierungen, die z. B. durch Gut/Schlecht-Beispiele verdeutlicht oder durch überschlägige quantitative Aussagen ergänzt werden (vgl. Ehrlenspiel (1985), S. 267 f.). Abb. 5.22 nennt Beispiele für kostenorientierte Konstruktionsrichtlinien (vgl. Ehrlenspiel (1985), S. 269). Mit diesem Instrument können die Ermittlung der minimalen Produkt- und Funktionenkosten durch Aufdeckung von Kostensenkungspotentialen sowie das Generieren von Lösungsideen im Konstruktionsprozess unterstützt werden.

Beispiele für Richtlinien	Herkunft der Richtlinie
Eine unklare Aufgabenstellung erhöht die Entwicklungskosten.	Produktplanung
Wälzlager, die in PKWs eingesetzt werden, sind besonders preisgünstig.	Einkauf
Zahnräder können bis Qualität 7 kostengünstig gefräst werden. Höhere Qualität verursacht deutlich höhere Kosten.	Produktion

Abb. 5.22: Beispiele für kostenorientierte Konstruktionsrichtlinien

5.3.3 Konstruktionsbegleitende Kalkulation für die Produktkostenkontrolle

5.3.3.1 Grundlagen der konstruktionsbegleitenden Kalkulation

Die Produktkostenkontrolle wird **konstruktionsbegleitend**, d. h. parallel zum Konstruktionsprozess durchgeführt, indem die Wird-Produktkosten des Produkts, seiner Funktionen und Komponenten in allen seinen Phasen mit dem originären und den derivativen Produktkostenzielen verglichen werden. Für die Produktkostenkontrolle sind deshalb zu mehreren Zeitpunkten während des Konstruktionsprozesses die Wird-Produktkosten des Produkts, seiner Funktionen und Komponenten zu ermitteln (vgl. Kato/Böer/Chow (1995), S. 39).

Die **konstruktionsbegleitende Kalkulation** ist eine Teilrechnung der Kostenrechnung, in der die Produktkosten zu verschiedenen Zeitpunkten während des Konstruktionsprozesses aus Angaben zu Produktmerkmalen mit Kalkulationsverfahren ermittelt werden, die an den jeweiligen Detaillierungsgrad des Produktentwurfs angepasst sind.

Zur Berechnung der Kosten eines Produkts werden bei Einsatz der bekannte Kalkulationsverfahren (Zuschlags-, Maschinenstundensatz- oder Bezugsgrößenkalkulation) Informationen aus den Stücklisten (Materialverbrauch) und Arbeitsplänen (Maschinen- und Fertigungsstunden) des Produkts benötigt. Diese Unterlagen werden erst zum Ende des Konstruktionsprozesses oder während der sich anschließenden Fertigungsvorbereitung erstellt. Mit diesen Kalkulationsverfahren können deshalb nur die Kosten vollständig definierter Produkte ermittelt werden. Konstruktionsbegleitend müssen Produktkosten aus **Angaben zu Produktmerkmalen** ermittelt werden, die Produktentwürfen und Prototypen entnommen werden können, wie z. B. Funktionen, Abmessungen, Gewicht und Gestaltzonen (vgl. Friedl (2002), Sp. 969 f.). Um die Produktkosten aus den Daten des Produktentwurfs oder eines Prototyps bestimmen zu können, werden Prognose- oder Schätzverfahren benötigt.

Prognose- oder Schätzverfahren geben vor, welche Daten über das Produkt in die Ermittlung der Wird-Produktkosten einbezogen werden und wie diese ausgewertet werden sollen.

Während des Konstruktionsprozesses steigt der Detaillierungsgrad des Produktentwurfs an, d. h. nehmen der **Umfang und die Qualität der Daten** über die Produktmerkmale des Produkts zu. In die Ermittlung der Produktkosten muss der Datenzuwachs zwischen den Kontrollzeitpunkten stets einbezogen werden. Ein Prognose- oder Schätzverfahren kann grundsätzlich nur zu dem Zeitpunkt während des Konstruktionsprozesses eingesetzt werden, zu dem über die Ausprägungen der von ihm ausgewerteten Produktmerkmale entschieden worden ist. Vor diesem Zeitpunkt liegen die zur Prognose oder Schätzung erforderlichen Angaben zu den Produktmerkmalen nicht vor, danach kann ein weiterer Datenzuwachs nicht mehr einbezogen werden. Die Prognose- und Schätzverfahren müssen deshalb um Flexibilisierungsregeln ergänzt werden.

Die **Flexibilisierungsregeln** der konstruktionsbegleitenden Kalkulation legen fest, wie der Datenzuwachs zwischen zwei Kalkulationszeitpunkten in die Prognose oder Schätzung der Wird-Produktkosten einbezogen werden soll.

Der Einsatz differenzierter Verfahren der konstruktionsbegleitenden Kalkulation ist ein Schlüsselfaktor für den Erfolg der kostenorientierten Produktplanung (vgl. Kim/Ansari/Bell/Swenson (2002), S. 613). Neben der Produktkostenkontrolle zählen zu den **Rechnungszielen** der konstruktionsbegleitenden Kalkulation im Prozess der kostenorientierten Produktplanung auch

- die Ermittlung der geschätzten Produkt-, Funktionen- und Komponentenkosten im Prozess der Planung originärer und derivativer Produktkostenziele und
- die Bereitstellung von Informationen für die Bewertung von Lösungsalternativen im Prozess der kostenorientierten Konstruktion

(vgl. Yoshikawa/Innes/Mitchell/Tanaka (1993), S. 44 ff.). Weiterhin können die Verfahren der konstruktionsbegleitenden Konstruktion auch zur Prognose von Kosten für Zwecke der langfristigen Fertigungsvorbereitung, für Entscheidungen zwischen Eigenfertigung und Fremdbezug und für die Beurteilung von Kostenvoranschlägen von Lieferanten herangezogen werden (vgl. Scholl (1998), S. 29).

Die konstruktionsbegleitende Kalkulation kann folgenden **Prinzipien** folgen (vgl. Stewart (1991), S. 6):

- dem Top-down-Prinzip und
- dem Bottom-up-Prinzip.

Bei der konstruktionsbegleitenden Kalkulation nach dem **Top-down-Prinzip** werden die Produktkosten ermittelt, indem die Ist-Produktkosten von Ist-Produkten für die Ausprägungen von Produktmerkmalen im Produktentwurf, wie z. B. Größe, Gewicht oder Leistung, fortgeschrieben werden.

Ist-Produkte sind vollständig definierte Produkte im Marktzyklus, zu denen Informationen über die Produktkosten vorliegen.

Nach diesem Prinzip wird die konstruktionsbegleitende Kalkulation in den frühen Phasen des Produktplanungsprozesses durchgeführt, in denen der geringe Detaillierungsgrad des Produktentwurfs keine differenziertere Prognose der Produktkosten zulässt. Die Produktkosten werden bei der konstruktionsbegleitenden Kalkulation nach diesem Prinzip summarisch geschätzt.

Gelangt das **Bottom-up-Prinzip** zur Anwendung, folgt die konstruktionsbegleitende Kalkulation einem Schema der traditionellen Kostenträgerstückrechnung, z. B. dem der Zuschlags-, Maschinenstundensatz- oder Bezugsgrößenkalkulation. Für die Kalkulation der **Materialeinzelkosten** und der **Fertigungslöhne** eines Produkts werden der nach Materialarten und Lohngruppen differenzierte Material- und Arbeitszeitbedarf prognostiziert oder geschätzt und anschließend mit den erwarteten Preisen und Lohnsätzen bewertet. Die **Fertigungsgemeinkosten** werden über Maschinen- und Fertigungszeiten auf die Produkte verrechnet. Für die konstruktionsbegleitende Kalkulation werden die Maschinen- und Fertigungszeiten prognostiziert oder geschätzt und mit den Verrechnungssätzen aus der Kostenstellenrechnung multipliziert, um zu den auf das Produkt entfallenden Fertigungsgemeinkosten zu gelangen.

Die sonstigen **produktnahen Gemeinkosten**, wie z. B. Materialgemeinkosten, werden in der traditionellen Kostenträgerstückrechnung proportional zu monetären Bezugsgrößen auf die Produkte verrechnet. Beispiele für diese Bezugsgrößen sind die Materialeinzelkosten und die Herstellkosten. Bei diesem Vorgehen wird unterstellt, dass die produktnahen Gemeinkosten von denselben Produktmerkmalen abhängen wie die Kosten, zu denen sie proportional verrechnet werden. Die Materialgemeinkosten beispielsweise werden proportional zu den Materialeinzelkosten auf die Produkte verrechnet. Sie sind jedoch anders als die Materialeinzelkosten nicht von den Abmessungen, der Oberflächenbeschaffenheit, der Beschichtung usw. abhängig. Einflussgrößen auf die Materialgemeinkosten sind vielmehr Produktmerkmale, die den Umfang der Beschaffungsaktivitäten bestimmen, wie z. B. die Anzahl der zu beschaffenden Materialarten, Einzelteile und Baugruppen sowie der Anteil der Normteile und der Gleichteile an den zu beschaffenden Einsatzgütern. Bei Verrechnung produktnaher Gemeinkosten über monetäre Bezugsgrößen kann ihre Abhängigkeit von den Gestaltungsentscheidungen über die Produktmerkmale deshalb nicht erfasst werden (vgl. Friedl (2002), Sp. 974). Für die Zwecke der Produktkostenkontrolle sollten produktnahe Gemeinkosten deshalb nicht über monetäre Bezugsgrößen auf die Produkte verrechnet werden, sondern über Produktmerkmale, von denen sie abhängig sind. Die Verrechnung der produktnahen Gemeinkosten kann auch zur Einflussnahme auf die Mitarbeiter in den Entwicklungsteams genutzt werden, um ihr Arbeitsverhalten an den Produktkostenzielen auszurichten.

Beispiel 5.7: Verhaltenswirkungen der Verrechnung produktnaher Gemeinkosten

Von einer japanischen Unternehmung wird berichtet, dass sie bei der Kalkulation der Wird-Produktkosten für die Kontrolle der Produktkostenziele die produktnahen Gemeinkosten über die Anzahl der Variantenteile im Produktentwurf verrechnet, um die Mitarbeiter in den Entwicklungsteams zur Verwendung von Gleichteilen zu motivieren. Variantenteile sind Komponenten, die in kein weiteres Produkt der Unternehmung eingehen. Dem Produkt werden bei Verrechnung der produktnahen Gemeinkosten über die Variantenteile im Produktentwurf umso höhere Gemeinkosten zugerechnet, je geringer die Anzahl der Gleichteile ist (vgl. Hiromoto (1989), S. 318). Damit trägt die Verwendung von Gleichteilen zur Erreichung der Produktkostenziele bei (zur Kritik an dieser Vorgehensweise vgl. Wagenhofer/Riegler (1994), S. 464, 479 ff.).

Das Kalkulationsschema in Abb. 5.23 zeigt ein Beispiel für die **Struktur der konstruktionsbegleitenden Kalkulation** nach dem Bottom-up-Prinzip. Sie erfordert detaillierte Informationen über das Produkt und seine Produktionsstruktur. Diese Informationen liegen erst in späteren Phasen des Produktplanungsprozesses vor. Die Produktkosten eines Produkts können deshalb erst in den letzten Phasen des Produktplanungsprozesses nach dem Bottom-up-Prinzip ermittelt werden.

	Materialeinzelkosten	$\sum_{n=1}^{N} q_n \cdot r_{ni}$
+	Produktnahe Materialgemeinkosten	$k_{ET} \cdot ET_i$
=	Materialbezogene Produktkosten	
+	Fertigungszeitabhängige Fertigungskosten der Fertigungsstelle A	$k_A \cdot FZ_{Ai}$
+	Maschinenzeitabhängige Fertigungskosten der Fertigungsstelle B	$k_B \cdot MZ_{Bi}$
+	Maschinenzeitabhängige Fertigungskosten der Fertigungsstelle C	$k_C \cdot MZ_{Ci}$
=	Fertigungskosten	
+	Produktnahe Restgemeinkosten	$k_{VT} \cdot VT_i$
=	Produktkosten	

Mengengrößen: r_{ni} = Verbrauch der Materialart n für eine Einheit des Produkts i, ET_i = Anzahl der Einkaufsteile in Produkt i, VT_i = Anzahl der Variantenteile in Produkt i; **Verrechnungssätze aus der Kostenrechnung:** k_A = Kosten einer Fertigungsminute in Kostenstelle A, k_B (k_C) = Kosten einer Maschinenminute in Kostenstelle B (C), k_{ET} = produktnahe Gemeinkosten eines Einkaufsteils, k_{VT} = produktnahe Gemeinkosten eines Variantenteils; **Zeitgrößen:** FZ_{Ai} = Fertigungszeit zur Bearbeitung einer Einheit des Produkts i in Kostenstelle A, MZ_{Bi} (MZ_{Ci}) = Maschinenzeit zur Bearbeitung einer Einheit des Produkts i in Kostenstelle B (C); **Sonstige Größen:** q_n = Preis der Materialart n (n = 1, ..., N).

Abb. 5.23: Beispiel einer konstruktionsbegleitenden Kalkulation nach dem Bottom-up-Prinzip

5.3.3.2 Verfahren der konstruktionsbegleitenden Kalkulation

Für die konstruktionsbegleitende Kalkulation sind Verfahren erforderlich, die zur Ermittlung der Produktkosten Daten aus dem Produktentwurf und den Prototypen auswerten und dabei den Datenzuwachs während des Konstruktionsprozesses einbeziehen. Verfahren der konstruktionsbegleitenden Kalkulation zeichnen sich damit durch **zwei Komponenten** aus, die Prognose- oder Schätzverfahren und die Flexibilisierungsregeln.

[1] Prognose- und Schätzverfahren

Prognose- und Schätzverfahren werden nach ihrer theoretischen Fundierung abgegrenzt. Mit **Schätzverfahren** werden die Produktkosten ohne Rückgriff auf einen naturwissenschaftlich-technisch oder statistisch begründeten Zusammenhang zwischen den Produktkosten und den sie beeinflussenden Produktmerkmalen ermittelt. Sie basieren auf Erfahrungen des Schätzers mit ähnlichen Situationen und sind damit weitgehend personengebunden (vgl. Ehrlenspiel/Kiewert/Lindemann (2007), S. 456 ff.). **Prognoseverfahren** nutzen dagegen einen naturwissenschaftlich-technisch oder einen statistisch begründeten Zusammenhang zwischen den Produktkosten und den Produktmerkmalen.

Es ist eine **Vielzahl von Prognose- und Schätzverfahren** zur konstruktionsbegleitenden Kalkulation vorgeschlagen worden, die hinsichtlich der folgenden drei Merkmale beschrieben werden können:

- Prognose- und Schätzgröße,
- Art der auszuwertenden Daten sowie
- Methode zur Auswertung der Daten.

Nach der **Prognose- oder Schätzgröße** werden die Verfahren zur Kostenermittlung sowie die Verfahren zur Mengen- und Zeitermittlung unterschieden. Mit den Verfahren der Kostenermittlung werden die Produktkosten oder einzelne Kategorien der Produktkosten prognostiziert oder geschätzt. Verfahren der Mengen- und Zeitermittlung gelangen bei der konstruktionsbegleitenden Kalkulation nach dem Bottom-up-Prinzip zur Anwendung. Mit diesen Verfahren werden der Materialverbrauch, die erforderlichen Arbeitszeiten sowie die Ausprägungen der Kalkulationsbezugsgrößen (z. B. Maschinen- und Fertigungszeiten) des geplanten Produkts prognostiziert oder geschätzt. Um zu den Produktkosten zu gelangen, wird die prognostizierte oder geschätzte Mengen- oder Zeitgröße mit dem zugehörigen Preis, Lohnsatz oder Verrechnungssatz multipliziert.

Wird die **Art der berücksichtigten Produktmerkmale** als Abgrenzungskriterium verwendet, kann zwischen

- funktionsorientierten Verfahren,
- Kurzkalkulationen und
- fertigungsorientierten Verfahren

differenziert werden. **Funktionsorientierte** Verfahren schätzen die Produktkosten auf der Grundlage geplanter Funktionen. Ausgewertet werden die produktbezogenen Funktionen, über die in der Produktkonzeptplanung entschieden wird. Benötigt werden diese Verfahren zur Ermittlung der geschätzten Produktkosten für die Planung der originären Produktkostenziele sowie für Entscheidungen über die produktbezogenen Funktionen in der Produktkonzeptplanung.

Die **Kurzkalkulationen** berücksichtigen nur Produktmerkmale, über die während der Konstruktion entschieden wird, wie z. B. Lösungsprinzipien, Wirkbewegungen und Wirkflächen, geometrische Merkmale, Oberflächenbeschaffenheit und Werkstoffe (vgl. VDI Verband Deutscher Ingenieure (1987), S. 31).

Fertigungsorientierte Verfahren werten zusätzlich auch fertigungstechnische Produktmerkmale aus, über die während der Fertigungsplanung entschieden wird, wie z. B. eingesetzte Maschinen, Werkzeuge, Vorrichtungen, Arbeitsfolgen und Maschineneinstellungen (Schnittgeschwindigkeit und -tiefe, Spindeldrehzahl usw.).

Zur **Auswertung der Daten** für die konstruktionsbegleitende Kalkulation ist eine Vielzahl verschiedener Methoden vorgeschlagen worden. Abb. 5.24 gibt einen Überblick über diese Methoden.

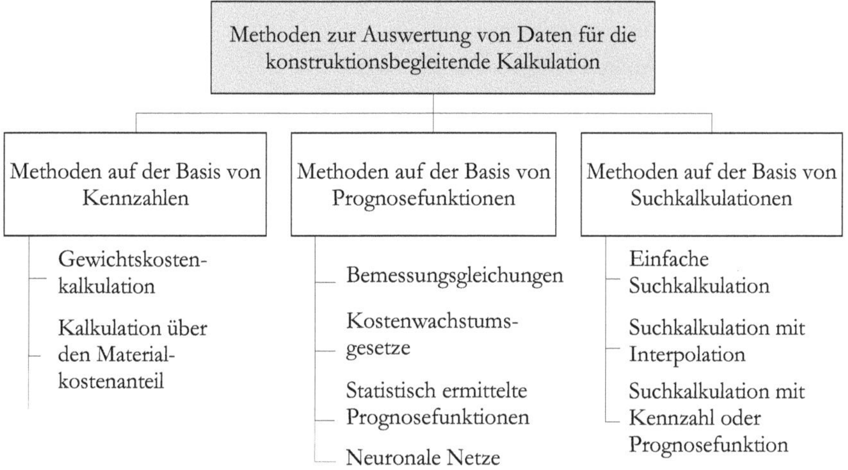

Abb. 5.24: Methoden zur Datenauswertung

Methoden auf der Basis von Kennzahlen werten zur Schätzung der Wird-Produktkosten nur Daten über ein einzelnes Merkmal des Produkts aus. Ermittelt werden die Wird-Produktkosten, indem die Ausprägung dieses Produktmerkmals mit einer Kennzahl multipliziert wird, welche die Produktkosten pro Maßeinheit dieses Produktmerkmals angibt. Als Beispiele für diese Methoden können die Gewichtskostenkalkulation und die Kalkulation über den Materialkostenanteil genannt werden. Bei der **Gewichtskostenkalkulation** werden als Kennzahl die Produktkosten pro Gewichtseinheit eines Bezugsprodukts verwendet. Das Bezugsprodukt ist ein gleichartiges Ist-Produkt, d. h. ein Ist-Produkt mit gleicher Konstruktion und Fertigung, mit gleichen Materialien und Stückzahlen. Die Wird-Produktkosten eines Produkts i werden mit Hilfe dieser Kennzahl wie folgt bestimmt:

$$PK_i = g_i \cdot \frac{PK_0}{g_0},$$

wobei PK_i = Wird-Produktkosten des Produkts i,
g_i = Gewicht des Produkts i,
0 = Index des Bezugsprodukts.

Für die **Kalkulation über den Materialkostenanteil** wird der Quotient aus den Produktkosten und den Materialeinzelkosten des Bezugsprodukts als Kennzahl verwendet. Bezugsprodukt ist ein Ist-Produkts mit weitgehend übereinstimmendem Verhältnis zwischen Material- und Fertigungskosten (vgl. Ehrlenspiel/Kiewert/Lindemann (2007), S. 460 ff.):

$$PK_i = MEK_i \cdot \frac{PK_0}{MEK_0},$$

wobei MEK_i = Materialeinzelkosten des Produkts i.

Methoden auf der Basis von Prognosefunktionen liegt eine ein- oder mehrvariablige Funktion zugrunde, die den Zusammenhang zwischen den Produktkosten, Mengen- oder Zeitgrößen und den sie beeinflussenden Produktmerkmalen abbildet. Nach der Begründung dieses Zusammenhangs können drei Typen von Prognosefunktionen unterschieden werden:

- die Bemessungsgleichungen,
- die Kostenwachstumsgesetze sowie
- die statistisch ermittelten Prognosefunktionen.

Eine **Bemessungsgleichung** ist eine technisch begründete mehrvariablige Prognosefunktion, die für eine bestimmte Produktkomponente die Gesetzmäßigkeiten zwischen der Prognosegröße und den Kosten beeinflussenden Produktmerkmalen abbildet. Bemessungsgleichungen sind sowohl für die Prognose der Produktkosten als auch der Mengen- und Zeitgrößen entwickelt worden. Sie zählen zu den Kurzkalkulationen, da sie ausschließlich Produktmerkmale als unabhängige Variable berücksichtigen, über die während des Konstruktionsprozesses entschieden wird (vgl. Ehrlenspiel/Kiewert/ Lindemann (2007), S. 462).

Wird bei Baureihen oder Varianten ausgehend von einem Grundprodukt ein größeres oder kleineres Folgeprodukt konstruiert, können zur Prognose der Produktkosten des Folgeprodukts Kostenwachstumsgesetze verwendet werden. Prognostiziert werden mit Kostenwachstumsgesetzen die größenabhängigen Bestandteile der Produktkosten, das sind insbesondere die Materialeinzelkosten, die Fertigungs- und Maschinenzeiten oder die von diesen Zeitgrößen abhängigen Fertigungsgemeinkosten. **Kostenwachstumsgesetze** bilden die gesetzmäßigen Beziehungen zwischen den Kosten beim Folgeprodukt und den Kosten beim Grundprodukt in Abhängigkeit von den Wachstumsquotienten der berücksichtigten Größenmerkmale (z. B. Höhe, Länge, Breite) ab. Der Wachstumsquotient eines Größenmerkmals ist definiert als Verhältnis seiner Ausprägungen beim Folge- und Grundprodukt:

$$\varphi_{mj} = \frac{m_j}{m_0},$$

wobei φ_{mj} = Wachstumsquotient des Größenmerkmals m für das Folgeprodukt j,
m_j = Ausprägung des Größenmerkmals m beim Folgeprodukt j,
m_0 = Ausprägung des Größenmerkmals m beim Grundprodukt.

Unterscheidet sich das Folgeprodukt vom Grundprodukt in drei Größenmerkmalen, so weist das Kostenwachstumsgesetz der zu prognostizierenden Größe G_j die folgende Struktur auf:

$$G_j = G_0 \cdot \varphi_{1j}^{e_1} \cdot \varphi_{2j}^{e_2} \cdot \varphi_{3j}^{e_3},$$

wobei G_j = Materialeinzelkosten, Fertigungs- oder Maschinenzeiten beim Folgeprodukt j,
G_0 = Ausprägung dieser Größe beim Grundprodukt.

Über die Exponenten der Wachstumsquotienten e_i (i = 1, 2, 3) wird die Stärke der Kostenänderung bei einer Änderung des jeweiligen Produktmerkmals berücksichtigt. Sie bilden die für eine Baureihe spezifischen Parameter des Kostenwachstumsgesetzes. Sie werden aus technischen Bestimmungsgleichungen abgeleitet oder durch die statistische Auswertung von Daten der betrachteten Baureihe ermittelt (vgl. Pahl/Rieg (1984), S. 40 ff.; Diels (1988), S. 31 ff.).

Der Anwendungsbereich von Bemessungsgleichungen ist auf die naturwissenschaftlich-technischen Zusammenhänge begrenzt, der von Kostenwachstumsgesetzen auf Baureihen. Statistisch ermittelte Prognosefunktionen können für jede beliebige Komponente hergeleitet werden, sofern Datensätzen zu ähnlichen Ist-Komponenten in ausreichender Zahl vorliegen. Mit **statistischen Methoden**, wie z. B. der Regressionsanalyse, werden aus diesen Datensätzen zum einen die Haupteinflussgrößen auf die Produktkosten bestimmt und die Parameter der Prognosefunktion für das durch den Datensatz begrenzte Komponentenspektrum berechnet. Mit dieser Prognosefunktion lassen sich anschließend die Produktkosten einer geplanten Komponente berechnen, die innerhalb des erfassten Komponentenspektrums liegt (vgl. Stewart (1995), S. 18). An die Stelle einer statistisch ermittelten Prognosefunktion kann auch ein **Neuronales Netz** treten, das mit den Daten ähnlicher Ist-Produkte trainiert worden ist (vgl. Becker (1996), S. 50 ff.). Um zu akzeptablen Prognosewerten zu gelangen, muss das Neuronale Netz mit den Datensätzen einer großen Zahl von Ist-Produkten trainiert werden. In bekannten Testanwendungen wurden mindestens 50 Datensätze benötigt. Die hohen Anforderungen an die Datenbasis grenzen den Einsatzbereich der Neuronalen Netze in der Unternehmungspraxis erheblich ein (vgl. Scholl (1998), S. 35).

Bei Anwendung einer Methode der **Suchkalkulation** werden aus der Menge der Ist-Produkte diejenigen ausgewählt, die dem geplanten Produkt in den Kosten beeinflussenden Produktmerkmalen am ähnlichsten sind. Bei der einfachsten Variante der Suchkalkulation werden die Produktkosten desjenigen Produkts als Wird-Produktkosten übernommen, das dem geplanten Produkt am ähnlichsten ist. Die Wird-Produktkosten des geplanten Produkts können aber auch aus den Produktkosten mehrerer ähnlicher Ist-Produkte durch Interpolation ermittelt werden. Schließlich ist es auch möglich, die Daten der ähnlichsten Ist-Produkte zu nutzen, um eine Kennzahl oder eine Prognosefunktion zu berechnen, um daraus die Produktkosten des geplanten Produkts zu ermitteln (vgl. Kiewert (1990), S. 360 ff.).

[2] Flexibilisierungsregeln

Der Umgang mit dem Datenzuwachs während des Konstruktionsprozesses kann folgenden **Prinzipien** folgen:

- Verwendung eines mehrvariabligen Prognose- oder Schätzverfahrens unter Einbeziehung vorläufiger Werte oder
- Verwendung mehrerer Prognose- oder Schätzverfahren.

Das erste Prinzip setzt ein **mehrvariabliges Prognose- oder Schätzverfahren** voraus, das Produktmerkmale auswertet, über die in verschiedenen Phasen des Konstruktionsprozesses entschieden wird. Um mit diesem Verfahren die Produktkosten bereits in frühen Phasen des Konstruktionsprozesses ermitteln zu können, werden für die noch unbestimmten Produktmerkmale vorläufige Werte eingesetzt. Mit zunehmendem Detaillierungsgrad des Produktentwurfs werden die vorläufigen durch die endgültigen Werte ersetzt. Als **vorläufige Werte** werden verwendet (vgl. Pickel (1989), S. 89 ff.):

- Ausprägungen, die aus bekannten Werten anderer Produktmerkmale des geplanten Produkts geschätzt werden,
- Ausprägungen der Produktmerkmale bei einem ähnlichen Ist-Produkt oder
- Ausprägungen, die besonders häufig auftreten.

Beim zweiten Prinzip für den Umgang mit dem Datenzuwachs werden die Produktkosten in jedem Kontrollzeitpunkt mit einem anderen Verfahren prognostiziert oder geschätzt. Benötigt werden damit **mehrere Prognose- oder Schätzverfahren**, die sich in Art und Anzahl der berücksichtigten Produktmerkmale unterscheiden.

5.3.3.3 Kosteninformationen für die konstruktionsbegleitende Kalkulation

Mit Verfahren der konstruktionsbegleitenden Kalkulation werden Produktkosten mit Daten aus Produktentwürfen und Prototypen ermittelt, indem Informationen über die Produktkosten von Ist-Produkten oder ihren Komponenten ausgewertet werden. Genutzt werden diese **Kosteninformationen** für

- die Berechnung der Kennzahlen bei Anwendung von Verfahren der Kurzkalkulation,
- die statistische Ermittlung von Prognosefunktionen,
- das Trainieren neuronaler Netze oder
- das Berechnen der Produktkosten von Ist-Produkten bei Einsatz von Verfahren der Suchkalkulation oder Bemessungsgleichungen.

Diese Auswertungsrechnungen verlangen, dass die Produktkosten der Ist-Produkte an die Bedingungen angepasst werden, unter denen das geplante Produkt produziert werden soll (vgl. Stewart (1995), S. 18). Für die konstruktionsbegleitende Kalkulation werden deshalb Informationen über die erwarteten Produktkosten der Ist-Produkte benötigt.

> Die **erwarteten Produktkosten** eines Ist-Produkts markieren das Niveau seiner Produktkosten bei Fertigung unter den Bedingungen, unter denen das neue Produkt hergestellt werden soll.

Die **Kostenrechnung der Unternehmung** ist aus zwei Gründen nicht für die Berechnung der erwarteten Produktkosten der Ist-Produkte geeignet: Zum einen werden die produktnahen Gemeinkosten und auch andere Kategorien der Produktkosten nicht getrennt ausgewiesen. Zudem bilden sie die aktuellen Produktionsbedingungen ab. Erforderlich ist eine Plankostenrechnung mit differenziertem Ausweis aller Kategorien der Produktkosten auf der Basis künftiger Einsatzgüterpreise, Lohn- und Gehaltssätze für die Produktionsbedingungen, die nach Umsetzung aller Maßnahmen zur Anpassung der Betriebsmittelausstattung und Produktionsstruktur an das neue Produkt vorliegen. Dieser Plankostenrechnung können auch die Gemeinkostenverrechnungssätze für die konstruktionsbegleitende Kalkulation nach dem Bottom-up-Prinzip entnommen werden.

Die Planung des Prozesses zur Fertigung des geplanten Produkts setzt detaillierte Produktentwürfe und Prototypen voraus. In den frühen Phasen des Produktplanungsprozesses können die erwarteten Produktkosten der Ist-Produkte deshalb nur für die **aktuellen Produktionsbedingungen** kalkuliert werden. Damit können auch nur die Produktkosten prognostiziert werden, die bei der Fertigung des geplanten Produkts unter den gegenwärtigen Produktionsbedingungen anfallen würden.

5.4 Wertanalyse als Instrument des produktorientierten Kostenmanagements

5.4.1 Grundidee der Wertanalyse

Zur Kennzeichnung der Wertanalyse werden konstitutive und sonstige Merkmale herangezogen (in Anlehnung an Schröder (1994), S. 154 ff.). Die **konstitutiven Merkmale** grenzen die Wertanalyse von anderen Konzepten zur Lösung komplexer interdisziplinärer Probleme ab, wie z. B. dem Benchmarking. Charakteristische Eigenschaften, welche die Wertanalyse mit anderen Konzepten gemeinsam hat, bilden die Gruppe der **sonstigen Merkmale.** Abb. 5.25 nennt die konstitutiven und sonstigen Merkmale der Wertanalyse (ähnlich bei Monden (1999), S. 248 f.).

Konstitutive Merkmale	Sonstige Merkmale
■ Streng funktionsorientierte Vorgehensweise ■ Wertsteigerung als Ziel	■ Systematischer Ablauf ■ Multidisziplinär zusammengesetzte Projektteams ■ Kombination verschiedener Methoden

Abb. 5.25: Merkmale der Wertanalyse

Unter Berücksichtigung dieser Merkmale kann die Wertanalyse als Instrument des **produktorientierten Kostenmanagements** wie folgt definiert werden:

Die **Wertanalyse** ist ein Verfahren zur Erarbeitung, Bewertung und Realisation neuer oder verbesserter Gestaltungsalternativen für ein Produkt mit dem Ziel der Wertsteigerung durch die systematische, methodengestützte Analyse und Beurteilung seiner Funktionen als Aufgabe eines multidisziplinär zusammengesetzten Teams.

Die Wertanalyse kann sowohl in der Entstehungsphase als auch in der Marktphase des Produktlebenszyklus eingesetzt werden. Der Einsatz der Wertanalyse bei der Entwicklung von Produkten wird als **Wertgestaltung** bezeichnet (vgl. DIN Deutsches Institut für Normung e. V. (1996), S. 3). Sie ist ein Instrument der kostenorientierten Produktplanung (vgl. Monden (1999), S. 247) und kann in allen Phasen dieses Prozesses eingesetzt werden. Nach der Phase, in der sie zum Einsatz gelangt, werden drei **Varianten** der Wertgestaltung unterschieden (vgl. Tani/Kato (1994), S. 206):

- das Zero-Look VE,
- das First-Look VE und
- das Second-Look VE.

Das **Zero-Look VE** (VE: Value Engineering) gelangt während der Produktkonzeptplanung und des Konzipierens zur Anwendung. Zweck dieses Verfahrens ist es, neue kunden- und produktbezogene Funktionen zu finden. Am Ende des Konzipierens und während der ersten Hälfte des Entwerfens werden **First-Look VEs** durchgeführt, um bereits realisierte Funktionen zu verbessern. Ab der zweiten Hälfte des Entwerfens wird das **Second-Look VE** eingesetzt. Es zielt auf eine Steigerung des Wertes bekannter Komponenten (vgl. Cooper (1995), S. 173 ff.). Abb. 5.26 gibt einen Überblick über die Methoden.

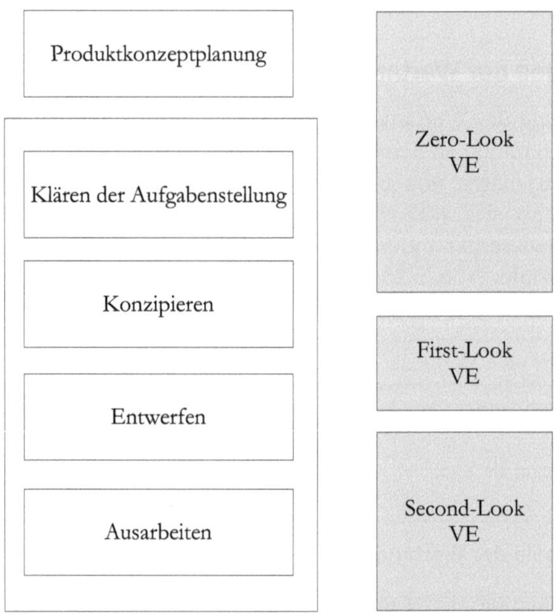

Abb. 5.26: Wertanalyse im Prozess der kostenorientierten Produktplanung

Bei Einsatz der Wertanalyse während der Marktphase wird von der **Wertverbesserung** gesprochen (vgl. Grün (1994), S. 472). Sie ist ein Instrument des Produkt-Kaizen (vgl. Monden (1999), S. 365; Cooper/Slagmulder (2005b), S. 286).

An der Durchführung von Wertanalysen sind folgende **Organisationseinheiten** beteiligt (in Anlehnung an Hoffmann (1983), S. 94 ff.; DIN Deutsches Institut für Normung e. V. (2002), S. 38):

- der Wertanalyse-Manager,
- der Wertanalyse-Ausschuss,
- die Wertanalyse-Teams sowie
- die Moderatoren der Wertanalyse-Teams.

Der **Wertanalyse-Manager** ist in einer koordinierenden und verwaltenden Stabsstelle der Unternehmungsleitung angesiedelt. Er koordiniert die Aktivitäten zwischen dem Wertanalyse-Ausschuss und den Wertanalyse-Teams, begleitet den Wertanalyse-Prozess, stellt die Kommunikation zwischen den betroffenen Bereichen sicher und ist für die Wertanalyse-Berichterstattung zuständig (vgl. Hoffmann (1983), S. 94 ff.).

Ein **Wertanalyse-Ausschuss** wird für die Planung und Durchführung von Projekten zur Gestaltung des Wertes der Produkte einer Produktgruppe gebildet. Aufgaben des Wertanalyse-Ausschusses sind (vgl. Hoffmann (1983), S. 96 f.; Zentrum Wertanalyse (1995), S. 488; VDI Verein Deutscher Ingenieure (2002), S. 14):

- der Abbau von Kreativitätshemmnissen,
- die Auswahl von Wertanalyse-Projekten und Festlegen der Reihenfolge ihrer Bearbeitung,
- das Zusammenstellen der Wertanalyse-Teams und die Benennung der Moderatoren,
- die Vorgabe der Wertanalyse-Budgets und die Freistellung der Mitarbeiter in den Wertanalyse-Teams von ihren Routine-Aufgaben,
- das Management der Wertanalyse-Projekte, d. h.
  - die Aufgaben- und Zeitplanung,
  - die Kontrolle des Projektfortschritts (Termin- und Kostenkontrolle, Trendaussagen zur Erreichung der Wertanalyse-Ziele),
  - das Entscheiden über Maßnahmen zur Sicherung der Zielerreichung oder den Projektabbruch, sowie
- das Beschaffen von Informationen für die Wertanalyse-Teams.

Ein **Wertanalyse-Team** besteht regelmäßig aus 4-8 Mitgliedern, die möglichst der gleichen Hierarchieebene angehören. In diesen Teams sollten alle Funktionsbereiche vertreten sein, die an der Erstellung und Verwertung des Wertanalyse-Objekts beteiligt sind. Teammitglieder sind in der Regel Mitarbeiter aus dem Absatzbereich, der Produktion, der Entwicklung und dem Controlling (vgl. Bucksch/Rost (1985), S. 357 ff.). Die Vielfalt der Denkstile und Erfahrungen in multidisziplinär zusammengesetzten Teams hat einen positiven Einfluss auf die kreative Leistung. Sie kann aber auch eine Informationsüberflutung verursachen und es den Mitgliedern erschweren, sich mit dem Team zu identifizieren und für den Teamerfolg verantwortlich zu fühlen. Die Zahl der in einem Wertanalyse-Team vertretenen Funktionsbereiche sollte deshalb in Grenzen gehalten werden. Teams mit starken sozialen Beziehungen zwischen den Mitgliedern streben nach Übereinstimmung, um die sozialen Beziehungen aufrechtzuerhalten. Es werden deshalb keine neuen Ideen erprobt und erfolgreiche Problemlösungen beibehalten. Zur Sicherung der kreativen Leistung sollten die Wertanalyse-Teams nachfolgender Wertanalyse-Projekte zumindest in einigen Positionen neu besetzt werden (vgl. Sethi/Smith/Park (2003), S. 8 f.). Geleitet werden die Wertanalyse-Teams von einem **Moderator**, der in der Durchführung von Wertanalysen erfahren ist (vgl. DIN Deutsches Institut für Normung e. V. (1996), S. 4).

An einem Wertanalyse-Projekt beteiligt sind weiterhin Vertreter der **betroffenen Bereiche** sowie der **Fachabteilungen**, denen die Umsetzung der Lösungsvorschläge obliegt. Bei der Wertanalyse von Produkten sind das z. B. die Konstruktion, die Arbeitsvorbereitung und die Werkzeugmacherei. Sie sind keine Mitglieder der Wertanalyse-Teams und leisten ihren Beitrag zur Durchführung des Wertanalyse-Projekts im Rahmen der ihnen durch die Primärorganisation zugewiesenen Aufgaben.

5.4.2 Merkmale der Wertanalyse

5.4.2.1 Funktionsorientierte Vorgehensweise

Die Wertanalyse zeichnet sich dadurch aus, dass das Produkt nicht anhand seiner Komponenten oder Lösungsprinzipien beschrieben wird, sondern anhand seiner Funktionen (vgl. DIN Deutsches Institut für Normung e. V. (2002), S. 30). **Zweck** dieser funktionsorientierten Vorgehensweise ist zum einen das Abstrahieren vom betrachteten Objekt, seinen Komponenten und den gewählten Lösungsprinzipien, um der Tendenz entgegenzuwirken, an Bewährtem festzuhalten und Alternativen bewusst auszuschließen. Durch die funktionsorientierte Vorgehensweise soll das Suchfeld für innovative, bessere oder kostengünstigere Lösungen erweitert werden (vgl. Jehle (1993), Sp. 4655). Zum anderen sollen durch die funktionsorientierte Betrachtung Kostensenkungspotentiale in der Form unnötiger, redundanter, unangemessener oder übertriebener Funktionen oder von Problemen bei der Umsetzung von Funktionen erkannt werden (vgl. Monden (1999), S. 248 f.).

Beispiel 5.8: Funktionsorientierte Vorgehensweise

Beispiele für die **Komponenten** einer Armbanduhr sind das Gehäuse, das Räderwerk, die Krone, die Zeiger, das Ziffernblatt usw. Wird eine Armbanduhr anhand dieser Merkmale beschrieben, wird das Suchfeld auf eine mechanische Armbanduhr mit Analoganzeige begrenzt. Der Betrieb einer Armbanduhr erfordert Energie. Sie kann auf mechanische (Aufziehen einer Zugfeder), elektrochemische (Batterie), elektrodynamische (AGS-Uhr) Weise oder durch die Umwandlung elektromagnetischer Strahlungsenergie in elektrische Energie (Solarzellen) zugeführt werden. Wird eines dieser **Lösungsprinzipien** zur Beschreibung der Armbanduhr herangezogen, ist allenfalls eine Verbesserung der Umsetzung dieses Lösungsprinzips möglich, jedoch keine wertsteigernder Übergang zu einem anderen Lösungsprinzip. Es wird vorgeschlagen, eine Armbanduhr anhand der **Funktionen** „Zeitablauf nachbilden" und „Zeitablauf darstellen" zu beschreiben (vgl. Gierse (1990), S. 30).

Beschrieben werden **Funktionen** durch ein Substantiv und ein Verb. Das Verb benennt die Tätigkeit, das Substantiv den Gegenstand der Tätigkeit (vgl. Miles (1964), S. 31). Um das Suchfeld zu erweitern, sollten möglichst Oberbegriffe gewählt werden. An die Stelle von „Zucker wiegen" sollte „Fließgut portionieren" treten. Nach dem Bezug zum Nutzer, der Art des befriedigten Bedürfnisses und der Wichtigkeit für den Nutzer werden in der Wertanalyse mehrere Arten von Funktionen unterschieden. Abb. 5.27 gibt einen Überblick über diese Funktionen.

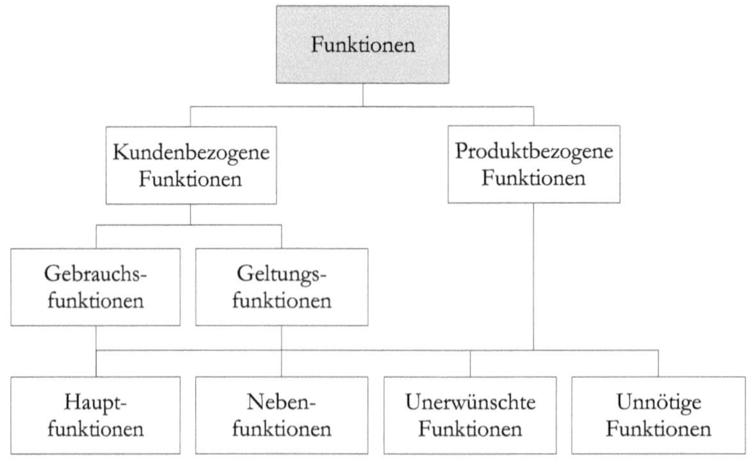

Abb. 5.27: Arten von Funktionen in der Wertanalyse

Nach dem **Bezug zum Nutzer** des Wertanalyse-Objekts wird in DIN EN 1325-1 (vgl. DIN Deutsches Institut für Normung e. V. (1996), S. 4) zwischen nutzerbezogenen (Grundfunktionen) und produktbezogenen Funktionen (Hilfsfunktionen) unterschieden. Hier soll die in Abschnitt 5.1.1.2 eingeführte Abgrenzung beibehalten werden. Diese unterscheidet zwischen kundenbezogenen und produktbezogenen Funktionen. **Kundenbezogene Funktionen** beschreiben die Wirkungen des Wertanalyse-Objekts, die zur Befriedigung der Kundenbedürfnisse beitragen. Nach diesen Bedürfnisses handelt es sich entweder um

- Gebrauchsfunktionen oder
- Geltungsfunktionen.

Gebrauchsfunktionen sind die technischen und wirtschaftlichen Wirkungen, die bei der Nutzung des Wertanalyse-Objekts zur Problemlösung beitragen. Beispiele für Gebrauchsfunktionen einer Armbanduhr sind „Zeitablauf nachbilden“, „Zeitablauf anzeigen“ und „Signal geben“. Die ausschließlich subjektiv wahrnehmbaren, personenbezogenen Wirkungen, die vornehmlich zur Befriedigung emotionaler, ästhetischer oder Prestige-Bedürfnisse oder zur Status-Kennzeichnung beitragen, werden als **Geltungsfunktionen** bezeichnet (vgl. Kern/Schröder (1978), S. 376). Geltungsfunktionen einer Armbanduhr sind z. B. „Tragekomfort erhöhen“, „Schmuckcharakter aufweisen“, „Status anzeigen“. **Produktbezogene Funktionen** sind die Wirkungen einer Komponente oder zwischen den Komponenten eines Wertanalyse-Objekts, welche zur Erfüllung der kundenbezogenen Funktionen beitragen. Sie geben Antwort auf die Frage, wie eine kundenbezogene Funktion erfüllt werden kann (vgl. VDI Verein Deutscher Ingenieure (2006), S. 5). Zu den produktbezogenen Funktionen einer Armbanduhr zählen z. B. „Energie zuführen“, „Drehmoment erzeugen“, „Ablauf regeln“ und „Bewegung übertragen“.

Nach der **Wichtigkeit für den Kunden** werden Hauptfunktionen, Nebenfunktionen, unerwünschte Funktionen und unnötige Funktionen abgegrenzt (vgl. Kern/Schröder (1978), S. 376; DIN Deutsches Institut für Normung e. V. (1996), S. 5). Zu den **Hauptfunktionen** zählen die Wirkungen, die für die angestrebte Bedürfnisbefriedigung unverzichtbar sind. Bei einer Armbanduhr sind das „Zeitablauf nachbilden“, „Zeitablauf anzeigen“ und „Korrektur der Zeitanzeige ermöglichen“. **Nebenfunktionen** sind Wirkungen, welche die Hauptfunktionen ergänzen. Auf sie kann regelmäßig verzichtet werden, ohne dass sich der Charakter des Wertanalyse-Objekts verändert. Bei „Mondphase anzeigen“ und „Zeitdauer stoppen“ handelt es sich um Nebenfunktionen einer Armbanduhr. **Unerwünschte Funktionen** sind Wirkungen, die für den Kunden nachteilig sind und damit einen negativen Beitrag zum Wert des Wertanalyse-Objekts leisten, wie z. B. „Laufgeräusche verursachen“, „allergische Reaktionen auslösen“. Wirkungen, die nicht zur Befriedigung von Kundenbedürfnissen beitragen und damit keinen positiven Beitrag zum Produktwert des Wertanalyse-Objekts leisten, sind **unnötige Funktionen**.

5.4.2.2 Systematischer Ablauf

Die Wertanalyse ist durch das systematische Arbeiten nach einem Arbeitsplan gekennzeichnet. Ein **Wertanalyse-Arbeitsplan** schreibt eine Folge von Grundschritten vor, die in mehrere Teilschritte untergliedert sind. Die bei der Abarbeitung der Grundschritte gewonnenen Erkenntnisse können die Wiederholung einzelner Grundschritte notwendig machen (vgl. Bogaschewsky (2002), Sp. 2115). Die erfolgreiche Anwendung der Wertanalyse verlangt, dass die Grundschritte des Arbeitsplans vollständig abgearbeitet werden, die Bearbeitungsintensität und -reihenfolge können projektabhängig variiert werden (vgl. Jehle (1993), Sp. 4650 f.).

Der **Wertanalyse-Arbeitsplan** ist in Deutschland 1973 durch die Norm DIN 69910 erstmals standardisiert worden (vgl. Deutscher Normenausschuss (1973)). Diese Norm ist im August 1987 in überarbeiteter Form erschienen (vgl. DIN Deutsches Institut für Normung e. V. (1987)) und 1996 vom Deutschen Institut für Normung zurückgezogen worden. Der heute geltende Standard für den Wertanalyse-Arbeitsplan findet sich in der Norm DIN EN 12973, die im Juli 2000 veröffentlicht worden ist (vgl. DIN Deutsches Institut für Normung e. V. (2002)). Wie Abb. 5.28 zeigt, stimmen die Wertanalyse-Arbeitspläne nach DIN 69910 und DIN EN 12973 in ihrer Grundstruktur überein (vgl. VDI Verein Deutscher Ingenieure (2004), S. 5; zu den Unterschieden vgl. Friedl (2007), S. 15 ff.). Abb. 5.29 zeigt den Wertanalyse-Arbeitsplan nach DIN EN 12973 (vgl. VDI Verein Deutscher Ingenieure (2006), S. 11 ff.).

Norm / Grundstruktur	DIN 69910: 1973-11	DIN 69910: 1987-08	DIN EN 12973: 2002-02
1 Projektvorbereitung	1 Vorbereitende Maßnahmen	1 Projekt vorbereiten	0 Projektvorbereitung
			1 Projektdefinition
			2 Projektplanung
2 Analyse	2 Ermitteln des IST-Zustands	2 Objektsituation analysieren	3 Sammlung von Daten
			4 Analyse von Funktionen und Kosten, Formulieren von Detailzielen
3 Zielbildung	3 Prüfen des IST-Zustands	3 SOLL-Zustand beschreiben	
4 Alternativensuche	4 Ermitteln von Lösungen	4 Lösungsideen entwickeln	5 Suche nach Lösungsideen
5 Bewertung und Entscheidung	5 Prüfen der Lösungen	5 Lösungen festlegen	6 Bewertung der Lösungsideen
			7 Entwicklung von Lösungsvorschlägen
			8 Präsentation der Lösungsvorschläge
6 Realisation	6 Vorschlag und Verwirklichung	6 Lösungen verwirklichen	9 Realisierung

Abb. 5.28: Vergleich der Grundschritte der Wertanalyse nach DIN 69910 und DIN EN 12973 (in Anlehnung an VDI Verein Deutscher Ingenieure (2006), S. 11)

0 Projekt-vorbereitung	0.1 Beschreiben des Projekts durch den Antragsteller
	0.2 Durchführbarkeitsanalyse, Risikoanalyse
	0.3 Erstellen einer Rentabilitätsanalyse
	0.4 Auswählen des Entscheidungsträgers und des WA-Projektleiters

1 Projektdefinition	1.1 Beschreiben des WA-Objekts 1.2 Feststellen der Rahmenbedingungen (Bewertungskriterien, Restriktionen, Untersuchungsbereich) 1.3 Erfassen von Informationen (Bedürfnisse, Wettbewerber, technische Trends) 1.4 Festlegen der marktorientierten Ziele (Preis, Produktmerkmale, Vorteile gegenüber den Wettbewerbern) 1.5 Festlegen der ökonomischen Ziele (Kosten, Rentabilität) 1.6 Prüfen und Festlegen der strategischen und wirtschaftlichen Bedeutung 1.7 Planen der Ressourcen für das WA-Projekt 1.8 Benennen und Informieren der Mitwirkenden 1.9 Analysieren und Gestalten der Projekt- und der Produktrisiken
2 Projektplanung	2.1 Bilden des WA-Teams 2.2 Erstellen eines Zeitplans für das WA-Projekt 2.3 Schaffen der Infrastruktur für die Arbeit des WA-Teams
3 Sammlung von Daten	3.1 Sammeln technischer und wirtschaftlicher Informationen (Produkte der Wettbewerber, Stand des Wissens) 3.2 Detaillierte Marktforschung 3.3 Auswerten weiterer Datenquellen (z. B. Patente, Gesetze, Normen)
4 Analyse der Funktionen und Kosten, Formulieren der Detailziele	4.1 Analyse der Funktionen 4.2 Analyse der Kosten und Ermitteln der Funktionenkosten 4.3 Festlegen der Detailziele und Bewertungskriterien
5 Suche nach Lösungsideen	5.1 Sammeln existierender Lösungsideen 5.2 Generieren neuer Lösungsideen 5.3 Kritische Analyse der Ideen auf unnötige und unerwünschte Funktionen
6 Bewertung der Lösungsideen	6.1 Bewerten der Lösungsideen und Verdichten zu Lösungsansätzen 6.2 Auswählen und Abgrenzen von Aufträgen für das Ausarbeiten der Lösungsansätze 6.3 Erstellen eines Arbeits- und Zeitplans für das Ausarbeiten der Lösungsvorschläge
7 Entwicklung der Lösungsvorschläge	7.1 Ausarbeiten der Lösungsansätze (z. B. durch die Konstruktion) 7.2 Kontrollieren und Anpassen von Entwürfen parallel zum Ausarbeiten 7.3 Bewerten der erarbeiteten Lösungsvorschläge
8 Präsentation der Lösungsvorschläge	8.1 Auswählen der zu präsentierenden Lösungsvorschläge 8.2 Erstellen eines Arbeits- und Zeitplans für die Realisation der Lösungsvorschläge 8.3 Zusammenstellen einer Entscheidungsvorlage für den Entscheidungsträger 8.4 Erwirken einer Entscheidung durch den Entscheidungsträger 8.5 Berichten gegenüber dem WA-Team; Auflösen des WA-Teams oder Versetzen in eine Warteposition
9 Realisierung	9.1 Kontrollieren und Anpassen der Lösung parallel zur Realisierung 9.2 Durchführen weiterer Sitzungen des WA-Teams im Bedarfsfall 9.3 Abgleichen der aktuellen mit den prognostizierten Ergebnissen 9.4 Kommunizieren erzielter Ergebnisse, technischer, allgemeiner Informationen 9.5 Dokumentieren der Projektergebnisse und der Erfahrungen mit der Methodik

Abb. 5.29: Arbeitsplan der Wertanalyse in Anlehnung an DIN EN 12973: 2002-02 und VDI 2800: 2006-07

5.4.2.3 Weitere Merkmale

Anwendungsbereich der Wertanalyse sind komplexe interdisziplinäre Probleme, die das Verhältnis zwischen den Kosten und dem Nutzen eines Objekts zum Gegenstand haben (vgl. Bronner/Herr (2003), S. 3). Als interdisziplinär werden Probleme eingestuft, deren Lösung Beiträge mehrerer Fachbereiche der Unternehmung erfordert. Komplex sind Probleme, wenn zu ihrer Bearbeitung viele interdependente Aktivitäten ausgeführt werden müssen. Es ist deshalb nicht möglich, sie in Teilprobleme zu gliedern, die unabhängig voneinander gelöst werden können. Probleme mit diesen Eigenschaften müssen von mehreren Fachbereichen der Unternehmung in enger gegenseitiger Abstimmung bearbeitet werden. Um dieser Anforderung zu genügen, werden Wertanalysen generell von **multidisziplinär zusammengesetzten Teams** durchgeführt.

Bei der Durchführung einer Wertanalyse gelangt in jedem Grundschritten eine **Vielzahl von Methoden** zur Anwendung (zu einer umfassenden Übersicht vgl. VDI Verein Deutscher Ingenieure (2004), S. 7 ff.). Die Vorbereitung des Projekts kann durch Instrumente der Projektplanung unterstützt werden, wie z. B. die Netzplantechnik. Diese werden auch für die Planung der Aktivitäten zur Umsetzung der Lösungsvorschläge und zur Realisation des ausgewählten Lösungsvorschlags benötigt. Für die Analyse der Ist-Situation werden Funktionenanalyse- und -strukturierungstechniken (z. B. FAST-Methode), Methoden zur Kalkulation der Kosten von Komponenten und der Verrechnung dieser Kosten auf die Funktionen des Wertanalyse-Objekts benötigt. Zur Entwicklung von Lösungsideen werden Kreativitätstechniken eingesetzt. Im Vordergrund stehen hierbei das Brainstorming und die Morphologische Methode. Für die Bewertung und Entscheidung über die Lösungsvorschläge werden Bewertungsverfahren herangezogen, wie z. B. die Nutzwertanalyse oder Verfahren der Investitionsrechnung (vgl. Schröder (1994), S. 159).

5.4.3 Ausgewählte Grundschritte des Wertanalyse-Arbeitsplans

5.4.3.1 Teilschritte der Analyse

Die Analyse (Grundschritt 4) umfasst im Wertanalyse-Arbeitsplan nach DIN EN 12973 u. a. folgende **Teilschritte**:

- Analyse der Funktionen (Teilschritt 4.1) und
- Ermittlung der Funktionenkosten (Teilschritt 4.2).

[1] Analyse der Funktionen

In Teilschritt 4.1 werden die kunden- und produktbezogenen **Funktionen** in Abstimmung mit den Kundenbedürfnissen **festgelegt**. Die Norm DIN EN 12973 sieht für diesen Teilschritt die Durchführung einer Funktionenanalyse vor. Bei einer Zero-Look VE sollen in diesem Schritt neue kunden- oder produktbezogene Funktionen gefunden werden. Werden eine First-Look VE oder eine Second-Look VE durchgeführt, werden die kunden- und produktbezogenen Funktionen unverändert in die Funktionenanalyse übernommen.

Die **Funktionenanalyse** ist ein Prozess, in dem die Funktionen eines Wertanalyse-Objekts erfasst, vollständig beschrieben, mit den Kundenbedürfnissen abgestimmt, klassifiziert, systematisch dargestellt und bewertet werden (vgl. DIN Deutsches Institut für Normung e. V. (1996), S. 4). Die Funktionenanalyse wird in folgenden **Schritten** durchgeführt (vgl. Korte (1977), S. 66 ff.; DIN Deutsches Institut für Normung e. V. (2002), S. 40 f.):

- Schritt 1: Erkennen und Auflisten der Funktionen
- Schritt 2: Systematisieren der Funktionen
- Schritt 3: Charakterisieren der Funktionen
- Schritt 4: Aufstellen einer hierarchischen Funktionenordnung
- Schritt 5: Bewerten der Funktionen

Ausgehend von den identifizierten und als relevant bewerteten Bedürfnissen des Kunden wird im **ersten Schritt** der Funktionenanalyse der Endzweck des Wertanalyse-Objekts vollständig beschrieben. Hierzu werden die **kundenbezogenen Funktionen** formuliert und als Gebrauchs- oder Geltungsfunktionen gekennzeichnet. Anschließend werden die kundenbezogenen Funktionen den Bedürfnissen der Kunden gegenübergestellt und angepasst (vgl. VDI Verein Deutscher Ingenieure (2006), S. 14).

Im **zweiten Schritt** werden aus den festgestellten kundenbezogenen Funktionen die **produktbezogenen Funktionen** abgeleitet. Sie sind derart abzugrenzen, dass ihr Zusammenwirken die kundenbezogenen Funktionen ergeben. Sind die produktbezogenen Funktionen bestimmt, werden **lösungsbedingende Vorgaben** ermittelt. Das sind Merkmale, Wirkungen oder konstruktive Besonderheiten, die vorgeschrieben oder verboten sind, z. B. durch Gesetze, die Marktnachfrage oder verfügbare Ressourcen (vgl. VDI Verein Deutscher Ingenieure (2006), S. 3). Sofern eine produktbezogene Funktion nicht unverändert übernommen werden soll, wird sie in Teilfunktionen gegliedert, deren Zusammenwirken zu der produktbezogenen Funktion führt. Die Teilfunktionen werden weiter untergliedert, bis akzeptierte Teilfunktionen erreicht sind, d. h. Teilfunktionen, die übernommen werden sollen. Dadurch ergibt sich eine Funktionenstruktur, die mehrere Hierarchieebenen umfassen kann. Die Funktionen und die zwischen ihnen bestehenden Beziehungen werden in einem Funktionenbaum oder einem FAST-Diagramm dargestellt (vgl. Gierse (1990), S. 35 ff.). Beispiel 5.9 zeigt einen Ausschnitt aus dem Funktionenbaum für eine Kaffeemaschine. Die Verbindungslinien zwischen den Funktionen zeigen, welche Teilfunktionen zusammenwirken müssen, um eine übergeordnete produkt- oder kundenbezogene Funktion zu realisieren.

> **Beispiel 5.9:** Funktionenanalyse
>
> Zu den kundenbezogenen Funktionen einer Kaffeemaschine zählen „Kaffee kochen", „Aroma bewahren" und „Kaffee warm halten". Die Funktion „Kaffee kochen" ergibt sich aus dem Zusammenwirken der produktbezogenen Funktionen „Wasser erhitzen", „Kaffee aufbrühen" und „Kaffee und Kaffeesatz trennen". Sie bilden Elemente der ersten Ebene des Funktionenbaums. Wird jede dieser produktbezogenen Funktionen auf der zweiten Ebene in mehrere Teilfunktionen gespalten, kann sich der in Abb. 5.30 dargestellte Funktionenbaum ergeben.

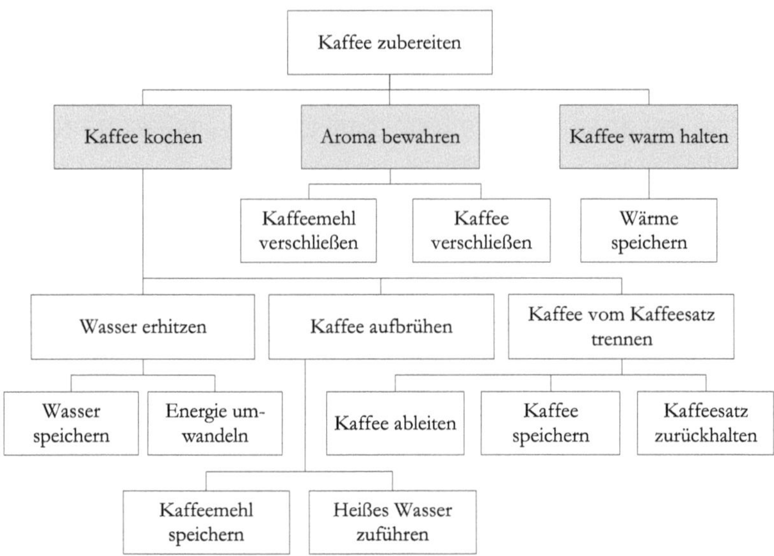

Abb. 5.30: Ausschnitt aus dem Funktionenbaum einer Kaffeemaschine

Die produktbezogenen Funktionen der zweiten Ebene müssen nicht die akzeptierten Teilfunktionen sein. Der Funktion „Energie umwandeln" können auf der dritten Ebene des Funktionenbaums die Teilfunktionen „Wärme erzeugen" und „Wasser der Wärmequelle zuführen" zugeordnet sein. Aus Gründen der Vereinfachung werden im Folgenden die Teilfunktionen der dritten und aller nachfolgenden Ebenen vernachlässigt. Es wird angenommen, dass die Teilfunktionen der zweiten Ebene akzeptiert sind.

Die festgestellten kunden- und produktbezogenen Funktionen werden im **dritten Schritt** mit quantifizierenden Maßgrößen versehen, welche den Erfüllungsgrad der jeweiligen Funktion spezifizieren, wie z. B. „1 Liter Wasser in 4 Minuten auf 90° C erhitzen" oder „4 Tassen Kaffee in 2 Minuten aufbrühen". Im **vierten Schritt** werden die Funktionen nach ihrer Bedeutung für die Kunden in eine Rangordnung gebracht und im **fünften Schritt** entsprechend ihrer Bedeutung für die Kunden gewichtet. Die Gewichte der Funktionen können wie bei der Berechnung der zulässigen Funktionen- oder Komponentenkosten beim Target Costing oder wie beim QFD (Schritte 2 und 7) hergeleitet werden. Sind die Gewichte ermittelt, werden die unnötigen und die unerwünschten Funktionen festgestellt und markiert.

[2] Ermitteln der Funktionenkosten

Gegenstand dieses Teilschritts eines Wertanalyse-Projekts ist die Ermittlung der Funktionenkosten zur Festlegung von **Kostensenkungsschwerpunkten** (in Anlehnung an Korte (1977), S. 76).

Die **Funktionenkosten** sind nach DIN EN 12973 (vgl. DIN Deutsches Institut für Normung e. V. (2002), S. 47) die Produktkosten zur Erfüllung einer spezifischen Funktion des Wertanalyse-Objekts. Die Summe der Funktionenkosten ist gleich den Produktkosten des Wertanalyse-Objekts.

Die bekannten Systeme der Kostenrechnung sehen nur die Berechnung der Kosten von Produkten und Komponenten (Baugruppen, Bauteile) vor. Die Funktionenkosten müssen deshalb in einer Auswertungsrechnung ermittelt werden, die folgende **Schritte** vorsieht (vgl. Korte (1977), S. 71 ff.; Schröder (1994), S. 161):

- Schritt 1: Ermitteln der Produktkosten der verschiedenen Komponenten des Wertanalyse-Objekts
- Schritt 2: Verrechnen der Produktkosten der Komponenten auf die produktbezogenen Funktionen der untersten Ebene des Funktionenbaums
- Schritt 3: Berechnen der Produktkosten der Funktionen auf den höheren Ebenen des Funktionenbaums durch Aggregation der Produktkosten der jeweils untergeordneten produktbezogenen Funktionen

In **Schritt 1** werden die Kosten der einzelnen Komponenten des Wertanalyse-Objekts einer Kostenträgerstückrechnung entnommen. Da die Montagekosten keiner einzelnen Komponente zugerechnet werden können, werden sie getrennt ausgewiesen (vgl. Korte (1977), S. 78 f.). Nach der Zurechenbarkeit der Komponentenkosten zu den Funktionen werden

- die Funktioneneinzelkosten und
- die Funktionengemeinkosten

unterschieden. Wird eine Komponente zur Umsetzung nur einer einzelnen Funktion benötigt, können ihre Kosten dieser Funktion direkt zugeordnet werden. Entfällt die Funktion, entfallen auch diese Kosten. Bei diesen Kosten handelt es sich um **Funktioneneinzelkosten**. Eine Komponente kann jedoch auch zwei oder mehreren Funktionen gemeinsam dienen. Die Teile der Kosten einer Komponente, die sich keiner einzelnen Funktion direkt zurechnen lassen, stellen die **Funktionengemeinkosten** dar (vgl. Schröder (1994), S. 162).

Beispiel 5.10: Funktioneneinzel- und -gemeinkosten

Die Kaffeemaschine aus Beispiel 5.3 besteht aus sechs Komponenten, dem Gehäuse, dem Wassertank, dem Heizkörper, dem Steigrohr, dem Filter und der Thermoskanne. Der Wassertank trägt nur zur Realisation der Funktion „Wasser speichern" bei. Seine Kosten zählen damit zu den Funktioneneinzelkosten. Die Thermoskanne leistet dagegen sowohl einen Beitrag zu der Funktion „Kaffee speichern" als auch zu den Funktionen „Kaffee warm halten" und „Aroma bewahren". Bei Wegfall der Funktion „Kaffee warm halten" könnte anstelle der Thermoskanne eine einfache Glaskanne verwendet werden. Die Mehrkosten der Thermoskanne gegenüber einer einfachen Glaskanne können damit der Funktion „Kaffee warm halten" als Funktioneneinzelkosten zugeordnet werden. Die Kosten der Glaskanne stellen dagegen Funktionengemeinkosten dar.

Für die **Berechnung der Funktionenkosten** werden drei **Konzepte** vorgeschlagen (vgl. Kern/Schröder (1978), S. 379):

- das Konzept der marginalen Funktionenkosten,
- das Konzept der gesamten Funktionenkosten sowie
- das Konzept der anteiligen Funktionenkosten.

Beim Konzept der **marginalen Funktionenkosten** werden einer Funktion nur die Funktioneneinzelkosten zugerechnet. Die Summe der Funktionenkosten ist damit kleiner als die Produktkosten des Wertanalyse-Objekts. Nach dem Konzept der **gesamten Kosten** werden einer Funktion die Produktkosten aller Komponenten vollständig zugeordnet, die zur Umsetzung dieser Funktion beitragen, d. h. auch die gesamten Produktkosten der Komponenten, die mehreren Funktionen dienen. Die Summe der Funktionenkosten übersteigt damit die Produktkosten des Wertanalyse-Objekts. Das Konzept der **anteiligen Kosten** sieht die Verrechnung der Funktionengemeinkosten über Verteilungsgrößen auf die Funktionen vor. Die Summe der Funktionenkosten stimmt bei diesem Konzept mit den Produktkosten des Wertanalyse-Objekts überein. Nach DIN 12973 werden die Funktionenkosten nach dem Konzept der anteiligen Funktionenkosten ermittelt (vgl. DIN Deutsches Institut für Normung e. V. (2002), S. 47).

Als Verteilungsgrößen zur **Verrechnung der Funktionengemeinkosten** werden die Anteile der Komponente an der Umsetzung der jeweiligen Funktionen vorgeschlagen (vgl. Korte (1977), S. 71), die durch Komponentenkoeffizienten ρ_{mn} abgebildet werden. Diese dienen einem anderen Zweck als die Komponentenkoeffizienten r_{nm}, die zur Bestimmung der Komponentengewichte für die Ableitung der Komponentenkostenziele im Target Costing ermittelt werden. Die Werte der Komponentenkoeffizienten in der Wertanalyse und bei der Produktkostenplanung stimmen deshalb nicht überein (vgl. Glaser/Noltemeier (2006), S. 11).

Der **Komponentenkoeffizient** ρ_{mn} gibt den Anteil der Komponente m (m = 1, ..., M) an, der zur Umsetzung der produktbezogenen Funktion n (n = 1, ..., N) beiträgt.

Im zweiten Schritt werden die **Produktkosten einer produktbezogenen Funktion** wie folgt berechnet:

$$K_{Fn} = \sum_{m=1}^{M} \rho_{mn} \cdot K_{Tm} \quad \text{für } n = 1, ..., N,$$

wobei K_{Fn} = Produktkosten der produktbezogenen Funktion n (n = 1, ..., N),
K_{Tm} = Produktkosten der Komponente m.

Die Produktkosten der im Funktionenbaum übergeordneten Funktionen werden durch Addition der Produktkosten der ihnen zugeordneten produktbezogenen Funktionen der untersten Ebene des Funktionenbaums ermittelt. Erfasst werden die Funktionenkosten in einer **Funktionenkostenmatrix**. Sie weist für jede Funktion die ihr zugerechneten Produktkosten jeder einzelnen Komponente aus.

Beispiel 5.11: Funktionenkostenmatrix

Die folgende Tabelle zeigt die Kosten, die für die Komponenten der Kaffeemaschine aus Beispiel 5.3 kalkuliert worden sind, sowie die **Komponentenkoeffizienten** für die produktbezogenen Funktionen.

Funktion \ Komponente	Montage	Gehäuse	Wassertank	Steigrohr	Heizkörper	Filter	Thermos-kanne
Kosten der Komponenten in €	4,80	9,40	0,80	2,50	6,40	6,50	11,40
Wasser erhitzen							
Wasser speichern	0,18	0,06	1,0				
Energie umwandeln	0,25			1,0			
Kaffee aufbrühen							
Kaffeemehl speichern	0,17	0,04				0,12	
Heißes Wasser zuführen	0,2	0,06			0,75	0,12	
Kaffee vom Kaffeesatz trennen							
Kaffee ableiten						0,2	
Kaffee speichern		0,04					0,25
Kaffeesatz zurückhalten						0,36	
Aroma bewahren							
Kaffeemehl verschließen	0,1	0,3				0,05	
Kaffee verschließen	0,1	0,1				0,05	0,25
Kaffee warm halten							
Wärme speichern		0,4			0,25	0,1	0,5

Folgende Tabelle zeigt die **Funktionenkostenmatrix**. Die Kosten des Gehäuses, die der produktbezogenen Funktion „Heißes Wasser zuführen" zugerechnet werden, sind wie folgt zu ermitteln: 9,40 € · 0,06 = 0,564 €.

Komponente / Funktion	Montage	Gehäuse	Wassertank	Steigrohr	Heizkörper	Filter	Thermoskanne	Summe
Wasser erhitzen	2,064	0,564	0,80	2,50				5,928
Wasser speichern	0,864	0,564	0,80					2,228
Energie umwandeln	1,2			2,50				3,70
Kaffee aufbrühen	1,776	0,94			4,80	1,56		9,076
Gemahlenen Kaffee speichern	0,816	0,376				0,78		1,972
Heißes Wasser zuführen	0,96	0,564			4,80	0,78		7,104
Kaffee vom Kaffeesatz trennen		0,376				3,64	2,85	6,866
Kaffee ableiten						1,30		1,30
Kaffee speichern		0,376					2,85	3,226
Kaffeesatz zurückbehalten						2,34		2,34
Aroma bewahren	0,96	3,76				0,65	2,85	8,22
Kaffeemehl verschließen	0,48	2,82				0,325		3,625
Kaffee verschließen	0,48	0,94				0,325	2,85	4,595
Kaffee warm halten		3,76			1,60	0,65	5,70	11,71
Wärme speichern		3,76			1,60	0,65	5,70	11,71
Summe	4,80	9,40	0,80	2,50	6,40	6,50	11,40	41,80

Für die Auswahl der Kostensenkungsschwerpunkte werden die Wertindices der produktbezogenen Funktionen ermittelt (vgl. hierzu Abschnitt 5.2.2.4). Für den **Wertindex einer produktbezogenen Funktion** n gilt (vgl. Monden (1999), S. 257)

$$z_n = \frac{g_n}{k_{Fn}} \text{ mit } k_{Fn} = \frac{K_{Fn}}{\sum_{j=1}^{N} K_{Fj}} \text{ für } n = 1, ..., N,$$

wobei z_n = Wertindex der produktbezogenen Funktion n (n = 1, ..., N),
g_n = Funktionengewicht der produktbezogenen Funktion n,
k_{Fn} = Anteil der Produktkosten der produktbezogenen Funktion n an den Produktkosten des Wertanalyse-Objekts.

Beispiel 5.12: Wertindices

Für die Funktionen der Kaffeemaschine lauten die **Wertindices** wie folgt:

Produktbezogene Funktion	Funktionengewicht (vgl. Beispiel 5.1)	Kostenanteil (vgl. Beispiel 5.11)	Wertindex
Wasser speichern	0,05	2,228/41,80 = 0,053	0,94
Energie umwandeln	0,06	3,70/41,80 = 0,089	0,68
Kaffeemehl speichern	0,1	1,972/41,80 = 0,047	2,12
Heißes Wasser zuführen	0,1	7,104/41,80 = 0,17	0,59
Kaffee ableiten	0,03	1,30/41,80 = 0,031	0,96
Kaffee speichern	0,1	3,226/41,80 = 0,077	1,3
Kaffeesatz zurückhalten	0,06	2,34/41,80 = 0,056	1,07
Kaffeemehl verschließen	0,1	3,625/41,80 = 0,087	1,15
Kaffee verschließen	0,1	4,595/41,80 = 0,11	0,91
Wärme speichern	0,3	11,71/41,80 = 0,28	1,07

Produktbezogene Funktionen mit sehr niedrigen Wertindices sind „Energie umwandeln", und „Heißes Wasser zuführen". Sie sollten Schwerpunkte der wertanalytischen Betrachtung bilden.

5.4.3.2 Teilschritte der Zielbildung

Teilschritte der Zielbildung sind vor allem

- das Festlegen der Soll-Funktionen und
- die Planung von Produktkostenzielen für die Soll-Funktionen.

[1] Festlegen der Soll-Funktionen

Die **Soll-Funktionen** beschreiben den angestrebten Zustand des Wertanalyse-Objekts. Festgelegt werden sie, indem an der Spitze des Funktionenbaums beginnend für jede Funktion analysiert wird, ob sie nötig ist. Nur wenn diese Frage eindeutig bejaht werden kann, wird die jeweilige Ist-Funktion zur Soll-Funktion. Diese Situation liegt vor, wenn zu

- der Funktion keine alternativen Funktionen existieren,
- die Ist-Funktion einen höheren Wertindex aufweist als alternative Funktionen oder
- die Ist-Funktion eine lösungsbedingende Vorgabe ist.

Wird die Frage nach der Notwendigkeit einer Funktion verneint, gibt es zwei alternative Vorgehensweisen (vgl. Bronner/Herr (2003), S. 100 f.): der Austausch und die Elimination der Funktion. **Ausgetauscht** werden Funktionen, für die eine Alternative mit einem höheren Wertindex existiert. Eine Alternative für die produktbezogene Funktion „Wärme speichern" zur Umsetzung der kundenbezogenen Funktion „Kaffee warm halten" wäre „Wärme zuführen". Diese Funktion kann mit einer einfachen Glaskanne und einer Heizplatte realisiert werden, so dass keine Thermoskanne benötigt wird. **Eliminiert** werden zunächst die unnötigen Funktionen. Weiterhin werden Nebenfunktionen mit einem Wertindex eliminiert, der kleiner als 1 ist, sofern keine alternative Funktion mit einem höheren Wertindex existiert. Zur Unterstützung der Entscheidungen über die Soll-Funktionen sind Funktionenkosten mit anteiligen Funktionengemeinkosten nicht geeignet. Dieser Teilschritt verlangt vielmehr die Ermittlung der marginalen Funktionenkosten.

Sind alle Funktionen überprüft, kann schließlich noch versucht werden, das Wertanalyse-Objekt um zusätzliche Funktionen zu erweitern oder das Niveau unerwünschter Funktionen zu reduzieren. **Zusätzlich berücksichtigt** werden können Nebenfunktionen mit einem Wertindex, der über 1 liegt. Bei der **Reduktion des Niveaus unerwünschter Funktionen** handelt es sich um eine Verminderung unerwünschter Wirkungen des Produkts, wie z. B. Energieverbrauch und Betriebsgeräusche. Die Elimination, der Austausch und die Reduktion des Niveaus einer Funktion machen die Anpassung aller der ihr untergeordneten Teilfunktionen notwendig.

[2] Planung von Funktionenkostenziele

Liegen die Soll-Funktionen fest, werden für die Funktionen auf der untersten Ebene des Funktionenbaums die Funktionenkostenziele geplant. Für die Herleitung von Funktionenkostenzielen werden in der Literatur zur Wertanalyse u. a. folgende **Verfahren** vorgeschlagen (vgl. Korte (1977), S. 146 ff.):

- die Spaltung der Produktkostenziele für das Wertanalyse-Objekt in Funktionenkostenziele nach ihrer Bedeutung für den Kunden (vgl. Abschnitt 5.2.2.3) und
- der Vergleich mit den Funktionenkosten eines ähnlichen Objekts aus dem Produktionsprogramm der Unternehmung oder eines Wettbewerbers.

Es bietet sich an, durch die ausführende Abteilung minimale Funktionenkosten schätzen zu lassen. Die abgeleiteten und die minimalen Funktionenkosten bilden die Grenzen eines Intervalls möglicher Funktionenkostenziele. In Verhandlungen legen das Wertanalyse-Team und die ausführende Abteilung ein Funktionenkostenziel fest.

5.4.3.3 Teilschritte der Alternativensuche und -bewertung

In dieser Teilphase werden zunächst für jede Soll-Funktion alle denkbaren Lösungsideen gesucht, aus denen anschließend alternative Lösungen entwickelt werden. Aus der Vielzahl der entstehenden Lösungen werden in einem **mehrstufigen Bewertungsprozess** mindestens drei aussichtsreiche Lösungsvorschläge ausgewählt, die anschließend vollständig ausgearbeitet und dem Entscheidungsträger zur Entscheidung vorgelegt werden. Auf jeder nachfolgenden Stufe des Bewertungsprozesses weisen die Lösungsideen und -vorschläge einen höheren Detaillierungsgrad auf und werden mit zunehmend differenzierten Kriterien bewertet. Diese Phase der Wertanalyse vollzieht sich vor allem in den folgenden Teilschritten des Wertanalyse-Arbeitsplans nach DIN EN 12973:

- Teilschritt 1: Sammeln und Finden von Lösungsideen (5.1)
- Teilschritt 2: Generieren von Lösungsideen (5.2)
- Teilschritt 3: Bewerten der Lösungsideen und Verdichten zu Lösungsansätzen (6.1)
- Teilschritt 4: Bewerten der Lösungsansätze und Auswahl der zu einem Lösungsvorschlag auszuarbeitenden Lösungsansätze (6.2)
- Teilschritt 5: Überprüfen und Bewerten der Lösungsvorschläge (7.2, 7.3)

Teilschritt 1 verlangt die Auswertung von Erfahrungen und vorhandenem Wissen. Es sollen alle Lösungen erfasst werden, die für eine Funktion bereits realisiert worden sind. Hierzu werden vor allem die Produkte der Unternehmung und der Wettbewerber sowie verwandte Produkte aus anderen Branchen analysiert, d. h. Produkte mit ähnlichen Funktionen. Ziel dieses Teilschritts ist es, bekannte Lösungsideen zu finden. Diese sollen um innovative Lösungsideen ergänzt werden. Aufgabe des Wertanalyse-Teams in **Teilschritt 2** ist deshalb die Suche nach innovativen Lösungsideen. Unterstützt werden kann die Arbeit des Wertanalyse-Teams durch den Einsatz von Kreativitätstechniken (vgl. Bronner/Herr (2003), S. 103 ff.; VDI Verein Deutscher Ingenieure (2002), S. 10 ff.).

Eine Lösungsidee betrifft nur einzelne Elemente einer Lösung, wie z. B. das Lösungsprinzip (z. B. elektrisch, mechanisch), die Gestalt, das Material oder die Technologie (z. B. Urformen, Umformen, Spanen). Erst wenn Ausprägungen dieser Elemente kombiniert werden, entsteht ein Lösungsansatz für eine Funktion (vgl. Bronner/Herr (2003), S. 33, 110 f.). Aus den gefundenen Lösungsideen können sehr viele Lösungsansätze für eine Funktion resultieren, die sich zu einer noch größeren Zahl von Lösungsansätzen für übergeordnete Funktionen kombinieren lassen. Vor dem Verdichten zu Lösungsvorschlägen wird deshalb in **Teilschritt 3** aus der Menge der gefundenen Lösungsideen zunächst eine Vorauswahl von Ideen getroffen, die Lösungen mit einem hohen Zielbeitrag erwarten lassen. Aus den ausgewählten Lösungsideen werden anschließend Lösungsansätze generiert. Dieser Teilschritt kann durch die morphologische Methode unterstützt werden (vgl. Bronner/Herr (2003), S. 36).

Die generierten Lösungsansätze werden in **Teilschritt 4** hinsichtlich Realisierbarkeit, Beitrag zur Zielerreichung und der für die Entwicklung erforderlichen Zeitdauer beurteilt. Die Lösungsansätze, die zu einem Lösungsvorschlag ausgearbeitet werden sollen, werden in A-, B- und C-Vorschläge gruppiert (vgl. Bronner/Herr (2003), S. 35):

- A-Vorschläge: Lösungsansätze mit hohem Zielbeitrag und Risiko, die mittel- oder langfristig entwickelt werden können
- B-Vorschläge: Lösungsansätze mit mittlerem Zielbeitrag und Risiko
- C-Vorschläge: Lösungsansätze mit geringem Zielbeitrag und Risiko, die kurzfristig entwickelt werden können

Für die Erarbeitung von Lösungsvorschlägen wird ein Arbeitsprogramm geplant, das für jede zuständige Fachabteilung (z. B. Konstruktion) die Aufgaben bei der Ausarbeitung der ausgewählten Lösungsansätze und ihre Prioritäten festlegt. Dieses Arbeitsprogramm wird den zuständigen Fachabteilungen anschließend übermittelt.

Parallel zur Erarbeitung der Lösungsvorschläge durch die zuständigen Fachabteilungen werden die Entwürfe in **Teilschritt 5** vom Wertanalyse-Team geprüft. Auf der Grundlage der Ergebnisse dieser Analyse entscheidet das Wertanalyse-Team für jeden Entwurf über das weitere Vorgehen, d. h. den Abbruch oder die Fortsetzung der Ausarbeitung. Sind die Lösungsvorschläge vollständig ausgearbeitet, werden sie hinsichtlich Zielbeitrag, Risiko sowie der für die Realisation erforderlichen Investitionen bewertet. Weiterhin wird eine Entscheidungsvorlage erstellt, die den zuständigen Entscheidungsträgern vorgelegt wird. Die Realisation und Kontrolle des ausgewählten Lösungsvorschlags (vgl. Grundschritt 9) obliegt der ausführenden Abteilung und den Entscheidungsträgern (vgl. DIN Deutsches Institut für Normung e. V. (2002), S. 38).

6 Prozessorientiertes Kostenmanagement

6.1 Abgrenzung des prozessorientierten Kostenmanagements

6.1.1 Prozesse im Kostenmanagement

Das prozessorientierte Kostenmanagement ist der Gestaltungsbereich des Kostenmanagements, der als Schwerpunkt der Effizienzgestaltung das Vermeiden oder den Abbau von Ineffizienzen durch die **Gestaltung und die Einflussnahme auf die Ausführung von Prozessen** der Unternehmung hat. Abgegrenzt werden kann das prozessorientierte Kostenmanagement durch

- den Prozesswert als Gestaltungsobjekt und
- die Kosten beeinflussenden Prozessmerkmale als Gestaltungsparameter.

Das **prozessorientierte Kostenmanagement** kann definiert werden als unternehmungszielorientierte Gestaltung des Wertes von Prozessen der Leistungserstellung und -verwertung durch die Festlegung von Wirtschaftlichkeitszielen für den Vollzug von Prozessen und die Sicherung der Erreichung dieser Wirtschaftlichkeitsziele durch die Mitarbeiter und mit den Mitarbeitern bei der Gestaltung und der Ausführung dieser Prozesse.

Ein **Prozess** ist die einem Prozessträger zugeordnete, wiederholbare räumlich und zeitlich spezifizierte Folge von Aktivitäten mit messbarem Input und Output, die für den Prozesskunden einen Nutzen schafft (vgl. Davenport (1993), S. 5; Corsten (1997), S. 16 f.). Bei einer **Aktivität** handelt es sich dabei um eine unteilbare abgeschlossene Verrichtung.

Ein Prozess hat immer mindestens einen **Lieferanten**, der den erforderlichen Input bereitstellt und dadurch den Prozess anstößt. Dieser Input wird mit dem Ziel kombiniert und transformiert, den von einem Prozesskunden geforderten Output zu erlangen. Die Übergabe dieses Outputs an den **Prozesskunden** markiert den Abschluss des Prozesses. Ein Prozess kann interne Kunden haben oder Kunden auf dem Absatzmarkt. Ein interner Kunde ist ein nachfolgender Prozess, in den der Output des betrachteten Prozesses als Input eingeht (vgl. Corsten (1997), S. 17).

Prozesse können innerhalb eines Funktionsbereichs, bereichsübergreifend oder unternehmungsübergreifend zwischen der Unternehmung und seinen Kunden oder Lieferanten ablaufen (vgl. Davenport (1993), S. 8). Bereichsübergreifende Prozesse werden auch als **Geschäftsprozesse** bezeichnet (vgl. Osterloh/Frost (2006), S. 33). Beispiele für Geschäftsprozesse sind die Produktentwicklung und die Auftragsabwicklung. Prozesse, die innerhalb eines Funktionsbereichs durchgeführt werden und Elemente des Geschäftsprozesses „Auftragsabwicklung“ bilden, sind z. B. „Fertigungsauftrag planen“, „Material beschaffen“, „Maschine rüsten“ und „Produkt bearbeiten“.

6.1.2 Merkmale des prozessorientierten Kostenmanagements

6.1.2.1 Prozesswert als Gestaltungsobjekt

Die **Effizienz eines Prozesses** (Prozesseffizienz) ist definiert als das Verhältnis aus seiner Leistung und dem zur Erstellung dieser Leistung benötigten Mitteleinsatz.

Die **Leistung eines Prozesses** (Prozessleistung) ist die über ihre quantitativen, qualitativen und zeitlichen Merkmale erfasste Ausbringung, die für den Prozesskunden bestimmt ist und Einfluss auf dessen Input, Weiterverarbeitungsprozess oder Output/Ergebnis hat.

Die Leistung eines Prozesses umfasst nur den Teil der Ausbringung, der den quantitativen, qualitativen und zeitlichen Bedarf des Prozesskunden deckt. Der Grad der Bedarfsdeckung ist der Nutzen der Prozessleistung für den Prozesskunden (Prozessnutzen). Veränderungen quantitativer, qualitativer und zeitlicher Merkmale der Ausbringung können sich in ihren Wirkungen auf den Nutzen der Prozessleistung für den Prozesskunden erheblich unterscheiden. Beispielsweise kann eine Erhöhung der Ausbringungsmenge einen geringfügigen, die Verkürzung der Durchlaufzeit aber einen erheblichen Einfluss auf den Nutzen der Prozessleistung für den Prozesskunden haben. Es bietet sich deshalb an, die Prozesseffizienz durch den **Prozesswert als Gestaltungsobjekt** des prozessorientierten Kostenmanagements zu ersetzen.

Der **Prozesswert** ist definiert als Verhältnis des Nutzens der Prozessleistung für den Prozesskunden und den Mitteln, die für die Erstellung der Prozessleistung eingesetzt werden (vgl. Barfield/Fisher/Goolsby (2004), S. 23):

$$\text{Prozesswert}\,\alpha\,\frac{\text{Prozessnutzen}}{\text{Mitteleinsatz des Prozesses}}.$$

Das Symbol „α“ soll zum Ausdruck bringen, dass der Prozessnutzen und der Mitteleinsatz für das Erbringen der Prozessleistung gegenübergestellt und gegeneinander abgewogen werden.

Um den **Prozesswert zu erhöhen**, können drei Wege beschritten werden:

- die Senkung des Mitteleinsatzes bei unveränderter Prozessleistung und damit gleichbleibendem Prozessnutzen;
- die Senkung des Mitteleinsatzes durch den Abbau von Prozessleistungen bei unverändertem Prozessnutzen (kundenbedingte Ineffizienz) oder bei einer Abnahme des Prozessnutzens, die jedoch unter der Verringerung des Mitteileinsatzes liegt;
- die Verbesserung der Prozessleistung bei Zunahme des Prozessnutzens und unverändertem Mitteleinsatz oder einer Zunahme des Prozessnutzens, die über der Erhöhung des Mitteleinsatzes liegt.

Determiniert wird der **Prozessnutzen** durch die Funktionalität und die Qualität des Prozesses. Unter der Funktionalität werden die Wirkungen des Prozesses verstanden, die zur Befriedigung der Bedürfnisse des Prozesskunden beitragen. Sie betreffen die Merkmale der Ausbringung des Prozesses sowie die Unsicherheit der Kunden im Hinblick auf die anforderungsgerechte Bereitstellung der Ausbringung. Die Qualität bezeichnet das Niveau dieser Merkmale. Beispielsweise ist die Prozessdauer ein Merkmal der Funktionalität. Der Zeitraum von der Bedarfsmeldung bis zur Bereitstellung des Outputs beim Prozesskunden ist das zugehörige Qualitätsmerkmal.

Um einen Prozess an einem Bearbeitungsobjekt zur Schaffung von Nutzen für den Prozesskunden vollziehen zu können, sind folgende **Mittel** einzusetzen: Arbeitskräfte, Betriebsmittel, Material und das in den Bearbeitungsobjekten gebundene Kapital. Die Kosten, die durch den Mitteleinsatz anfallen, können nach ihren Ursachen in folgende Kategorien gegliedert werden:

- Prozesskosten,
- Fehlerkosten,
- Kapitalkosten sowie
- Schnittstellenkosten.

Prozesskosten sind die bewerteten Arbeits- und Maschinenleistung sowie Repetiergüter, die bei der Erstellung der Prozessleistung verbraucht werden. **Fehlerkosten** entstehen für den Teil der Ausbringung, der den Anforderungen nicht genügt. Sie werden u. a. durch Nacharbeit und Ausschuss verursacht. Die **Kapitalkosten** fallen für das Kapital an, das während der Prozesszeit in den Bearbeitungsobjekten gebunden ist. Die Prozessdauer setzt sich aus der Prozessdurchführungszeit (Rüstzeit, Ausführungszeit) sowie den Liege-, Transport- und Kontrollzeiten zusammen (vgl. Kajüter (2002), S. 253 f.). **Schnittstellenkosten** werden durch die Übernahme des Bearbeitungsobjekts von einem Prozesslieferanten und die Übergabe des Bearbeitungsobjekts an einen Prozesskunden verursacht. Zu ihnen zählen Transport-, Lager- und Koordinationskosten.

Der zur Erstellung der Prozessleistung erforderliche **Mitteleinsatz**, der mit dem Nutzen des Prozesskunden den Prozesswert determiniert, umfasst

- den Verbrauch von Repetierfaktoren und Potentialfaktorleistungen sowie
- das in den Bearbeitungsobjekten gebundene Kapital.

Maßnahmen der Prozessgestaltung haben nur dann einen unmittelbaren **Einfluss auf den Ressourcenbedarf des Prozesses**, wenn sie zu einer Reduzierung des Verbrauchs an Repetierfaktoren führen. Eine Verringerung des in den Bearbeitungsobjekten gebundenen Kapitals oder des Bedarfs an Potentialfaktorleistungen führen nur mittelbar nach einer Anpassung der Finanzierungspolitik oder der Kapazitäten zu einer Verringerung des Ressourcenbedarfs (vgl. Johnson (1988), S. 27). Die Wirkungen von Maßnahmen der Prozessgestaltung auf den Ressourcenbedarf hängen deshalb auch von den Maßnahmen zur Anpassung des Potentialfaktorbestands und der Finanzierung an den veränderten Kapazitäts- und Kapitalbedarf ab. Zur Erreichung der Wirtschaftlichkeitsziele des Kostenmanagements muss das prozessorientierte Kostenmanagement stets durch ein potentialorientiertes Kostenmanagement treten ergänzt werden.

6.1.2.2 Prozessmerkmale als Gestaltungsparameter

Gestaltungsparameter des prozessorientierten Kostenmanagements sind die **Prozessmerkmale** mit Einfluss auf den Mitteleinsatz, die zum Zweck der Effizienzgestaltung festgelegt oder verändert werden können. Zu ihnen zählen (in Anlehnung an Wild (1966), S. 119 ff.):

- die Prozess-Struktur,
- der Prozessablauf sowie
- die Prozessträger.

Die **Prozess-Struktur** ist durch die Art und die Anzahl der Prozesse in der Unternehmung gekennzeichnet. Die Art eines Prozesses lässt sich durch die Prozesslieferanten, den Prozessinput, die Aktivitäten, den Prozessvollzug, die Funktionalität und Qualität des Prozessoutputs sowie die Prozesskunden kennzeichnen. Der **Prozessablauf** wird durch die Reihenfolge, in der die Aktivitäten eines Prozesses und die Prozesse der Unternehmung vollzogen werden, den Prozessvollzug, die Terminierung und die Zuordnung zu einem Vollzugsort determiniert. Merkmale der **Prozessträger** sind ihre Herkunft, ihre Kompetenzen sowie die Instanz, der sie untergeordnet sind. Nach der Herkunft der Prozessträger können unternehmungsinterne und -übergreifende Prozesse abgegrenzt werden. Die Aktivitäten eines unternehmungsübergreifenden Prozesses werden gemeinsam mit einer oder mehreren Unternehmungen ausgeführt. Bei diesen Unternehmungen kann es sich neben Lieferanten und Kunden auch um Co-Lieferanten und Co-Kunden handeln. Co-Lieferanten sind nicht konkurrierende Unternehmungen, die bei der Belieferung eines oder mehrerer Kunden zusammenarbeiten. Als Beispiel werden ein Joghurt- und ein Butter-Hersteller genannt, die Supermärkte gemeinsam beliefern, um die Transportkapazitäten effizienter nutzen zu können. Analog sind Co-Kunden Unternehmungen, die bei der Beschaffung von einem Lieferanten kooperieren (vgl. Hammer (2002), S. 230). Abb. 6.1 gibt einen Überblick über Gestaltungsparameter des prozessorientierten Kostenmanagements.

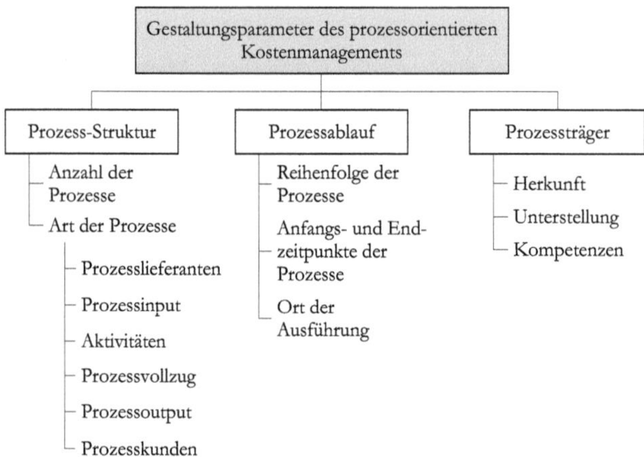

Abb. 6.1: Gestaltungsparameter des prozessorientierten Kostenmanagements

In der Literatur wird eine Vielzahl von **Maßnahmen** zur zielorientierten Veränderung der Prozessmerkmale genannt. Abb. 6.2 gibt einen Überblick über Maßnahmen der

Prozessgestaltung (vgl. Brimson (1992), S. 82 f.; Harrington (1991), S. 131 ff.; Ostrenga/Probst (1992), S. 6; Barfield/Fisher/Goolsby (2004), S. 24 f.).

Gestaltungsparameter	Maßnahme der Prozessgestaltung	Erläuterung
Prozess-Struktur	Bereinigen von Prozessen	Nicht wertschöpfende Aktivitäten werden aus einem Prozess eliminiert.
	Erweitern von Prozessen	Aktivitäten werden einem Prozess hinzugefügt.
	Verbessern von Schnittstellen	Aktivitäten direkt aufeinanderfolgender Prozesse werden abgestimmt (Veränderung der Zuordnung der Aktivitäten zu den Prozessen).
	Vereinfachen von Prozessen	Die Funktionalität und Qualität eines Prozesses werden reduziert.
	Segmentieren von Prozessen	Es werden mehrere Prozessvarianten geschaffen, die jeweils für eine spezifische Situation geeignet sind. Die verschiedenen Situationen können nach Kundengruppen (Bearbeitung von Kreditanträgen für Firmen-, Privatkunden), Objekten (Beschaffung von Normteilen, Sonderausführungen) oder der Komplexität (Routinefälle, mittelschwere Fälle, komplexe Fälle) abgegrenzt werden.[1]
Prozessablauf	Verbessern des Prozessvollzugs	Der Prozessvollzug wird optimiert. Maßnahmen sind ▪ die Veränderung der Abfolge der Aktivitäten im Prozess, ▪ die Standardisierung, ▪ die Verbesserung der Potentialgüter (z. B. Automatisierung), der Repetiergüter und der Informationsversorgung, ▪ die quantitative, qualitative und zeitliche Abstimmung mit angrenzenden Prozessen (z. B. Vermeidung von Medienbrüchen).
	Parallelisieren und Überlappen von Prozessen	Es wird auf eine streng sukzessive Abfolge der Prozesse verzichtet, um die Durchlaufzeit zu verkürzen.
	Umstellen von Prozessen	Die Reihenfolge von Prozessen wird verändert.
Prozessträger	Verlagern von Prozessen	Prozesse werden auf eine andere Organisationseinheit übertragen (z. B. Offshoring, Outsourcing, Bilden von Shared Service Centern).
	Spalten von Prozessen	Aus den Aktivitäten eines Prozesses werden Teilmengen gebildet, die verschiedenen Prozessträgern zugeordnet werden.
	Zusammenfassen von Prozessen	Aktivitäten, die bisher von verschiedenen Prozessträgern vollzogen worden sind, werden einem Prozessträger zugeordnet.
	Kooperation	Der Prozess wird mit anderen Unternehmungen gemeinsam ausgeführt (Kunde, Lieferant, Co-Lieferant, Co-Kunde), z. B. das Cosourcing, bei dem Prozesse gemeinsam mit einem Lieferanten ausgeführt werden.[2]

1 vgl. Osterloh/Frost (2006), S. 52 ff.; 2 vgl. Clinton/Del Vecchio (2002), S. 5 f.

Abb. 6.2: Maßnahmen der Prozessgestaltung

6.1.3 Handlungsfelder des prozessorientierten Kostenmanagements

Werden die Handlungsfelder des Kostenmanagements für den Gestaltungsbereich des prozessorientierten Kostenmanagements präzisiert, ergeben sich die in Abb. 6.3 genannten Handlungsfelder.

Rahmenbedingungen / Ineffizienzen	Effizienzgestaltung bei gegebenen Rahmenbedingungen	Effizienzgestaltung durch Veränderung der Rahmenbedingungen
Vermeiden von Ineffizienzen	Sichern eines effizienten Prozessvollzugs	Effizienzorientierte Neugestaltung von Prozessen
Abbau von Ineffizienzen	Prozessoptimierung (= Kontinuierliche Verbesserung der Prozesse)	Effizienzorientierte Prozessrationalisierung ▪ Prozessinnovation ▪ Prozessverbesserung

Abb. 6.3: Handlungsfelder des prozessorientierten Kostenmanagements

Ein **effizienter Prozessvollzug** wird gesichert, indem die operativen Entscheidungen über den Ablauf von Prozessen und das Arbeitsverhalten der Mitarbeiter, die mit der Ausführung dieser Entscheidungen betraut sind, an den operativen Wirtschaftlichkeitszielen des Kostenmanagements ausgerichtet werden. Beispiele für diese Entscheidungen sind die Festlegung der Auftragsreihenfolge bei der operativen Produktionsplanung und -steuerung, der Projektstruktur und des Projektablaufs bei der Projektplanung und -steuerung sowie die Durchlauf- und Kapazitätsterminierung.

Die **Neugestaltung** von Prozessen umfasst das Konzipieren und Umsetzen mittel- und langfristiger Entscheidungen über die Prozess-Struktur in der Unternehmung sowie den Ablauf und die Träger dieser Prozesse. Beispiele für die Neugestaltung von Prozessen ist die Gestaltung des Layouts bei einer Betriebserweiterung und des Produktionsprozesses bei der Einführung neuer Produkte.

Die effizienzorientierte **Prozessrationalisierung** ist die Anpassung von Prozessen der Unternehmung zum Abbau von Ineffizienzen, die durch unternehmungsinterne oder -externe Veränderungen entstanden sind. Nach dem Eingriff in die Organisation der Unternehmung werden zwei Formen der Prozessrationalisierung unterschieden (vgl. Gaitanides/Scholz/Vrohlings (1994), S. 11; Davenport (1996), S. 24):

- die Prozessinnovation und
- die Prozessverbesserung.

Bei der **Prozessinnovation** handelt es um eine bereichsübergreifende Anpassung von Prozessen unter vollständiger Ausblendung der bestehenden Abläufe und Strukturen. Mit einer Prozessinnovation wird angestrebt, den Aufbau der Unternehmung an den Arbeitsabläufen bei Abkehr von funktionalen Organisationsprinzipien auszurichten (vgl. Kieser (1996), S. 243 ff.). Dadurch können auch Rationalisierungspotentiale an den Schnittstellen zwischen Abteilungen oder Bereichen abgebaut werden.

Bei der **Prozessverbesserung** geht es um die Anpassung von Prozessen innerhalb der gegebenen Aufbaustruktur der Unternehmung. Vollzogen wird die Prozessverbesserung durch Rationalisierungsvorhaben innerhalb abgegrenzter Unternehmungsbereiche. Ineffizienzen durch Abstimmungsverluste zwischen Abteilungen können durch die Prozessverbesserung nicht abgebaut werden (in Anlehnung an Gaitanides/Scholz/ Vrohlings (1994), S. 11).

Die **Prozessoptimierung** zielt auf den Abbau von Ineffizienzen beim Prozessvollzug durch die kontinuierliche Verbesserung definierter Prozesse. Als Ansatz der Prozessoptimierung wird das Prozess-Kaizen genannt (vgl. Davenport (1993), S. 24). Abb. 6.4 gibt eine zusammenfassende Gegenüberstellung der Prozessrationalisierung und -optimierung wieder.

Handlungsfeld / Abgrenzungsmerkmal	Prozessrationalisierung		Prozessoptimierung/ Kontinuierliche Verbesserung
	Prozessinnovation	Prozessverbesserung	
Gestaltungsparameter	Merkmale der Struktur, des Ablaufs und der Träger bereichsübergreifender Prozesse	Merkmale der Struktur, des Ablaufs und der Träger bereichsinterner Prozesse	Merkmale des Prozessablaufs
Anpassung der Aufbaustruktur der Unternehmung	Ausrichtung an den Abläufen	Keine	Keine
Durchführung	Ausnahmsweise bei Vorliegen spezifischer Bedingungen	Unregelmäßig in längeren Zeitabständen	Kontinuierlich

Abb. 6.4: Gegenüberstellung von Handlungsfeldern des prozessorientierten Kostenmanagements

6.2 Prozessinnovationen zur zielorientierten Effizienzgestaltung

6.2.1 Kennzeichnung von Prozessinnovationen

6.2.1.1 Merkmale von Prozessinnovationen

Unter einer **Prozessinnovation** wird die Rationalisierung bestehender Prozesse verstanden, durch die der strukturelle Aufbau der Unternehmung bei Abkehr von funktionalen Organisationsprinzipien an den Arbeitsabläufen in der Unternehmung ausgerichtet wird.

Hammer/Champy zählen 19 Merkmale auf, die in Unternehmungen nach einer Prozessinnovation zu beobachten sind (vgl. Hammer/Champy (1996), S. 71 ff.). Diese **Merkmale** können als Parameter und Folgewirkungen oder Voraussetzungen der Prozessinnovation verstanden werden. Abb. 6.5 gibt einen Überblick über diese Merkmale (vgl. Theuvsen (1996), S. 67; Bogaschewsky/Rollenberg (1998), S. 244 ff.).

Parameter der Prozessgestaltung	Prozess-Struktur	▪ Abkehr von funktionalen hin zu kunden- oder produktorientierten Strukturen ▪ Dezentralisation mit zentralen Elementen ▪ Prozessverlagerung ▪ Prozess-Segmentierung ▪ Prozessbereinigung
	Prozessträger	▪ Konzentration der Ausführungsverantwortung – Caseworker – Caseteams – Casemanager – Virtuelle Teams ▪ Übertragen von Entscheidungskompetenzen auf die Prozessträger
	Prozessablauf	Parallelisieren der Prozess-Schritte
Folgewirkungen/ Voraussetzungen	▪ IT-Unterstützung – Datenbanktechnologien – Expertensysteme – ... ▪ Prozessorientierte Anreizkonzepte – Vergütung der Mitarbeiter nach Ergebnissen – Beförderung der Mitarbeiter nach Fähigkeiten ▪ Mehrdimensionale Berufsbilder ▪ Flachere Hierarchien ▪ Manager als Coach	

Abb. 6.5: Elemente einer Prozessinnovation

Prozessinnovationen ersetzen eine verrichtungsorientierte Organisation durch eine Prozessorganisation. Diese sieht die Ausrichtung des strukturellen Aufbaus der Unternehmung an Arbeitsabläufen und damit die **Abkehr von funktionalen Organisationsprinzipien** vor (vgl. Gaitanides (2004), Sp. 1214), d. h., Fachabteilungen werden durch kunden- oder produktorientierte Strukturen ersetzt. Die Aktivitäten zur Erbringung einer kunden- oder produktbezogen abgegrenzten Leistung, die bisher durch mehrere Fachabteilungen sukzessive ausgeführt worden sind, werden bei einem einzelnen Prozessträger konzentriert, der für den gesamten Prozessvollzug verantwortlich ist. Der Abstimmungsbedarf wird dadurch auf ein Minimum reduziert (vgl. Theuvsen (1996), S. 68, 70). Die durch eine Prozessinnovation entstehenden bereichsübergreifenden Prozesse sind von vor- und nachgelagerten Prozessen unabhängig, d. h. horizontal autonom. Die Kompetenzen für Entscheidungen bei der Ausführung eines Prozesses werden an die Prozessträger delegiert (vgl. Hammer/Champy (1996), S. 74 f.). Durch die **Delegation von Entscheidungskompetenzen** wird die horizontale Autonomie der Prozesse um eine vertikale Autonomie ergänzt, d. h., Prozessträger werden unabhängig von Entscheidungen der Vorgesetzten (vgl. Theuvsen (1996), S. 69). Zur Ausrichtung ihres Arbeitsverhaltens an den Unternehmungszielen gelangen **prozessorientierte Anreizkonzepte** zum Einsatz. Sie sehen vor, dass Mitarbeiter nach der Prozessleistung entlohnt und nach ihren Fähigkeiten befördert werden.

Prozessträger können in der Form von Caseworkern, virtuellen Teams oder Caseteams auftreten. Kleinere Unternehmungsprozesse werden von einer Person getragen, dem Caseworker. Caseteams sind Gruppen von Mitarbeitern, die zusammen einen funktionsübergreifenden Prozess bearbeiten. Die Mitglieder eines Caseteams arbeiten zur Ausführung von Routineaufgaben dauerhaft zusammen. Virtuelle Teams werden dagegen zur Bearbeitung einmaliger Aufgaben gebildet, wie z. B. die Entwicklung eines neuen Produkts. Nach Beendigung einer Aufgabe wird das jeweilige virtuelle Team aufgelöst und die Mitarbeiter anderen Teams oder neuen Projekten zugeordnet. Ist ein Prozess zu komplex, um von einem Caseteam ausgeführt zu werden, tritt ein Casemanager hinzu. Er koordiniert die Aktivitäten der verschiedenen Caseteams und ist der alleinige Ansprechpartner für den Prozesskunden (vgl. Hammer/Champy (1996), S. 73 f., 86, 92).

Mit Prozessinnovationen sollen Prozesse zeitlich und inhaltlich gestrafft und standardisiert werden. Die zeitliche Straffung wird zum einen durch die **Parallelisierung** der Prozess-Schritte erreicht. Aktivitäten, die von verschiedenen Fachabteilungen und damit zwangsläufig sukzessive ausgeführt worden sind, werden parallel oder zumindest überlappend ausgeführt (vgl. Hammer/Champy (1996), S. 75 ff.). Zum anderen wird die Durchlaufzeit durch die **Verlagerung von Prozessen** verkürzt. Aktivitäten, die bisher von den Abteilungen des Verwaltungsbereichs ausgeführt worden sind, werden den Prozessen zugeordnet, die bisher die Kunden waren. Dadurch entfallen langwierige und aufwendige Abstimmungsprozesse (vgl. Hammer/Champy (1996), S. 78 ff.). So kann durch Desktop-Purchasing-Systeme die Beschaffung von Einsatzgütern den verbrauchenden Prozessen zugeordnet werden. Um bei dieser **Dezentralisation** die Vorteile der Zentralisation zu erhalten, z. B. die Vorteile einer zentralen Beschaffung, wird den Prozessträgern ein Rahmen vorgegeben, in dem sie die Aufgaben erledigen. Bei Desktop-Purchasing-Systemen handelt die zentrale Beschaffung Rahmenverträge und Mengenrabatte für die Gesamtunternehmung aus, die Prozessträger beschaffen auf der Grundlage dieser Rahmenverträge die zur Deckung des Materialbedarfs notwendigen Mengen ohne Mitwirkung der zentralen Beschaffung (vgl. Dudenhöfer (2002), S. 403; Göthlich (2004), S. 55). Um die Prozesse inhaltlich zu straffen, werden sie **bereinigt**, d. h. nicht wertschöpfende Aktivitäten werden eliminiert. Neben Abstimmungsarbeiten werden vor allem Kontrollen eliminiert. Starre Kontrollen aller Aktivitäten werden hierzu durch nachträgliche, oftmals pauschale Kontrollen ersetzt (vgl. Hammer/Champy (1996), S. 80 f.). Durch die **Prozess-Segmentierung**, d. h. die Bildung von Prozessvarianten für verschiedene Situationen, sollen die Prozesse vereinfacht und die Voraussetzung für ihre Standardisierung geschaffen werden (vgl. Hammer/Champy (1996), S. 77 f.).

Der Übergang zu einer Prozessorganisation ist ohne **IT-Unterstützung** nicht realisierbar. Die Parallelisierung von Aktivitäten setzt voraus, dass Informationen gleichzeitig an beliebig vielen Orten genutzt werden können. Möglich wird das durch moderne Datenbanktechnologien (vgl. Hammer/Champy (1996), S. 122 ff.). Um Aktivitäten, die von Spezialisten verschiedener Fachabteilungen ausgeführt worden sind, und Entscheidungen einer oder einigen wenigen Personen zuordnen zu können, benötigen sie Analyse-, Experten- und Entscheidungsunterstützungssysteme.

Durch die Zusammenfassung der Aktivitäten verschiedener Fachbereiche bei einem Prozessträger und die Delegation von Entscheidungskompetenzen entstehen **mehrdimensionale Berufsbilder**, die eine entsprechende Aus- und Weiterbildung der

Mitarbeiter erfordern (vgl. Hammer/Champy (1996), S. 93 ff.). Die Delegation von Entscheidungskompetenzen, der Abbau des Koordinationsbedarfs und das Reduzieren von Kontrollen führen zu **flacheren Hierarchien** (vgl. Hammer/Champy (1996), S. 106 ff.). Für die verantwortlichen Manager entstehen Freiräume, die sie zur Unterstützung der Prozessträger nutzen können. Die Manager werden zum **Coach** der Prozessträger (vgl. Hammer/Champy (1996), S. 99 ff.).

6.2.1.2 Voraussetzungen für Prozessinnovationen

Die Ergebnisse einer empirischen Untersuchung, die in Abb. 6.6 zusammenfassend dargestellt werden (vgl. Perlitz/Bufka/Offinger/Reinhardt/Schug (1996), S. 190 f.), verdeutlichen die Bedeutung von Prozessinnovationen für die Effizienzgestaltung. Sie belegen jedoch auch, dass die meisten Projekte zur Prozessinnovation scheitern (vgl. Hall/Rosenthal/Wade (1994), S. 82). Die Ursache für die **geringe Erfolgsquote** ist, dass Prozessinnovationen höchste Anforderungen an die Fähigkeit und den Willen der Unternehmung zu tiefgreifenden Veränderungen stellen (vgl. Kieser (1996), S. 249).

Leistungsmerkmal	Weniger erfolgreiche Projekte	Erfolgreiche Projekte
Senkung der Gemeinkosten	**25,1 %**	**24,6 %**
Steigerung der Produktivität	**19,9 %**	**27,2 %**
Steigerung der Qualität	15,8 %	36,4 %
Verkürzung der Auftragsbearbeitungszeit	16,8 %	43,5 %
Verkürzung der Durchlaufzeit	19,7 %	45,9 %
Verkürzung der Lieferzeit	17,5 %	42,1 %
Verkürzung der Produktentwicklungszeit	21,0 %	39,9 %
Verkürzung der Zeitspanne zwischen Produktidee und Markteinführung	20,1 %	36,8 %
Anzahl der Projekte	58 (≈ 62 %)	35 (≈ 38 %)

Abb. 6.6: Mittlere Ausprägung der Prozesskennzahlen nach Prozessinnovationen

[1] Fähigkeit zu tief greifenden Veränderungen

Die Fähigkeit der Unternehmung zu tief greifenden Veränderungen wird durch das Innovationspotential und die Innovationsgrenzen in der Unternehmung bestimmt. **Innovationspotentiale** sind Sachverhalte, die Möglichkeiten für Prozessinnovationen eröffnen oder positiv auf die Effektivität oder Effizienz von Prozessinnovationen wirken. Sie können in Informationen, in der Technologie, insbesondere der Informationstechnologie, in der Organisation oder in den Mitarbeitern begründet sein (vgl. Davenport (1993), S. 113). Einen Überblick über Innovationspotentiale der **Informationstechnologie** gibt Abb. 6.7 (vgl. Davenport (1993), S. 50 ff.).

Potential	Verwendung
Automatisierung	Durch den Einsatz von Betriebsmitteln kann die Ausführungszeit verkürzt und die Anzahl papierner Dokumente verringert werden.
Datenerfassung	Prozessinformationen für Zwecke einer Verbesserung der Prozesseffektivität und -effizienz oder der Auftragsverfolgung können erfasst werden (z. B. Maschinendatenerfassung, Radio Frequency Identification[1] [RFID]).
Datenaustausch	Durch Vereinfachung und Beschleunigung des Datenaustauschs können ▪ Aktivitäten oder Prozesse parallel ausgeführt werden, z. B. ermöglicht CAD die zeitgleiche Entwicklung verschiedener Produktkomponenten, ▪ Aktivitäten unabhängig von den Orten, an denen sie ausgeführt werden, abgestimmt werden, wodurch die Voraussetzungen für die Dezentralisation von Aktivitäten geschaffen werden.
Datenanalyse	Durch die Auswertung von Daten können Prognosen und Entscheidungen verbessert werden (z. B. Data Warehouse, Online Analytical Processing [OLAP], Data Mining[2]).
Strukturierte Speicherung von Daten und Dokumenten	▪ Durch Datenbanken können alle Informationen zu einem Bearbeitungsobjekt, z. B. einem Auftrag, gespeichert und allen an der Bearbeitung Beteiligten zugänglich gemacht werden. ▪ Wissen kann strukturiert erfasst und von allen Beteiligten genutzt werden.
Dateneingabe	Prozesskunden können Auftragsdaten direkt in das System eingeben und Informationen über den Auftrag erhalten, ohne dass ein Prozessmitarbeiter eingeschaltet wird.

1 vgl. Pflaum (2004), S. 431 ff.; 2 vgl. Wall (1999), S. 295 ff.

Abb. 6.7: Innovationspotentiale der Informationstechnologie

Organisatorische Innovationspotentiale sind Teams, die Delegation von Entscheidungskompetenzen, die Partizipation und eine offene und weniger hierarchische Kommunikation (vgl. Davenport (1993), S. 97, 104). Als **mitarbeiterbezogene Innovationspotentiale** werden die Qualifikation und die Fähigkeiten der Mitarbeiter zur Weiterbildung sowie motivierende Merkmale neuer Prozess-Strukturen gesehen (vgl. Davenport (1993), S. 110 ff.).

Den Innovationspotentialen stehen **Innovationsgrenzen** gegenüber. Das sind system- und personenbedingte Barrieren, die Prozessinnovationen verhindern oder zumindest behindern. Innovationsgrenzen sind z. B. komplexe und stark integrierte IT-Systeme, die den Anforderungen prozessorientierter Strukturen nicht genügen (vgl. Davenport (1993), S. 63 ff.). Ebenso können eine innovationsfeindliche Unternehmungskultur, fehlende Qualifikationen bei den Mitarbeitern oder mangelnde Erfahrung bei der Neugestaltung von Prozessen entgegenstehen (vgl. Davenport (1993), S. 106 ff.; Hammer (2007), S. 37).

[2] Wille zu tief greifenden Veränderungen

Voraussetzungen für den erforderlichen Veränderungswillen sind

- eine latente Unternehmungskrise sowie
- ein Change Sponsor auf der oberen Ebene der Managementhierarchie.

Eine Prozessinnovation kann nur umgesetzt werden, wenn es der Unternehmungsleitung zum einen gelingt, den beteiligten und betroffenen Führungskräften und Mitarbeitern glaubhaft zu vermitteln, dass es für dieses Vorhaben keine Alternative gibt, d. h., die Prozessinnovation für das Überleben der Unternehmung notwendig ist. Zum anderen muss die Unternehmungsleitung in der Lage sein, realistische Erwartungen zu den Ergebnissen der Prozessinnovation zu vermitteln (vgl. Davenport (1993), S. 171 ff.). Voraussetzung für eine erfolgreiche Prozessinnovation ist deshalb eine **latente Krise**, d. h. die Unternehmung oder ein Unternehmungsbereich steht intern angelegten Problemen gegenüber, die bei unveränderter Fortführung der Prozesse das Überleben gefährden. Diese Krise darf jedoch nicht so weit fortgeschritten sein, dass es für eine Prozessinnovation keine sachlichen und zeitlichen Handlungsspielräume mehr gibt (vgl. Davenport (1993), S. 187 f.).

Der **Change Sponsor** ist der Machtpromotor der Prozessinnovation. Er ist die treibende Kraft beim Konzipieren und Umsetzen der Prozessinnovation und für die Akzeptanz des Rationalisierungsvorhabens von höchster Bedeutung. Da sich die Prozessinnovation über mehrere Unternehmungsbereiche erstreckt, sollte der Change Sponsor auf der oberen Ebene der Managementhierarchie angesiedelt sein (vgl. Davenport (1993), S. 179 ff.; vgl. Hammer (2007), S. 37).

6.2.2 Ablauf einer Prozessinnovation

6.2.2.1 Träger einer Prozessinnovation

Unter **Business Reengineering** wird das Initiieren, Konzipieren, Umsetzen und Verstetigen von Prozessinnovationen zur Verbesserung wichtiger und messbarer Leistungsgrößen in den Bereichen Kosten, Qualität, Service und Zeit verstanden (vgl. Hammer/Champy (1996), S. 48 ff.; aber auch Davenport (1993), S. 1).

Da sich Prozessinnovationen über mehrere Unternehmungsbereiche erstrecken, eignet sich für die Durchführung des Business Reengineering nur die **Top-down-Strategie** der Rationalisierung. Träger des Business Reengineering sind

- der Leader,
- der Lenkungsausschuss,
- der Reengineering-Beauftragte,
- der Prozessverantwortliche sowie
- die Reengineering-Teams.

Beim **Leader** handelt es sich um ein Mitglied der Unternehmungsleitung, das den Einfluss besitzt, alle Beteiligten zu einem kooperativen Verhalten zu bewegen (vgl. Hammer/Stanton (1995), S. 50). Er setzt das Business Reengineering in Gang, gibt die

Ziele vor, wählt die Prozessverantwortlichen aus und ernennt sie. Ihm obliegt es auch, ein Arbeitsumfeld zu schaffen, das die Unterstützung der Beteiligten durch alle relevanten Bereiche der Unternehmung und falls erforderlich auch durch Lieferanten und Kunden sicherstellt. Weiterhin fallen das Projektmanagement sowie die Aktivierung der Reengineering-Teams und der Prozessverantwortlichen in den Aufgabenbereich des Leaders (vgl. Davenport (1993), S. 177 ff.).

Der **Lenkungsausschuss** setzt sich aus Mitgliedern des oberen und mittleren Managements, den Prozessverantwortlichen der verschiedenen Business-Reengineering-Projekte und dem Leader als Vorsitzenden zusammen. In den Aufgabenbereich des Lenkungsausschusses fallen die Richtlinienentscheidungen für die Business-Reengineering-Projekte der Unternehmung sowie die Planung, Durchsetzung und Kontrolle der Business-Reengineering-Strategie. Vom Lenkungsausschuss werden die durchzuführenden Reengineering-Projekte ausgewählt und terminiert sowie die Ressourcen festgelegt, die für jedes Projekt zur Verfügung gestellt werden (vgl. Davenport (1993), S. 183; Hammer/Champy (1996), S. 149 f.).

Der **Reengineering-Beauftragte** ist eine Stabsstelle mit Koordinations- und Unterstützungsaufgaben, die dem Leader unterstellt ist. Er koordiniert die Aktivitäten verschiedener Business-Reengineering-Projekte, entwickelt Techniken für die Prozessanalyse und -gestaltung und unterstützt die Prozessverantwortlichen, indem er die Erfahrungen und Erkenntnisse aus früheren Business-Reengineering-Projekten weitergibt (vgl. Davenport (1993), S. 177 ff.; Hammer/Champy (1996), S. 150 ff.).

Als **Prozessverantwortlicher** wird vielfach ein Manager eines Unternehmungsbereichs ausgewählt, der an dem zu gestaltenden Prozess beteiligt ist. Aufgrund des bereichsübergreifenden Charakters des Business Reengineering sollte der Prozessverantwortliche einer Ebene der Managementhierarchie angehören, die ihm in allen betroffenen Bereichen die erforderliche Autorität verleiht. Aufgaben der Prozessverantwortlichen sind die Zusammenstellung der Reengineering-Teams, die Bereitstellung der Ressourcen sowie die Aktivierung und fachliche Unterstützung der Reengineering-Teams. Weiterhin hat der Prozessverantwortliche Widerstand in den betroffenen Fachabteilungen entgegenzutreten. Nach der Umsetzung der Prozessinnovation trägt der Prozessverantwortliche die Verantwortung für die Prozessleistung (vgl. Davenport (1993), S. 182 f.; Hammer/Champy (1996), S. 141 f.).

Das **Reengineering-Team** erarbeitet das Konzept der Prozessinnovation und setzt es häufig auch selbst um. Es sollte fünf bis zehn Mitglieder haben, darunter auch Mitarbeiter des Prozesses, der umgestaltet werden soll. Unterstützt wird das Reengineering-Team durch weitere Personen, die zeitlich begrenzt einen definierten Beitrag zur Teamarbeit leisten. Zu dieser Personengruppe gehören Prozesskunden, Prozesslieferanten und Experten bestimmter Disziplinen, wie z. B. IT und Personalwesen. Um der Tendenz entgegenzuwirken, an bestehenden Lösungen festzuhalten, kann es zweckmäßig sein, die Analyse der bestehenden Prozesse und die Gestaltung der neuen Prozesse verschiedenen Teams zuzuordnen, die nur wenige gemeinsame Mitglieder haben (vgl. Davenport (1993), S. 183; Hammer/Champy (1996), S. 143 ff.).

6.2.2.2 Phasen des Business Reengineering

Davenport schlägt auf der Grundlage von Erfahrungen aus der Unternehmungspraxis ein Ablaufschema für das Business Reengineering vor, das auf der Analyse von Innovationspotentialen und Innovationsgrenzen beruht (vgl. Davenport (1993), S. 25). Es umfasst fünf Phasen, die vor allem dem Konzipieren zuzuordnen sind. Jede Phase ist in mehrere Schritte unterteilt. In Abb. 6.8 werden diese den Phasen des Rationalisierungsprozesses zugeordnet.

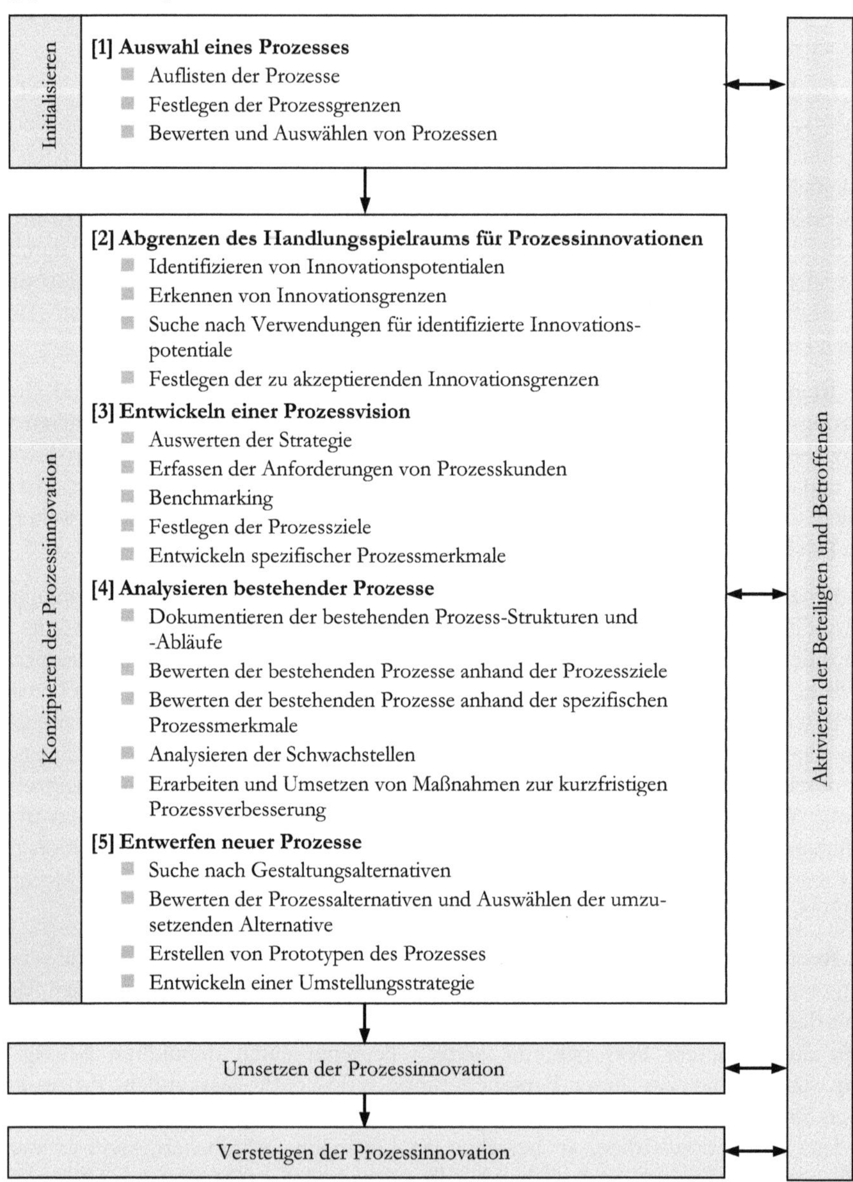

Abb. 6.8: Ablaufschema des Business Reengineering

[1] Auswahl eines Prozesses

Zweck der ersten Phase des Business Reengineering ist es, aus Prozessen der Unternehmung diejenigen auszuwählen, die das Untersuchungsobjekt bilden sollen. Hierzu werden im **ersten Schritt** zunächst die Prozesse der Unternehmung aufgelistet. Die

Schwierigkeit besteht dabei darin, den Umfang dieser Prozesse festzulegen. Mit Prozessen, die sich über mehrere Funktionsbereiche erstrecken, wird eine größere Anzahl von Schnittstellen in die Gestaltung einbezogen. Es kann deshalb ein umfangreicheres Rationalisierungspotential erschlossen werden. Der Umfang des betrachteten Prozesses determiniert aber auch die Komplexität des Rationalisierungsvorhabens. Im **zweiten Schritt** werden die Prozesse gegeneinander abgegrenzt, d. h. das Ende des einen und der Beginn des anderen Prozesses werden festgelegt (vgl. Davenport (1993), S. 28 ff.).

Um die Prozesse auszuwählen, die das Untersuchungsobjekt bilden sollen, wird im **dritten Schritt** die strategische Bedeutung der Prozesse bewertet. Hierzu wird zum einen der Beitrag jedes Prozesses zur Umsetzung der verfolgten Unternehmungs- oder Geschäftsfeldstrategie analysiert. Zum anderen werden die Prozesse auf Schwachstellen untersucht, die eine Umsetzung der Strategie behindern könnten. Beispiele für solche Schwachstellen sind lange Liegezeiten, zahlreiche Schnittstellen, unklare Zuordnung der Verantwortung und Fehlen eines eindeutigen Prozesskunden. Zum Objekt eines Rationalisierungsvorhabens wird ein Prozess, wenn er für die Zielerreichung kritisch ist, d. h. die Dringlichkeit einer Prozessinnovation vermittelt werden kann, und das Vorhaben die Unterstützung der Unternehmungsleitung findet (vgl. Davenport (1993), S. 31 ff.).

[2] Abgrenzung des Handlungsspielraums für Prozessinnovationen

In den beiden **ersten Schritten** dieser zweiten Phase des Business Reengineering werden die Innovationspotentiale identifiziert und es wird nach Möglichkeiten gesucht, diese zu nutzen. Im **dritten Schritt** werden die Innovationsgrenzen festgestellt. Im Hinblick auf die Innovationsgrenzen wird im **vierten Schritt** entschieden, ob sie als Restriktionen der Prozessinnovationen akzeptiert oder Maßnahmen ergriffen werden sollen, um sie abzubauen, wie z. B. der Austausch des bestehenden IT-Systems oder das Ersetzen unzureichend qualifizierter Mitarbeiter.

[3] Entwickeln einer Prozessvision

Eine Prozessinnovation leistet nur dann einen Beitrag zur Zielerreichung, wenn sie die Leistungserstellung und -verwertung in den durch die verfolgten Unternehmungs- und Geschäftsfeldstrategien gesetzten Schwerpunkten verbessert. In dieser dritten Phase des Business Reengineering werden deshalb die Strategien der Unternehmung in eine **Prozessvision** übertragen, d. h. in messbare Ziele für die Prozessleistung und spezifische Prozessmerkmale. Bei den Prozessmerkmalen handelt es sich zum einen um allgemeine Prozesseigenschaften (Merkmale des Prozessinputs und -outputs) und zum anderen um die Verwendungsmöglichkeiten der identifizierten Innovationspotentiale. Ohne eine Prozessvision, die von den Beteiligten und den Betroffenen getragen wird, besteht die Gefahr, dass eine anvisierte Prozessinnovation auf eine Prozessverbesserung reduziert wird. Die Prozessvision sollte deshalb einfach zu kommunizieren sein, von den Betroffenen nicht als Bedrohung empfunden werden und für die Beteiligten anregend wirken. Prozessvisionen mit Kostensenkungszielen genügen diesen Anforderungen nicht. Es wird deshalb empfohlen, nicht Kostensenkungen in den Mittelpunkt der Prozessvision zu stellen, sondern Veränderungen der Kosteneinflussgrößen (z. B. Qualitätssteigerung, Durchlaufzeitverkürzung).

Bei der Entwicklung der Prozessvision sind in einem **ersten Schritt** die Unternehmungs- und Geschäftsfeldstrategie auszuwerten. Für die Umsetzung dieser Strategien durch Prozessinnovationen kann es viele Alternativen geben. Zur Entwicklung einer Prozessvision bedarf es deshalb auch Anregungen von außerhalb der Unternehmung, die durch

- eine Analyse der Anforderungen externer Kunden oder
- ein Benchmarking

gewonnen werden können (vgl. Davenport (1993), S. 121 ff.). Für die Erfassung der Anforderungen externer Prozesskunden im **zweiten Schritt** wird empfohlen, Workshops mit ausgewählten Kunden durchzuführen. Diese können vor dem Entwerfen der Prozessvision oder parallel zur fünften Phase des Business Reengineering (Entwerfen neuer Prozesse) stattfinden. Für die zweite Variante spricht, dass externe Prozesskunden vielfach zunächst keine Vorstellungen von den Anforderungen haben, die sie an einen Prozess stellen wollen. Erst wenn deutlich wird, was ein Prozess zu leisten vermag, sind sie in der Lage, ihre Anforderungen zu präzisieren.

Durch die Kommunikation mit den Kunden können Hinweise auf die Bedeutung von Zielen der Prozessinnovation gewonnen werden, jedoch keine Ideen zu Prozessmerkmalen (vgl. Davenport (1993), S. 124 f.). Deshalb schließt sich im **dritten Schritt** ein Benchmarking an. Ein Benchmarking beim Konzipieren von Prozessinnovationen sollte sich auf innovative Formen der Arbeitsgestaltung und die in der zweiten Phase identifizierten Innovationspotentiale konzentrieren, um mögliche Verwendungen aufzuspüren.

Im **vierten und fünften Schritt** wird aus den extern gewonnenen Informationen, den identifizierten Innovationspotentialen und den akzeptierten Innovationsgrenzen die Prozessvision entwickelt. Mit der Prozessvision werden die Ziele und die spezifischen Merkmale eines Prozesses festgelegt, der sich zur Umsetzung der verfolgten Strategien eignet und vor dem Hintergrund des abgegrenzten Handlungsspielraums auch realisierbar ist (vgl. Davenport (1993), S. 126 ff.).

[4] Analysieren bestehender Prozesse

Bevor neue Prozesse gestaltet werden, sollten die bestehenden verstanden werden. **Zweck** dieser vierten Phasen ist es, die Ursachen von Problemen eliminieren und die Vorteilhaftigkeit der neuen Prozesse beurteilen zu können. Durch diese Analyse wird das Niveau bestimmt, von dem aus das Ausmaß der erreichten Verbesserung der Zielerreichung gemessen werden soll.

Nach der Dokumentation der bestehenden Prozess-Strukturen und Prozessabläufe werden die bestehenden Prozesse anhand der erarbeiteten Prozessziele und Prozessmerkmale bewertet (vgl. Davenport (1993), S. 139). Die Analysen ermöglichen es, bestehende Schwachstellen zu identifizieren und zu analysieren, wie z. B. Engpässe, Redundanzen und überflüssige Aktivitäten. Die identifizierten Schwachstellen und ihre Ursachen sollten in die Erarbeitung von Maßnahmen zur kurzfristigen **Prozessverbesserung** münden. Da sich die Planung und Umsetzung von Prozessinnovationen über einen längeren Zeitraum erstrecken, können durch die Verbesserung bestehender Prozesse erste Zielbeiträge realisiert werden. Diese frühen Erfolge (Quick Hits) wirken sich positiv auf die Akzeptanz des Rationalisierungsvorhabens bei den Beteiligten und Betroffenen aus (vgl. Davenport (1993), S. 140 f.).

[5] Entwerfen neuer Prozesse

Der **erste Schritt** dieser Phase umfasst die Suche nach Gestaltungsalternativen, die durch Kreativitätstechniken unterstützt werden kann. Es wird vorgeschlagen, den neuen Prozess iterativ, d. h. in mehreren Schritten zu gestalten. Begonnen werden sollte mit dem Entwurf des Prozesses, um anschließend die Teilprozesse zu definieren und mit der Festlegung der Aktivitäten zu enden. Abb. 6.9 nennt die Gestaltungsparameter, für die auf diesen drei Betrachtungsebenen nach alternativen Ausprägungen gesucht werden sollte (vgl. Davenport (1993), S. 155). Grundlage dieser Suche bilden die Prozessvision sowie die Innovationspotentiale und -grenzen.

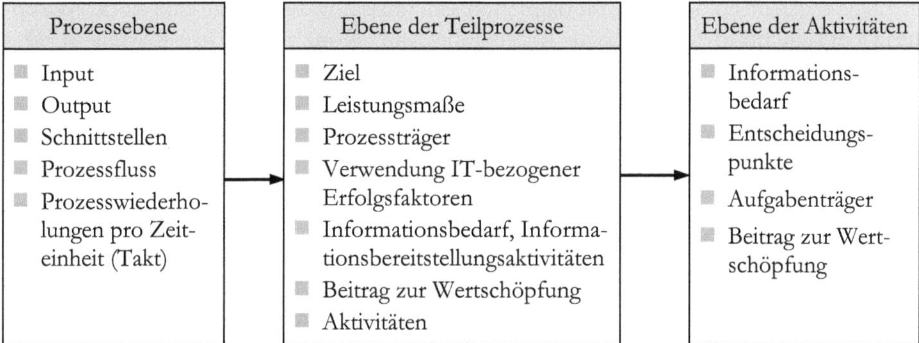

Abb. 6.9: Gestaltungsparameter der verschiedenen Betrachtungsebenen

Im **zweiten Schritt** werden die Realisierbarkeit, die Kosten, der Nutzen für die Prozesskunden und die Risiken der generierten Prozessalternativen analysiert und die Zeitspanne für die Umsetzung geschätzt. Auf der Grundlage dieser Bewertung wird eine Prozessalternative ausgewählt, die realisiert werden soll.

Um die neue Prozess-Struktur, die Informationstechnologie und die Organisation aufeinander abzustimmen, werden im **dritten Schritt** Prototypen des neuen Prozesses erstellt. Das sind weitgehend funktionsfähige Ausschnitte des Prozesses, die sich eignen, verschiedene Gestaltungsmerkmale zu prüfen. Der neu gestaltete Prozess, die Prozessumgebung und die IT-Struktur werden in mehreren Schritten immer präziser aufeinander abgestimmt, um das Risiko bei der Umsetzung des Prozesses zu verringern.

Die Phase endet mit der Planung einer Umstellungsstrategie im **vierten Schritt**. Die Umstellungsstrategie kann die Komplettumstellung oder die schrittweise Umstellung vorsehen. Bei der schrittweisen Einführung wird mit einem Pilotprojekt begonnen, d. h., die neue Prozess-Struktur wird in einem abgegrenzten Unternehmungsbereich umgesetzt. Auf der Grundlage der dabei gewonnenen Erfahrungen wird der Prozess sukzessive in den anderen Unternehmungsbereichen eingeführt. Bei erheblichen Widerständen kann ein neuer Unternehmungsbereich geschaffen werden, in dem der neue Prozess zunächst für spezifische Produkte, Kunden oder Vertriebskanäle parallel zum alten Prozess vollzogen wird (vgl. Davenport (1993), S. 158 f.).

[6] Weitere Phasen

Schwerpunkte der **Umsetzung** einer konzipierten Prozessinnovation sind (vgl. auch Hammer (2007), S. 38):

- das Einführen der erforderlichen Informationstechnologie,
- das Erarbeiten umfassender und verständlicher Beschreibungen, wie die neu gestalteten Prozesse auszuführen sind,
- das Zuordnen der Verantwortung für die Prozesse und die Prozessergebnisse,
- das Implementieren von Kennzahlen zur Steuerung der Prozesse sowie
- das Schulen der Mitarbeiter.

Durch die Schulung sollen neben den erforderlichen Fertigkeiten auch die Funktionsweise des Gesamtprozesses und die neuen Verhaltensweisen vermittelt werden. Die erfolgreiche Umsetzung einer konzipierten Prozessinnovation setzt eine hohe **Akzeptanz** bei den Betroffenen voraus, die parallel zum Konzipieren zu schaffen ist. Das Schaffen von Akzeptanz durch Partizipation der Betroffenen wird für das Business Reengineering als ungeeignet betrachtet. Begründet wird das mit der funktionsorientierten Spezialisierung der Betroffenen, die dem bereichsübergreifenden Charakter einer Prozessinnovation entgegensteht (vgl. Davenport (1993), S. 175 ff.).

Zur **Verstetigung** der Prozessinnovation werden vor allem zwei Maßnahmen vorgeschlagen. Hierbei handelt es sich zum einen um das Ersetzen von Mitarbeitern, die sich den Veränderungen widersetzen oder den geänderten Anforderungen auch nach ausreichenden Schulungen und Unterweisungen nicht gerecht werden. Zum anderen sind die Führungsteilsysteme (z. B. Budgetierungssystem, Anreizsystem, Personalbeurteilungssystem) an die geänderte Aufbaustruktur der Unternehmung anzupassen (vgl. Davenport (1993), S. 194 ff.).

6.3 Prozessverbesserung im Gemeinkostenbereich

6.3.1 Bedeutung der Prozessverbesserung im Gemeinkostenbereich

Eine Unternehmung besteht aus einem primären und einem sekundären Leistungsbereich (vgl. Abb. 6.10). Der **primäre Leistungsbereich** dient der Leistungserstellung und -verwertung und steht im Zusammenhang mit der Marktaufgabe der Unternehmung. Nach dem Produktbezug wird er in den direkten und den indirekten Leistungsbereich gegliedert. Der **direkte Leistungsbereich** wirkt unmittelbar auf die Produkte ein, d. h., er umfasst die Produktions- und Absatzprozesse der Unternehmung. Der **indirekte Leistungsbereich** erstellt Dienstleistungen für den direkten Leistungsbereich (z. B. Beschaffung, Arbeitsvorbereitung, Instandhaltung). Der **sekundäre Leistungsbereich** erbringt Verwaltungsleistungen, die keinen Bezug zur Marktaufgabe haben, wie z. B. die Buchhaltung (vgl. Kosiol (1972), S. 75 f.).

Der **Gemeinkostenbereich** der Unternehmung setzt sich aus dem indirekten und dem sekundären Leistungsbereich zusammen.

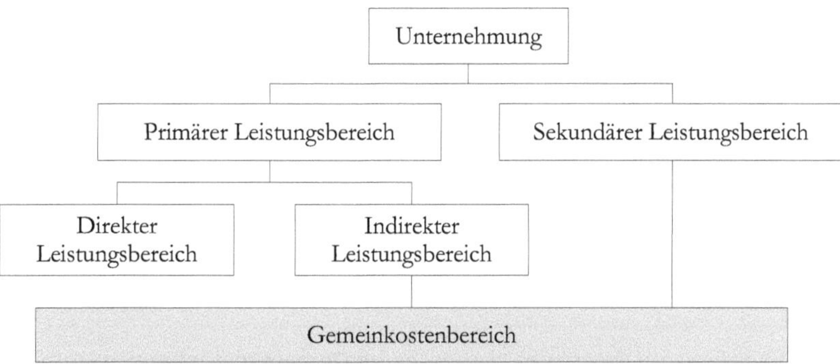

Abb. 6.10: Gliederung der Unternehmung in Leistungsbereiche

Der Gemeinkostenbereich erbringt seine Leistungen für interne Bereiche und ist damit keinem Wettbewerb ausgesetzt. Ineffizienzen oder unzureichende Leistungen und ihre Ursachen sind damit nicht unmittelbar sichtbar. Hinzu kommt, dass der Prozessablauf nicht offensichtlich oder eindeutig nachvollziehbar ist und einer hohen Varianz unterliegen kann (vgl. Lamla (1995), S. 42). Zwischen dem geplanten Leistungsprogramm der Unternehmung und den Leistungen des Gemeinkostenbereichs besteht kein Zusammenhang. Es ist deshalb kaum möglich, vom geplanten Leistungsprogramm auf die notwendigen Leistungen des Gemeinkostenbereichs zu schließen (vgl. Wegmann (1982), S. 4 f.). Aus diesem Grund gelangt im Gemeinkostenbereich vielfach die Fortschreibungsbudgetierung zur Anwendung. Bei diesem Verfahren wird das Budget der Vorperiode an Veränderungen der Unternehmungs- und Umweltbedingungen angepasst. Damit wird immer nur derjenige Teil des Budgets überprüft, der über dem Budgetansatz der Vorperiode liegt. Dieses Vorgehen hat die Fortschreibung von Fehlallokationen der Ressourcen des Gemeinkostenbereichs, Budgetverschwendung, Budgetreserven sowie eine Tendenz zur Erhöhung der Budgets zur Folge (vgl. Friedl (2013), S. 214). Aus diesen Gründen bildet der Gemeinkostenbereich einen **Schwerpunkt der Prozessverbesserung**.

Eine **Prozessverbesserung** ist die Rationalisierung von Prozessen in einem Bereich bei gegebener Aufbaustruktur der Unternehmung.

Für die Prozessverbesserung im Gemeinkostenbereich sind zahlreiche **Verfahren** vorgeschlagen worden (vgl. Abb. 6.11). Bei jedem dieser Verfahren handelt es sich um einen Arbeitsplan, der eine Folge von Grundschritten, die in mehrere Teilschritte untergliedert sind, sowie den Einsatz bekannter betriebswirtschaftlicher Methoden (z. B. Kosten-Nutzen-Analyse) vorschreibt. Die Vorgaben der Arbeitspläne betreffen nur die Phasen des Konzipierens und Umsetzens sowie einige wenige Aspekte des Aktivierens. Um zu vermeiden, dass umgesetzte Maßnahmen der Prozessverbesserung im Laufe der Zeit durch den Rückfall in die alten und damit vertrauten Vorgehensweisen aufgegeben werden (vgl. Freimuth (1987), S. 102), muss dem Konzipieren und Umsetzen das Verstetigen der umgesetzten Maßnahmen folgen (vgl. Töpfer/Effenberger (1996), S. 187). Die Verfahren unterstützen nur die Anpassung der Prozesse innerhalb der gegebenen Aufbaustrukturen des Gemeinkostenbereichs. Rationalisierungspotentiale durch die bereichsübergreifende Abstimmung von Prozessen können mit diesen Verfahren nicht erschlossen werden (vgl. Töpfer/Effenberger (1996), S. 191).

- Wertanalytische Verfahren
  - Gemeinkostenwertanalyse (vgl. Abschnitt 6.3.2),
  - administrative Wertanalyse und Gemeinkosten-Aufwand-Nutzen-Analyse (vgl. Wegmann (1982), S. 100 ff.),
  - Prozesswertanalyse (vgl. Willeke (2001), S. 195 ff.) sowie
- Zero-Base-Budgeting (vgl. Abschnitt 6.3.3) und
- Benchmarking (vgl. Abschnitt 3.1.2.2)

Abb. 6.11: Verfahren zur Prozessverbesserung im Gemeinkostenbereich

Das **Benchmarking** von Prozessen im Gemeinkostenbereich wird auch als Business Management Benchmarking bezeichnet (vgl. Pryor (1989), S. 30). Die Bedeutung des Benchmarking für die Prozessverbesserung im Gemeinkostenbereich wird damit begründet, dass es für den Gemeinkostenbereich, der nur internen Prozesskunden ohne unternehmungsexterne Alternativen gegenübersteht, eine Wettbewerbssituation schafft (vgl. Hoffjan (1995), S. 164; Horváth/Lamla (1995), S. 67). Das Benchmarking wird auch für die Prozessoptimierung durch die kontinuierliche Verbesserung empfohlen. Für dieses Handlungsfeld eignet sich das interne Benchmarking, das von bestehenden Arbeitsgruppen (z. B. Qualitätszirkel-Gruppen) durchgeführt wird. Neben den zu verbessernden Prozessen können aber auch die Prozesse der kontinuierlichen Verbesserung selbst (z. B. das Betriebliche Vorschlagswesen) ein Objekt des Benchmarking bilden (vgl. Leibfried/McNair (1996), S. 121 ff.).

6.3.2 Gemeinkostenwertanalyse

6.3.2.1 Grundgedanke der Gemeinkostenwertanalyse

Die Gemeinkostenwertanalyse (Overhead Value Analysis, OVA) geht auf die Wertanalyse zurück, die als Methode zur Senkung der Materialkosten ohne Verschlechterung der Qualität von Produkten konzipiert worden ist. Sie wurde in den 70er Jahren von der Unternehmungsberatungsgesellschaft McKinsey & Company, Inc. entwickelt (vgl. Roever (1982), S. 249).

Eingesetzt wird die Gemeinkostenwertanalyse inzwischen nicht nur im Gemeinkostenbereich, sondern in Dienstleistungsunternehmungen zunehmend auch im direkten Leistungsbereich (vgl. Frysch (1995), S. 42). Mit der Gemeinkostenwertanalyse wird eine **Steigerung der Prozesswerte** im Gemeinkostenbereich angestrebt. Erreicht werden soll dieses Ziel zum einen durch den Abbau unnötiger oder überflüssiger Leistungen des Gemeinkostenbereichs und zum anderen durch die Erhöhung der Effizienz bei der Erstellung unverzichtbarer Leistungen (vgl. Lange (2002), S. 618). Hierzu werden die Leistungen, die vom Gemeinkostenbereich erbracht werden, erfasst und vom Leistungsersteller zusammen mit dem Leistungsempfänger einer Kosten-Nutzen-Analyse unterzogen (vgl. Töpfer/Effenberger (1996), S. 184). Nach Abschluss einer Gemeinkostenwertanalyse sollen nur noch die Leistungen erstellt werden, die unbedingt notwendig sind, und zwar so gut wie nötig und so kostengünstig wie möglich (vgl. Frysch (1995), S. 43).

Die **Gemeinkostenwertanalyse** ist ein Verfahren zur Planung und Umsetzung von Maßnahmen zur Prozessverbesserung im Gemeinkostenbereich auf der Grundlage einer isolierten Kosten-Nutzen-Analyse der Leistungen dieses Bereichs mit dem Ziel einer Kostensenkung zur Erreichung der strategischen Wirtschaftlichkeitsziele des Kostenmanagements.

Gemeinkostenwertanalysen werden aperiodisch als Projekte durchgeführt. Hierzu wird der Gemeinkostenbereich in mehrere **Untersuchungseinheiten** gegliedert. Als Untersuchungseinheiten werden in der Regel Organisationseinheiten herangezogen. Die Untersuchungseinheiten werden anschließend parallel oder sukzessive, jedoch weitestgehend isoliert betrachtet (vgl. Gutzler (1992), S. 122).

Die Träger einer Gemeinkostenwertanalyse sind (vgl. Huber (1987), S. 222 ff.; Jehle (1992), S. 1510):

- der Lenkungsausschuss,
- die Projektleitung,
- die Analyse-Teams und
- die Arbeitsgruppen.

Der **Lenkungsausschuss** setzt sich aus Mitgliedern der Unternehmungsleitung oder derjenigen Leitungsebene zusammen, die dem zu analysierenden Bereich unmittelbar übergeordnet ist. Er stellt die höchste Entscheidungsinstanz dar, d. h., er entscheidet über die erarbeiteten Maßnahmen zur Kostensenkung. Der Lenkungsausschuss trägt die Gesamtverantwortung für das Projekt, bestellt die weiteren Funktionsträger, hat die Beteiligten und Betroffenen von der Notwendigkeit des Projekts zu überzeugen und den Betriebsrat zu informieren.

Der **Projektleitung** obliegt das Projektmanagement. Ein Merkmal der Gemeinkostenwertanalyse ist die detaillierte Aufgaben- und Zeitplanung, die den Projektablauf und die Mitarbeit der Beteiligten bis auf die Stunde genau festlegen. Die Projektleitung hat gemäß dem Grundsatz „keine Terminverschiebung“ sicherzustellen, dass der Zeitplan exakt eingehalten wird (vgl. Roever (1982), S. 251). Weiterhin stellt die Projektleitung die Verbindung zwischen den Analyseteams her, schult die Analyseteams und trägt die Verantwortung für die Einhaltung der Verfahrensrichtlinien. Die Projektleitung ist vollzeitig im Projekt tätig.

Da ein **Analyseteam** nicht mehr als drei Untersuchungseinheiten betreuen sollte, werden für ein Gemeinkostenwertanalyse-Projekt meist mehrere Analyseteams gebildet. Sie bestehen in der Regel aus zwei Mitarbeitern, die über Methodenkompetenzen auf dem Gebiet der Gemeinkostenwertanalyse und Fachkompetenzen im Arbeitsbereich der Untersuchungseinheit verfügen. Die Analyseteams sind die Ansprechpartner für die Arbeitsgruppen. Es ist Aufgabe des Analyseteams, die Arbeitsergebnisse der Arbeitsgruppen auszuwerten, die Ergebnisse zu dokumentieren und dem Lenkungsausschuss zu berichten. Sie sind darüber hinaus für die Durchsetzung und Kontrolle der Rationalisierungsmaßnahmen in den Untersuchungseinheiten zuständig. Auch die Mitglieder der Analyseteams wirken vollzeitig an dem Projekt mit.

Für jede Untersuchungseinheit wird ein **Leiter** benannt. Die Orientierung der Unternehmungseinheiten an der Organisationsstruktur hat den Vorteil, dass die Leiter der

Untersuchungseinheiten festliegen und nicht erst für die Zwecke der Gemeinkostenwertanalyse bestimmt werden müssen (vgl. Wegmann (1982), S. 128 f.). Der Leiter sollte mit den Leistungen, die der Untersuchungsbereich erbringt, und den Arbeitsabläufen zu ihrer Erstellung vertraut sein sowie die Kosten und die Empfänger dieser Leistungen kennen. Die Leiter bilden in ihren Untersuchungseinheiten **Arbeitsgruppen**, die mit Mitarbeitern aus der Untersuchungseinheit und den Bereichen besetzt sind, die Leistungen der Untersuchungseinheit empfangen. Die Arbeitsgruppen führen Analysen durch, erarbeiten und bewerten Maßnahmen zur Kostensenkung. Schließlich setzen sie die konzipierten Maßnahmen um.

6.3.2.2 Prozess der Gemeinkostenwertanalyse

Die Gemeinkostenwertanalyse gliedert sich in eine Vorbereitungs-, eine Analyse- sowie eine Realisationsphase. Jede dieser Phasen umfasst mehrere Teilaufgaben. Einen Überblick über den **Ablauf der Gemeinkostenwertanalyse** zeigt Abb. 6.12 (vgl. Jehle (1992), S. 1509 ff.).

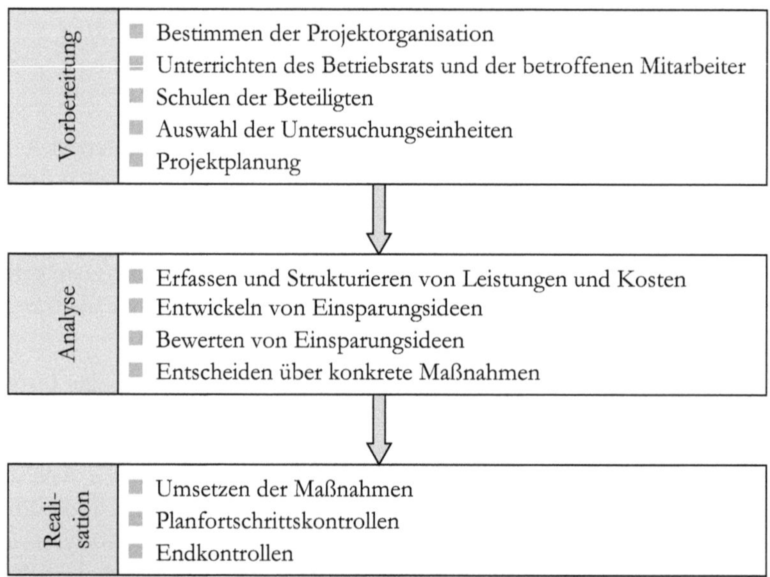

Abb. 6.12: Phasen im Prozess der Gemeinkostenwertanalyse

> Ziel der **Analysephase** ist es, für jede Untersuchungseinheit Kostensenkungspotentiale zu identifizieren und Maßnahmen zu erarbeiten, um sie auszuschöpfen.

Für jede Untersuchungseinheit werden hierzu jeweils vier Schritte durchgeführt. Jeder dieser Schritte ist terminiert und auf die Dauer einer Woche begrenzt. Vollzogen wird die Analysephase in mehreren aufeinanderfolgenden Takten. Ein **Takt** ist eine Projektstufe, in der die Analyseteams parallel jeweils mehrere Arbeitsgruppen bei der Durchführung der vier Schritte für ihre Untersuchungseinheit betreuen (vgl. Abb. 6.13). Nach Abschluss eines Takts werden die Arbeitsgruppen der nächsten Untersuchungseinheiten unterstützt. Dieser Prozess setzt sich fort, bis alle Untersuchungseinheiten analysiert sind. Die Zahl der Takte und damit die Gesamtdauer des Gemeinkostenwertanalyse-Projekts hängen von der Zahl der Analyseteams und der Zahl der Arbeitsgruppen ab, die von ihnen während eines Takts parallel betreut werden. Sind 48 Untersuchungseinheiten durch vier Analyseteams zu analysieren, die jeweils drei Arbeitsgruppen parallel betreuen, werden pro Takt zwölf Untersuchungseinheiten analysiert. Für den Abschluss des Projekts sind dann insgesamt vier Takte und damit 16 Wochen erforderlich (vgl. Huber (1987), S. 239).

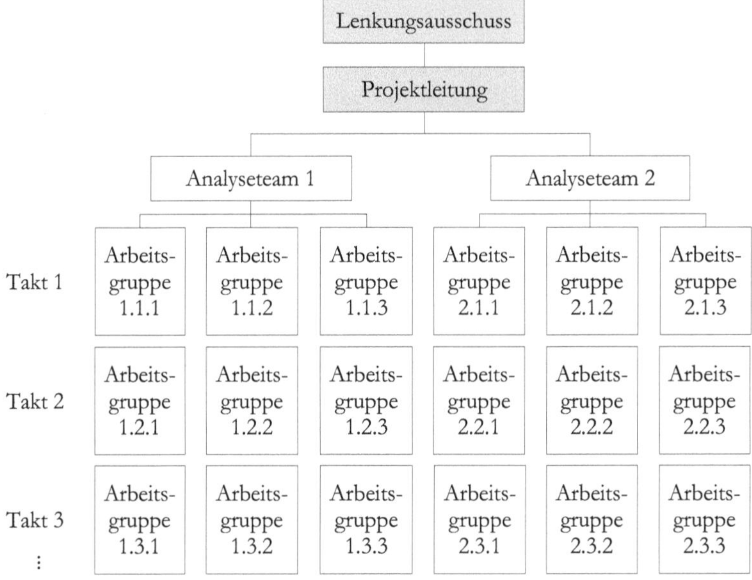

Abb. 6.13: Aufbau- und Ablauforganisation einer Gemeinkostenwertanalyse

Die **vier Schritte der Analyse** einer Untersuchungseinheit sind (vgl. Roever (1980), S. 688 f.; Wegmann (1982), S. 128 ff.; Huber (1987), S. 240 ff.):

- 1. Schritt: Erfassen und Strukturieren von Leistungen und Kosten
- 2. Schritt: Entwickeln von Einsparungsideen
- 3. Schritt: Bewerten der Einsparungsideen
- 4. Schritt: Entscheiden über die Einsparungsideen

Im **ersten Schritt** erstellen die Arbeitsgruppen einen Leistungskatalog. Dieser nennt alle **Leistungen**, die von der Untersuchungseinheit erstellt werden, und deren Empfänger. Der Leistungskatalog wird mit der eigentlichen Aufgabenstellung der Untersuchungseinheit verglichen, um Kostensenkungspotentiale zu erkennen. Ein anderes Verfahren zur Erfassung und Strukturierung der Leistungen, das in japanischen Unternehmungen praktiziert wird, baut auf der Funktionenanalyse der Wertanalyse auf. Bei diesem Verfahren werden zunächst die Funktionen festgestellt und strukturiert, die von der Untersuchungseinheit zu erfüllen sind. Diese Funktionen werden anschließend den Tätigkeiten gegenübergestellt, die in der Untersuchungseinheit tatsächlich ausgeführt werden (vgl. Yoshikawa/Innes/Mitchell (1995), S. 193 ff.).

Für jede Leistung der Untersuchungseinheit werden anschließend die **Kosten** geschätzt. Hierzu werden die in der Untersuchungseinheit ausgeführten Tätigkeiten den verschiedenen Leistungen zugeordnet. Durch Befragung der Mitarbeiter oder Selbstaufschreibung über einen begrenzten Zeitraum werden anschließend die für diese Tätigkeiten aufgewendeten Arbeitszeiten erfasst. Über diese Arbeitszeiten werden anschließend die Personalkosten auf die verschiedenen Leistungen verrechnet. Die Sachkosten werden nicht geplant, sondern den Leistungen proportional zu den verrechneten Personalkosten zugerechnet. Da im Gemeinkostenbereich die Personalkosten den größten Anteil an den Gesamtkosten ausmachen, führt diese vereinfachte Verrechnung der Sachkosten zu hinreichend genauen Ergebnissen (vgl. Wegmann (1982), S. 129 f.).

Die Mitarbeiter der Untersuchungseinheit kennen die Kosten der erstellten Leistung, nicht jedoch deren **Nutzen**. Dieser ist nur Mitarbeitern der Abteilungen bekannt, die Leistungen der Untersuchungseinheit beziehen. Erst durch die Zusammenarbeit von Mitarbeitern der leistenden und empfangenden Abteilungen in den Arbeitsgruppen kann das Kosten-Nutzen-Verhältnis der Leistungen beurteilt werden (vgl. Wegmann (1982), S. 130 ff.).

Ziel des **zweiten Schritts** ist das Generieren von Maßnahmen zum Leistungsabbau und zur Steigerung der Effizienz der Leistungserstellung. Um die Mitarbeiter in den Arbeitsgruppen zu motivieren, eine große Zahl von Einsparungsideen zu generieren, wird allen Untersuchungseinheiten das sehr anspruchsvolle Kostensenkungsziel von 40 % der Gesamtkosten vorgegeben. Es soll bewirken, dass die Suche nach Einsparungsideen nicht vorschnell abgebrochen wird, als unantastbar angesehene Leistungen hinterfragt und auch unkonventionelle Einsparungsideen entwickelt werden (vgl. Roever (1980), S. 689). An dieser generellen Kostensenkungsvorgabe wird kritisiert, dass sie Widerstand hervorruft und die Kreativität der Betroffenen ungünstig beeinflusst. Zudem wird vermutet, dass Ideen mit hohem Kostensenkungspotential generiert werden, die nicht realisierbar sind, realisierbare Maßnahmen mit kleinerem Einsparungspotential jedoch vernachlässigt werden (vgl. Huber (1987), S. 246). Einen Überblick über Maßnahmen zum Abbau von Leistungen sowie zur Effizienzsteigerung zeigt Abb. 6.14 (vgl. Huber (1987), S. 46; Jehle (1992), S. 1511.).

Leistungsabbau	Effizienzsteigerung
▪ Wegfall nicht notwendiger Leistungen ▪ Verringern der Funktionalität von Prozessen ▪ Verringern der Qualität von Prozessen auf ein ausreichendes Niveau ▪ Verringern der Häufigkeit der Leistungserbringung ▪ Verringern der Anzahl von „Blitzaktionen“	▪ Veränderung der organisatorischen Zuordnung (Verlagern von Prozessen, Outsourcing) ▪ Anpassung des Prozessvollzugs (Straffen der Abläufe, Standardisieren, Verbessern der Kapazitätsausnutzung, Abbau von Medienbrüchen, Automatisierung)

Abb. 6.14: Maßnahmen zur Senkung der Kosten im Gemeinkostenbereich

Zur Bewertung der generierten Einsparungsideen werden im **dritten Schritt** drei Kriterien herangezogen: die erwartete Kosteneinsparung, das Risiko und die Realisierbarkeit. Zur Beurteilung des Risikos werden die negativen Konsequenzen der Maßnahmen, ihre Bedeutung und ihre Eintrittswahrscheinlichkeiten ermittelt. Die Maßnahmen werden anschließend in A-, B- und C-Maßnahmen gruppiert. Maßnahmen, die innerhalb von zwei Jahren realisiert werden können und bei einem akzeptablen Risiko zu einer Kosteneinsparung führen, bilden die A-Gruppe. Alle nicht realisierbaren Maßnahmen werden der C-Gruppe zugeordnet (vgl. Huber (1987), S. 248 f.). Bei den

B-Maßnahmen ist die Kosteneinsparung mit höheren Risiken verbunden. Sie werden deshalb zunächst zurückgestellt. Die von der Arbeitsgruppe gefundenen und bewerteten Maßnahmen werden vom Analyseteam überprüft. Das Analyseteam kann die Zuordnung zu den Gruppen verändern, wenig aussichtsreiche Maßnahmen eliminieren, weitere Einsparungsideen hinzufügen oder die gemachten Vorschläge verwerfen. Letzteres hat zur Konsequenz, dass durch neu zusammengesetzte Arbeitsgruppen weitere Ideen generiert und bewertet werden (vgl. Wegmann (1982), S. 133).

Im **letzten Schritt** arbeiten die Arbeitsgruppe und das Analyseteam für die A-Maßnahmen bis ins Detail geregelte und terminierte Aktionsprogramme aus. Auf B-Maßnahmen wird zurückgegriffen, wenn nach Realisation der A-Maßnahmen weitere Kostensenkungen erforderlich sind. Über die Maßnahmen, die realisiert werden sollen, entscheidet der Lenkungsausschuss. Schließlich werden auf der Grundlage des genehmigten Aktionsprogramms die Kostenbudgets der betroffenen Bereiche angepasst (vgl. Wegmann (1982), S. 134 ff.).

Mit der Gemeinkostenwertanalyse werden nur **Kostensenkungsmaßnahmen** zur Verbesserung des Prozesswertes erarbeitet. Keinen Gegenstand der Gemeinkostenwertanalyse bilden Maßnahmen zur Steigerung der Prozessleistung, die einen Beitrag zur verbesserten Erreichung der langfristigen Unternehmungsziele leisten. Ein **Problem** der Gemeinkostenwertanalyse kann darin gesehen werden, dass die Einsparungsideen von den Mitarbeitern der betroffenen Bereiche zu erarbeiten sind. Die Mitarbeiter müssen die eigenen Aufgaben auf ihre Notwendigkeit überprüfen, was sich ungünstig auf die Anzahl und die Qualität der generierten Einsparungsideen auswirken kann. Mit der Gemeinkostenwertanalyse werden in der Regel dennoch Kosteneinsparungen in Höhe von 10 - 20 % erreicht (vgl. Roever (1980), S. 689). Die erreichten Kostensenkungen sind jedoch vielfach nicht nachhaltig (vgl. Gutzler (1992), S. 124 ff.). Der Realisation sollte deshalb eine Phase der **Verstetigung** folgen. Für diese wird vorgeschlagen, dass der leistungserbringende und der leistungsempfangende Bereich die Kosten und den Nutzen jeder Leistung abwägen, die in das Leistungsprogramm des leistungserbringenden Bereichs neu aufgenommen werden soll (vgl. Franz (1995), S. 136; Frysch (1995), S. 64).

6.3.3 Zero-Base-Budgeting

6.3.3.1 Grundgedanke des Zero-Base-Budgeting

Das Zero-Base-Budgeting ist Ende der 60er Jahre bei Texas Instruments entwickelt worden. Verbreitet worden ist es insbesondere von der Unternehmungsberatung A.T. Kearny (vgl. Jehle (1992), S. 1512).

Eingesetzt wird das Zero-Base-Budgeting im Gemeinkostenbereich industrieller Unternehmungen und in der öffentlichen Verwaltung (vgl. Pyhrr (1970), S. 111 f.). Wie bei der Gemeinkostenwertanalyse soll der Prozesswert durch den Abbau von Leistungen und Kostensenkungen bei der Erstellung unverzichtbarer Leistungen erreicht werden. Dem Zero-Base-Budgeting liegt dabei jedoch ein sehr viel radikaleres Konzept zugrunde. Der Suche nach Möglichkeiten zum Abbau von Leistungen liegt der **Grundsatz der Disponierbarkeit aller Leistungen** zugrunde, d. h., es wird von der Annahme der Neuplanung auf der „grünen Wiese“ ausgegangen (vgl. Meyer-Piening (1990), S. 13). Das Zero-Base-Budgeting dient jedoch nicht ausschließlich einer

Kostensenkung, sondern sieht auch den **Ausbau von Leistungen** für eine verbesserte Erreichung der langfristigen Unternehmungsziele vor. Gegenstand des Zero-Base-Budgeting sind deshalb Maßnahmen für eine effizientere Ausführung von Aktivitäten und den Abbau von Aktivitäten, aber auch für die Einführung zusätzlicher Aktivitäten (vgl. Pyhrr (1973), S. 6 ff.).

Das **Zero-Base-Budgeting** ist ein Verfahren zur Planung und Umsetzung von Maßnahmen der Prozessverbesserung im Gemeinkostenbereich auf der Grundlage einer vergleichenden Analyse der tatsächlichen und potentiellen Aktivitäten des Gemeinkostenbereichs unter der Annahme, dass dieser Bereich auf der „grünen Wiese“ neu aufgebaut wird, und mit dem Ziel einer Prozesswertsteigerung, um die Erreichung der strategischen Wirtschaftlichkeitsziele des Kostenmanagements zu sichern.

Beim Zero-Base-Budgeting wird der Gemeinkostenbereich in **Entscheidungseinheiten** gegliedert. Das sind inhaltlich zusammenhängende Aktivitäten im Gemeinkostenbereich, die jeweils ein Objekt der Analyse und Gestaltung bilden. Entscheidungseinheiten können Abteilungen, Kostenstellen oder Gruppen von Mitarbeitern sein, aber auch Funktionen, Projekte oder Dienstleistungen. Beispiele für Entscheidungseinheiten der Debitorenbuchhaltung sind „Ausgangsrechnung schreiben“, „Buchen“, „Zahlungsüberwachung“, „Mahnen“, „Kontenpflege“ und „Ablage“ (vgl. Meyer-Piening (1990), S. 17).

Das Zero-Base-Budgeting wird in längeren Zeitabständen projektbezogen durchgeführt. Die **Funktionsträger** eines Zero-Base-Budgeting-Projekts und ihre Aufgaben werden in Abb. 6.15 genannt (vgl. Meyer-Piening (1989), Sp. 2281 f., (1990), S. 43 ff.).

Funktionsträger	Aufgaben
Unternehmungs-leitung	▪ Entscheiden über den Projektumfang, die Gesamtrangordnung der Entscheidungspakete, den Budgetschnitt und die Realisierung der Entscheidungspakete ▪ Fördern der Akzeptanz des Projekts bei den Beteiligten ▪ Bestellen der Projektleitung
Beratungsaus-schuss	▪ Beraten von Unternehmungs- und Projektleitung ▪ Entscheidungsvorbereitung ▪ Bereichsübergreifende Maßnahmen
Projektleitung	▪ Zusammenstellen der Projektteams und Festlegen der Vorgehensweise ▪ Planen und Überwachen der Arbeit der Projektteams ▪ Fachliche Unterstützung der Beteiligten ▪ Bewerten von Daten und Potentialen ▪ Koordination bereichsübergreifender Aufgaben ▪ Dokumentieren der Ergebnisse ▪ Berichterstatten gegenüber der Unternehmungsleitung

Projektteams	Analyse-teams	■ Bereitstellen von Datenmaterial ■ Erarbeiten von Ansatzpunkten für das Erschließen von Verbesserungspotentialen mit den Verantwortlichen der Entscheidungseinheiten ■ Bewerten und Unterstützen bei der Ideenfindung ■ Realisieren der beschlossenen Maßnahmen
	Umsetzungs-teams	■ Unterstützen der Verantwortlichen der Entscheidungseinheiten beim Umsetzen der beschlossenen Veränderungen ■ Bereichsübergreifende Koordination der Veränderungsmaßnahmen
Verantwortliche der Entscheidungseinheiten		■ Aufbereiten von Daten ■ Ableiten von Zielen für die Entscheidungseinheiten ■ Analysieren des Verbesserungspotentials ■ Erarbeiten von Vorschlägen ■ Beantragen von Maßnahmen
Verschiedene aufgabenbezogene Arbeitsgruppen		■ Arbeitsgruppen für die Ideenfindung ■ Rangordnungsgruppen

Abb. 6.15: Projektorganisation beim Zero-Base-Budgeting

Die **Projektleitung** setzt sich aus einer Führungskraft, die während der Dauer des Projekts von anderen Aufgaben freigestellt ist, und einem externen Berater zusammen. Bei hoher Projektkomplexität kann ein **Beratungsausschuss** eingesetzt werden. Dabei handelt es sich um ein Gremium von Fachleuten, das die Unternehmungsleitung und die Projektleitung bei allen Fragen berät, die von übergeordneter Bedeutung sind. Der Beratungsausschuss dient vielfach auch der Institutionalisierung des Dialogs mit den Arbeitnehmervertretern.

Die **Projektteams** beraten und unterstützen die Verantwortlichen der Entscheidungseinheiten. Die Mitglieder der Projektteams sind von ihren sonstigen Tätigkeiten vollständig freizustellen. Die Teamgröße bestimmt sich nach der Zahl der gebildeten Entscheidungseinheiten. Es wird davon ausgegangen, dass von einem Teammitglied acht bis zwölf Entscheidungseinheiten betreut werden können (vgl. Meyer-Piening (1990), S. 84). Für das Konzipieren wird ein **Analyseteam** gebildet. Dieses wird mit Mitarbeitern der zweiten und dritten Managementebene aus den Bereichen besetzt, die für die Erreichung der langfristigen Unternehmungsziele kritisch sind, wie z. B. Entwicklung, Konstruktion, Verkauf, Produktion und Logistik. Das Analyseteam wird nach der Entscheidung über die zu realisierenden Rationalisierungsmaßnahmen durch ein Umsetzungsteam ersetzt. Gebildet wird das **Umsetzungsteam** aus Mitarbeitern, die sich beim Konzipieren durch besonderes Engagement ausgezeichnet haben, den erforderlichen Spezialisten sowie externen Beratern, um die notwendige Methodenkompetenz bereitzustellen (vgl. Meyer-Piening (1990), S. 253 ff.).

Entsprechen die Entscheidungseinheiten den Organisationseinheiten, können die organisatorischen Leiter als **Verantwortliche der Entscheidungseinheiten** herangezogen werden. In allen anderen Fällen werden die Verantwortlichen der Entscheidungseinheiten von der Unternehmungsleitung bestimmt. Ihre Aufgabe ist es, die für die Erarbeitung der Rationalisierungsmaßnahmen notwendigen Analysen, Beschreibungen und Bewertungen durchzuführen.

In den Entscheidungseinheiten werden **Arbeitsgruppen** zur Ideenfindung einerseits und zur Bewertung dieser Ideen andererseits gebildet. Zur Ideenfindung setzen sich die Arbeitsgruppen aus dem betreuenden Mitglied des Analyseteams als Moderator, dem Verantwortlichen der Entscheidungseinheit, Leitern anderer Entscheidungseinheiten mit gleichartigen Arbeitsinhalten, Mitarbeitern und Leistungsempfängern der Entscheidungseinheit sowie Funktionsspezialisten zusammen (vgl. Meyer-Piening (1990), S. 153 ff.). Ihre Aufgabe ist es, Ideen für den Auf- oder Abbau der Leistungen der Entscheidungseinheiten und effiziente Verfahren zur Erstellung dieser Leistungen zu generieren.

6.3.3.2 Prozess des Zero-Base-Budgeting

Der Prozess des Zero-Base-Budgeting vollzieht sich in drei **Phasen**, die jeweils mehrere Teilaufgaben umfassen (vgl. Meyer-Piening (1989), Sp. 2281 f.). Einen Überblick über diese Phasen und die Teilaufgaben gibt Abb. 6.12 (in Anlehnung an Troßmann (1992), S. 520).

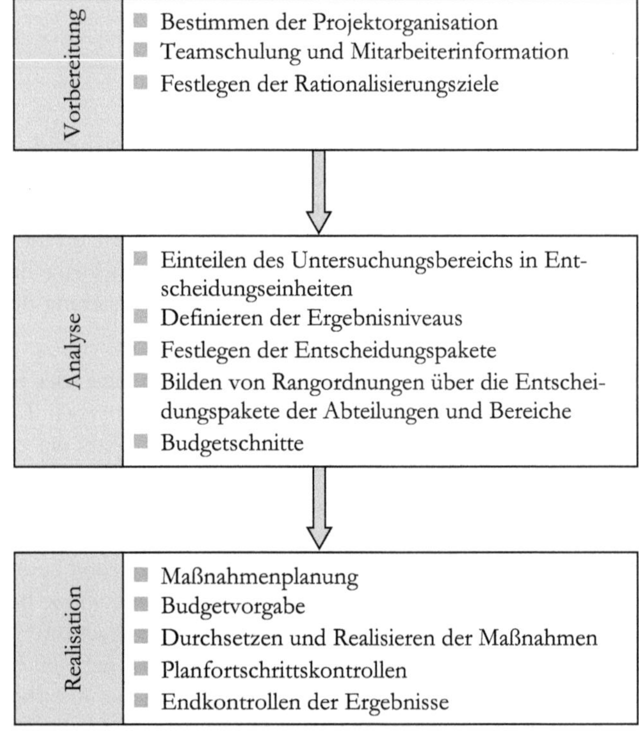

Abb. 6.16: Phasen im Prozess des Zero-Base-Budgeting

Mit dem Zero-Base-Budgeting wird ein an den langfristigen Unternehmungszielen ausgerichtetes Leistungsprogramm des Gemeinkostenbereichs angestrebt. Aus diesem Grund setzt dieses Verfahren die Formulierung von Kosten- und Leistungszielen als Rationalisierungsziele voraus, die aus dem strategischen Wirtschaftlichkeitsziel abgeleitet werden. Die zentrale Aufgabe in der Phase der **Vorbereitung** ist das Festlegen dieser Rationalisierungsziele (vgl. Wegmann (1982), S. 163 ff.). Liegen die Rationalisierungsziele fest, beginnt die Analysephase.

[1] Einteilen des Untersuchungsbereichs in Entscheidungseinheiten

Dieser erste Analyseschritt umfasst die folgenden Teilschritte:

- Erfassen und Strukturieren der Leistungen und Ermitteln der Kosten des Untersuchungsbereichs,
- Generieren und Bewerten von Ideen für Maßnahmen zur Erhöhung der Effizienz der Leistungserstellung sowie
- Festlegen der Prozesswertziele der Entscheidungseinheiten.

Im **ersten Teilschritt** werden zunächst alle Leistungen und Aktivitäten des Untersuchungsbereichs erfasst und die Empfänger der Leistungen benannt. Anschließend werden aus den Aktivitäten Entscheidungseinheiten gebildet. Den abgegrenzten Entscheidungseinheiten sind die in ihnen tätigen Mitarbeiter sowie die Sach- und Personalkosten zuzuordnen. An die Abgrenzung dieser Entscheidungseinheiten werden **drei Anforderungen** gestellt. (1) Sie müssen überschneidungsfrei gegeneinander abgegrenzt sein, so dass über jede Entscheidungseinheit einzeln entschieden werden kann. Es muss ausgeschlossen sein, dass z. B. eine Entscheidungseinheit nicht abgebaut werden kann, weil sie Voraussetzungen für eine andere Entscheidungseinheit schafft, die vielleicht ausgebaut werden soll. (2) Es muss möglich sein, den Entscheidungseinheiten die Kosten und Leistungen zuzuordnen, die sie verursacht oder erstellt haben. (3) Aktivitäten dürfen nur dann zu einer Entscheidungseinheit zusammengefasst werden, wenn sie tatsächlich zur Disposition stehen. Aktivitäten, die nicht entfallen können oder sollen, sind aus der Analyse auszuschließen (vgl. Wegmann (1982), S. 168 ff.).

Sind die Entscheidungseinheiten abgegrenzt, werden im **zweiten Teilschritt** Ideen für eine effizientere Leistungserstellung generiert und bewertet. Erst im zweiten Analyseschritt, d. h. bei der Definition der verschiedenen Ergebnisniveaus, werden die Möglichkeiten der Effizienzsteigerung durch den Ab- und Aufbau von Leistungen untersucht (vgl. Pyhrr (1973), S. 7).

Für jede Entscheidungseinheit ist im **dritten Teilschritt** ein Prozesswertziel zu formulieren, das quantifizierbar und realisierbar ist. Diese Prozesswertziele der Entscheidungseinheiten sind aus den Rationalisierungszielen abzuleiten, die in der ersten Phase festgelegt worden sind. Die Prozesswertziele der Entscheidungseinheiten sollten in einer Mittel-Zweck-Relation zum Rationalisierungsziel stehen (vgl. Wegmann (1989), S. 172 f.).

[2] Definieren der Ergebnisniveaus

Unter dem **Ergebnisniveau** ist die Leistung einer Entscheidungseinheit zu verstehen. Für jede Entscheidungseinheit werden durch die Verantwortlichen der Entscheidungseinheit in der Regel drei verschiedene Ergebnisniveaus festgelegt (vgl. Wegmann (1982), S. 175):

- **Ergebnisniveau 1:** Es handelt sich hierbei um das Ergebnisniveau, das zur Erhaltung eines geordneten Geschäftsbetriebs zwingend notwendig ist (Minimalniveau).
- **Ergebnisniveau 2:** Dieses gibt das gegenwärtige Ergebnisniveau nach Realisation kostensenkender Maßnahmen wieder.
- **Ergebnisniveau 3:** Es stellt das für die Erreichung der strategischen Unternehmungsziele wünschenswerte Ergebnisniveau einer Entscheidungseinheit dar.

Die Ergebnisniveaus unterscheiden sich in Umfang, Qualität, Häufigkeit oder Pünktlichkeit der Leistungen der Entscheidungseinheit (vgl. Meyer-Piening (1989), Sp. 2286 f.). Beispielsweise kann im Einkauf das Ergebnisniveau 1 die Bestellung beim nächstgelegenen Lieferanten, das Ergebnisniveau 2 das Einholen von mindestens drei Angeboten und das Ergebnisniveau 3 ein weltweites Einkaufsmarketing vorsehen (vgl. Meyer-Piening (1980), S. 693). Abb. 6.17 zeigt drei Ergebnisniveaus am Beispiel einer Entscheidungseinheit „Personalwesen" (verkürzt aus Meyer-Piening (1990), S. 202).

Ergebnisniveau 1	▪ **Personalpolitik und -planung:** Einfrieren der Personalgrundsätze und -richtlinien, Einstellen der langfristigen Personalplanung ▪ **Personalbeschaffung und -planung:** Unbefristete Aushilfen, Teilzeitkräfte im Bedarfsfall beschaffen ▪ **Personaleinsatzplanung:** Dezentral durch Bereichs-/Abteilungsleiter durchführen ▪ **Personalförderung und -entwicklung:** Einschränken, Beurteilungssystem einschränken ▪ ... **Leistungsziel:** Aufrechterhalten des gesetzlich geforderten Personalwesens und Beschaffung der auf Anforderung benötigten Mitarbeiter in ca. 80 % der Fälle, um einen weitgehend ungestörten Betriebsablauf zu gewährleisten.
Ergebnisniveau 2	▪ **Personalpolitik und -planung:** Vereinfachte Personal-Richtlinien, langfristige Personalplanung wie bisher einführen ▪ **Personalbeschaffung und -planung:** Aus operativer Planung die Zahl der unbefristeten, befristeten Mitarbeiter und Versetzungen zentral planen ▪ **Personaleinsatzplanung:** Personaleinsatz mit DV-Unterstützung zentral koordinieren ▪ **Personalförderung und -entwicklung:** Wie bisher, Beurteilungssystem erhalten ▪ ... **Leistungsziel:** Durchführen des Personalwesens im bisherigen Umfang und planmäßige Beschaffung/Förderung der benötigten Mitarbeiter in 90 % der Fälle, um das Qualifikationsniveau weitgehend zu erhalten.
Ergebnisniveau 3	▪ **Personalpolitik und -planung:** Personal-Grundsätze und -Richtlinien aktualisieren, strategisches Human-Ressource-Management ▪ **Personalbeschaffung und -planung:** Systematisches Beschaffungskonzept zentral einführen, Assessment Center ▪ **Personaleinsatzplanung:** Anforderungs- und Profilkatalog aktualisieren ▪ **Personalförderung und -entwicklung:** Intensive Beurteilungsgespräche ▪ ... **Leistungsziel:** Durchführen eines zukunftsgerichteten Personalwesens und planmäßige Beschaffung der benötigten Mitarbeiter in 100 % der Fälle, um das Qualitätsniveau zu verbessern und die Arbeitszufriedenheit zu fördern.

Abb. 6.17: Beispiel für Ergebnisniveaus der Entscheidungseinheit „Personalwesen"

Ergebnisniveau 1 sieht die Realisation des Prozesswertziels über Kostensenkungen durch den Abbau von Leistungen vor. Für die Formulierung von Ergebnisniveau 1 sind deshalb Ideen für den Leistungsabbau zu entwickeln. Damit von den Verantwortlichen der Entscheidungseinheiten **Ideen** für eine entsprechend weitgehende Reduktion des Arbeitsergebnisses generiert werden, wird wie bei der Gemeinkostenwertanalyse ein anspruchsvolles Kostensenkungsziel vorgegeben. Bei der Formulierung des Ergebnisniveaus 1 sollen wie auch bei der Gemeinkostenwertanalyse die Leistungsempfänger einbezogen werden. Um zu einem Entscheidungspaket auf dem Ergebnisniveau 3 zu gelangen, sind **Ideen** für zusätzliche Leistungen zu generieren, sowie Vorschläge zur effizienten Erstellung dieser Leistungen zu generieren, welche die Erreichung des Prozesswertziels ermöglichen (vgl. Meyer-Piening (1989), Sp. 2284 f.). Durch die drei Ergebnisniveaus werden der Abbau und der Ausbau der Leistungen zur Erreichung der strategischen Wirtschaftlichkeitsziele als Handlungsalternative eingeführt. Die verschiedenen Ergebnisniveaus sind damit ein zentrales Element des Zero-Base-Budgeting (vgl. Pyhrr (1973), S. 7 f.).

[3] Festlegen der Entscheidungspakete

Um die Entscheidungseinheiten bewerten und untereinander vergleichen zu können, wird jede Entscheidungseinheit für jedes Ergebnisniveau zu einem **Entscheidungspaket** erweitert. Werden drei Ergebnisniveaus vorgegeben, werden für jede Entscheidungseinheit drei Entscheidungspakete gebildet. Ein Entscheidungspaket umfasst Angaben zu

- den Aufgaben der Entscheidungseinheit beim jeweiligen Ergebnisniveau,
- den Leistungszielen der Entscheidungseinheit beim jeweiligen Ergebnisniveau,
- dem wirtschaftlichsten Verfahren (z. B. interne oder externe, zentrale oder dezentrale Ausführung) zur Erreichung der Ziele und seinen Vor- und Nachteilen,
- den Vorteilen und Nachteilen oder den Konsequenzen bei Ablehnung des Entscheidungspakets,
- den Abhängigkeiten von anderen oder den Auswirkungen auf andere Entscheidungseinheiten sowie
- den zur Durchführung des Entscheidungspakets einmalig und laufend erforderlichen Mitteln.

Nur für die Entscheidungspakete des niedrigsten Ergebnisniveaus werden die gesamten **Mittel** angegeben, die laufend oder einmalig benötigt werden. Für die Entscheidungspakete der folgenden Ergebnisniveaus werden jeweils die gegenüber dem Entscheidungspaket mit dem nächst niedrigeren Ergebnisniveau zusätzlich erforderlichen Mittel angegeben (vgl. Wegmann (1982), S. 178). Abb. 6.18 zeigt das Beispiel eines Entscheidungspakets des Ergebnisniveaus 1 für das Personalwesen aus Abb. 6.17. Abb. 6.19 zeigt das Entscheidungspaket für dieselbe Entscheidungseinheit, jedoch für Ergebnisniveau 3 (vgl. Meyer-Piening (1990), S. 206 ff.).

<table>
<tr><td colspan="8">Entscheidungspaket: Personalwesen Ergebnisniveau 1</td></tr>
<tr><td></td><td colspan="2">Personal</td><td colspan="5">Kosten (TEUR/Jahr)</td></tr>
<tr><td></td><td>Leitung</td><td>Mit-
arbeiter</td><td>Personal-
kosten</td><td>Sach-
kosten</td><td>Zusatz-
kosten
Investition</td><td>Gesamt-
kosten</td><td>Investi-
tionen</td></tr>
<tr><td>IST</td><td>1</td><td>12</td><td>1.473,4</td><td>139,3</td><td>x</td><td>1.612,7</td><td>x</td></tr>
<tr><td>Planung für LN1</td><td>–</td><td>8,5</td><td>1.076,7</td><td>72,0</td><td>–</td><td>1.148,7</td><td>–</td></tr>
<tr><td>kumul. Niveau</td><td>x</td><td>x</td><td>x</td><td>x</td><td>x</td><td>x</td><td>x</td></tr>
<tr><td colspan="8">Aufgabe:
Mitarbeiter-Einstellung (ca. 75), -Betreuung (ca. 1500), -Ausbildung (ca. 120), -Freisetzung (ca. 35); kurzfristige Einsatzplanung, Bearbeitung arbeitsrechtlicher Fragen (ca. 20), Betreuung der Arbeitnehmervertretung, Erhaltung des betrieblichen Vorschlagswesens.</td></tr>
<tr><td colspan="8">Leistungsziel: Vgl. Abb. 6.17</td></tr>
<tr><td colspan="8">Verwendete Verfahren:
Personalbeschaffung ausschließlich über Anzeigen (kein Einsatz von Personal-Beratern), keine Assessment-Center; Einzelinterviews (auf VR und potentielle Führungskräfte beschränken); Einsatz vorhandener EDV-Programme bei Administration; keine Stellenbewertung und Gehaltsanalysen (intern und extern); keine Personalentwicklungs-Richtlinien ...</td></tr>
<tr><td colspan="8">Konsequenzen dieses Ergebnisniveaus gegenüber IST:
Gefahr der Fehl- und Nichtbesetzung von Positionen; Erhöhung der Fluktuationsrate von derzeit 6,3 % auf ein Minimum von 9 % (geschätzt); Aufrechterhaltung der Administration; keine marktgerechte Entlohnung, da dem Vorgesetzten bereichsübergreifende Vergleiche sowie Marktanalysen fehlen; Gefahr innerbetrieblicher Ungerechtigkeit in der Entlohnung; Wegfall von Personalentwicklung und Management-Training erhöht die Fluktuation ...</td></tr>
<tr><td colspan="8">Direkte Abhängigkeit von anderen/Auswirkungen auf andere EE/Abteilungen:
Direkte Entscheidung der Gehaltsfindung durch Vorgesetzte; stärkere Einbindung der Vorgesetzten in BR-Aktivitäten, Personalauswahl und -information; Konzern ohne detaillierte Personalinformation; Betriebliche Ausbildung im Niveau 2 notwendig.</td></tr>
</table>

Abb. 6.18: Beispiel für ein Entscheidungspaket des Ergebnisniveaus 1 – Auszüge

Entscheidungspaket: Personalwesen			Ergebnisniveau 3				
	Personal		Kosten (TEUR/Jahr)				
	Leitung	Mit-arbeiter	Personal-kosten	Sach-kosten	Zusatz-kosten Investition	Gesamt-kosten	Investi-tionen
IST	1	12	1.473,4	139,3	x	1.612,7	x
zusätzlich für LN3	–	1,5	270,0	31,1	15	316,1	50
kumul. Niveau	1	12	1.573,4	104,2	15	1.692,6	50

Aufgabe:
Bewerber-Auswahl (ca. 400), Einstellung (ca.100), Mitarbeiterbetreuung (ca. 1500), Aus- und Fortbildung (ca. 300), Freisetzung (ca. 60); kurz-, mittel- und langfristige Personalplanung, Entwicklung von Mitarbeiter-Informationssystemen, erweiterter Einsatz von Beurteilungssystemen, Bearbeitung arbeitsrechtlicher Fragen (in- und extern), Entwicklung des Vorschlagswesens, Betreuung der Arbeitnehmervertretung, Entwicklung von Führungsgrundsätzen.

Leistungsziel: Vgl. Abb. 6.17

Verwendete Verfahren:
Personalbeschaffung über Anzeigen, Personalberater, Firmenkontakte, Assessment-Center, Interviews; Erfolgsanalysen einzelner Aktionen, Medien; DV-gestützte Bewerberkartei; gezielte Hochschulkontakte und Messepräsenz; Mitarbeit an externer Bewerberdatenbank; Administration auf Basis vorhandener EDV-Programme sowie Optimierung gemäß Veränderungsvorschlägen; Optimierung vorhandener Gehaltsanalysetechniken durch DV; Positionsvergleiche, Stellenbewertungen; Personalentwicklungskonzepte, Beratungsgespräche, Ausschöpfen externer Management-Trainingsmöglichkeiten; intensivierte diesbezügliche Information ...

Konsequenzen dieses Ergebnisniveaus gegenüber IST:
Sicherung des künftigen Personalbedarfs nach Qualität und Quantität; Optimierung der Personalstruktur nach Qualifikation, Alter und Funktions- oder Produkterfahrung; Optimierung der Vergütung innerhalb des Budgets; adäquate systematische Personalentwicklung sichert zukünftiges Qualifikationsniveau und senkt Fluktuation ...

Direkte Abhängigkeit von anderen/Auswirkungen auf andere EE/Abteilungen:
Unterstützung des Vorgesetzten in der Gehaltsfindung, Personalauswahl und -führung; Entlastung des Vorgesetzten gegenüber BR; stärkere Einbeziehung des Vorgesetzten in die Personalentwicklung; strategische Unternehmensplanung ist Voraussetzung.

Abb. 6.19: Beispiel für ein Entscheidungspaket des Ergebnisniveaus 3 – Auszüge

Die Entscheidungspakete werden vom Leiter der Entscheidungseinheit erarbeitet. Unterstützt wird er dabei von dem betreuenden Mitglied des Analyseteams und Funktionsspezialisten. Anschließend werden die Entscheidungspakete dem Analyseteam vorgelegt. Dieses prüft die formale und inhaltliche Richtigkeit der Entscheidungspakete (vgl. Meyer-Piening (1990), S. 209 f.).

[4] Bilden einer Rangordnung über die Entscheidungspakete

In dieser Phase werden die Entscheidungspakete in eine Rangordnung gebracht. Als **Kriterien dieser Bewertung** werden genannt: Rechtliche Notwendigkeit, Verfügbarkeit der zur Realisation notwendigen Kenntnisse und Ausstattung, Akzeptanz durch die Mitarbeiter, Kosten und Risiko bei Ablehnung des Entscheidungspakets (vgl. Wegmann (1982), S. 188). Darüber hinaus sind bei der Bewertung der Entscheidungspakete zwei **Nebenbedingungen** zu beachten: (1) In die Rangordnung dürfen nur Entscheidungspakete einbezogen werden, die entfallen können, sofern die bereitgestellten Mittel nicht ausreichen. (2) Entscheidungspakete einer Entscheidungseinheit mit einem niedrigeren Ergebnisniveau haben im Vergleich zu den Entscheidungspaketen der gleichen Entscheidungseinheit mit einem höheren Ergebnisniveau stets höhere Priorität.

Das **Bilden der Rangordnung** beginnt auf der untersten Leitungsebene. Die für die verschiedenen Untersuchungsbereiche gebildeten Rangordnungen werden anschließend an die nächste Leitungsebene weitergegeben. Auf dieser Ebene werden die Rangordnungen geprüft und zu einer neuen, erweiterten Rangordnung der Entscheidungspakete zusammengefasst (vgl. Abb. 6.20). Gebildet werden die Rangordnungen von Rangordnungsgruppen, die auf jeder betroffenen Leitungsebene eingerichtet werden. Auf der untersten Leistungsebene umfasst eine Rangordnungsgruppe die Verantwortlichen der Entscheidungseinheiten und ihre Vorgesetzten, Vertreter der wichtigsten Leistungsempfänger und das zuständige Mitglied des Analyseteams als Moderator. Auf der nächsten Ebene setzt sich die Rangordnungsgruppe aus den Vorgesetzten der ersten Ebene und deren Vorgesetzte zusammen. Auf jeder Ebene wird die Rangordnung festgelegt, indem jedes Gruppenmitglied seine Vorstellungen zu den Prioritäten der Entscheidungspakete darlegt und die Differenzen zwischen den Beurteilungen ausdiskutiert werden oder aber indem eine Nutzwertanalyse durchgeführt wird. Die Entscheidung über die Rangordnung trifft der jeweilige Vorgesetzte (vgl. Meyer-Piening (1990), S. 211 ff.). Ist die Entscheidung über die Rangordnung getroffen, werden ein minimaler und ein maximaler Budgetschnitt festgelegt (vgl. Abb. 6.20).

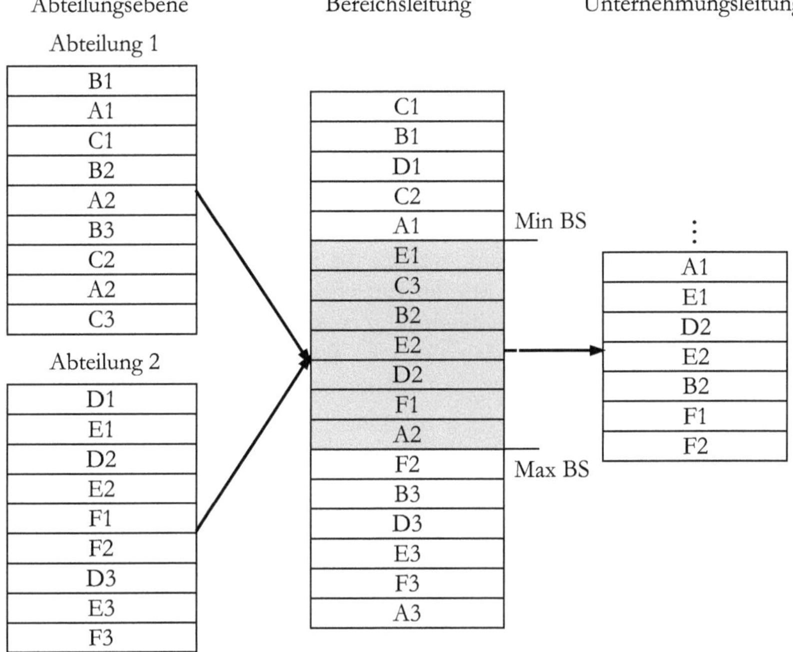

Abb. 6.20: Bilden der Rangordnungen

Ein **Budgetschnitt** trennt in einer Rangordnung die zu realisierenden Entscheidungspakete von den Entscheidungspaketen des Bereichs, die nicht realisiert werden sollen. Die Summe der Mittel, die für die zu realisierenden Entscheidungspakete erforderlich sind, bestimmt das Budget, das künftig zugewiesen werden soll.

Entscheidungspakte oberhalb des **minimalen Budgetschnitts** werden als unverzichtbar angesehen und sollten deshalb unbedingt genehmigt werden. Entscheidungspakete, auf die bei knappen finanziellen Mitteln verzichtet werden könnte, markieren den **maximalen Budgetschnitt**. Die jeweils nächste Leitungsebene wird dadurch entlastet, dass sie sich auf den Bereich der kritischen Entscheidungspakete zwischen dem minimalen und dem maximalen Budgetschnitt eines jeden Bereichs konzentrieren kann.

Der Prozess zur Bildung der Rangordnung erstreckt sich bis zur Ebene der Unternehmungsleitung in der Regel über drei Stufen, in großen Unternehmungen kann er auch vier oder mehr Stufen umfassen. Zweck dieses **mehrstufigen, partizipativen Prozesses** ist es, Widerstände gegen die geplanten Veränderungen zu vermeiden (vgl. Meyer-Piening (1990), S. 226 ff.). Diese Widerstände können in diesem Prozess jedoch auch eine nicht wahrheitsgemäße Berichterstattung gegenüber den Rangordnungsgruppen höherer Ebenen bewirken. Kommuniziert wird eine Rangordnung, mit der sich die individuellen Ziele der Rangordnungsgruppe realisieren lassen (vgl. Jehle (1982), S. 65 f.).

[5] Budgetschnitte

Liegt für jeden Bereich die Rangordnung fest, entscheidet die Unternehmungsleitung über den Budgetschnitt. Hierzu wird zunächst für alle Bereiche, die für die Erreichung der strategischen Unternehmungsziele kritisch sind, der Budgetschnitt an der wünschenswerten Position in der Rangordnung vorläufig eingefügt. Anschließend wird in die Rangordnung jedes verbleibenden Bereichs ein vorläufiger Budgetschnitt vorgenommen. Erst wenn für alle Bereiche ein vorläufiger Budgetschnitt bestimmt ist, kann die mit dem Projekt erreichte **Kosteneinsparung** ermittelt werden. Entspricht diese nicht der erwarteten Kosteneinsparung, werden die vorläufigen Budgetschnitte überprüft und gegebenenfalls angepasst. Mit der Entscheidung der Unternehmungsleitung über die Budgetschnitte wird die Mittelverteilung zwischen den Bereichen als Grundlage für die Budgetierung der folgenden Perioden festgelegt. Die Mitarbeiter werden anschließend über die genehmigten Entscheidungspakete informiert (vgl. Meyer-Piening (1990), S. 244 ff.).

Beispiel 6.1: Budgetschnitt

Der Budgetschnitt in Abb. 6.21 kann wie folgt interpretiert werden: Entscheidungspaket F1 liegt unterhalb des Budgetschnitts, d. h., die Entscheidungseinheit F wird vollständig abgebaut. Von Entscheidungseinheit A wird das Ergebnisniveau 1 realisiert, d. h. eine gegenüber dem Ist-Zustand reduzierte Lösung. Die Entscheidungseinheiten B, D und E werden mit dem Ergebnisniveau 2 realisiert, d. h., das aktuelle Niveau wird bei geringeren Kosten beibehalten. Eine gegenüber der aktuellen Situation verbesserte Lösung wird von Entscheidungseinheit C realisiert, da das Ergebnisniveau 3 dieser Entscheidungseinheit über dem Budgetschnitt liegt.

Entscheidungspakete	Kosten	Kumulierte Kosten	
C1	250.000 €	250.000 €	
B1	300.000 €	550.000 €	
D1	120.000 €	670.000 €	
C2	125.000 €	795.000 €	
E1	118.000 €	913.000 €	
A1	100.000 €	1.013.000 €	
C3	115.000 €	1.128.000 €	
B2	30.000 €	1.158.000 €	
D2	32.000 €	1.190.000 €	
E2	10.000 €	1.200.000 €	Budgetschnitt
F1	15.000 €	1.215.000 €	
A2	27.000 €	1.242.000 €	
F2	48.000 €	1.290.000 €	
B3	12.000 €	1.302.000 €	
D3	23.000 €	1.325.000 €	
E3	8.000 €	1.333.000 €	
F3	12.500 €	1.345.500 €	
A3	46.000 €	1.391.500 €	

Abb. 6.21: Budgetschnitt in einem Bereich

In der **Realisationsphase** werden zunächst die Maßnahmen zum Aufbau, zum Abbau und zur effizienten Erstellung von Leistungen geplant. Ergebnis dieses ersten Schritts sind ein personeller und ein sachlicher Maßnahmenplan, Vorgaben für die Anpassung des IT-Systems sowie der Plan für die Veränderung der Organisationsstruktur (vgl. Meyer-Piening (1990), S. 258). Auf dieser Grundlage werden anschließend die Budgets geplant. Für die Umsetzung der geplanten Maßnahmen wird ein Arbeits- und Zeitplan erstellt. Gegenstand der begleitenden Kontrollen ist die Einhaltung dieser beiden Pläne (vgl. Meyer-Piening (1990), S. 261).

Für jede Abteilung werden zwei bis drei Faktoren mit Einfluss auf die Arbeitslast ausgewählt. Durch Endkontrollen sollen Veränderungen bei diesen Faktoren festgestellt werden, die eine Anpassung der Kapazitäten erforderlich machen. Diese Kontrollen dienen dem **Verstetigen** und stellen sicher, dass die vorgenommenen Veränderungen nach Abschluss des Rationalisierungsprojekts nicht versanden und die abgebauten Kapazitäten wieder aufgebaut werden (vgl. Meyer-Piening (1990), S. 29).

Der **Vorteil des Zero-Base-Budgeting** wird darin gesehen, dass es nicht nur auf eine Kostensenkung im Gemeinkostenbereich zielt, sondern auf eine Prozesswertsteigerung zur verbesserten Erreichung der langfristigen Unternehmungsziele. Als **Nachteil** dieses Verfahrens wird zum einen der große Aufwand gesehen, den es verursacht. Zum anderen sind wie auch bei der Gemeinkostenwertanalyse die Maßnahmen zur Kostensenkung und zur Mittelumverteilung von denjenigen zu erarbeiten, die anschließend von den erarbeiteten Maßnahmen betroffen sind. In der Wirtschaftspraxis hat die Anwendung des Zero-Base-Budgeting sowohl zu Senkungen als auch zu Erhöhungen der Kosten im Gemeinkostenbereich geführt (vgl. Wegmann (1982), S. 193).

6.3.4 Vergleichende Analyse der Verfahren zur Prozessverbesserung

Verfahren zur Unterstützung der Prozessverbesserung im Gemeinkostenbereich sollen mehreren Funktionen dienen. Zu diesen zählen (in Anlehnung an Sabisch/Tintelnot (1997), S. 14):

- die Zielsetzungsfunktion,
- die Beschreibungsfunktion,
- die Analysefunktion,
- die Ideenfindungsfunktion,
- die Bewertungsfunktion sowie
- die Implementierungsfunktion.

Regelt ein Verfahren die Herleitung eines Rationalisierungsziels zur angestrebten ökonomischen Effektivität, erfüllt es die **Zielsetzungsfunktion**. Die Vorgabe der Kriterien zur Beschreibung der Prozesse im Gemeinkostenbereich dient der **Beschreibungsfunktion**. Ein Verfahren mit **Analysefunktion** unterstützt die Problemanalyse, d. h., die Feststellung der Abweichung zwischen angestrebtem und tatsächlichem Prozesswert sowie die Identifikation der Ursachen dieser Abweichung. Umfasst das Verfahren Handlungsanweisungen für das Generieren von Rationalisierungsideen, hat es eine **Ideenfindungsfunktion**. Legt es fest, wie die gefundenen Ideen zu bewerten sind, erfüllt es eine **Bewertungsfunktion**. Ein Verfahren mit **Implementierungsfunktion** enthält auch Handlungsanweisungen zur Umsetzung der geplanten Maßnahmen. Abb. 6.22 gibt Auskunft über die Funktionen der Verfahren zur Unterstützung der Prozessverbesserung und die konstitutiven Merkmale, in denen sie sich unterscheiden.

Verfahren / Merkmale	Gemeinkosten-wertanalyse	Zero-Base-Budgeting	Benchmarking
Funktion	▪ Ideenfindungsfunktion ▪ Analysefunktion ▪ Bewertungsfunktion ▪ Implementierungs-funktion	▪ Analysefunktion ▪ Bewertungsfunktion ▪ Implementierungs-funktion	▪ Zielsetzungsfunktion ▪ Analysefunktion ▪ Ideenfindungsfunktion ▪ Implementierungs-funktion
Ziel	Prozesswerterhöhung durch Senkung der Kosten	Prozesswerterhöhung zur Erreichung der strategischen Wirtschaftlichkeitsziele	Prozesswerterhöhung zur Erreichung der strategischen Wirtschaftlichkeitsziele
Planung von Kostenvorgaben (Zielsetzungsfunktion)	Keine	Keine	Herleitung aus dem Vergleich mit einem Leistungsführer
Identifikation von Potentialen zur Erhöhung des Prozesswertes (Analysefunktion)	Kosten-Nutzen-Analyse der aktuell erbrachten Leistungen	Analyse des Beitrags der tatsächlichen und potentiellen Leistungen zur Erreichung der strategischen Wirtschaftlichkeitsziele	Vergleich mit einem Leistungsführer
Generieren von Rationalisierungsideen (Ideenfindungsfunktion)	▪ Einsatz von Kreativitätstechniken ▪ Vorgabe einer hohen Kostensenkungsvorgabe von 40 % ▪ Analyseteams aus Mitarbeitern der leistungserstellenden und der leistungsempfangenden Bereiche	▪ Einsatz von Kreativitätstechniken ▪ Vorgabe einer hohen Kostensenkungsvorgabe	Anregungen aus dem Vergleich mit dem Leistungsführer

Abb. 6.22: Vergleich der Verfahren für die Prozessrationalisierung im Gemeinkostenbereich

Der **Vorteil** des Benchmarking gegenüber der Gemeinkostenwertanalyse und dem Zero-Base-Budgeting besteht darin, dass die Rationalisierungsmaßnahmen nicht von den Betroffenen selbst erarbeitet werden müssen. Die Maßnahmen werden vielmehr durch andere Bereiche oder Unternehmungen angeregt. Das ist mit einem weiteren Vorteil verbunden. In die Maßnahmenprogramme gehen Prozesse und Praktiken ein, die sich bereits als effektiv und effizient erwiesen haben. Dadurch werden Lern- und Innovationszyklen verkürzt und die Akzeptanz der Aktionsprogramme bei den Betroffenen erhöht (vgl. Schäfer/Seibt (1998), S. 368).

6.4 Prozessoptimierung durch kontinuierliche Verbesserung

6.4.1 Abgrenzung des Prozess-Kaizen

Die **Prozessoptimierung** ist der Abbau von Ineffizienzen beim Prozessvollzug durch die kontinuierliche Verbesserung abgegrenzter Prozesse. Sie ist Aufgabe des Prozess-Kaizen.

Neben den Merkmalen der kontinuierlichen Verbesserung (vgl. Abb. 6.23) kann das **Prozess-Kaizen** durch folgende Merkmale beschrieben werden (vgl. Imai (1994), S. 15 ff., (1997), S. 1 ff.):

- **Ausführungsorientierung**
  Das Prozess-Kaizen ist ausführungsorientiert und nicht leistungsorientiert (vgl. Imai (1994), S. 39 ff.), d. h., es wird primär eine Verbesserung der Ausführung angestrebt und nicht eine Verbesserung der Qualität, der Lieferzuverlässigkeit oder der Kosten. In der kontinuierlichen Verbesserung der Ausführung (z. B. Reduzierung körperlich belastender Arbeit, Erhöhung der Arbeitssicherheit, Vereinfachung der Abläufe) wird der Weg gesehen, der langfristig zu einer entscheidenden Verbesserung der Leistung (Qualität, Lieferzuverlässigkeit, Kosten) führt.
- **Befolgen des PDCA-/SDCA-Zyklus**
  Nach einer Verbesserung werden die betroffenen Prozesse standardisiert, um zu verhindern, dass sie wieder den alten Zustand annehmen.
- **Dominanz der Qualität**
  Die Dominanz der Qualität folgt daraus, dass sie eine Voraussetzung für die Verbesserung der Lieferzuverlässigkeit und die Senkung der Kosten ist (vgl. Imai (1997), S. 50).
- **Kundenorientierung**
  Die Kundenorientierung fordert die Ausrichtung aller Verbesserungen an der Steigerung des Kundennutzens. Unter dem Kunden wird dabei der direkte Empfänger der Leistung des jeweiligen Prozesses, Arbeitsplatzes oder Bereichs verstanden (vgl. Imai (1994), S. 76 ff.). Bei diesen Leistungsempfängern kann es sich sowohl um interne als auch um externe Kunden handeln.

Merkmale des Kaizen	Spezielle Merkmale des Prozess-Kaizen
▪ Verbessern der Leistungserbringung ▪ Kontinuität des Verbesserungsprozesses ▪ Erfolgszielorientierung ▪ Einbeziehen aller Mitarbeiter	▪ Ausführungsorientierung ▪ Befolgen des PDCA-/SDCA-Zyklus ▪ Dominanz der Qualität ▪ Kundenorientierung

Abb. 6.23: Merkmale des Prozess-Kaizen

Das Prozess-Kaizen vollzieht sich in den folgenden acht Phasen, die zusammen auch als **Kaizen Story** bezeichnet werden (vgl. Imai (1997), S. 59):

- Auswählen des Kaizen-Themas
- Analyse der Ist-Situation, Zielbildung und Problemfeststellung
- Identifizieren der finalen Problemursache
- Erarbeiten von Verbesserungsmaßnahmen
- Umsetzen der Verbesserungsmaßnahmen
- Kontrollieren der Wirkungen der umgesetzten Verbesserungsmaßnahmen
- Aufstellen oder Anpassen von Standards
- Überprüfen des Prozesses

Das **Kaizen-Thema** kann aus dem Unternehmungsplan hergeleitet oder durch ein akutes Problem bestimmt werden. Die weiteren Phasen folgen dem PDCA-/SDCA-Zyklus.

6.4.2 Elemente des House of Gemba

Beschrieben wird das Prozess-Kaizen durch das **House of Gemba**, das in Abb. 6.24 abgebildet ist (in Anlehnung an Imai (1997), S. 20). Unter Gemba wird der Ort verstanden, an dem ein Wert für die Kunden geschaffen wird. Das House of Gemba nennt die Systeme zur Institutionalisierung des Prozess-Kaizen, die Maßnahmen zur Prozessoptimierung, die Objekte, auf die sich diese Maßnahmen beziehen, sowie die Leistungsgrößen, die verbessert werden sollen.

Erfolg				
Qualität und Arbeitssicherheit	Kosten	Lieferzuverlässigkeit		Ziele
Aktivitäten	Informationen	Prozessinput (Ausstattung, Materialien)	Prozessoutput	Objekte
Standardisierung Schaffen von Ordnung (Fünf S) Elimination von Verlusten (Drei Mu)				Maßnahmen
Qualitätszirkel	Betriebliches Vorschlags-wesen	Transparenz	Systeme zur Förderung des Verbesserungs-verhaltens	Institutio-nalisierung

Abb. 6.24: House of Gemba

[1] Verbesserungsziele

Die mit dem Prozess-Kaizen angestrebten Verbesserungen können die Qualität, die Lieferzuverlässigkeit und die Kosten (QDC) betreffen. Die Qualität bezieht sich nicht nur auf die Produkte, sondern auf den Output aller Prozesse, die zu Produkten führen.

Unter der Lieferzuverlässigkeit wird die pünktliche Lieferung der georderten Prozessleistungen in den richtigen Mengen verstanden (vgl. Imai (1997), S. 11).

[2] Maßnahmen

Ordnung in einem Arbeitsbereich wird in einem Prozess mit fünf Phasen geschaffen, der als die „Fünf S“ oder die „Fünf C“ bezeichnet wird. Abgeleitet werden diese Bezeichnungen aus den Begriffen, mit denen die Phasen des Prozesses beschrieben werden. Abb. 6.25 zeigt die Phasen dieses Prozesses (vgl. Imai (1997), S. 64 f.). Gelegentlich wird dieser Prozess um eine sechste Phase zum „Sechs S“ erweitert. Dieses „S“ steht für Safety, d. h. für die Arbeitssicherheit (vgl. Kocaküläh/Brown/Thomson (2008), S. 19).

Fünf S		Fünf C	Beschreibung
Seiri	Sort	Clear out	Trennen der am Arbeitsplatz notwendigen Gegenstände von den nicht notwendigen
Seiton	Straighten	Configure	Leicht zugängliches, sicheres und geordnetes Aufbewahren des Notwendigen
Seiso	Scrub	Clean and Check	Sauberhalten des Arbeitsplatzes
Seiketsu	Systematize	Conform	Integration von Seiri, Seiton und Seiso in den täglichen Arbeitsablauf
Shitsuke	Standardize	Custom and Practice	Standardisierung und Verbesserung der Ergebnisse der ersten drei Prozessphasen

Abb. 6.25: Fünf S zur Schaffung von Ordnung im Arbeitsbereich

In der **ersten Phase** des Prozesses der Fünf S markiert ein Fünf-S-Team alle nicht notwendigen Gegenstände in einem abgegrenzten Arbeitsbereich. Zu den Gegenständen am Arbeitsplatz zählen Maschinen, Spannvorrichtungen, Werkzeuge, Ausschuss, Zwischenprodukte, Werkstoffe, Regale, Container, Tische, Werkbänke, Dokumente, Paletten usw. Nicht notwendig sind alle Gegenstände, die innerhalb der nächsten 30 Tage nicht benötigt werden. Sie werden vom Arbeitsplatz entfernt und geordnet aufbewahrt. Nicht notwendige Gegenstände weisen auf Probleme in der Beschaffung, der Logistik oder der Produktionsplanung und -steuerung hin, die Qualitätszirkel-Gruppen als Arbeitsthema vorgegeben oder als Rationalisierungsprojekte bearbeitet werden sollten. Für jeden notwendigen Gegenstand wird in der **zweiten Phase** eine Bezeichnung festgelegt und ein Standort, an dem er künftig aufbewahrt wird. Der ausgewählte Standort wird markiert (Visual Management), damit jeder Gegenstand stets am gleichen Standort aufbewahrt wird. Zweck dieser Maßnahmen ist es, die Arbeitszeit zu minimieren, die für das Suchen von Objekten aufgewendet werden muss. Darüber hinaus wird für Werkstoffe und Zwischenprodukte eine mengenmäßige Obergrenze festgelegt. Bei Überschreiten dieser Obergrenzen wird die nicht benötigte Menge an die liefernde Abteilung zurückgesandt, um weitere Lieferungen zu unterbinden. Das Sauberhalten des Arbeitsplatzes in der **dritten Phase** wird als Voraussetzung für die Instandhaltung gesehen, da während der Reinigung Schäden erkannt werden. Zur Integration der ersten drei Phasen dieses Prozesses in den täglichen Arbeitsablauf sind in der **vierten Phase** des Prozesses der Fünf S der Umfang dieser Aktivitäten und die Aufgabenträger festzulegen. Darüber hinaus sind die für diese Aktivitäten erforderlichen Arbeitszeiten bei der Planung des Leistungserstellungsprozesses zu berücksichtigen (vgl. Imai (1997), S. 63 ff.). Zweck der **fünften Phase** ist es, die Maßnahmen der ersten vier Phasen zu verstetigen.

Der zweite Maßnahmenbereich zur Verbesserung der Qualität, zur Steigerung der Lieferzuverlässigkeit und zur Senkung der Kosten ist der **Abbau jeder Form von Verlusten** im Prozess der Leistungserstellung. Bei den „Drei Mu" handelt es sich um die Formen der Verluste, die abgebaut werden sollten. Zu ihnen zählen (vgl. Ohno (2013), S. 78; Imai (1997), S. 85 f.):

- die Verschwendung (Muda),
- die Überlastung (Muri) und
- das Ungleichgewicht (Mura).

Verschwendung entsteht durch Aktivitäten, die keine Werte für die Kunden schaffen, d. h. durch nicht wertschöpfende Aktivitäten (vgl. Liker (2008), S. 57 ff.).

Ohno klassifiziert sieben **Arten der Verschwendung** (vgl. Ohno (2013), S. 54), die in Abb. 6.26 erläutert werden (vgl. Shingo (1993), S. 161 ff.; Imai (1997), S. 75 ff.).

Verschwendungsart	Erläuterung	Wirkungen
Überproduktion	Überschreitung der im Produktionsplan vorgegebenen Produktionsmengen	Zins- und Lagerkosten; zusätzliche Transport- und Verwaltungskosten; Probleme werden durch Bestände an Zwischen- und Endprodukten verdeckt
Lagerhaltung	Produktion vor dem Bedarfszeitpunkt	Zins- und Lagerkosten; zusätzliche Transport- und Verwaltungskosten
Fehlerhafte Produkte	Nacharbeit und Ausschuss	Kosten für Nacharbeit und Ausschuss; geringe Produktivität durch Unterbrechungen des Produktionsprozesses für Nacharbeit
Bewegung	Arm- und Beinbewegungen des Mitarbeiters im Prozess der Aufgabenerfüllung	Geringe Produktivität durch längere Vorgabezeiten für die Ausführung einer Arbeitsaufgabe
Verfahren	Unnötige oder unnötig aufwendige Aktivitäten zur Veränderung eines Werkstücks oder von Informationen	Geringe Produktivität durch längere Vorgabezeiten für die Ausführung einer Arbeitsaufgabe und die Verlängerung der Durchlaufzeiten
Wartezeiten	Störungs- und ablaufbedingte Wartezeiten der Mitarbeiter	Geringe Produktivität durch umfangreiche Verteilzeiten und lange Durchlaufzeiten
Transport	Arbeitsgänge sind nicht entsprechend der Prozessfolge angeordnet	Transportkosten; Kosten für Transportschäden; geringe Produktivität durch lange Durchlaufzeiten

Abb. 6.26: Formen der Verschwendung im Prozess der Leistungserstellung

Die Arten der Verschwendung nach Ohno sind um

- ungenutzte Kreativitätspotentiale,
- Verschwendung von Zeit und
- Verschwendung durch Konstruktion

erweitert worden. Bei **ungenutzten Kreativitätspotentialen** handelt es sich um den Verlust an Zeit, Fähigkeiten, Verbesserungen und Lernmöglichkeiten, weil Mitarbeiter kein Gehör finden (vgl. Liker (2008), S. 60). Die **Verschwendung durch Zeit** tritt auf, wenn Materialien, Zwischenprodukte, Informationen oder Dokumente auf die Weiterbearbeitung warten. **Verschwendung durch Konstruktion** liegt bei Produkten mit Merkmalen vor, deren Realisation Kosten verursacht, denen jedoch kein entsprechender Zuwachs an Kundennutzen gegenübersteht (vgl. Imai (1997), S. 82 ff.). Der Abbau von Verschwendung durch Konstruktion liegt im Aufgabenbereich des produktorientierten Kostenmanagements.

Die **Überlastung** kann bei Maschinen oder Mitarbeitern auftreten. Die Überlastung von Mitarbeitern führt zu Fehlern und Arbeitsunzufriedenheit, die wiederum die Leistung des Mitarbeiters beeinflusst. Die Überlastung von Maschinen entsteht durch fehlerhafte Vorgabezeiten und hat Bestände an Zwischenprodukten oder Unterbrechungen zur Folge (vgl. Kamiske/Brauer (2011), S. 100). Unterbrechungen und Überlastung sind Ursachen von Verlusten und müssen eliminiert werden.

Unter **Ungleichgewicht** wird eine unregelmäßige Auslastung der Leistungserstellungsprozesse verstanden. Sie wird durch ein variierendes Auftragsvolumen verursacht, aber auch durch interne Probleme, wie z. B. Ausfallzeiten bei Maschinen, fehlendes Material und Nacharbeit. Das Beseitigen des Ungleichgewichts ist eine Voraussetzung für den nachhaltigen Abbau von Verschwendung und Überlastung. Gleichzeitig fördert der Abbau dieser Verlustformen das Gleichgewicht. Zwischen den „Drei Mu" bestehen wechselseitige Beziehungen, so dass sich der Abbau von Verlusten immer auf alle drei Bereiche erstrecken muss (vgl. Liker (2008), S. 172 f.).

[3] Institutionalisierung

Getragen wird das Prozess-Kaizen von Mitarbeitern, die entweder in **Qualitätszirkel-Gruppen** organisiert sind oder **Verbesserungsvorschläge** einreichen. Das Prozess-Kaizen trägt nur dann zur Erreichung des Erfolgsziels der Periode bei, wenn die Mitarbeiter kontinuierlich Vorschläge zur Verbesserung der Prozesse erarbeiten und umsetzen, an denen sie beteiligt sind. Aufgrund der Freiwilligkeit setzt die aktive Mitwirkung an der Erarbeitung und Umsetzung von Verbesserungen Systeme zur **Förderung des Verbesserungsverhaltens** voraus.

Das **Schaffen von Transparenz** wird von Imai als Visual Management bezeichnet. Es umfasst die Planung und Umsetzung von Maßnahmen, um Probleme unmittelbar und direkt sichtbar zu machen (vgl. Imai (1997), S. 95 f.). Diese Maßnahmen können in

- der deutlich sichtbaren Darstellung von Informationen,
- der Gestaltung einer kontinuierlich fließenden Produktion und
- der Autonomation

bestehen. Zu den **sichtbar darzustellenden Informationen** zählen alle Arten von Vorgaben. Vorgaben sind u. a. die Standards, die Ziele und die Orte, an denen Objekte (Werkzeuge, Materialien) aufbewahrt werden sollen (Fünf S). Sichtbar gemacht werden diese Orte durch gelbe Markierungen in der Form des Umrisses des jeweiligen Objekts. Ist der Ist-Zustand nicht unmittelbar sichtbar, werden auch Informationen zur Beschreibung des Ist-Zustands in der Form von Kennzahlen oder Grafiken ausgehängt. Durch die deutlich sichtbare Darstellung dieser Informationen werden die Voraussetzungen für einen kontinuierlichen Ist-Soll-Vergleich unmittelbar an den Arbeitsplätzen geschaffen, so dass Abweichungen unverzüglich erkannt werden können (vgl. Imai (1997), S. 95 ff.). Eine **kontinuierlich fließende Produktion** verlangt den Abbau aller Puffer- und Lagerbestände, so dass ein Problem zur Unterbrechung des gesamten Prozesses führt. Dadurch treten Probleme deutlich zu Tage und es wächst der Druck, das Problem sofort und nachhaltig zu lösen, d. h. die finale Problemursache zu beseitigen (vgl. Liker (2008), S. 135 ff.). Unter **Autonomation** (Jidoka) werden automatisch ablaufende Bearbeitungsprozesse mit selbstgesteuerter Fehlererkennung verstanden, die sich sofort selbsttätig abschalten, wenn eine Abweichung vom Normalablauf auftritt (vgl. Shingo (1993), S. 41).

7 Potentialorientiertes Kostenmanagement

7.1 Abgrenzung des potentialorientierten Kostenmanagements

7.1.1 Leistungspotential im Kostenmanagement

Die Zusammenstellung der Leistungen, die ein Prozess, ein Bereich oder die Unternehmung in einem Zeitabschnitt erstellen soll, ist das **Leistungsprogramm** der jeweiligen Einheit (vgl. Kern (1992), S. 142). Die Realisation des Leistungsprogramms verlangt die Versorgung der Prozesse zur Leistungserstellung und -verwertung mit Produktionsfaktoren (Ressourcen, Einsatzgüter). Nach dem Verbrauch werden zwei Arten von Produktionsfaktoren unterschieden:

- die Repetierfaktoren und
- die Potentialfaktoren.

Repetierfaktoren sind beliebig teilbare Einsatzgüter, die nur einmal in den Leistungserstellungs- und -verwertungsprozess eingesetzt werden und anschließend verbraucht sind. Sie gehen im Leistungserstellungsprozess materiell unter und müssen in relativ kurzen Zeitabständen neu beschafft werden. Zu den Repetierfaktoren zählen Roh-, Hilfs- und Betriebsstoffe, Halbzeuge und Einbauteile. **Potentialfaktoren** sind nicht beliebig teilbare Einsatzgüter, die im Leistungserstellungsprozess gebraucht werden. Sie verkörpern ein Nutzungspotential, von dem bei jedem Einsatz zur Leistungserstellung ein Teil abgegeben wird (vgl. Heinen (1983), S. 247). Zu den Potentialfaktoren gehören vor allem die menschliche Arbeit und die Betriebsmittel, d. h. die Einrichtungen und Anlagen, welche die technischen Voraussetzungen der Leistungserstellung bilden (z. B. Gebäude, Maschinen, Fördereinrichtungen, Werkzeuge, Messgeräte).

Die Menge und die Qualität der Ressourcen, die zur Realisation des Leistungsprogramms erforderlich sind, sowie der Einsatzzeitpunkt und der Einsatzort dieser Ressourcen, d. h. der quantitative, qualitative, zeitliche und lokale **Ressourcenbedarf**, werden durch das Leistungsprogramm und die Prozesse zur Leistungserstellung und -verwertung vorgegeben. Erst durch die Bereitstellung und den Einsatz von Potentialfaktoren und die Sicherung der Versorgung mit Repetierfaktoren zur Deckung des Ressourcenbedarfs wird der Prozess, der Bereich oder die Unternehmung in die Lage versetzt, die durch das Leistungsprogramm spezifizierte Leistung im Zeitablauf zu erbringen (in Anlehnung an Kern (1992), S. 21, 149).

Das **Leistungspotential** der Unternehmung sind die Ressourcen, die zur Herstellung und Aufrechterhaltung der Leistungsbereitschaft für die Realisation des Leistungsprogramms anforderungsgerecht bereitgestellt werden.

Das potentialorientierte Kostenmanagement ist der Teilbereich des Kostenmanagements, der als Schwerpunkt der Effizienzgestaltung das Vermeiden und den Abbau von Ineffizienzen durch die **Gestaltung des Leistungspotentials** der Unternehmung hat. Abgegrenzt wird das potentialorientierte Kostenmanagement durch

- die Kosten der eingesetzten Ressourcen als Gestaltungsobjekt und
- die Einflussgrößen auf die Kosten der Ressourcen als Gestaltungsparameter.

Definiert werden kann das **potentialorientierte Kostenmanagement** als die unternehmungszielorientierte Gestaltung der Kosten der Ressourcen für die Realisation des Leistungsprogramms durch die Festlegung von Wirtschaftlichkeitszielen für das Leistungspotentials und die Sicherung des Erreichens dieser Wirtschaftlichkeitsziele durch die Mitarbeiter und mit den Mitarbeitern.

Die Potentialgestaltung hat die Aufgabe, die Leistungsbereitschaft für die Realisation des Leistungsprogramms zu schaffen und zu erhalten. Sie erstreckt sich über den gesamten **Lebenszyklus jedes Produktionsfaktors**. Dieser umfasst den Zeitraum, über den der Produktionsfaktor zielwirksam ist (vgl. Götze (2000), S. 267). Die Gliederung der Lebenszyklusphasen differiert zwischen den verschiedenen Produktionsfaktoren (vgl. Abb. 7.1). In der Entstehungsphase wird der Produktionsfaktor entwickelt und hergestellt. Die Transaktionsphase umfasst alle Aktivitäten der Übertragung des Produktionsfaktors vom Lieferanten auf die Unternehmung durch Kauf, Miete oder Leasing, d. h. die Beschaffungsaktivitäten der Unternehmung und die Verkaufsaktivitäten des Lieferanten. Bei den Repetierfaktoren zählen zu dieser Phase aus der Sicht der beschaffenden Unternehmung u. a. die Bedarfsfeststellung, die Anfrage bei potentiellen Lieferanten, die Lieferantenauswahl und Vertragsverhandlungen, die Bestellung, die Bestellbestätigung, die Überwachung der Bestellung, der Transport zur Unternehmung, der Wareneingang einschließlich aller Kontrollen, die Bearbeitung zeitlicher, quantitativer und qualitativer Fehllieferungen sowie die Bezahlung (vgl. Ellram/Siferd (1993), S. 176 ff.). In der Verarbeitungsphase werden die Repetierfaktoren weiterbearbeitet oder in das Produkt eingebaut. In der Entsorgungsphase werden die Reste des Repetierfaktors in der Form von Verschnitt oder Überbeständen entsorgt oder einer anderen Verwendung zugeführt. Die Betriebsphase eines Betriebsmittels umfasst seine wirtschaftliche Nutzung sowie alle Aktivitäten zur Wahrung oder Wiederherstellung seiner Nutzungsfähigkeit. Die Stilllegungsphase hat die Außerbetriebnahme und die Verschrottung oder den Verkauf des Betriebsmittels zum Inhalt (vgl. Pfohl/Wübbenhorst (1983), S. 144).

Repetierfaktoren	Potentialfaktoren	
	Betriebsmittel	Personal
▪ Entstehungsphase ▪ Transaktionsphase ▪ Verarbeitungsphase ▪ Entsorgungsphase	▪ Entstehungsphase ▪ Transaktionsphase ▪ Betriebsphase ▪ Stilllegungsphase	▪ Einstellungsphase ▪ Arbeitseinsatzphase ▪ Freisetzungsphase

Abb. 7.1: Phasen im Lebenszyklus von Produktionsfaktoren

7.1.2 Merkmale des potentialorientierten Kostenmanagements

7.1.2.1 Kosten der Ressourcen als Gestaltungsobjekt

Unter der Wirtschaftlichkeit des Leistungspotentials kann das Verhältnis aus der Marktleistung der Unternehmung, z. B. dem Ertrag oder den Erlösen, und den Kosten der eingesetzten Ressourcen verstanden werden. Wird als Leistung des Leistungspotentials der Bedarfsdeckungsgrad herangezogen, ist die **Effizienz des Leistungspotentials** das Verhältnis aus dem erreichten Bedarfsdeckungsgrad und den Kosten der eingesetzten Ressourcen. Der Bedarfsdeckungsgrad ist das Ausmaß, in dem der Ressourcenbedarf anforderungsgerecht gedeckt worden ist, d. h. den quantitativen, qualitativen, zeitlichen und lokalen Anforderungen entsprochen worden ist. Wird der zur Realisation des Wirtschaftlichkeitsziels notwendige Bedarfsdeckungsgrad als Restriktion vorgegeben, werden die Kosten der eingesetzten Ressourcen für die Herstellung des geforderten Bedarfsdeckungsgrad zum Gestaltungsobjekt.

Für die **anforderungsgerechte Bedarfsdeckung** fallen in allen Phasen des Lebenszyklus von Potential- und Repetierfaktoren Kosten an. In Industrieunternehmungen liegt der Anteil der Materialkosten an den Gesamtkosten in der Regel zwischen 40 und 50 %. In älteren Studien wurde festgestellt, dass durch die Beschaffung des Materials nur 5 % der Kosten eines Produkts verursacht werden (vgl. VDI (1987), S. 3). Seither ist die Fertigungstiefe in vielen Unternehmungen kontinuierlich verringert worden. Damit werden komplexere Bauteile beschafft und in zunehmendem Umfang Entwicklungs- und Logistikaufgaben auf die Lieferanten übertragen. Durch die Reduktion der Lagerbestände, die bis zur lagerlosen Bereitstellung am Arbeitsplatz reicht, verursachen quantitative, qualitative, zeitliche oder lokale Fehllieferungen hohe Kosten. Durch diese Entwicklungen steigen die Transaktionskosten (vgl. Kauther/Weber (1998), S. 43). Der Anteil der Abschreibungen auf Sachanlagen an den Gesamtkosten liegt bei 1,2 - 4 %. Der Anteil der Anschaffungskosten an den Gesamtkosten eines Anlagegutes während seines Lebenszyklus liegt zwischen 30 und 50 % (vgl. Ellram (1996), S. 18), d. h., die jährlichen Betriebskosten können um ein Mehrfaches über den Abschreibungen liegen.

Abb. 7.2 nennt am Beispiel der **Repetierfaktoren** die Kostenkategorien, die in den Phasen des Lebenszyklus in der Unternehmung oder beim Lieferanten anfallen. Die Entwicklungskosten sind in dieser Abbildung dem Lieferanten zugeordnet. Sie können jedoch vollständig oder teilweise auch bei der Unternehmung anfallen. Die Teile der Entwicklungskosten, die beim Lieferanten anfallen, die Kosten für die Herstellung des Produktionsfaktors sowie die Kosten des Verkaufs werden über den Preis des Produktionsfaktors abgegolten, der in der Unternehmung zu Materialkosten (Repetierfaktoren) oder Abschreibungen (Betriebsmittel) führt. Materialkosten sind die Kosten der verbrauchten Roh-, Hilfs- und Betriebsstoffe, Halbzeuge und Einbauteile (Stoffkosten). Die Fertigungskosten der Verarbeitungsphase in der Unternehmung sind die Kosten der Weiterverarbeitung oder des Einbaus der Repetierfaktoren. Sie bilden zusammen mit den Materialkosten die Beschaffungsobjektkosten (vgl. Pampel (1992), S. 813 f.). Bei den Transaktionskosten handelt es sich um die Kosten, die für die vertragliche Übertragung der Verfügungsrechte an dem Produktionsfaktor und die physische Übermittlung anfallen. Im Folgenden werden drei Kategorien der Transaktionskosten unterschieden:

- die Beschaffungskosten (z. B. Kosten für die Bedarfsfeststellung, die Vertragsverhandlungen, den Vertragsabschluss, die Anpassung des Vertrags und die Überwachung seiner Inhalte sowie für den Wareneingang),
- die Logistikkosten (z. B. Transport-, Lager- und Kapitalbindungskosten) sowie
- die Fehlerkosten, d. h. die Kosten für quantitative, qualitative, zeitliche oder lokale Fehllieferungen (z. B. Kosten für Rücksendungen, Betriebsunterbrechungen).

<table>
<tr><th>Lebenszyklusphase</th><th>Unternehmung</th><th>Lieferant</th></tr>
<tr><td>Entstehungsphase</td><td></td><td rowspan="2">▪ Entwicklungskosten
▪ Kosten für die Herstellung
▪ Transaktionskosten des Verkaufs</td></tr>
<tr><td>Transaktionsphase</td><td>Transaktionskosten der Beschaffung</td></tr>
<tr><td>Verarbeitungsphase</td><td>▪ Fertigungskosten
▪ Materialkosten</td><td>Preis</td></tr>
<tr><td>Entsorgungsphase</td><td>▪ Entsorgungskosten
▪ Erlöse oder eingesparte Kosten einer Weiterverwendung</td><td></td></tr>
</table>

Abb. 7.2: Kosten im Lebenszyklus von Repetierfaktoren

Für **Betriebsmittel** fallen in der Entstehungs- und der Transaktionsphase entsprechende Kostenkategorien an. In der Betriebsphase entstehen Betriebskosten (z. B. Löhne und Gehälter des Bedienungspersonals, Energiekosten, Versicherungsprämien), Unterhaltskosten für Aktivitäten zur Wahrung und Wiederherstellung der Nutzungsfähigkeit (Kosten für Wartung, Inspektion, Instandsetzung, Verbesserung) sowie Fehlerkosten. Fehlerkosten werden durch Störungen des Betriebsmittels und Maßnahmen zur Minderung deren Konsequenzen verursacht. Sie setzen sich aus

- den Betriebsunterbrechungskosten und
- den Folgekosten

zusammen. Betriebsunterbrechungskosten sind die Erlöse, die durch ungeplante oder geplante Ausfallzeiten des Betriebsmittels entgehen. Folgekosten entstehen durch Fehler bei den Produkten, die durch Betriebsmittel verursacht werden. Sie umfassen Kosten u. a. für Nacharbeit und Ausschuss (vgl. Hiraoka (2000), S. 246). Zu diesen Kosten treten Lager- und Kapitalbindungskosten für Bestände an fertigen und unfertigen Erzeugnissen, die gebildet werden, um das Risiko von Betriebsunterbrechungen oder Lieferverzögerungen zu vermindern (vgl. Nakajima (1995), S. 25). Hinzu kommen die Kosten der Stilllegung und der Verwertung des Betriebsmittels am Ende seiner Nutzungsdauer. **Personal** verursacht Kosten für die Einstellung, den Einsatz (u. a. Löhne, Gehälter, Kosten für Qualifizierungsmaßnahmen) und die Freisetzung (z. B. Abfindungen) an.

Ein Konzept zur Abgrenzung der **Kosten eingesetzter Ressourcen**, das die Effizienzgestaltung auf Phasen im Lebenszyklus der Ressourcen lenkt, in denen der Mitteleinsatz nicht zur Erhöhung des Produktwerts beiträgt, ist das der Total Cost of Ownership (vgl. Ellram (1996), S. 17).

Die **Total Cost of Ownership** (TCO) sind die Kosten, die der Unternehmung für ein Einsatzgut von einem bestimmten Lieferanten während seines Lebenszyklus entstehen (vgl. Ellram (1995), S. 23).

Entwickelt worden ist das Konzept der Total Cost of Ownership als Grundlage für die Lieferantenbewertung sowie für die Unterstützung von Verhandlungen mit Lieferanten und Outsourcing-Entscheidungen (vgl. Ellram (1994), S. 172; Ellram/Maltz (1995), S. 55). Die Total Cost of Ownership beziehen sich deshalb immer auf ein Einsatzgut von einem bestimmten Lieferanten (vgl. Foodhooft/Van den Abbeele/Peters (2005), S. 14). Aus diesem Grund werden ihnen in der Literatur auch meist nicht die gesamten Lebenszykluskosten des Produktionsfaktors zugeordnet. Bei sehr enger Abgrenzung umfassen sie sogar nur die Materialkosten und die Fehlmengenkosten (vgl. Homburg/Daum (1997), S. 194). In der Regel werden ihnen jedoch neben den Materialkosten auch die gesamten Transaktionskosten und die Entsorgungskosten zugerechnet (vgl. Ellram (1999), S. 602; Kauther/Weber (1998), S. 44 f.). Die Fertigungskosten werden nur selten explizit als Bestandteil der Total Cost of Ownership genannt (vgl. Rajagopal/Bernard (1993), S. 18). Abb. 7.3 zeigt einen Überblick über die **Zusammensetzung der Total Cost of Ownership** bei Repetier- und Potentialfaktoren.

Produktionsfaktor / Kostenkategorie	Material	Betriebsmittel	Personal
Transaktionskosten	Transaktionskosten ▪ Beschaffungskosten ▪ Logistikkosten ▪ Fehlerkosten	Transaktionskosten	Einstellungskosten
Objektkosten	Beschaffungsobjektkosten ▪ Materialkosten (Einsatzgüterpreis) ▪ Fertigungskosten	Investitionsobjektkosten ▪ Abschreibungen (Einsatzgüterpreis) ▪ Betriebskosten ▪ Unterhaltskosten	Kosten des Personaleinsatzes ▪ Lohn- und Gehaltskosten ▪ Kosten für Qualifizierungsmaßnahmen
Entsorgungs-/ Stilllegungskosten	Entsorgungskosten	Kosten für die Stilllegung und Verwertung	Kosten für die Freisetzung

Abb. 7.3: Zusammensetzung der Total Cost of Ownership

Die von der Unternehmung eingesetzten Ressourcen unterscheiden sich in ihrer Bedeutung für die Erreichung der Wirtschaftlichkeitsziele des Leistungspotentials und in der Zusammensetzung der Total Cost of Ownership. Es sind deshalb nur einzelne Ressourcen, deren Total Cost of Ownership zum Objekt der Effizienzgestaltung werden. Bei allen anderen Ressourcen ist die Effizienzgestaltung auf die **Material- oder Anschaffungskosten** begrenzt.

7.1.2.2 Unternehmungsinterne und -externe Gestaltungsparameter

Der Ressourcenbedarf wird durch das Leistungsprogramm und die Prozesse zur Leistungserstellung und -verwertung vorgegeben. Die Kosten beeinflussenden Merkmale des Ressourcenbedarfs sind damit Gestaltungsparameter des produkt- und prozessorientierten Kostenmanagements. Gestaltungsparameter des potentialorientierten Kostenmanagements sind die **Einflussgrößen auf die Kosten der Ressourcen** zur Bedarfsdeckung. Über den Einsatzgüterpreis werden die Kosten der Ressourcen, die beim Lieferanten anfallen, zu Materialkosten oder Abschreibungen der Unternehmung. Neben die unternehmungsinternen Einflussgrößen auf die Kosten der Ressourcen zur Bedarfsdeckung, die von der Unternehmung gestaltet werden können, treten deshalb unternehmungsexterne Einflussgrößen, die auf die Kosten wirken, die das Einsatzgut beim Lieferanten verursacht.

Die **unternehmungsinternen Einflussgrößen** auf die Kosten der Ressourcen sind Merkmale der Bereitstellung, der Sicherung der Einsatzbereitschaft (z. B. durch Wartung und Reparatur) sowie der Entsorgung. Art und Menge der beschafften Einsatzgüter sind Gestaltungsparameter des potentialorientierten Kostenmanagements, sofern substituierbare Einsatzgüter für die Bedarfsdeckung existieren, Beschaffungsrisiken durch das Bilden von Lagerbeständen begegnet werden soll oder nur Anforderungen an den benötigten Produktionsfaktoren, jedoch keine technischen Spezifikationen festliegen. Abb. 7.4 zeigt Beispiele für unternehmungsinterne Einflussgrößen auf die Kosten der Ressourcen (vgl. Porter (1992), S. 129 f.; Ellram/Siferd (1993), S. 176 ff.).

Produktionsfaktor	Beispiele für Kosteneinflussgrößen
Material	**Art und Menge des Materials** Anzahl der verschiedenen Materialarten, Stückzahlen, Merkmale der Materialien, Grad der Abstimmung der Materialien mit dem Produkt und dem Weiterverarbeitungsprozess **Art der Bereitstellung** Eigenfertigung/Fremdbezug, Lieferant (z. B. Standort, Leistungsfähigkeit, Zuverlässigkeit), Anzahl der Lieferanten, Komplexität des Auftrags, Anzahl und Umfang von Änderungen der Bestellungen, Bestellmengen und Bestellzeitpunkte, Vertragsart, Zusammenarbeit mit den Lieferanten, Einkaufskooperationen (Marktmacht) **Art der Entsorgung der Reste** Verwendungsart, Abnehmer
Betriebsmittel	**Art und Menge der Betriebsmittel** Technische Eigenschaften, Abstimmung mit dem Kapazitätsbedarf, Abstimmung der Kapazitäten aufeinanderfolgender Produktionsstufen, Altersstruktur, Kapazität **Art der Bereitstellung** Zeitpunkt der Beschaffung, Instandhaltungspolitik, Nutzungsdauer **Abbau am Ende der Nutzungsdauer** Art der Verwendung, Abnehmer

Abb. 7.4: Unternehmungsinterne Einflussgrößen auf die Kosten der Ressourcen

Die Unternehmung wird über den Einsatzgüterpreis mit den Kosten belastet, die beim Lieferanten für die Erstellung und Verwertung des Einsatzgutes entstehen. Den Einsatzgüterpreis kann die Unternehmung zunächst nur über die Lieferantenwahl oder durch Verhandlungen bis zu einer Preisuntergrenze beeinflussen, die von den Kosten des Lieferanten abhängig ist. Die **unternehmungsexternen Einflussgrößen** auf die Kosten der Ressourcen kann die Unternehmung nur indirekt über ihre Marktmacht beeinflussen, indem sie Preisdruck erzeugt und den Lieferanten darüber veranlasst, Maßnahmen zur Effizienzgestaltung zu ergreifen. Um die erforderliche Marktmacht zu schaffen, können Einkaufskooperationen eingegangen werden (Collective Sourcing). Die langfristige und vertrauensvolle Zusammenarbeit mit einem Lieferanten eröffnet der Unternehmung Möglichkeiten der direkten Einflussnahme auf unternehmungsexterne Einflussgrößen. Formen dieser Zusammenarbeit sind die Förderung der Effizienzgestaltung durch den Lieferanten, die Unterstützung des Lieferanten bei der Effizienzgestaltung und die Durchführung gemeinsamer Projekte zur Effizienzgestaltung. Werden unternehmungsexterne Einflussgrößen als Gestaltungsparameter in die Effizienzgestaltung einbezogen, wird das potentialorientierte Kostenmanagement um den Teilbereich des unternehmungsübergreifenden Kostenmanagements erweitert.

Das **unternehmungsübergreifende Kostenmanagement** ist die unternehmungszielorientierte Gestaltung der Kosten von Ressourcen zur Realisation des Leistungsprogramms der Unternehmung durch die Sicherung der Erreichung der Wirtschaftlichkeitsziele des Leistungspotentials der Unternehmung durch den Lieferanten und gemeinsam mit dem Lieferanten.

Der Aufbau, die Entwicklung und die Pflege der für ein unternehmungsübergreifendes Kostenmanagement erforderlichen kooperativen Beziehungen zu den Lieferanten erfordern einen hohen Mitteleinsatz. Der **Anwendungsbereich** des unternehmungsübergreifenden Kostenmanagements ist deshalb auf einige wenige Ressourcen begrenzt, die für die Zielerreichung der Unternehmung von hervorgehobener Bedeutung sind (vgl. Ellram (1996), S. 13).

7.1.2.3 Differenzierter Gestaltungsbereich

Das Gestaltungsobjekt und die Gestaltungsparameter des potentialorientierten Kostenmanagements für eine Ressource werden nach ihrer Bedeutung für die Erreichung der Wirtschaftlichkeits- und Unternehmungsziele festgelegt. Um diese Bedeutung abschätzen und den Gestaltungsbereich für das potentialorientierte Kostenmanagement der Ressource abgrenzen zu können, werden die Ressourcen klassifiziert. Vorgeschlagen wird eine **Klassifikation der Ressourcen** nach den folgenden Kriterien (in Anlehnung an Ellram (1996), S. 13):

- die Bedeutung der Ressource für die Zielerreichung und
- die Art der Beziehung zum Lieferanten der Ressourcen.

Nach der **Bedeutung für die Zielerreichung** werden kritische und unkritische Ressourcen unterschieden. Die Bedeutung einer Ressource für die Zielerreichung kann sich aus ihrem Beschaffungswert als Produkt aus der Beschaffungsmenge und dem Beschaffungspreis oder aus Merkmalen des Einsatzgutes und seiner Lieferanten folgen. Beispiele für diese Merkmale sind

- Technologien des Lieferanten, die für das Image des Produkts, die Funktionalität oder Qualität des Produkts oder für künftige Produkte wichtig sind,

- Marke oder Image des Lieferanten, die verkaufsfördernd auf das Produkt wirken, sowie
- Relevanz des Einsatzgutes für die Beziehung zu anderen Lieferanten.

Nach dem zweiten Kriterium werden lose und kooperative **Beziehungen zum Lieferanten** abgegrenzt. Kooperative Beziehungen zeichnen sich durch eine langfristige und vertrauensvolle Zusammenarbeit aus, mit der folgende Ziele verfolgt werden: der Austausch beschaffungsrelevanter Informationen (z. B. Produktionspläne, Kostendaten), die Mitwirkung an der Produktplanung oder die Entsendung von Mitarbeitern zum jeweiligen Vertragspartner. Kooperative Beziehungen zum Lieferanten eröffnen Möglichkeiten für das unternehmungsübergreifende Kostenmanagement. Abb. 7.5 zeigt die Klassifikation der Ressourcen, die nach diesen Kriterien abgegrenzt werden, sowie Beispiele für Ressourcen, die diesen Klassen zugeordnet sind (vgl. Ellram (1996), S. 13).

Lieferantenbeziehung / Zielwirkungen der Ressource	Lose Beziehungen zum Lieferanten	Kooperative Beziehungen zum Lieferanten
Unkritische Ressourcen	**C-Ressourcen** Regelmäßig benötigte Einsatzgüter mit geringem Preis	**Langfristige Ressourcen** Investitionen in Maschinen, IT-Systeme
Kritische Ressourcen	**Ressourcen mit Hebelwirkungen** Ressourcen mit einem regelmäßigen Bedarf, für die es eine Vielzahl von Bezugsquellen gibt oder die an Waren- oder Rohstoffmärkten gehandelt werden	**Strategische Ressourcen** Ressourcen, die für Differenzierungsvorteile der Unternehmung oder künftige Unternehmungserfolge kritisch sind

Abb. 7.5: Klassifikation der Ressourcen

C-Ressourcen sind unkritische Ressourcen, mit deren Lieferanten keine kooperativen Beziehungen eingegangen werden, da es zahlreiche Bezugsquellen gibt oder der Anteil der Unternehmung am Umsatz des Lieferanten zu gering ist. Der Gestaltungsbereich des Kostenmanagement ist bei diesen Ressourcen auf die Materialkosten als Gestaltungsobjekt und die unternehmungsinternen Gestaltungsparameter begrenzt. Zur Durchsetzung der Wirtschaftlichkeitsziele des Leistungspotentials werden Materialkostenziele vorgegeben. Zur Realisation dieser Ziele müssen bei der Beschaffung von C-Ressourcen marktgerechte Preise erzielt werden, d. h. zu wählen ist das Angebot mit dem günstigsten Preis-Leistungs-Verhältnis. Bei der Auswahl von Lieferanten für diese Ressourcen werden Ausschreibungen oder Preisvergleiche durchgeführt (vgl. Ellram (1996), S. 14).

Ressourcen mit einem regelmäßigen Bedarf und einem hohen Anteil am Beschaffungswert, zu deren Lieferanten nur lose Beziehungen bestehen, werden als **Ressourcen mit Hebelwirkungen** bezeichnet. Preisänderungen bei diesen Ressourcen haben einen deutlichen Einfluss auf den Produktwert oder den Unternehmungserfolg. Auch für diese Ressourcen bilden die Materialkosten das Gestaltungsobjekt und die unternehmungsinternen Einflussgrößen die Gestaltungsparameter. Es werden jedoch Materialkostenziele vorgegeben, die kostengerechte Preise fordern, d. h. für die kalkulierten oder geschätzten Kosten des Lieferanten angemessene Preise (vgl. Ellram (1996), S. 15). Die Beurteilung der Preise setzt Kenntnisse über die Kosten des Lieferanten voraus, die durch Kostenanalysen gewonnen werden müssen. Als Instrumente zur Kostenanalyse werden genannt: Verfahren der konstruktionsbegleitenden Kalkulation, Kostenschätzungen, Branchenanalysen (vgl. Conte (2007), S. 230 ff.; Maschinski (2007), S. 249 ff.) sowie Kostentabellen. Bei standardisierten Einsatzgütern mit einer großen Zahl von Anbietern kann der jeweilige Lieferant auch im Rahmen einer (Online-)Einkaufsauktion ausgewählt werden. Bei einer Einkaufsauktion (Reverse Auction) handelt es sich im Kern um einen stringenten und strukturierten Prozess der Verhandlungsführung zur Preisfindung (vgl. Göthlich (2004), S. 55 ff.). Durch sie kann der Wettbewerb intensiviert und die Markttransparenz verbessert werden, so dass niedrigere Einkaufspreise erreichbar sein können (zu einer kritischen Beurteilung vgl. Göthlich/Hoefer (2003), S. 11 ff.).

Langfristige Ressourcen werden einmal oder nur sehr selten beschafft, aber in der Unternehmung über einen langen Zeitraum genutzt. Sie beeinflussen damit auf Dauer die Leistungserstellung und -verwertung in der Unternehmung. Zu den langfristigen Ressourcen zählen vor allem Betriebsmittel, die für die Unternehmung entwickelt oder an die Bedürfnisse der Unternehmung angepasst werden. Ihre Anschaffungskosten sind sehr hoch, durch die lange Nutzungsdauer sind sie für die Zielerreichung jedoch unkritisch. Zu den Anschaffungskosten treten Nutzungskosten, d. h. die Betriebs- und Unterhaltskosten sowie die Kosten, die bei Störungen und Ausfall des Betriebsmittels anfallen (vgl. Ellram (1996), S. 15). Die Nutzungskosten machen einen bedeutenden Anteil an den Total Cost of Ownership aus und hängen auch von den technischen Eigenschaften des Betriebsmittels (z-Situation) ab (vgl. Gutenberg (1979), S. 326 ff.), über die der Lieferant während der Entwicklung entscheidet (vgl. Hartmann (1995), S. 54 ff.). Gestaltungsobjekt des Kostenmanagements langfristiger Ressourcen sind die Total Cost of Ownership. Während der Entstehungsphase zählen mit den technischen Merkmalen der langfristigen Ressourcen auch unternehmungsexterne Einflussgrößen zu den Gestaltungsparametern des Kostenmanagements. Die Kostenziele, die zur Durchsetzung der Wirtschaftlichkeitsziele des Leistungspotentials vorgegeben werden, haben die Total Cost of Ownership zum Inhalt (vgl. Ellram (1996), S. 18).

Strategische Ressourcen sind kritische Einsatzgüter, die über einen längeren Zeitraum regelmäßig von einem oder von einigen wenigen Lieferanten bezogen werden, zu denen kooperative Beziehungen bestehen. Sie bilden den Anwendungsbereich des unternehmungsübergreifenden Kostenmanagements mit den Total Cost of Ownership als Gestaltungsobjekt und den unternehmungsinternen und -externen Einflussgrößen als Gestaltungsparameter. Vorgegeben werden Ziele mit den Total Cost of Ownership als Zielgröße und jährlichen Kostensenkungsraten (vgl. Ellram (1996), S. 16 f.).

7.1.3 Handlungsfelder des potentialorientierten Kostenmanagements

7.1.3.1 Abgrenzung der Handlungsfelder

Wie beim produkt- und prozessorientierten Kostenmanagement können auch beim potentialorientierten Kostenmanagement **vier Handlungsfelder** abgegrenzt werden.

Sie unterscheiden sich danach, ob Ineffizienzen vermieden oder abgebaut werden oder die Effizienz ohne oder mit Veränderungen der Rahmenbedingungen gestaltet wird. Rahmenbedingungen werden durch mittel- und langfristige Entscheidungen der Potentialgestaltung verändert, wie z. B. Entscheidungen über langfristige Lieferverträge, die Art und Menge von Ressourcen zur Deckung eines langfristigen Bedarfs sowie Instandhaltungsstrategien. Abb. 7.6 gibt einen Überblick über die nach diesen Kriterien abgegrenzten Handlungsfelder.

Rahmenbedingungen / Ineffizienzen	Effizienzgestaltung bei gegebenen Rahmenbedingungen	Effizienzgestaltung durch Veränderung der Rahmenbedingungen
Vermeiden von Ineffizienzen	Sichern einer effizienten Ressourcenversorgung	Effizienzorientierte Neugestaltung des Leistungspotentials
Abbau von Ineffizienzen	Kontinuierliche Verbesserung der Ressourcenversorgung	Effizienzorientierte Rationalisierung des Leistungspotentials

Abb. 7.6: Handlungsfelder des potentialorientierten Kostenmanagements

Zu einer **Neugestaltung** des Leistungspotentials kommt es u. a. bei der Einführung neuer Produkte oder neuartiger Fertigungsverfahren, aber auch bei der Verringerung der Fertigungstiefe. Unternehmungsinterne oder -externe Veränderungen können Ineffizienzen verursachen, die durch **Rationalisierung** des Leistungspotentials abgebaut werden müssen. Beispiele für diese Veränderungen sind ein Sinken des Kapazitätsbedarfs durch Nachfrageänderungen oder Prozessrationalisierung oder die Entwicklung verbesserter Einsatzgüter.

Das **Sichern einer effizienten Ressourcenversorgung** verlangt das Vermeiden von Ineffizienzen bei operativen Entscheidungen und Aktivitäten der Ressourcenbereitstellung. Diese Entscheidungen betreffen beispielsweise die Lieferantenwahl bei C-Ressourcen, die Bestellmengen bei Ressourcen mit Hebelwirkungen und den Transport vom Lieferanten zum Einsatzort. Beispiele für Aktivitäten der Ressourcenversorgung sind das Bestellen, das Überwachen des Beschaffungsvorgangs, die Wareneingangskontrolle sowie Transport-, Lager-, Wartungs- und Instandsetzungsvorgänge. Die **kontinuierliche Verbesserung der Ressourcenversorgung** umfasst den Abbau von Verlusten bei der Ressourcenversorgung. Beispiele für diese Verluste sind Fehllieferungen von Lieferanten, Eilbestellungen, Maßnahmen zur Absicherung von Lieferantenrisiken, wie z. B. der Aufbau und das Halten von Sicherheitsbeständen, sowie unnötige oder unnötig aufwendige Verfahren und Abläufe.

7.1.3.2 Handlungsfelder bei strategischen Ressourcen

Die strategischen Ressourcen sind der Anwendungsfeld des unternehmungsübergreifenden Kostenmanagements. Als Teilbereich des potentialorientierten Kostenmanagements umfasst es das Vermeiden und den Abbau von Ineffizienzen über die Gestaltung von Einflussgrößen auf die Kosten der Ressourcen im Verantwortungsbereich des Lieferanten durch disziplinierende und fördernde Maßnahmen. Mit **disziplinierenden Maßnahmen** setzt die beschaffende Unternehmung ihre Wirtschaftlichkeitsziele gegenüber dem Lieferanten durch. Beispiele für diese Maßnahmen sind die Vorgabe oder das Aushandeln von Vorschriften, Kennzahlen oder Zielen für den Lieferanten, die Kontrolle dieser Normen sowie das Setzen von Anreizen. Um den Lieferanten die Erreichung der Ziele zu ermöglichen, werden **fördernde Maßnahmen** ergriffen. Diese zielen auf die Realisation von Kostensenkungspotentialen beim Lieferanten, die ohne eine Zusammenarbeit mit der beschaffenden Unternehmung nicht realisiert werden können, weil dem Lieferanten das erforderliche Wissen fehlt, die Effizienzgestaltung beim Lieferanten Anpassungen bei der beschaffenden Unternehmung oder anderen Lieferanten erfordert oder der Lieferant nicht über die notwendige Marktmacht verfügt (vgl. Cooper/Slagmulder (1999b), S. 245 f.).

Handlungsfelder des potentialorientierten Kostenmanagements, die sich für die unternehmungsübergreifende Effizienzgestaltung eignen, sind die effizienzorientierte Neugestaltung und Rationalisierung des Leistungspotentials sowie die kontinuierliche Verbesserung der Ressourcenversorgung. Der effizienzorientierten Neugestaltung und Rationalisierung des Leistungspotentials steht beim unternehmungsübergreifenden Kostenmanagement die kostenorientierte Produktplanung beim Lieferanten gegenüber. Der Lieferant wird durch disziplinierende und fördernde Maßnahmen angehalten, seinen Prozess der kostenorientierten Produktplanung der Komponente an den Wirtschaftlichkeitszielen der beschaffenden Unternehmung auszurichten. Die kontinuierliche Verbesserung erstreckt sich im unternehmungsübergreifenden Kostenmanagement auf das Lieferanten-Kaizen und die Prozessoptimierung an der Schnittstelle zwischen der beschaffenden und der liefernden Unternehmung. Das Lieferanten-Kaizen ist die kontinuierliche Verbesserung der Komponente sowie der zugehörigen Produktions- und Logistikprozesse beim Lieferanten, die durch disziplinierende und fördernde Maßnahmen an den kurzfristigen Erfolgszielen der beschaffenden Unternehmung ausgerichtet werden soll. Die Prozessoptimierung an der Schnittstelle verlangt die Abstimmung von Prozessen der beschaffenden und der liefernden Unternehmung. Realisiert wird sie durch gemeinsame Kaizen-Projekte, die sowohl durch die beschaffende als auch durch die liefernde Unternehmung initiiert werden können.

Ein Ansatz für das unternehmungsübergreifende Kostenmanagement zur Gestaltung der Materialeffizienz ist das Konzept der **schlanken Zulieferung**, das auf der Grundlage einer Analyse der US-amerikanischen, der europäischen und der japanischen Autoindustrie entwickelt worden ist (vgl. Laming (1994), S. 249 ff.). Es handelt sich dabei um präskriptive Aussagen oder eine Idealvorstellung zur Gestaltung der Beziehungen zwischen beschaffender Unternehmung und Lieferant, die aus den Erkenntnissen der Analyse japanischer Unternehmungen der Autoindustrie hergeleitet worden sind. Als Voraussetzung für das unternehmungsübergreifende Kostenmanagement sieht es das Verschlanken der Materialversorgung vor, d. h. die Reduzierung der zur anforderungsgerechten Materialversorgung erforderlichen Anzahl von Lieferanten (vgl. Womack/Jones/Roos (1992), S. 153 ff.; Laming (1994), S. 250; Cooper/Slagmulder (1999a), S. 83 ff.). Zu den nach dem Verschlanken verbleibenden Lieferanten sollen kooperative Beziehungen aufgebaut werden, um die Voraussetzungen für das unternehmungsübergreifende Kostenmanagement zu schaffen. Verringert werden kann die Lieferantenzahl durch die Senkung der Anzahl der insgesamt zu beschaffenden Komponenten und die Verringerung der Zahl der Lieferanten für eine Komponente (vgl. Womack/Jones/Roos (1992), S. 166; Cooper/Slagmulder (1999a), S. 84 f.).

7.1.3.3 Handlungsfelder bei langfristigen Ressourcen

Langfristige Ressourcen werden in der Unternehmung über einen längeren Zeitraum genutzt. Die Betriebsmitteleffizienz hängt deshalb weniger von den Anschaffungskosten ab als vielmehr von den Ineffizienzen während der Betriebsphase. In Abb. 7.7 werden Formen dieser Ineffizienzen genannt, die auf eine zeitlich begrenzte oder dauerhafte Einschränkung der Nutzungsfähigkeit zurückgehen. Sie werden auch als die **„sechs großen Verlustquellen“** beim Einsatz von Betriebsmitteln bezeichnet (vgl. Nakajima (1995), S. 35).

Verlustzeiten	Geschwindigkeitsverluste	Fehler
▪ Betriebsmittelausfall als Folge von Störungen ▪ Rüsten und Einstellen	▪ Leerlauf oder geringfügige Unterbrechungen, die als Folge des regelwidrigen Betriebs von Sensoren, das Blockieren von Werkstücken usw. auftreten ▪ verringerte Geschwindigkeit durch mechanische Probleme, Qualitätsmängel an den Bearbeitungsobjekten, Angst vor einer Überlastung der Anlage	▪ Verfahrensfehler, die Ausschuss, Qualitätsminderung oder Nacharbeit verursachen ▪ Anfangsverluste während des Produktionsanlaufs bis zum stabilen Prozess nach einem Rüstprozess oder einer geplanten oder ungeplanten Produktionsunterbrechung

Abb. 7.7: Sechs große Verlustquellen in der Betriebsphase von Betriebsmitteln

Ein Ansatz des potentialorientierten Kostenmanagements zur Gestaltung der Effizienz langfristiger Ressourcen in der Betriebsphase ist das **Total Productive Maintenance** (TPM) (umfassende produktive Instandhaltung). Es handelt sich beim TPM um ein Instandhaltungskonzept, das die Wirtschaftlichkeitsziele des Kostenmanagements durch den Abbau und das Vermeiden der Ineffizienzen in der Form der sechs großen Verlustquellen sichert.

Von den Ineffizienzen, die Betriebsmittel während der Betriebsphase verursachen, gehen 60-70 % auf Entscheidungen und Aktivitäten in der Entstehungsphase zurück. Das Instandhaltungskonzept des TPM ist deshalb nicht auf die Betriebsphase beschränkt, sondern bezieht auch die Entstehungsphase ein. Die **Handlungsfelder** des potentialorientierten Kostenmanagements, auf die sich das TPM erstreckt, sind deshalb neben der kontinuierliche Verbesserung und dem Sichern einer effizienten Leistungserbringung auch die effizienzorientierte Neugestaltung. Die Sicherung einer effizienten Leistungserbringung zielt zum einen auf den sorgsameren Umgang der Mitarbeiter im Leistungserstellungs- und -verwertungsprozess mit den Betriebsmitteln und zum anderen auf eine effizientere Instandhaltung. Durch die kontinuierliche Verbesserung sollen einerseits Ursachen von Verlustzeiten, Geschwindigkeitsverlusten und Fehlern langfristiger Ressourcen endgültig eliminiert und Ineffizienzen im Instandhaltungsprozess abgebaut werden.

7.2 Unternehmungsübergreifende Gestaltung der Materialeffizienz

7.2.1 Verschlanken der Materialversorgung

7.2.1.1 Umbau des Lieferantennetzwerks durch Modular Sourcing

Die Lieferanten der Unternehmung bilden ein ein- oder mehrstufiges **Lieferantennetzwerk**, das mit der beschaffenden Unternehmung abschließt. In mehrstufigen Lieferantennetzwerken werden nach der Beziehung zur beschaffenden Unternehmung Lieferanten der ersten, zweiten, dritten usw. Stufe unterschieden. Die Lieferanten der zweiten Stufe beliefern die der ersten Stufe und beziehen ihre Einsatzgüter von denen der dritten Stufe usw. (vgl. Bogaschewsky (1994), S. 107). Die Lieferanten der ersten Stufe werden auch als Direktlieferanten, die der zweiten Stufe als Unter- oder Sublieferanten bezeichnet (vgl. Eicke/Femerling (1991), S. 22 f.).

Nach den hierarchischen Beziehungen zwischen der beschaffenden Unternehmung und den Lieferanten werden folgende **Typen von Lieferantennetzwerken** unterschieden (vgl. Gumbleton (1999), S. 117 f.):

- hierarchisch-pyramidale Lieferantennetzwerke (Kingdom),
- schwach hierarchische Lieferantennetzwerke (Barony) und
- polyzentrische Lieferantennetzwerke (Republic).

In einem **hierarchisch-pyramidalen** Lieferantennetzwerk gibt es eine beschaffende Unternehmung, von der die Lieferanten auf allen Ebenen des Lieferantennetzwerks wirtschaftlich abhängig sind, da sie der Hauptabnehmer ist. Die beschaffende Unternehmung dominiert das Lieferantennetzwerk. **Schwach hierarchische** Lieferantennetzwerke weisen einige wenige beschaffende Unternehmungen auf, die das Netzwerk dominieren. Die wirtschaftliche Abhängigkeit der Lieferanten von einer einzelnen Unternehmung ist damit geringer als im hierarchisch-pyramidalen Lieferantennetzwerk. In einem **polyzentrischen** Lieferantennetzwerk gibt es keine Unternehmung, die von anderen abhängig ist, so dass keine Unternehmung größeren Einfluss auf andere hat (vgl. Wildemann (1997), S. 423 ff.). Abb. 7.8 zeigt die Struktur dieser Typen von Lieferantennetzwerken.

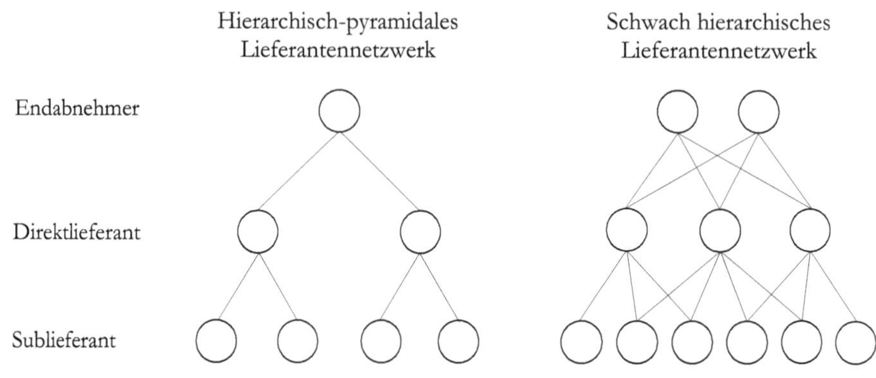

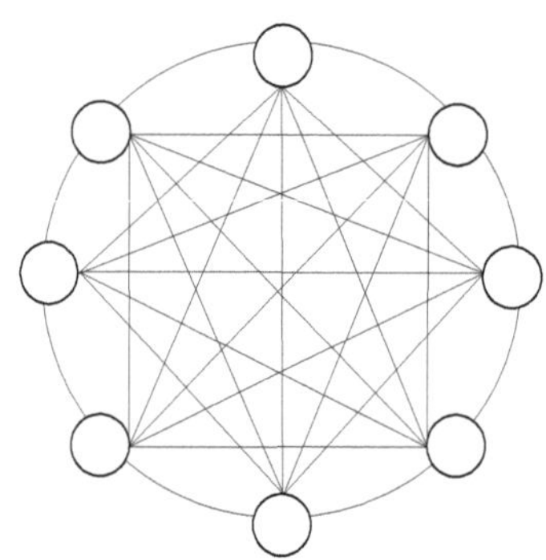

Abb. 7.8: Typen von Lieferantennetzwerken

Die **traditionelle Beschaffung** ist durch das Multiple Sourcing und das Unit Sourcing geprägt. Beim Multiple Sourcing werden für die Beschaffung eines Einsatzgutes mehrere Beschaffungsquellen genutzt. Mit diesem Konzept wird der Zweck verfolgt, den Wettbewerb zwischen den Lieferanten zu stimulieren und das Risiko des plötzlichen Ausfalls eines Lieferanten zu streuen (vgl. Arnold (1997), S. 95 f.). Das Unit Sourcing sieht die Beschaffung von Einsatzgütern geringer Komplexität vor. Nach der Komplexität des Einsatzgutes werden Rohmaterial- und Einsatzstofflieferanten, Teilelieferanten, Lieferanten für Baugruppen und Aggregate, Modullieferanten und Systemlieferanten abgegrenzt (vgl. von Eicke/Femerling (1991), S. 21 f.). Beim Unit Sourcing zählen Rohmaterial- und Einsatzstofflieferanten, Teilelieferanten und Lieferanten für Baugruppen und Aggregate zu den Direktlieferanten (vgl. Arnold (1997), S. 100). Durch Multiple und Unit Sourcing entsteht ein Lieferantennetzwerk mit einer großen Anzahl von Lieferanten auf der ersten Stufe und wenigen Lieferanten auf nachfolgenden Stufen, wie es in Abb. 7.9 dargestellt ist (vgl. von Eicke/Femerling (1991), S. 21 ff.).

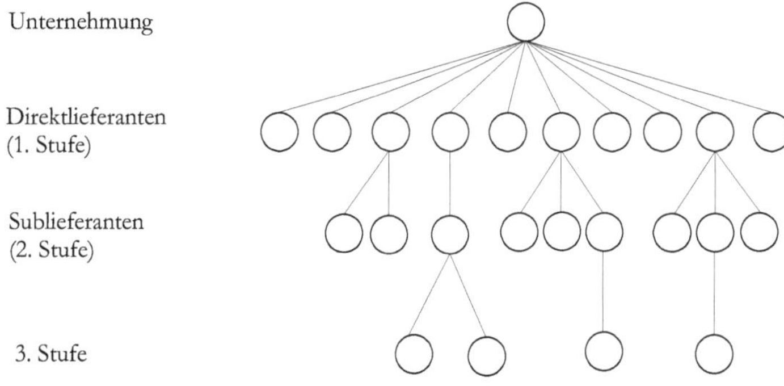

Abb. 7.9: Lieferantennetzwerk der traditionellen Beschaffung

Module sind mehrteilige, einbaufertige Funktionsgruppen mit komplexen Strukturen. Beispiele für Module in der Automobilindustrie sind die Bremsanlage, die Auspuffanlage, die Lenkung, die Achsen, die Kraftstoffversorgung, das Heiz-/Klima-/Kühlsystem und die Türen (vgl. Wolters (1995), S. 75). Vom Lieferanten von Baugruppen unterscheidet sich der Modullieferant durch die Übernahme von Integrationsaufgaben von der beschaffenden Unternehmung. Diese Integrationsleistung sind die Beschaffung der Einzelteile und Baugruppen, die in die Funktionsgruppe eingehen, ihre Montage sowie die Qualitätssicherung (von Eicke/Femerling (1991), S. 31). Auf einen Systemlieferanten werden darüber hinaus auch Entwicklungsaufgaben übertragen (vgl. Wolters (1995), S. 72 f.). **Modular Sourcing** ist die Beschaffung mehrteiliger, einbaufertiger Funktionsgruppen mit komplexen Strukturen von Modul- oder Systemlieferanten. Durch das Modular Sourcing werden Rohmaterial-, Einsatzstoff- und Teilelieferanten sowie Lieferanten der Baugruppen und Aggregate, die bei der traditionellen Beschaffung Direktlieferanten waren, zu Sublieferanten auf der zweiten oder dritten Stufe. Die Lieferantenzahl der ersten Stufe, d. h. die Zahl der Direktlieferanten, nimmt bei diesem Konzept ab, die Zahl der Sublieferanten unterer Stufen nimmt dagegen zu. Damit entsteht ein Lieferantennetzwerk in der Form einer Pyramide (vgl. Abb. 7.10). Die Gesamtzahl der Lieferanten in dieser Lieferantenpyramide verändert sich zunächst nicht (vgl. Clark/Fujimoto (1992), S. 141).

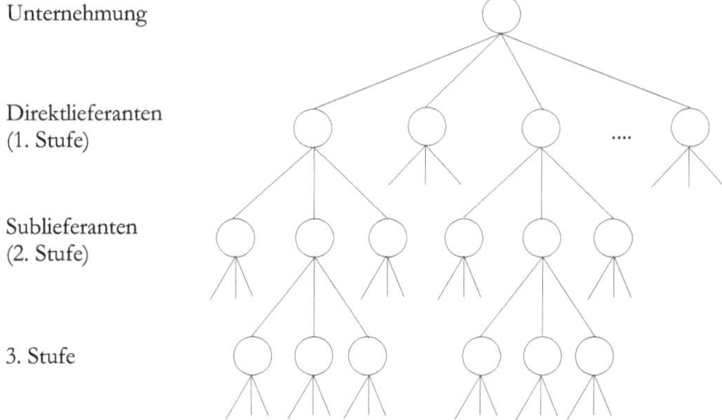

Abb. 7.10: Lieferantenpyramide beim Modular Sourcing

Das Modular Sourcing hat Einfluss auf die Art und die Anzahl der Einsatzgüter, die zu beschaffen, am Arbeitsplatz bereitzustellen und zu verwalten sind. Ihre Zahl sinkt bei deutlich zunehmender **Komplexität** der einzelnen Einsatzgüter. Mit der Komplexität erhöhen sich die Transaktionskosten. Um diesem Kostenanstieg entgegenzuwirken, wird die Zahl der Modullieferanten gering gehalten. Um die Abhängigkeit vom Modullieferanten zu begrenzen, sind die Module so abzugrenzen, dass sie zur Beschaffung ausgeschrieben werden können, d. h. sich genügend Lieferanten finden lassen, die einen bedeutenden Teil des Moduls mit ihren Kernkompetenzen abdecken können (vgl. Traudt (1997), S. 316).

7.2.1.2 Verwenden von Gleichteilen

Der Umbau des Lieferantennetzwerks durch Modular Sourcing ist eine Veränderung der Rahmenbedingungen, um Ineffizienzen durch eine Verringerung der Zahl der bereitzustellenden Einsatzgüter zu vermeiden oder abzubauen. Ohne Veränderung der Rahmenbedingungen kann die Zahl der Einsatzgüter zum Abbau von Ineffizienzen durch Gleichteileprogramme reduziert werden. Das sind **Kaizen-Projekte** des Potential-Kaizen.

Gleichteile sind Komponenten, die in identischer Form für verschiedene Produkte der Unternehmung oder in mehreren Unternehmungen genutzt werden. Eine spezielle Form von Gleichteilen sind Wiederverwendungsteile. Es handelt sich um Komponenten, die aus Vorgängermodellen übernommen werden. Um zu vermeiden, dass die Produkte zu ähnlich sind, sollten Gleichteile vor allem in den für den Kunden nicht sichtbaren oder funktional nicht unmittelbar erfahrbaren Bereichen verwendet werden (vgl. Traudt 1997), S. 318). Den Gleichteilen stehen die **Variantenteile** gegenüber, die jeweils in nur eine einzelne Variante eines Produkts eingehen.

Ein **Gleichteileprogramm** zur Verringerung der Zahl der Komponenten in der Unternehmung umfasst drei aufeinanderfolgende Phasen (in Anlehnung an Cooper/Slagmulder (2005b), S. 281 f.):

- 1. Phase: Verwenden von Gleichteilen
- 2. Phase: Eliminieren von Komponenten, die in kleinen Mengen benötigt werden
- 3. Phase: Verstetigen der Komponenten auf niedrigem Niveau

In der **ersten Phase** werden für jede Komponente Konsequenzen analysiert und bewertet, die mit dem Austausch durch eine andere Komponente in der Unternehmung verbunden sind. Als Instrument der **zweiten Phase** ist das Matrix-Teardown vorgeschlagen worden. Für das Matrix-Teardown wird eine Matrix mit den Produkten der Unternehmung in den Zeilen und den Komponenten dieser Produkte in den Spalten erstellt. In die Zellen der Matrix werden jeweils die Mengen eingetragen, die von der Komponente in der zugehörigen Spalte für das Produkt in der jeweiligen Zeile während eines Monats benötigt werden. Die Spaltensummen geben für jede Komponente die Gesamtmenge an, in der sie für alle Produkte in einem Monat benötigt wird (vgl. Abb. 7.11). Komponenten, die eine geringe Gesamtmenge aufweisen, werden eliminiert und mit einem Verwendungsverbot belegt. Hierzu werden die Produkte, für die diese Komponente benötigt wird, derart umgestaltet, dass eine der verbleibenden Komponenten verwendet werden kann (vgl. Cooper (1998), S. 212). Ist die **dritte**

Phase des Gleichteileprogramms erreicht, muss jede Erweiterung des Teilespektrums begründet werden (vgl. Cooper/Slagmulder (2005b), S. 281 f.).

Komponenten / Produkte	Komponente 1	Komponente 2	Komponente 3	...	...
Produkt 1	21.000	–	4.000	...	...
Produkt 2	8.000	2.000	–	...	...
Produkt 3	–	15.000	–	...	...
Gesamtmenge	29.000	17.000	4.000	...	...

Abb. 7.11: Matrix-Teardown

Durch Gleichteileprogramme kann die Zahl verschiedenartiger Komponenten verringert werden, die beschafft, verwaltet und am Arbeitsplatz bereitgestellt werden müssen. Sie können eine Verringerung der Lieferantenzahl zur Folge haben und erhöhen die Stückzahlen, die von einzelnen Komponenten beschafft werden. Erfahrungswerte aus der Praxis besagen, dass eine Verdoppelung der Lebenszyklusmenge einer Komponente seine **Kosten** um 10-15 % reduziert (vgl. Traudt (1997), S. 318). Mit dem Anteil der Gleichteile sinken zudem die **Entwicklungszeiten** und die Entwicklungskosten. Durch Wiederverwendungsteile steigt die Anlaufreife des Produkts, da die Zuverlässigkeit und Haltbarkeit dieser Komponenten bereits ausgiebig getestet worden ist. Diesen Vorteilen steht der Nachteil einer geringen **Entwicklungsflexibilität** gegenüber, die eine Realisation kostengünstiger Gestaltungsalternativen oder die Einführung einer neuen Technologie behindern kann. Die starren Vorgaben können auch einen zusätzlichen Entwicklungsaufwand bei den anderen Komponenten des Produkts notwendig machen (vgl. Clark/Fujimoto (1992), S. 150 f.; Davila/Wouters (2004), S. 22).

7.2.1.3 Reduktion der Lieferantenzahl für eine Materialart

Mit der **Verringerung der Lieferantenzahl** für eine Materialart können die Total Cost of Ownership gesenkt werden. Sie sinken kurzfristig, da durch die Bündelung der Nachfrage Größenvorteile erzielt werden können. Mittelfristig wirkt sich eine Verbesserung der Qualität der Komponente durch die gestiegene Prozesssicherheit günstig auf die Total Cost of Ownership aus. Durch die Konzentration auf einige wenige Lieferanten kann zudem eine Senkung der Transaktionskosten realisiert werden (vgl. Arnold (1996), Sp. 1865). Ein Konzept zur Verringerung der Lieferantenzahl für eine Materialart ist das Single Sourcing. Es führt zu einer **Verringerung der Zahl der Direktlieferanten.** Anders als das Modular Sourcing wirkt es sich nicht auf die Zahl der Einsatzgüter aus.

Das **Single Sourcing** ist die freiwillige Konzentration der Beschaffung eines Einsatzgutes auf nur einen Lieferanten auf der Grundlage eines längerfristigen Rahmenvertrags.

Die für den Aufbau der Lieferbeziehungen getätigten Investitionen, langfristige Verträge, Wissen, das an den Lieferanten weitergegeben wird, sowie Wechselkosten stellen Austrittsbarrieren dar, die einen kurzfristigen Lieferantenwechsel be- oder verhindern.

Den mit dem Single Sourcing erzielbaren Kostenvorteilen wird deshalb als Nachteil die **zunehmende Abhängigkeit** der Unternehmung von einem Lieferanten gegenübergestellt. Damit verbunden ist die Gefahr eines steigenden Versorgungsrisikos und preislicher Erpressbarkeit (vgl. Arnold (1996), Sp. 1865). Der Abhängigkeit vom Lieferanten kann durch folgende Sourcing-Konzepte entgegengewirkt werden:

- das Dual Sourcing und
- das Multiple Sourcing innerhalb der Komponentenfamilie.

Beim **Dual Sourcing** wird das Einsatzgut von zwei Lieferanten beschafft. Die Preise werden nicht durch Angebote der Lieferanten bestimmt, sondern nach einer gemeinsamen Analyse der Kosten durch die beschaffende Unternehmung und die ausgewählten Lieferanten festgelegt. Der Zweck dieses Konzepts besteht nicht darin, durch Wettbewerb zwischen den Lieferanten Preissenkungen zu realisieren. Es sollen vielmehr die Funktionalität und die Qualität des Einsatzgutes sowie die Zuverlässigkeit des Lieferanten gesichert oder kontinuierlich verbessert werden. Treten bei einem Lieferanten Abweichungen von den Vorgaben auf, wird „als Strafe" ein Teil seines Auftrags auf den anderen Lieferanten übertragen (vgl. Womack/Jones/Roos (1992), S. 162). Die Unternehmung fördert den Wettbewerb, indem Verbesserungen mit höheren Abnahmemengen belohnt werden, die zulasten der Abnahmemenge beim anderen Lieferanten gehen.

Eine Teilefamilie ist eine Gruppe von Bauteilen, die ähnliche Funktionen erfüllen. Um die Abhängigkeit von den Lieferanten zu begrenzen und diese auch beim Single Sourcing dem Wettbewerb auszusetzen, werden beim **Multiple Sourcing innerhalb der Teilefamilie** die Bauteile einer Familie gezielt von verschiedenen Lieferanten bezogen. Lieferbeziehungen zu mehreren Lieferanten ermöglichen es, bei einem Folgeprodukt auf einen leistungsstärkeren Lieferanten zu wechseln. Dadurch wird sichergestellt, dass jeder Lieferant eines Bauteils dieser Familie dem Wettbewerb ausgesetzt und die Gefahr opportunistischen Verhaltens begrenzt ist (vgl. Cooper/Slagmulder (1999a), S. 85).

Zur Fundierung der **Entscheidung über die Zahl der Lieferanten** für ein Einsatzgut wird eine Portfolio-Analyse vorgeschlagen. Bei dieser werden die Einsatzgüter nach ihrer Komplexität und ihrer wirtschaftlichen Bedeutung, d. h. dem Anteil der Kosten des Einsatzgutes an den Produktkosten, den vier Feldern einer Portfolio-Matrix zugeordnet. Abb. 7.12 zeigt die Portfolio-Matrix und nennt die Normstrategien, die den Matrixfeldern zugeordnet sind. Diesem Beschaffungsportfolio liegen die folgenden Hypothesen zugrunde, die im Rahmen einer branchenübergreifenden empirischen Untersuchung bestätigt werden konnten (vgl. Homburg (1995), S. 823 ff.):

[1] Für **komplexe Einsatzgüter** sind die Transaktionskosten hoch. Da die Beschaffung von mehreren Lieferanten mit hohen Transaktionskosten verbunden ist, wird für komplexe Einsatzgüter eine kleinere Lieferantenzahl gewählt.

[2] Die Erfolgswirkungen der Preise sind bei Einsatzgütern mit hoher **wirtschaftlicher Bedeutung** weitaus stärker als bei Einsatzgütern mit einem geringen Anteil an den Produktkosten. Um durch Wettbewerb zu niedrigen Preisen zu gelangen, wird bei Einsatzgütern mit hoher wirtschaftlicher Bedeutung eine größere Lieferantenzahl gewählt.

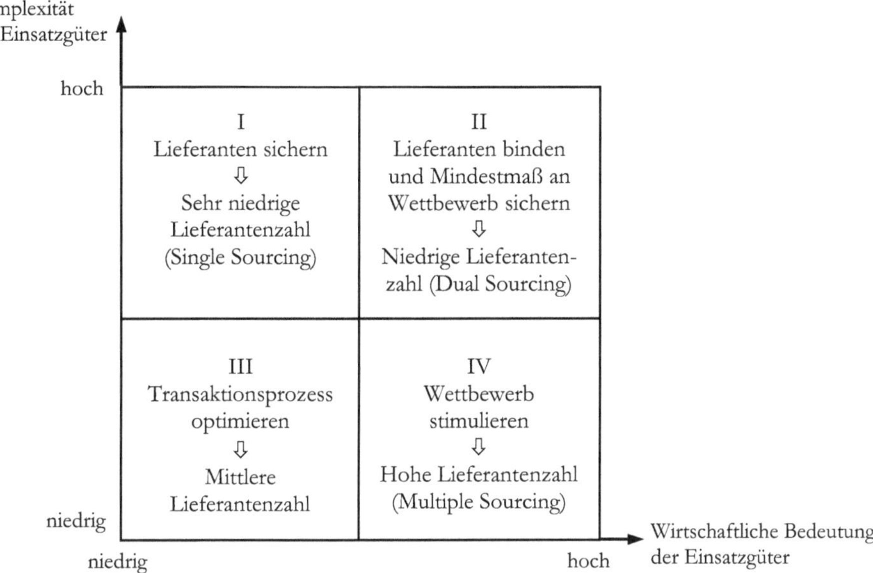

Abb. 7.12: Beschaffungsportfolio für die Entscheidung über die Zahl der Lieferanten

Nach diesen Hypothesen sollte bei der Beschaffung komplexer Einsatzgüter mit einem geringen Anteil an den Produktkosten nur mit sehr wenigen Lieferanten zusammengearbeitet werden. Es kann sogar möglich sein, auf das **Single Sourcing** überzugehen (Feld I). Ist bei hoher Komplexität auch die wirtschaftliche Bedeutung hoch, sollte nur bei einigen wenigen Lieferanten beschafft werden. Um den Wettbewerb aufrechtzuerhalten, wird empfohlen, auf Single Sourcing zu verzichten und eine **geringe Lieferantenzahl** zu wählen (Feld II). Für diese Einsatzgüter kann sich das **Dual Sourcing** eignen. Da bei der Beschaffung einfacher Einsatzgüter nur geringe Transaktionskosten anfallen, kann grundsätzlich bei mehreren Lieferanten beschafft werden. Das ist bei Einsatzgütern mit hoher wirtschaftlicher Bedeutung vorteilhaft, um durch den verschärften Wettbewerb zwischen den Lieferanten günstigere Preise zu erzielen (Feld IV). Es bietet sich deshalb das **Multiple Sourcing** an. Bei wirtschaftlich weniger bedeutenden Einsatzgütern ist der Erfolgsbeitrag einer Preissenkung geringer. Um die Transaktionskosten niedrig zu halten, kann deshalb eine **mittlere Lieferantenzahl** gewählt werden (vgl. Homburg (1995), S. 828 f.).

7.2.2 Bereiche unternehmungsübergreifener Effizienzgestaltung

7.2.2.1 Kostenorientierte Produktplanung

Die frühzeitige Beteiligung des Lieferanten an der Produktplanung ermöglicht es zum einen, das für die Konstruktion, Produktion und Effizienzgestaltung relevante Wissen des Vertragspartners zu nutzen. Zudem kann die Komponente an den Produktionsprozess und das Produktionsprogramm beim Lieferanten angepasst werden. Zu dieser als Design for Manufacturability and Assembly (DTMA; vgl. Seidenschwarz (1993), S. 233 f.) bezeichneten Anpassung zählen u. a. die Abstimmung der Toleranzvorgaben der Komponente mit den Produktionsmöglichkeiten beim Lieferanten und die Verwendung von Wiederverwendungs- und Gleichteilen des Lieferanten. Auf der anderen Seite kann die Komponente mit dem Weiterverarbeitungsprozess bei der beschaffenden Unternehmung und mit dem Endprodukt abgestimmt werden. Abb. 7.13 fasst die Formen der Zusammenarbeit bei frühzeitiger Beteiligung des Lieferanten an der Produktplanung zusammen.

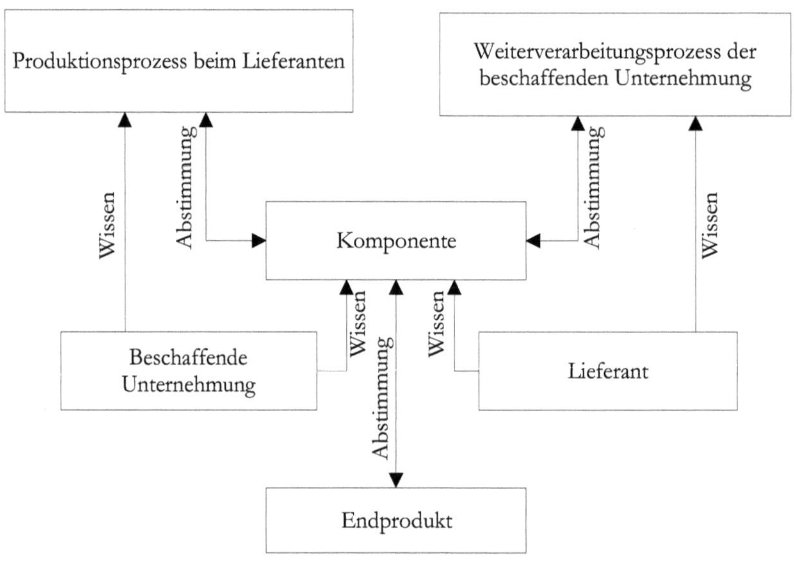

Abb. 7.13: Möglichkeiten der Zusammenarbeit bei der Produktplanung

Nach den Beiträgen zur Produktplanung werden folgende **Kategorien von Lieferanten** unterschieden (vgl. Traudt (1997), S. 319 f.):

- Katalogzulieferer,
- Teilefertiger,
- Serienentwicklungslieferanten,
- Generallieferant sowie
- Konzeptlieferanten.

Katalogzulieferer versorgen die Unternehmung mit Halbzeugen (z. B. Bleche, Röhren) und zuliefererеigenen Teilen, d. h. von ihm selbst entwickelte Einbauteile (z. B. Reifen), die auch von vielen anderen Unternehmungen beschafft werden. Es sind Lieferanten von C-Ressourcen oder Ressourcen mit Hebelwirkungen. Zu ihnen werden keine kooperativen Beziehungen aufgebaut, da sie als jederzeit austauschbar gelten. Ein **Teilefertiger** stellt Komponenten nach Konstruktionszeichnungen des Abnehmers her, ohne einen eigenen Beitrag zur Entwicklung zu leisten. Diese als detailkontrolliert bezeichneten Komponenten werden vollständig von der beschaffenden Unternehmung entwickelt. In den Aufgabenbereich des Lieferanten fällt nur noch die Produktion der Komponente. Gibt die beschaffende Unternehmung die Leistungsanforderungen, die Außenformen, die Schnittstellen sowie andere Merkmale aus dem Grundentwurf vor und überlässt die Entwicklung der Funktionsteile und Baugruppen dem Lieferanten, wird von einem Black-Box-Teil gesprochen (vgl. Clark/Fujimoto (1992),

S. 142 ff.). Bereitgestellt wird es von einem **Serienentwicklungslieferant**. Er führt die Entwicklung in enger Abstimmung mit den Entwicklungsteams der Unternehmung durch, ist jedoch nicht an der Produktkonzeptplanung beteiligt. Wird nicht regelmäßig, sondern nur bei Problemen mit den Entwicklungsteams der Unternehmung zusammengearbeitet, wird auch von einem **Generallieferanten** (general supplier) gesprochen. Die Zusammenarbeit mit einem **Konzeptlieferanten** beginnt bereits in der Produktkonzeptplanung. Der Lieferant ist in das Produktplanungsteam integriert und trägt innovative Lösungen zur Produktentwicklung bei.

Die Zusammenarbeit mit Serienentwicklungs-, General- und Konzeptlieferant eröffnet Möglichkeiten der unternehmungsübergreifenden Effizienzgestaltung während der Entstehungsphase des Produkts (vgl. Seidenschwarz/Niemand (1994), S. 264; Slagmulder (2002), S. 335). Die Zusammenarbeit mit einem Konzeptlieferanten verkürzt die Entwicklungszeit. Konzeptlieferanten haben die Möglichkeit, Markttrends zu antizipieren und ohne expliziten Auftrag neue Lösungen zu entwickeln, welche die Funktionalität oder Qualität der Folgeprodukte der beschaffenden Unternehmung verbessern. Nutzt der Lieferant die Ergebnisse der Produktplanung für andere Abnehmer, die dafür mit Teilen der Entwicklungskosten belastet werden, verringern sich für die Unternehmung auch die Entwicklungskosten. Diesen **Vorteilen** der Beteiligung an der Produktplanung stehen mehrere **Nachteile** gegenüber: Die Unternehmung verliert Entwicklungskompetenzen und ihre Möglichkeiten zur Produktdifferenzierung werden eingeschränkt. Um einem Verlust der Fähigkeit zur Produktdifferenzierung zu begegnen, sollte in schwach hierarchischen und polyzentrischen Lieferantennetzwerken sowie bei Komponenten, die mit den Kernkompetenzen der beschaffenden Unternehmung im Zusammenhang stehen, auf eine Beteiligung von Lieferanten an der Produktplanung verzichtet werden oder der Verkauf der Komponente an andere Kunden des Lieferanten durch vertragliche Vereinbarungen ausgeschlossen werden (vgl. Cooper/Slagmulder (2005a), S. 308 f.). Ein weiterer Nachteil ist die zunehmende Abhängigkeit zwischen beschaffender Unternehmung und Lieferant. So hängt die beschaffende Unternehmung von Innovationen des Lieferanten ab. Auf der anderen Seite ist der Lieferant vom wirtschaftlichen Erfolg des Produkts der beschaffenden Unternehmung abhängig (vgl. Cooper/Slagmulder (2005a), S. 308). Schließlich wird die Auftragsvergabe komplexer und die Abstimmungsprozesse aufwendiger, so dass die Transaktionskosten steigen.

Für die **Entscheidung über die Beteiligung eines Lieferanten** an der Produktplanung sind folgende Aspekte relevant:

- die Bedeutung der Komponente für die Differenzierung des Endprodukts,
- das Produkt-Know-How der Lieferanten sowie
- die Problemlösungsfähigkeiten der Lieferanten.

Die Entwicklung von Komponenten, die für die Differenzierung des Endprodukts von Bedeutung sind, sollte bei der beschaffenden Unternehmung verbleiben. Stellt die Technologie, die in eine Komponente eingeht, eine Kernkompetenz der beschaffenden Unternehmung dar, sind die Möglichkeiten zur Beteiligung der Lieferanten an der Produktplanung begrenzt. Das gilt insbesondere dann, wenn der Lieferant auch mit den Konkurrenten der beschaffenden Unternehmung zusammenarbeitet (vgl. Cooper/Slagmulder (1999a), S. 254). Für die Beteiligung des Lieferanten bei der Produktplanung eignen sich nur Komponenten, für die es Lieferanten mit dem erforderlichen

Produkt-Know-how und Problemlösungsfähigkeiten gibt. Serienentwicklungslieferanten müssen über **Produkt-Know-how** verfügen, um unter Berücksichtigung von Zeit-, Kosten- und Qualitätszielen bedarfsgerecht entwickeln zu können. Verfügen die Lieferanten auch über **Problemlösungsfähigkeiten**, eignen sie sich auch als Konzeptlieferanten. Die Problemlösungsfähigkeit beschreibt die Fähigkeit und Bereitschaft, eigene Produktinnovationen unter Übernahme des vollen Risikos zu entwickeln (vgl. Wildemann (1992), S. 398).

7.2.2.2 Lieferanten-Kaizen

Das Lieferanten-Kaizen ist die Zusammenarbeit zwischen der beschaffenden Unternehmung und dem Lieferanten bei der kontinuierlichen Verbesserung während der Marktphase der Komponente zur Realisation von Preissenkungsraten, welche die beschaffende Unternehmung dem Lieferanten in jeder Periode vorgibt. Es zielt auf Kostensenkungen, die nur durch gemeinsame Aktivitäten der beschaffenden Unternehmung und des Lieferanten realisiert werden können (vgl. Cooper/Slagmulder (1999a), S. 148 f.). Die während der Marktphase erzielbaren Kostensenkungen sind zunächst sehr viel geringer als die Kostensenkungen, die während der Entstehungsphase erreicht werden können. Die Unternehmung profitiert jedoch so lange von diesen Maßnahmen, wie sie die Produktionsprozesse des Lieferanten für die Produktion der Komponenten nutzt. Da mit einem Produktionsprozess meist mehrere Produktgenerationen realisiert werden, können auch mit dem Lieferanten-Kaizen auf lange Sicht bedeutsame Kostensenkungen erzielt werden, die den zusätzlichen Aufwand der Zusammenarbeit rechtfertigen.

Zur **Planung der Kostenvorgaben** für das Lieferanten-Kaizen werden vereinfachte Verfahren verwendet. Vielfach wird eine pauschale Preissenkungsrate für alle Lieferanten und ihre Komponenten festgelegt, die aus den Kostensenkungszielen des Kaizen Costing hergeleitet und jährlich angepasst wird. Eine differenziertere Planung der Preissenkungsrate wird nur für die Komponenten von Produkten durchgeführt, die dem Produkt-Kaizen unterworfen sind, sowie für Komponenten mit einem hohen Anteil an den Produktkosten des Endprodukts (vgl. Cooper/Slagmulder (1999a), S. 288 ff.).

Die **Zusammenarbeit** der beschaffenden Unternehmung mit dem Lieferanten umfasst die Weitergabe von Wissen über Kaizen-Maßnahmen und deren Wirkung oder gemeinsam durchgeführte Kostenanalysen. Zum anderen kann die beschaffende Unternehmung den Lieferanten bei der Erschließung kostengünstigerer Quellen für die Beschaffung seiner Einsatzgüter unterstützen. Hierfür stehen zwei Maßnahmen zur Verfügung. (1) Die beschaffende Unternehmung kann den Lieferanten auf günstigere Bezugsquellen hinweisen. (2) Er kann jedoch auch Einsatzgüter identifizieren, die von mehreren Unternehmungen im Lieferantennetzwerk benötigt werden, und die Beschaffung für das gesamte Lieferantennetzwerk bei einem Lieferanten bündeln, um durch eine größere Marktmacht Preisvorteile zu erzielen (Collective Sourcing). Der Lieferant kann die Komponente an seinen Produktionsprozess anpassen. Da solche Anpassungsmaßnahmen Auswirkungen auf das Endprodukt und den Prozess der Weiterverarbeitung in der beschaffenden Unternehmung haben können, sind diese Maßnahmen nur in Zusammenarbeit zwischen der beschaffenden Unternehmung und Lieferant durchführbar (vgl. Cooper/Slagmulder (2005a), S. 310 f.).

7.2.2.3 Prozessoptimierung an der Schnittstelle

Bei der **Schnittstelle** zwischen beschaffender Unternehmung und Lieferant handelt es sich um die Gesamtheit aller Aktivitäten und Prozesse zur Übertragung von Sach- oder Dienstleistungen vom Lieferanten zur beschaffenden Unternehmung, wie z. B. Bestellung, Rechnungserstellung, Bezahlung, Lagerhaltung und Transport. Maßnahmen zur Steigerung der Effizienz der Schnittstelle können von den beiden Vertragsparteien gemeinsam, von der Unternehmung oder vom Lieferanten getätigt werden und zielen auf

- die Senkung der Transaktionskosten oder
- die Reduzierung der Unsicherheit.

Die **Transaktionskosten** können durch die Zuordnung der Schnittstellenaktivitäten zu dem Vertragspartner, der sie effizienter oder effektiver ausführen kann, und die Beseitigung redundanter Aktivitäten gesenkt werden. Redundant sind Aktivitäten, die sowohl von der beschaffenden Unternehmung als auch vom Lieferanten ausgeführt werden. Weitere Maßnahmen zur Senkung der Transaktionskosten sind die Vereinfachung der Schnittstellenprozesse sowie die Standardisierung und Automation von Schnittstellenprozessen, die sich häufig wiederholen (vgl. Cooper/Slagmulder (1999a), S. 305 ff.; Hammer (2001), S. 90 f.). Schließlich trägt auch die Abwicklung der Schnittstellenprozesse über elektronische Medien zur Senkung der Transaktionskosten bei. Durch das Erzeugen, den Versand und die Archivierung papierner Dokumente sowie die Eingabe der Daten aus diesen Dokumenten in das Informationssystem der jeweiligen Unternehmung und die dabei verursachten Fehler entstehen Kosten. Diese können durch Abwicklung der Schnittstellenprozesse über elektronische Medien eingespart werden. Die Nutzung elektronischer Medien verkürzt die Zeit für den Prozess der Auftragsabwicklung und versorgt die Unternehmungen mit einem elektronisch auswertbaren Datenbestand über den jeweiligen Vertragspartner. In ausgereiften Systemen kann die Unternehmung Informationen über den Stand des Auftragsabwicklungsprozesses beim Lieferanten abrufen, wodurch Unsicherheit abgebaut werden kann (vgl. Hammer (2001), S. 90 f.; Cooper/Slagmulder (2005a), S. 293 ff.). Abb. 7.14 gibt einen Überblick über Maßnahmen, die von der beschaffenden Unternehmung und dem Lieferanten zur Senkung der Transaktionskosten ergriffen werden können (vgl. Cooper/Slagmulder (2005a), S. 297 ff.).

Maßnahmen der beschaffenden Unternehmung	Maßnahmen des Lieferanten
▪ Abschließen langfristiger Rahmenverträge ▪ Bezahlen bei Eingang: Die Bezahlung der Lieferung wird mit ihrem Eingang ausgelöst, ohne dass eine Rechnung erstellt wird. ▪ Präzise Kommunikation: Vermeiden von Fehlern und der dadurch entstehenden Kosten	▪ Verbessern der Qualität: Abbau der Qualitätskontrollen beim Abnehmer und Ermöglichen einer gemeinsamen Lagerhaltung ▪ Übernahme der Steuerung der gemeinsamen Lagerhaltung ▪ Präzise Kommunikation: Vermeiden von Fehlern und der dadurch entstehenden Kosten

Abb. 7.14: Maßnahmen zur Senkung der Transaktionskosten

Der Lieferant bildet für einen unerwarteten Bedarf der beschaffenden Unternehmung Lagerbestände, die beschaffende Unternehmung bildet Lagerbestände zur Absicherung gegen quantitative, qualitative, zeitliche oder lokale Fehllieferungen des Lieferanten.

Mit der **Reduzierung der Unsicherheit** in der beschaffenden Unternehmung und beim Lieferanten werden diese Lagerbestände abgebaut, wodurch die Lager- und Kapitalkosten gesenkt werden können. Reduziert werden kann diese Unsicherheit durch

- den Austausch von Informationen,
- die gemeinsame Bedarfsprognose sowie
- die Verkürzung der Lieferzeiten.

Bei der gemeinsamen Bedarfsprognose tauschen die beteiligten Unternehmungen im Lieferantennetzwerk ihre Bedarfsprognosen aus und stimmen sie unternehmungsübergreifend ab. Diese Vorgehensweise hat folgende Vorteile: (1) Jeder Engpass wird sehr viel früher sichtbar, so dass rechtzeitig Anpassungsmaßnahmen ergriffen werden können. (2) Auf den Aufbau von Sicherheitsbeständen kann weitgehend verzichtet werden. (3) Die Bedarfsprognose wird einfacher, da sie weniger häufig angepasst werden muss (vgl. Cooper/Slagmulder (2005a), S. 297). Kurze Lieferzeiten ermöglichen es dem Lieferanten, einen unerwartet auftretenden Bedarf kurzfristig decken zu können. Damit trägt auch jede Verkürzung der Durchlaufzeit und der Zeitdauer zur Bearbeitung einer Bestellung durch den Lieferanten zu einem Abbau der Unsicherheit bei (vgl. Cooper/Slagmulder (1999a), S. 305 ff.). Weitere Maßnahmen der beschaffenden Unternehmung und des Lieferanten zur Verringerung der Unsicherheit werden in Abb. 7.15 genannt (vgl. Cooper/Slagmulder (2005a), S. 297 ff.).

Maßnahmen der beschaffenden Unternehmung	Maßnahmen des Lieferanten
■ Präzise Bedarfsplanung: Vermeiden oder zumindest frühzeitiges Erkennen eines unerwarteten Bedarfs ■ Abstimmen des Zeitpunkts der Bestellung mit der Durchlaufzeit beim Lieferanten ■ Vermeiden nachträglicher Änderungen von Bestellungen ■ Vermeiden von Sonderwünschen ■ Offenlegen der Bedarfsprognose sowie der Produktions- und Absatzpläne, auf denen die Bedarfsprognose beruht	■ Erhöhen des Anteils planmäßiger Lieferungen ■ Verkürzen der Lieferzeit: Beitrag zum Abbau der Unsicherheit des Abnehmers gegenüber seinen eigenen Kunden ■ Verkürzen der Durchlaufzeit: Steigern der Lieferzuverlässigkeit ■ Offenlegen von Leistungsmerkmalen: Fehlerquoten, Durchlaufzeiten, Kennzahlen zur Lieferzuverlässigkeit ■ Gewähren des Zugangs zu Informationen über den Stand des Auftragsabwicklungsprozesses sowie zu Informationen für die Beurteilung der Lieferbereitschaft

Abb. 7.15: Maßnahmen zur Reduktion von Unsicherheit

7.2.3 Disziplinierende Maßnahmen im Lieferantennetzwerk

7.2.3.1 Planung von Produktkostenzielen für den Lieferanten

Geplant werden die Produktkostenziele für die von den Lieferanten bezogenen Teile, Baugruppen und Module nach den Regeln des **Target Costing**. Hierzu ist das originäre Produktkostenziel für das Endprodukt zunächst in Funktionenkostenziele und anschließend in Komponentenkostenziele für diese Teile, Baugruppen und Module zu spalten. Das von der beschaffenden Unternehmung geplante Komponentenkostenziel ist der Preis, den sie dem Lieferanten für die jeweilige Komponente zu zahlen bereit ist. Durch die Vorgabe dieses Preises überträgt die beschaffende Unternehmung den Wettbewerbsdruck, dem sie auf dem Absatzmarkt gegenübersteht, auf ihren Lieferanten (vgl. Cooper/Slagmulder (1999a), S. 181). Werden von einem Lieferanten mehrere Komponenten bezogen, können die von der beschaffenden Unternehmung geplanten Komponentenkostenziele gebündelt werden, d. h., sie werden zu einem Paketkostenziel zusammengefasst, das von der beschaffenden Unternehmung durchgesetzt und kontrolliert wird. Der Lieferant entscheidet selbst darüber, bei welchen seiner Komponenten Maßnahmen erarbeitet und umgesetzt werden, um das Paketkostenziel zu erreichen. Die Unternehmung überträgt damit dem Lieferanten die Auswahl der Kostensenkungsschwerpunkte. Um Hinweise zu geben, werden dem Lieferanten neben dem Paketkostenziel auch die Produktkostenziele für die einzelnen Komponenten mitgeteilt (vgl. Cooper/Slagmulder (1999a), S. 194 ff.).

Im unternehmungsübergreifenden Kostenmanagement wird zwischen dem einstufigen und dem mehrstufigen Target Costing unterschieden. Anwendungsbereich des einstufigen Target Costing ist die Zusammenarbeit der Unternehmung mit einem Direktlieferanten. In einem hierarchisch-pyramidalen oder einem schwach hierarchischen **Lieferantennetzwerk** können den Lieferanten mehrerer Stufen Produktkostenziele vorgegeben werden. Der Lieferant der ersten Stufe versteht das Komponentenkostenziel der Unternehmung als Absatzpreis seines Produkts und plant auf dieser Grundlage Komponentenkostenziele, die er seinen Lieferanten vorgibt, d. h. Lieferanten der zweiten Stufe. Diese verwenden die Vorgabe zur Planung der Komponentenkostenziele ihrer Produkte, die sie den Lieferanten der dritten Stufe vorgeben. Dieser Planungsprozess setzt sich bis zu dem Lieferanten fort, der seinen Lieferanten keine Komponentenkostenziele vorgeben kann, weil er z. B. Güter mit Marktpreisen bezieht oder nicht über die erforderliche Marktmacht verfügt (vgl. Abb. 7.16). Diese Verkettung der Planung von Produktkostenzielen der Lieferanten aufeinanderfolgender Stufen eines Lieferantennetzwerkes wird als **mehrstufiges (chained) Target Costing** bezeichnet. Die teilnehmenden Unternehmungen bilden die Glieder der **Target-Costing-Kette**.

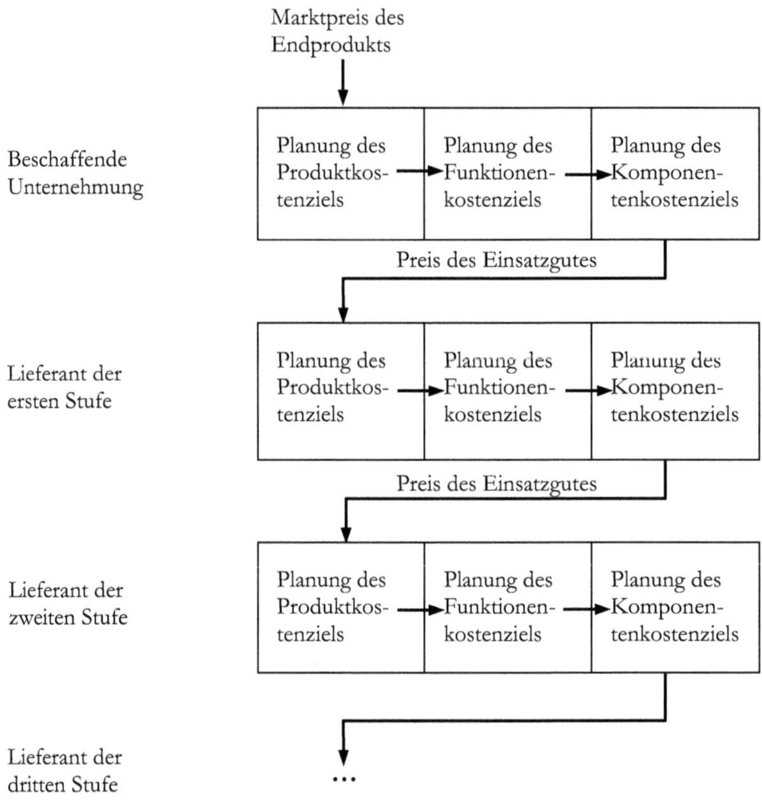

Abb. 7.16: Mehrstufiges Target Costing

Mehrstufiges (chained) Target Costing ist die Verknüpfung der Produktkostenplanung der Lieferanten mehrerer Stufen eines Lieferantennetzwerkes, indem das Komponentenkostenziel einer beschaffenden Unternehmung jeweils als Absatzpreis in die Produktkostenplanung des Lieferanten dieser Komponente eingeht.

Im mehrstufigen Target Costing gibt es drei **Typen von Schnittstellen** zwischen Unternehmungen aufeinanderfolgender Ebenen des Lieferantennetzwerkes (vgl. Abb. 7.17):

- die Schnittstelle A zwischen dem Markt für das Endprodukt und der beschaffenden Unternehmung an der Spitze des Lieferantennetzwerks,
- die Schnittstelle B zwischen Lieferanten direkt aufeinanderfolgender Stufen in der Mitte der Target-Costing-Kette sowie
- die Schnittstelle C zum Lieferanten am Ende der Target-Costing-Kette.

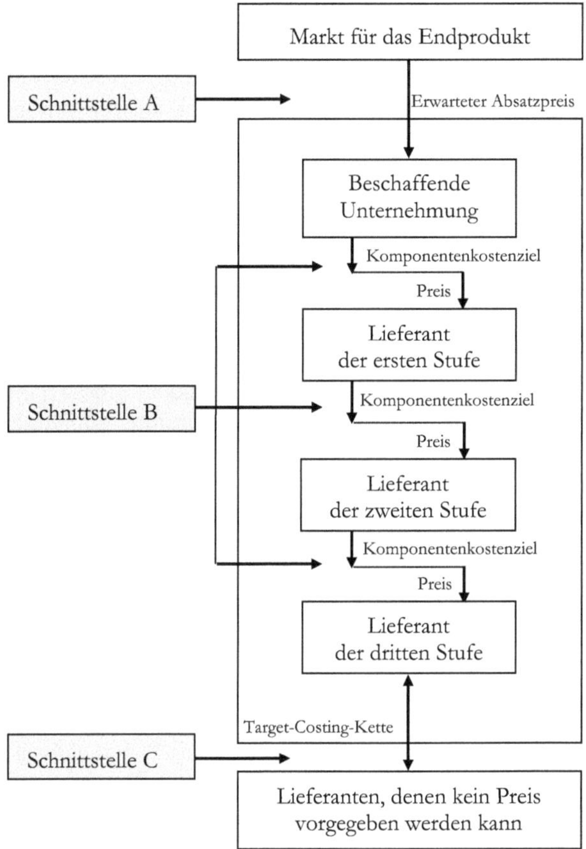

Abb. 7.17: Schnittstellen in der Target-Costing-Kette

An der **Schnittstelle A** wird das originäre Produktkostenziel durch die beschaffende Unternehmung nach der in Kapitel 5 erörterten Vorgehensweise geplant. Auf der Grundlage des originären Produktkostenziels plant die Unternehmung anschließend die Produktkosten der Komponenten, die den Lieferanten der ersten Stufe an der Schnittstelle B als Preise für die Komponenten vorgegeben werden (vgl. Cooper/Slagmulder (1999a), S. 218 ff.). Für Unternehmungen in der Mitte der Target-Costing-Kette, d. h. an den **Schnittstellen vom Typ B**, vereinfacht sich die Planung des originären Produktkostenziels, da die Funktionalität, die Qualität und der erwartete Absatzpreis nicht durch Marktforschung ermittelt, sondern von der jeweils beschaffenden Unternehmung vorgegeben werden (vgl. Cooper/Slagmulder (1999a), S. 221 ff.). Der Lieferant am Ende der Target-Costing-Kette kann den Wettbewerbsdruck nicht an seinen Lieferanten an der **Schnittstelle C** weitergeben. Die Komponentenkostenziele werden deshalb nicht als verpflichtende Vorgabe durchgesetzt, sondern durch Verhandlungen, in denen der Lieferant seine Kostenrechnung offenlegt (vgl. Cooper/Slagmulder (1999a), S. 227 ff.).

Um den Lieferanten keinem zerstörerischen Kostensenkungsdruck auszusetzen, werden die Komponentenkostenziele auf **Realisierbarkeit** geprüft. Hierzu können folgende Informationen ausgewertet werden (vgl. Cooper/Slagmulder (1999a), S. 182 ff.):

- Kostenprognosen oder -schätzungen des Lieferanten,
- Informationen der offengelegten Kostenrechnung des Lieferanten (Open Book Accounting),
- Schätzungen der beschaffenden Unternehmung aus Daten, die bei der gemeinsamen Bearbeitung früherer Entwicklungs- und Kostensenkungsprojekte gewonnen worden sind, oder
- Kostentabellen aus Daten ähnlicher Komponenten, die der Lieferant liefert oder geliefert hat.

7.2.3.2 Durchsetzung der Produktkostenziele im Lieferantennetzwerk

Für strategische Ressourcen werden Lieferanten ausgewählt, die bereit und in der Lage sind, die Total Cost of Ownership der geforderten Leistung auf das Niveau der Komponentenvorgaben zu senken und dieses Kostenniveau in jedem Jahr während der Vertragslaufzeit um eine vorgegebene Kostensenkungsrate zu reduzieren. Bei der **Auswahl der Lieferanten** für strategische Ressourcen werden zur Durchsetzung der Produktkostenziele im Lieferantennetzwerk folgende Ziele verfolgt (vgl. Cooper/Slagmulder (1997), S. 159):

- die Erweiterung der Lieferantenbasis,
- die Steigerung des Innovationsgrades fremdbezogener Komponenten sowie
- die Förderung kooperativer Beziehungen zu Lieferanten mit gutem Ruf.

Um die Lieferantenbasis zu erweitern und den Innovationsgrad der fremdbezogenen Komponenten zu steigern, werden nicht nur Lieferanten um Angebote gebeten, zu denen bereits kooperative Beziehungen bestehen. Es wird auch aktiv nach neuen Lieferanten gesucht. Um potentielle Lieferanten zu bewegen, eine innovative und kostengünstige Problemlösung für die Komponente zu entwickeln und der beschaffenden Unternehmung anzubieten, wird ihnen ein Vertrag für die gesamte Lebenszyklusmenge der Komponente in Aussicht gestellt. In japanischen Unternehmungen werden gewöhnlich zwei bis drei potentielle Lieferanten um ein Angebot gebeten. Diesen werden die Angaben zur Funktionalität und Qualität der Komponente aus dem Pflichtenheft sowie die Komponentenkostenziele mitgeteilt. Auf dieser Grundlage erstellen die Lieferanten jeweils einen Grobentwurf für die Komponente und reichen ihn zusammen mit einer Kostenschätzung ein. Ausgewählt wird der Lieferant nach den folgenden Kriterien (vgl. Cooper/Slagmulder (1997), S. 160):

- der Wettbewerbsfähigkeit hinsichtlich Qualität, Funktionalität und Kosten,
- dem Ruf des Lieferanten sowie
- dem Innovationsgrad der Komponente.

Der „gute Ruf" eines Lieferanten basiert auf früheren Beziehungen und bewiesener Leistungsfähigkeit (vgl. Womack/Jones/Roos (1992), S. 153). Die Beziehungen zu einem Lieferanten, der sich bereits bewährt hat, werden nicht abgebrochen, wenn er in diesem Vergleich einem anderen Lieferanten unterlegen ist. Er erhält einen Teilauftrag mit der Auflage, seinen Nachteil auszugleichen oder wird angehalten, mit dem überlegenen Lieferanten zusammenzuarbeiten (vgl. Laming (1994), S. 253 f.). Der ausgewählte Lieferant führt die Detailentwicklung durch, erstellt die Zeichnungen, fertigt und testet die Prototypen. Die Unternehmung überprüft, ob die entwickelte Komponente den Anforderungen entspricht, indem sie in Prototypen des Endprodukts getestet wird. Anschließend wird der Entwurf des Lieferanten von der Unternehmung genehmigt. Dieses Verfahren der Lieferantenauswahl wird als Entwicklungswettbewerb oder Forward Sourcing bezeichnet (vgl. Clark/Fujimoto (1992), S. 144; Dudenhöffer (2002), S. 405 f.). Der **Entwicklungswettbewerb** bewirkt, dass sich ein Lieferant regelmäßig dem Vergleich mit seinen Wettbewerbern stellen muss. Die Auswahl von Lieferanten für strategische Ressourcen verlangt neben Kenntnissen über den Beschaffungsmarkt auch Kenntnisse über die zugrunde liegende Technologie, das Qualitätsmanagement und die Kostenrechnung. Die Lieferantenauswahl ist bei strategischen Ressourcen deshalb eine Aufgabe für multidisziplinäre Teams (vgl. Rajagopal/Bernard (1993), S. 19).

Das von der beschaffenden Unternehmung geplante **Komponentenkostenziel** sowie die für die Komponente festgelegte Funktionalität und Qualität werden beim Lieferanten als verbindliche Vorgabe oder in Verhandlungen durchgesetzt. Die Durchsetzung über verbindliche Vorgaben gelangt bei Teilefertigern zur Anwendung. Verhandelt werden die Preise, die Qualität und Funktionalität der Komponente, wenn ein Marktpreis existiert, es nur einen Lieferant für die Komponente gibt oder im Rahmen der Lieferbeziehung von einer Unternehmung Investitionen getätigt werden, die vor allem für den jeweiligen Vertragspartner von Vorteil sind (vgl. Cooper/Slagmulder (1999a), S. 193 f.). Die Kontrolle und Sicherung der Komponentenkostenziele kann beim Lieferanten verbleiben oder von der beschaffenden Unternehmung übernommen werden, wenn sich andeutet, dass der Lieferant das Komponentenkostenziel nicht erreichen kann. Die beschaffende Unternehmung entsendet in diesem Fall Mitarbeiter, die den Lieferant bei der Erreichung des Komponentenkostenziels unterstützen (vgl. Cooper/ Slagmulder (1999a), S. 193 f.).

Die Beziehungen zu den ausgewählten Lieferanten strategischer Ressourcen werden durch **langfristige Verträge** geregelt. Sie sind der Ausdruck der Verpflichtung zur Zusammenarbeit und enthält Grundregeln zur Festlegung der Preise, für die Qualitätssicherung, das Bestellwesen, die Lieferung usw. Von Bedeutung ist bei diese langfristigen Verträgen, dass sie dem Lieferanten bei ordnungsgemäßer Leistungserbringung einen angemessenen Gewinn zusichert (vgl. Womack/Jones/Roos (1992), S. 155 ff.). Empirische Untersuchungen zeigen, dass es in diesem Zusammenhang noch Verbesserungsbedarf gibt (vgl. Möller/Isbruch (2007), S. 400).

Für ein unternehmungsübergreifendes Kostenmanagement, das sich über mehrere Stufen des Lieferantennetzwerks erstreckt, hat die beschaffende Unternehmung durchzusetzen, dass die Lieferanten der Effizienz der gesamten Lieferkette hohe Bedeutung beimessen. Das ist nur in hierarchisch-pyramidalen und schwach hierarchischen Lieferantennetzwerken möglich (vgl. Gumbleton (1999), S. 139 f.). In polyzentrischen Lieferantennetzwerken erstreckt sich das unternehmungsübergreifende Kostenmanagement deshalb nur auf die direkten Lieferanten. Das Instrument, mit dem dieses lieferkettenüberspannende Effizienzziel durchgesetzt wird, ist das **Netzwerkprotokoll**. Es regelt die Zusammenarbeit der Lieferanten verschiedener Stufen mit dem Ziel, das langfristige Überleben des Lieferantennetzwerkes zu sichern. Es soll verhindern, dass Abnehmer auf den verschiedenen Stufen der Lieferkette ihre Lieferanten einem zerstörerischen Kostensenkungsdruck aussetzen oder Lieferanten auf einer Stufe der Lieferkette Konkurrenten verdrängen. Angemessene Gewinne werden nicht nur den Lieferanten der ersten Stufe zugesichert, sondern den Lieferanten aller Stufen des Netzwerks. In einem hierarchisch-pyramidalen Lieferantennetzwerk wird das Netzwerkprotokoll von der beschaffenden Unternehmung vorgegeben, in schwach hierarchischen Lieferantennetzwerken wird es netzübergreifend ausgehandelt (vgl. Gumbleton (1999), S. 128 ff.).

Zur Durchsetzung der Wirtschaftlichkeitsziele während der **Marktphase des Produkts** stehen der beschaffenden Unternehmung folgende Maßnahmen zur Beeinflussung der Lieferanten zur Verfügung:

- die direkte oder indirekte Beteiligung an erzielten Kostensenkungen und
- die kontinuierliche Lieferantenbewertung.

Der Lieferant ist direkt an erzielten Kostensenkungen beteiligt, wenn diese zwischen Unternehmung und Lieferant aufgeteilt werden oder nach Zusage langfristig stabiler Preise vollständig beim Lieferanten verbleiben. Werden für jedes Jahr der Vertragslaufzeit feste Kostensenkungsraten vereinbart, verbleiben alle Kostensenkungen beim Lieferanten, die über diese Vorgaben hinausgehen (vgl. Womack/Jones/Roos (1992), S. 157 f.). Eine indirekte Form der **Beteiligung an den erzielten Kostensenkungen** liegt vor, wenn der Preis um die vollständige Kostensenkung gekürzt wird, der Lieferant aus den Umsätzen mit anderen Kunden jedoch höhere Deckungsbeiträge (vgl. Kajüter/Kulmala (2005), S. 189) oder aus dem Auftrag, den er von der beschaffenden Unternehmung erhält, andere Vorteile erzielen kann.

Jeder Lieferant wird **kontinuierlich beurteilt**. Sie erhalten Noten nach der Anzahl der entdeckten fehlerhaften Teile, dem Anteil zeitlich und quantitativ korrekter Lieferungen sowie den erreichten Kostensenkungen. Beim Dual Sourcing führen schlechter werdende Bewertungen zu einer Umverteilung der Abnahmemengen zwischen den beiden konkurrierenden Lieferanten. Auf der Grundlage der Bewertungen werden in Zusammenarbeit mit der Unternehmung, aber auch mit dem zweiten Lieferanten Problembereiche identifiziert und Problemlösungen erarbeitet. An einem Lieferanten wird festgehalten, solange eine Einstellung und Bereitschaft zur Verbesserung zu erkennen ist (vgl. Womack/Jones/Roos (1992), S. 163).

7.2.4 Fördernde Maßnahmen im Lieferantennetzwerk

7.2.4.1 Gegenseitiger Informationsaustausch

Mit dem gegenseitigen Informationsaustausch werden die Voraussetzungen für ein unternehmungsübergreifendes Kostenmanagement geschaffen (vgl. McIvor (2001), S. 236). Die Identifikation von Kostensenkungspotentialen, die nur durch gemeinsame Maßnahmen ausgeschöpft werden können, die Erarbeitung von Kostensenkungsvorschlägen und die Prognose ihrer Kostenwirkungen in den beteiligten Unternehmungen verlangt, dass jede Unternehmung die Produktionsprozesse des jeweiligen Vertragspartners kennt. Das erfordert den Austausch von Informationen über die Kosten, über das zu entwickelnde Produkt oder die zu entwickelnde Komponente sowie über die Produktionsprozesse. Kosteninformationen werden traditionell zu Verhandlungszwecken geheim gehalten. Der Austausch solcher Informationen setzt voraus, dass sich beschaffende Unternehmung und Lieferant die Optimierung der Total Cost of Ownership als Ziel zu eigen machen. Zu einem gemeinsamen Ziel wird die Optimierung der Total Cost of Ownership nur unter der Bedingung, dass die Ermittlung der Kosten und der Preise sowie die Verteilung der erreichten Kostensenkungen verlässlich geregelt sind (vgl. Womack/Jones/Roos (1992), S. 155). Der gegenseitige Informationsaustausch vollzieht sich durch folgende **Maßnahmen**:

- die Offenlegung von Informationen, insbesondere das Open Book Accounting,
- die Entsendung von Mitarbeitern zum jeweiligen Vertragspartner,
- die Durchführung von Lieferantenworkshops sowie
- die Förderung von Zulieferverbänden.

Open Book Accounting ist die ein- oder gegenseitige, systematische, teilweise oder vollständige Offenlegung der Kostenrechnung zwischen beschaffender Unternehmung und Lieferant (vgl. Hoffjan/Kruse (2006), S. 95).

Die Offenlegung kann auf die Weitergabe von Informationen über die Preise der Einsatzgüter des Lieferanten begrenzt sein oder sich auch auf die Fertigungskosten beziehen. Die **Offenlegung ist vollständig**, wenn auch Informationen über die Gemeinkosten weitergegeben werden. Darüber hinaus können auch Informationen über die Auslastung der Kapazitäten übermittelt werden. Werden auf jeder Stufe der Lieferkette Kostendaten offengelegt und bei der beschaffenden Unternehmung an der Spitze des Lieferantennetzwerks gesammelt, können die Kostensenkungspotentiale in der gesamten Lieferkette analysiert werden. Auf dieser Grundlage können Kostenanalysen zur Identifikation der Kostenstrukturen und der Kostensenkungspotentiale durchgeführt werden. Mit diesen Informationen können die Kostenziele für die Produktentwicklung und das Lieferanten-Kaizen geplant und der Lieferant durch Kostensenkungsvorschläge in allen Phasen des Produktlebenszyklus unterstützt werden (vgl. Cooper/Slagmulder (1999a), S. 106 f.; Kajüter/Kulmala (2005), S. 187 ff.). Zur Vertrauensbildung sollten immer nur die Kosteninformationen zur Deckung eines objektiven Informationsbedarfs verlangt und jede Anfrage begründet werden (vgl. Lamming (1994), S. 276).

Mitarbeiter können sowohl vom Lieferanten zur beschaffenden Unternehmung als auch von der beschaffenden Unternehmung zum Lieferanten dauerhaft oder zeitlich begrenzt **entsendet** werden. Lieferanten entsenden Mitarbeiter der Produktentwicklung zur Abstimmung zwischen Endprodukt und Komponenten in den Entwicklungsbereich der beschaffenden Unternehmung. Um die Komponenten mit dem Weiterverarbeitungsprozess der beschaffenden Unternehmung abzustimmen, werden gelegentlich auch Fertigungsingenieure für einen begrenzten Zeitraum zur beschaffenden Unternehmung entsandt. Um den Lieferanten an dem Wissen über Verfahrensweisen und Ansatzpunkte zur Effizienzgestaltung teilhaben zu lassen, entsendet die beschaffende Unternehmung Führungskräfte, unternehmungsinterne Berater oder Mitarbeiter des Forschungs- und Entwicklungsbereichs zum Lieferanten. Diese führen Kostenanalysen durch, um Anregungen für Maßnahmen zur Vermeidung oder zum Abbau von Ineffizienzen zu finden, wirken an Rationalisierungs- oder Kaizen-Projekten mit oder erfassen bei Fehlen einer Kostenrechnung die erforderlichen Kostendaten (vgl. Cooper/Slagmulder (1999a), S. 102 ff.; Kajüter/Kulmala (2005), S. 187).

Japanische Unternehmungen bieten ihren Lieferanten der ersten Stufe **Workshops** an, die der Wissensvermittlung dienen. Vermittelt werden Methoden zur Identifikation von Kostensenkungspotentialen sowie Techniken für Verhandlungen mit den Lieferanten der zweiten Stufe (vgl. Carr/Ng (1995), S. 361).

Zuliefererverbände sind von der beschaffenden Unternehmung initiierte Vereinigungen von Lieferanten einer Stufe. Zweck dieser Verbände ist die gemeinsame Erarbeitung von Verbesserungen der Komponenten oder Produktionsprozesse bei den Lieferanten (vgl. Lamming (1995), S. 89). Zuliefererverbände, in denen Lieferanten für verschiedene Komponenten zusammenarbeiten, können Kostensenkungspotentiale realisieren, die in der Abstimmung dieser Komponenten begründet sind. In diesen Zuliefererverbänden können aber auch direkte Konkurrenten zusammenarbeiten (Dual Sourcing). Der Anreiz für diese Zusammenarbeit folgt aus der Gestaltung der Lieferverträge, die den Lieferanten eine Partizipation an erreichten Kostensenkungen zusichern (vgl. Clark/Fujimoto (1992), S. 161 f.).

7.2.4.2 Maßnahmen bei der kostenorientierten Produktplanung

Der beschaffenden Unternehmung stehen folgende Maßnahmen zur Unterstützung der Lieferanten in der Entstehungsphase des Produkts zur Verfügung: der Ausgleich zwischen Funktionalität, Preis und Qualität (FPQ-Ausgleich), die unternehmungsübergreifende Kostenanalyse sowie die gemeinsame Produktentwicklung.

[1] FPQ-Ausgleich

Diese Maßnahme eignet sich für **Serienentwicklungslieferanten** und Lieferanten in der Mitte der Target-Costing-Kette. Diesen Lieferanten werden die Funktionalität und die Qualität der Komponente vorgegeben, d. h., sie sind nicht an der Produktkonzeptplanung beteiligt. Ein FPQ-Ausgleich wird in Situationen durchgeführt, in denen der Lieferant das vorgegebene Komponentenkostenziel nicht erreichen kann, ohne das Erreichen seines Erfolgsziels zu gefährden.

> Beim **FPQ-Ausgleich** handelt es sich um eine an den Unternehmungszielen des Lieferanten orientierte und mit der beschaffenden Unternehmung abgestimmte Anpassung der Funktionalität oder Qualität einer Komponente, die den Wert des Produkts der beschaffenden Unternehmung (Endprodukt) nicht verringert, in das die Komponente eingeht.

Veränderungen der Funktionalität und Qualität der Komponenten haben nur unter folgenden **Bedingungen** keine Auswirkungen auf den Wert des Endprodukts (vgl. Cooper/Slagmulder (1999a), S. 221 ff.):

- Die beschaffende Unternehmung stellt höhere Anforderungen an die Komponente, als es für die Bedürfnisbefriedigung beim Kunden des Endprodukts erforderlich wäre.
- Die Veränderungen wirken sich nicht auf die durch den Kunden wahrnehmbare Funktionalität oder Qualität des Endprodukts aus.
- Die Anpassung der Funktionalität oder Qualität der Komponente führen bei der beschaffenden Unternehmung zu Kosteneinsparungen, die sie in eine Erhöhung des Komponentenkostenziels des Lieferanten umsetzen kann.

- Die Verbesserung der Funktionalität oder Qualität der Komponente erhöht den Kundennutzen des Endprodukts, so dass die beschaffende Unternehmung die Produktkostensteigerung durch einen höheren Absatzpreis für das Produkt ausgleichen kann.

[2] Unternehmungsübergreifende Kostenanalyse

Der Anwendungsbereich der unternehmungsübergreifenden Kostenanalyse ist die Zusammenarbeit mit **Serienentwicklungs- und Konzeptlieferanten**. Sie setzt anders als der FPQ-Ausgleich nicht an der Funktionalität und Qualität der Komponente an, sondern an den Produktmerkmalen sowie der Gestaltung der Produktionsprozesse.

Unternehmungsübergreifende Kostenanalysen sind gemeinsam durchgeführte Wertanalysen und erschließen Kostensenkungspotentiale durch die Nutzung des Wissens beider Vertragspartner sowie die Abstimmung der Komponente mit den Produktions- und Weiterverarbeitungsprozessen und dem Endprodukt.

Unternehmungsübergreifende Kostenanalysen werden parallel zur Konstruktion durch die Zusammenarbeit der Entwicklungsteams des Lieferanten und der beschaffenden Unternehmung durchgeführt (vgl. Cooper/Slagmulder (1999a), S. 233 ff.). Identifiziert werden sollen Kostensenkungspotentiale, die durch folgende Maßnahmen ausgeschöpft werden können:

[1] Die Verlagerung von Teilen der Komponentenproduktion zur beschaffenden Unternehmung, sofern sie diese effizienter ausführen kann.

[2] Die Anpassung des Entwurfs für die Komponente, so dass die Stärken des Lieferanten in der Produktion für eine Senkung der Produktkosten der Komponente genutzt werden können.

[3] Gemeinsame kostenorientierte Produktplanung

In späten Phasen sind Veränderungen des Produktentwurfs zeitaufwendig und mit hohen Entwicklungskosten verbunden (vgl. Cooper/Slagmulder (1999a), S. 19 f.). Werden Lieferanten erst in den späten Phasen an der Produktplanung beteiligt, können keine innovativen Vorschläge zur Gestaltung der Komponenten berücksichtigt werden, ohne dass es zu einer Erhöhung der Entwicklungskosten sowie einer Verlängerung der Entwicklungsdauer und damit zu einer zeitlichen Verschiebung der Markteinführung kommt. In der Folge wird auf die Erschließung von Kostensenkungspotentialen und mögliche Steigerungen des Produktwerts verzichtet. Mit **Konzeptlieferanten** beginnt die Zusammenarbeit bereits in der Produktkonzeptplanung. Ihre Vorschläge können deshalb bereits frühzeitig in die Produktplanung einbezogen und damit Anpassungen in den späten Phasen des Konstruktionsprozesses vermieden werden. Über die Erarbeitung von Vorschlägen für die innovative Gestaltung der Komponente gewinnt der Lieferant Einfluss auf den Produktwert des Endprodukts.

Die **gemeinsame kostenorientierte Produktplanung** zeichnet sich dadurch aus, dass der Lieferant nicht nur an der Konstruktion, sondern auch an der Konzeptplanung mitwirkt.

Nach dem Umfang der Mitwirkung des Lieferanten bei der kostenorientierten Produktplanung der beschaffenden Unternehmung werden zwei **Ansätze** unterschieden:

- die parallele und
- die simultane Produktplanung.

Bei der **parallelen Produktplanung** werden dem Lieferanten die kundenbezogenen Funktionen der Komponente vorgegeben, die er anschließend in produktbezogene Funktionen und einen Produktentwurf umsetzt. Die Zusammenarbeit von beschaffender Unternehmung und Lieferant konzentriert sich bei dieser Maßnahme auf die Produktkonzeptplanung von Produkt und Komponente. Nach Abschluss dieser Phase entwickelt der Lieferant die Komponente selbstständig. Es werden nur noch unternehmungsübergreifende Kostenanalysen durchgeführt. Diese Vorgehensweise hat den Vorteil, dass der Lieferant die Planung der Komponente von der Planung des Produkts entkoppeln kann. Informiert die beschaffende Unternehmung den Lieferanten regelmäßig über ihre Pläne, kann dieser seine Produktentwicklung frühzeitig an die künftigen Anforderungen anpassen (vgl. Cooper/Slagmulder (1999a), S. 254 ff.).

Bei der **simultanen Produktplanung** arbeitet das Entwicklungsteam der beschaffenden Unternehmung während des gesamten Prozesses der Produktplanung mit den Entwicklungsteams des Lieferanten zusammen. Neben der Senkung der Produktkosten der Komponenten durch die Abstimmung mit dem Produktionsprozess des Lieferanten eröffnet die simultane Produktplanung auch die Möglichkeit, die Produktkosten durch die Abstimmung zwischen Komponente und Produkt und die Anpassung der Komponente an den Weiterverarbeitungsprozess bei der beschaffenden Unternehmung zu verändern (vgl. Cooper/Slagmulder (1999a), S. 257 ff.).

In Abb. 7.18 werden die **fördernden Maßnahmen** in der Entstehungsphase des Produkts zusammenfassend gegenübergestellt.

Maßnahme / Kriterium	FPQ-Ausgleich	Unternehmungs-übergreifende Kostenanalyse	Gemeinsame kostenorientierte Produktplanung	
			Parallele	Simultane
Einsatzbereich	Systementwicklungs-lieferant	System- und Konzeptlieferant	Konzeptlieferant	Konzeptlieferant
Gestaltungs-parameter	Funktionalität und Qualität der Komponente	Merkmale der Komponente und des Produktionsprozesses beim Lieferanten sowie des Weiterverarbeitungsprozesses	Funktionalität, Qualität, Produktmerkmale	Funktionalität, Qualität, Produktmerkmale

Ansätze zur Ausschöpfung von Kostensenkungspotentialen	Nutzung des Wissens des Lieferanten über die Funktionalität und Qualität des Produkts und ihrer Kosten	Nutzung des Wissens der Vertragspartner, Abstimmung zwischen Endprodukt, Komponente, Produktions- und Weiterverarbeitungsprozess	Anpassung der Komponente an den Produktionsprozess des Lieferanten	Abstimmung zwischen Endprodukt, Komponente, Produktions- und Weiterverarbeitungsprozess
Phase im Prozess der Produktplanung	Konstruktion	Konstruktion	Produktkonzeptplanung	Produktkonzeptplanung und Konstruktion
Durchschnittliche Kostensenkung[1)]	0 - 5 %	5 - 10 %	10 - 15 %	

1) vgl. Cooper/Slagmulder (2006), S. 140 f.

Abb. 7.18: Fördernde Maßnahmen bei der kostenorientierten Produktplanung

7.3 Total Productive Maintenance (TPM) als Ansatz zur Gestaltung der Betriebsmitteleffizienz

7.3.1 Abgrenzung des Total Productive Maintenance

Das **Total Productive Maintenance** (TPM) ist ein Ansatz zur Steigerung der Effizienz von Betriebsmitteln während ihrer Betriebsphase durch die Verbesserung der Betriebsmittel in allen Phasen ihres Lebenszyklus mit dem Ziel einer Erhöhung ihrer Gesamteffektivität durch Einbeziehung aller Mitarbeiter (vgl. Ikuta/Nakajima (1985), S. 89).

Das TPM ist ein Instandhaltungskonzept, das auf der japanischen Gesellschafts- und Unternehmungskultur basiert. Das **TPEM** (Total Productive Equipment Management) ist eine Variante des TPM, die an die Anforderungen der westlichen Gesellschafts- und Unternehmungskultur angepasst ist (vgl. Hartmann (1995), S. 43 f.; 103). Das TPM lässt sich durch die folgenden drei Merkmale charakterisieren (in Anlehnung an Schimmelpfeng (1997), S. 314):

- die Gesamteffektivität der Betriebsmittel als Ziel
- die Ausweitung der Instandhaltung auf die Entstehungsphase im Lebenszyklus des Betriebsmittels sowie
- die Einbeziehung aller Mitarbeiter in die Instandhaltung.

[1] Gesamteffektivität der Betriebsmittel als Ziel

Die Gesamteffektivität eines Betriebsmittels ist eine Kennzahl, die alle **Wirkungen der sechs großen Verlustquellen** auf die Produktionsmenge eines Betriebsmittels zusammenfasst, indem die während der geplanten Einsatzzeit tatsächlich erreichte fehlerfreie Produktionsmenge zur Produktionsmenge ins Verhältnis gesetzt wird, die bei verlustfreiem Einsatz des Betriebsmittels in diesem Zeitraum hätte gefertigt werden können. Abb. 7.19 zeigt die Zusammensetzung der Gesamteffektivität eines Betriebsmittels.

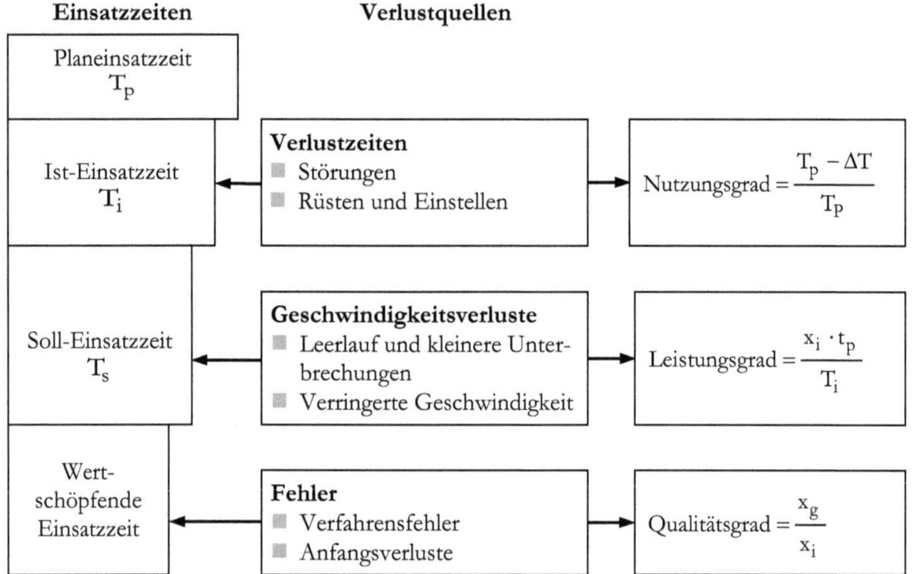

Abb. 7.19: Gesamteffektivität eines Betriebsmittels

Berechnet wird die Gesamteffektivität eines Betriebsmittels durch die multiplikative Verknüpfung von

- Gesamtnutzungsgrad,
- Leistungsgrad sowie
- Qualitätsgrads des Betriebsmittels.

Der Gesamtnutzungsgrad NG ist definiert als Quotient aus der Ist-Belegzeit T_i und der geplanten Belegzeit T_p des Betriebsmittels. Die Ist-Belegzeit ergibt sich als Differenz aus der geplanten Belegzeit und der Verlustzeit ΔT durch Störungen, Rüsten und Einstellen. Der Gesamtnutzungsgrad bildet damit den Umfang der **Verlustzeiten** ab.

$$NG = \frac{T_i}{T_p} = \frac{T_p - \Delta T}{T_p}$$

Der Leistungsgrad LG wird berechnet als Quotient aus der Soll-Belegzeit und der Ist-Belegzeit. Die Soll-Belegzeit T_s gibt die Betriebszeit des Betriebsmittels bei Bearbeitung der Ist-Menge x_i bei Produktion mit der geplanten Bearbeitungsgeschwindigkeit, die als Bearbeitungszeit pro Stück t_p definiert ist. Die Soll-Belegzeit weicht von der Ist-Belegzeit ab, wenn durch **Geschwindigkeitsverluste** nicht die geplante Menge realisiert werden kann.

$$LG = \frac{T_s}{T_i} = \frac{x_i \cdot t_p}{T_i}$$

Der Qualitätsgrad QG ist der Quotient aus den Gutteilen x_g und dem gesamten Output x_i. Gutteile sind bearbeitete Einheiten, die den Anforderungen genügen. Im Qualitätsgrad spiegeln sich die **Fehler** des Betriebsmittels wider.

$$QG = \frac{x_g}{x_i} = \frac{x_i - x_n - x_a}{x_i},$$

wobei x_n = Anzahl der produzierten Einheiten, die nachgearbeitet werden müssen,

x_a = Anzahl der produzierten Einheiten, die Ausschuss sind,

x_p = geplante Produktionsmenge.

Werden die drei Kennzahlen multiplikativ verknüpft, ergibt sich die **Gesamteffektivität** des Betriebsmittels als Quotient aus den Gutteilen und der geplanten Produktionsmenge.

$$OEE = NG \cdot LG \cdot QG = \frac{t_p}{T_p} \cdot x_g = \frac{x_g}{x_p}.$$

[2] Ausweitung der Instandhaltung auf die Entstehungsphase

Das TPM schließt auch alle Instandhaltungsstrategien ein, die über die Instandsetzung bei Störungen hinausgehen, d. h.

- die vorbeugende Instandhaltung (Preventive Maintenance),
- die verbessernde Instandhaltung (Corrective Maintenance),
- die Instandhaltungsprävention (Maintenance Prevention) und
- die produktive Instandhaltung (Productive Maintenance).

Mit der **vorbeugenden Instandhaltung** wird eine Reduktion der Störungen eines Betriebsmittels durch planmäßig durchgeführte Wartungs- und Inspektionsaktivitäten angestrebt. Die **verbessernde Instandhaltung** zielt auf eine Verbesserung der Betriebsmittel hinsichtlich Zuverlässigkeit und Leistungsfähigkeit. Der Einsatz von Betriebsmitteln, die einfach zu bedienen und instand zu halten sind, ist das Ziel der **Instandhaltungsprävention**. Die **produktive Instandhaltung** führt die vorbeugende und die verbessernde Instandhaltung sowie die Instandhaltungsprävention unter der Verantwortung der Instandhaltungsabteilung zusammen (vgl. Hiraoka (2000), S. 245 f.). Abb. 7.20 gibt einen Überblick über die Instandhaltungsstrategien.

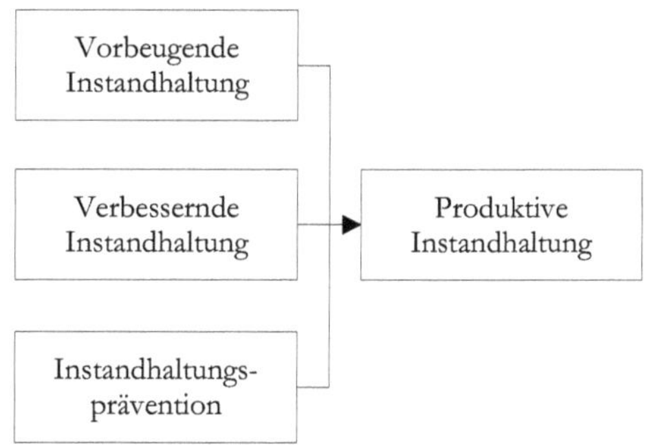

Abb. 7.20: Instandhaltungsstrategien

[3] Einbeziehen aller Mitarbeiter

Beim TPM beschäftigt sich nicht nur die Instandhaltungsabteilung mit Instandhaltungsaktivitäten. Es wirken vielmehr alle Mitarbeiter auf allen Ebenen der Unternehmungshierarchie an der Instandhaltung mit. Jedem Mitarbeiter wird die Verantwortung für den Zustand des Betriebsmittels übertragen, das er bedient.

7.3.2 TPM in den Handlungsfeldern der Effizienzgestaltung

Zur Sicherung der Erreichung des Wirtschaftlichkeitsziels des potentialorientierten Kostenmanagements über die Steigerung der Gesamteffektivität der Betriebsmittel sieht das TPM die folgenden **Elemente** vor (vgl. Willmott/McCarthy (2001), S. 65 ff.):

- die kontinuierliche Verbesserung der Gesamteffektivität der Betriebsmittel durch die Beseitigung der sechs großen Verlustquellen,
- die autonome Instandhaltung,
- die präventive Instandhaltung,
- die kontinuierliche Verbesserung der Fähigkeiten der Mitarbeiter sowie
- die Instandhaltungsprävention.

[1] Kontinuierliche Verbesserung der Gesamteffektivität der Betriebsmittel

Dieses Element des TPM-Konzepts wird in der Form des **managementorientierten Kaizens** in folgenden Schritten vollzogen (vgl. Al-Radhi/Heuer (1995), S. 39 ff.):

- Schritt 1: Identifizieren der Verlustquellen
- Schritt 2: Bestimmen von Schwerpunkten
- Schritt 3: Bilden von Kaizen-Teams
- Schritt 4: Analysieren der Problemursachen
- Schritt 5: Erarbeiten von Verbesserungsmaßnahmen
- Schritt 6: Durchführen der Verbesserungsmaßnahmen
- Schritt 7: Kontrolle

Im **ersten Schritt** werden während eines vorgegebenen Zeitraums für jeden Arbeitsplatz die aufgetretenen Verlustquellen und ihre Konsequenzen in der Form verlorener Stückzahlen erfasst. Aus diesen Daten wird im **zweiten Schritt** ein Pareto-Diagramm erstellt, mit den aufgetretenen Verlustquellen auf der Abszisse und den verlorenen Stückzahlen auf der Ordinate, um Schwerpunktprobleme identifizieren zu können, d. h. Probleme mit einem hohen Einfluss auf die Gesamteffektivität. Zur Bearbeitung der identifizierten Schwerpunktprobleme wird im **dritten Schritt** ein Kaizen-Team gebildet, das mit Mitarbeitern aus der Produktion, der Instandhaltung und des Qualitätsmanagements besetzt ist. Das Kaizen-Team greift das Schwerpunktproblem mit der höchsten Priorität auf und analysiert im **vierten Schritt** seine Ursachen. Hierzu wird die Methode des Fünffachen Warum eingesetzt. Liegen den Problemen mehrere Ursachen zugrunde, wird zusätzlich ein Ursache-Wirkungs-Diagramm erstellt. Im **fünften Schritt** werden Verbesserungsmaßnahmen erarbeitet, welche die identifizierten Problemursachen nachhaltig beseitigen. Für jede Verbesserungsmaßnahme wird festgelegt, wer für ihre Realisation verantwortlich ist. Die Verbesserungsmaßnahmen werden im **sechsten Schritt** realisiert. Ist die Realisation der Verbesserungsmaßnahmen abgeschlossen, werden die Wirkungen in einem **siebten** Schritt kontrolliert und die Ergebnisse dokumentiert.

[2] Autonome Instandhaltung

Bei der autonomen Instandhaltung trägt der **Mitarbeiter** die Verantwortung für den Zustand des Betriebsmittels, das er bedient, indem er routinemäßige Instandhaltungsaufgaben übernimmt, die keine besonderen Instandhaltungskenntnisse voraussetzen (vgl. Al-Radhi/Heuer (1995), S. 59). In der autonomen Instandhaltung unterscheidet sich das TPEM in der Regel vom TPM. Nach dem TPEM-Ansatz werden nicht alle der genannten Instandhaltungsaufgaben auf die Mitarbeiter an den Maschinen übertragen. Der Umfang der autonomen Instandhaltung wird vielmehr an die Motivation und die Fähigkeiten der Mitarbeiter an den Maschinen angepasst (vgl. Hartmann (1995), S. 103, 114).

Eingeführt wird die autonome Instandhaltung in mehreren aufeinanderfolgenden Schritten. Der jeweils nachfolgende Schritt wird stets erst dann begonnen, wenn die Mitarbeiter die für den aktuellen Schritt notwendigen Fertigkeiten vollständig erlernt haben, was durch Audits überprüft wird. Als Schritte der **Einführung der autonomen Instandhaltung** werden vorgeschlagen (vgl. Nakajima (1995), S. 89 ff.):

- Schritt 1: Anfängliche Reinigung
- Schritt 2: Eliminieren von Quellen der Verschmutzung
- Schritt 3: Festlegen vorläufiger Reinigungs- und Schmierstandards
- Schritt 4: Inspektion und Wartung des Betriebsmittels
- Schritt 5: Autonome Inspektion
- Schritt 6: Organisieren und optimieren des Arbeitsplatzes
- Schritt 7: Gruppenorientiertes Kaizen zur Verbesserung des Betriebsmittels

Das Reinigen des Betriebsmittels wird in **Schritt 1** mit dem Ziel durchgeführt, Probleme und Anormalitäten zu entdecken, wie z. B. lockere Bauteile, Ölleckagen und durch Schmutz verdeckte Schmiernippel. Probleme werden gemeldet und zusätzlich bis zur Behebung in der Nähe des Betriebsmittels deutlich sichtbar vermerkt (Visual Management). Gegenstand des **zweiten Schrittes** ist das Vermeiden von Verschmutzungen, das Vereinfachen des Reinigungsprozesses (z. B. durch das Verbessern der Zugänglichkeit) sowie das Verkürzen der für das Reinigen und Schmieren notwendigen Zeit. Nach dem SDCA-/PDCA-Zyklus folgt einer Verbesserung immer die Standardisierung, um die verbesserten Prozesse zu stabilisieren. Im **dritten Schritt** werden deshalb auf der Grundlage der in den ersten beiden Schritten gesammelten Erfahrungen vorläufige Standardabläufe für die Reinigungs-, Inspektions- und Wartungsarbeiten entwickelt. Damit diese anschließend auch befolgt werden, sollten sie von den Mitarbeitern, die an den Betriebsmitteln tätig sind, selbst erarbeitet werden. Im **vierten Schritt** werden die Mitarbeiter unterwiesen, Inspektionen und einfache Instandhaltungsmaßnahmen durchzuführen. Darüber hinaus werden visuelle Kontrollhilfen eingerichtet, d. h. leicht wahrzunehmende Markierungen, die über das Vorliegen des geforderten Zustands informieren. Sie bezwecken, den Zeitaufwand für die Inspektion zu reduzieren. Mit dem **fünften Schritt** beginnt die autonome Instandhaltung. Er umfasst die Überarbeitung der im dritten Schritt entwickelten Standards unter Berücksichtigung der im vierten Schritt gemachten Erfahrungen sowie die Formulierung endgültiger Standards in der Form von Prüfformularen für die selbstständige Inspektion. Der **sechste Schritt** betrifft nicht das Betriebsmittel, sondern den Arbeitsplatz. Durch den Prozess der Fünf S soll ein sauberer Arbeitsplatz als Voraussetzung eines verlustfreien Produktionsprozesses geschaffen werden. Der **siebte Schritt** vervollständigt die autonome Instandhaltung. Die Mitarbeiter werden in diesem Schritt befähigt, in Qualitätszirkeln Verlustquellen zu identifizieren und zu bewerten, ihre Ursachen zu analysieren sowie Verbesserungsmaßnahmen zu erarbeiten und durchzuführen.

[3] Geplante präventive Instandhaltung

Instandhaltungsstrategien, die spezielles Fachwissen sowie besondere Werkzeuge oder Hilfsstoffe erfordern, werden weiterhin von der **Instandhaltungsabteilung** ausgeführt. Die Instandhaltungsaktivitäten der Instandhaltungsabteilung werden geplant und zu einem Instandhaltungsprogramm zusammengefasst. Es legt nicht nur die Aktivitäten fest, sondern auch die Zeitpunkte, zu denen sie ausgeführt werden. Das Instandhaltungsprogramm ist mit den Aktivitäten der autonomen Instandhaltung abzustimmen. Während des Prozesses der Implementierung der autonomen Instandhaltung ist das geplante Instandhaltungsprogramm deshalb regelmäßig an den zunehmenden Aufgabenumfang bei den Mitarbeitern an den Betriebsmitteln anzupassen (vgl. Nakajima (1995), S. 99 ff.). Um die Effizienz der Instandhaltung zu sichern, werden für alle Aktivitäten, die im Instandhaltungsprogramm festgeschrieben sind, Standards erarbeitet (vgl. Al-Radhi/Heuer (1995), S. 84 ff.).

Das Instandhaltungsprogramm gliedert sich in drei **Bereiche** (vgl. Al-Radhi/Heuer (1995), S. 80 ff.):

- die prozessbezogene Instandhaltung,
- die verbessernde Instandhaltung sowie
- die Ablaufoptimierung.

Zweck der **prozessbezogenen Instandhaltung** ist es, Anormalitäten der Betriebsmittel zu entdecken und zu beseitigen, bevor es zu Schäden an den Bearbeitungsobjekten, Produktionsunterbrechungen oder einer Verminderung der Funktionsfähigkeit der Produktionsanlage kommt. Die **verbessernde Instandhaltung** erstreckt sich über die gesamte Betriebsphase des Betriebsmittels und zielt auf eine Steigerung der Zuverlässigkeit und der Leistungsfähigkeit des Betriebsmittels. Gegenstand der **Ablaufoptimierung** ist die kontinuierliche Verbesserung der Abläufe (z. B. Ersatzteillagerung, Datenverwaltung), die zur Realisation des Instandhaltungsprogramms ausgeführt werden müssen, um z. B. Reparaturzeiten zu verkürzen oder die Kosten für die Lagerung von Ersatzteilen zu reduzieren.

Die geplante präventive Instandhaltung wird in sieben aufeinanderfolgenden Schritten **eingeführt** (vgl. Al-Radhi/Heuer (1995), S. 91 ff.):

- Schritt 1: Setzen von Instandhaltungsprioritäten
- Schritt 2: Schaffen einer stabilen Ausgangsbasis
- Schritt 3: Einführen eines Informationssystems
- Schritt 4: Einführen der prozessbezogenen Instandhaltung

- Schritt 5: Ablaufoptimierung
- Schritt 6: Einführen der verbessernden Instandhaltung
- Schritt 7: Implementierung eines gruppenorientierten Kaizen zur Verbesserung der Instandhaltung durch die Instandhaltungsabteilung

Aufgabe der Instandhaltungsabteilung ist im **ersten Schritt** eine Ist-Analyse der Betriebsmittel im Produktionsbereich, um Instandhaltungsprioritäten zu setzen. Zum Schaffen einer stabilen Ausgangsbasis werden im **zweiten Schritt** die identifizierten Mängel entsprechend ihrer Prioritäten beseitigt. Gleichzeitig werden Vorkehrungen gegen das Auftreten ernster Fehler ergriffen. Das Informationssystem, das im **dritten Schritt** zu schaffen ist, soll Informationen über die Fehlerverteilung, die geplanten und realisierten Instandhaltungsmaßnahmen, die Bestände an Betriebsstoffen und Ersatzteilen sowie das Instandhaltungsbudget bereitstellen. Im **vierten Schritt** wird ein System zur Planung der prozessbezogenen Instandhaltung geschaffen. Planungsobjekt sind die Wartungs- und Instandsetzungszyklen sowie die Ausführung der Maßnahmen. Darüber hinaus werden für die Instandhaltungsaktivitäten Standards entwickelt. Diese werden im **fünften Schritt** mit dem Ziel überarbeitet, die Instandhaltungseffizienz zu verbessern. Schwerpunkt des **sechsten Schritts** ist das Schaffen eines Systems zur Sammlung von Ideen für Maßnahmen zur Verbesserung der Betriebsmittel. Um die geplante präventive Instandhaltung auf dem nach dem sechsten Schritt erreichten Niveau zu stabilisieren, wird im **siebten Schritt** in der Instandhaltungsabteilung ein gruppenorientiertes Kaizen implementiert (vgl. Al-Radhi/Heuer (1995), S. 96), um Zeitstandards und Kosten der Instandhaltung zu reduzieren und Leistung und Zuverlässigkeit der Betriebsmittel weiter zu verbessern.

[4] Kontinuierliche Verbesserung der Fähigkeiten der Mitarbeiter

Allen Mitarbeitern sind **Kenntnisse** über die Grundlagen und Werkzeuge des TPM und Kommunikationsfertigkeiten für die Teamarbeit zu vermitteln. Die Mitarbeiter, die in der Produktion Betriebsmittel bedienen, haben die Instandhaltungskenntnisse zu erwerben, die für die autonome Instandhaltung erforderlich sind, sowie Kenntnisse zur Bedienung des Betriebsmittels mit dem Ziel, die Produktionsabläufe zu optimieren. Die Kenntnisse und Fähigkeiten der Mitarbeiter in der Instandhaltungsabteilung sind an die Erfordernisse der präventiven Instandhaltung anzupassen (vgl. Al-Radhi/Heuer (1995), S. 99 ff.).

Im Rahmen des Total Productive Maintenance stehen nicht die traditionellen **Schulungen** im Vordergrund. Vermittelt wird das erforderliche Wissen vielmehr durch Learning-by-doing, Training-on-the-job und die Weitergabe innerhalb des Teams (vgl. Schimmelpfeng (1997), S. 318 f.).

[5] Instandhaltungsprävention

Die Instandhaltungsprävention ist die Verbesserung der Betriebsmittel hinsichtlich der Bedienbarkeit und Instandhaltbarkeit sowie der Prozesssicherheit während aller Phasen seines Lebenszyklus. Sie ist in **drei Teilbereiche** gegliedert (vgl. Al-Radhi/Heuer (1995), S. 123 ff.):

- das Maintenance Prevention Design (MP Design) während der Konzeptplanung und der Konstruktion des Betriebsmittels,

- das Early Equipment Management während der Herstellung, der Installation und des Anlaufs des Betriebsmittels sowie
- die Instandhaltungsprävention während der Betriebsphase, die in die verbessernde Instandhaltung der präventiven Instandhaltung übergeht.

Das **Maintenance Prevention Design** wird von Entwicklungsteams getragen, in denen neben Mitarbeitern der Anlagenentwicklung oder des Maschinenherstellers auch Mitarbeiter der Produktion und der Instandhaltung mitwirken. Das Entwicklungsteam formuliert die Anforderungen, die an das zu entwickelnde Betriebsmittel gestellt werden. Diese betreffen u. a.

- die Zuverlässigkeit, d. h. das Vermeiden von Funktionsausfällen sowie des Verschleißes von Anlagenkomponenten,
- die Instandhaltbarkeit, d. h. die Einfachheit der Verschleißmessung, der Fehlerfindung und der Instandsetzung,
- das Erleichtern der autonomen Instandhaltung sowie
- das Vereinfachen der Maschinenbedienung.

Aus diesen Anforderungen werden vom Entwicklungsteam technische Spezifikationen hergeleitet, die während der Konstruktion umzusetzen sind. Das Entwicklungsteam überprüft in der Phase der Konstruktion durch regelmäßige **Design Reviews**, ob die technischen Spezifikationen vollständig in den Entwurf eingegangen sind (vgl. Al-Radhi/Heuer (1995), S. 124 ff.).

Das **Early Equipment Management** besteht aus Maßnahmen, durch die sichergestellt wird, dass das Betriebsmittel alle technischen Spezifikationen aufweist, die vom Entwicklungsteam festgeschrieben worden sind. Weiterhin wird das Betriebsmittel gründlich getestet, Fehlfunktionen und Defekte analysiert und nachhaltig behoben (vgl. Al-Radhi (1995), S. 132 ff.).

Teil 4: Theoretische Grundlagen des Kostenmanagements

8 Produktions- und kostentheoretische Grundlagen des Kostenmanagements

8.1 Effizienz in der aktivitätsanalytischen Produktionstheorie

8.1.1 Grundlagen der aktivitätsanalytischen Produktionstheorie

Gegenstand der **Produktionstheorie** ist die Ermittlung und Überprüfung von Aussagen über die Regelmäßigkeiten zwischen den Einsatz- und Ausbringungsgütermengen unter verschiedenen Bedingungen (vgl. Dellmann (1980), S. 17). Produktionsfunktionen ordnen jeder Kombination von Einsatzgütermengen die jeweils maximal herstellbare Ausbringungsmenge zu (vgl. Wittmann (1993), Sp. 3496). Die neoklassische und die betriebswirtschaftliche Produktionstheorie (vgl. z. B. Steven (1998), S. 125 ff.) postulieren die Existenz von Produktionsfunktionen und deren Eigenschaften. Die **aktivitätsanalytische Produktionstheorie** leitet Produktionsfunktionen dagegen unter Anwendung von Effizienzkriterien aus den technischen Bedingungen der Leistungserstellung her (vgl. Kistner (1981), S. 46 f.).

Bestandteile der Aktivitätsanalyse sind

- die Aktivitäten und
- die Technologie.

Eine **Aktivität** ist eine zulässige Kombination von Einsatzgütermengen, die bei Anwendung eines gegebenen Produktionsverfahrens zu einer bestimmten Kombination von Ausbringungsgütermengen führt (vgl. Steven (1998), S. 63).

Dargestellt werden sie als **Gütermengenvektoren** (vgl. Fandel (2005), S. 36):

$$y = (r_1, r_2, \ldots, r_M; x_1, x_2, \ldots, x_N),$$

wobei y = Aktivität (Gütermengenvektor),
r_m = Menge des Einsatzgutes m (m = 1, ..., M),
x_n = Menge des Ausbringungsgutes n (n = 1, ..., N).

Abb. 8.1 zeigt jeweils drei Aktivitäten für die Produktion eines Ausbringungsgutes aus einem Einsatzgut und eines Ausbringungsgutes aus zwei Einsatzgütern.

Die Gesamtheit der Aktivitäten, die mit den in einer Unternehmung verfügbaren Produktionsverfahren realisierbar sind, wird als **Technologie** bezeichnet (vgl. Wittmann (1993), Sp. 3494).

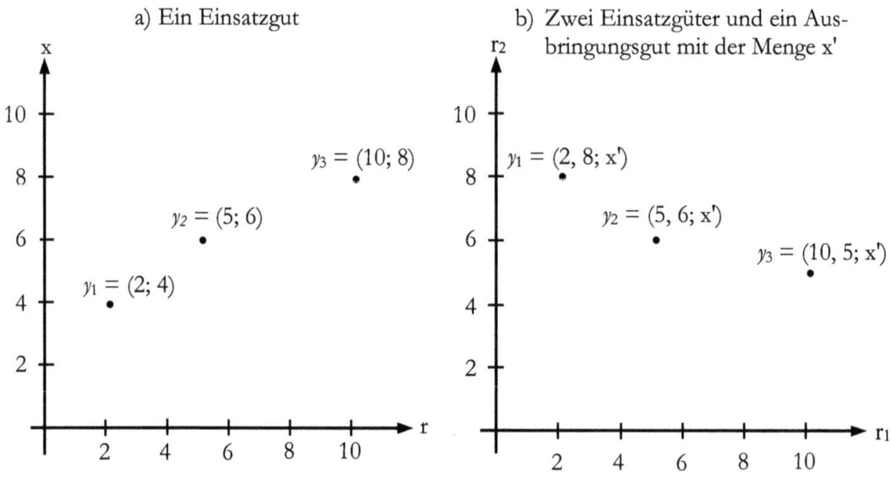

Abb. 8.1: Aktivitäten bei verschiedenen Produktionstypen

Es gibt verschiedene Formen von Technologien, die jeweils spezifische Eigenschaften aufweisen. Im Folgenden werden nur **lineare Technologien** betrachtet. Sie lassen sich durch folgende Eigenschaften charakterisieren (vgl. Kistner (1981), S. 47 ff.):

- Größenproportionalität,
- Additivität und
- Möglichkeit der Verschwendung.

[1] Größenproportionalität

Eine Technologie besitzt die Eigenschaft der **Größenproportionalität**, wenn für jede Aktivität y_0 der Technologie auch die Aktivität $y = \gamma \cdot y_0$ mit $\gamma \geq 0$ zur Technologie gehört, wobei

$$y = \gamma \cdot y_0 = (\gamma \cdot r_{10}, \gamma \cdot r_{20}, \ldots, \gamma \cdot r_{M0}; \gamma \cdot x_{10}, \gamma \cdot x_{20}, \ldots, \gamma \cdot x_{N0}),$$

mit γ = Ausbringungsniveau,
r_{m0} = Menge des Einsatzgutes m (m = 1, ... , M) der Aktivität y_0,
x_{n0} = Menge des Ausbringungsgutes n (n = 1, ... , N) der Aktivität y_0.

Ein **Produktionsprozess** ist die Menge der realisierbaren Aktivitäten, die durch die proportionale Variation der Einsatz- und Ausbringungsgütermengen einer Aktivität y_0 hergeleitet werden können (vgl. Kistner/Steven (2002), S. 59).

Produktionsprozesse beschreiben alle Aktivitäten, denen dasselbe Produktionsverfahren zugrunde liegt (vgl. Steven (1998), S. 64). Abb. 8.2 zeigt die Produktionsprozesse einer linearen Technologie bei Produktion eines Ausbringungsgutes aus zwei Einsatzgütern.

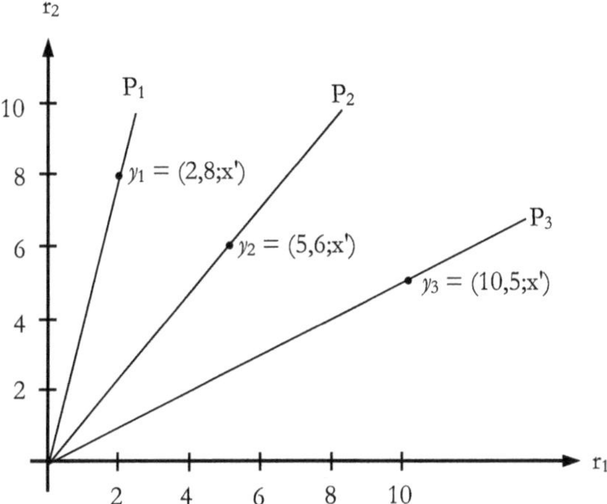

Abb. 8.2: Produktionsprozesse einer linearen Technologie

In einer linearen Technologie sind die Einsatzgüter bei jedem Produktionsprozess **limitational**. Bei Übergang zu einem anderen Produktionsprozess der Technologie wird eine vorgegebene Menge der Ausbringungsgüter mit einer anderen Einsatzgütermengenkombination produziert, d. h. Einsatzgüter werden substituiert (z. B. die Aktivitäten y_1, y_2 und y_3 in Abb. 8.1b). Diese Eigenschaft wird als **Prozesssubstitutionalität** bezeichnet (vgl. Kistner (1981), S. 61). Sie tritt z. B. auf, wenn von einem Arbeitsplatz mit einem niedrigen Automatisierungsgrad zu einem mit einem hohen Automatisierungsgrad gewechselt wird. Dieser Verfahrenswechsel wirkt sich in einer Abnahme des Arbeitskräfteeinsatzes und einer Zunahme des Betriebsmitteleinsatzes aus.

[2] Additivität

Eine Technologie ist **additiv**, wenn die Aktivität y_0, die durch Addition der Aktivitäten y_1 und y_2 dieser Technologie entsteht, ebenfalls zur Technologie zählt. Bei einem Ausbringungsgut und zwei Einsatzgütern gilt (vgl. Steven (1998), S. 68):

$$\begin{aligned} y_0 = y_1 + y_2 &= (r_{11},\, r_{21};\, x_{11}) + (r_{12},\, r_{22};\, x_{12}) \\ &= (r_{11} + r_{12},\, r_{21} + r_{22};\, x_{11} + x_{12}) \\ &= (r_{10},\, r_{20};\, x_{10}). \end{aligned}$$

Die Eigenschaft der Additivität ist gegeben, wenn zwei Aktivitäten zur Produktion der gleichen Ausbringungsgüter parallel ausgeführt werden können. Sie setzt voraus, dass die Einsatzgüter in der erforderlichen Menge verfügbar sind, d. h. keine Engpässe auftreten.

Aus den Eigenschaften der Additivität und der Größenproportionalität folgt, dass in einer linearen Technologie mit mindestens zwei Aktivitäten, die positive Ausbringungsmengen aufweisen, gemischte Aktivitäten generiert werden können, die alle zu Ausbringungsgütermengen in identischer Höhe führen. Gebildet werden diese **gemischten Aktivitäten** y_0 durch Konvexkombinationen der reinen Aktivitäten:

$$y_0 = \sum_{s=1}^{S} \lambda_s \cdot y_s \quad \text{mit} \quad \sum_{s=1}^{S} \lambda_s = 1 \ .$$

Der Konstruktion gemischter Aktivitäten liegt der Gedanke zugrunde, dass eine vorgegebene Ausbringungsmenge zu einem Teil nach einem Produktionsverfahren, der restliche Teil nach einem anderen Produktionsverfahren produziert werden kann. Aus den gemischten Aktivitäten folgen durch die proportionale Variation der Einsatz- und Ausbringungsgütermengen weitere Produktionsprozesse. Diese werden als **gemischte Produktionsprozesse** bezeichnet (vgl. Steven (1998), S. 69).

Beispiel 8.1: Gemische Aktivitäten und Produktionsprozesse

Abb. 8.3 zeigt die reinen Produktionsprozesse P_1, P_2 und P_3 einer linearen Technologie. Die Aktivitäten A_4 und A_5 sind gemischte Aktivitäten, die aus den Aktivitäten A_1 und A_2 oder A_1 und A_3 für $\lambda = 0{,}5$ gebildet werden.

$y_4 = 0{,}5 \cdot y_1 + 0{,}5 \cdot y_2 = 0{,}5 \cdot (5, 10; x') + 0{,}5 \cdot (10, 5; x') = (7{,}5, 7{,}5; x')$

$y_5 = 0{,}5 \cdot y_1 + 0{,}5 \cdot y_3 = 0{,}5 \cdot (5, 10; x') + 0{,}5 \cdot (16, 4; x') = (10{,}5, 7; x')$.

Aus den gemischten Aktivitäten A_4 und A_5 folgen durch proportionale Variation der Einsatz- und Ausbringungsgütermengen die gemischten Produktionsprozesse P_4 und P_5 (vgl. Abb. 8.3).

[3] Möglichkeit der Verschwendung

Diese Eigenschaft besagt, dass es Aktivitäten gibt, die Einsatzgüter verbrauchen, ohne dass Ausbringungsgüter hergestellt werden (vgl. Kistner (1981), S. 53). Mit diesen Aktivitäten kann u. a. der Betriebsstillstand bei Erhaltung der Betriebsbereitschaft abgebildet werden.

8.1.2 Kennzeichnung effizienter Aktivitäten

Eine **Aktivität ist effizient**, wenn sie die beiden folgenden Eigenschaften besitzt (vgl. Hansen/Mowen (2006), S. 666 f.):

- technische Effizienz und
- wertmäßige Effizienz.

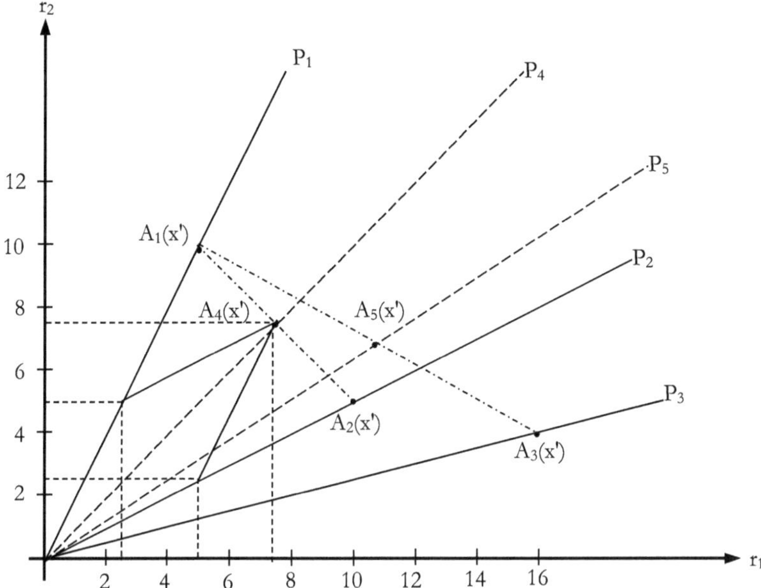

Abb. 8.3: Herleitung gemischter Produktionsprozesse

[1] Technische Effizienz

Eine Aktivität mit **einem Einsatzgut** ist **technisch effizient**, wenn es mit den in der Unternehmung verfügbaren Produktionsverfahren nicht möglich ist, die Menge dieses Einsatzgutes zu reduzieren, ohne die Menge des Ausbringungsgutes zu verringern (vgl. Bohr (1993), Sp. 859).

Technische Effizienz einer Aktivität liegt damit vor, wenn die vorgegebene Menge an Ausbringungsgütern mit der minimalen Einsatzgütermenge realisiert wird oder bei gegebenen Einsatzgütermengen die maximale Ausbringungsgütermenge hervorgebracht wird (vgl. Fandel (2005), S. 48 ff.).

Eine Aktivität y_d **dominiert** eine Aktivität y, wenn mit ihr die identischen Mengen der Ausbringungsgüter mit einer geringeren Menge des Einsatzgutes oder aus der identischen Menge des Einsatzgutes eine höhere Menge mindestens eines Ausbringungsgutes und die identischen Mengen aller anderen Ausbringungsgüter produziert werden können. Eine **technisch effiziente Aktivität** wird von keiner anderen Aktivität der Technologie dominiert (vgl. Fandel (2009), S. 50).

Die Menge aller technisch effizienten Aktivitäten einer Technologie wird als **effizienter Rand der Technologie** bezeichnet. Abgebildet wird er durch eine Produktionsfunktion. Die **Produktionsfunktion** ist damit die funktionale Beschreibung des effizienten Randes einer Technologie (vgl. Fandel (2005), S. 51 f.). Sie gibt für jede realisierbare Kombination von Ausbringungsgütermengen die Einsatzgütermenge der jeweils technisch effizienten Aktivität der Technologie an.

Beispiel 8.2: Technische Effizienz eines Produktionsprozesses - ein Einsatzgut

Abb. 8.4 zeigt eine lineare Technologie für die Produktion eines Ausbringungsgutes aus einem Einsatzgut. Sie besteht aus zwei reinen Produktionsprozessen P_1 und P_2. Durch die Konvexkombination kann jede Kombination von Einsatz- und Ausbringungsgütermengen, die zwischen den beiden Produktionsprozessen liegt, als gemischte Aktivität generiert werden. Bei Realisation der Aktivität A_1 wird gegenüber der Kombination A_2 das Einsatzgut im Umfang von 7 St. - 3 St. = 4 St. verschwendet oder im Vergleich zur Aktivität A_3 auf die Menge 5 St. - 2 St. = 3 St. des Ausbringungsgutes verzichtet. Die Aktivitäten A_2 und A_3 dominieren damit die Aktivität A_1. Sie werden andererseits durch keine andere Aktivität der Technologie dominiert und sind damit technisch effizient. Technisch effizient sind nur die Aktivitäten des Prozesses P_1. Sie bilden den effizienten Rand der Technologie und damit die Produktionsfunktion der betrachteten Technologie.

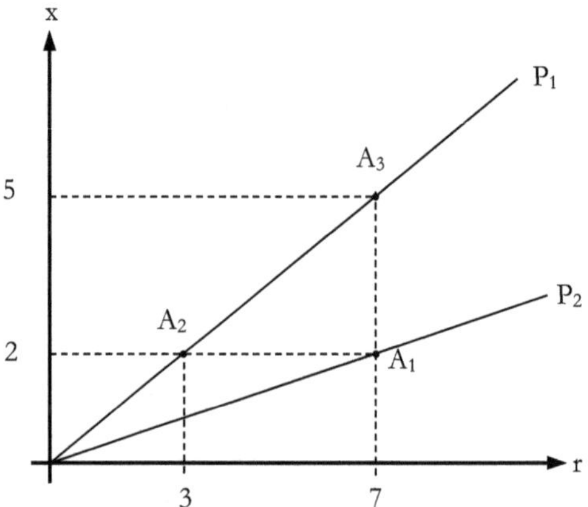

Abb. 8.4: Technische Effizienz in einer linearen Technologie

Sind für die Produktion der Ausbringungsgüter mehrere Einsatzgüter erforderlich, kann bei Prozesssubstitutionalität eine bestimmte Ausbringungsgütermengenkombination mit verschiedenen Einsatzgütermengenkombinationen realisiert werden. Bei mehreren Einsatzgütern muss deshalb die Bedingung für eine technisch effiziente Aktivität um die Bedingung der effizienten Einsatzgütermengenkombination erweitert werden. Die **effiziente Einsatzgütermengenkombination** für eine Ausbringungsgütermenge ist dadurch gekennzeichnet, dass die Menge mindestens eines Einsatzgutes zur Realisation dieser Ausbringungsgütermenge nicht reduziert werden kann, ohne die Menge eines anderen Einsatzgutes zu erhöhen (vgl. Bohr (1993), Sp. 859 f.).

Eine Aktivität mit **mehreren Einsatzgütern** ist **technisch effizient**, wenn es mit den in der Unternehmung verfügbaren Produktionsverfahren nicht möglich ist, die Menge eines Einsatzgutes zu reduzieren, ohne die Menge eines Ausbringungsgutes zu verringern oder die Menge eines anderen Einsatzgutes zu erhöhen.

Eine Aktivität y_d dominiert eine andere Aktivität y, wenn mit ihr die identischen Mengen der Ausbringungsgüter mit einer geringeren Menge mindestens eines Einsatzgutes bei identischen Mengen aller anderen Einsatzgüter oder aus den identischen Mengen der Einsatzgüter eine höhere Menge mindestens eines Ausbringungsgutes bei identischen Mengen aller anderen Ausbringungsgüter hergestellt werden können. Bei dominierten Aktivitäten mit mehreren Einsatzgütern wird immer mindestens ein Einsatzgut verschwendet, d. h., die zur Realisation einer Ausbringungsgütermenge erforderliche Menge mindestens eines Einsatzgutes übersteigt die Menge dieses Einsatzgutes bei der effizienten Aktivität. Da diese Differenz sehr viele Ursachen haben kann, wird sie auch als **X-Ineffizienz** bezeichnet (vgl. Leibenstein (1978b), S. 17 f.).

Beispiel 8.3: Technische Effizienz von Aktivitäten - mehrere Einsatzgüter

In nachfolgender Tabelle sind die Einsatzgütermengen der Aktivitäten genannt, die zur Ausbringungsgütermenge x' führen. Bei Aktivität A_5 werden zur Produktion der Menge x′ des Ausbringungsgutes 0,5 Einheiten von Einsatzgut 1 und 2 Einheiten von Einsatzgut 2 mehr als bei Aktivität 2 benötigt. Die Aktivität A_2 dominiert die Aktivität A_5. Alle anderen Aktivitäten sind technisch effizient.

Aktivität	Menge des Einsatzgutes 1	Menge des Einsatzgutes 2	Menge des Ausbringungsgutes
1	5	10	x′
2	10	5	x′
3	16	4	x′
4	7,5	7,5	x′
5	10,5	7	x′

[2] Wertmäßige Effizienz

Durch die Prozesssubstitutionalität kann in einer linearen Technologie eine bestimmte Ausbringungsmenge mit verschiedenen technisch effizienten Aktivitäten realisiert werden (vgl. Fandel (2005), S. 55). In Beispiel 8.3 sind das die Aktivitäten A_1, A_2, A_3 und A_4. Die technisch effiziente Aktivität einer Technologie, welche die **Kosten** zur Produktion einer vorgegebenen Menge des Ausbringungsgutes minimiert, ist auch wertmäßig effizient. Die Einsatzgüterkombination der wertmäßig effizienten Aktivität wird auch als Minimalkombination bezeichnet.

Eine technisch effiziente Aktivität ist **wertmäßig effizient**, wenn es mit den in der Unternehmung verfügbaren Produktionsverfahren nicht möglich ist, bei unveränderten Einsatzgüterpreisen auf eine andere technisch effiziente Aktivität überzugehen, ohne die Kosten zu erhöhen oder die Menge eines Ausbringungsgutes zu senken (vgl. Hansen/Mowen (2006), S. 667).

Beispiel 8.4: Wertmäßige Effizienz

Die Preise der beiden Einsatzgüter aus dem Beispiel betragen 28 €/St. und 10 €/St. Die Aktivitäten zur Produktion der Menge x′ des Ausbringungsgutes verursachen damit bei den verschiedenen Aktivitäten die folgenden Kosten:

Aktivität	Kosten
1	5 St. · 28 €/St. + 10 St.·10 €/St. = 240 €
2	10 St. · 28 €/St. + 5 St. · 10 €/St. = 330 €
3	16 St. · 28 €/St. + 4 St. · 10 €/St. = 488 €
4	7,5 St. · 28 €/St. + 7,5 St. · 10 €/St. = 285 €

Sofern andere gemischte Aktivitäten nicht realisiert werden sollen, ist Aktivität 1 wertmäßig effizient.

Welche Aktivität einer Technologie wertmäßig effizient ist, hängt vom Preisverhältnis der Einsatzgüter ab. Steigt im Beispiel der Preis des Einsatzgutes 2 z. B. auf 30 €, ist Aktivität 2 wertmäßig effizient.

8.2 Kostentheoretische Fundierung des Kostenmanagements

8.2.1 Arten von Kosteneinflussgrößensystemen

Die **Kostentheorie** beschäftigt sich mit den Beziehungen zwischen den Kosteneinflussgrößen und der aus ihnen resultierenden Kostenhöhe (vgl. Troßmann (1993), Sp. 2386). Die Kosteneinflussgrößen als Bestimmungsfaktoren der Kostenhöhe sind die Gestaltungsparameter, über die das Kostenmanagement Einfluss auf die Kosten nimmt. Eine Zusammenstellung von Kosteneinflussgrößen, die einem bestimmten Zweck dient, ist ein Kosteneinflussgrößensystem.

Die Frage nach Kosteneinflussgrößen zum Zweck der Kostengestaltung hat in der deutschen Betriebswirtschaftslehre eine lange Tradition. Erste **Systeme von Kosteneinflussgrößen** sind bereits in den 30er Jahren des 20. Jahrhunderts vorgeschlagen worden (vgl. Lorentz (1932), Henzel (1936)). Nach dem verfolgten Zweck können zwei Klassen von Kosteneinflussgrößensystemen gebildet werden:

- die Systeme von Einflussgrößen auf das Stückkostenniveau sowie
- die Systeme von Einflussgrößen auf die relative Kostenposition der Unternehmung.

Zweck der Systeme von Einflussgrößen auf das **Stückkostenniveau** ist die Erklärung oder Gestaltung der Höhe der Stückkosten. Nach ihrer Begründung können zwei Arten von Kosteneinflussgrößensystemen unterschieden werden:

- die traditionellen und
- die produktionstheoretisch begründeten Kosteneinflussgrößensysteme.

Systeme von Einflussgrößen auf die relative Kostenposition sollen die Kostenvorteile oder -nachteile von Unternehmungen gegenüber ihren Wettbewerbern erklären. Die **relative Kostenposition** wird über Einflussgrößen auf die langfristige Kostenentwicklung gestaltet (vgl. Shank/Govindarajan (1993), S. 20). Über diese Kosteneinflussgrößen wird bei der Gestaltung der betrieblichen Rahmenbedingungen entschieden. Vorgeschlagen worden sind Systeme von Einflussgrößen auf die relative Kostenposition der Unternehmung von Porter sowie von Shank/Govindarajan.

8.2.2 Systeme von Einflussgrößen auf das Stückkostenniveau

8.2.2.1 Traditionelle Kosteneinflussgrößensysteme

Die traditionellen Kosteneinflussgrößensysteme, die auch als **synthetisch** bezeichnet werden, gehen von der Gesamtunternehmung aus. Der Zusammenhang zwischen den Kosteneinflussgrößen und dem Stückkostenniveau wird anhand von Beispielen begründet. Zu den traditionellen zählen die Kosteneinflussgrößensysteme nach Schmalenbach, Lorentz, Henzel, Mellerowicz und Walther (vgl. Haupt (1993), Sp. 2331 f.).

Die Systeme nach Schmalenbach, Mellerowicz und Walther enthalten ausschließlich programm-, potential- und prozessbezogene Kosteneinflussgrößen der Produktion (vgl. Abb. 8.5). Zweck dieser Systeme ist die **Erklärung des Verhaltens der Stückkosten** bei Beschäftigungsänderungen. Unter der Beschäftigung wird die quantitativ erfasste Ausbringung einer Unternehmung oder eines Teilbereichs der Unternehmung während einer Periode verstanden (vgl. Kilger (1993), S. 140). Nach der Abhängigkeit der Kosten von der Beschäftigung werden

- die Leistungs- und Bereitschaftskosten oder
- die variablen und fixen Kosten

abgegrenzt. **Leistungskosten** verändern sich bei einer Variation der Beschäftigung automatisch. **Bereitschaftskosten** entstehen für die Vorhaltung einer Produktions-, Absatz-, Lagerungs- oder auch Führungs- und Verwaltungsbereitschaft und werden aufgrund von Erwartungen und Planungen disponiert. Sie sind von der tatsächlichen Beschäftigung unabhängig (vgl. Riebel (1974), Sp. 1144 f.). Die Höhe der **fixen Kosten** ist bei Beschäftigungsänderungen innerhalb eines Intervalls konstant. Die fixen Stückkosten sinken innerhalb dieses Intervalls mit zunehmender Beschäftigung. Eine Erhöhung der Beschäftigung über die Intervallgrenze hinaus, löst einen sprunghaften Anstieg der fixen Kosten aus. Bei einem weiteren Beschäftigungszuwachs sind die fixen Kosten wieder konstant (vgl. Heinen (1983), S. 513). Das führt zur Unterscheidung von absolut fixen und sprungfixen Kosten (vgl. Schmalenbach (1928), S. 25). Variiert die Beschäftigung innerhalb des Intervalls, so sind die Kosten absolut fix. Sprungfixe Kosten treten auf, wenn die Beschäftigung die Intervallgrenze übersteigt. Die fixen Kosten sind bei einem Beschäftigungsanstieg bis zur Kapazitätsgrenze konstant. **Variabel** sind Kosten, deren Höhe sich bei Variation der Beschäftigung verändert (vgl. Heinen (1983), S. 154).

Nach dem **Verhalten der Kostenhöhe bei Beschäftigungsänderungen** werden folgende Kategorien variabler Kosten unterschieden (vgl. Schmalenbach (1928), S. 8 f. und (1963), S. 47 ff.): proportionale, progressive (überproportionale), degressive (unterproportionale) und regressive Kosten. Proportionale Kosten verändern sich im gleichen Verhältnis wie die Beschäftigung. Die Stückkosten bleiben bei Beschäftigungsänderungen konstant. Progressive Kosten steigen bei zunehmender Beschäftigung in stärkerem Maße als die Ausbringung, d. h., die Stückkosten nehmen zu. Steigen die Kosten bei einer Beschäftigungszunahme in geringerem Maße als die Ausbringung, d. h. sinken die Stückkosten, liegen degressive Kosten vor. Regressive Kosten nehmen bei einer Reduktion der Beschäftigung ab, bei einer Reduktion der Beschäftigung nehmen sie zu.

Kosteneinflussgrößensystem nach Schmalenbach[1]
■ Beschäftigung ■ Betriebsgröße: Maschinengröße, Dezentralisation, Spezialisierung als Ursache betriebsgrößenbedingter Kostendegression ■ Intensität ■ Auflagengröße: Standardisierung des Produktionsprogramms, Spezialisierung, Sortenfolge, Komplexität der Rüstprozesse, Fertigungsverfahren, Bestände an fertigen und unfertigen Erzeugnissen als Einflussgröße auf die Auflagendegression
Kosteneinflussgrößensystem nach Mellerowicz[2]
■ Beschäftigung ■ Betriebsgröße: Maschinengröße, Spezialisierung ■ Auflagengröße: Artikelzahl
Kosteneinflussgrößensystem nach Walther[3]
■ Stufe der Leistungsbereitschaft als Einflussgröße der Gesamtkosten der Beschäftigung ■ Beschäftigungsgrad als Einflussgröße auf die Kosten einer Beschäftigungseinheit (z. B. Kosten einer Maschinenstunde) ■ Intensitätsgrad als Einflussgröße auf die Betriebsleistungskosten ■ Nutzgrad (Quotient aus der Marktleistung und der für den Markt bestimmten Betriebsleistung) als Einflussgröße auf die Marktleistungskosten ■ Auflagengröße als Einflussgröße auf die Leistungseinheitskosten

1) vgl. Schmalenbach (1963), S. 41 ff.; 2) vgl. Mellerowicz (1963), S. 293 ff., S. 399; 3) vgl. Walther (1959), S. 252 f.

Abb. 8.5: Traditionelle Kosteneinflussgrößensysteme zur Erklärung des Verhaltens der Stückkosten bei Beschäftigungsänderungen

Das Phänomen sinkender Stückkosten bei steigender Beschäftigung wird als **Degressionseffekt** bezeichnet. Nach der Ursache werden

- die Beschäftigungsdegression,
- die Größendegression und
- die Auflagendegression

unterschieden (vgl. Abb. 8.6). Die **Beschäftigungsdegression** ergibt sich aus einer besseren Auslastung der Kapazität bei einer höheren Ausbringungsmenge. Sie tritt auf, wenn die Kosten aus fixen oder degressiv verlaufenden variablen Kosten zusammengesetzt sind. Resultiert die Senkung der Kosten pro Ausbringungseinheit aus einer Kapazitätserhöhung, liegt eine **Größendegression** vor. Diese kann folgende Ursachen haben (vgl. Mellerowicz (1963), S. 319 ff.):

- **Größenvorteile**
  Diese treten u. a. beim Einsatz von Maschinen mit höherer Kapazität auf und können auf einen unterproportionalen Anstieg der Wartungs- und Bedienungskosten, eine relative Senkung der Raum- und Zinskosten oder ein Sinken der Energiekosten pro Ausbringungseinheit zurückgehen.

- **Spezialisierungsvorteile**
  Sie entstehen beim Übergang zu einer Spezialmaschine durch eine Verringerung des Bedienungspersonals infolge von Automatisierung oder den Wegfall von Rüstkosten.
- **Erhöhung der Marktmacht**
  Sie ist das Ergebnis größerer Beschaffungsmengen. Die Kostensenkung ergibt sich aus einer Verbesserung der Konditionen für den Bezug der Einsatzgüter.

Unter **Auflagendegression** wird das Sinken der Kosten durch eine Erhöhung der Auflage oder Auftragsgröße verstanden. Eine Auflage ist die ohne Umstellung der Potentiale, Produkte oder Prozesse hergestellte Menge an Produkten (vgl. Mellerowicz (1963), S. 327). Die Menge, die bei einmaligem Vollzug eines Prozesses bereitgestellt wird, ist die Auftragsgröße. Die Senkung der Stückkosten ergibt sich durch eine Verteilung der auflagen- oder auftragsgrößenfixen Kosten auf eine größere Produktmenge. Beispiele für auflagenfixe Kosten sind die Rüstkosten sowie die Vorlaufkosten; die bestellmengenfixen Kosten sowie die Kosten für die Abwicklung eines Kundenauftrags können als Beispiele für auftragsgrößenfixe Kosten genannt werden.

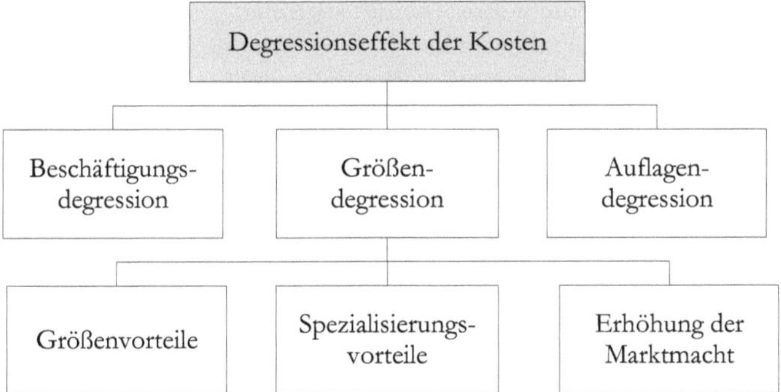

Abb. 8.6: Ursachen des Degressionseffektes der Kosten

Bei den Kosteneinflussgrößensystemen nach Lorentz und Henzel handelt es sich um die Zusammenstellung der Variablen von Entscheidungen mit Einfluss auf die Kosten der Unternehmung (vgl. Abb. 8.7). Der Zweck dieser Kosteneinflussgrößensysteme kann in der **Gestaltung des Niveaus der Produktstückkosten** der Unternehmung gesehen werden. Das System nach Henzel umfasst neben den programm-, potential- und prozessbezogenen auch marktbezogene Kosteneinflussgrößen. Mit der Qualität der Beschaffung und der Kooperation mit Lieferanten werden im System nach Lorentz auch immaterielle Werte als Kosteneinflussgrößen berücksichtigt.

Kosteneinflussgrößensystem nach Lorentz[1)]
1. **Beschaffungswirtschaftliche Kosteneinflussgrößen** (Einflussgrößen auf die Einsatzgüterpreise) a) Direkte Einflussgrößen: Zeitpunkt der Beschaffung, Qualität der Einsatzgüter b) Indirekte Einflussgrößen: Qualität der Beschaffung („Geschicklichkeit der Einkäufer"), Kooperationen mit den Lieferanten, Beschaffungsweg
2. **Aufwandswirtschaftliche Kosteneinflussgrößen** (Einflussgrößen auf den Ge- und Verbrauch von Einsatzgütern) a) **Beanspruchungswirtschaftliche Kosteneinflussgrößen** (Einflussgrößen auf die Kosten für die Potentialgüter pro Leistungseinheit) ▪ Einflussgrößen auf die Kosten der Betriebsbereitschaft: Standorte, Zeitpunkt der Bereitstellung der Potentialgüter, technische Merkmale der Einsatzgüter ▪ Einflussgrößen auf die Beschäftigung: örtliche und zeitliche Konzentration der Nachfrage, Preispolitik ▪ Kapazitätsauslastung ▪ Degression der Kosten: Beschäftigungsdegression, Größendegression b) **Verbrauchswirtschaftliche Kosteneinflussgrößen** (Einflussgrößen auf den Verbrauch von Repetiergütern): Standort (z. B. Verkehrslage), Zeitpunkt der Leistungserstellung, Qualität der Repetiergüter, Beschäftigung
3. **Risikobedingte Kosteneinflussgrößen** a) **Einflussgröße auf das Risiko** ▪ Beschaffungswirtschaftliche Risiken ▪ Aufwandswirtschaftliche Risiken – Beanspruchungswirtschaftliche Risiken: Beschäftigungsrisiko – Verbrauchswirtschaftliche Risiken b) **Einflussgrößen auf die Risikokosten:** Einflussgrößen auf die Kosten im Schadensfall, Einflussgrößen auf die Kosten risikopolitischer Maßnahmen
Kosteneinflussgrößensystem nach Henzel[2)]
1. **Einflussgrößen auf die Gesamtkosten** a) Marktbezogene Kosteneinflussgrößen: Tarifpolitik, Reklame, Absatzprogramm b) Betriebsbezogene Kosteneinflussgrößen: Produktionsmengen, Lagerbestände, Anpassung an Beschäftigungsänderungen
2. **Einflussgrößen auf die Materialkosten:** Preispolitik des Einkaufs, Bestellmenge, Materialdimension, Materialqualität, Materialart, Verschnitt
3. **Einflussgrößen auf die Arbeitskosten:** Leistungsschwankungen, Stillstand, Arbeitsbedingungen, Arbeitsverteilung, Arbeitszeit, Bedienungsrelationen, Seriengröße, Fertigungsverfahren, Qualität und Genauigkeit der Bearbeitung, Entlohnung
4. **Einflussgrößen auf die Gemeinkosten:** Einsatzgüter, Auslastungsgrad

1) vgl. Lorentz (1932), S. 75 ff.; Dlugos (1970), Sp. 899;
2) vgl. Henzel (1936), S. 139 ff.; zu weiteren Kosteneinflussgrößen siehe Henzel (1967), S. 324

Abb. 8.7: Traditionelle Kosteneinflussgrößensysteme zur Gestaltung der Produktstückkosten

8.2.2.2 Produktionstheoretisch begründete Kosteneinflussgrößensysteme

Die Kosteneinflussgrößen produktionstheoretisch fundierter Systeme, die auch als **analytisch** bezeichnet werden, beziehen sich nicht auf die Gesamtunternehmung, sondern auf Arbeitsplätze oder Kostenstellen. Als Kosteneinflussgrößen werden vor allem die unabhängigen Variablen oder Parameter betriebswirtschaftlicher Produktionsfunktionen berücksichtigt (vgl. Heinen (1983), S. 481 ff.). Produktionstheoretisch fundierte Kosteneinflussgrößensysteme sind von Gutenberg, Heinen und Kilger vorgeschlagen worden (vgl. Haupt (1993), Sp. 2331). Einen Überblick über diese Kosteneinflussgrößensysteme gibt Abb. 8.8.

Kosteneinflussgrößensystem nach Gutenberg[1)]
▪ Beschäftigung und ihre Änderungen: Intensität, Fertigungszeit, Anzahl gleichartiger Potentialgüter, Anzahl verschiedener Potentialgüter ▪ Qualität der Einsatzgüter und deren Änderungen ▪ Preise der Einsatzgüter ▪ Betriebsgröße und deren Änderungen ▪ Fertigungsprogramm und seine Änderungen ▪ Preise
Kosteneinflussgrößensystem nach Heinen[2)]
▪ Kosteneinflussgrößen des Fertigungsprogramms: Artmäßige Zusammensetzung, mengenmäßige Zusammensetzung, zeitliche Verteilung ▪ Kosteneinflussgrößen des produktionswirtschaftlichen Instrumentariums, Kosteneinflussgrößen der Ausstattung (artmäßige Zusammensetzung, mengenmäßige Zusammensetzung und räumliche Verteilung der Potentialgüter), Kosteneinflussgrößen der Prozesse (Arbeitsverteilung, Maschinenbelegung, Repetiergüterarten, Lohnfabrikation, Fertigungstiefe, Lagerhaltung im Fertigungsbereich, Auflagengröße, Ausbringungsmengen der Elementarkombinationen, Intensität, Einsatzmengen substituierbarer Güter, Leistungsbereitschaft) ▪ Kostenwert als Kosteneinflussgröße
Kosteneinflussgrößensystem nach Kilger[3)]
▪ Beschäftigung und ihre Änderungen (Produktions-, Absatz- und Beschaffungsmengen): Fertigungsverfahren, Intensitäten, Fertigungszeiten, Prozessbedingungen (z. B. Temperatur, Druck), Bedienungsrelationen, Rohstoffmischungen, Seriengrößen ▪ Determinanten der fixen Kosten: Aufbau zeitungebundener Nutzungspotentiale, Kapazitäten betrieblicher Teilbereiche, Verfahren betrieblicher Teilbereiche ▪ Faktorpreise

1) Gutenberg (1983), S. 338 ff.; 2) Heinen (1983), S. 567 ff.; 3) Kilger (1993), S. 133 ff.

Abb. 8.8: Produktionstheoretisch fundierte Kosteneinflussgrößensysteme

Neben den Preisen der Einsatzgüter enthalten die produktionstheoretisch fundierten Systeme die Merkmale der Programme, der Potentialgüter und der Prozesse der Leistungserstellung als Kosteneinflussgrößen. Der Zweck der produktionstheoretisch fundierten Kosteneinflussgrößen kann in der Erklärung des Niveaus der Kosten in den Fertigungsstellen und des Verlaufs dieser Kosten bei verschiedenen **Formen der Ausbringungsmengenvariation** gesehen werden. In der betriebswirtschaftlichen Literatur werden die folgenden Variationsformen unterschieden, die isoliert, aber auch kombiniert angewendet werden können (vgl. Kosiol (1979), S. 57):

- Unmittelbare Variation der Ausbringungsmenge
  - Zeitliche Variation: Veränderung der Fertigungszeiten der Potentialgüter (Arbeitszeiten der Mitarbeiter, Maschinenlaufstunden)
  - Intensitätsmäßige Variation: Veränderung der Arbeitsgeschwindigkeit der Potentialgüter
  - Quantitative Variation: Vorübergehende Veränderung der Zahl der eingesetzten Potentialgüter (Stilllegung oder Wiederinbetriebnahme einer Maschine, innerbetriebliche Personalverlagerung, Leasing von Mitarbeitern oder Fahrzeugen)
- Mittelbare Variation der Ausbringungsmenge
  - Kombinative Variation: Durch technische oder organisatorische Verfahrensänderungen verursachte Anpassung der Ausbringungsmenge (z. B. Übergang von Eigenfertigung zu Fremdbezug)
  - Qualitative Variation: Durch Änderungen in der Art oder der Qualität der Einsatzgüter ausgelöste Änderung der Ausbringungsmenge

In diesen Kosteneinflussgrößensystemen dominieren die Kosteneinflussgrößen, die durch **operative Entscheidungen** festgelegt werden. Von den Variablen der Entscheidungen über die betrieblichen Rahmenbedingungen werden in diesen Kosteneinflussgrößensystemen nur die Betriebsgröße, die Art der Potentialgüter, die Zusammensetzung des Fertigungsprogramms sowie der Aufbau zeitungebundener Nutzungspotentiale aufgeführt.

8.2.3 Systeme von Einflussgrößen auf die relative Kostenposition

8.2.3.1 Kosteneinflussgrößensystem nach Porter

Porter begründet den Zusammenhang zwischen dem Kostenniveau und den Kosteneinflussgrößen mit Beispielen aus der Unternehmungspraxis. Sein System umfasst folgende **Kosteneinflussgrößen** (vgl. Porter (1992), S. 102 ff.):

- **Betriebsgröße**

  Mit zunehmender Betriebsgröße sinken die Stückkosten, da der Anteil einer Produkteinheit an den Kosten für das Schaffen immaterieller Werte (z. B. Kosten für Werbung, Forschung und Entwicklung, Ausbildung) sinkt. Als Ursache dieser Kostendegression kann auch die rationellere Durchführung von Aktivitäten und ein unterproportionaler Anstieg der Infrastruktur- und der Verwaltungsgemeinkosten genannt werden. Eine Zunahme der Betriebsgröße kann durch steigende Koordinationskosten und abnehmende Mitarbeitermotivation jedoch auch zu einem Anstieg der Stückkosten führen, d. h. zu einem progressiven Kostenverlauf.

- **Zuwachs an Wissen und seine Verbreitung**

  Ein Wissenszuwachs senkt die Kosten über Programm-, Produkt-, Prozess- oder Potentialverbesserungen. Als Beispiele für diese Verbesserungen können genannt werden: die Erhöhung des Anteils der Gleichteile in der Unternehmung, die fertigungs- oder montagegerechte Produktgestaltung (Produktverbesserung), die technische Verbesserung der Maschinen, die Standardisierung von Prozessabläufen und die Verbesserung der Produktionsplanung und -steuerung zur Erhöhung der Kapazitätsauslastung.

- **Zyklische Struktur der Kapazitätsauslastung**
  Die Anpassung von Kapazitäten verursacht Stilllegungs- und Wiederanlaufkosten (z. B. Kosten für die Suche, Auswahl und Einstellung von Mitarbeitern). Zur Gestaltung dieser Anpassungskosten sind die saisonalen oder konjunkturellen Schwankungen des Kapazitätsbedarfs durch die Programmwahl und Maßnahmen des Marketing zu glätten.

- **Koordination**
  Unternehmungsinterne Interdependenzen bewirken, dass die Aktivitäten in einem Bereich Einfluss auf die Kosten in anderen Bereichen haben. Unternehmungsübergreifende Interdependenzen treten zwischen den Aktivitäten der Unternehmung und den Aktivitäten seiner Lieferanten und Kunden auf. Diese Aktivitäten finden sich vor allem in den Bereichen Produktgestaltung, Kundendienst, Qualitätssicherung, Verpackung, Auslieferung und Auftragsabwicklung. Durch die Koordination der Aktivitäten können die Gesamtkosten gesenkt werden, auch wenn für eine Aktivität höhere Kosten anfallen sollten. Porter nennt zwei Koordinationsformen, die er als Kosteneinflussgrößen berücksichtigt. Bei der **Funktionsabstimmung** werden die Aktivitäten weiterhin getrennt realisiert, sie werden jedoch zielorientiert abgestimmt. Die **Funktionsübertragung** oder **-ausgliederung** sieht vor, dass die interdependenten Aktivitäten gemeinsam realisiert werden, indem sie einem bestehenden Verantwortungsbereich oder einer Unternehmung übertragen oder in einer gemeinsamen Einrichtung zusammengefasst werden.

- **Leistungs- und Fertigungstiefe**
  Die Leistungs- und Fertigungstiefe wird durch Entscheidungen über das In- und das Outsourcing bestimmt. Durch Insourcing können Transport- und Transaktionskosten sowie Kosten an den Schnittstellen gesenkt werden. Können Lieferanten oder Dienstleistungsunternehmungen Aktivitäten effizienter ausführen, kann das Outsourcing zu einer Verbesserung der Wirtschaftlichkeit führen.

- **Zeitwahl**
  Die Zeitwahl ist als Kosteneinflussgröße sowohl bei der Einführung neuer Produkte als auch bei der Beschaffung von Anlagegütern von Bedeutung. Der Vorreiter bei der Einführung eines **neuen Produkts** kann durch Erfahrungskurveneffekte Kostenvorteile erzielen und die Marke zu niedrigen Kosten einführen. Mit einem späteren Markteintritt kann der Vorteil niedriger Produktentwicklungs- und Marktentwicklungskosten verbunden sein. Da die Preise von **Anlagegütern** in Abhängigkeit von der Konjunktur und den Marktverhältnissen variieren, können auch durch die Wahl des Beschaffungszeitpunkts Kostenvorteile erzielt werden.

- **Strategie**
  Zur Strategie als Kosteneinflussgröße zählen alle Entscheidungsvariable, über die bei der Entwicklung der Unternehmungs- und Geschäftsfeldstrategien entschieden wird. Zu diesen zählen die Art und der Umfang des gewählten Differenzierungsvorteils (z. B. Produktmerkmale, Produktvielfalt, Niveau des Kundendienstes, Lieferzeit), die Art der Produkt-/Marktentwicklung (Intensität des Marketing, Vertriebs-

kanal, Märkte) und die Schwerpunkte der Potentialentwicklung (Auswahl der Verfahrenstechnik, Spezifikation der Rohstoffe, Qualifikation der Mitarbeiter).

- **Standort**
  Vom Standort hängen u. a. die Preise der Einsatzgüter, insbesondere der Lohn- und Gehaltskosten, die Höhe der Steuersätze und die Logistikkosten ab.
- **Externe Faktoren**
  Bei den externen Faktoren handelt es sich um Kosteneinflussgrößen außerhalb des Einflussbereiches der Unternehmung, wie z. B. staatliche Vorschriften und Subventionen.

8.2.3.2 Kosteneinflussgrößensystem nach Shank/Govindarajan

Abb. 8.9 zeigt das Kosteneinflussgrößensystem nach Shank/Govindarajan, die sich auf einen Beitrag von Riley ((1987), S. 27 ff.; Brokemper (1998), S. 72 ff.) beziehen (vgl. Shank/Govindarajan (1993), S. 19 ff.). Es enthält zwei **Arten von Einflussgrößen** auf die relative Kostenposition der Unternehmung:

- die ausführungsbezogenen und
- die strukturbezogenen Kosteneinflussgrößen.

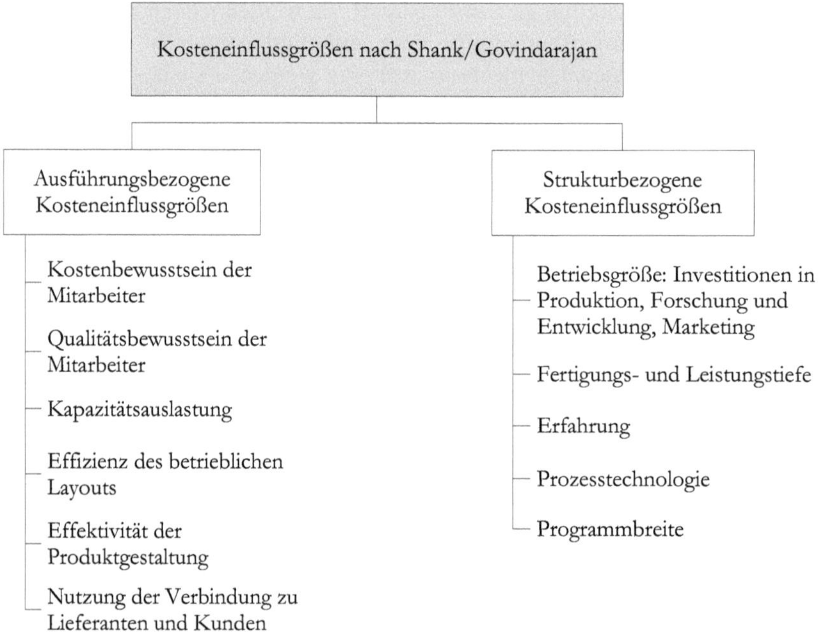

Abb. 8.9: Kosteneinflussgrößensystem nach Shank/Govindarajan

Bei den **ausführungsbezogenen Kosteneinflussgrößen** (executional drivers) handelt es sich um die nicht monetären Ergebnisse von Aktivitäten des Managements, z. B. der Planung, der Organisation und der Führung. Die nicht monetären Ergebnisse dieser Aktivitäten wirken z. B. über ein verändertes Arbeitsverhalten der Mitarbeiter, einen effizienter durchgeführten Unternehmungsprozess oder eine Effizienzsteigerung beim

Lieferanten auf die Kostenhöhe. Jede Verbesserung einer ausführungsbezogenen Kosteneinflussgröße führt zu einer weiteren Senkung des Kostenniveaus.

Die **strukturbezogenen Kosteneinflussgrößen** (structural drivers) sind strategische Entscheidungsvariable bei der Gestaltung der Aktivitäten im Leistungserstellungs- und -verwertungsprozess und der unterstützenden Prozesse. Bei diesen Kosteneinflussgrößen führen Verbesserungen nicht zwingend zu Kostensenkungen, sie können auch Kostensteigerungen auslösen (vgl. Shank/Govindarajan (1992), S. 12 f.). Als strukturbezogene Kosteneinflussgrößen werden u. a.

- die Erfahrung und
- die Programmbreite

genannt. Unter **Erfahrung** wird die Häufigkeit verstanden, mit der Aktivitäten in den vorhergehenden Perioden bereits ausgeführt worden sind (vgl. Shank/Govindarajan (1993), S. 21). Der Zusammenhang zwischen der Erfahrung und dem Kostenniveau wird durch das Erfahrungskurvengesetz beschrieben.

Das **Erfahrungskurvengesetz** besagt, dass mit jeder Verdoppelung der Produktionsmenge eines Produkts im Zeitablauf ein Potential zur Senkung der inflationsbereinigten Stückkosten um 20 - 30 % entsteht (vgl. Henderson (1984), S. 19; Bauer (1986), S. 1). Mit zunehmender Erfahrung sind nur die Kosten gestaltbar, die Bestandteil der Wertschöpfung des Produkts sind. Hierzu zählen nicht die Materialeinzelkosten, die Kosten für Fremdleistungen sowie die sonstigen vorleistungsbedingten Kosten (z. B. Miet- und Leasingkosten).

Ursachen des Erfahrungskurveneffekts sind der Wissenszuwachs, der sich im Zeitablauf (technischer Fortschritt) und aus der Wiederholung derselben Aktivitäten (Lerneffekt) ergibt, und die Zunahme der Betriebsgröße, die jedoch nur bei jährlichem Wachstum der Ausbringungsmenge des Produkts auftritt (vgl. Henderson (1984), S. 26 f.). Das durch Erfahrung gewonnene Wissen sowie die erreichte günstigere Betriebsgröße begründen nur ein Kostensenkungspotential. Dieses muss durch die Gestaltung der Rahmenbedingungen erst in eine Kostensenkung umgesetzt werden. Die durchschnittlichen jährlichen Kostensenkungsraten, die zur Realisation dieses Kostensenkungspotentials erzielt werden müssen, werden wie folgt berechnet (vgl. Coenenberg/Fischer/Günther (2016), S. 445 f.):

$$\Delta\overline{k} = 1 - \sqrt[t]{L} \quad \text{mit} \quad t = \frac{\ln\left(\frac{100 \cdot MWR}{x} + 1\right)}{\ln(1 + MWR)},$$

wobei $\Delta\overline{k}$ = durchschnittliche jährliche Kostensenkungsrate,
t = Zeitraum für die Verdoppelung der Produktionsmenge,
L = Lernrate,
MWR = jährliche Mengenwachstumsrate im Bezugszeitraum,
x = Produktionsmenge in der ersten Periode des Bezugszeitraums.

Bei einer **kumulierten Produktionsmenge** zu Beginn des Bezugszeitraums in Höhe von x_{kum} ist eine Verdoppelung dieser Produktionsmenge erreicht, sobald die Summe der jährlichen Produktionsmengen x_{kum} beträgt. Die jährlichen Produktionsmengen werden aus der jährlichen Mengenwachstumsrate und der Produktionsmenge der ersten Periode des Bezugszeitraums berechnet. Der für die Verdoppelung der kumulierten Produktionsmenge zu Beginn des Bezugszeitraums erforderliche Zuwachs der Produktionsmenge ergibt sich bei einer konstanten Mengenwachstumsrate damit wie folgt:

$$\begin{aligned} x_{kum} &= x + x \cdot (1 + MWR) + x \cdot (1 + MWR)^2 + ... + x \cdot (1 + MWR)^{t-1} \\ &= x \cdot \frac{(1 + MWR)^t - 1}{MWR}. \end{aligned}$$

Durch Logarithmieren und Auflösen nach t ergibt sich der **Zeitraum für die Verdoppelung** der kumulierten Produktionsmenge als

$$t = \frac{\ln\left(\frac{x_{kum} \cdot MWR}{x} + 1\right)}{\ln(1 + MWR)}.$$

Die **Lernrate** L gibt das Niveau an, auf das die Stückkosten des Produkts bei einer Verdoppelung der kumulierten Produktionsmenge sinken. Mit dieser wird das Niveau der Stückkosten, das bei der Verdoppelung der kumulierten Produktionsmenge erwartet werden kann, wie folgt berechnet:

$$k_t = k_0 \cdot L,$$

wobei k_t = erwartete Stückkosten nach Verdoppelung der kumulierten Produktionsmenge,
k_0 = tatsächliche Stückkosten bei der kumulierten Produktionsmenge.

Die **jährliche durchschnittliche Lernrate** $\bar{L}$, die nach Verdoppelung der kumulierten Produktionsmenge zu Stückkosten in Höhe von k_t führt, beträgt

$$\begin{aligned} k_0 \cdot \bar{L}^t &= k_0 \cdot L \\ \bar{L} &= \sqrt[t]{L}. \end{aligned}$$

Die Lernrate L entspricht einer Kostensenkungsrate von $\Delta k = 1 - L$. Die **durchschnittliche jährliche Kostensenkungsrate**, die bis zur Verdoppelung der kumulierten Produktionsmenge in jedem Jahr erzielt werden muss, wenn das Kostensenkungspotential aus dem Erfahrungskurveneffekt vollständig ausgeschöpft werden soll, beträgt damit $\Delta\bar{k} = 1 - \sqrt[t]{L}$. Diese kann als Kostensenkungsziel vorgegeben werden.

Beispiel 8.5: Kostensenkungsrate zur Realisation des Erfahrungskurveneffekts

Von einem Produkt sind bereits 1.000 Stück produziert worden. Während der Planungsperiode (ein Jahr) sollen 200 Stück produziert werden. Für die nächsten Jahre wird eine jährliche Mengenwachstumsrate von 18 % prognostiziert. Die Lernrate beträgt 75 %.

- Berechnung des **Zeitraums bis zur Verdoppelung** der kumulierten Produktionsmenge

$$t = \frac{\ln\left(\frac{1.000\,\text{St.} \cdot 0{,}18}{200\,\text{St.}} + 1\right)}{\ln(1 + 0{,}18)} = 3{,}88 \text{ Jahre}$$

- Berechnung der **durchschnittlichen jährlichen Kostensenkungsrate**

$$\Delta\bar{k} = 1 - \sqrt[3{,}88]{0{,}75} = 0{,}071$$

Der Zusammenhang zwischen der **Programmbreite** und dem Kostenniveau wird auch als umgekehrtes Erfahrungskurvengesetz bezeichnet (vgl. Wildemann (1990), S. 617). Es besagt, dass mit jeder Verdoppelung der Anzahl der Produkte bei unveränderter Produktionsmenge die programmbreitenabhängigen Kosten um 20 – 30 % steigen. Zu den programmbreitenabhängigen Kosten zählen die Kosten der Anlagen, des Materialtransports, der Lagerbestände und Teile der Gemeinkosten (vgl. Stalk (1990), S. 49 f.). Dieser Kostenanstieg kann auf

- einen Mengeneffekt und
- die Zunahme der Komplexität

zurückgeführt werden. Der **Mengeneffekt** besteht darin, dass mit der Einführung einer neuen Variante die Absatzmengen der anderen Varianten abnehmen. Er wirkt sich ungünstig auf die Erfahrung sowie auf die Konditionen, die Transport- und Verpackungskosten bei der Beschaffung der Einsatzgüter aus. Die **Komplexität** erhöht sich durch den Anstieg der Anzahl unterschiedlicher Einsatzgüter, Teile, Baugruppen, Produktionsprozesse und Produkte. Sie bewirkt einen raschen Wechsel der Aktivitäten im Leistungserstellungsprozess. Dadurch steigen die Sortenwechselkosten und durch ständig wechselnde Engpässe auch die Leerkosten und die Bestände an Zwischenprodukten mit den damit verbundenen Lagerkosten (in Anlehnung an Lingnau (1994), S. 121 ff.).

9 Verhaltenstheoretische Grundlagen des Kostenmanagements

9.1 Motivationstheorien zur Erklärung des Arbeitsverhaltens

9.1.1 Determinanten des Arbeitsverhaltens

9.1.1.1 Formen des Arbeitsverhaltens

Jeder Mitarbeiter hat persönliche Fachkenntnisse und verfolgt **individuelle Ziele** (z. B. Entwicklungs-, Bildungs-, Einkommens- und Karriereziele), die er auch durch die Arbeit in der Unternehmung zu erfüllen sucht. Die individuellen Ziele der Mitarbeiter stimmen nicht zwingend mit den Wirtschaftlichkeitszielen überein, die vom Kostenmanagement verfolgt werden, und können mit diesen sogar im Konflikt stehen. In jedem Handlungsfeld der Effizienzgestaltung ist deshalb die Beeinflussung von Mitarbeitern, die eine Ausrichtung deren Arbeitsverhalten an den Wirtschaftlichkeitszielen bewirkt, eine Aufgabe des Kostenmanagements.

Unter dem **Arbeitsverhalten** wird das Verhalten der Mitarbeiter während der Zeit bei der Arbeit für die Unternehmung verstanden, für die sie bezahlt werden. Es hat zwei Dimensionen (in Anlehnung an Nerdinger/Schaper (2014), S. 442 ff.):

- das Leistungsverhalten und
- das Befolgen geltender Regeln.

Das **Leistungsverhalten** ist das Verhalten eines Mitarbeiters im Rahmen aller Aufgaben, in die er in der Unternehmung eingebunden ist. Es äußert sich in der Bewältigung der zugewiesenen Aufgaben, d. h. in der Leistung des Mitarbeiters, mit der er einen Beitrag zur Erreichung der Unternehmungsziele erbringt. Die Funktionsfähigkeit der Unternehmung erfordert von den Mitarbeitern ein über die formalen Arbeitsverträge hinausgehendes innovatives und spontanes Verhalten, das u. a. mit den folgenden Merkmalen umschrieben wird: Unterstützung von Kollegen bei arbeitsbezogenen Problemen, Gewissenhaftigkeit bei der Aufgabenerfüllung, Sorgfalt im Umgang mit dem Eigentum der Unternehmung, Einbringung und Umsetzung von Verbesserungsvorschlägen und Bereitschaft, auch nicht ideale Bedingungen zu tolerieren (vgl. Nerdinger/Schaper (2014), S. 442). Zu den **geltenden Regeln** der Unternehmung, die von den Mitarbeitern befolgt werden sollen, zählen deshalb nicht nur die formalen Vorschriften, wie z. B. Arbeitsverträge, Stellenbeschreibungen und Sicherheitsvorschriften, sondern auch informale Regeln, wie z. B. die Normen und Werte der Unternehmungskultur.

Mit den beiden erläuterten Dimensionen lassen sich die in Abb. 9.1 genannten vier Formen des Arbeitsverhaltens abgrenzen (vgl. Nerdinger/Schaper (2014), S. 442 ff.). Sie unterscheiden sich zum einen im Beitrag zur Erreichung der Unternehmungsziele und zum anderen in der Vorgehensweise bei der Erbringung dieses Beitrags. Diese Vorgehensweise kann vorsehen, die geltenden Regeln zu befolgen oder gegen sie zu verstoßen.

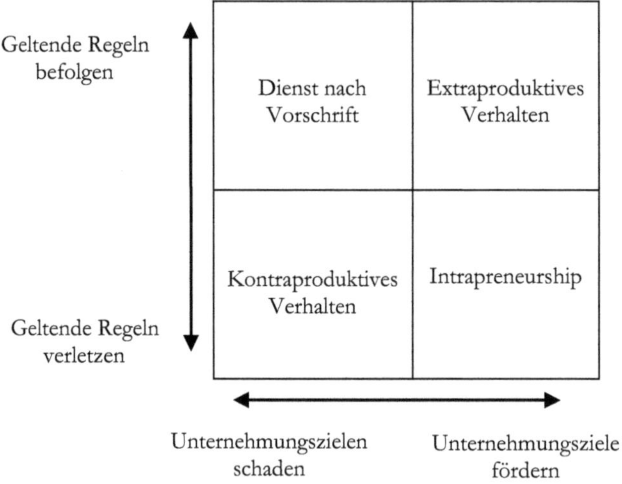

Abb. 9.1: Formen des Arbeitsverhaltens

Der **Dienst nach Vorschrift** ist dadurch gekennzeichnet, dass der Mitarbeiter ausschließlich das formal vorgeschriebene und belohnte Verhalten zeigt. Er verhält sich passiv und übernimmt keine Verantwortung. Dadurch schadet er der Unternehmung, denn Regeln und Anweisungen sind nicht immer eindeutig, widerspruchsfrei und der jeweiligen Situation angemessen. Die Erreichung der Unternehmungsziele verlangt eine kreativ interpretierende Orientierung an den geltenden Regeln (vgl. Neuberger (2006), S. 59, 76). Die erfolgreiche Bewältigung der zugewiesenen Aufgaben kann deshalb eine der alltäglichen Vernunft entsprechende Verletzung der geltenden Regeln erfordern.

Beim **Intrapreneurship** verhält sich der Mitarbeiter in der Unternehmung wie der Unternehmer. Er dient dem Unternehmungszielen, verstößt aber u. U. gegen geltende Regeln, wenn es die Zielerreichung verlangt.

Ein Verhalten, das sowohl auf das Fördern der Ziele der Unternehmung als auch auf das Befolgen der geltenden Regeln zielt, wird als **extraproduktiv** bezeichnet. Es ist ein selbst initiiertes, zukunfts- und problemorientiertes Verhalten, mit dem eine Veränderung herbeigeführt werden soll.

Kontraproduktiv ist ein Verhalten, das der Erreichung der Unternehmungsziele schadet und den geltenden Regeln widerspricht. Es ist absichtlich, prinzipiell geeignet, der Unternehmung Schaden zuzufügen, und steht den legitimen Interessen der Unternehmung entgegen. Beispiele für kontraproduktives Verhalten sind Mobbing am Arbeitsplatz, Absentismus, geringe Arbeitsqualität, Missbrauch von Arbeitszeit und Ressourcen für private Zwecke, Diebstahl, Sabotage und bewusst herbeigeführte Störfälle (vgl. Nerdinger/Schaper (2014), S. 442 ff.). Ursachen kontraproduktiven Arbeitsverhaltens sind erlebte Ungerechtigkeiten und Frustration, nachdem Arbeitsziele oder persönliche Ziele behindert oder blockiert worden sind, sowie Persönlichkeitsmerkmale, wie z. B. Narzissmus (vgl. Nerdinger/Schaper (2014), S. 454 f.).

9.1.1.2 Überblick über die Determinanten des Arbeitsverhaltens

Das Arbeitsverhalten kann nicht direkt beeinflusst werden. Das Kostenmanagement kann jedoch Bedingungen mit einem positiven Einfluss auf das Arbeitsverhalten schaffen. Hinweise auf diese Bedingungen geben die in Abb. 9.2 genannten **Determinanten des Arbeitsverhaltens** (vgl. Comelli/von Rosenstiel/Nerdinger (2014), S. 3).

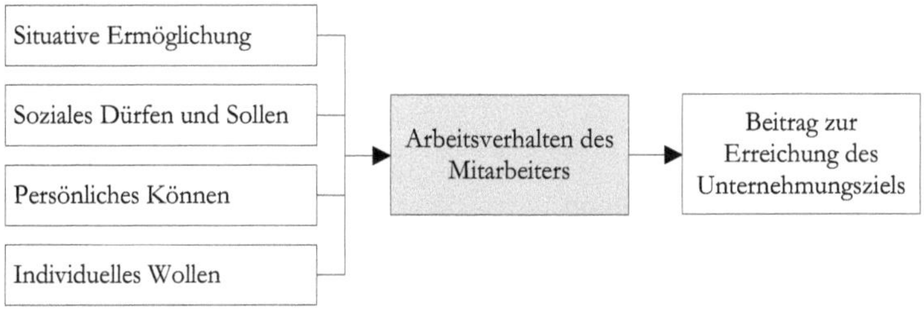

Abb. 9.2: Determinanten des Arbeitsverhaltens

Die situative Ermöglichung und das soziale Dürfen und Sollen sind **situationsbezogene Determinanten**. Die situative Ermöglichung wird durch hemmende oder begünstigende äußere Umstände bestimmt. Zu diesen zählen u. a. die Verfügbarkeit des benötigten Materials und die Einsatzbereitschaft der Geräte und Maschinen. Die Regeln und Normen zum Arbeitsverhalten, die u. a. durch die Organisation, die Unternehmungskultur, das Anreizsystem, den Führungsstil, die Führungsgrundsätze und die eingesetzten Führungsinstrumente vorgegeben werden, definieren das soziale Dürfen und Sollen.

Neben die situationsbezogenen Determinanten treten die **personenbezogenen Determinanten**, zu denen das persönliche Können und das individuelle Wollen zählen. Das persönliche Können wird von den Fachkenntnissen des Mitarbeiters bestimmt. Das individuelle Wollen eines Mitarbeiters entsteht durch seinen Entschluss, das Arbeitsverhalten an einem konkreten, bewusst ausgewählten Ziel auszurichten und es bis zur Erreichung dieses Ziels aufrechtzuerhalten (vgl. Schaper (2014), S. 341).

Ein zielorientiertes Arbeitsverhalten wird als **Handlung** bezeichnet und setzt sich aus allen Aktivitäten zusammen, die dem ausgewählten Ziel dienen (vgl. Heckhausen (2003), S. 13).

Das Ziel, an dem der Mitarbeiter sein Verhalten ausrichtet, kann sich auf die unmittelbaren Wirkungen der Handlung beziehen, die als **Handlungsergebnisse** bezeichnet werden. Beispiele für Handlungsergebnisse sind die Aufgabenerfüllung und die Erreichung einer Kostenvorgabe. Inhalt des Ziels können auch die Folgen des Handlungsergebnisses für den Mitarbeiter sein, wie z. B. Leistungsprämien, die Anerkennung durch den Vorgesetzten oder Beförderungen. Diese mittelbaren Wirkungen einer Handlung werden als **Ergebnisfolgen** bezeichnet (vgl. Abb. 9.3).

Zur Zielerreichung wird die **Handlung** durch die Richtung, die Intensität und die Ausdauer der Anstrengung sowie die gewählte Vorgehensweise **gesteuert** (vgl. Abb. 9.3). Die Aufmerksamkeit, die zielrelevanten Aktivitäten und Informationen zukommt, prägt die Richtung der Anstrengungen bei der Handlung. Für die Intensität ist die bei der Verfolgung des Ziels eingesetzte Energie maßgebend. Die Hartnäckigkeit, mit der ein Ziel trotz Hindernissen und konkurrierender Handlungen verfolgt wird, kennzeichnet die Ausdauer (vgl. Nerdinger (2014), S. 429, 434).

Abb. 9.3: Wirkungen einer Handlung

9.1.1.3 Motivation und Volition als Determinanten des Wollens

Das individuelle Wollen, Handlungen auszuführen, hat seinen Ursprung zum einen in den **Wünschen und Bedürfnisse**, die durch Handlungen befriedigt werden sollen, und zum anderen im **Willen**, durch Handlungen gesetzte Ziele zu erreichen. Nach diesen Quellen des individuellen Wollens wird zwischen der Motivation und der Volition unterschieden (vgl. Comelli/von Rosenstiel/Nerdinger (2014), S. 44).

Motivation ist die momentane aktivierende Ausrichtung auf ein Handlungsziel (vgl. Heckhausen (2003), S. 3). Sie bezeichnet die Absicht des Mitarbeiters, Handlungen zur Erreichung dieses Handlungsziels auszuführen.

Der **Motivationsprozess** erstreckt sich von der Auswahl eines Handlungsziels über die Initiierung und Steuerung von Handlungen, die dazu dienen dieses Handlungsziels zu erreichen, bis zur Distanzierung von dem gewählten Handlungsziel. Dieser Prozess wird angestoßen, wenn ein Bedürfnis oder ein Motiv einer Person durch einen Anreiz in einer Situation aktiviert wird. Abb. 9.4 veranschaulicht den Zusammenhang zwischen Motiv, Motivation und Volition (in Anlehnung an Weibler (2016), S. 173).

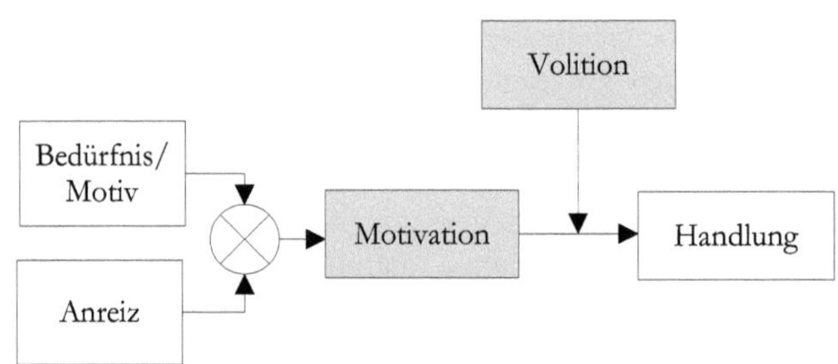

Abb. 9.4: Motivation und Volition

Bedürfnisse und Motive werden als Wünsche erlebt. Sie bewirken, dass Personen aktiv nach Situationen oder den in Situationen enthaltenen Belohnungen suchen, die eine Erfüllung dieser Wünsche in Aussicht stellen. Tritt eine solche Situation ein, reagieren die Personen mit der Bereitschaft, Handlungen zur Befriedigung des Bedürfnisses oder Motivs auszuführen (vgl. Weibler (2016), S. 171). **Bedürfnisse** stehen für physiologisch oder psychologisch bedingte Mangelempfindungen, wie z. B. Hunger, Durst,

Verlangen nach Schlaf, Wärme und Sicherheit (z. B. Schutz vor Gefahr, Unrecht, Schmerz). Sie entstehen unbewusst und sind allen Menschen gemeinsam (vgl. Heckhausen/Heckhausen (2010), S. 3). Menschen verfolgen über die Deckung der Bedürfnisse hinaus die unterschiedlichsten Ziele. Diese werden thematisch in mehrere Klassen gegliedert und mit allgemeinen Begriffen beschrieben, wie z. B. Leistung, Macht oder sozialer Anschluss. Die so gebildeten Klassen von Zielen werden als **Motive** bezeichnet und bilden inhaltlich zusammenhängende Beweggründe des Verhaltens (vgl. Nerdinger (2014), S. 420). Die Motive haben für jede einzelne Person charakteristische Ausprägungen. Beispiele für Motive sind das Anschlussmotiv (z. B. Kontakt, Geselligkeit), das Bindungsmotiv (z. B. Zugehörigkeit, Akzeptanz, Zuneigung, Freundschaft), das Macht- und das Leistungsmotiv.

Ein **Motiv** ist eine Klasse von Zielen, die einen zeitlich stabil positiv bewerteten Zustand beschreiben, für dessen Erreichen die Person bereit ist, in bestimmten Situationen Handlungen vorzunehmen (vgl. Heckhausen (2003), S. 9).

Nach der Herkunft werden implizite und explizite Motive unterschieden. Als **implizit** werden unbewusste, überdauernde und durch frühkindliche Lernerfahrung entstandene Motive bezeichnet. Ein **explizites Motiv** ist ein bewusstes, sprachlich artikuliertes oder zumindest artikulierbares Ziel, das sich eine Person selbst zuschreibt (vgl. Heckhausen/Heckhausen (2010), S. 4 f.).

Ein Motiv löst die Bereitschaft zum Handeln aus, wenn in einer Situation Umstände wahrgenommen werden, die das Erreichen eines mit dem Motiv verbundenen Ziels ermöglichen oder gefährden. Alle Merkmale einer Situation, die ein Motiv anregen können, indem sie Gelegenheiten oder Gefahren für die Erreichung eines mit dem Motiv verknüpften Ziels signalisieren, werden als **Anreize** bezeichnet (vgl. Heckhausen (2003), S. 2). Nach dem Ursprung des Anreizes werden

- die intrinsische Motivation und
- die extrinsische Motivation

unterschieden. **Intrinsische Motivation** resultiert aus der positiven Reaktion der Person auf die Handlung selbst oder das Handlungsergebnis. Diese Reaktion kann als Interesse, Neugierde oder Erfüllung positiver Herausforderungen empfunden werden. Bei der **extrinsischen Motivation** hat der Anreiz seinen Ursprung außerhalb der Handlung. Er resultiert aus den Ergebnisfolgen, z. B. einer erwarteten Beurteilung oder einer vertragsgemäßen Belohnung (vgl. Künzli (2013), S. 147).

Konflikte zwischen impliziten und expliziten Motiven können ebenso wie das Auftreten von Gelegenheiten oder Gefahren für das Erreichen eines anderen Ziels, das im Konflikt zum aktuellen Handlungsziel steht, die Ausführung und den Abschluss einer Handlung verzögern, behindern oder verhindern. Die Überwindung dieser internen oder externen Konflikte für das Auslösen oder Aufrechterhalten einer Handlung ist eine Frage des **Willens**, die auch als Volition bezeichnet wird (vgl. Weibler (2016), S. 172). Volition ist immer dann gefordert, wenn Handlungen auszuführen sind, die nicht oder nicht vollständig mit den Wünschen und Bedürfnissen übereinstimmen oder diesen sogar widersprechen (vgl. Comelli/von Rosenstiel/Nerdinger (2014), S. 44).

Unter **Volition** werden die mentalen Fähigkeiten verstanden, die es ermöglichen, Handlungen auch bei intern oder extern verursachten Zielkonflikten zu initiieren und aufrechtzuerhalten (vgl. Nerdinger (2014), S. 433). Volition zeichnet sich u. a. durch die Fähigkeit aus, Unwichtiges auszublenden, Wichtiges hervorzuheben, Ablenkungen abzuschirmen und Probleme kreativ zu lösen.

9.1.1.4 Rubikon-Modell der Handlungsphasen

Wird ein Motiv durch einen Anreiz angeregt, entsteht zunächst nur **Handlungsbereitschaft**. Das Rubikon-Modell der Handlungsphasen gliedert den sich anschließenden Handlungsablauf in vier Phasen, die sich in den Funktionen von Bedürfnissen und Motiven einerseits und des Willens andererseits unterscheiden. Abb. 9.5 zeigt diese vier Handlungsphasen, d. h. Abwägen, Planen, Handeln und Bewerten, sowie die Verortung von Motivation und Volition im Handlungsablauf (vgl. Achtziger/Gollwitzer (2010), S. 310).

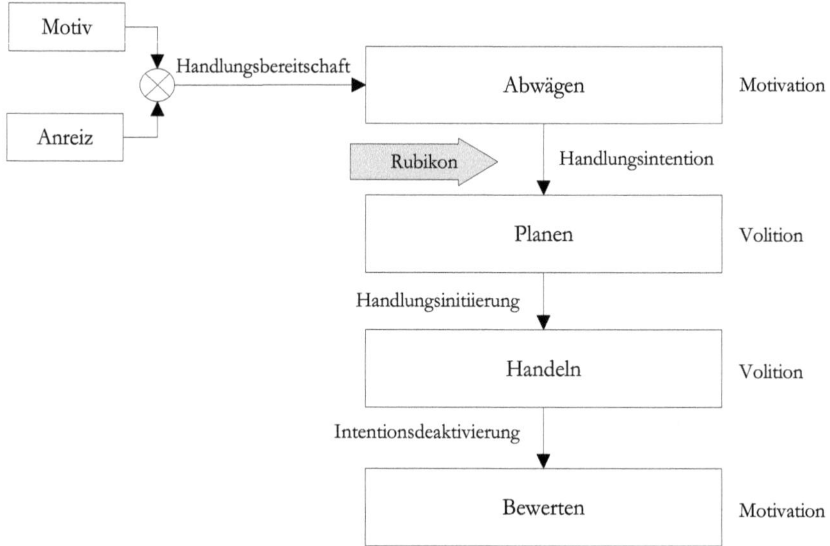

Abb. 9.5: Rubikon-Modell der Handlungsphasen

[1] Abwägen

Jede Situation kann Gelegenheiten oder Gefahren für das Erreichen mehrerer Ziele signalisieren, die jeweils mehrere Motive ansprechen können. Aufgrund begrenzter Arbeitszeit und Ressourcen können diese Ziele nicht alle parallel verfolgt werden. In der Phase des Abwägens werden die Ziele ausgewählt, an denen das künftige Arbeitsverhalten ausgerichtet werden soll. Die Handlungsbereitschaft, die durch das Aktivieren eines Motivs entstanden ist, wird durch diese Entscheidung in eine **Handlungsintention** überführt, d. h. die Absicht, eine Handlung zur Erreichung des ausgewählten Ziels auszuführen. Diese Entscheidung markiert den Übergang vom motivgeleiteten Abwägen von Zielen hin zur willensgeleiteten Umsetzung des ausgewählten Ziels in den Phasen des Planens und Handelns und wird als das Überschreiten des Rubikons bezeichnet.

Für die Entscheidung, ein bestimmtes Ziel durch die Vornahme einer Handlung zu erreichen, werden die Realisierbarkeit und der Wert aller Ziele beurteilt, für deren Erreichen die aktuelle Situation günstig erscheint. Zur Beurteilung der **Realisierbarkeit** wird die Erwartung geschätzt, das Ziel in der aktuellen Situation durch eigenes Handeln erreichen zu können. Der **Wert eines Ziels** ist die Vorteilhaftigkeit gegenüber den anderen Zielen (vgl. Achtziger/Gollwitzer (2010), S. 310 f.).

Das ausgewählte Ziel wird zum **Handlungsziel** und hat Verbindlichkeitscharakter, d. h., man fühlt sich verpflichtet, Handlungen zur Zielerreichung vorzunehmen (vgl. Nerdinger (1995), S. 78). Die Stärke dieser Verpflichtung wird als Volitionsstärke bezeichnet (vgl. Achtziger/Gollwitzer (2010), S. 312).

[2] Planen

In der Phase des Planens wird festgelegt, wann, wo und auf welche Art und Weise Handlungen zur Erreichung eines Handlungsziels durchgeführt werden sollen (vgl. Achtziger/Gollwitzer (2010), S. 312). Im betrieblichen Arbeitsumfeld treten in dieser Phase neben die gewählten Handlungsziele zusätzlich die fremd gesetzten oder mit dem Vorgesetzten vereinbarten **Zielvorgaben**, wie z. B. die Kosten- und Leistungsvorgaben des Kostenmanagements. Mit diesen Vorgaben wird dem Mitarbeiter verdeutlicht, was von ihm erwartet wird und worauf er sein Arbeitsverhalten ausrichten soll (vgl. Nerdinger (1995), S. 78). Sie beeinflussen beim Planen das Festlegen der Art und Weise, in der die Handlung zur Erreichung des Handlungsziels ausgeführt werden soll, und sind damit maßgebend für die Richtung, die Intensität und die Ausdauer der Anstrengung sowie die aufgabenspezifische Strategie bei der Handlungsausführung.

Beispiel 9.1: Handlungsziele und Zielvorgaben

Einem Mitarbeiter wird die Leitung eines Rationalisierungsprojekts angeboten. Dieses Angebot aktiviert als Anreiz das Leistungs-, das Macht- und das Anschlussmotiv, indem es Gelegenheiten und Gefahren für die Erreichung folgender Ziele signalisiert: Sicherung ausreichender Freizeit, Aufstieg in die nächste Führungsebene, Möglichkeit zur Leitung von Mitarbeitern, Möglichkeit zur Gestaltung der Konsequenzen für die Mitarbeiter und der künftigen Arbeitsbedingungen, Vermeiden der Zurückweisung durch Kollegen und Mitarbeiter, Vermeiden einer Verschlechterung des Betriebsklimas. In der **Phase des Abwägens** entscheidet sich der Mitarbeiter für das Gestaltungsziel als Handlungsziel und übernimmt die Leitung des Rationalisierungsprojekts. Er hat die Absicht, das Projekt gemeinsam mit dem Projektteam durchzuführen, um akzeptable Konsequenzen und Arbeitsbedingungen für die Kollegen und Mitarbeiter zu erreichen.

Nach der Übernahme der Projektleitung vereinbart der Mitarbeiter mit der Unternehmungsleitung Kosten- und Leistungsziele für das Rationalisierungsprojekt. In der **Phase des Planens** legt der Mitarbeiter die Richtung, die Intensität und die Ausdauer seiner Anstrengungen sowie die Strategie bei der Durchführung des Rationalisierungsprojekts fest, um die Kosten- und Leistungsziele bei vertretbaren Konsequenzen für die Mitarbeiter und Kollegen sowie angemessenen künftigen Arbeitsbedingungen zu erreichen (vgl. Nerdinger (1995), S. 79; (2014), S. 432).

Die geplante Handlung wird nicht unverzüglich in konkretes Handeln umgesetzt, wenn noch andere Handlungen abgeschlossen oder eingeschoben werden müssen oder eine günstige Gelegenheit zum Handeln abgewartet werden muss. Die **Handlungsinitiierung** ist die Entscheidung darüber, welche der bereits vorliegenden und der neu ausgewählten Handlungsziele Zugang zum Handeln erhalten, um realisiert zu werden. Für diese Entscheidung werden alle Handlungsziele hinsichtlich der Volitionsstärke und dem Grad der Günstigkeit der Situation für ihre Realisation bewertet. Diese Entscheidung ist das Ergebnis eines willensgeleiteten Prozesses, da die Realisation des Handlungsziels durch die Umsetzung der geplanten Handlung gewollt ist (vgl. Achtziger/Gollwitzer (2010), S. 312).

[3] Handeln

In der Phase des Handelns wird die Erreichung des Handlungsziels durch die Realisation der geplanten Handlung angestrebt. Die **Zielerreichung ist gefährdet**, wenn während der Realisation der Handlung Handlungshemmnisse oder neu ausgewählte Handlungsziele auftreten. Der erfolgreiche Abschluss der Handlung verlangt die Erhöhung der Handlungsintensität beim Auftreten von Schwierigkeiten, das Abschirmen alternativer Handlungsziele und neuer Anreize sowie die Wiederaufnahme der Handlungen nach einer Unterbrechung. Diese Entscheidungen sind willensgeleitet. Ob die Handlung erfolgreich abgeschlossen oder abgebrochen wird, hängt wieder von der Volitionsstärke des Handlungsziels ab (vgl. Achtziger/Gollwitzer (2010), S. 312 f.).

[4] Bewerten

Die Phase des Bewertens schließt sich an den Abschluss der Handlung an, die zur Erreichung des Handlungsziels initiiert und ausgeführt worden ist. Bewertet werden die erreichten Handlungsergebnisse, indem sie mit dem gewählten Handlungsziel verglichen werden. Ist das Handlungsziel erreicht worden, wird es deaktiviert und eine neue Handlung mit einem neuen Handlungsziel eingeleitet. Auch wenn quantitative und qualitative Abweichungen festgestellt werden, wird das Handlungsziel deaktiviert, sofern das Anspruchsniveau an das erreichte Handlungsziel angepasst wird. Soll das ursprüngliche Handlungsziel jedoch beibehalten werden, müssen für einen weiteren Versuch der Erreichung des Handlungsziels neue Handlungen geplant werden. Die Ergebnisse der Bewertung haben Einfluss auf die Entwicklung neuer Handlungsziele. Die Entscheidung über die **Deaktivierung der Handlungsziele** orientiert sich am Erwünschten und ist motivgeleitet (Achtziger/Gollwitzer (2010), S. 313).

9.1.1.5 Überblick über die Motivationstheorien

Motivationstheorien sind Modelle, die zielorientiertes Verhalten erklären. Nach dem Gegenstand der Erklärung werden folgende Gruppen von Motivationstheorien unterschieden (vgl. z. B. Nerdinger (2004), Sp. 906 ff.):

- die Inhaltstheorien und
- die Prozesstheorien.

Die **Inhaltstheorien** erklären, welche Motive und Anreize Handlungsbereitschaft auslösen können. Die Motive werden u. a. durch die Theorie der Bedürfnishierarchie nach Maslow und die ERG-Theorie der Motivation nach Alderfer erklärt. Die Zwei-Faktoren-Theorie nach Herzberg, das Job Characteristics Model nach Hackman/Oldham beleuchten neben anderen Theorien die Anreize, die Motive aktivieren können (vgl. Weibler (2016), S. 174 ff.).

Wie die Handlungsbereitschaft in eine Handlungsintention transformiert und diese bis zur Handlungsdeaktivierung aufrechterhalten wird, erklären die **Prozesstheorien**. Theorien zur Erklärung der Intentionsbildung werden unter der Bezeichnung „Erwartungs-Valenz-Theorien" (Erwartungs-mal-Wert-Theorien) zusammengefasst. Zielsetzungstheorien erklären den Einfluss von Zielvorgaben auf die Realisation der Handlungsziele in der Phase des Handelns. Abb. 9.6 gibt einen zusammenfassenden Überblick über die Motivationstheorien.

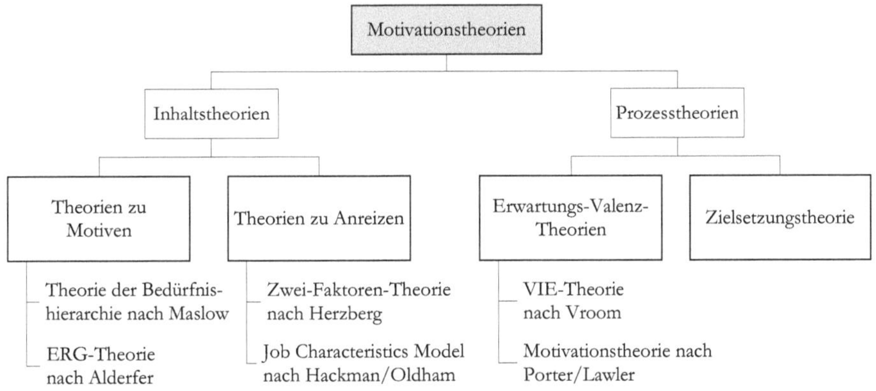

Abb. 9.6: Überblick über die Motivationstheorien

9.1.2 Inhaltstheorien der Motivation

9.1.2.1 Theorien zu Motiven

[1] Theorie der Bedürfnishierarchie nach Maslow

Die Theorie der Bedürfnishierarchie nach Maslow fasst die Gesamtheit der menschlichen Bedürfnisse und Motive in fünf Gruppen zusammen, die hierarchisch nach ihrer relativen Vorrangigkeit geordnet werden (vgl. Malsow (1978), S. 74 ff.). Durch diese Anordnung ergibt sich die **Bedürfnispyramide**, nach der die Theorie benannt ist. Abb. 9.7 zeigt die fünf Gruppen von Bedürfnissen und Motiven (vgl. Rosenstiel/

Nerdinger (2011), S. 396). Neben der Abgrenzung der fünf Gruppen von Bedürfnissen und Motiven enthält die Theorie der Bedürfnishierarchie auch Aussagen über Anreize, die Motive der verschiedenen Ebenen aktivieren.

Die unterste Ebene der Bedürfnispyramide bilden die physiologischen Bedürfnisse. Es folgen auf den nachfolgenden Ebenen das Sicherheitsmotiv, das soziale Motiv und das Achtungsmotiv. Die Bedürfnisse und Motive dieser vier Gruppen werden durch Mangelzustände oder Störungen aktiviert. Sind sie befriedigt, werden die Motive deaktiviert und sind nicht mehr verhaltenswirksam. Die diesen ersten vier Ebenen zugeordneten Bedürfnisse und Motive werden deshalb unter der Bezeichnung **„Defizitmotive"** zusammengefasst. Das Selbstverwirklichungsmotiv, d. h. die Ziele hinsichtlich der Entwicklung der eigenen Möglichkeiten, bilden die Spitze der Bedürfnispyramide. Die eigenen Möglichkeiten können durch Lernen kontinuierlich erweitert werden, so dass dieses Motiv nicht abschließend befriedigt werden kann. Es wird deshalb in Abgrenzung zu den Bedürfnissen und Motiven der ersten vier Hierarchieebenen als **Wachstumsmotiv** bezeichnet.

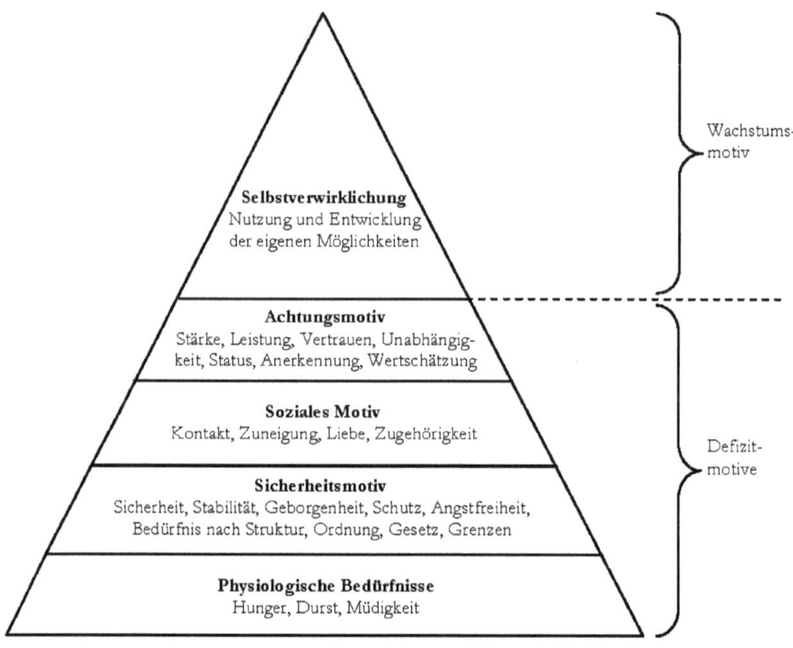

Abb. 9.7: Hierarchie der Motive nach Maslow

Ein Motiv kann unterschiedliche Zustände annehmen. Es kann befriedigt oder nicht befriedigt sein. Danach, ob sie durch einen **Anreiz** aktiviert worden sind, sind sie relevant oder verhaltensneutral. Als dominant wird ein Motiv bezeichnet, das gegenüber allen anderen relevanten Motiven vorrangig ist. Den momentanen Zustand eines Motivs erklärt Maslow mit den folgenden Hypothesen (zu diesen Hypothesen vgl. Alderfer (1969), S. 151):

- der Frustrationshypothese und
- der Befriedigungs-Progressions-Hypothese.

Für Defizitmotive wird die Gültigkeit der **Frustrationshypothese** angenommen. Sie besagt, dass ein nicht befriedigtes Motiv dominant ist. Ist es befriedigt, wird es deaktiviert und damit verhaltensneutral (vgl. Maslow (1999), S. 31 ff.; Alderfer (1969), S. 152). Nach der **Befriedigungs-Progressions-Hypothese** wird ein Motiv einer höheren Hierarchieebene erst dann relevant, wenn die Motive der niedrigeren Hierarchieebenen in einem bestimmten Umfang befriedigt sind (vgl. Maslow (1978), S. 78). Dieser Prozess setzt sich bis zum Motiv der Selbstverwirklichung an der Spitze der Bedürfnispyramide fort, das nicht abschließend befriedigt werden kann. Zusammengefasst besagen die beiden Hypothesen, dass das Handeln grundsätzlich durch unbefriedigte Bedürfnisse oder Motive der jeweils niedrigsten Hierarchieebene bestimmt wird (vgl. Steinmann/Schreyögg/Koch (2013), S. 506).

[2] ERG-Theorie nach Alderfer

An der Theorie der Bedürfnishierarchie nach Maslow wird u. a. kritisiert, dass das Sicherheitsmotiv nicht operational zu den physiologischen Bedürfnissen und dem sozialen Motiv abgegrenzt werden kann und auch ein Kriterium zur Abgrenzung des Achtungsmotivs zu den sozialen Motiven und der Selbstverwirklichung fehlt. Die ERG-Theorie nach Alderfer fasst die fünf Motive der Bedürfnispyramide nach Maslow deshalb zu drei **Motiven** zusammen (vgl. Abb. 9.8):

- den Existenzbedürfnissen (Existence Needs),
- dem Beziehungsmotiv (Relatedness Needs) und
- dem Wachstumsmotiv (Growth Needs).

Zur Abgrenzung dieser Gruppen werden die Ziele des Sicherheitsmotivs, die sich auf materielle Wünsche beziehen, den Existenzbedürfnissen zugeordnet. Ziele des Sicherheitsmotivs, die aus zwischenmenschlichen Beziehungen resultieren, werden dagegen Bestandteil des Beziehungsmotivs. Die Ziele des Achtungsmotivs, die nur durch Reaktionen anderer Personen befriedigt werden können, werden dem Beziehungsmotiv zugerechnet. Der Selbstverwirklichung (Wachstumsmotive) werden sie zugeordnet, wenn sie unabhängig von anderen Personen der Selbstverwirklichung dienen (vgl. Alderfer (1969), S. 145 ff.).

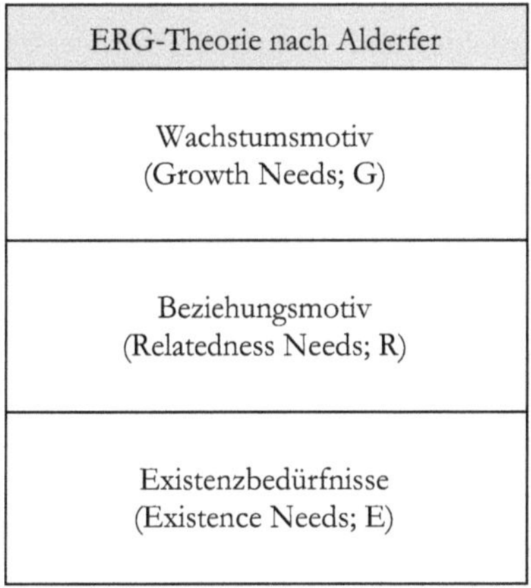

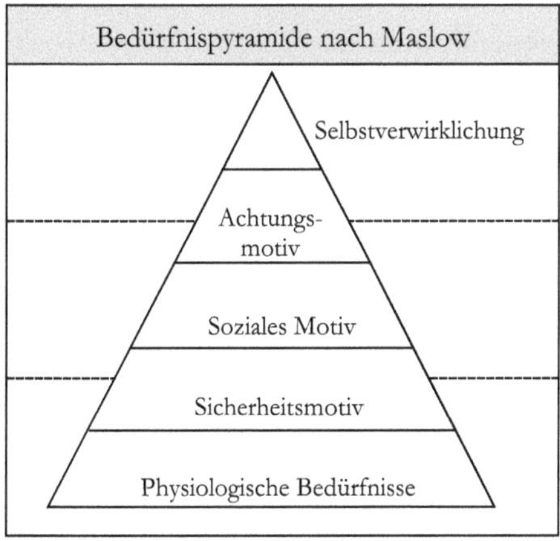

Abb. 9.8: Abgrenzung der Bedürfnis- und Motivgruppen nach Alderfer und Maslow

Die ERG-Theorie ergänzt die **Frustrations-** und die **Befriedigungs-Progressions-Hypothese** der Theorie der Bedürfnishierarchie um

- die Frustrations-Progressions-Hypothese und
- die Frustrations-Regressions-Hypothese.

Nach der **Frustrations-Progressions-Hypothese** kann ein nicht befriedigtes Motiv einer niedrigeren Ebene dazu führen, dass ein Motiv einer höheren Hierarchieebene relevant wird. Die **Frustrations-Regressions-Hypothese** postuliert, dass ein Motiv einer niedrigeren Hierarchieebene dominant wird, wenn das Motiv der höheren Hierarchieebene dauerhaft unbefriedigt bleibt (vgl. Alderfer (1969), S. 151 ff.). Anders als nach der Theorie nach Maslow kann ein befriedigtes Motiv relevant sein. Auch wird neben dem Aufstieg auch der Abstieg in der Bedürfnispyramide berücksichtigt. Dadurch wird neben der Motivation auch die Demotivation erklärbar (vgl. Drumm (2008), S. 393 f.).

9.1.2.2 Theorien zu Anreizen

[1] Zwei-Faktoren-Theorie nach Herzberg

Die Zwei-Faktoren-Theorie nach Herzberg erklärt, welche Anreize in der Unternehmung auf Motive wirken und welche Konsequenzen sie für die Arbeitszufriedenheit der Mitarbeiter haben (vgl. Herzberg/Mausner/Snyderman (1959), S. 114). Unter **Arbeitszufriedenheit** wird eine positive Reaktion auf die Arbeit und die Bereitschaft zu einem bestimmten Arbeitsverhalten verstanden (vgl. Nerdinger (2014), S. 421).

Eine Aussage der Zwei-Faktoren-Theorie ist, dass **Zufriedenheit und Unzufriedenheit** kein Kontinuum bilden, das durch verschiedene Ausprägungen eines Faktors entsteht. Sie sind vielmehr auf Ausprägungen voneinander unabhängiger Faktoren zurückzuführen, die für Zufriedenheit und Nicht-Zufriedenheit einerseits und Nicht-Unzufriedenheit und Unzufriedenheit andererseits sorgen. Diese Faktoren sind:

- die Hygienefaktoren und
- die Motivatoren.

Hygienefaktoren sind Merkmale des Arbeitsumfeldes und damit außerhalb der Tätigkeit angesiedelt. Sie eignen sich nur, Unzufriedenheit zu verhindern. Sind sie hinlänglich erfüllt, führt das nicht zur Zufriedenheit, sondern nur zu einem neutralen Erlebniszustand, der mit „Nicht-Unzufriedenheit" bezeichnet wird. **Motivatoren** sind unmittelbar mit der Tätigkeit verknüpft. Sie bewirken bei günstiger Ausprägung Zufriedenheit, bei ungünstiger keine Unzufriedenheit, sondern Nicht-Zufriedenheit (vgl. Herzberg/Mausner/Snyderman (1959), S. 113 ff.). Abb. 9.9 verdeutlicht die Aussagen der Zwei-Faktoren-Theorie.

Hygienefaktoren	Motivatoren
Bezahlung Interpersonelle Beziehungen mit Mitarbeitern, Vorgesetzten, Kollegen Status und Ansehen Führung durch den Vorgesetzten Unternehmungspolitik und -verwaltung Physische Arbeitsbedingungen Persönliche Lebensumstände Arbeitsplatzsicherheit	Leistungserfolg Anerkennung Arbeitsinhalt Übertragene Verantwortung Beruflicher Aufstieg Entfaltungsmöglichkeiten
Unzufriedenheit ●———● Nicht-Unzufriedenheit	Nicht-Zufriedenheit ●———● Zufriedenheit

Abb. 9.9: Einflussgrößen auf die Arbeitszufriedenheit

Die Zwei-Faktoren-Theorie hat Bedeutung für die **Wahl der Anreize** zur Einflussnahme auf das Arbeitsverhalten in der Unternehmung. Besagt diese Theorie doch, dass ökonomische, speziell finanzielle Anreize nicht ausreichen, um das Arbeitsverhalten positiv zu beeinflussen. Über diese Anreize kann nur Unzufriedenheit vermieden werden. Das Schaffen von Zufriedenheit verlangt nach der Gestaltung von Motivatoren. Der positive Einfluss der Zufriedenheit auf das Arbeitsverhalten kann sich jedoch bei Unzufriedenheit nicht entfalten. Hygienefaktoren und Motivatoren müssen deshalb gleichermaßen zur Einflussnahme auf das Arbeitsverhalten gestaltet werden. Abb. 9.10 vermittelt eine Vorstellung darüber, welche Bedürfnisse und Motive durch diese Faktoren angesprochen werden (vgl. Steinmann/Schreyögg/Koch (2013), S. 511 f.).

	Faktoren	Motiv
Motivatoren	Arbeitsinhalt Entwicklungsmöglichkeiten Leistungserfolg Verantwortung	Selbstverwirklichung
Motivatoren	Beruflicher Aufstieg Anerkennung	Achtungsmotiv
Hygienefaktoren	Status und Ansehen	Achtungsmotiv
Hygienefaktoren	Interpersonale Beziehungen mit Vorgesetzten, Kollegen, Mitarbeitern Führung durch den Vorgesetzten	Soziales Motiv
Hygienefaktoren	Unternehmungspolitik und -verwaltung Arbeitsplatzsicherheit Gehalt	Sicherheitsmotiv
Hygienefaktoren	Physische Arbeitsbedingungen	Physiologische Bedürfnisse

Abb. 9.10: Zuordnung von Motivatoren und Hygienefaktoren zu Motiven

[2] Job Characteristics Model nach Hackman/Oldham

Nach der Zwei-Faktoren-Theorie ist der Arbeitsinhalt einer Tätigkeit ein Anreiz, der Motive der Mitarbeiter in Unternehmungen aktivieren kann. Das Job Characteristics Model nach Hackman/Oldham spezifiziert die Merkmale des Arbeitsinhalts einer Aufgabe, die als **Anreiz** Motive der Mitarbeiter aktivieren können, und erklärt über welche Prozesse diese Anreize auf die intrinsische Motivation, die Arbeitszufriedenheit und das Arbeitsverhalten der Mitarbeiter wirken (vgl. Weibler (2016), S. 187 f.). Abb. 9.11 gibt einen zusammenfassenden Überblick über das Job Characteristics Model von Hackman/Oldham (vgl. Hackman/Oldham (1980), S. 90).

Abb. 9.11: Job Characteristics Model nach Hackman/Oldham

Das Modell geht von der Annahme aus, dass eine Arbeit intrinsisch motiviert, wenn sie die folgenden drei **psychischen Erlebniszustände** hervorruft (vgl. Hackman/Oldham (1980), S. 72 f.):

- Die eigene Tätigkeit wird als bedeutsam erlebt.
- Der Tätige fühlt sich selbst für das Ergebnis der Arbeit verantwortlich.
- Der Tätige hat Kenntnis der aktuellen Ergebnisse, insbesondere der Qualität seiner Arbeit.

Diese psychischen Erlebniszustände werden durch folgende **Merkmale einer Aufgabe** hervorgerufen (vgl. Hackman/Oldham (1980), S. 78 ff.):

- **Anforderungsvielfalt**
  Ausmaß, in dem die Aufgabe verschiedene Fähigkeiten und Fertigkeiten des Mitarbeiters beansprucht
- **Ganzheitlichkeit**
  Anteil der Aufgabe an der Fertigstellung eines Teils, einer Baugruppe, eines Produkts oder einer Dienstleistung
- **Bedeutsamkeit**
  Nutzen der Aufgabe für andere Unternehmungsbereiche, die Unternehmung oder die Unternehmungsumwelt (z. B. Kunden, Nutzer)

- **Autonomie**
  Ausmaß, in dem der Tätige den Ablauf und das Verfahren der Aufgabenerfüllung eigenverantwortlich festlegen kann
- **Rückmeldung**
  Umfang, in dem der Tätige die Effektivität seiner Arbeit unmittelbar erkennen kann

Anforderungsvielfalt, Ganzheitlichkeit und Bedeutsamkeit sind zusammen maßgebend dafür, ob die Arbeit als bedeutend erlebt wird. Diese drei Aufgabenmerkmale können sich deshalb gegenseitig kompensieren. Beispielsweise kann eine zu geringe Anforderungsvielfalt durch eine hohe Bedeutsamkeit ausgeglichen werden (vgl. Hackman/Oldham (1980), S. 79). Autonomie und Rückmeldung rufen eigenständig jeweils einen der beiden verbleibenden physischen Erlebniszustände hervor. Sie können daher nicht durch andere Merkmale kompensiert werden. Fehlt eines dieser beiden Merkmale, hat die Aufgabe kein Motivationspotential. Zu dieser Kennzahl werden die individuell wahrgenommenen Ausprägungen der fünf Aufgabenmerkmale zusammengefasst, um das Potential der Aufgabe zur Förderung der intrinsischen Motivation der Mitarbeiter aufzuzeigen. Die Definition dieser Kennzahl verdeutlicht die Bedeutung der einzelnen Aufgabenmerkmale für das **Motivationspotential** (vgl. Hackman/Oldham (1980), S. 81):

$$\text{Motivationspotential} = \frac{\text{Anforderungsvielfalt} + \text{Ganzheitlichkeit} + \text{Bedeutsamkeit}}{3} \times \text{Rückmeldung} \times \text{Autonomie}$$

Die **Wirkungen der Aufgabenmerkmale** auf die intrinsische Motivation, die Arbeitszufriedenheit und das Arbeitsverhalten werden von den Fähigkeiten und Fertigkeiten, der Zufriedenheit mit dem Aufgabenumfeld (Hygienefaktoren) sowie der Stärke der Wachstumsbedürfnisse des Mitarbeiters beeinflusst (vgl. Hackman/Oldham (1980), S. 82 ff.). Danach kann über die Aufgabenmerkmale nur die intrinsische Motivation von Mitarbeitern mit einem ausgeprägten Motiv zur Selbstverwirklichung beeinflusst werden, die über die erforderlichen Fachkenntnisse verfügen und mit dem Arbeitsumfeld zufrieden sind.

9.1.3 Prozesstheorien der Motivation

Die Prozesstheorien der Motivation erklären **zielorientiertes Verhalten**. Sie beleuchten

- die Auswahl der Handlungsziele als Ergebnis eines Abwägens des Wertes der Ziele und der Erwartungen, diese Ziele zu erreichen, sowie
- die Bedingungen und Mechanismen mit Einfluss auf den Willen zur Aufrechterhaltung des zielorientierten Verhaltens.

Für die Erklärung der Auswahl des Handlungsziels kommt den Erwartungs-Valenz-Theorien große Bedeutung zu. Die Zielsetzungstheorien thematisieren die Einflussnahme auf den Willen zur Aufrechterhaltung zielorientierten Verhaltens über Zielvorgaben (vgl. Nerdinger (2014), S. 431).

9.1.3.1 Erwartungs-Valenz-Theorien

Die **zentrale Aussage** der Erwartungs-Valenz-Theorien lautet wie folgt:

Steht eine Person vor der Wahl zwischen Handlungsmöglichkeiten mit mehreren unsicheren Konsequenzen, dann wird sie die Handlungsmöglichkeit mit dem höchsten **subjektiv erwarteten Wert** wählen (vgl. Nerdinger (1995), S. 87). Der von der Person subjektiv erwartete Wert ist die Motivationsstärke der Handlungsmöglichkeit (vgl. Wiswede (1980), S. 131).

Im Kontext der Auswahl eines Handlungsziels in der Phase des Abwägens sind die Handlungsmöglichkeiten die Ziele, deren Erreichung durch die aktuellen Anreize begünstigt oder gefährdet werden (vgl. Heckhausen/Heckhausen (2010), S. 6). Jedes dieser Ziele kann mehrere Bedürfnisse oder Motive ansprechen, d. h. bei Zielerreichung zu ihrer Befriedigung beitragen.

[1] VIE-Theorie nach Vroom

Die VIE-Theorie geht davon aus, dass die **Motivationsstärke** einer Handlungsmöglichkeit durch die folgenden Größen determiniert wird:

- die Erwartungen zu den Handlungsergebnissen als Wirkungen der Handlung,
- die Instrumentalitäten der Handlungsergebnisse für jede mögliche Ergebnisfolge und
- die Valenz jeder möglichen Ergebnisfolge.

Ein **Handlungsergebnis** ist eine unmittelbare Wirkung der Handlung. Beispiele sind die Aufgabenerfüllung, die Erreichung eines Kostenziels, aber auch die Erschöpfung des Mitarbeiters nach der Handlung. Die **Erwartung** ist die subjektive Wahrscheinlichkeit dafür, dass die Handlung zu einem bestimmten Handlungsergebnis führt (vgl. Vroom (1982), S. 17). Sie ist an die Person des Mitarbeiters gebunden und Ausdruck seines Vertrauens, dass er mit der Ausführung der Handlung das Handlungsergebnis erreicht (vgl. Eisenführ/Weber (2010), S. 175). Sie kann Werte zwischen 0 und +1 annehmen.

Die Folgen eines Handlungsergebnisses, wie z. B. Leistungsprämien, die Anerkennung durch den Vorgesetzten, Beförderungen, Gefahrenzulagen oder die Verschlechterung des Betriebsklimas, werden als **Ergebnisfolgen** bezeichnet. Die **Instrumentalität** ist die Einschätzung des Mitarbeiters zur Eignung des Handlungsergebnisses, eine bestimmte Ergebnisfolge hervorzubringen. Sie kann zwischen –1 und +1 variieren. Behindert ein Handlungsergebnis das Eintreten der Ergebnisfolge, ist die Instrumentalität negativ; fördert sie das Eintreten der Ergebnisfolge, liegt eine positive Instrumentalität vor (vgl. Vroom (1982), S. 16 f.). Abb. 9.12 verdeutlicht die Zusammenhänge zwischen den Größen der VIE-Theorie.

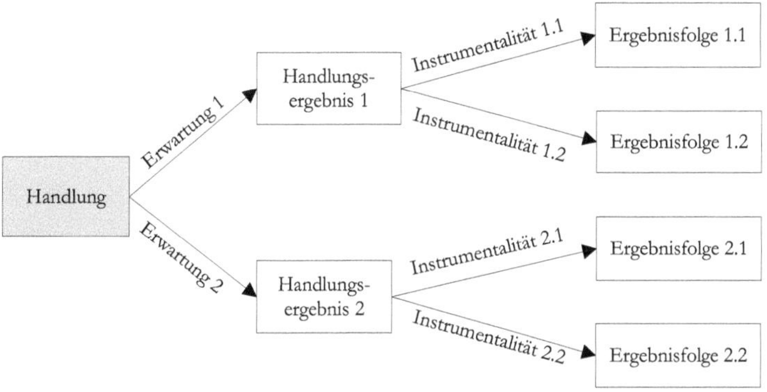

Abb. 9.12: Größen der VIE-Theorie

Mit der **Valenz** wird der subjektive Wert bezeichnet, den die Ergebnisfolge (z. B. die Belohnung) für den Mitarbeiter hat. Sie bringt die Vorziehenswürdigkeit gegenüber anderen möglichen Ergebnisfolgen zum Ausdruck (vgl. Vroom (1982), S. 15). Ist eine Ergebnisfolge positiv valent, wird sie der Mitarbeiter anstreben. Bei negativer Valenz wird er es vorziehen, dieses Ergebnis nicht zu erreichen (z. B. Konflikte). Der Mitarbeiter ist zwischen der Erreichung und der Nicht-Erreichung der Ergebnisfolge indifferent, wenn die Valenz Null ist (vgl. Vroom (1982), S. 15).

Anders als die Ergebnisfolgen haben die Handlungsergebnisse für den Mitarbeiter keinen unmittelbaren Wert, sondern nur eine abgeleitete Valenz, die sich aus den Valenzen der Ergebnisfolgen und den zugehörigen Instrumentalitäten ergibt. Ermittelt wird diese (abgeleitete) **Valenz eines Handlungsergebnisses** mit Hilfe einer streng monoton steigenden Funktion, welche die Valenz des Handlungsergebnisses in Abhängigkeit der mit den Instrumentalitäten gewichteten Valenzen ihrer Ergebnisfolgen angibt:

$$V_{Ej} = g_j\left(\sum_{n=1}^{N} V_{Fn} \cdot I_{jn}\right) \text{ für } j = 1, ..., J;\; g_j' > 0,$$

mit V_{Ej} = Valenz des Handlungsergebnisses j,
V_{Fn} = Valenz der Ergebnisfolge n,
I_{jn} = Instrumentalität des Handlungsergebnisses j für die Ergebnisfolge n,
g_j = streng monoton steigende Funktion für die Valenz des Handlungsergebnisses j.

Die **Motivationsstärke** als subjektiv erwarteter Wert einer Handlungsmöglichkeit wird mit einer streng monoton steigenden Nutzenfunktion ermittelt, die den Wert der Handlungsmöglichkeit in Abhängigkeit vom Erwartungswert der (abgeleiteten) Valenz seiner Handlungsergebnisse angibt (vgl. Vroom (1982), S. 18):

$$F_i = f_i\left(\sum_{j=1}^{J} E_{ij} \cdot V_{Ej}\right), \text{ für } i = 1, \ldots, I;\; f_i' > 0,$$

mit F_i = Motivationsstärke einer Handlungsmöglichkeit i,
f_i = streng monoton steigende Nutzenfunktion des Handlungsziels,
E_{ij} = Erwartung, mit der Handlungsmöglichkeit i das Handlungsergebnis j (j = 1, ..., J) zu erreichen.

Durch die **multiplikative Verknüpfung** der Valenz und der Erwartung soll abgebildet werden, dass bei negativer Valenz des Handlungsergebnisses die Motivationsstärke negativ beeinflusst wird. Durch diese Form der Verknüpfung soll auch zum Ausdruck gebracht werden, dass ein Handlungsergebnis keinen Einfluss auf die Motivationsstärke hat, wenn entweder die Valenz des Handlungsergebnisses oder die Erwartung Null ist (vgl. Vroom (1982), S. 19). Abb. 9.13 und das nachfolgende Beispiel (in Anlehnung an Steinmann/Schreyögg/Koch (2013), S. 491 ff.) veranschaulichen die Zusammenhänge zwischen den Größen der VIE-Theorie.

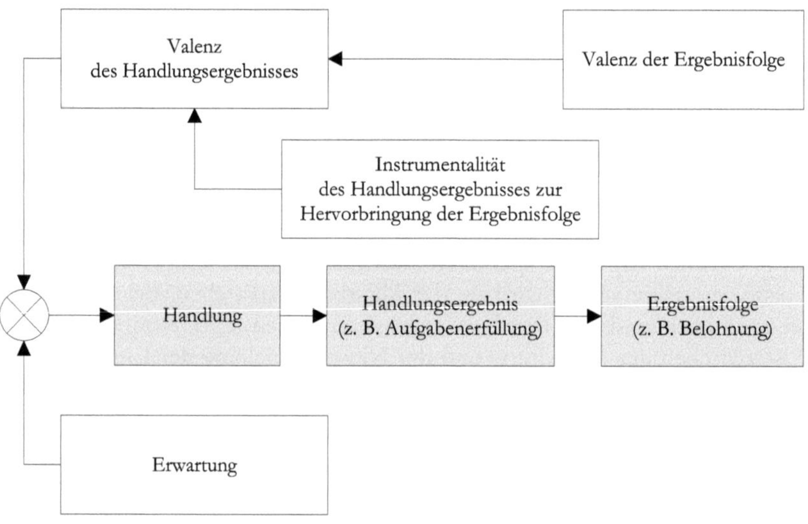

Abb. 9.13: VIE-Theorie

Beispiel 9.2: VIE-Theorie

Das Angebot zur Übernahme der Leitung eines Rationalisierungsprojekts signalisiert einem Mitarbeiter Chancen und Risiken zur Erreichung der folgenden Ziele: Aufstieg in die nächste Führungsebene, Sicherung ausreichender Freizeit und Anerkennung durch die Mitarbeiter. In der Phase des Abwägens wählt der Mitarbeiter eines dieser Ziele als Handlungsziel. An diesem Handlungsziel wird er sein Verhalten bei der Durchführung des Projekts ausrichten. Bei der Auswahl des Handlungsziels geht der Mitarbeiter von folgenden **Handlungsergebnissen** aus, die mit den in der Tabelle genannten subjektiven Wahrscheinlichkeiten (**Erwartungen**) eintreten werden.

Handlungsergebnisse / Mögliche Handlungsziele	Erfolgreicher Projektabschluss	Längere Arbeitszeiten	Versetzungen von Mitarbeitern und Kollegen	Arbeitsverdichtung
Aufstiegsziel	0,9	1,0	0,8	0,8
Freizeitziel	0,4	0,1	0,8	0,8
Anerkennungsziel	0,5	0,6	0,2	0,3

Die folgende Tabelle zeigt die **Ergebnisfolgen** sowie ihre **Instrumentalitäten** und **Valenzen** für das Aufstiegsziel:

Ergebnisfolgen/ Valenzen — Handlungsergebnisse	Aufstieg in die nächste Führungsebene 0,5	Sicherung der Freizeit 0,2	Wertschätzung durch die Kollegen und Mitarbeiter 0,3
Erfolgreicher Projektabschluss	0,8	0	0,2
Kein erfolgreicher Projektabschluss	-0,6	0	-0,2
Verlängerung der Arbeitszeiten	0,4	-0,8	0,4
Keine Verlängerung der Arbeitszeiten	-0,4	1,0	-0,5
Versetzungen	0,4	-0,6	-0,3
Keine Versetzungen	0,3	0	0,8
Arbeitsverdichtung	0	0	-0,2
Keine Arbeitsverdichtung	0	0	0,2

Aus diesen Werten ergeben sich die in der folgenden Tabelle genannten abgeleiteten **Valenzen der Handlungsergebnisse** sowie die **Motivationsstärke** des Aufstiegsziels. Bei der Berechnung der Werte wurden zur Vereinfachung keine Funktionen für die Valenz der Handlungsergebnisse und auch keine Nutzenfunktion berücksichtigt.

Handlungsergebnisse	Abgeleitete Valenzen V_{Ej}	Motivationsstärke des Aufstiegsziels F_{AZ}
Erfolgreicher Projektabschluss	0,5 · 0,8 + 0,2 · 0 + 0,3 · 0,2 = 0,46	0,46 · 0,9
Kein erfolgreicher Projektabschluss	-0,5 · 0,6 + 0,2 · 0 - 0,3 · 0,2 = -0,36	- 0,36 · 0,1
Verlängerung der Arbeitszeiten	0,5 · 0,4 - 0,2 · 0,8 + 0,3 · 0,4 = 0,16	+ 0,16 · 1,0
Keine Verlängerung der Arbeitszeiten	-0,5 · 0,4 + 0,2 · 1,0 - 0,3 · 0,5 = -0,15	- 0,15 · 0
Versetzungen	0,5 · 0,4 - 0,2 · 0,6 - 0,3 · 0,3 = -0,01	- 0,01 · 0,8
Keine Versetzungen	0,5 · 0,3 + 0,2 · 0 + 0,3 · 0,8 = 0,39	+ 0,39 · 0,2
Arbeitsverdichtung	0,5 · 0 + 0,2 · 0 - 0,3 · 0,2 = -0,06	- 0,06 · 0,8
Keine Arbeitsverdichtung	0,5 · 0 + 0,2 · 0 + 0,3 · 0,2 = 0,06	+ 0,06 · 0,2
		0,572

[2] Motivationstheorie nach Porter/Lawler

Die Motivationstheorie nach Porter/Lawler **modifiziert und erweitert die VIE-Theorie**. Sie modifiziert sie in folgenden Punkten: (1) Die Instrumentalität eines Handlungsergebnisses für eine Ergebnisfolge wird durch eine Erwartung ersetzt. (2) Es werden ausschließlich positiv valente Ergebnisfolgen berücksichtigt (vgl. Porter/Lawler (1968), S. 16). An die Stelle der Ergebnisfolge tritt deshalb die Belohnung. Es wird zwischen intrinsischen und extrinsischen Belohnungen unterschieden. Extrinsische Belohnungen werden nach erfolgreicher Realisation der Aufgabe durch eine Instanz gewährt (z. B. Prämie, Büroausstattung, Beförderung, Versetzung und Anerkennung). Intrinsische Belohnungen resultieren direkt aus der Aufgabe oder der Aufgabenerfüllung (z. B. Freude an der Arbeit, Umgang mit einer Personengruppe, Erfolgserlebnis, Erwerb von Wissen). **Bestimmungsgrößen der Motivationsstärke** einer Handlungsmöglichkeit sind nach dieser Motivationstheorie (vgl. Lawler (1977), S. 80):

- die Anstrengungserwartung,
- die Konsequenzerwartung und
- der Wert der Belohnung.

Die **Anstrengungserwartung** einer Person drückt die subjektive Wahrscheinlichkeit aus, dass die Ausführung der Handlung zu einem bestimmten Handlungsergebnis führt. Die subjektive Wahrscheinlichkeit dafür, dass ein erzieltes Handlungsergebnis zur angestrebten Belohnung führt, ist die **Konsequenzerwartung** (vgl. Lawler (1977), S. 76). Der **Wert einer Belohnung** kennzeichnet die subjektive Vorziehenswürdigkeit gegenüber den anderen möglichen Belohnungen (vgl. Porter/Lawler (1968), S. 16). Abhängig ist der Wert einer Belohnung von der Zufriedenheit des Mitarbeiters. Diese entsteht, wenn die in der Vergangenheit gewährten Belohnungen als gerecht empfunden worden sind (vgl. Porter/Lawler (1968), S. 30 f.).

Zur Ermittlung der **Motivationsstärke** einer Handlungsmöglichkeit wird zunächst für jedes mögliche Handlungsergebnis mit den Konsequenzerwartungen der Erwartungswert des Wertes der Belohnung ermittelt. Durch die Multiplikation dieser Erwartungswerte mit den Anstrengungserwartungen ergibt sich Motivationsstärke der Handlungsmöglichkeit (vgl. Lawler (1977), S. 79):

$$F_i = \sum_{j=1}^{J} E_{ij}^{A} \cdot \left(\sum_{m=1}^{M} E_{jm}^{K} \cdot V_m \right), \text{ für } i = 1, \ldots, I,$$

mit E_{ij}^{A} = Anstrengungserwartung des Handlungsergebnisses j (j = 1,..., J) bei Handlungsmöglichkeit i (i = 1, ..., I),

E_{jm}^{K} = Konsequenzerwartung der Belohnung m (m = 1, ..., M) bei Handlungsergebnis j,

V_m = Wert der Belohnung m.

Die Motivationstheorie nach Porter/Lawler **erweitert** die VIE-Theorie durch die Berücksichtigung von

- Eigenschaften der Mitarbeiter als Einflussgrößen auf den Zusammenhang zwischen Handlung und Handlungsergebnis sowie
- Einflussgrößen auf die Erwartungen.

Die Beziehung zwischen Handlung und Handlungsergebnis hängt von folgenden **Eigenschaften der Mitarbeiter** ab:

- den Fähigkeiten und Persönlichkeitsmerkmalen und
- der Rollenwahrnehmung.

Die **Fähigkeiten** und **Persönlichkeitsmerkmale** beschreiben das gegenwärtige Leistungsvermögen eines Mitarbeiters. Die **Rollenwahrnehmung** ist die Art und Weise, wie der Mitarbeiter seine Aufgabe definiert. Sie bestimmt, worauf sich der Mitarbeiter bei der Aufgabenerfüllung konzentriert (vgl. Porter/Lawler (1968), S. 24 f.). Abb. 9.14 zeigt die in der Motivationstheorie nach Porter/Lawler berücksichtigten Einflussgrößen und die zwischen ihnen bestehenden Beziehungen (in Anlehnung an Porter/Lawler (1968), S. 165; Lawler (1971), S. 108).

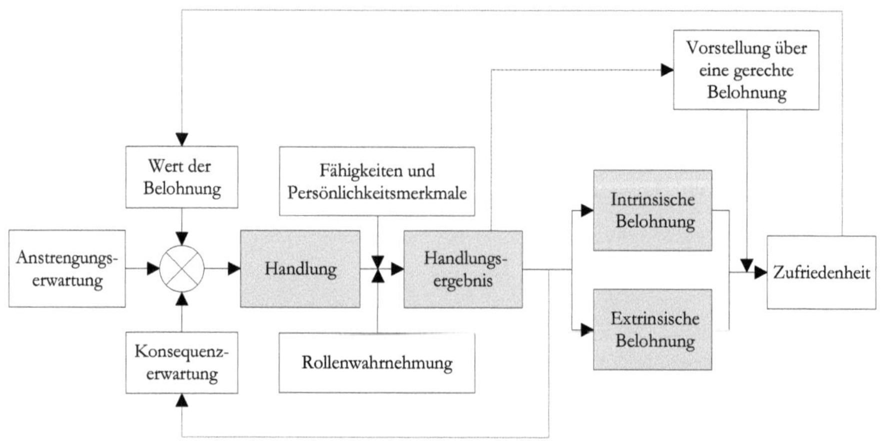

Abb. 9.14: Motivationstheorie nach Porter/Lawler

Die zweite Erweiterung der Motivationstheorie nach Porter/Lawler betrifft die **Einflussgrößen auf die Erwartungen.** Abb. 9.15 gibt einen zusammenfassenden Überblick über diese Einflussgrößen.

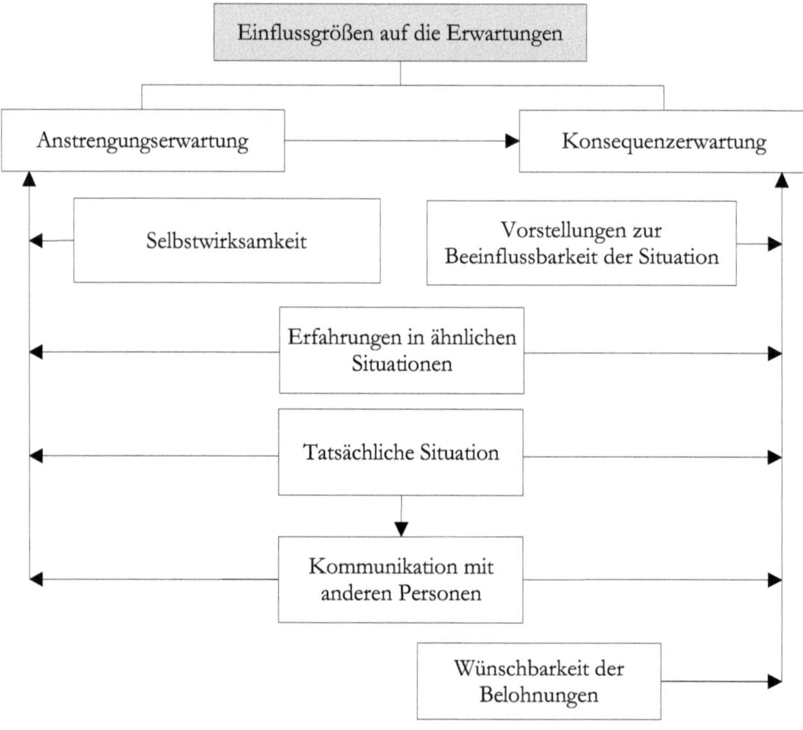

Abb. 9.15: Einflussgrößen auf die Anstrengungs- und Konsequenzerwartung

Unter **Selbstwirksamkeit** wird das aufgabenspezifische Selbstvertrauen eines Mitarbeiters gefasst. Sie beschreibt seine Überzeugung, eine spezifische Aufgabe unter gegebenen Bedingungen erfolgreich ausführen zu können (vgl. Luthans/Luthans/Luthans (2015), S. 175). Mitarbeiter mit einer geringen Selbstwirksamkeit schätzen die Anstrengungserwartung allgemein zu gering ein, während Mitarbeiter mit hoher Selbstwirksamkeit realistische Vorstellungen zur Anstrengungserwartung haben (vgl. Lawler (1971), S. 107 f.).

Die Konsequenzerwartung eines Mitarbeiters hängt u. a. von seinen Vorstellungen über die **Beeinflussbarkeit der Situation** ab. Mitarbeiter, die davon ausgehen, dass sie die Situation gestalten und damit die Belohnung beeinflussen können, haben eine höhere Konsequenzerwartung (vgl. Lawler (1971), S. 110). Individuen messen dem Eintreten positiver Ereignisse höhere Wahrscheinlichkeiten zu als dem Eintreten negativer Ereignisse. Aus diesem Grunde wird die **Wünschbarkeit der Ergebnisse** als Einflussgröße auf die Konsequenzerwartung berücksichtigt. Der **Einfluss der Anstrengungserwartung** auf die Konsequenzerwartung geht darauf zurück, dass aus Aufgaben mit sehr hoher oder sehr niedriger Anstrengungserwartung keine intrinsische Belohnung resultiert und die Konsequenzerwartung deshalb niedrig ist (vgl. Lawler (1971), S. 111).

Die **Erfahrungen in ähnlichen Situationen** beziehen sich auf die in der Vergangenheit bei vergleichbaren Anstrengungen erreichten Handlungsergebnisse (vgl. Porter/ Lawler (1968), S. 38 f.; Lawler (1977), S. 82). Führungsstil, Arbeitsbedingungen, Arbeitsplatzbeschreibung, Anreizsysteme usw. sind Merkmale der **tatsächlichen Situation**. Die **Kommunikation** des Mitarbeiters mit anderen Personen über deren Vorstellungen zur tatsächlichen Situation hat Einfluss auf seine Wahrnehmung der tatsächlichen Situation. Durch gezielte Kommunikation über die tatsächliche Situation (z. B. Betreuung neuer Mitarbeiter durch Mentoren) kann ein korrekter Eindruck von der tatsächlichen Situation vermittelt oder eine verzerrte Wahrnehmung der tatsächlichen Situation korrigiert werden (vgl. Lawler (1977), S. 82, 87).

9.1.3.2 Zielsetzungstheorie

Die Zielsetzungstheorie betrachtet nicht die Handlungsziele der Mitarbeiter, sondern die **Zielvorgaben**, die vom Vorgesetzten gesetzt oder mit ihm vereinbart werden (vgl. Nerdinger (2014), S. 433). Beispiele für diese Zielvorgaben sind die Vorgaben zur Umsetzung des Wirtschaftlichkeitsziels des Kostenmanagements. Die Zielsetzungstheorie erklärt den Einfluss von Merkmalen dieser Zielvorgaben auf das Arbeitsverhalten und das Handlungsergebnis von Mitarbeitern, wie z. B. eine Kostensenkung oder eine Erhöhung der Produktivität. Zur Erklärung dieses Zusammenhangs unterscheidet die Zielsetzungstheorie vier Arten von Variablen (vgl. Blickle (2014), S. 28 f.):

- die Merkmale der Zielvorgaben als unabhängige Variable,
- das Handlungsergebnis als abhängige Variable,
- die Wirkmechanismen als Mediationsvariable sowie
- die Moderatoren als Moderatorvariable.

Wirkmechanismen sind die Merkmale der Handlungsausführung, über die das Arbeitsverhalten gesteuert wird. In der Zielsetzungstheorie werden als Wirkmechanismen die Richtung, die Intensität und die Ausdauer der Anstrengung und die Strategie bei der Handlungsausführung berücksichtigt. Über die Wirkmechanismen haben die Zielvorgaben Einfluss auf die Handlungsergebnisse. Die Stärke dieses Einflusses hängt von einer Reihe von **Moderatoren** ab. Die wichtigsten sind die Zielbindung, die Bedeutung der Zielerreichung, die Selbstwirksamkeit, die Rückmeldung und die Aufgabenkomplexität.

Die **zentralen Aussagen der Zielsetzungstheorie** zu dem Zusammenhang zwischen den Zielvorgaben und dem Handlungsergebnis sind (vgl. Locke/Shaw/Saari/Latham (1981), S. 125):

- Herausfordernde Zielvorgaben führen zu besseren Handlungsergebnissen als mittelschwer oder einfach zu erreichende Zielvorgaben.
- Spezifische Zielvorgaben führen zu besseren Handlungsergebnissen als allgemeine, vage Zielvorgaben, wie z. B. Verbesserung der Ergebnisse des Vorjahres, oder der Verzicht auf Zielvorgaben.

Abb. 9.16 veranschaulicht die Zusammenhänge zwischen den Variablen der Zielsetzungstheorie (vgl. Locke/Latham (1990), S. 253 und (2002), S. 714; Blickle (2014), S. 29).

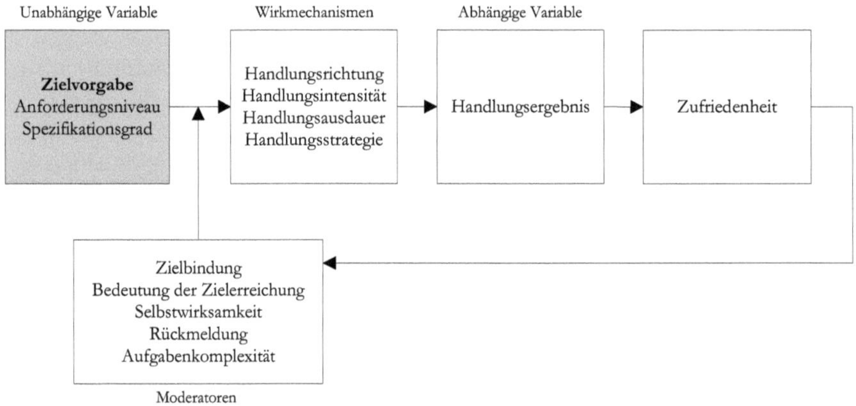

Abb. 9.16: Zielsetzungstheorie

[1] Zielvorgaben

Das **Anforderungsniveau** ist eine Maßgröße für die Erreichbarkeit einer Zielvorgabe, d. h. für die mit der Zielerreichung verbundenen Schwierigkeiten (vgl. Höller (1978), S. 95). Verhaltensbeeinflussend wirken Zielvorgaben nur, wenn das Anforderungsniveau dasjenige übersteigt, das ein Mitarbeiter wählen würde, wenn ihm kein oder ein unbestimmtes Ziel (do best) vorgegeben wird. Hat der Mitarbeiter seine Leistungsgrenze erreicht, deren Höhe von seinen Fähigkeiten, den Unternehmungs- oder Umweltbedingungen bestimmt wird, kann ein höheres Anforderungsniveau keine weitere Verbesserung des Handlungsergebnisses bewirken (Locke/Latham (1990), S. 27 ff.). Zielvorgaben sollten einerseits ein herausforderndes Anforderungsniveau aufweisen und andererseits erreichbar sein (vgl. Luthans/Luthans/Luthans (2015), S. 160 f.). Als herausfordernd gelten Zielvorgaben, wenn sie in einem realisierbaren Ausmaß über den bei vergleichbaren Aufgaben bislang erbrachten Handlungsergebnissen liegen (vgl. Nerdinger (2014), S. 433).

Vage formulierte Zielvorgaben werden aus der Sicht der Mitarbeiter durch eine Vielzahl von Handlungsergebnissen erfüllt, auch solchen, die unter ihren Möglichkeiten liegen. **Spezifische Ziele** machen dagegen eindeutig klar, welches Ergebnis zu erbringen ist (vgl. Locke/Latham (2002), S. 706). Spezifisch formuliert sind Ziele, wenn alle Zielmerkmale festliegen, d. h. das Zielobjekt, das Zielkriterium, der Zielmaßstab, das Zielausmaß und der zeitliche Bezug (ähnlich Locke/Latham (2002), S. 705). Mit dem Zielobjekt wird der sachliche Geltungsbereich der Zielvorgabe festgelegt. Beim Zielkriterium handelt es sich um die Größe, an der die Handlung auszurichten ist. Der Zielmaßstab bestimmt, wie die erwartete oder realisierte Zielerreichung gemessen wird. Das Zielausmaß gibt die zu erreichende Ausprägung des Zielkriteriums an. Der Zeitraum, in dem die Zielvorgabe zu erreichen ist, wird durch den Zeitbezug bestimmt (vgl. Hauschildt (1980), Sp. 2419).

[2] Wirkmechanismen

Spezifische Zielvorgaben beeinflussen die **Richtung** des Handelns, da sie die Aufmerksamkeit und die Anstrengung des Mitarbeiters hin zu den für die Zielerreichung relevanten und weg von den für die Zielerreichung nicht relevanten Informationen und Aktivitäten lenken (vgl. Locke/Latham (2002), S. 706). Diesem positiven Einfluss einer Zielvorgabe auf das Handlungsergebnis steht jedoch die Gefahr gegenüber, dass wichtige, aber für die Erreichung der Zielvorgabe nicht relevante Aktivitäten vernachlässigt werden (vgl. Luthans/Luthans/Luthans (2015), S. 162).

Zielvorgaben liefern die Grundlage für einen Abgleich zwischen den angestrebten und den tatsächlich erreichten Handlungsergebnissen oder Ergebnisfolgen. Sie markieren den Wendepunkt zwischen der Zufriedenheit und der Nicht-Zufriedenheit der Mitarbeiter nach Abschluss der Handlung. Die Zufriedenheit des Mitarbeiters nimmt mit der Überschreitung der Zielvorgabe zu. Wird das Ziel nicht erreicht, steigt die Nicht-Zufriedenheit mit der Abweichung von der Zielvorgabe (vgl. Locke/Latham (2002), S. 709 f.). Herausfordernde Zielvorgaben lassen die **Handlungsintensität** ansteigen, da mehr Energien mobilisiert werden müssen, um sie zu erreichen und Nicht-Zufriedenheit zu vermeiden. Ist keine zeitliche Begrenzung für die Zielerreichung gesetzt worden, wirken herausfordernde Ziele nicht nur auf die Handlungsintensität, sondern auch auf die **Handlungsausdauer**, d. h. die Zeit, über die der Mitarbeiter die Handlung aufrechterhält (vgl. Locke/Latham (2002), S. 707).

Bei einfachen Aufgaben kann die Richtung, die Intensität und die Ausdauer des Handelns unmittelbar durch die Zielvorgaben gesteuert werden. Schwierige Aufgaben verlangen nach aufgabenspezifischen Handlungsstrategien. Herausfordernde, spezifische Zielvorgaben regen bei komplexen Aufgaben das Erkennen, Entwickeln und Nutzen von aufgabenrelevantem Wissen und **Strategien** an (vgl. Locke/Latham (2002), S. 706 f.).

[3] Moderatoren

Der Zusammenhang zwischen den Zielvorgaben und den Handlungsergebnissen ist umso enger, je stärker sich die Mitarbeiter an die Zielvorgaben gebunden fühlen. Umschrieben werden kann die **Zielbindung** mit dem Ausmaß, in dem sich der Mitarbeiter mit der Zielvorgabe identifiziert und sich verpflichtet fühlt, sie zu erreichen (vgl. Künzli (2013), S. 155). Sie äußert sich darin, dass die Anstrengungen zur Zielerreichung auch dann aufrechterhalten werden, wenn Handlungshindernisse oder alternative Handlungsziele auftreten (vgl. Locke/Latham/Erez (1988), S. 23 f.). Entscheidend ist die Zielbindung bei herausfordernden Zielvorgaben (vgl. Locke/Latham (2002), S. 707), damit die höhere Intensität der Anstrengungen aufrechterhalten wird, bis die Zielvorgabe erreicht ist. Geschaffen werden kann die Bindung der Mitarbeiter an die Zielvorgaben durch die Einflussnahme auf die Bedeutung der Zielerreichung für den Mitarbeiter und seine Selbstwirksamkeit (vgl. Locke/Latham (2002), S. 707). Die Bedeutung der Zielvorgabe und die Selbstwirksamkeit wirken damit nur indirekt über die Zielbindung auf den Zusammenhang zwischen Zielvorgabe und Handlungsergebnis.

Beeinflusst wird die **Bedeutung**, welche die Zielerreichung für den Mitarbeiter hat, durch die folgenden Faktoren (vgl. Locke/Latham (2002), S. 707 f.):

- die Art der Kommunikation des Vorgesetzten gegenüber den Mitarbeitern,
- die Unterstützung des Mitarbeiters durch den Vorgesetzten,
- die Autorität des Vorgesetzten,
- die Partizipation bei der Festlegung der Zielvorgaben,
- die Begründung der Bedeutung der Zielvorgabe durch den Vorgesetzten,
- die Förderung der Zusammenarbeit von Mitarbeitern bei der Formulierung von Handlungsstrategien sowie
- Belohnungen.

Formen der **Unterstützung** durch den Vorgesetzten sind die Unterweisung und die Bereitstellung von Hilfsmitteln. Bei der Unterweisung werden die Mitarbeiter zunächst über die Zielvorgaben informiert. Sie bezieht sich jedoch auch auf die Wege und Mittel zur Erreichung der Zielvorgaben (vgl. Luthans/Luthans/Luthans (2015), S. 160). Entscheidend für die **Autorität** des Vorgesetzten, der ein Ziel vorgibt, ist nicht seine legitimierte Autorität, sondern die Autorität, die ihm von den Mitarbeitern zuerkannt wird, z. B. aufgrund seiner Persönlichkeit oder seines Expertenwissens (vgl. Locke/Latham/Erez (1988), S. 33). **Partizipation** ist die Beteiligung der Mitarbeiter an der Festlegung der Zielvorgaben durch den Vorgesetzten. Sie kann zwar nicht generell, jedoch unter bestimmten Bedingungen einen Einfluss auf die Bedeutung der Zielerreichung für den Mitarbeiter haben (vgl. Locke u. a. (1981), S. 138 f.).

Eine hohe **Selbstwirksamkeit** fördert die Zielbindung, sie wirkt jedoch auch unmittelbar auf das Handlungsergebnis. Bei ausgeprägter Selbstwirksamkeit ist die Handlungsintensität und -ausdauer angesichts von Schwierigkeiten und Rückschlägen bei der Handlungsausführung größer und es werden bessere Handlungsstrategien entwickelt. Zudem reagieren Mitarbeiter mit ausgeprägter Selbstwirksamkeit besser auf negative Rückmeldungen. Beeinflusst wird die Selbstwirksamkeit u. a. durch eigene und fremde Erfahrungen in ähnlichen Situationen (vgl. Luthans/Luthans/Luthans (2015), S. 178 ff.). Über Aus- und Weiterbildung sowie die Ermutigung und fachliche Unterstützung durch den Vorgesetzten kann die Selbstwirksamkeit der Mitarbeiter gestärkt werden (vgl. Locke/Latham (2002), S. 708).

Rückmeldungen verstärken insbesondere bei komplexen Aufgaben die Wirkungen herausfordernder Zielvorgaben auf das Handlungsergebnis. Damit Rückmeldungen diese Wirkungen haben, sollten sie während des Zielerreichungsprozesses regelmäßig bereitgestellt werden, verhaltensbezogen und konstruktiv, nicht personen-, sondern ergebnis- und prozessbezogen sein (vgl. Künzli (2013), S. 156). Sie sollten sich nicht auf den Zielerreichungsgrad beschränken, sondern auch Aussagen zu den Handlungen umfassen, die zur Zielerreichung notwendig sind. Rückmeldungen, die diesen Anforderungen genügen, ermöglichen dem Mitarbeiter die Korrektur von Handlungsrichtung, -intensität, -ausdauer und -strategie. Vorgenommen werden solche Korrekturen bei Unzufriedenheit mit dem Erreichten und hoher Selbstwirksamkeit (vgl. Luthans/Luthans/Luthans (2015), S. 161 ff.; Nerdinger (1995), S. 117 ff.).

Mit der **Aufgabenkomplexität** nehmen die Anforderungen an die Fachkenntnis der Mitarbeiter und die Handlungsstrategie zu. Der Effekt der Merkmale von Zielvorgaben auf die Handlungsergebnisse ist deshalb davon abhängig, inwieweit die Mitarbeiter diesen Anforderungen genügen. Der Zusammenhang zwischen den Zielvorgaben und den Handlungsergebnissen ist deshalb bei einfachen Aufgaben sehr viel stärker als bei schwierigen (vgl. Locke/Latham (2002), S. 708 f.).

9.2 Theorien zur Herleitung von Einflussgrößen auf die Kreativität

9.2.1 Ansätze der Kreativitätsforschung

Unter Kreativität wird das Hervorbringen von Ideen verstanden, die neuartig sind (vgl. VDI-Richtlinie 2806 (2002), S. 2). Gegenüber der künstlerischen Kreativität ist die hier relevante **angewandte Kreativität** an die strenge Bedingung der Angemessenheit gebunden. Diese ist als Verwertbarkeit oder Nützlichkeit zu interpretieren und bildet das Kriterium zur Abgrenzung einer kreativen Leistung von einer neuartigen, jedoch unbrauchbaren Idee (vgl. Aschenbrücker (2004), Sp. 1025 f.).

Kreativität ist das Generieren neuartiger und für ein innovatives Problem verwertbarer Ideen durch eine einzelne Person oder eine kleine Gruppe (vgl. Amabile (2013), S. 134).

Es werden drei **Ansätze der Kreativitätsforschung** zur Erklärung der Kreativität unterschieden (vgl. Aschenbrücker (2004), Sp. 1027; Lippmann/Angstmann (2013), S. 377 ff.):

- der personenorientierte Ansatz,
- der umweltorientierte Ansatz und
- der prozessorientierte Ansatz.

Der **personenorientierte Ansatz** erklärt kreative Leistungen über Persönlichkeitsmerkmale und intellektuelle Fähigkeiten von Personen. Der Einfluss von Merkmalen des Arbeitsumfeldes, insbesondere der Arbeitsbedingungen auf die kreative Leistung wird durch den **umweltorientierten Ansatz** abgebildet. Zu diesen Einflussgrößen zählen u. a. Zeit, Informationen, Ressourcen, Kooperations- und Kommunikationsstrukturen, Macht- und Hierarchieverhältnisse sowie Konkurrenz. Der **prozessorientierte Ansatz** erfasst den Ablauf des Problemlösungsprozesses, um die kreative Leistung durch kreativitätsfördernde oder -hemmende Bedingungsfaktoren in den verschiedenen Phasen dieses Prozesses erklären zu können.

Die **komponentenorientierte Konzeption der Kreativität** ist ein Arbeitsmodell für eine Theorie der Kreativität, das die verschiedenen Ansätze der Kreativitätsforschung integriert (vgl. Amabile (1996), S. 81 f.). Sie umfasst zum einen Aussagen zu den personenorientierten, kognitiven und motivationsbezogenen Einflussgrößen auf die kreative Leistung von Mitarbeitern und ihrer Bedeutung in den verschiedenen Phasen des Problemlösungsprozesses. Zum anderen gibt sie Auskunft über den Einfluss des Arbeitsumfeldes auf die intrinsische Motivation von Mitarbeitern zur Aufgabenerfüllung sowie ihre Wirkungen auf die kreative Leistung.

9.2.2 Komponentenorientierte Konzeption der Kreativität

9.2.2.1 Einflussgrößen auf die Kreativität

Die komponentenorientierte Konzeption erklärt die Kreativität mit Hilfe von personen- und umweltbezogene **Komponenten**. Die personenbezogenen Komponenten sind die Fachkenntnisse, die kreativitätsrelevanten Fertigkeiten sowie die Motivation zur Aufgabenerfüllung. Das Arbeitsumfeld ist die umweltbezogene Komponente. Es wird davon ausgegangen, dass Kreativität das Zusammenwirken aller vier Komponenten verlangt. Sie sollte am stärksten ausgeprägt sein, wenn eine intrinsisch motivierte Person mit umfassenden Fachkenntnissen und kreativitätsrelevanten Fertigkeiten in einem kreativitätsfördernden Arbeitsumfeld tätig ist (vgl. Amabile (2013), S. 135.

[1] Fachkenntnisse

Fachkenntnisse werden in diesem Zusammenhang als die Gesamtheit der bekannten **Vorgehensweisen zur Lösung** eines gegebenen Problems verstanden. Je umfangreicher die Fachkenntnisse sind, desto größer ist die Anzahl der Alternativen, eine neue Kombination von Schritten zur Problemlösung und damit eine innovative Idee zu generieren. Fachkenntnisse bilden die Basis jeder innovativen Arbeit (vgl. Amabile (1997), S. 42).

[2] Kreativitätsrelevante Fertigkeiten

Die kreativitätsrelevanten Fertigkeiten sind maßgebend für die Vielfalt der **Vorgehensweisen**, auf die **bei der Lösung** eines konkreten Problems zurückgegriffen werden kann. Zu diesen Fertigkeiten zählen (vgl. Amabile (2007), S. 213 f.):

- die Fähigkeit zum lateralen Denken,
- Erfahrungen in der Anwendung von Heuristiken zur kreativen Ideenfindung und
- ein kreativitätsförderlicher Arbeitsstil.

Beim **lateralen Denken** werden systematisch verschiedene Denk- und Wahrnehmungsperspektiven eingenommen, um ein Problem von allen Seiten zu erschließen. Im Unterschied zum traditionellen, d. h. zum vertikalen oder logischen Denken ist laterales Denken (vgl. de Bono (1986), S. 14 ff.)

- kein Ausrichten auf das Ergebnis, sondern kontinuierliches Suchen nach neuen Mustern und Wegen;
- kein vorschnelles Ausschließen, sondern Weiterverfolgen unzulänglich oder nicht relevant erscheinender Ideen, um zu neuen Ideen zu gelangen;

- kein ausschließlich schrittweises Vorgehen, sondern ein Prozess, in dem Gedankensprünge ausdrücklich erlaubt sind;
- kein Konzentrieren auf Ideen, die Erfolg versprechend sind, sondern Vermeiden offenkundiger Lösungswege und Weiterverfolgen von Ideen ohne unmittelbare Erfolgsaussichten;
- kein Prozess, der mit einem zumindest minimalen Ergebnis abschließt, sondern ein Prozess mit ungewissem Ausgang.

Heuristiken zur kreativen Ideenfindung können als generelle Herangehensweise an innovative Probleme verstanden werden, die eine Abkehr von vertrauten Lösungsansätzen fördern. Beispiele für diese Heuristiken sind: „Schlägt das Naheliegende fehl, dann suche Lösungen, die der Intuition widersprechen", „Verfremde Vertrautes", „Zum Generieren von Lösungsalternativen analysiere Fallstudien, gebrauche Analogien, berücksichtige Ausnahmen und durchdringe Widersprüche", „Betrachte das Problem von einer anderen Seite her", „Visualisiere das Problem, um der Starrheit der verfügbaren Begriffe auszuweichen" und „Zerlege das Problem in immer kleinere Einheiten, um durch eine veränderte Zusammensetzung zu einer neuen Lösung zu gelangen" (vgl. VDI-Richtlinie 2806 (2002), S. 5). Diese Heuristiken liegen den verschiedenen Kreativitätstechniken zugrunde.

Ein **kreativitätsförderlicher Arbeitsstil** umfasst u. a. die Fähigkeit, seine Bemühungen über einen längeren Zeitraum auf ein Problem konzentrieren zu können sowie zum produktiven Vergessen. Letzteres ermöglicht z. B. das Aufgeben ungeeigneter Suchstrategien und das zeitweilige Verdrängen hartnäckiger Probleme (vgl. Amabile (1988), S. 132).

Kreativitätsrelevante Fertigkeiten sind häufig mit folgenden **Persönlichkeitsmerkmalen** verbunden: Unabhängigkeit, Selbstdisziplin, Geduld, Unempfindlichkeit gegenüber Rückschlägen sowie Unabhängigkeit von allgemein akzeptierten Vorstellungen. Darüber hinaus können kreativitätsrelevante Fertigkeiten durch Schulungen und die Sammlung von Erfahrungen beim Generieren von Ideen gewonnen werden (vgl. Amabile (1988), S. 131 f.).

[3] Motivation

Es ist möglich, fehlende Qualifikation zumindest teilweise durch Motivation zu ersetzen. Es ist jedoch nicht möglich, einen Mangel an Motivation durch eine hohe Qualifikation auszugleichen. Die Motivation wird deshalb als die **Hauptkomponente** der Kreativität betrachtet (vgl. Amabile (1998), S. 79), wobei es vor allem die intrinsische Motivation ist, die kreativitätsfördernd wirkt (vgl. Frey/Osterloh (2000), S. 37).

[4] Arbeitsumfeld

Extrinsische Anreize können die intrinsische Motivation verdrängen (vgl. Frey/Osterloh (2000), S. 26 ff.) und damit kreativitätshemmend wirken. Einzelne extrinsische Anreize können die intrinsische Motivation jedoch auch verstärken. Die **extrinsischen Anreize**, welche die intrinsische Motivation der Mitarbeiter verdrängen oder verstärken, bilden in ihrer Gesamtheit das Arbeitsumfeld der Mitarbeiter (vgl. Amabile (2013), S. 136).

Synergetische extrinsische Anreize sind informationsbezogen oder unterstützend. Sie fördern die Problemlösungsfähigkeit der Mitarbeiter, ohne ihr Gefühl der Selbstbestimmung bei der Aufgabenerfüllung durch Vorgaben und Leistungskontrollen zu beeinträchtigen (vgl. Amabile (1993), S. 194 f.). Informationsbezogene extrinsische Anreize sind Formen der Belohnung, der Anerkennung oder Rückkopplung, die für die Problemlösung wichtige Informationen übermitteln oder die Problemlösungskompetenz der Beteiligten bestätigen. Zu diesen Anreizen zählt auch die Bedeutung, welche die Aufgabe für die Unternehmung und damit die eigene berufliche Zukunft hat. Unterstützende extrinsische Anreize verbessern die Arbeitssituation der Beteiligten. Als Beispiel kann die Bereitstellung weiterer Ressourcen für den Problemlösungsprozess genannt werden (vgl. Amabile (1997), S. 45).

Regulierende extrinsische Anreize tragen nicht zur Problemlösungsfähigkeit bei und wirken sich ungünstig auf das Gefühl der Selbstbestimmung aus, da sie mit Vorgaben zur Aufgabenausführung und Leistungskontrollen verbunden sind. Sie verdrängen die intrinsische Motivation und sind kreativitätshemmende Faktoren des Arbeitsumfelds (vgl. Amabile (1997), S. 45). Beispiele für diese Anreize sind Belohnungen, die im Rahmen unternehmungsinterner Wettbewerbe oder bei Einhaltung von Anweisungen zur Ausführung der Aufgaben gewährt werden, oder die Beurteilung von Ideen.

Die Beziehungen zwischen den Anreizen, der Motivation und der Kreativität werden durch das **intrinsische Motivationsprinzip der Kreativität** zusammenfassend beschrieben (vgl. Amabile (1996), S. 119). Es besagt, dass

- intrinsische Motivation einen positiven Einfluss auf die Kreativität hat,
- regulierende extrinsische Anreize die intrinsische Motivation verdrängen und sich deshalb ungünstig auf die Kreativität auswirken,
- extrinsische Motivation, die aus informationsbezogenen oder unterstützenden Anreizen resultiert, einen günstigen Einfluss auf die Kreativität hat, insbesondere wenn das ursprüngliche Niveau der intrinsischen Motivation hoch ist.

Es sind nicht die extrinsischen Anreize selbst, welche die intrinsische Motivation verdrängen, sondern die **Begrenzung der Selbstbestimmung** durch Vorgaben und Kontrollen, die Voraussetzungen für viele extrinsische Anreize sind. Anreize, die aus der Bedeutung der Aufgabe für die Unternehmung und damit für die eigene berufliche Zukunft resultieren, sind ein wichtiges Element der Kreativitätsförderung (vgl. Forbes/Domm (2004), S. 11). Abb. 9.17 gibt einen Überblick über intrinsische Anreize sowie extrinsische Anreize, die sich über die Beeinflussung der intrinsischen Motivation kreativitätshemmend oder kreativitätsfördernd auswirken (vgl. Amabile (1996), S. 120).

<table>
<tr><th>Wirkung / Art</th><th>Kreativitätsfördernde Anreize</th><th>Regulierende extrinsische Anreize</th></tr>
<tr><td rowspan="2">Allgemeine Faktoren</td><td>Intrinsische Anreize
■ Autonomie oder Gefühl der Selbststeuerung
■ Bedeutung oder Dringlichkeit der Aufgabe
■ Optimale Herausforderung
■ Übereinstimmung der Aufgabe mit den Interessen des Mitarbeiters</td><td rowspan="2">■ Bedrohung durch kritische Beurteilungen, die den Eindruck von fehlender Kompetenz vermitteln
■ Erwartung kritischer Beurteilungen
■ Überwachung
■ Vertragliche Vereinbarung von Belohnungen
■ Begrenzung der Handlungsfreiheit
■ Willkürliche oder unrealistische Zeitvorgaben
■ Konkurrenz innerhalb des Teams</td></tr>
<tr><td>Synergetische extrinsische Anreize
■ Ausreichende Ressourcen
■ Anerkennung der Problemlösungskompetenz
■ Intrinsisch motivierende Anreize
■ Leistungsfördernde Aufgabenstrukturierung</td></tr>
<tr><td rowspan="2">Unternehmungsbezogene Faktoren</td><td>Intrinsische Anreize
■ Institutionalisierung der Begutachtung neuer Ideen (z. B. betriebliches Vorschlagswesen)
■ Ermutigung durch das Top Management
■ Ermutigung durch den unmittelbaren Vorgesetzten
■ Hohe Bedeutung intrinsischer Anreize</td><td rowspan="2">■ Mangelnde Kommunikation
■ Mangelnde Zusammenarbeit
■ Ablehnung von Veränderungen
■ Betonung extrinsischer Anreize
■ Wettbewerb zwischen Projekten
■ Starre Prozesse
■ Fehlende Unterstützung des Projekts in der Unternehmung</td></tr>
<tr><td>Synergetische extrinsische Anreize
■ Positive Einstellung zu Fehlschlägen, da aus ihnen wichtige Informationen abgeleitet werden können
■ Teammitglieder verfügen über verschiedenartige Fähigkeiten und Fertigkeiten
■ Offenheit der Teammitglieder für neue Ideen
■ Strenge Rangordnung
■ Teammitglieder stehen in einem konstruktiven Ideenwettbewerb
■ Wettbewerb mit anderen Unternehmungen
■ Eindeutige Zielvorgaben ohne Anweisungen zur Art der Zielerreichung
■ Kooperation
■ Zusammenarbeit</td></tr>
</table>

Abb. 9.17: Kreativitätsrelevante Einflussfaktoren auf die intrinsische Motivation

9.2.2.2 Phasen im Prozess der kreativen Problemlösung

Die Komponenten der Kreativität wirken in den einzelnen Phasen des **Prozesses der kreativen Problemlösung** sehr unterschiedlich auf die kreative Leistung. Nach der komponentenorientierten Konzeption umfasst dieser fünf Phasen, die bis zur endgültigen Problemlösung in der Regel mehrfach ausgeführt werden. Diese Phasen sind (vgl. Amabile (1990), S. 80 ff.):

- die Problemerkenntnis,
- die Vorbereitung,

- das Generieren von Ideen,
- die Bewertung und Kommunikation der Ideen sowie
- die Entscheidung.

In der ersten Phase, der **Problemerkenntnis**, wird einem Mitarbeiter das Problem bewusst oder bewusst gemacht. Um den Prozess der kreativen Problemlösung in Gang zu setzen, bedarf es einer gewissen Motivation der Mitarbeiter. Während der **Vorbereitung** in der zweiten Phase wird Wissen, das für die Problemlösung relevant erscheint, neu erworben oder reaktiviert. Der in dieser Phase erforderliche Arbeitseinsatz hängt von den im Team vorhandenen Fachkenntnissen ab. Zum **Generieren von Ideen** für die Problemlösung werden in der dritten Phase die bekannten Lösungsansätze überprüft und die für die Aufgabenstellung relevanten Merkmale des Problemumfeldes analysiert. Diese Phase ist für den Neuheitsgrad der Problemlösung entscheidend. Sie verlangt, dass die bekannten Lösungsansätze aus unterschiedlichen Perspektiven betrachtet und mögliche Lösungsideen hinreichend verfolgt und nicht vorschnell verworfen werden. Das setzt kreativitätsrelevante Fertigkeiten voraus, neben die jedoch die Motivation zur Problemlösung treten muss. Diese ist für die Bereitschaft maßgebend, auch Lösungsideen zu verfolgen, die zunächst nicht Erfolg versprechend erscheinen. Die gefundenen Lösungsideen werden in der vierten Phase hinsichtlich ihrer Eignung zur Lösung des gestellten Problems **bewertet und kommuniziert**. Für die Bearbeitung dieser Aufgabe sind vor allem Fachkenntnisse erforderlich. In der fünften Phase wird über die bewerteten Lösungsvorschläge **entschieden** (vgl. Amabile (2007), S. 216 ff.).

Werden mit der gefundenen Lösung alle verfolgten Ziele erreicht, **endet der Prozess** der kreativen Problemlösung. Er endet auch dann, wenn keine geeignete Lösung gefunden werden konnte. Genügt die gefundene Lösung nicht allen Anforderungen, wird der Prozess der kreativen Problemlösung wiederholt, um geeignetere Lösungen zu finden. Möglich ist das jedoch nur, wenn die Beteiligten auf der Grundlage der im ersten Versuch erworbenen Fachkenntnisse erwarten, eine bessere Lösung zu finden. Im anderen Fall werden sie nicht motiviert sein, einen zweiten Versuch zu unternehmen (vgl. Amabile (2007), S. 220). Abb. 9.18 verdeutlicht die Bedeutung der personenbezogenen Komponenten der Kreativität in den verschiedenen Phasen im Prozess der kreativen Problemlösung (vgl. Amabile (1988), S. 138; (1990), S. 81).

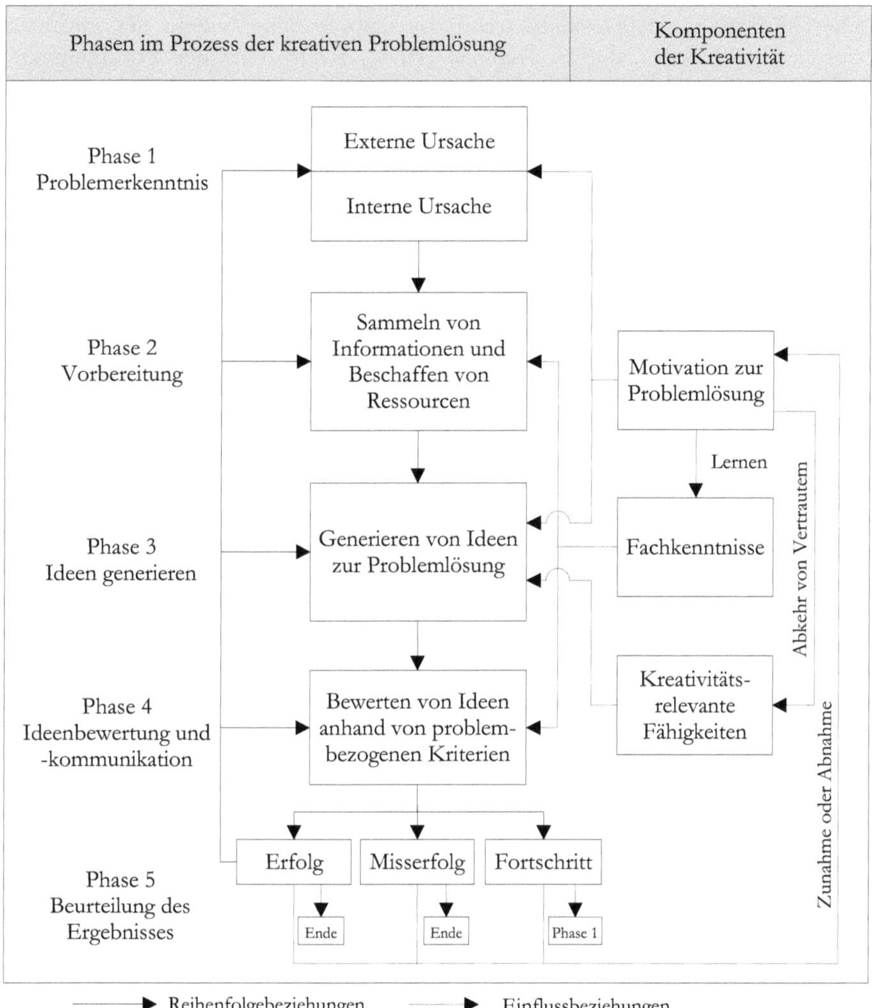

Abb. 9.18: Einflussgrößen auf die Kreativität im Problemlösungsprozess

Eine kreative Idee zeichnet sich durch Neuartigkeit und Angemessenheit für das gestellte Problem aus. Die Neuartigkeit der Ideen wird vor allem in den Phasen der Problemerkenntnis sowie der Ideengenerierung determiniert. Intrinsische Motivation ist in diesen Phasen von größerer Bedeutung als in den anderen Phasen des kreativen Problemlösungsprozesses. In diesen Phasen sollten auf die Aufgabenträger deshalb ausschließlich **intrinsische Anreize** wirken. Die Phasen der Vorbereitung und der Ideenbewertung und -kommunikation sind für die Angemessenheit der Ideen maßgebend. In diesen Phasen ist die intrinsische Motivation der Mitarbeiter deshalb von geringerer Bedeutung. Durch informationsbezogene oder unterstützende **extrinsische Anreize** kann in diesen beiden Phasen das Interesse der Aufgabenträger auch über langwierige und langweilige Abschnitte aufrechterhalten und ihre Aufmerksamkeit auf Aspekte der Vollständigkeit und Angemessenheit der Lösung oder den termingerechten Abschluss des Projekts gelenkt werden (vgl. Amabile (1993), S. 196; (1997), S. 46). In diesen Phasen bewirken synergetische extrinsische Anreize keine signifikante Verdrängung intrinsischer Motivation, insbesondere wenn das ursprüngliche Niveau der intrinsischen Motivation sehr hoch ist (vgl. Amabile (1996), S. 118). Bei der Vorbereitung, der Ideenbewertung und -kommunikation kann extrinsische Motivation aus informationsbezogenen oder unterstützenden extrinsischen Anreizen dazu beitragen, dass eine vollständige und anwendbare Lösung gefunden wird.

Literaturverzeichnis

Aalbregtse, John R.: Target Costing. In: Handbook of Cost Management. 1994 Edition. New York 1993, S. D2-1-D2-26.

Achtziger, Anja und *Peter M. Gollwitzer:* Motivation und Volition im Handlungsverlauf. In: Motivation und Handeln. Hrsg. von Jutta Heckhausen und Heinz Heckhausen. 4. Aufl., Berlin u. a. 2010, S. 309-335.

Adam, Dietrich: Produktionsmanagement. 9. Aufl., Wiesbaden 1998.

Alderfer, Clayton P.: Empirical Test of a New Theory of Human Needs. In: Organizational Behavior and Human Performance (9) 1969, Heft 4, S. 142-175.

Al-Radhi, Mehdi und *Jörg Heuer:* Total Productive Maintenance. München, Wien 1995.

Amabile, Teresa M.: A Model of Creativity and Innovation in Organizations. In: Research in Organizational Behavior (10) 1988, S. 123-167.

Amabile, Teresa M.: Within You, Without You. The Social Psychology of Creativity, and Beyond. In: Theories of Creativity. Hrsg. von Marc A. Runco und Robert S. Albert. Newbury Park, London, New Dehli 1990, S. 61-91.

Amabile, Teresa M.: Motivational Synergy: Toward New Conceptualizations of Intrinsic and Extrinsic Motivation in the Workplace. In: Human Resource Management Review (3) 1993, Heft 3, S. 185-201.

Amabile, Teresa M.: Creativity in Context. Boulder (CO) 1996.

Amabile, Teresa M.: Motivating Creativity in Organizations: On Doing what you Love and Loving what you Do. In: California Management Review (40) 1997, Heft 3, S. 39-58.

Amabile, Teresa M.: How to Kill Creativity. In: Harvard Business Review (76) 1998, Heft 1, S. 77-87.

Amabile, Teresa M.: Managing for Creativity. In: The Entrepreneurial Venture. Hrsg. von William A. Sahlman u. a., 2. Aufl., Boston (MA) 1999, S. 521-536.

Amabile, Teresa M.: The Social Psychology of Creativity. A Componential Conceptualization. In: Fundamentals of HRM. Band 3: HRM Practices and Procedures II. Hrsg. von Neil Anderson. Los Angeles u. a. 2007, S. 205-229.

Amabile, Teresa M.: Componential Theory of Creativity. In: Encyclopedia of Management Theory. Hrsg. von Eric H. Kessler. Los Angeles u. a. 2013, S. 134-139.

Amabile, Teresa M. und *Regina Conti:* Changes in the Work Environment for Creativity during Downsizing. In: Academy of Management Journal (42) 1999, Heft 6, S. 630-640.

Amabile, Teresa M. und *Steven J. Kramer:* Was Mitarbeiter wirklich denken. In: Harvard Business Manager (29) 2007, Heft 9, S. 48-62.

Amabile, Teresa M., Constance N. Hadley und *Steven J. Kramer:* Creativity under the Gun. In: Harvard Business Review (80) 2002, Heft 8, S. 52-61.

Amabile, Teresa M., Elizabeth A. Schatzel, Giovanni B. Moneta und *Steven J. Kramer:* Leader Behaviors and the Work Environment for Creativity: Perceived Leader Support. In: The Leadership Quarterly (15) 2004, S. 5-32.

Anderson, Shannon W.: Managing Costs and Cost Structure throughout the Value Chain: Research on Strategic Cost Management. In: Handbook of Management Accounting Research. Band 2. Hrsg. von Christopher Chapman, Anthony G. Hopwood und Michael D. Shields. Amsterdam u. a. 2007, S. 481-506.

Anderson, Shannon W. und *Henri C. Dekker:* Strategic Cost Management in Supply Chains. Part 1: Structural Cost Management. In: Accounting Horizons (23) 2009, Heft 2, S. 210-220.

Anić, Denis: Ideenmanagement. Baden-Baden 2001.

Anklesaria, Jimmy: Supply Chain Cost Management. New York u. a. 2008.

Anthony, Robert N. und *Vijay Govindarajan:* Management Control Systems. 12. Aufl., New York 2007.

Antoni, Claus: Konzepte der Mitarbeiterbeteiligung: Delegation und Partizipation. In: Arbeits- und Organisationspsychologie. Hrsg. von Günter Hoyos und Dieter Frey. Weinheim 1999, S. 569-583.

Antoni, Conny Herbert: Qualitätszirkel als Modell partizipativer Gruppenarbeit. Bern u. a. 1990.

APQC (American Productivity & Quality Center): The Benchmarking Code of Conduct. http://www.fit4service.de/img_gruen/downloads/code-of-conduct_german.pdf oder http://www.orau.gov/pbm/pbmhandbook/apqc.pdf.

Arbeitskreis „Immaterielle Werte im Rechnungswesen": Kategorisierung und bilanzielle Erfassung immaterieller Werte. In: Der Betrieb (54) 2001, S. 989-995.

Arnold, Ulli: Sourcing-Konzepte. In: Handwörterbuch der Produktionswirtschaft. Hrsg. von Werner Kern, Hans-Horst Schröder und Jürgen Weber. 2. Aufl., Stuttgart 1996, Sp. 1861-1874.

Arnold, Ulli: Beschaffungsmanagement. 2. Aufl., Stuttgart 1997.

Arogyaswamy, Kamala, Vincent L. Barker III und *Masoud Yasai-Ardekani:* Firm Turnarounds: An Integrative Two-Stage Model. In: Journal of Management Studies (32) 1995, S. 493-525.

Asaka, Tetsuichi und *Kazuo Ozeki:* Handbook of Quality Tools. Cambridge (MA), Norwalk (CT) 1990.

Aschenbrücker, Karin: Kreativitätspotentiale und deren Förderung. In: Handwörterbuch des Personalwesens. Hrsg. von Eduard Gaugler, Walter A. Oechsler und Wolfgang Weber. 3. Aufl., Stuttgart 2004, Sp. 1025-1034.

Atkinson, Anthony A.: Performance Evaluation. In: Handwörterbuch Unternehmensrechnung und Controlling. Hrsg. von Hans-Ulrich Küpper und Alfred Wagenhofer. 4. Aufl., Stuttgart 2002, Sp. 1375-1384.

Atkinson, Anthony A., Robert S. Kaplan, Ella M. Matsumura und *S. Mark Young:* Management Accounting. 6. Aufl., Upper Saddle River (NJ) 2012.

Bach, Norbert: Wandel individuellen und kollektiven Mitarbeiterverhaltens. In: Excellence in Change. Hrsg. von Wilfried Krüger. Wiesbaden 2000, S. 221-260.

Bach, Norbert: Einstellungen und Verhalten der betroffenen Mitarbeiter. In: Excellence in Change. Hrsg. von Wilfried Krüger. 3. Aufl., Wiesbaden 2006, S. 171-208.

Backhaus, Klaus und *Stephan Funke:* Fixkostenmanagement. In: Kostenmanagement. Hrsg. von Klaus-Peter Franz und Peter Kajüter. Stuttgart 1997, S. 29-43.

Back-Hock, Andrea: Produktlebenszyklusorientierte Ergebnisrechnung. In: Handbuch Kostenrechnung. Hrsg. von Wolfgang Männel. Wiesbaden 1992, S. 703-714.

Baetge, Jörg, Gerhard Schewe, Roland Schulz und *Henrik Solmecke*: Unternehmenskultur und Unternehmenserfolg: Stand der empirischen Forschung und Konsequenzen für die Entwicklung eines Messkonzeptes. In: Journal für Betriebswirtschaft (57) 2007, S. 183-219.

Balachandran, Bala v. und *Sudhakar v. Balachandran:* Cost Culture through Cost Management Maturity Model. In: Cost Management (19) 2005, Heft 6, S. 15-26.

Barfield, Jesse T., Caroline M. Fisher und *Jerry R. Goolsby:* Improving Competitiveness through Non-Value-Added Activity Analysis. In: Cost Management (18) 2004, Heft 4, S. 22-32.

Barker III, Vincent L. und *Irene M. Duhaime:* Strategic Chance in the Turnaround Process: Theory and Empirical Evidence. In: Strategic Management Accounting (18) 1997, S. 13-38.

Bauer, Hans H.: Das Erfahrungskurvenkonzept. Möglichkeiten und Problematik der Ableitung strategischer Handlungsalternativen. In: Wirtschaftswissenschaftliches Studium (15) 1986, S. 1-10.

Bea, Franz X. und *Jürgen Haas:* Strategisches Management. 8. Aufl., Stuttgart 2016.

Becker, Fred G.: Anreizsysteme als Führungsinstrumente. In: Handwörterbuch der Führung. Hrsg. von Alfred Kieser, Gerhard Reber und Rolf Wunderer. 2. Aufl., Stuttgart 1995, Sp. 34-45.

Becker, Jörg: Konstruktionsbegleitende Kalkulation mit Neuronalen Netzen innerhalb einer integrierten Informationssystemarchitektur. In: Neuronale Netze in der Betriebswirtschaft. Hrsg. von Hans Corsten und Constantin May. Wiesbaden 1996, S. 45-56.

Becker, Wolfgang: Entwicklungslinien der betriebswirtschaftlichen Kostenlehre. In: Kostenpolitik und Controlling. Hrsg. von Wolfgang Becker und Bernd Warnick. Wiesbaden 1993, S. 5-18.

Bellis-Jones, Robin: Activity-Based Cost Management. In: Management Accounting Handbook. Hrsg. von Colin Drury. Oxford 1992, S. 100-127.

Berens, Wolfgang, Martin Karlowitsch und *Martin Mertes:* Die Balanced Scorecard als Controllinginstrument in Non-Profit-Organisationen. In: Controlling (12) 2000, S. 23-28.

Berthel, Jürgen und *Fred G. Becker:* Personalmanagement. 10. Aufl., Stuttgart 2013.

Betz, Stefan: Die Erfahrungskurve als Instrument der Zielkostenspaltung. In: Betriebswirtschaftliche Forschung und Praxis (47) 1995, S. 609-625.

Bibeault, Donald B.: Corporate Turnaround. How Managers Turn Losers into Winners. New York u. a. 1982.

Biberacher, Johannes: Synergiemanagement und Synergiecontrolling. München 2003.

Bismarck, Wolf-Bertram von: Das Vorschlagswesen. München, Mering 2000.

Blanchard, Benjamin S.: Design and Manage to Life Cycle Cost. Portland (OR) 1978.

Bleicher, Knut: Aufgaben der Unternehmungsführung. In: Handbuch Unternehmungsführung. Hrsg. von Hans Corsten und Michael Reiß. Wiesbaden 1995, S. 19-32.

Blickle, Gerhard: Methoden. In: Arbeits- und Organisationspsychologie. Hrsg. von Friedemann Nerdinger, Gerhard Blickle und Niclas Schaper. 3. Aufl., Berlin 2014, S. 25-40.

Bogan, Christopher E. und *Michael J. English:* Benchmarking for Best Practices. New York u. a. 1994.

Bogaschewsky, Ronald: Rationalisierungsgemeinschaften mit Lieferanten. In: Konzernlogistik und Rationalisierungsgemeinschaften mit Lieferanten. Hrsg. von Jürgen Bloech, Ronald Bogaschewsky und Werner Frank. Stuttgart 1994, S. 95-115.

Bogaschewsky, Ronald: Wertanalyse. In: Handwörterbuch Unternehmensrechnung und Controlling. Hrsg. von Hans-Ulrich Küpper und Alfred Wagenhofer. 4. Aufl., Stuttgart 2002, Sp. 2111-2120.

Bogaschewsky, Ronald und *Roland Rollberg:* Prozeßorientiertes Management. Berlin u. a. 1998.

Bohr, Kurt: Wirtschaftlichkeit. In: Handwörterbuch des Rechnungswesens. Hrsg. von Erich Kosiol, Klaus Chmielewicz und Marcell Schweitzer. 2. Aufl., Stuttgart 1981, Sp. 1795-1805.

Bohr, Kurt: Effizienz und Effektivität. In: Handwörterbuch der Betriebswirtschaft. Hrsg. von Waldemar Wittmann, Werner Kern, Richard Köhler, Hans-Ulrich Küpper und Klaus v. Wysocki. 5. Aufl., Stuttgart 1993, Sp. 855-869.

Bourne, Mike und *Pippa Bourne:* Handbook of Corporate Performance Measurement. Chichester 2011.

Brassard, Michael: The Memory Jogger Plus+. Salem (NH) 1996.

Brede, Hauke: Entwicklungstrends in Kostenrechnung und Kostenmanagement. In: Die Unternehmung (47) 1993, S. 333-358.

Brehm, Carsten R.: Kommunikation im Unternehmungswandel. In: Excellence in Change. Hrsg. von Wilfried Krüger. 2. Aufl., Wiesbaden 2002, S. 261-290.

Brehm, Carsten R.: Kommunikation im Wandel. In: Excellence in Change. Hrsg. von Wilfried Krüger. 3. Aufl., Wiesbaden 2006, S. 281-309.

Brehm, Carsten R., Sven Hackmann und *Dietgard Jantzen-Homp:* Projekt- und Programm-Management. In: Excellence in Change. Hrsg. von Wilfried Krüger. 3. Aufl., Wiesbaden 2006, S. 209-244.

Breisig, Thomas: Zielvereinbarungssysteme. In: Handwörterbuch des Personalwesens. Hrsg. von Eduard Gaugler, Walter A. Oechsler und Wolfgang Weber. 3. Aufl., Stuttgart 2004, Sp. 2053-2064.

Brinker, Barry J.: The State of Cost Management. In: Journal of Cost Management (5) 1992, Heft 4, S. 3-4.

Brockhoff, Klaus: Produktpolitik. 4. Aufl., Stuttgart 1999.

Brokemper, Andreas: Strategieorientiertes Kostenmanagement. München 1998.

Bronner, Albert und *Stephan Herr:* Wertanalyse. 3. Aufl., Berlin u. a. 2003.

Brose, Peter und *Hans Corsten:* Verhaltenstheoretische Überlegungen zur Partizipation - Entwurf eines interaktiven Ansatzes. In: Zeitschrift für Betriebswirtschaft (53) 1983, S. 26-44.

Brown, Mark G. und *Raynold A. Svenson:* Measuring R&D Productivity. In: Research Technology Management (31) 1988, S. 11-15.

Bucksch, Rolf und *Peter Rost:* Einsatz der Wertanalyse zur Gestaltung erfolgreicher Produkte. In: Zeitschrift für betriebswirtschaftliche Forschung (37) 1985, S. 350-361.

Budäus, Dietrich: Öffentliche Verwaltung. In: Handwörterbuch des Rechnungswesens. Hrsg. von Klaus Chmielewicz und Marcell Schweitzer. 3. Aufl., Stuttgart 1993, Sp. 1436-1447.

Bühner, Rolf: Das Management-Wert-Konzept. Stuttgart 1990a.

Bühner, Rolf: Erfolg von Unternehmenszusammenschlüssen in der Bundesrepublik Deutschland. Stuttgart 1990b.

Bühner, Rolf: Strategie und Organisation. 2. Aufl., Wiesbaden 1993.

Bühner, Rolf: Führungsaspekte im Rahmen des Total Quality Management. In: Total Quality Management I. Hrsg. von Dieter B. Preßmar. Wiesbaden 1995, S. 37-59.

Bühner, Rolf: Akquisitionsplanung. In: Handwörterbuch Unternehmungsrechnung und Controlling. Hrsg. von Hans-Ulrich Küpper und Alfred Wagenhofer. 4. Aufl., Stuttgart 2002, Sp. 40-48.

Bühner, Rolf: Personalmanagement. 3. Aufl., München, Wien 2005.

Bungard, Walter: Zur Implementierungsproblematik bei Business-Reengineering Projekten. In: Reengineering zwischen Anspruch und Wirklichkeit. Hrsg. von Manfred Perlitz, Andreas Offinger, Michael Reinhardt und Klaus Schug. Wiesbaden 1996, S. 253-273.

Burger, Anton: Kostenmanagement. 3. Aufl., München, Wien 1999.

Busse von Colbe, Walther: Kostenremanenz. In: Handwörterbuch der Betriebswirtschaft. Hrsg. von Hans Seischab und Karl Schwantag. 3. Aufl., Stuttgart 1958, Sp. 3460-3465.

Camp, Robert C.: Benchmarking. München, Wien 1994.

Carr, Chris und *Julia Ng:* Total Cost Control: Nissan and its U.K. Supplier Partnerships. In: Management Accounting Research (6) 1995, S. 347-365.

Castrogiovanni, Gary J. und *Garry D. Bruton:* Business Turnaround Processes Following Acquisition: Reconsidering the Role of Retrenchment. In: Journal of Business Research (48) 2000, S. 25-34.

Chen, Chao C., Cameron M. Ford und *George F. Farris:* Do Rewards Benefit the Organization? The Effects of Reward Types and the Perceptions of Diverse R&D Professionals. In: IEEE Transactions on Engineering Management (46) 1999, Heft 1, S. 47-55.

Chwolka, Anne: Marktorientierte Zielkostenvorgaben als Instrument der Verhaltenssteuerung im Kostenmanagement. In: Zeitschrift für betriebswirtschaftliche Forschung (55) 2003, S. 135-157.

Clark, Kim B. und *Takahiro Fujimoto:* Automobilentwicklung mit System. Frankfurt, New York 1992.

Clinton, B. Douglas und *Stephan C. Del Vecchio:* Cosourcing in Manufacturing?. In: Journal of Cost Management (16) 2002, Heft 5, S. 5-12.

Coenenberg, Adolf G.: Die Bedeutung fertigungswirtschaftlicher Lernvorgänge für Kostentheorie, Kostenrechnung und Bilanz. In: Kostenrechnungspraxis 1970, S. 111-116.

Coenenberg, Adolf G. und *Thomas M. Fischer:* Ansatzpunkte des Turnaround-Managements im Unternehmen. In: Turnaround-Management. Hrsg. von Adolf G. Coenenberg und Thomas M. Fischer. Stuttgart 1993, S. 1-11.

Coenenberg, Adolf *G., Thomas M. Fischer* und *Thomas Günther:* Kostenrechnung und Kostenanalyse. 9. Aufl., Stuttgart 2016.

Coenenberg, Adolf G., Thomas Fischer und *Jochen Schmitz:* Target Costing und Product Life Cycle Costing als Instrumente des Kostenmanagements. In: Zeitschrift für Planung (5) 1994, S. 1-38.

Coenenberg, Adolf G., Rainer Salfeld und *Wolfgang Schultze:* Wertorientierte Unternehmensführung. 3. Aufl., Stuttgart 2015.

Comelli, Gerhard, Lutz von Rosenstiel und *Friedemann Nerdinger:* Führung durch Motivation. 5. Aufl., München 2014.

Conte, Antonio: Strategisches Kostenmanagement im Einkauf: ein ganzheitlicher Ansatz zur Kostensteuerung. In: Praxishandbuch innovative Beschaffung. Hrsg. von Ulli Arnold und Gerhard Kasulke. Weinheim 2007, S. 229-244.

Cooper, Robin: When Lean Enterprises Collide. Boston (MA) 1995.

Cooper, Robin: Schlank zur Spitze. München 1998.

Cooper, Robin: Target Costing for New-Product Development. In: Journal of Cost Management (16) 2002, Heft 3, S. 5-12.

Cooper, Robin und *Regine Slagmulder:* Target Costing and Value Engineering. Portland (OR), Montvale (NJ) 1997.

Cooper, Robin und *Regine Slagmulder:* Supply Chain Development for the Lean Enterprise. Portland (OR), Montvale (NJ) 1999a.

Cooper, Robin und *Regine Slagmulder:* How to Undertake Effective Interorganizational Cost Management in Product Development. In: Controlling (11) 1999b, S. 245-252.

Cooper, Robin und *Regine Slagmulder:* Target Costing for New-Product Development: Product-Level Target Costing. In: Journal of Cost Management (16) 2002a, Heft 4, S. 5-12.

Cooper, Robin und *Regine Slagmulder:* Target Costing for New-Product Development: Component-Level Target Costing. In: Journal of Cost Management (16) 2002b, Heft 5, S. 36-43.

Cooper, Robin und *Regine Slagmulder:* Achieving Full-Cycle Cost Management. In: MIT Sloan Management Review (46) 2004, Heft 4, S. 45-52.

Cooper, Robin und *Regine Slagmulder:* Interorganizational Costing. In: Handbook of Cost Management. Hrsg. von Roman L. Weil und Michael W. Maher. 2. Aufl., Hoboken (NJ) 2005a, S. 289-312.

Cooper, Robin und *Regine Slagmulder:* Kaizen Costing for Existing Products. In: Handbook of Cost Management. Hrsg. von Roman L. Weil und Michael W. Maher. 2. Aufl., Hoboken (NJ) 2005b, S. 271-288.

Cooper, Robin und *Regine Slagmulder:* Target Costing for New Product Development. In: Handbook of Cost Management. Hrsg. von Roman L. Weil und Michael W. Maher. 2. Aufl., Hoboken (NJ) 2005c, S. 243-270.

Cooper, Robin und *Regine Slagmulder:* Integrated Cost Management. In: Contemporary Issues in Management Accounting. Hrsg. von Alnoor Bhimani. Oxford 2006, S. 117-145.

Corsten, Hans: Geschäftsprozessmanagement. Grundlagen, Elemente und Konzepte. In: Management von Geschäftsprozessen. Hrsg. von Hans Corsten. Stuttgart 1997, S. 9-57.

Corsten, Hans und *Ralf Gössinger:* Produktionswirtschaft. 14. Aufl., Berlin/Boston 2016.

Corsten, Hans, Hilde Corsten und *Ralf Gössinger:* Projektmanagement. 2. Aufl., München/Wien 2008.

Corsten, Hans, Ralf Gössinger, Gordon Müller-Seitz und *Herfried Schneider:* Grundlagen des Technologie- und Innovationsmanagements. 2. Aufl., München 2016.

Davenport, Thomas H.: Process Innovation. Boston (MA) 1993.

David, Fred R. und *Forest R. David:* Strategic Management. A Competitive Advantage Approach, Concepts and Cases. 16. Aufl., Boston (MA) u. a. 2017.

Davila, Antonio und *Marc Wouters:* Designing Cost-Competitive Technology Products through Cost Management. In: Accounting Horizons (18) 2004, Heft 1, S. 13-26.

de Bono, Edward: Laterales Denken für Führungskräfte. Hamburg 1986.

Dellmann, Klaus: Betriebswirtschaftliche Produktions- und Kostentheorie. Wiesbaden 1980.

Dellmann, Klaus und *Klaus-Peter Franz:* Von der Kostenrechnung zum Kostenmanagement. In: Neuere Entwicklungen im Kostenmanagement. Hrsg. von Klaus Dellmann und Klaus-Peter Franz. Bern u. a. 1994, S. 15-30.

Dellmann, Klaus und *Karl Ludwig Pedell* (Hrsg.): Controlling von Produktivität, Wirtschaftlichkeit und Ergebnis. Stuttgart 1994.

Deppe, Joachim: Qualitätszirkel. Bern u. a. 1986.

Deppe, Joachim: Anreizpotentiale von Qualitätszirkeln. In: Handbuch Anreizsysteme. Hrsg. von Günther Schanz. Stuttgart 1991, S. 635-666.

Deppe, Joachim: Quality Circle und Lernstatt. 2. Aufl., Wiesbaden 1992.

Deutscher Normenausschuß (Hrsg.): DIN 69910. Wertanalyse-Begriffe, Methode. Berlin u. a. 1973.

Diels, Horst: Kostenwachstumsfunktionen als Hilfsmittel zur Kostenfrüherkennung. Düsseldorf 1988.

DIN Deutsches Institut für Normung e.V. (Hrsg.): DIN 69910. Wertanalyse. Berlin u. a. 1987.

DIN Deutsches Institut für Normung e.V. (Hrsg.): DIN EN 1325-1. Value Management. Wertanalyse, Funktionenanalyse Wörterbuch. Teil 1: Wertanalyse und Funktionenanalyse. Berlin u. a. 1996.

DIN Deutsches Institut für Normung e.V. (Hrsg.): DIN EN 12973. Value Management. Berlin u. a. 2002.

Domsch, Michel: Anreizsysteme für Industrieforscher. In: Personal-Management in der industriellen Forschung und Entwicklung. Hrsg. von Michel Domsch und Eduard Jochum. Köln u. a. 1984, S. 249-270.

Domsch, Michel: Qualitätszirkel - Baustein einer mitarbeiterorientierten Führung und Zusammenarbeit. In: Zeitschrift für betriebswirtschaftliche Forschung (37) 1985, S. 428-441.

Domsch, Michel E. und *Désirée H. Ladwig:* Qualitätszirkel. In: Handwörterbuch der Produktionswirtschaft. Hrsg. von Werner Kern, Hans-Horst Schröder und Jürgen Weber. 2. Aufl., Stuttgart 1996, Sp. 1761-1770.

Doppler, Klaus und *Christoph Lauterburg:* Change Management. 13. Aufl., Frankfurt/M., New York 2014.

Dörnemann, Jörg und *Jörg Pfitzer:* Motivationsförderung durch Anreizsysteme im Target Costing. In: Kostenrechnungspraxis (44) 2000, S. 25-30.

Dressler, Sören: Shared Services, Business Process Outsourcing und Offshoring. Wiesbaden 2007.

Drumm, Hans Jürgen: Personalwirtschaft. 6. Aufl., Berlin u. a. 2008.

Drury, Colin: Management and Cost Accounting. 9. Aufl., Andover u. a. 2015.

Dudenhöfer, Ferdinand: Kostensenkung durch Internet-Einkaufsplattformen. In: Kostenmanagement. Hrsg. von Klaus-Peter Franz und Peter Kajüter. 2. Aufl., Stuttgart 2002, S. 401-412.

Ebeling, Jürgen: Die sieben elementaren Werkzeuge der Qualität. In: Die hohe Schule des Total Quality Management. Hrsg. von Gerd F. Kamiske. Berlin u. a. 1994, S. 297-328.

Eberle, Peter und *Hans-Günter Heil:* Relativkosten-Informationen für die Konstruktion. In: Handbuch Kostenrechnung. Hrsg. von Wolfgang Männel. Wiesbaden 1992, S. 782-790.

Ebers, Mark: Organisationskultur und Führung. In: Handwörterbuch der Führung. Hrsg. von Alfred Kieser, Gerhard Reber und Rolf Wunderer. Stuttgart 1995, Sp. 1664-1682.

Eccles, Robert G. und *Philip J. Pyburn:* Creating a Comprehensive Performance Measurement System. In: Managment Accounting (74) 1992, Heft 4, S. 41–44.

Ehrlenspiel, Klaus: Kostengünstig konstruieren. 1. Aufl., Berlin u. a. 1985.

Ehrlenspiel, Klaus: Konstruktion. In: Handwörterbuch der Produktionswirtschaft. Hrsg. von Werner Kern, Hans-Horst Schröder und Jürgen Weber. 2. Aufl., Stuttgart 1996, Sp. 904-922.

Ehrlenspiel, Klaus, Alfons Kiewert und *Udo Lindemann*: Kostengünstig Entwickeln und Konstruieren. 6. Aufl., Berlin u. a. 2007.

Eichhorn, Peter: Öffentliche und gemeinwirtschaftliche Unternehmungen. In: Handwörterbuch der Betriebswirtschaft. Hrsg. von Waldemar Wittmann, Werner Kern, Richard Köhler, Hans-Ulrich Küpper und Klaus v. Wysocki. 5. Aufl., Stuttgart 1993, Sp. 2925-2940.

Eicke, Henning von und *Christian Femerling:* Modular Sourcing. München 1991.

Eisenführ, Franz und *Martin Weber:* Rationales Entscheiden. 5. Aufl., Berlin u. a. 2010.

Ellram, Lisa M.: A Taxonomy of Total Cost of Ownership Models. In: Journal of Business Logistics (15) 1994, Heft 1, S. 171-191.

Ellram, Lisa M.: Acitivity-Based Costing and Total Cost of Ownership: A Critical Linkage. In: Journal of Cost Management (8) 1995, S. 22-30.

Ellram, Lisa M.: A Structured Method for Applying Purchasing Cost Management Tools. In: International Journal of Purchasing and Materials Management 1996, Heft 1, S. 11-19.

Ellram, Lisa M.: Total Cost of Ownership. In: Handbuch Industrielles Beschaffungsmanagement. Hrsg. von Dietger Hahn und Lutz Kaufmann. Wiesbaden 1999, S. 595-607.

Ellram, Lisa M. und *Arnold B. Maltz:* The Use of Total Cost of Ownership Concepts to Model the Outsourcing Decision. In: The International Journal of Logistics Management (6) 1995, Heft 2, S. 55-66.

Ellram, Lisa M. und *Sue P. Siferd:* Purchasing: The Cornerstone of the Total Cost of Ownership Concept. In: Journal of Business Logistics (14) 1993, Heft 1, S. 163-184.

Evans, James R.: Total Quality. 4. Aufl., Mason (OH) 2005.

Ewert, Ralf: Target Costing und Verhaltenssteuerung. In: Kostenmanagement. Hrsg. von Carl-Christian Freidank, Uwe Götze und Burhard Huch. Berlin u. a. 1997, S. 299-320.

Ewert, Ralf und *Alfred Wagenhofer:* Interne Unternehmensrechnung. 8. Aufl., Berlin u. a. 2014.

Fandel, Günter: Produktion I. Produktions- und Kostentheorie. 6. Aufl., Berlin u. a. 2005.

Fessler, Nicholas J. und *Joseph Fisher:* Target Costing. In: Guide to Cost Management. Hrsg. von Barry J. Brinker. New York u. a. 2000, S. 31-46.

Ficalora, Joseph P. und *Louis Cohen:* Quality Function Deployment and Six Sigma. 2. Aufl., Upper Saddle River (NJ) u. a. 2009.

Fischer, Thomas M.: Kosten- und Erlösmanagement. In: Handwörterbuch Unternehmensrechnung und Controlling. Hrsg. von Hans-Ulrich Küpper und Alfred Wagenhofer. 4. Aufl., Stuttgart 2002, Sp. 1089-1098.

Fischer, Thomas M. und *Jochen A. Schmitz:* Informationsgehalt und Interpretation des Zielkostendiagramms im Target Costing. In: Kostenrechnungspraxis (38) 1994, S. 427-433.

Fischer, Thomas M. und *Sven Sterzenbach:* Shared Service Center-Controlling. Ergebnisse einer empirischen Studie in deutschen Unternehmen. In: Controlling (19) 2007, S. 463-472.

Fisher, Joseph: Implementing Target Costing. In: Journal of Cost Management (9) 1995, Heft 3, S. 50-59.

Forbes, Benjamin J. und *Donald R. Domm:* Creativity and Productivity: Resolving the Conflict. In: SAM Advanced Management Journal (69) 2004, Heft 2, S. 4-11, 27.

Francis, Graham und *Jacky Holloway:* What Have we Learned? Themes from the Literature on Best-Practice Benchmarking. In: International Journal for Management Reviews (9) 2007, S. 171-189.

Frank, Stephan H.: Kostenmanagement administrativer Prozesse. Hamburg 2015.

Franken, Rolf und *Erich Frese:* Kontrolle und Planung. In: Handwörterbuch der Planung. Hrsg. von Norbert Szyperski. Stuttgart 1989, Sp. 888-898.

Franz, Klaus-Peter: Target Costing. Konzept und kritische Bereiche. In: Controlling (3) 1993, S. 124-130.

Franz, Klaus-Peter: Die Gemeinkostenwertanalyse als Instrument des Kostenmanagements. In: Strategisches Personalmanagement. Hrsg. von Christian Scholz und Maryam Djarrahzadeh. Stuttgart 1995, S. 131-140.

Franz, Klaus-Peter: Wege zum Erhalt von Arbeitsplätzen im Rahmen des Kostenmanagements. In: Kostenmanagement. Hrsg. von Klaus-Peter Franz und Peter Kajüter. 2. Aufl., Stuttgart 2002, S. 415-426.

Franz, Klaus-Peter und *Peter Kajüter:* Kostenmanagement in Deutschland. Ergebnisse einer empirischen Untersuchung in deutschen Großunternehmen. In: Kostenmanagement. Hrsg. von Klaus-Peter Franz und Peter Kajüter. Stuttgart 1997, S. 481-502.

Franz, Klaus-Peter und *Peter Kajüter:* Proaktives Kostenmanagement. In: Kostenmanagement. Hrsg. von Klaus-Peter Franz und Peter Kajüter. 2. Aufl., Stuttgart 2002, S. 3-37.

Franz, Klaus-Peter und *Peter Kajüter:* Kostenmanagement. In: Handwörterbuch der Betriebswirtschaft. Hrsg. von Richard Köhler, Hans-Ulrich Küpper und Andreas Pfingsten. 6. Aufl., Stuttgart 2007, Sp. 974-983.

Freedman, Mike: Strategic Cost Management. In: Journal of Strategic Change (2) 1993, S. 261-265.

Freidank, Carl-Christian und *Philipp Zaeh:* Spezialfragen des Target Costing und des Kostenmanagements. In: Kostenmanagement. Hrsg. von Carl-Christian Freidank. Berlin u. a. 1997, S. 233-274.

Freimuth, Joachim: Varianten und Tendenzen des Gemeinkostenmanagements. In: Wirtschaftswissenschaftliches Studium (16) 1987, S. 98-103.

Frese, Erich: Unternehmungsführung. Landsberg am Lech 1987.

Frese, Erich, Matthias Graumann und *Ludwig Theuvsen:* Grundlagen der Organisation. 10. Aufl., Wiesbaden 2012.

Frey, Bruno S. und *Margit Osterloh:* Motivation - der zwiespältige Produktionsfaktor. In: Managing Motivation. Hrsg. von Bruno S. Frey und Margit Osterloh. Wiesbaden 2000, S. 19-42.

Friedl, Birgit: Grundlagen des Beschaffungscontrolling. Berlin 1990.

Friedl, Birgit: Konstruktionsbegleitende Kostenrechnung. In: Handwörterbuch Unternehmensrechnung und Controlling. Hrsg. von Hans-Ulrich Küpper und Alfred Wagenhofer. 4. Aufl., Stuttgart 2002, Sp. 967-975.

Friedl, Birgit: Wertanalyse nach DIN EN 12973 als Instrument des produktorientierten Kostenmanagements. Manuskripte aus den Instituten für Betriebswirtschaftslehre der Universität Kiel, Nr. 628. Kiel 2007.

Friedl, Birgit: Kostenrechnung. 2. Aufl., München, Wien 2010.

Friedl, Birgit: Controlling. 2. Aufl., Stuttgart 2013.

Friedl, Birgit: General Management. 2. Aufl., Konstanz, München 2017.

Fritze, Ann-Kathrin: Erfolgsfaktoren bei der Organisation und Steuerung von Shared Service Centern. Erfahrungen aus einem qualitativen Benchmarking. In: Controlling (28) 2016, S. 98-106.

Fröhling, Oliver: Dynamisches Kostenmanagement. München 1994a.

Fröhling, Oliver: Zielkostenspaltung als Schnittstelle zwischen Target Costing und Target Cost Management. In: Kostenrechnungspraxis 1994b, S. 421-425.

Fromm, Hansjörg: Benchmarking. In: Handbuch Qualitätsmanagement. Hrsg. von Walter Masing. 3. Aufl., München, Wien 1994, S. 121-128.

Frysch, Jochen: Kontrollabbau in Kreditinstituten. Berlin 1995.

Funke, Stephan: Fixkosten und Beschäftigungsrisiko. München 1995.

Gabele, Eduard: Reorganisation. In: Handwörterbuch der Organisation. Hrsg. von Erich Frese. 3. Aufl., Stuttgart 1992, Sp. 2196-2211.

Gaitanides, Michael: Prozessorganisation. In: Handwörterbuch Unternehmensführung und Organisation. Hrsg. von Georg Schreyögg und Axel von Werder. 4. Aufl., Stuttgart 2004, Sp. 1208-1218.

Gaitanides, Michael, Rainer Scholz und *Alwin Vrohlings:* Prozeßmanagement - Grundlagen und Zielsetzungen. In: Prozeßmanagement. Hrsg. von Michael Gaitanides, Rainer Scholz, Alwin Vrohlings und Max Raster. München, Wien 1994, S. 1-19.

Gälweiler, Aloys: Steuerung der Kostenhöhe und der Kostenstruktur durch strategische Planung. In: Die Betriebswirtschaft (37) 1977, S. 67-75.

Gaugler, Eduard und *Matthias Mungenast:* Aus- und Weiterbildung, Organisation der. In: Handwörterbuch der Organisation. Hrsg. von Erich Frese. 3. Aufl., Stuttgart 1992, Sp. 237-252.

Gebert, Diether: Interventionen in Organisationen. In: Organisationspsychologie. Hrsg. von Hans Schuler. Bern et al. 1993, S. 481-494.

Gebert, Diether: Führung und Innovation. Stuttgart 2002.

Gebhardt, Günther: Risikocontrolling. In: Handwörterbuch Unternehmensrechnung und Controlling. Hrsg. von Hans-Ulrich Küpper und Alfred Wagenhofer. 4. Aufl., Stuttgart 2002, Sp. 1713-1726.

Gerpott, Torsten J.: Strategisches Technologie- und Innovationsmanagement. 2. Aufl., Stuttgart 2005.

Gerpott, Torsten J. und *Michel Domsch:* Anreize im Bereich der industriellen Forschung und Entwicklung. In: Handbuch Anreizsysteme in Wirtschaft und Verwaltung. Hrsg. von Günther Schanz. Stuttgart 1991, 1000-1025.

Gerum, Elmar und *Sascha Mölls:* Unternehmensordnung. In: Allgemeine Betriebswirtschaftslehre. Band 1: Grundlagen. Hrsg. von Franz X. Bea und Marcell Schweitzer. 10. Aufl., Stuttgart 2009, S. 225-311.

Gerybadze, Alexander und *Nuria-Julia Martin-Pérez:* Shared Service Centers. Neue Formen der Organisation und des Projektmanagements für interne Service Units. In: Controlling (19) 2007, S. 473-481.

Gierse, F. J.: Funktionen und Funktionen-Strukturen. Zentrale Werkzeuge der Wertanalyse. In: Wertanalyse - Wertgestaltung - Value Management. Hrsg. vom VDI Zentrum Wertanalyse. VDI Berichte 849. Düsseldorf 1990, S. 17-66.

Glaser, Horst und *Stefan Noltemeier:* Zur Verbindung von Target Costing und Value Analysis. Diskussionsbeiträge des Fachbereiches Wirtschaftswissenschaft der Universität des Saarlandes, Nr. A 0601. Saarbrücken 2006.

Glasl, Friedrich: Konflikte in Organisationen. In: Handwörterbuch Unternehmensführung und Organisation. Hrsg. von Georg Schreyögg und Axel von Werder. 4. Aufl., Stuttgart 2004, Sp. 628-635.

Gleich, Ronald: Target Costing für die montierende Industrie. München 1996.

Gogoll, Alexander: Management-Werkzeuge der Qualität. In: Die hohe Schule des Total Quality Managements. Hrsg. von Gerd F. Kamiske. Berlin u. a. 1994, S. 370-383.

Göthlich, Stephan E.: E-Procurement? Einsatzmöglichkeiten und Grenzen. In: Controlling & Management (48) 2004, S. 54-60.

Göthlich, Stephan E. und *Bernd Hoefer:* Online-Auktionen im Einkauf: ein Gewinn? In: Zeitschrift für Planung (14) 2003, S. 1-23.

Götze, Uwe: Lebenszykluskosten. In: Kosten-Controlling. Hrsg. von Thomas M. Fischer. Stuttgart 2000, S. 265-289.

Grochla, Erwin: Ursprünge und Entwicklungslinien des Betrieblichen Vorschlagswesens. In: Stand und Entwicklung des Vorschlagswesens in Wirtschaft und Verwaltung. Hrsg. von Erwin Grochla, Eberhard Brinkmann und Norbert Thom. Dortmund 1978, S. 5-13.

Grochla, Erwin und *Nobert Thom:* Das Betriebliche Vorschlagswesen als Führungs- und Personalentwicklungs-Instrument. In: Zeitschrift für betriebswirtschaftliche Forschung (32) 1980, S. 769-780.

Grün, Oskar: Industrielle Materialwirtschaft. In: Industriebetriebslehre. Hrsg. von Marcell Schweitzer. 2. Aufl., München 1994, S. 447-568.

Grundy, Tony: Cost is a Strategic Issue. In: Long Range Planning (29) 1996, S. 58-68.

Guilding, Chris, Karen S. Cravens und *Mike Tayles:* An International Comparison of Strategic Management Accounting Practices. In: Management Accounting Research (11) 2000, S. 113-135.

Gumbleton, Kathleen: Lean Supplier Networks. In: Supply Chain Development for the Lean Enterprise. Hrsg. von Robin Cooper und Regine Slagmulder. Portland (OR), Montvale (NJ) 1999, S. 115-141.

Günther, Thomas: Neuentwicklungen der Kostenrechnung - eine Antwort auf geänderte Fragestellungen. In: Kostenmanagement. Hrsg. von Carl-Christian Freidank. Berlin u. a. 1997, S. 97-120.

Gutenberg, Erich: Grundlagen der Betriebswirtschaftslehre. Band 1: Die Produktion. 24. Aufl., Berlin, Heidelberg, New York 1983.

Gutschelhofer, Alfred: Wertkette. In: Handwörterbuch Unternehmensrechnung und Controlling. Hrsg. von Hans-Ulrich Küpper und Alfred Wagenhofer. 4. Aufl., Stuttgart 2002, Sp. 2120-2130.

Gutzler, Eric H.: GWA - Wunderwaffe mit vielen Tücken. In: Harvard Manager (14) 1992, Heft 4, S. 120-131.

Haberfellner, Reinhard: Projektmanagement. In: Handwörterbuch der Organisation. Hrsg. von Erich Frese. 3. Aufl., Stuttgart 1992, Sp. 2090-2102.

Haberstock, Lothar: Kostensenkung. In: Handwörterbuch des Rechnungswesens. Hrsg. von Erich Kosiol, Klaus Chmielewicz und Marcell Schweitzer. 2. Aufl., Stuttgart 1981, Sp. 1078-1090.

Hackman, Richard J. und *Greg R. Oldham:* Work Redesign. Reading (MA) u. a. 1980.

Hahn, Dietger und *Harald Hungenberg:* PuK. Wertorientierte Controllingkonzepte. 6. Aufl., Wiesbaden 2001.

Hahn, Torsten: Die Einführung von Gruppenarbeitsstrukturen, kontinuierlichem Verbesserungsprozeß und dezentralem betrieblichem Vorschlagswesen zur Förderung mitarbeitergetragener Systemoptimierungen. München, Mering 2000.

Hall, Gene, Jim Rosenthal und *Judy Wade:* Reengineering: Es braucht kein Flop zu werden. In: Harvard Business Manager (16) 1994, Heft 4, S. 82-93.

Hammer, Michael: The Superefficient Company. In: Harvard Business Review (79) 2001, Heft 9, S. 82-91.

Hammer, Michael: Business Back to Basics. München 2002.

Hammer, Michael: Der große Prozess-Check. In: Harvard Business Manager (29) 2007, Heft 5, S. 34-52.

Hammer, Michael und *James Champy:* Business Reengineering. Frankfurt, New York 1996.

Hammer, Michael und *Steven A. Stanton:* Die Reengineering Revolution. Frankfurt, New York 1995.

Hansen, Don R. und *Maryanne M. Mowen:* Cost Management. 5. Aufl., Mason (OH) 2006.

Harrington, H. James: Business Process Improvement. New York u. a. 1991.

Hartmann, Edward H.: Erfolgreiche Einführung von TPM in nichtjapanischen Unternehmen. Landsberg/Lech 1995.

Haupt, Reinhard: Kosteneinflußgrößen. In: Handwörterbuch der Betriebswirtschaft. Hrsg. von Waldemar Wittmann, Werner Kern, Richard Köhler, Hans-Ulrich Küpper und Klaus v. Wysocki. 5. Aufl., Stuttgart 1993, Sp. 2330-2339.

Hauschildt, Jürgen: Initiative. In: Handwörterbuch der Organisation. Hrsg. von Erwin Grochla. Stuttgart 1969, Sp. 734-741.

Hauschildt, Jürgen: Zielsysteme. In: Handwörterbuch der Organisation. Hrsg. von Erwin Grochla. 2. Aufl., Stuttgart 1980, Sp. 2417-2430.

Hauschildt, Jürgen: Widerstand gegen Innovationen - destruktiv oder konstruktiv. In: Innovation und Absatz. ZfB-Ergänzungsheft 2/1999. Hrsg. von Horst Albach. Wiesbaden 1999, S. 1-21.

Hauschildt, Jürgen: Krisenforschung und Krisenmanagement. In: Handwörterbuch Unternehmensführung und Organisation. Hrsg. von Georg Schreyögg und Axel von Werder. 4. Aufl., Stuttgart 2004, Sp. 706-715.

Hauschildt, Jürgen und *Alok K. Chakrabarti:* In: Promotoren. Hrsg. von Jürgen Hauschildt und Hans G. Gemünden. Wiesbaden 1998, S. 67-87.

Hauschildt, Jürgen und *Edgar Kirchmann:* Zur Existenz und Effizienz von Prozeßpromotoren. In: Promotoren. Hrsg. von Jürgen Hauschildt und Hans Georg Gemünden. Wiesbaden 1998, S. 89-107.

Hauschildt, Jürgen und *Søren Salomo:* Promotoren und Opponenten im organisatorischen Umbruch. In: Veränderungen in Organisationen. Hrsg. von Rudolf Fisch. Wiesbaden 2006, S. 163-176.

Hauschildt, Jürgen und *Søren Salomo:* Innovationsmanagement. 5. Aufl., München 2011.

Hauser, John R. und *Don Clausing:* The House of Quality. In: Harvard Business Review (66) 1988, Heft 3, S. 63-73.

Hax, Herbert: Die Koordination von Entscheidungen. Köln u. a. 1965.

Heckhausen, Heinz: Motivation und Handeln. 2. Aufl., Berlin u. a. 2003.

Heckhausen, Jutta und *Heinz Heckhausen:* Motivation und Handeln: Einführung und Überblick. In: Motivation und Handeln. Hrsg. von Jutta Heckhausen und Heinz Heckhausen. 4. Aufl., Berlin u. a. 2010, S. 1-9.

Heidack, Clemens: Vorschlagswesen, betriebliches. In: Handwörterbuch des Personalwesens. Hrsg. von Eduard Gaugler und Wolfgang Weber. 2. Aufl., Stuttgart 1992, Sp. 2299-2316.

Heinen, Edmund: Betriebswirtschaftliche Kostenlehre. 6. Aufl., Wiesbaden 1983.

Henderson, Bruce D.: Die Erfahrungskurve in der Unternehmensstrategie. 2. Aufl., Frankfurt/M., New York 1984.

Hentze, Joachim und *Andrea Graf:* Personalwirtschaftslehre 2. 7. Aufl., Bern 2005.

Hentze, Joachim und *Andreas Kammel:* Personalwirtschaftslehre 1. 7. Aufl., Bern u. a. 2001.

Henzel, Fritz: Der Unternehmer als Disponent seiner Kosten. In: Zeitschrift für Betriebswirtschaft (6) 1936, S. 139-167.

Henzel, Fritz: Die Produktions- und Kostentheorie in kritischer Betrachtung. In: Zeitschrift für betriebswirtschaftliche Forschung (19) 1967, S. 313-349.

Herzberg, Frederick, Bernard Mausner und *Barbara B. Snyderman:* The Motivation to Work. New York u. a. 1959.

Hill, Wilhelm, Raymond Fehlbaum und *Peter Ulrich:* Organisationslehre 1. 5. Aufl., Bern u. a. 1994.

Himme, Alexander: Erfolgsfaktoren des Kostenmanagements. In: Erfolgsfaktoren des Kostenmanagements und von Markteintrittsentscheidungen. Manuskripte aus den Instituten für Betriebswirtschaftslehre der Universität Kiel. Kiel 2008, S. 51-97.

Himme, Alexander: Kostenmanagement-Projekte in Deutschland. Ergebnisse einer empirischen Untersuchung. In: Controlling (21) 2009, S. 402–408.

Hiraoka, Shufuku: Cost Management System Integrated into TPM. In: Japanese Cost Management. Hrsg. von Yasuhiro Monden. London 2000, S. 243-261.

Hiromoto, Toshiro: Management Accounting in Japan. Ein Vergleich zwischen japanischen und westlichen Systemen des Management Accounting. In: Controlling (1) 1989, S. 316-322.

Hoffjan, Andreas: Cost Benchmarking als Instrument des strategischen Kostenmanagement. In: Zeitschrift für Planung (6) 1995, S. 155-166.

Hoffjan, Andreas: Competitor Accounting. Controlling im Dienste der Konkurrenzanalyse. In: Controlling & Management (47) 2003, S. 379-390.

Hoffjan, Andreas und *Holger Kruse:* Open book accounting als Instrument im Rahmen von Supply Chains - Begriff und praktische Relevanz. In: Controlling & Management (50) 2006, S. 94-99.

Hoffmann, Heinz: Wertanalyse. 2. Aufl., Berlin 1983.

Höller, Hans: Verhaltenswirkungen betrieblicher Planungs- und Kontrollsysteme. München 1978.

Homburg, Carsten und *Matthias Weiß:* Integration von wertorientierter Unternehmensführung und strategischem Kostenmanagement als zentrale Controllingaufgabe. In: Controlling als akademische Disziplin. Hrsg. von Jürgen Weber und Bernhard Hirschmann. Wiesbaden 2002, S. 221-238.

Homburg, Christian: Single Sourcing, Double Sourcing, Multiple Sourcing ...? Ein ökonomischer Erklärungsansatz. In: Zeitschrift für Betriebswirtschaft (65) 1995, S. 813-833.

Homburg, Christian und *Daniel Daum:* Marktorientiertes Kostenmanagement. Frankfurt/M. 1997.

Homburg, Christian und *Wolfgang Demmler:* Ansatzpunkte und Instrumente einer intelligenten Kostenreduktion. In: Kostenrechnungspraxis (39) 1995, S. 21-28.

Homburg, Christian, Harald Werner und *Michael Englisch:* Kennzahlengestütztes Benchmarking im Beschaffungsbereich: Konzeptionelle Aspekte und empirische Befunde. In: Die Betriebswirtschaft (57) 1997, S. 48-64.

Horngren, Charles T., Srikant M. Datar und *Madhav V. Rajan:* Cost Accounting. 15. Aufl., Boston (MA) u. a. 2015.

Horngren, Charles T., Gary L. Sundem, David Burgsthaler und *Jeff Schatzberger:* Introduction to Management Accounting. 16. Aufl., Boston (MA) 2014.

Horváth, Péter und *Andreas Brokemper:* Strategieorientiertes Kostenmanagement. Thesen zum Einsatz von Kosteninformationen im strategischen Planungsprozeß. In: Zeitschrift für Betriebswirtschaft (68) 1998, S. 581-604.

Horváth, Péter und *Joachim Lamla:* Cost Benchmarking und Kaizen Costing. In: Handbuch Kosten- und Erfolgscontrolling. Hrsg. von Thomas Reichmann. München 1995, S. 63-88.

Horváth, Péter und *Joachim Lamla:* Kaizen Costing. In: Kostenrechnungspraxis (40) 1996, S. 335-340.

Horváth, Péter und *Werner Seidenschwarz:* Zielkostenmanagement. In: Controlling (4) 1992, S. 142-150.

Horváth, Péter, Ronald Gleich und *Mischa Seiter:* Controlling. 13. Aufl., München 2015.

Horváth, Péter, Stefan Niemand und *Markus Wolbold:* Target Costing - State of the Art. In: Target Costing. Hrsg. von Péter Horváth. Stuttgart 1993, S. 1-27.

Horváth, Péter, Werner Seidenschwarz und *Holger Sommerfeldt:* Von Genka Kikaku bis Kaizen. Wie japanische Unternehmen ihre Kosten im Griff haben. Erfahrungen einer Japanreise mit deutschen Managern und Controllern. In: Controlling (5) 1993, S. 10-18.

Horváth & Partners (Hrsg.): Balanced Scorecard umsetzen. 4. Aufl., Stuttgart 2007.

Huber, Rudolf: Gemeinkostenwertanalyse. 2. Aufl., Bern, Stuttgart 1987.

Hungenberg, Harald: Anreizsysteme für Führungskräfte - Theoretische Grundlagen und praktische Ausgestaltungsmöglichkeiten. In: Strategische Unternehmungsplanung - Strategische Unternehmungsführung. Hrsg. von Dietger Hahn und Bernard Taylor. 7. Aufl., Heidelberg 1997, S. 678-693.

Hungenberg, Harald und *Torsten Wulf:* Turnaround. In: Handwörterbuch Unternehmensführung und Organisation. Hrsg. von Georg Schreyögg und Axel von Werder. 4. Aufl., Stuttgart 2004, Sp. 1468-1474.

Hungenberg, Harald und *Torsten Wulf:* Grundlagen der Unternehmensführung. 4. Aufl., Heidelberg u. a. 2011.

Hus, Christoph: Sparen – aber nur bei den anderen. In: Karriere & Management. Beilage des Handelsblattes vom 21.05.2004, S. 1.

Ikuta, Seizo und *Seiichi Nakajima:* Total Productive Maintenance in Japan. In: Innovations in Management. The Japanese Corporation. Hrsg. von Yasuhiro Monden u. a. Atlanta (GA) 1985, S. 87-98.

Imai, Masaaki: Kaizen. 6. Aufl., Frankfurt/M. 1994.

Imai, Masaaki: Gemba Kaizen. New York u. a. 1997.

Institut für angewandte Arbeitswissenschaft e.V. (Hrsg.): Ideen für das Ideenmanagement. Köln 2005.

Janz, Andreas und *Wilfried Krüger:* Topmanager als Promotoren des Wandels. In: Excellence in Change. Hrsg. von Wilfried Krüger. Wiesbaden 2000, S. 139-176.

Japan Human Relations Association (Hrsg): CIP - Kaizen - KVP. 2. Aufl., Landsberg/L. 1995.

Jarmai, Heinz: Die Rolle externer Berater im Change Management. In: Change Management. Hrsg. von Michael Reiß, Lutz von Rosenstiel und Anette Lanz. Stuttgart 1997, S. 171-185.

Jehle, Egon: Gemeinkosten-Management. In: Die Unternehmung (36) 1982, S. 59-76.

Jehle, Egon: Eine Kreativitätsstrategie für das Unternehmen. In: Technologie- und Innovationsmanagement. Hrsg. von Erich Zahn. Berlin 1986, S. 71-97.

Jehle, Egon: Gemeinkostenmanagement. In: Handbuch Kostenrechnung. Hrsg. von Wolfgang Männel. Wiesbaden 1992, S. 1506-1523.

Jehle, Egon: Wertanalyse. In: Handwörterbuch der Betriebswirtschaft. Hrsg. von Waldemar Wittmann, Werner Kern, Richard Köhler, Hans-Ulrich Küpper und Klaus v. Wysocki. 5. Aufl., Stuttgart 1993, Sp. 4647-4659.

Johnson, Thomas H.: Activity-Based Information: A Blueprint for World-Class Management Accounting. In: Management Accounting (70) 1988, Heft 6, S. 23-30.

Jones, Lou: Competitor Cost Analysis at Caterpillar. The Management Accountant must Become a Change Master. In: Competitor Cost Analysis at Caterpillar (70) 1988, Heft 10, S. 32-38.

Kaba, Aziz: Probleme des Interessenausgleichs. Lohmar, Köln 2001.

Kahle, Egbert: Ausschüsse. In: Handwörterbuch Unternehmensführung und Organisation. Hrsg. von Georg Schreyögg und Axel von Werder. 4. Aufl., Stuttgart 2004, Sp. 71-78.

Kajüter, Peter: Unternehmenskultur: Erfolgsfaktor für das Kostenmanagement? In: Kostenmanagement. Hrsg. von Klaus-Peter Franz und Peter Kajüter. 1. Aufl., Stuttgart 1997, S. 81-94.

Kajüter, Peter: Proaktives Kostenmanagement. Wiesbaden 2000.

Kajüter, Peter: Prozesskostenmanagement. In: Kostenmanagement. Hrsg. von Klaus-Peter Franz und Peter Kajüter. 2. Aufl., Stuttgart 2002, S. 249-278.

Kajüter, Peter: Kostenmanagement in der deutschen Unternehmenspraxis. Empirische Befunde einer branchenübergreifenden Feldstudie. In: Zeitschrift für betriebswirtschaftliche Forschung (57) 2005, S. 79-100.

Kajüter, Peter und *Harri I. Kulmala:* Open-Book Accounting in Networks. Potential Achievements and Reasons for Failures. In: Management Accounting Research (16) 2005, S. 179-204.

Kamiske, Gerd F. und *Jörg-Peter Brauer:* Qualitätsmanagement von A bis Z. 7. Aufl., München, Wien 2011.

Kaplan, Robert S. und *Anthony A. Atkinson:* Advanced Management Accounting. 3. Aufl., Upper Saddle River (NJ) 1998.

Kaplan, Robert S. und *David P. Norton:* Balanced Scorecard. Stuttgart 1997.

Kaplan, Robert S. und *David P. Norton:* Strategy Maps. Stuttgart 2004.

Karlöf, Bengt und *Svante Östblom:* Das Benchmarking-Konzept. München 1993.

Kato, Yutaka, Germain Böer und *Chee W. Chow:* Target Costing: An Integrative Management Process. In: Journal of Cost Management (9) 1995, Heft 2, S. 39-51.

Kaufmann, Lutz und *Yvonne Schneider:* Intangibles. A Synthesis of Current Research. In: Journal of Intellectual Capital (5) 2004, Heft 3, S. 366-388.

Kauther, Kai und *Thomas Weber:* Aussagekräftige Abbildung von Beschaffungsprozessen. In: Kostenrechnung für reorganisierte, schlanke Unternehmen. Sonderheft 1/98 der Kostenrechnungspraxis. Hrsg. von Wolfgang Männel. Wiesbaden 1998, S. 43-47.

Kelber, Florian: Turnaround Management von Dotcoms. Lohmar, Köln 2004.

Kern, Werner: Industrielle Produktionswirtschaft. 5. Aufl., Stuttgart 1992.

Kern, Werner und *Hans-Horst Schröder:* Konzept, Methode und Probleme der Wertanalyse. In: Wirtschaftsstudium (7) 1978, S. 375-381, S. 427- 430.

Kern, Werner und *Hans-Horst Schröder:* Forschung, Organisation der. In: Handwörterbuch der Organisation. Hrsg. von Erich Frese. 3. Aufl., Stuttgart 1992, Sp. 627-640.

Kieser, Alfred: Unternehmenskultur und Innovation. In: Das Management von Innovationen. Hrsg. von Erich Staudt. Frankfurt/M. 1986, S. 42-50.

Kieser, Alfred: Business Process Reengineering - neue Kleider für den Kaiser. In: Reengineering zwischen Anspruch und Wirklichkeit. Hrsg. von Manfred Perlitz, Andreas Offinger, Michael Reinhardt und Klaus Schug. Wiesbaden 1996, S. 235-251.

Kieser, Alfred: Schwächung der Wettbewerbsposition durch wertorientierte Verschlankung. In: Wertorientierte Unternehmensführung. Hrsg. von Klaus Macharzina und Heinz-Joachim Neubürger. Stuttgart 2002, S. 141-168.

Kieser, Alfred und *Cornelia Hegele:* Kommunikation im organisatorischen Wandel. Stuttgart 1998.

Kieser, Alfred und *Peter Walgenbach:* Organisation. 6. Aufl., Stuttgart 2010.

Kiewert, Alfons: Kostenfrüherkennung in der Konstruktion durch Kopplung von CAD und Kostenrechnung. In: Rechnungswesen und EDV. 11. Saarbrücker Arbeitstagung 1990. Hrsg. von August-Wilhelm Scheer. Heidelberg 1990, S. 350-378.

Kilger, Wolfgang: Produktions- und Kostentheorie. Wiesbaden 1958.

Kilger, Wolfgang: Einführung in die Kostenrechnung. 3. Aufl., Wiesbaden 1987.

Kilger, Wolfgang: Flexible Plankostenrechnung und Deckungsbeitragsrechnung. 10. Aufl., Wiesbaden 1993.

Kim, Il-woon, Shahid Ansari, Jan Bell und Dan Swenson: Target Costing Practices in the United States. In: Controlling (14) 2002, S. 607-614.

Kirsch, Werner, Werner-Michael Esser und *Eduard Gabele:* Das Management des geplanten Wandels von Organisationen. Stuttgart 1979.

Kistner, Klaus-Peter: Produktions- und Kostentheorie. Würzburg, Wien 1981.

Kistner, Klaus-Peter und *Marion Steven:* Betriebswirtschaftslehre im Grundstudium 1. 4. Aufl., Heidelberg 2002.

Klein, Robert und *Armin Scholl:* Planung und Entscheidung. 2. Aufl., München 2011.

Kleist, Sebastian und *Heike Maetz:* Widerstände im Change-Management. In: Change Management. Hrsg. von Gerhard Schewe. Hamburg 2003, S. 53-68.

Klimecki, Rüdiger G. und *Markus Gmür:* Personalmanagement. 3. Aufl., Stuttgart 2005.

Kloock, Josef: Erfolgskontrolle mit der differenziert-kumulativen Abweichungsanalyse. In: Zeitschrift für Betriebswirtschaft (58) 1988, S. 423-434.

Kocakülâh, Mehmet C., Jason F. Brown und *Joshua W. Thomson:* Lean Manufacturing Principles and their Application. In: Cost Management (22) 2008, Heft 3, S. 16-27.

Koch, Alexander: Change-Kommunikation. Marburg 2004.

Konle, Matthias: Entwurf einer Konzeption für das potentialorientierte Kostenmanagement in Dienstleistungsunternehmungen. Berlin 2003.

Korte, Rolf-Jürgen: Verfahren der Wertanalyse. Berlin 1977.

Kosiol, Erich: Kostenrechnung. Wiesbaden 1964.

Kosiol, Erich: Die Unternehmung als wirtschaftliches Aktionszentrum. Reinbek bei Hamburg 1972.

Kosiol, Erich: Kostenrechnung der Unternehmung. 2. Aufl., Wiesbaden 1979.

Kossbiel, Hugo: Personalwirtschaft. In: Allgemeine Betriebswirtschaftslehre. Band 3: Leistungsprozesse. Hrsg. von Franz X. Bea, Birgit Friedl und Marcell Schweitzer. 9. Aufl., Stuttgart 2006, S. 517-622.

Kotter, John P.: Chaos, Wandel, Führung - Leading Change. Düsseldorf 1997.

KPMG Deutsche Treuhand-Gesellschaft Aktiengesellschaft Wirtschaftsprüfergesellschaft (Hrsg.): Kostenstrukturen überdenken - nachhaltige Wettbewerbsvorteile schaffen. Executive Summary. o.O. 2007.

Kräkel, Matthias: Synergien. In: Handwörterbuch Unternehmungsrechnung und Controlling. Hrsg. von Hans-Ulrich Küpper und Alfred Wagenhofer. 4. Aufl., Stuttgart 2002, Sp. 1910-1918.

Kreuz, Werner: Kosten-Benchmarking: Konzept und Praxisbeispiel. In: Kostenmanagement. Hrsg. von Klaus-Peter Franz und Peter Kajüter. Stuttgart 2002, S. 91-103.

Kroy, Walter: Abbau von Kreativitätshemmungen in Organisationen. In: Personal-Management in der industriellen Forschung und Entwicklung (F&E). Hrsg. von Michel Domsch und Eduard Jochum. Köln u. a. 1984, S. 69-78.

Krüger, Wilfried: Projektmanagement. In: Handwörterbuch der Betriebswirtschaft. Hrsg. von Waldemar Wittmann, Werner Kern, Richard Köhler, Hans-Ulrich Küpper und Klaus v. Wysocki. 5. Aufl., Stuttgart 1993, Sp. 3559-3570.

Krüger, Wilfried: Organisation der Unternehmung. 3. Aufl., Stuttgart u. a. 1994.

Krüger, Wilfried: Projektmanagement und Führung. In: Handwörterbuch der Führung. Hrsg. von Alfred Kieser, Gerhard Reber und Rolf Wunderer. 2. Aufl., Stuttgart 1995, Sp. 1780-1793.

Krüger, Wilfried: Implementierung als Kernaufgabe des Wandlungsmanagements. In: Strategische Unternehmungsplanung, strategische Unternehmungsführung. Hrsg. von Dietger Hahn und Bernard Taylor. 8. Aufl., Heidelberg 1999, S. 863-891.

Krüger, Wilfried: Strategische Erneuerung: Probleme, Programme und Prozesse. In: Excellence in Change. Hrsg. von Wilfried Krüger. Wiesbaden 2000, S. 31-98.

Krüger, Wilfried: Strategische Erneuerung: Programm, Prozesse und Probleme. In: Excellence in Change. Hrsg. von Wilfried Krüger. 2. Aufl., Wiesbaden 2002, S. 35-96.

Krüger, Wilfried: Wandel, Management des (Change Management). In: Handwörterbuch Unternehmensführung und Organisation. Hrsg. von Georg Schreyögg und Axel von Werder. 4. Aufl., Stuttgart 2004, Sp. 1605-1614.

Krüger, Wilfried: Organisation. In: Allgemeine Betriebswirtschaftslehre. Band 2: Führung. Hrsg. von Franz X. Bea, Birgit Friedl und Marcell Schweitzer. 9. Aufl., Stuttgart 2005, S. 140-234.

Krüger, Wilfried: Das 3W-Modell: Bezugsrahmen für das Wandlungsmanagement. In: Excellence in Change. Hrsg. von Wilfried Krüger. 3. Aufl., Wiesbaden 2006a, S. 21-46.

Krüger, Wilfried: Strategische Erneuerung: Programme, Prozesse, Probleme. In: Excellence in Change. Hrsg. von Wilfried Krüger. 3. Aufl., Wiesbaden 2006b, S. 47-96.

Krüger, Wilfried: Topmanager als Promotoren und Enabler des Wandels. In: Excellence in Change. Hrsg. von Wilfried Krüger. 3. Aufl., Wiesbaden 2006c, S. 125-169.

Krüger, Wilfried: Change Management. In: Handwörterbuch der Betriebswirtschaft. Hrsg. von Richard Köhler, Hans-Ulrich Küpper und Andreas Pfingsten. 6. Aufl., Stuttgart 2007, Sp. 195-203.

Künzli, Hansjörg: Motivation. In: Handbuch Angewandte Psychologie für Führungskräfte. Band II. Hrsg. von Thomas Steiger und Eric Lippmann. 4. Aufl., Berlin u. a. 2013, S. 145-158.

Küting, Karlheinz und *Peter Lorson:* Benchmarking von Geschäftsprozessen als Instrument der Geschäftsprozeßanalyse. In: Kostenorientiertes Geschäftsprozeßmanagement. Hrsg. von Carsten Berkau und Petra Hirschmann. München 1996, S. 121-140.

Labro, Eva: Is a Focus on Collaborative Product Development Warranted from a Cost Commitment Perspective. In: Supply Chain Management (11) 2006, Heft 6, S. 503-509.

Läge, Karola: Ideenmanagement. Wiesbaden 2002.

Lamla, Joachim: Prozeßbenchmarking dargestellt an Unternehmen der Antriebstechnik. München 1995.

Lamming, Richard: Die Zukunft der Zulieferindustrie. Frankfurt/M. 1994.

Lamming, Richard: Supplier Relationship Management. In: Perspektiven des Supply Management. Hrsg. von Michael Eßig. Berlin u. a. 2005, S. 81-94.

Lange, Christoph: Gemeinkostenmanagement. In: Handwörterbuch Unternehmensrechnung und Controlling. Hrsg. von Hans-Ulrich Küpper und Alfred Wagenhofer. 4. Aufl., Stuttgart 2002, Sp. 617-625.

Lasch, Rainer und *Ralf Trost:* Wettbewerbs-Benchmarking: Ein empfehlenswertes Management-Instrument? In: Zeitschrift für Betriebswirtschaft (67) 1997, S. 689-712.

Laux, Helmut: Unternehmensrechnung, Anreiz und Kontrolle. Die Messung, Zurechnung und Steuerung des Erfolges als Grundproblem der Betriebswirtschaftslehre. 3. Aufl., Berlin u. a. 2006.

Laux, Helmut und *Felix Liermann:* Grundlagen der Organisation. 6. Aufl., Berlin u. a. 2005.

Lawler, Edward E.: Pay and Organizational Effectiveness. New York u. a. 1971.

Lawler, Edward E.: Motivierung in Organisationen. Bern, Stuttgart 1977.

Lawler, Edward E. und *Susan A. Mohrman:* Qualitätszirkel - nicht mehr als eine Modeerscheinung. In: Harvard Manager (7) 1985, Heft 3, S. 33-39.

Lebas, Michel und *Ken Euske:* A Conceptual and Operational Delineation of Performance. In: Business Performance Measurement. Hrsg. von Andy Neely. 2. Aufl., Cambridge u. a. 2007, S. 125-139.

Lechler, Thomas: Erfolgsfaktoren des Projektmanagements. Frankfurt/M. 1997.

Lechler, Thomas: Was leistet das Promotoren-Modell für das Projektmanagement? In: Promotoren. Hrsg. von Jürgen Hauschildt und Hans G. Gemünden. Wiesbaden 1998, S. 179-209.

Leibenstein, Harvey: Allocative Efficiency vs. X-Efficiency. In: Wachstumstheorie. Hrsg. von Ernst Dürr. Darmstadt 1978a, S. 331-366.

Leibenstein, Harvey: General X-Efficiency Theory & Economic Development. New York u. a. 1978b.

Leibfried, Kathleen H. J. und *Carol Jean McNair:* Benchmarking. 2. Aufl., Freiburg i. Br. 1996.

Lewin, Kurt: Frontiers in Group Dynamics: Concept, Method and Reality in Social Science; Social Equilibria and Social Change. In: Human Relations (1) 1947, S. 5-41.

Liker, Jeffrey K.: Der Toyota-Weg. München 2008.

Lingnau, Volker: Variantenmanagement. Berlin 1994.

Lippmann, Eric und *André Angstmann:* Kreativität und Kreativitätstechniken. In: Handbuch Angewandte Psychologie für Führungskräfte. Band I. Hrsg. von Thomas Steiger und Eric Lippmann. 4. Aufl., Berlin 2013, S. 376-397.

Locke, Edwin A. und *Shelley A. Kirkpatrick:* Promoting Creativity in Organizations. In: Creative Action in Organizations. Hrsg. von Cameron M. Ford und Dennis A. Gioia. Thousand Oaks u. a. 1995, S. 115-120.

Locke, Edwin A. und *Gary P. Latham:* A Theory of Goal Setting & Task Performance. Englewood Cliffs (NJ) 1990.

Locke, Edwin A. und *Gary P. Latham:* Building a Practically Useful Theory of Goal Setting and Task Motivation. A 35-Year Odyssey. In: American Psychologist (57) 2002, Heft 9, S. 705-717.

Locke, Edwin A., Gary P. Latham und *Miriam Erez:* The Determinants of Goal Commitment. In: Academy of Management Review (13) 1988, Heft 1, S. 23-39.

Locke, Edwin A., Karyll N., Shaw, Lise M. Saari und *Gary P. Latham*: Goal Setting and Task Performance: 1969-1980. In: Psychological Bulletin (90) 1981, Heft 1, S. 125-152.

Lorentz, St.: Grundlagen der Kostengestaltung. Berlin, Wien 1932.

Luthans, Fred, Brett C. Luthans und *Kyle W. Luthans:* Organizational Behavior. 13. Aufl., Charlotte (NC) 2015.

Mandl, Gerwald und *Klaus Rabel:* Unternehmensbewertung. In: Handwörterbuch Unternehmensrechnung und Controlling. Hrsg. von Hans-Ulrich Küpper und Alfred Wagenhofer. 4. Aufl., Stuttgart 2002, Sp. 2007-2016.

Männel, Wolfgang: Kostenmanagement. Bedeutung und Aufgaben. In: Kostenrechnungspraxis 1992, S. 289-291.

Männel, Wolfgang: Ziele und Aufgabenfelder des Kostenmanagement. In: Handbuch Kosten- und Erfolgscontrolling. Hrsg. von Thomas Reichmann. München 1995, S. 25-45.

Marr, Rainer: Die Implementierung eines flexiblen Arbeitszeitsystems als Prozess organisatorischer Entwicklung. In: Arbeitszeitmanagement. Hrsg. von Rainer Marr. Berlin 1987, S. 339-355.

Marr, Rainer und *Klaus Hofmann:* Rationalisierung. In: Handwörterbuch der Organisation. Hrsg. von Erich Frese, 3. Aufl., Stuttgart 1992, Sp. 2141-2152.

Marr, Rainer und *Marcus Kötting:* Implementierung, organisatorische. In: Handwörterbuch der Organisation. Hrsg. von Erich Frese. 3. Aufl., Stuttgart 1992, Sp. 827-841.

Marr, Rainer und *Karin Steiner:* Personalabbau in deutschen Unternehmen. Wiesbaden 2003.

Marr, Rainer und *Karin Steiner:* Projektmanagement. In: Handwörterbuch Unternehmensführung und Organisation. Hrsg. von Georg Schreyögg und Axel von Werder. Stuttgart 2004, Sp. 1196-1208.

Maslow, Abraham H.: Motivation und Persönlichkeit. 2. Aufl., Freiburg (Brsg.) 1978.

Maslow, Abraham H.: Toward a psychology of Being. 3. Aufl., New York 1999.

Mast, Claudia: Kommunikation. In: Handwörterbuch Unternehmensführung und Organisation. Hrsg. von Georg Schreyögg und Axel von Werder. 4. Aufl., Stuttgart 2004, Sp. 596-606.

Maune, Rudolf: Planungskontrolle. Thun, Frankfurt/M. 1980.

Mayrhofer, Wolfgang und *Michael Meyer:* Organisationskultur. In: Handwörterbuch Unternehmensführung und Organisation. Hrsg. von Georg Schreyögg und Axel von Werder. Stuttgart 2004, Sp. 1025-1033.

McIvor, Ronan: Lean Supply: The Design and Cost Reduction Dimensions. In: European Journal of Purchasing & Supply Management (7) 2001, S. 227-242.

Mellerowicz, Konrad: Kosten und Kostenrechnung. Band 1: Theorie der Kosten. 4. Aufl., Berlin 1963.

Mellerowicz, Konrad: Voraussetzungen und Wege erfolgswirksamer Kostensenkung. In: Gegenwartsfragen der Unternehmensführung. Festschrift zum 65. Geburtstag von Wilhelm Hasenack. Hrsg. von Hans-Joachim Engeleiter. Herne, Berlin 1966, S. 465-478.

Meyer-Piening, Arnulf: Gemeinkosten senken - aber wie? In: Zeitschrift für Betriebswirtschaft (50) 1980, S. 686-690.

Meyer-Piening, Arnulf: Zero-Base-Budgeting. In: Handwörterbuch der Planung. Hrsg. von Norbert Szyperski. Stuttgart 1989, Sp. 2277-2296.

Meyer-Piening, Arnulf: Zero Base Planning. Köln 1990.

Miles, Lawrence D.: Value Engineering. München 1964.

Mitlacher, Esther und *Lars Mitlacher:* Target Costing als Grundlage von Anreizsystemen für Mitarbeiter von F&E-Abteilungen. In: Controlling & Management (47) 2003, S. 278-283.

Mizuno, Shigeru: Management for Quality Improvement. Cambridge (MA), Norwalk (CT) 1988.

Mohr, Niko, Jens Marcus Woehe und *Diebold:* Widerstand erfolgreich managen. Frankfurt/Main, New York 1998.

Möller, Klaus und *Ramin Gamerschlag:* Immaterielle Vermögenswerte in der Unternehmenssteuerung - betriebswirtschaftliche Perspektive und Herausforderungen. In: Immaterielle Vermögenswerte. Hrsg. von Klaus Möller, Manfred Piwinger und Ansgar Zerfaß. Stuttgart 2009, S. 3-21.

Möller, Klaus und *Felix Isbruch:* Interorganisationales Kostenmanagement - Erfolgspotenzial oder Kooperationsrisiko? In: Zeitschrift für Planung und Unternehmenssteuerung (18) 2007, S. 387-406.

Möller, Klaus, Jutta Menninger, Jutta und *Diane Robers:* Innovationscontrolling. Erfolgreiche Steuerung und Bewertung von Innovationen. Stuttgart 2011.

Monden, Yasuhiro: Total Cost Management System in Japanese Automobile Corporations. In: Japanese Management Accounting. Hrsg. von Yasuhiro Monden und Michiharu Sakurai. Cambridge, Norwalk 1989, S. 15-33.

Monden, Yasuhiro: Wege zur Kostensenkung. München 1999.

Monden, Yasuhiro und *Kazuki Hamada:* Target Costing and Kaizen Costing in Japanese Automobile Companies. In: Journal of Management Account Research (3) 1991, Heft 3, S. 16-34.

Monden, Yasuhiro und *John Y. Lee:* How a Japanese Auto Maker Reduces Costs. Kaizen Costing drives Continuous Improvement at Daihatsu. In: Management Accounting (75) 1993, Heft 8, S. 22-26.

Monden, Yasuhiro und *John Y. Lee:* Kaizen Costing: Its Function and Structure Compared to Standard Costing. In: Japanese Cost Management. Hrsg. von Yasuhiro Monden. London 2000, S. 229-242.

Müller-Lindenberg, Hans-Herbert: Kostenpolitik. München 1976.

Müller-Merbach, Heiner: Das unzulängliche ökonomische Prinzip. In: Die Betriebswirtschaft (42) 1982, S. 633-635.

Nakajima, Seiichi: Management der Produktionseinrichtungen (Total Productive Maintenance). Frankfurt, New York 1995.

Neely, Andy, Mike Gregory und *Ken Platts:* Performance Measurement Systems Design. A Literature Review and Research Agenda. In: International Journal of Operations & Production Management (25) 2005, S. 1228–1263.

Nerdinger, Friedemann W.: Motivation und Handeln in Organisationen. Stuttgart 1995.

Nerdinger, Friedemann W.: Motivation. In: Handwörterbuch Unternehmensführung und Organisation. Hrsg. von Georg Schreyögg und Axel von Werder. 4. Aufl., Stuttgart 2004, Sp. 905-914.

Nerdinger, Fiedemann W.: Arbeitsmotivation und Arbeitszufriedenheit. In: Arbeits- und Organisationspsychologie. Hrsg. von Friedemann W. Nerdinger, Gerhard Blickle und Niclas Schaper. 3. Aufl., Berlin u. a. 2014, S. 419-440.

Nerdinger, Friedemann W. und *Niclas Schaper:* Formen des Arbeitsverhaltens. In: Arbeits- und Organisationspsychologie. Hrsg. von Friedemann Nerdinger, Gerhard Blickle und Niclas Schaper. 3. Aufl., Berlin 2014, S. 441-459.

Neuberger, Oswald: Mikropolitik und Moral in Organisationen. 2. Aufl., Stuttgart 2006.

Neuberger, Oswald: Das Mitarbeitergespräch. 6. Aufl., Wiesbaden 2015.

Nieder, Peter und *Egon Zimmermann:* Innovationshemmnisse in Unternehmen. In: Betriebswirtschaftliche Forschung und Praxis (44) 1992, S. 374-387.

Nink, Jürgen: Strategisches Fixkostenmanagement. Göttingen 2002.

Oecking, Georg: Strategisches und operatives Fixkostenmanagement. München 1994.

Ohno, Taiichi: Das Toyota-Produktionssystem. 3. Aufl., Frankfurt/M., New York 2013.

Osborn, Alex F.: Applied Imagination. 3. Aufl., New York 1966.

Osterloh, Margit und *Jetta Frost:* Prozessmanagement als Kernkompetenz. 5. Aufl., Wiesbaden 2006.

Pahl, Gerhard: Konstruktion. In: Handwörterbuch der Produktionswirtschaft. Hrsg. von Werner Kern. Stuttgart 1979, Sp. 918-928.

Pahl, Gerhard und *Wolfgang Beitz:* Konstruktionslehre. 3. Aufl., Berlin u. a. 1993.

Pahl, Gerhard und *Frank Rieg:* Kostenwachstumsgesetze für Baureihen. München 1984.

Palmer, Ian, Richard Dunford und *Gib Akin:* Managing Organizational Change. 2. Aufl., Boston (MA) u. a. 2009.

Pampel, Jochen: Erfassung und Kalkulation der Beschaffungskosten. In: Handbuch Kostenrechnung. Hrsg. von Wolfgang Männel. Wiesbaden 1992, S. 810-819.

Pearce II, John A. und *Keith Robbins:* Toward Improved Theory and Research on Business Turnaround. In: Journal of Management (19) 1993, S. 613-636.

Pentzek, Dieter: Irrationales Handeln im Unternehmen und die daraus entstehenden Kosten. In: Kostenrechnungspraxis (35) 1991, S. 259-263.

Pepels, Werner: Die Kreativitätstechniken. In: Wirtschaftsstudium (25) 1996, S. 871-884.

Perlitz, Manfred, Jürgen Bufka, Andreas Offinger, Michael Reinhardt und *Klaus Schug:* Reengineering-Projekte erfolgreich umsetzen. Ergebnisse einer Erfolgsfaktorenstudie. In: Reengineering zwischen Anspruch und Wirklichkeit. Hrsg. von Manfred Perlitz, Andreas Offinger, Michael Reinhardt und Klaus Schug. Wiesbaden 1996, S. 181-207.

Pfeifer, Tilo: Qualitätsmanagement. 3. Aufl., München, Wien 2001.

Pfeiffer, Werner: Rationalisierung. In: Handwörterbuch der Betriebswirtschaft. Hrsg. von Waldemar Wittmann, Werner Kern, Richard Köhler, Hans-Ulrich Küpper und Klaus v. Wysocki. 5. Aufl., Stuttgart 1993, Sp. 3639-3648.

Pflaum, Alexander: Radio Frequency Identification (RFID). In: Gabler Lexikon Logistik. Hrsg. von Peter Klaus und Winfried Krieger. 3. Aufl., Wiesbaden 2004, S. 431-437.

Pfohl, Hans-Christian und *Klaus L. Wübbenhorst:* Lebenszykluskosten. Ursprung, Begriff und Gestaltungsvariablen. In: Journal für Betriebswirtschaft (33) 1983, S. 142-155.

Pickel, Herbert: Kostenmodelle als Hilfsmittel zum kostengünstigen Konstruieren. München, Wien 1989.

Picot, Arnold: Rationalisierung im Verwaltungsbereich als betriebswirtschaftliches Problem. In: Zeitschrift für Betriebswirtschaft (49) 1979, S. 1145-1165.

Picot, Arnold und *Gerhard Rischmüller:* Planung und Kontrolle der Verwaltungskosten in Unternehmungen. In: Zeitschrift für Betriebswirtschaft (51) 1981, S. 331-346.

Porter, Lyman W. und *Edward E. Lawler:* Managerial Attitudes and Performance. Homewood (IL) 1968.

Porter, Michael E.: Wettbewerbsstrategie (Competitive Strategy). 6. Aufl., Frankfurt 1990.

Porter, Michael E.: Wettbewerbsvorteile (Competitive Advantage). 3. Aufl., Frankfurt 1992.

PriceWaterhouseCoopers (Hrsg.): Kostenmanagement in der Automobilindustrie. (http://www.pwc.de/fileserver/EmbeddedItem/Download_Studie_Kostenmanagement%20Automobilindustrie.pdf?docId=e551280b45f3a0d&componentName=pubDownload_hd) 2007.

Pryor, Lawrence S.: Benchmarking: A Self-Improvement Strategy. In: The Journal of Business Strategy (10) 1989, Heft 6, S. 28-32.

Pyhrr, Peter A.: Zero-base budgeting. In: Harvard Business (48) 1970, Heft 6, S. 111-121.

Pyhrr, Peter A.: Zero-Bae Budgeting. New York u. a. 1973.

Rajagopal, Shan und *Kenneth N. Bernard:* Cost Containment Strategies: Challenges for Strategic Purchasing in the 1990s. In: International Journal of Purchasing and Materials Management (29) 1993, Heft 4, S. 17-24.

Rappaport, Alfred: Shareholder Value. Stuttgart 1995.

Rautenberg, Hans Günter: Zeitorientierte Fundierung: Ist-, Normal- und Plankosten. In: Kosten-Controlling. Neue Methoden und Inhalte. Hrsg. von Thomas M. Fischer. Stuttgart 2000, S. 23-52.

Reichmann, Thomas: Kosten- und Erfolgscontrolling. Neuere Entwicklungen in der Führungsunterstützung. In: Handbuch Kosten- und Erfolgscontrolling. Hrsg. von Thomas Reichmann. München 1995, S. 3-24.

Reiß, Michael: Die Früherkennungseffizienz des Gemeinkosten-Managements. In: Zeitaspekte in betriebswirtschaftlicher Theorie und Praxis. Hrsg. von Herbert Hax, Werner Kern und Hans-Horst Schröder. Stuttgart 1989, S. 89-102.

Reiß, Michael: Projektmanagement. In: Handwörterbuch der Produktionswirtschaft. Hrsg. von Werner Kern, Hans-Horst Schröder und Jürgen Weber. 2. Aufl., Stuttgart 1996, Sp. 1656-1668.

Reiß, Michael und *Hans Corsten:* Grundlagen des betriebswirtschaftlichen Kostenmanagements. In: Wirtschaftswissenschaftliches Studium (19) 1990, S. 390-396.

Reiß, Michael und *Hans Corsten:* Gestaltungsdomänen des Kostenmanagements. In: Handbuch Kostenrechnung. Hrsg. von Wolfgang Männel. Wiesbaden 1992, S. 1478-1491.

Reuschenbach, Daniel: Empirische Analyse zu den Erfolgsfaktoren der kostenorientierten Produktplanung. Wiesbaden 2012.

Richardson, Peter R.: Cost Containment. New York, London 1988.

Riebel, Paul: Deckungsbeitrag und Deckungsbeitragsrechnung. In: Handwörterbuch der Betriebswirtschaft. Band 1. Hrsg. von Erwin Grochla und Waldemar Wittmann. 4. Aufl., Stuttgart 1974, Sp. 1137-1155.

Riegler, Christan: Verhaltenssteuerung durch Target Costing. Stuttgart 1996.

Riegler, Christian: Verhaltenssteuerung und Kostenmanagement von Produktinnovationen. In: Kostenrechnungspraxis (41) 1997, S. 348-350.

Riegler, Christian: Zielkosten. In: Kosten-Controlling. Hrsg. von Thomas M. Fischer. Stuttgart 2000, S. 237-263.

Riegler, Christian: Benchmarking. In: Handwörterbuch Unternehmensrechnung und Controlling. Hrsg. von Hans-Ulrich Küpper und Alfred Wagenhofer. 4. Aufl., Stuttgart 2002, Sp. 126-134.

Riley, D.: Competitive Cost Based Investment Strategies for Industrial Companies. New York 1987.

Roever, Michael: Gemeinkosten-Wertanalyse - Erfolgreiche Antwort auf die Gemeinkosten-Problematik. In: Zeitschrift für Betriebswirtschaft (50) 1980, S. 686-690.

Roever, Michael: Gemeinkosten-Wertanalyse. Erfolgreiche Antwort auf den wachsenden Gemeinkostendruck. In: Zeitschrift für Organisation (51) 1982, S. 249-253.

Roolfs, Gabriele: Gemeinkostenmanagement unter Berücksichtigung neuerer Entwicklungen in der Kostenlehre. Bergisch-Gladbach, Köln 1996.

Rosenstiel, Lutz von: Die Prozessmoderation. In: Change Management. Hrsg. von Michael Reiß, Lutz von Rosenstiel und Anette Lanz. Stuttgart 1997, S. 223-235.

Rosenstiel, Lutz von: Der Widerstand gegen Veränderung. Ein vielbeschriebenes Phänomen in psychologischer Perspektive. In: Innovationsforschung und Technologiemanagement. Hrsg. von Nikolaus Franke und Christoph Friedrich von Braun. Berlin, Heidelberg 1998, S. 33-45.

Rosenstiel, Lutz von und *Friedemann Nerdinger:* Grundlagen der Organisationspsychologie. 6. Aufl., Stuttgart 2011.

Saatweber, Jürgen: Quality Function Deployment (QFD). In: Handbuch Qualitätssicherung. Hrsg. von Walter Masing. 3. Aufl., München, Wien 1994, S. 445-468.

Sabisch, Helmut und *Claus Tintelnot:* Integriertes Benchmarking für Produkte und Produktentwicklungsprozesse. Berlin u. a. 1997.

Sakurai, Michiharu: Target Costing and How to Use It. In: Journal of Cost Management for the Manufacturing Industry (3) 1989, Heft 2, S. 39-50.

Sakurai, Michiharu: Einfluß der Fabrikautomatisierung auf die entscheidungsorientierte Rechnungspraxis: Eine Studie japanischer Unternehmungen. In: Spitzenleistungen in der Produktion. Hrsg. von Robert S. Kaplan. Wien 1991, S. 45-69.

Sakurai, Michiharu: Integratives Kostenmanagement. München 1997.

Schäfer, Stefan und *Dietrich Seibt:* Benchmarking - eine Methode zur Verbesserung von Unternehmensprozessen. In: Betriebswirtschaftliche Forschung und Praxis (50) 1998, S. 365-380.

Schanz, Günther: Partizipation. In: Handwörterbuch der Organisation. Hrsg. von Erich Frese, 3. Aufl., Stuttgart 1992, Sp. 1901-1914.

Schanz, Günter: Personalwirtschaftslehre. 3. Aufl., München 2000.

Schaper, Niklas: Theoretische Modelle des Arbeitshandelns. In: Arbeits- und Organisationspsychologie. Hrsg. von Friedemann Nerdinger, Gerhard Blickle und Niclas Schaper. 3. Aufl., Berlin 2014, S. 321-346.

Schehl, Michael: Die Kostenrechnung der Industrieunternehmen vor dem Hintergrund unternehmensexterner und -interner Strukturwandlungen. Berlin 1994.

Schein, Edgar H.: Coming to a New Awareness of Organizational Culture. In: Sloan Management Review (25) 1984, Heft 2, S. 3-16.

Schein, Edgar H.: Unternehmenskultur. Frankfurt, New York 1995.

Schein, Edgar H.: Organizational Culture and Leadership. 4. Aufl., San Francisco (CA) 2010.

Schewe, Gerhard, Mirco Schaecke und *Sandra Nentwig:* Personalbedingte Widerstände bei Reorganisationen. Arbeitspapiere des Lehrstuhls für Betriebswirtschaftslehre, insbesondere Organisation, Personal und Innovation der Westfälischen Wilhelms-Universität Münster. Nr. 26. Münster 2004.

Schimmelpfeng, Katja: Total Productive Maintenance. In: Zeitschrift für Planung (8) 1997, S. 313-320.

Schlicksupp, Helmut: Kreative Ideenfindung in der Unternehmung. Berlin, New York 1977.

Schlicksupp, Helmut: Anreize zur Entfaltung von Kreativität. In: Handbuch Anreizsysteme. Hrsg. von Günter Schanz. Stuttgart 1991, S. 525-545.

Schlicksupp, Helmut: Innovation, Kreativität und Ideenfindung. 6. Aufl., Würzburg, 2004.

Schmalenbach, Eugen: Buchführung und Kalkulation im Fabrikgeschäft. Unveränderter Nachdruck aus der Deutschen Metallindustriezeitung, 15. Jahrgang 1899. Leipzig 1928.

Schmalenbach, Eugen: Kostenrechnung und Preispolitik. 8. Aufl., Köln, Opladen 1963.

Schmalenbach-Gesellschaft - Deutsche Gesellschaft für Betriebswirtschaft / Arbeitskreis „Die Unternehmung im Markt" (Arbeitskreis Hax): Synergie als Bestimmungsfaktor des Tätigkeitsbereiches (Geschäftsfelder und Funktionen der Unternehmung). In: Zeitschrift für betriebswirtschaftliche Forschung (44) 1992, S. 963-973.

Schmidt, Heino: Der Sozialplan in betriebswirtschaftlicher Sicht. Wiesbaden 1989.

Schmolke, Gernot: Projektmanagement. In: Handwörterbuch Unternehmensrechnung und Controlling. Hrsg. von Hans-Ulrich Küpper und Alfred Wagenhofer. 4. Aufl., Stuttgart 2002, Sp. 1601-1611.

Schneider, Herfried: Rationalisierung. In: Handwörterbuch der Produktionswirtschaft. Hrsg. von Werner Kern, Hans-Horst Schröder und Jürgen Weber. 2. Aufl., Stuttgart 1996, Sp. 1771-1779.

Scholl, Kai: Konstruktionsbegleitende Kalkulation. München 1998.

Scholz, Rainer und *Alwin Vrohlings:* Prozeß-Redesign und kontinuierliche Prozeßverbesserung. In: Prozeßmanagement. Hrsg. von Michael Gaitanides, Rainer Scholz, Alwin Vrohlings und Max Raster. München, Wien 1994, S. 99-122.

Schönfeld, Hanns-Martin: Kostenbeeinflussung und Kostenpolitik. In: Handwörterbuch des Rechnungswesens. Hrsg. von Erich Kosiol. Stuttgart 1970, Sp. 934-942.

Schreyögg, Georg: Unternehmungskultur. In: Handbuch Unternehmungsführung. Hrsg. von Hans Corsten und Michael Reiß. Wiesbaden 1995, S. 111-121.

Schreyögg, Georg und *Jochen Koch:* Grundlagen des Managements. Basiswissen für Studium und Praxis. 3. Aufl., Wiesbaden 2015.

Schröder, Hans-Horst: Wertanalyse als Instrument optimierender Produktgestaltung. In: Handbuch Produktionsmanagement. Hrsg. von Hans Corsten. Wiesbaden 1994, S. 151-169.

Schröder, Hans-Horst und *Andreas Zenz:* QFD (Quality Function Deployment). In: Handwörterbuch der Produktionswirtschaft. Hrsg. von Werner Kern, Hans-Horst Schröder und Jürgen Weber. 2. Aufl., Stuttgart 1996, Sp. 1697-1711.

Schubert, Werner und *Karlheinz Küting:* Unternehmenszusammenschlüsse. München 1981.

Schulte-Zurhausen, Manfred: Organisation. 6. Aufl., München 2014.

Schweitzer, Marcell: Industrielle Fertigungswirtschaft. In: Industriebetriebslehre. Hrsg. von Marcell Schweitzer. 2. Aufl., München 1994, S. 569-746.

Schweitzer, Marcell: Gegenstand und Methoden der Betriebswirtschaftslehre. In: Allgemeine Betriebswirtschaftslehre. Band 1: Grundfragen. Hrsg. von Franz X. Bea, Birgit Friedl und Marcell Schweitzer. 9. Aufl., Stuttgart 2004, S. 23-82.

Schweitzer, Marcell: Planung und Steuerung. In: Allgemeine Betriebswirtschaftslehre. Hrsg. von Franz X. Bea, Birgit Friedl und Marcell Schweitzer. 9. Aufl., Stuttgart 2005, S. 16-139.

Schweitzer, Marcell und *Birgit Friedl:* Unterstützung des Kostenmanagements durch Kennzahlen. In: Jahrbuch für Controlling und Rechnungswesen '99. Hrsg. von Gerhard Seicht. Wien 1999, S. 273-303.

Schweitzer, Marcell und *Hans-Ulrich Küpper:* Systeme der Kosten- und Erlösrechnung. 9. Aufl., München 2008.

Seeger, Heinz-Georg und *Horst Goede:* Berater(n), Auswahl und Einsatz von. In: Handwörterbuch der Organisation. Hrsg. von Erich Frese. 3. Aufl., Stuttgart 1992, Sp. 318-328.

Seidel, Eberhard: Gremienorganisation. In: Handwörterbuch der Organisation. Hrsg. von Erich Frese. 3. Aufl., Stuttgart 1992, Sp. 714-724.

Seidenschwarz, Werner: Target Costing. München 1993.

Seidenschwarz, Werner und *Stefan Niemand:* Zuliefererintegration im marktorientierten Zielkostenmanagement. In: Controlling (6) 1994, S. 262-270.

Seiwert, Martin, Melanie Bergermann und *Uli Pecher:* Die neue Ära der Kreativität. Teil I: Es werde Licht! In: Wirtschaftswoche 2006, Nr. 40, S. 76-90.

Serfling, Klaus und *Ronald Schultze:* Benchmarking als Tool der Unternehmensführung und des Kostenmanagements. In: Kostenrechnungspraxis (41) 1997, S. 193-202.

Sethi, Rajesh, Daniel C. Smith und *C. Whan Park:* Wie Mitarbeiter kreativer werden. In: Harvard Business Manager (25) 2003, Heft 1, S. 8-9.

Shank, John K. und *Vijay Govindarajan:* Strategic Cost Management and the Value Chain. In: Journal of Cost Management (6) 1992, Heft 4, S. 5-21.

Shank, John K. und *Vijay Govindarajan:* Strategic Cost Management. New York u. a. 1993.

Shank, John K. und *Vijay Govindarajan:* Vorsprung durch strategisches Kostenmanagement. Landsberg/Lech 1995.

Shields, Michael D. und *S. Mark Young:* Managing Product Life Cycle Costs: An Organizational Model. In: Journal of Cost Management for the Manufacturing Industry (5) 1991, Heft 3, S. 39-52.

Shields, Michael D. und *S. Mark Young:* Effective Long-Term Cost Reduction: A Strategic Perspective. In: Journal of Cost Management (6) 1992, Heft 1, S. 16-29.

Shields, Michael D. und *S. Mark Young:* Managing Innovation Costs: A Study of Cost Conscious Behavior by R&D Professionals. In: Journal of Management Accounting Research (6) 1994, S. 175-196.

Shingo, Shigeo: Das Erfolgsgeheimnis der Toyota Produktion. 2. Aufl., Landsberg/L. 1993.

Siegwart, Hans: Kontrollformen und Kontrollsysteme. In: Handwörterbuch der Betriebswirtschaft. Hrsg. von Waldemar Wittmann, Werner Kern, Richard Köhler, Hans-Ulrich Küpper und Klaus v. Wysocki. 6. Aufl., Stuttgart 1993, Sp. 2255-2260.

Siegwart, Hans und *Inge Menzl:* Kontrolle als Führungsaufgabe. Bern, Stuttgart 1978.

Siegwart, Hans und *Richard Senti:* Product Life Cycle Management. Stuttgart 1995.

Simmonds, Kenneth: The Accounting Assessment of Competitive Position. In: European Journal of Marketing (20) 1986, S. 16-31.

Simon, Armin: Der Kontinuierliche Verbesserungsprozeß - Konzept, Abgrenzung, Honorierung. In: REFA-Nachrichten (49) 1996, Heft 2, S. 22-33.

Skinner, Wickham: Das Produktivitätsparadoxon. In: Harvard Manager (9) 1987, S. 17-21.

Slagmulder, Regine: Interorganizational Cost Management. In: Kostenmanagement. Hrsg. von Klaus-Peter Franz und Peter Kajüter. 2. Aufl., Stuttgart 2002, S. 327-338.

Spendolini, Michael J.: The Benchmarking Book. New York 1992.

Spendolini, Michael J.: How to Build a Benchmarking Team. In: Journal of Business Strategy (14) 1993, Heft 2, S. 53-57.

Stalk, George jr.: Zeit - die entscheidende Waffe im Wettbewerb. In: Harvard Manager. Innovationsmanagement. Band 2. Hamburg 1990, S. 48-57.

Staudt, Erich und *Peter Mühlemeyer:* Innovation und Kreativität als Führungsaufgabe. In: Handwörterbuch der Führung. Hrsg. von Alfred Kieser, Gerhard Reber und Rolf Wunderer. 2. Aufl., Stuttgart 1995, Sp. 1200-1214.

Staudt, Erich und *Wilhelm Schmeisser:* Invention, Kreativität und Erfinder. In: Das Management von Innovationen. Hrsg. von Erich Staudt. Frankfurt/M. 1986, S. 289-294.

Staudt, Erich, Jürgen Bock, Peter Mühlemeyer und *Bernd Kriegesmann:* Anreizsysteme als Instrument des betrieblichen Innovationsmanagements. Ergebnisse einer empirischen Untersuchung im F+E-Bereich. In: Zeitschrift für Betriebswirtschaft (60) 1990, S. 1183-1204.

Steiger, Thomas: Methoden der Gestaltung von Veränderungsprozessen. In: Handbuch Angewandte Psychologie für Führungskräfte. Band II. Hrsg. von Thomas Steiger und Eric Lippmann. 4. Aufl., Berlin u. a. 2013b, S. 267-284.

Steinle, Claus, Bernd Eggers und *Andrea ter Hell:* Gestaltungsmöglichkeiten und -grenzen von Unternehmungskulturen. In: Journal für Betriebswirtschaft (44) 1994, S. 129-148.

Steinmann, Horst, Georg Schreyögg und *Jochen Koch:* Management. 7. Aufl., Wiesbaden 2013.

Steven, Marion: Produktionstheorie. Wiesbaden 1998.

Steven, Marion und *Katja Wasmuth:* Anforderungen an ein Kostenmanagement im Service Engineering. In: Spektrum des Produktions- und Innovationsmanagements. Komplexität und Dynamik im Kontext von Interdependenz und Kooperation. Hrsg. von Frank Himpel. Wiesbaden 2008, S. 267-279.

Steven, Marion, Tobias Soth und *Katja Wasmuth:* Kostenmanagement für hybride Leistungsbündel im Maschinen- und Anlagenbau. In: Entwicklungen in Produktionswissenschaft und Technologieforschung. Hrsg. von Christian Mieke und Stefan Behrens. Berlin 2009, S. 277-300.

Stewart, Rodney D.: Cost Estimating. 2. Aufl., New York u. a. 1991.

Stewart, Rodney D.: Fundamentals of Cost Estimating. In: Cost Estimator's Reference Manual. Hrsg. von Rodney D. Stewart, Richard M. Wyskida und James D. Johannes. 2. Aufl., New York u. a. 1995, S. 1-40.

Streim, Hannes: Non-Profit Unternehmen. In: Handwörterbuch Unternehmensrechnung und Controlling. Hrsg. von Hans-Ulrich Küpper und Alfred Wagenhofer. 4. Aufl., Stuttgart 2002, Sp. 1299-1311.

Streitferdt, Lothar: Kostenmanagement. In: Handwörterbuch des Rechnungswesens. Hrsg. von Klaus Chmielewicz und Marcell Schweitzer. 3. Aufl., Stuttgart 1993, Sp. 1216-1227.

Streitferdt, Lothar: Kostenmanagement im Produktionsbereich. In: Handbuch Produktionsmanagement. Hrsg. von Hans Corsten. Wiesbaden 1994, S. 477-495.

Sundermann, Werner: Mitbestimmung, betriebliche. In: Handwörterbuch der Organisation. Hrsg. von Erich Frese, 3. Aufl., Stuttgart 1992, Sp. 1344-1361.

Süverkrüp, Fritz: Die Abbaufähigkeit fixer Kosten. Berlin 1968.

Tanaka, Masayasu: Cost Planning and Control Systems in the Design Phase of a New Product. In: Japanese Management Accounting. Hrsg. von Yasuhiro Monden und Michiharu Sakurai. Cambridge (MA), Norwalk (CT) 1989, S. 49-71.

Tanaka, Takao: Target Costing at Toyota. In: Emerging Practices in Cost Management. 1993 Edition. Hrsg. von Barry J. Brinker. Boston (MA) 1993, S. F1-1-F1-8.

Tani, Takeyuki und *Yutaka Kato:* Target Costing in Japan. In: Neuere Entwicklungen im Kostenmanagement. Hrsg. von Klaus Dellmann und Klaus-Peter Franz. Bern, Stuttgart 1994, S. 191-222.

Theuvsen, Ludwig: Business Reengineering - Möglichkeiten und Grenzen einer prozeßorientierten Organisationsgestaltung. In: Zeitschrift für betriebswirtschaftliche Forschung (48) 1996, S. 65-82.

Thom, Norbert: Anreizaspekte im Betrieblichen Vorschlagswesen. In: Handbuch Anreizsysteme. Hrsg. von Günther Schanz. Stuttgart 1991, S. 595-614.

Thom, Norbert: Vorschlags- und Verbesserungswesen. In: Handwörterbuch der Produktionswirtschaft. Hrsg. von Werner Kern, Hans-Horst Schröder und Jürgen Weber. 2. Aufl., Stuttgart 1996, Sp. 2226-2238.

Thom, Norbert: Betriebliches Vorschlagswesen. 6. Aufl., Bern u. a. 2003.

Thompson, Arthur A., Margaret A. Peteraf, John E. Gamble und *Alonzo J. Strickland:* Crafting and Executing Strategy. The Quest for Competitive Advantage: Concepts. 21. Aufl., New York (NY) 2018.

Titscher, Stefan: Kommunikation als Führungsinstrument. In: Handwörterbuch der Führung. Hrsg. von Alfred Kieser, Gerhard Reber und Rolf Wunderer. 2. Aufl., Stuttgart 1995, Sp. 1309-1318.

Töpfer, Armin: Benchmarking. In: Wirtschaftswissenschaftliches Studium (26) 1997, S. 202-205.

Töpfer, Armin und *Christina Effenberger:* Verfahren des Gemeinkostenmanagements als Informationsbasis für die Geschäftsprozessoptimierung. In: Geschäftsprozesse. Hrsg. von Armin Töpfer. Neuwied u. a. 1996, S. 179-219.

Traudt, Heinz G.: Zuliefermanagement unter Kostenaspekten. In: Kostenmanagement. Hrsg. von Klaus-Peter Franz und Peter Kajüter. Stuttgart 1997, S. 311-325.

Troßmann, Ernst: Gemeinkosten-Budgetierung als Controlling-Instrument in Bank und Versicherung. In: Controlling. Hrsg. von Klaus Spremann und Eberhard Zur. Wiesbaden 1992, S. 511-539.

Troßmann, Ernst: Kostentheorie und Kostenrechnung. In: Handwörterbuch der Betriebswirtschaft. Hrsg. von Waldemar Wittmann, Werner Kern, Richard Köhler, Hans-Ulrich Küpper und Klaus v. Wysocki. 5. Aufl., Stuttgart 1993, Sp. 2385-2401.

Troßmann, Ernst: Controlling als Führungsfunktion. 2. Aufl., München 2018.

Trost, Stefan und *Stephan Wuttke:* Präventives Gemeinkostenmanagement. Arbeitsbericht 1997/2 des Lehrstuhls für Controlling am Institut für Betriebswirtschaftslehre an der Universität Hohenheim. Stuttgart 1997.

Truijens, Thorsten, Axel Neumann-Giesen und *Jürgen Weber:* Organisationsform Shared-Service-Center. Weinheim 2012.

Tscheulin, Dieter K. und *Sylvia Römer:* Die Methodik des Turnaround-Management und deren Umsetzungsprobleme im Mittelständischen Unternehmen. In: Management von KMU und Gründungsunternehmen. Hrsg. von Ricarda B. Bouncken. Wiesbaden 2003, S. 69-92.

Tucker, Frances G., Seymour M. Zivian und *Robert C. Camp:* Mit Benchmarking zu mehr Effizienz. In: Harvard Manager (9) 1987, Heft 3, S. 16-18.

Ulrich, Peter: Unternehmenskultur. In: Handwörterbuch der Betriebswirtschaft. Hrsg. von Waldemar Wittmann, Werner Kern, Richard Köhler, Hans-Ulrich Küpper und Klaus v. Wysocki. 5. Aufl., Stuttgart 1993, Sp. 4351-4366.

Urban, Christine: Das Vorschlagswesen und seine Weiterentwicklung zum europäischen Kaizen. Konstanz 1993.

VDI Verein Deutscher Ingenieure (Hrsg.): VDI-Richtlinie 2235. Wirtschaftliche Entscheidungen beim Konstruieren. Düsseldorf 1987.

VDI Verein Deutscher Ingenieure (Hrsg.): VDI-Richtlinie 2805: Methodengestützte Projektarbeit in der Wertanalyse. Entwurf. Berlin 2004.

VDI Verein Deutscher Ingenieure (Hrsg.): VDI 2800, Blatt 1. Entwurf. Berlin 2006.

VDI-Pressemitteilung: Wertanalyse. Richtlinie VDI 2800 vom 30.05.2000. http://www.vdi.de/vdi/presse/mitteilungen_details/index.php?ID=8808.

Verein Deutscher Ingenieure (Hrsg.): VDI-Richtlinie 2220. Produktplanung. Ablauf, Begriffe und Organisation. Düsseldorf 1980.

Verein Deutscher Ingenieure, VDI-Gesellschaft Systementwicklung und Projektgestaltung (GSP) (Hrsg.): VDI 2800. Berlin u. a. 2000.

Verein Deutscher Ingenieure (Hrsg.): VDI-Richtlinie 2806. Kreativitätspotenziale und Ideenfindung. Düsseldorf 2002.

Vroom, Victor H.: Work and Motivation. Malabar (FL) 1982.

Vroom, Victor H. und *Arthur G. Jago:* Flexible Führungsentscheidungen. Stuttgart 1991.

Wagenhofer, Alfred: Unterstützung des strategischen Controlling durch die Kostenrechnung. In: Controlling und Unternehmensführung. Hrsg. von Alfred Wagenhofer und Alfred Gutschelhofer. Wien 1995, S. 117-144.

Wagenhofer, Alfred und *Christian Riegler:* Verhaltenssteuerung durch die Wahl von Bezugsgrößen. In: Neuere Entwicklungen im Kostenmanagement. Hrsg. von Klaus Dellmann und Klaus-Peter Franz. Bern, Stuttgart 1994, S. 463-494.

Wagner, Dieter: Partizipation. In: Handwörterbuch Unternehmensführung und Organisation. Hrsg. von Georg Schreyögg und Axel von Werder. 4. Aufl., Stuttgart 2004, Sp. 1115-1123.

Wall, Friederike: Planungs- und Kontrollsysteme. Wiesbaden 1999.

Walther, Alfred: Einführung in die Wirtschaftslehre der Unternehmung. Band 1: Der Betrieb. 2. Aufl., Zürich 1959.

Ward, Keith: Accounting for Marketing Strategies. In: Management Accounting Handbook. Hrsg. von Colin Drury. Oxford 1992, S. 154-172.

Wasmuth, Katja: Kostenmanagement im Service-Engineering industrieller Dienstleistungen. Hamburg 2009.

Watson, Gregory H.: Benchmarking. Landsberg/Lech 1993.

Watson, Gregory H.: Strategic Benchmarking Reloaded with Six Sigma. Hoboken (NJ) 2007.

Weber, Jürgen und *Boris Wertz:* Benchmarking Excellenz. Vallendar 1999.

Weber, Jürgen, Barbara E. Weißenberger und *René Aust:* Benchmarking von Kostenrechnungsprozessen: Ansatzpunkte für eine wirtschaftlichere Leistungserbringung. In: Kostenrechnungspraxis (41) 1997, S. 27-33.

Wegmann, Manfred: Gemeinkosten-Management. München 1982.

Weibler, Jürgen: Personalführung. 3. Aufl., München 2016.

Welch, Jack: Was zählt. Berlin 2003.

Wesselhöft, Philip: Achtung, Baustelle. In: McK Wissen (2) 2003, Heft 6, S. 8-11.

Weth, Michael: Reorganisation zur Prozeßorientierung. Frankfurt/M. u. a. 1997.

Wiendieck, Gerd: Akzeptanz. In: Handwörterbuch der Organisation. Hrsg. von Erich Frese. 3. Aufl., Stuttgart 1992, Sp. 89-98.

Wild, Jürgen: Grundlagen und Probleme der betriebswirtschaftlichen Organisationslehre. Berlin 1966.

Wild, Jürgen: Budgetierung. In: Marketing Enzyklopädie. Bd. 1. o. Hrsg. München 1974b, S. 325-340.

Wildemann, Horst: Die Fabrik als Labor. In: Zeitschrift für Betriebswirtschaft (60) 1990, S. 611-630.

Wildemann, Horst: Entwicklungsstrategien für Zulieferunternehmen. In: Zeitschrift für Betriebswirtschaft (62) 1992, S. 391-413.

Wildemann, Horst: Koordination von Unternehmensnetzwerken. In: Zeitschrift für Betriebswirtschaft (67) 1997, S. 417-439.

Wileman, Andrew: Driving Down Cost. 2. Aufl., London, Boston (MA) 2010.

Willmott, Peter und *Dennis McCarthy:* TPM. Woburn (MA) 2001.

Wiswede, Günter: Motivation und Arbeitsverhalten. München, Basel 1980.

Witte, Eberhard: Das Promotoren-Modell. In: Promotoren. Hrsg. von Jürgen Hauschildt und Hans G. Gemünden. Wiesbaden 1998, S. 9-41.

Wittmann, Waldemar: Produktionstheorie. In: Handwörterbuch der Betriebswirtschaft. Hrsg. von Waldemar Wittmann, Werner Kern, Richard Köhler, Hans-Ulrich Küpper und Klaus v. Wysocki. 5. Aufl., Stuttgart 1993, Sp. 3491-3518.

Wolbold, Markus: Budgetierung bei kontinuierlichen Verbesserungsprozessen. München 1995.

Wollnik, Michael: Plandurchsetzung. In: Handwörterbuch der Planung. Hrsg. von Norbert Szyperski. Stuttgart 1989, Sp. 1381-1397.

Wolters, Heiko: Modul- und Systembeschaffung in der Automobilindustrie. Wiesbaden 1995.

Womack, James P., Daniel T. Jones und *Daniel Roos:* Zweite Revolution in der Autoindustrie. Frankfurt/M., New York 1992.

Yoshikawa, Takeo, John Innes und *Falconer Mitchell:* Cost Tables: A Foundation of Japanese Cost Management. In: Journal of Cost Management for Manufacturing Industry (4) 1990, Heft 3, S. 30-36.

Yoshikawa, Takeo, John Innes und *Falconer Mitchell:* Prozeßorientierte Funktionsanalyse der Gemeinkostenbereiche. In: Controlling (7) 1995, S. 190-198.

Yoshikawa, Takeo, John Innes, Falconer Mitchell und *Masayasu Tanaka:* Contemporary Cost Management. London u. a. 1993.

Young, David W.: A Manager's Guide to Creative Cost Cutting. New York u. a. 2003.

Zäpfel, Günther: Taktisches Produktions-Management. Berlin, New York 1989.

Zelewski, Stephan: Grundlagen. In: Betriebswirtschaftslehre. Hrsg. von Hans Corsten und Michael Reiß. 3 Aufl., München/Wien 1999, S. 1-125.

Zentrum Wertanalyse der VDI-Gesellschaft Systementwicklung und Produktgestaltung (VDI-GSP) (Hrsg.): Wertanalyse. 5. Aufl., Düsseldorf 1995.

Zettelmeyer, Bernd: Strategisches Management und strategische Kontrolle. Darmstadt 1984.

Ziegler, Hans: Arbeitsplanung und CAP. In: Handwörterbuch der Produktionswirtschaft. Hrsg. von Werner Kern, Hans-Horst Schröder und Jürgen Weber. 2. Aufl., Stuttgart 1996, Sp. 115-125.

Sachregister

C

D

E

F

G

H

I

J

K

L

M

N

O

P

Q

R

S

W

X

Z